高等院校软件工程学科系列教材

 普通高等教育"十一五"国家级规划

北京市精品教材　北京市优质教材

韩万江 姜立新 等编著

软件项目管理案例教程

第5版

Software Project Management
A Case Study Approach
Fifth Edition

机械工业出版社
CHINA MACHINE PRESS

本书以案例形式讲解软件项目管理的全过程，借助路线图讲解项目管理的理论、方法以及技巧，不仅覆盖项目管理知识体系的相关内容，而且强调软件这个特殊领域的项目管理。本书第1章概述了软件项目管理的基本内容，然后分成"项目初始""项目计划""项目执行控制""项目结束""项目实践"五篇来全面介绍如何在软件项目整个生命周期内系统地实施软件项目管理。本书综合多个学科领域，包括范围计划、成本计划、进度计划、质量计划、配置管理计划、团队计划、风险计划、合同计划等计划的制订，以及项目实施过程中如何对项目计划进行跟踪控制。本书注重理论与实际的结合，通过案例分析帮助读者深入理解所学内容，取材新颖，注重实效。

本书既适合作为高等院校计算机、软件工程及相关专业本科高年级学生和研究生的教材，也适合作为广大软件技术人员和项目经理，以及希望了解软件开发项目管理知识的人员的参考书。

图书在版编目（CIP）数据

软件项目管理案例教程/韩万江等编著.--5版.

北京：机械工业出版社, 2024.8（2025.6 重印）.--（高等院校软件工程学科系列教材）.-- ISBN 978-7-111-76450-2

I. TP311.52

中国国家版本馆 CIP 数据核字第 2024YK7037 号

机械工业出版社（北京市百万庄大街 22 号　邮政编码 100037）
策划编辑：姚　蕾　　　　　责任编辑：郎亚妹
责任校对：张爱妮　李　婷　　责任印制：任维东
河北宝昌佳彩印刷有限公司印刷
2025 年 6 月第 5 版第 3 次印刷
185mm×260mm · 36.25 印张 · 923 千字
标准书号：ISBN 978-7-111-76450-2
定价：79.00 元

电话服务　　　　　　　　　　网络服务
客服电话：010-88361066　　　机 工 官 网：www.cmpbook.com
　　　　　010-88379833　　　机 工 官 博：weibo.com/cmp1952
　　　　　010-68326294　　　金 书 网：www.golden-book.com
封底无防伪标均为盗版　　机工教育服务网：www.cmpedu.com

前 言

纵观目前软件产业的形势，软件工程技术必将朝着智能化、综合化、服务化、业务化等方向发展。软件人员不能只是低头编程，而要从更高、更远的角度来看软件发展。尤其随着AI技术的突飞猛进，软件工程面临着巨大变革，软件项目流程也可能面临颠覆性改变。对于一个软件项目，好的软件人员应该高瞻远瞩，学会如何规划、如何以最小的代价获得项目的成功。软件项目管理者要站在发展的角度规划和管理软件项目，能够紧随技术发展潮流，与时俱进，求新求变，具备前瞻意识和超前意识。

本书继续沿用前4版以案例贯穿始终的形式，讲解软件项目管理的实施过程，共分五篇——项目初始、项目计划、项目执行控制、项目结束和项目实践。传统软件项目管理技术和敏捷项目管理技术的对比贯穿课程知识体系，同时本书还探讨了AI时代的软件项目管理。另外，课程思政也贯穿教材始终。在项目实践篇，结合课程实践指导书，讲解课程实践的全过程，同时展示了实践结果。

本书综合了多个学科领域，知识结构完整，包括范围计划、成本计划、进度计划、质量计划、配置管理计划、团队计划、风险计划、合同计划等计划的制订，以及项目实施过程中如何对项目进行跟踪控制。本书不仅对于读者提高软件项目管理能力有很大的帮助，而且对于提高项目管理本身的技能也颇有助益。通过学习本书，读者可以在短时间内掌握软件项目管理的基本知识并具备相应的实践能力。本书主要关注如何管理软件项目以保证项目的成功，而有关如何构建软件项目，可以参考《软件工程案例教程 第4版》。此外，通过深度挖掘课程知识点的思政教育信息，同时也结合中国传统文化经典，在教材中嵌入思政元素和相关案例。这些思政案例已经发布在课程的MOOC平台。

本书由韩万江、姜立新主编，同时杜晓峰、张笑燕、邱莉榕、张宇超等也参与了编写。在编写过程中参考了前4版教材使用者的反馈，很多高校教师和学生给我们提出了很多很好的建议。另外，我的学生在课程实践中表现优异，为项目实践篇提供了精彩的案例，在此一并表示衷心感谢！

当然，由于作者水平有限，书中难免有疏漏之处，恳请各位读者批评指正，并希望你们一如既往地将意见、建议和体会反馈给我，作为以后版本修订的参考。我的E-mail是casey_han@263.net。

韩万江

2024年3月于北京

目　录

第1章

软件项目管理概述

1.1 项目与软件项目

"软件""项目""软件项目"等概念已经越来越被大家所熟悉，并且普遍存在于生活和社会的各个方面。软件行业是一个极具挑战性和创造性的行业，而软件项目管理也是一项具有挑战性的工作，同时，也是保证项目成功的必要手段。

1.1.1 项目及其特征

人类社会和日常生活中有很多的活动，有的活动称为项目，有的活动则不能称为项目。项目（project）是为了创造唯一的产品或提供唯一的服务而进行的临时性的努力；是以一套独特而相互联系的任务为前提，有效地利用资源，在一定时间内满足一系列特定目标的多项相关工作的总称。一般来说，日常运作和项目是两种主要的活动。它们虽然有共同点——例如，都需要由人来完成，均受到有限资源的限制，均需要计划、执行、控制——但项目是组织层次上进行的具有时限性和唯一性的工作，也许只需要一个人，也许涉及成千上万个人，也许需要 100 小时完成，也许要 10 年才能完成，等等。"上班""批量生产""每天的卫生保洁"等属于日常运作，不是项目。项目与日常运作的不同是：项目是一次性的，日常运作是重复进行的；项目是以目标为导向的，日常运作是通过效率和有效性体现的；项目是通过项目经理及其团队工作完成的，日常运作是职能式的线性管理；项目存在大量的变更管理，日常运作基本保持持续的连贯性。下面介绍项目具有的特征。

- 目标性。项目的目的在于得到特定的结果，即项目是面向目标的。其结果可能是一种产品，也可能是一种服务。目标贯穿于项目始终，一系列的项目计划和实施活动都是围绕这些目标进行的。例如，一个软件项目的最终目标可以是开发一个学生成绩管理系统。
- 相关性。项目的复杂性是固有的，一个项目有很多彼此相关的活动，例如，某些活动在其他活动完成之前不能启动，而另一些活动必须并行实施，如果不能协调地开展这些活动，就不能实现整个项目的目标。
- 临时性。项目的临时性是指项目有明确的起点和终点。临时性并不一定意味着项目的持续时间短。项目要在一个限定的期间内完成，是一种临时性的任务。当项目的目标达到时，意味着项目任务完成。项目管理主要用来保证在预定时间内完成项目任务，为此而制订项目计划进度表，标识任务何时开始、何时结束。项目任务不同于批量生产，批量生产是指相同的产品连续生产，取决于要求的生产量，当生产任务完成时，生产线停止运行，这种连续生产不是项目。

- 独特性。在一定程度上，项目与项目之间没有重复性，每个项目都有其独自的特点。每一个项目都是唯一的。如果一位建筑工程师要按照规范建造第五十栋住宅，该住宅的独特性一定很低，它的基本部分与已经建好的第四十九栋住宅是相同的，如果说它有特殊性，也只是在于其地基不同、使用了一个新的热水器、请了几位新木工等。然而，如果要为新一代计算机设计操作系统，则该工作必然会有很强的独特性，因为没有人做过这个项目，可供参考的经验并不多。
- 资源约束性。每一个项目都需要运用各种资源作为实施的保证，而资源是有限的，所以资源是项目成功实施的一个约束条件。
- 不确定性。项目开始前，应当在一定预算的基础上制订一份计划，但是，在项目的具体实施过程中，外部因素和内部因素总是会发生一些变化，存在一定的风险和很多不确定性因素，因此项目具有不确定性。

1.1.2 项目、项目群、项目组合的关系

图 1-1 展示了项目、项目群和项目组合之间的关系。

（1）项目与子项目

项目（project）是"为创造唯一的产品、服务或结果而开展的一种暂时性活动"。在软件工程中，有各种类型的项目，如产品开发、外包服务、软件维护服务、服务创建等。在产品生命周期中，可能需要多个项目。例如，在产品概念阶段，可启动一个决定产品目标客户和市场需求的项目，而在产品维护阶段，可设立一个生产该产品下一版本的项目。

子项目（subproject）是指将项目分解为更小的单位，以便更好地控制项目。项目中的某一阶段可以是一个单独的项目，也可以是一个子项目，子项目可以转包给外部机构的一个单元。在实际工作中，子项目的划分是很灵活的，可

图 1-1 项目、项目群和项目组合之间的关系

以视项目的需要而定。可以按照阶段划分子项目（如一期项目、二期项目……），也可以按照项目的组成部分划分子项目。

（2）项目群

项目群（program）是一组相互联系的项目、子项目以及受控过程的活动。通常使用程序来定义和管控在有限时间内面向单一客户或者市场的不同提交物。项目群也称为大型项目，是通过协调来进行统一管理的一组相互联系的项目，它本身可能不是项目。许多大型项目通常包括持续运作的活动。可以将大型项目理解为比项目高一级别的大项目，如"863

计划""星火计划""阿波罗计划"等。以"863 计划"为例,它的目标是瞄准世界先进水平,集中资源重点投入,争取在我国部分有优势的高科技领域有所突破,为我国在 21 世纪的经济发展和国防安全创造条件。这样的目标是战略性的,很难具体化,但可以通过一系列的具体项目去实现。

(3)项目组合

项目组合(portfolio)是指把项目、项目群、子组合及操作作为一个整体进行管理。通过组合可对一条产品线或者一个组织内部并存的所有资产进行分组与管理。如果考察一个完整的项目组合,会发现它受到决策的影响。

1.1.3　软件项目

软件一词于 1956 年在美国被正式提出,是指计算机程序及说明程序的各种文档。软件是计算机系统中与硬件相互依存的部分,是包括程序、数据及其相关文档的完整集合。其中,程序是按事先设计的功能和性能要求执行的指令序列,数据是使程序能正常操纵信息的数据结构,文档是与程序开发、维护和使用有关的图文材料。软件项目除了具备项目的基本特征之外,还有如下特点。

- 软件是一种逻辑实体,不是具体的物理实体,具有抽象性,这使得软件与硬件或者工程类项目有很多的不同之处。
- 软件的生产与硬件不同,开发过程中没有明显的制造过程,也不存在重复生产过程。
- 软件没有硬件的机械磨损和老化问题,然而,软件存在退化问题。在软件的生存期中,软件环境的变化会导致软件的失效率提高。
- 软件的开发受到计算机系统的限制,对计算机系统有不同程度的依赖。
- 软件开发至今没有摆脱手工的开发模式,软件产品基本上是"定制的",无法利用现有的软件组件组装成所需要的软件。
- 软件本身是复杂的,其复杂性来自应用领域实际问题的复杂性和应用软件技术的复杂性。
- 软件的成本相当高昂。软件开发需要投入大量资金和高强度的脑力劳动,因此成本比较高。
- 很多软件工作涉及社会的因素,例如,许多软件开发受到机构、体系和管理方式等问题的限制。

软件项目是一种特殊的项目,它创造的唯一产品或者服务是逻辑载体,没有具体的形状和尺寸,只有逻辑的规模和运行的效果。软件项目不同于其他项目,软件是一个新领域而且涉及的因素比较多,管理起来比较复杂。目前,软件项目的开发远远不如其他领域的项目规范,很多理论还不适用于所有软件项目,经验在软件项目中仍起很大的作用。软件项目由相互作用的各个系统组成,"系统"包括彼此相互作用的部分。软件项目中涉及的因素越多,彼此之间的相互作用就越大。另外,变更也是软件项目中常见的现象,如需求的变更、设计的变更、技术的变更、社会环境的变更等,这些均说明了软件项目管理的复杂性。项目的独特性和临时性决定了项目是渐进明细的,软件项目更是如此,因为软件项目比其他项目有更大的独特性。"渐进明细"表明项目的定义会随着项目团队成员对项目、产品等的理解和认识的逐步加深而得到逐渐清晰的描述。软件行业是一个极具挑战性和创造性的行业,软件开发是一项复杂的系统工程,牵涉各方面的因素。软件项目的特征包括需求的不确定性和开发过程中存在技术风险。在实际的软件项目开发工作中,经常会出现各种各样的问题,甚至软件项目会失败。如何总结、分析项目失败的原因并得出有益的教训，是今后项目取得成功的关键。

现阶段，软件的发展存在以下五大趋势。

- 计算技术重心转向网络，互联网成为软件开发、部署和运行的平台。
- 软件服务化趋势逐步从以应用和软件产品为中心转移到以客户服务为中心。
- 智能化趋势逐步由物理传感器状态感知分析向人类意识思维方向转变。
- 操作系统、数据库、中间件和应用软件等相互融合，向一体化平台发展。
- 大量创新技术、业态模式推动人类社会、国民经济各行业、数字经济市场快速发展。

1.1.4　软件项目组成要素

简单地说，项目就是在既定的资源和要求的约束下，为实现某种目的而相互联系的一次性工作任务。软件项目的要素包括软件开发的过程、软件开发的结果、软件开发赖以生存的资源及软件项目的特定委托人（或者说是客户，既是项目结果的需求者，也是项目实施的资金提供者）。

软件项目的目标就是在一定时间、预算内完成项目范围内的事项，以使客户满意。一个成功的软件项目应该在项目允许的范围内满足成本、进度要求，并得到客户满意的产品质量。所以，软件项目目标的实现受 4 个因素的制约：项目范围、成本、进度计划和客户满意度，见图 1-2。项目范围是为使客户满意必须做的所有工作。成本是完成项目所需要的费用。进度计划安排每项任务的起止时间及所需的资源等，为项目描绘一个过程蓝图。客户是否满意要看项目交付的成果质量，只有客户满意才能更快地结束项目，否则会导致项目的拖延，从而增加额外的费用。

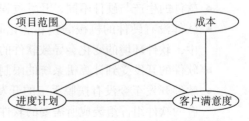

图 1-2　软件项目目标实现的制约因素

1.1.5　软件工程发展阶段

按照某些专家的说法，可以将软件工程划分为三个时代。1968 年"软件工程"学科诞生为第一代软件工程，即软件工程 1.0；2001 年敏捷宣言发布意味着进入第二代软件工程，即软件工程 2.0；2023 年以 ChatGPT 为代表的大模型爆发表明进入第三代软件工程，即软件工程 3.0，如图 1-3 所示。

1. 第一代软件工程

第一代软件工程是指受建筑工程、水利工程等影响的传统软件工程，它的诞生可以追溯到 1968 年。20 世纪五六十年代出现了软件危机，布鲁克斯（Frederick P. Brooks）在《人月神话》一书中写道：软件开发被喻为让众多史前巨兽痛苦挣扎，却无力摆脱的焦油坑。软件危机迫使人们去寻找产生危机的内在原因，进而找出消除危机的解决方案。面对软件危机，人们调查研究了软件开发的实际情况，逐步认识到采用工程化的方法从事软件系统的研发和维护的必要性。为了克服这一危机，大家走到一起，共同探讨以获得问题的解决途径。1968 年北大西洋公约组织（NATO）的计算机科学家在德国召开国际会议，讨论软件危机问题，正式提出了"软件工程"（software engineering）的概念，从此一门新的工程学科诞生了。软件工程自此得以不断发展并逐渐成熟起来。传统软件工程主要向土木工程、工业工程学习，吸收其实践方法和经验。软件工程 1.0 体现了以下特征。

- 产品化：交付符合质量标准的组件、构件和系统。
- 过程决定结果：流程质量决定产品质量，一环扣一环，相信良好的过程产生良好的产品，关注过程胜过关注人，也非常关注过程评估和过程改进，如 CMM（能力成熟度模型）是其典型代表。
- 阶段性明确：需求评审通过了，才能开始设计；设计评审通过了，才能开始实施（编程）；编程结束了再进行测试等。瀑布模型是其典型代表。
- 责任明确：角色定义清楚，分工细致。
- 文档化：强调规范的文档，存在大量的文档模板。
- 计划性强：具有完整的计划，严格控制变更。
- 建筑工程的框架结构设计，在软件工程上表现为以架构设计为中心。
- 现代制造业流水线的启发——软件工厂思想。
- 注重项目管理：围绕项目开展管理工作，包括风险预防、里程碑控制和关键路径法等。
- 以顾客为中心的全面质量管理。
- 预防为主，检验为辅，即缺陷预防思想。

图 1-3　软件工程的三个时代

2. 第二代软件工程

受互联网、开源软件运动、敏捷 /DevOps 开发模式所影响并最终形成的建立在 SaaS（软件即服务）、云计算基础之上的软件工程被定义为"软件工程 2.0"。软件工程 2.0 的特征可以简单概括为下列几点。

- SaaS：软件更多是以服务的形式存在。
- 以人为本：个体与协作胜于流程和工具，充分发挥个人和团队的创造性和潜力。
- 拥抱变化：敏捷开发或轻量级过程，加速迭代，以不变应万变。
- 持续性：阶段性不明确，持续构建、持续集成、持续测试、持续交付，以时间换空间，消除市场风险。
- 融合：强调测试与开发融合、开发与运维融合、推崇全栈工程师等。
- 真正把用户放在第一位：用户、产品经理尽可能参与团队研发过程，注重用户体验。

- 强调价值交付：只做对用户有价值的事情，加速价值流的流动。
- 知识管理，将软件工程纳入知识管理的范畴。
- 史诗般故事、用户故事、站立会议，让软件开发工作更有趣、更健康。

3. 第三代软件工程

在技术突破和创新方法的推动下，软件工程的发展越来越快，而 GPT-4 等人工智能（AI）语言大模型的出现也改变了很多行业，对软件研发的影响更为显著。考虑到它的发展速度，在不久的将来，AI 将开始逐渐承担一些软件研发的工作，通过将 GPT-4+（指 GPT-4 及其未来升级的版本）融入软件研发生命周期中，研发人员的使命将发生变化。GPT-4+ 将重新定义开发人员构建、维护和改进软件应用程序的方式，之后的软件开发会依赖这种全新的语言交流方式（类似 ChatGPT），让这类工具理解研发人员交代的任务并自主完成软件开发，如理解需求、自动生成 UI、自动生成产品代码、自动生成测试脚本等。此后，研发团队的主要任务不是写代码、执行测试，而是训练模型、进行参数调优、围绕业务主题提问或给提示。因此，我们说 GPT-4 将开启"软件工程 3.0"新时代。软件工程 3.0 具有以下特征。

- 数字化：软件研发平台开始能够理解需求、设计、代码等，软件研发从过去的信息化进入数字化时代。
- AIGC：生成软件的各种 ware：验收标准、测试用例、UI、代码、测试脚本等。
- 极致的持续交付：虽然软件工程 2.0 开始面向 CI/CD，但还存在许多障碍，而软件工程 3.0，得益于设计、代码、测试脚本等的自动生成，可以真正实现持续交付，即及时响应客户需求，交付客户所需的功能。
- 人机交互智能：软件研发过程就是人与计算机的交互过程。
- 以模型和数据为本：研发人员服务于大模型和大数据平台，包括模型的创建、训练、调优、使用等。

不同时代的软件工程，对于软件项目管理体现为不同的管理方法和模式。软件工程 1.0 体现为传统软件项目管理模式，软件工程 2.0 更多是敏捷化项目管理，同时与传统软件项目管理并存。对于软件工程 3.0，智能化时代改变了软件开发方式，软件项目管理的方式也应该随之有所改变。

1.2 项目管理与软件项目管理

项目普遍存在于人们的工作和生活中，如何管理这些项目是一项需要研究的任务。项目管理起源于美国，20 世纪四五十年代主要应用于国防和军工项目，后来广泛应用于工商、金融、信息等产业及行政管理领域。目前，项目管理已经成为综合多门学科的新兴研究领域，其理论来自工作实践。项目管理是指把各种系统、方法和人员结合在一起，在规定的时间、预算和质量目标范围内完成项目的各项工作。对于一个组织的管理主要包括 3 个部分，即战略管理、运作管理、项目管理。战略管理（strategy management）是指从宏观上帮助企业明确和把握发展方向。运作管理（operation management）是指对日常的、重复性工作的管理。项目管理（project management）是指对一次性、创新性工作的管理。项目是企业的最小盈利单位，项目管理自然成为构筑企业利润的基石，从这种意义上说，项目管理是企业的核心竞争力所在。由于项目管理具有效率高、反应灵敏的优点，因此更多企业希望采取项目式管理（management by project）的方式，从而可以更及时地处理用户的需求，使管理更高效，提高企业的管理质量。实施项目管理可以提高项目的效益，这里所指的项目的效益是一个综合性指标，包括低风险、高产出等。因此，不难得出在实施项目管理时应该掌握的度，即引入项目管理后所产生的效益减去项目管理的成本后必须大于未引入项目管理时的效益。由于引入项目管理后所产生的效益与项目管理的复杂度（项目管理的成本）并非线性相关的，因此项目管理的复杂度必然存在一个最优值，这就是我们应该掌握的度，这个度能够被大家认可并且被准确地理解和实施。

1.2.1　项目管理背景

随着世界由工业时代进入信息时代，时空概念的根本改变增加了项目的复杂性和可变性。项目涉及的范围和时间、空间跨度都在以空前的速度扩大。而随着行业竞争的加剧，项目只有在最少时间、最低成本的情况下完成才有意义。项目本身的复杂性和巨大风险以及在分工合作中个人经验的不确定性，使个人经验已无法确保项目的成功或按时完成。项目管理是 20 世纪 50 年代后期发展起来的一种计划管理方法，它一出现就引起了人们的广泛关注。1957 年，美国杜邦公司把这种方法应用于设备维修，把维修停工时间由 125h 锐减为 78h；1958 年，美国人在北极星导弹设计中应用项目管理技术，把设计完成时间缩短了两年。由于项目管理在运作方式和管理模式上最大限度地利用了内外资源，从根本上改善了管理人员的工作程序，提高了效率，降低了风险，因此自 20 世纪 60 年代以来，它被广泛运用于航空航天、国防、信息、建筑、能源、化工、制造、环保、交通运输、金融、营销、服务、法律等行业。项目管理不仅适用于大公司，而且适用于小型企业。目前，在全球发达国家的政府部门和企业机构，项目管理已成为运作的中心模式。

1.2.2　项目管理

项目管理是指一定的主体，为了实现其目标，利用各种有效的手段，对执行中的项目周期的各阶段工作进行计划、组织、协调、指挥、控制，以取得良好经济效益的各项活动的总和。通过项目各方干系人的合作，把各种资源应用于项目，以实现项目的目标，使项目干系人的需求得到不同程度的满足。因此，项目管理是伴随着项目的进行而进行的一系列管理行为，目的是确保项目能够达到期望结果。要想满足项目干系人的需求和期望，达到项目目标，需要在以下相互之间有冲突的要求中寻求平衡：范围、时间、成本和质量；有不同需求和期望的项目干系人；明确表达的要求（需求）和未明确表达的要求（期望）。项目管理有时被描述为对连续性操作进行管理的组织方法。这种方法应该被更准确地称为"由项目实施的管理"，它是将连续性操作的许多方面作为项目来对待，以便可以对其采用项目管理的方法。所以，对于一个通过项目实施管理的组织而言，对项目管理的认识显然是非常重要的。项目管理是要求在项目活动中运用知识、技能、工具和技术，以便达到项目目标的活动。项目管理类似导弹发射的控制过程，需要一开始设定好目标，然后在飞行中锁定目标，同时不断调整导弹的方向，使之不能偏离正常的轨道，最终击中目标。软件项目管理是为了使软件项目能够按照预定的成本、进度、质量顺利完成，而对成本、人员、进度、质量、风险等进行分析和管理的活动。

1.2.3　软件项目管理

软件项目管理是软件工程的重要组成部分，用于确保软件项目满足预算、成本等约束，从而提交高质量的软件产品。好的项目管理不能保证项目成功，但是不好的项目管理一定会导致项目失败：软件可能会延迟交付，成本可能会超支，软件可能无法满足客户的要求。

当前社会的特点是"变化"，而这种变化在信息产业中尤为突出，技术创新速度越来越快，用户需求与市场不断变化，人员流动也大大加快。在这种环境下，企业需要应对的变化及由此带来的挑战大大增加，这也给项目管理带来了很多问题和挑战。目前软件开发面临很多的问题，例如：

- 在有限的时间、资金条件下，要满足不断增长的软件产品质量要求。
- 开发环境日益复杂，代码共享日益困难，需跨越的平台增多。
- 程序的规模越来越大。
- 软件的重用性需要提高。
- 软件的维护越来越困难。

因此，软件项目管理显得更为重要。软件项目管理是在 20 世纪 70 年代中期由美国提出的，当时美国国防部专门研究了软件项目不能按时提交、预算超支和软件质量达不到用户要求的原因，结果发现 70% 是由管理不善引起的，而非技术原因。于是软件开发者开始逐渐重视起软件开发中的各个项目的管理。

软件项目管理和其他项目管理相比具有以下特殊性。

- 软件是纯知识产品，其开发进度和质量难以估计和度量，生产效率也难以预测和保证。与普通的项目不同，软件项目的交付成果事先"看不见"，并且难以度量，特别是很多应用软件项目涉及业务流程再造或业务创新。因此，在项目早期，客户很难描述清楚需要提交的软件产品，但这一点对软件项目的成败又是至关重要的。与此矛盾的是，公司一般安排市场销售人员来谈判，目的是迅速签约，甚至为了尽早签约而"过度承诺"，遇到模糊性问题时也怕节外生枝，所以避而不谈，而甲方为了保留回旋余地，也不愿意说得太清楚，更不愿意主动提出来（因为甲方还有最终验收的主动权）。项目经理一旦接手项目，所有这些没有说清楚的隐患和口头承诺都将暴露出来，并最终由项目经理承担。
- 项目周期长，复杂度高，变数多。软件项目的交付周期一般比较长，一些大型项目的周期可以达到 2 年以上，这样长的时间跨度内可能发生各种变化。软件系统的复杂性导致了开发过程中难以预见和控制各种风险。从外部因素来看，商业环境、政策法规的变化会对项目范围、需求造成重大影响，例如，作者曾经参与的金融项目临近上线时，国家推出了"利息税"政策，造成整个系统的大幅变更。从内部因素来看，组织结构、人事变动等对项目的影响更加直接，有时新领导到任后，其思路的变化，甚至对项目的重视程度的变化，都可能直接影响项目的成败。
- 软件需要满足一群人的期望。软件项目提供的实际上是一种服务，服务质量不仅仅在于最终交付的质量，更重要的是客户的体验。实际上，项目的"客户"不是一个人，而是一群人，他们可能来自多个部门，并且对项目的关注点不同，在项目中获得的利益也不同。所以，当我们谈到满足"客户需求"时，实际是指满足一群想法和利益各不相同的人的需求。所以，进行软件项目管理是必要的。

软件项目管理的根本目的是让软件项目尤其是大型软件项目的生命周期能在管理者的控制之下，以预定成本按期、按质地完成，并交付用户使用。而研究软件项目管理是为了从已有的成功或失败的案例中总结出能够指导今后开发的通用原则、方法，以避免重蹈覆辙。

实际上，软件项目管理的意义不仅如此，进行软件项目管理有利于将开发人员的个人开发能力转化成企业的开发能力，企业的软件开发能力越高，表明企业的软件生产越趋于成熟，企业越能够稳定发展，从而越能减小开发风险。

无论是传统软件项目管理、敏捷软件项目管理还是智能化时代的软件项目管理，其关键就是要找到软件项目的本质和核心，大道至简。

1.3 传统软件项目管理

传统项目管理是指基于以传统瀑布模型为代表的开发模型做完整的项目计划，期望按照计划执行项目可以达到项目目标。传统项目管理通常基于项目管理知识体系（Project Management Body Of Knowledge，PMBOK）的管理模式。

1.3.1 项目管理知识体系

以前，有人认为项目经理是一种"意外的职业"。因为通常是某人在项目中先承担了项目责任，可能是从技术开发开始，然后随着项目经验的逐步增加，积累了一定的技术管理经验，最后顺理成章地当上项目经理。但是管理项目的有关知识不是通过系统学习得来的，而是在实践中摸索出来的，在摸索的过程中可能会导致严重损失。近年来，企业在减小项目管理意外性方面已经有了很大进步。很多企业的决策者逐渐认识到项目管理方法可以帮助他们在复杂的竞争环境中取得成功。为了减少项目管理的意外性，许多机构或者企业开始要求员工系统地学习项目管理技术，努力成为经过认证的项目管理人员。

项目管理专业人员资质认证（Project Management Professional，PMP）是美国项目管理学会（Project Management Institute，PMI）开发并负责组织实施的一种专业资格认证。PMP可以为个人的事业发展带来很多好处。该项认证已经获得 100 多个国家的承认，可以说是目前全球认可程度较高的项目管理专业认证，也是项目管理资格重要的标志之一，具有国际权威。在很多国家，特别是发达国家，PMP 已经被认为是合格项目管理的标志之一。

PMI 推出的《项目管理知识体系指南》是 PMP 考试的关键材料，为所有的项目管理提供了一个知识框架。PMBOK 涵盖了项目管理的知识领域，1996 年发布第 1 版，每四年更新一版，每一次更新都是全球项目管理从业者所关心的一件大事。2021 年 7 月，《PMBOK指南》（第 7 版）发布。它以 11 种语言在全球发行超过 500 多万册，被奉为项目管理"红宝书"，它的每一次改版、更新都是在全球实践、反馈、建议的基础上完成的，它跨越地域、语言、种族，成为国际通用的项目管理普适标准。

《PMBOK 指南》（第 6 版）及之前的版本基本是五大过程组和知识领域的思路，第 5版之前是九个知识领域，第 5 版及之后是十个知识领域，每个知识领域包含一些过程。《PMBOK 指南》（第 7 版）的变化是颠覆性的，从传统的五大过程组与十大知识领域转向了全新的十二大原则与八大绩效域。

1.3.2 《PMBOK 指南》(第 6 版)

2017 年 9 月 6 日，《PMBOK 指南》（第 6 版）在万众期待中问世，同时，《敏捷实践指南》配套发布。《PMBOK 指南》（第 6 版）包括项目管理的 10 个知识领域、5 个标准化过程组及 49 个模块。它们之间有一定的对应关系，这是 PMBOK 的核心。

如图 1-4 所示，10 个知识领域分别是项目集成管理（project integration management）、项目范围管理（project scope management）、项目进度管理（project schedule management）、项目成本管理（project cost management）、项目质量管理（project quality management）、项目资源管理（project resource management）、项目沟通管理（project communication management）、项目风险管理（project risk management）、项目采购管理（project procurement management）、项目干系人管理（project stakeholder management）。

图 1-4 项目管理知识领域

项目管理的知识领域分布在项目进展过程中的各个阶段，可以这样描述它们之间的关系。

- 为了成功实现项目的目标，首先必须设定项目的工作和管理范围，即项目范围管理（what to do）。
- 为了正确实施项目，需要对项目的时间、质量、成本三大目标进行分解，即项目进度管理（when）、项目质量管理（how good）、项目成本管理（how much）。
- 在项目实施过程中，需要投入足够的人力、物力资源，即项目资源管理（people and motivation）、项目采购管理（partners）。
- 为了对项目团队人员进行管理，让大家目标一致地完成项目，需要沟通，即项目沟通管理和相关方（干系人）管理（understand and be understood）。
- 项目在实施过程中会遇到各种风险，所以要进行风险管理，即项目风险管理。

● 项目管理一定要协调各个方面，不能只顾局部的利益和细节，所以需要集成管理，即项目集成管理。

1. 项目集成管理

项目集成管理包括为识别、定义、组合、统一和协调各项目管理过程组的各个过程和活动而开展的过程与活动。如图 1-5 所示，项目集成管理贯穿于项目的全过程。项目集成管理是指在项目的整个生命周期内，协调项目管理其他各管理知识领域，将项目管理的方方面面集成为一个有机的整体，保证项目总目标的实现。项目集成管理的目标在于对项目中的不同组成元素进行正确、高效的协调，而不是所有项目组成元素的简单相加。

图 1-5　项目集成管理知识领域

2. 项目范围管理

项目范围管理包括确保项目做且只做所需的全部工作以成功完成项目的各个过程。如图 1-6 所示，项目范围是为了交付具有特定属性和功能的产品而必须完成的工作。项目范围管理用以保证项目包含所有需要完成的工作，以顺利完成项目所需要的所有过程。项目范围管理主要定义项目需要完成的工作，确保项目包含且只包含所有需要完成的工作。项目范围管理可以控制项目包含和不包含什么内容。

图 1-6   项目范围管理知识领域

3. 项目进度管理

项目进度管理包括为管理项目按时完成所需的各个过程，如图 1-7 所示。按时提交项目对项目经理来说是较大挑战，时间是灵活性最小的控制元素，进度是导致项目冲突的最主要原因，尤其是在项目的后期，所以项目管理者学习项目进度管理过程尤为重要。

图 1-7　项目进度管理知识领域

项目进度管理概述

3.1 进度管理规划

1 输入
- 项目章程
- 项目管理计划
- 事业环境因素
- 组织过程资产

2 工具与技术
- 专家判断
- 数据分析
- 会议

3 输出
- 进度管理计划

3.4 任务历时估计

1 输入
- 项目管理计划
- 项目文件
- 事业环境因素
- 组织过程资产

2 工具与技术
- 专家判断
- 类比估算
- 参数估算
- 三点估算
- 自下而上估算
- 数据分析
- 决策
- 会议

3 输出
- 持续时间估算
- 估算依据
- 项目文件更新

3.2 任务定义

1 输入
- 项目管理计划
- 事业环境因素
- 组织过程资产

2 工具与技术
- 专家判断
- 分解
- 滚动式规划
- 会议

3 输出
- 活动清单
- 活动属性
- 里程碑清单
- 变更请求
- 项目管理计划更新

3.5 进度计划编制

1 输入
- 项目管理计划
- 项目文件
- 协议
- 事业环境因素
- 组织过程资产

2 工具与技术
- 进度网络分析
- 关键路径法
- 资源优化
- 数据分析
- 提前量和滞后量
- 进度压缩
- 项目管理信息系统
- 敏捷发布规划

3 输出
- 进度基准
- 项目进度计划
- 进度数据
- 项目日历
- 变更请求
- 项目管理计划更新
- 项目文件更新

3.3 任务排序

1 输入
- 项目管理计划
- 项目文件
- 事业环境因素
- 组织过程资产

2 工具与技术
- 紧前关系绘图法
- 确定和整合依赖关系
- 提前量和滞后量
- 项目管理信息系统

3 输出
- 项目进度网络图
- 项目文件更新

3.6 进度计划控制

1 输入
- 项目管理计划
- 项目文件
- 工作绩效数据
- 组织过程资产

2 工具与技术
- 数据分析
- 关键路径法
- 项目管理信息系统
- 资源优化
- 提前量和滞后量
- 进度压缩

3 输出
- 工作绩效信息
- 进度预测
- 变更请求
- 项目管理计划更新
- 项目文件更新

图 1-7　项目进度管理知识领域

4. 项目成本管理

项目成本管理包括为使项目在批准的预算内完成而对成本进行规划、估算、预算、融资、筹资、管理和控制的各个过程，是在项目具体实施过程中，为了确保完成项目所花费的实际成本不超过预算成本而展开的管理活动，如图 1-8 所示。

5. 项目质量管理

项目质量管理包括把组织的质量政策应用于规划、管理、控制项目和产品质量要求，以满足相关方期望的各个过程，如图 1-9 所示。项目质量管理要求保证该项目能够兑现它关于满足各种需求的承诺，涵盖与决定质量工作的策略、目标和责任的全部管理功能有关的各种活动。

图 1-8 项目成本管理知识领域

图 1-9　项目质量管理知识领域

6. 项目资源管理

项目资源管理包括识别、获取和管理所需资源以成功完成项目的各个过程，如图 1-10 所示。

7. 项目沟通管理

项目沟通管理包括为确保项目信息及时且恰当地规划、收集、生成、发布、存储、检索、管理、控制、监督和最终处置所需的各个过程，如图 1-11 所示。确定项目人员的沟通需求和需要的信息，即确定谁需要什么信息、什么时候需要，以及如何获取这些信息。

8. 项目风险管理

项目风险管理包括风险管理规划、风险识别、定性风险分析、定量风险分析、规划风险应对、风险应对计划和风险应对实施以及风险监控的各个过程，如图 1-12 所示。项目风险管理是决定采用什么方法和如何规划项目风险的活动，是指对项目风险从识别到分析乃至采取应对措施等一系列过程。它包括将积极因素所产生的影响最大化和使消极因素产生的影响最小化两方面内容。

9. 项目采购管理

项目采购管理包括从项目团队外部采购或获取所需产品、服务或成果的各个过程，如图 1-13 所示。项目采购管理包括从执行组织之外获取货物和服务的过程。为了满足项目的需求，项目组织需要从外部获取某些产品，这就是采购。采购的意义是广义的，可能是采购物品，也可能是采购服务（如软件开发等），还包括收集有关产品的信息，以进行择优选购。

10. 项目干系人管理

项目干系人管理也称为项目相关方管理，包括用于开展下列工作的各个过程：识别影响或受项目影响的人员、团队或组织，分析相关方对项目的期望和影响，制定合适的管理策略来有效调动相关方参与项目决策和执行。如图 1-14 所示。

```
                       项目资源管理概述

   6.1 资源规划          6.2 资源估算           6.3 资源获取
  1 输入               1 输入                1 输入
   • 项目章程            • 项目管理计划          • 项目管理计划
   • 项目管理计划         • 项目文件             • 项目文件
   • 项目文件            • 事业环境因素          • 事业环境因素
   • 事业环境因素         • 组织过程资产          • 组织过程资产
   • 组织过程资产        2 工具与技术           2 工具与技术
  2 工具与技术           • 专家判断             • 决策
   • 专家判断            • 自下而上估算          • 人际关系与团队技能
   • 数据表现            • 类比估算             • 预分派
   • 组织理论            • 参数估算             • 虚拟团队
   • 会议               • 数据分析            3 输出
  3 输出                • 项目管理信息系统        • 物质资源分配单
   • 资源管理计划         • 会议                • 项目团队派工单
   • 团队章程           3 输出                • 资源日历
   • 项目文件更新         • 资源需求             • 变更请求
                       • 估算依据             • 项目管理计划更新
                       • 资源分解结构          • 项目文件更新
                       • 项目文件更新          • 事业环境因素更新
   6.4 团队建设                               • 组织过程资产更新
  1 输入
   • 项目管理计划
   • 项目文件            6.5 团队管理
   • 事业环境因素        1 输入                 6.6 资源控制
   • 组织过程资产         • 项目管理计划         1 输入
  2 工具与技术           • 项目文件             • 项目管理计划
   • 集中办公            • 工作绩效报告          • 项目文件
   • 虚拟团队            • 团队绩效评价          • 工作绩效数据
   • 沟通技术            • 事业环境因素          • 协议
   • 人际关系与团队技能     • 组织过程资产          • 组织过程资产
   • 认可与奖励         2 工具与技术           2 工具与技术
   • 培训               • 人际关系与团队技能      • 数据分析
   • 个人和团队评估        • 项目管理信息系统       • 问题解决
   • 会议              3 输出                 • 人际关系与团队技能
  3 输出                • 变更请求             • 项目管理信息系统
   • 团队绩效评价         • 项目管理计划更新      3 输出
   • 变更请求            • 项目文件更新          • 工作绩效信息
   • 项目管理计划更新      • 事业环境因素更新        • 变更请求
   • 项目文件更新                             • 项目管理计划更新
   • 事业环境因素更新                           • 项目文件更新
   • 组织过程资产更新
```

图 1-10 项目资源管理知识领域

项目沟通管理概述

7.1 沟通管理规划	7.2 沟通管理	7.3 沟通控制
1 输入 • 项目章程 • 项目管理计划 • 项目文件 • 事业环境因素 • 组织过程资产 2 工具与技术 • 专家判断 • 沟通需求分析 • 沟通技术 • 沟通模型 • 沟通方法 • 人际关系与团队技能 • 数据表现 • 会议 3 输出 • 沟通管理计划 • 项目管理计划更新 • 项目文件更新	1 输入 • 项目管理计划 • 项目文件 • 工作绩效报告 • 事业环境因素 • 组织过程资产 2 工具与技术 • 沟通技术 • 沟通方法 • 沟通技能 • 项目管理信息系统 • 项目报告 • 人际关系与团队技能 • 会议 3 输出 • 项目沟通记录 • 项目管理计划更新 • 项目文件更新 • 组织过程资产更新	1 输入 • 项目管理计划 • 项目文件 • 工作绩效数据 • 事业环境因素 • 组织过程资产 2 工具与技术 • 专家判断 • 项目管理信息系统 • 数据表现 • 人际关系与团队技能 • 会议 3 输出 • 工作绩效信息 • 变更请求 • 项目管理计划更新 • 项目文件更新

图 1-11 项目沟通管理知识领域

项目风险管理概述

8.1 风险管理规划	8.2 风险识别	8.3 定性风险分析	8.4 定量风险分析
1 输入 • 项目章程 • 项目管理计划 • 项目文件 • 事业环境因素 • 组织过程资产 2 工具与技术 • 专家判断 • 数据分析 • 会议 3 输出 • 风险管理计划	1 输入 • 项目管理计划 • 项目文件 • 协议 • 采购文档 • 事业环境因素 • 组织过程资产 2 工具与技术 • 专家判断 • 数据收集 • 数据分析 • 人际关系与团队技能 • 提示清单 • 会议 3 输出 • 风险登记册 • 风险报告 • 项目文件更新	1 输入 • 项目管理计划 • 项目文件 • 事业环境因素 • 组织过程资产 2 工具与技术 • 专家判断 • 数据收集 • 数据分析 • 人际关系与团队技能 • 风险分类 • 数据表现 • 会议 3 输出 • 项目文件更新	1 输入 • 项目管理计划 • 项目文件 • 事业环境因素 • 组织过程资产 2 工具与技术 • 专家判断 • 数据收集 • 人际关系与团队技能 • 不确定性表现方式 • 数据分析 3 输出 • 项目文件更新

8.5 风险应对计划	8.6 风险应对实施	8.7 风险监控
1 输入 • 项目管理计划 • 项目文件 • 事业环境因素 • 组织过程资产 2 工具与技术 • 专家判断 • 数据收集 • 人际关系与团队技能 • 威胁应对策略 • 机会应对策略 • 应急应对策略 • 整体项目风险应对策略 • 数据分析 • 决策 3 输出 • 变更请求 • 项目管理计划更新 • 项目文件更新	1 输入 • 项目管理计划 • 项目文件 • 组织过程资产 2 工具与技术 • 专家判断 • 人际关系与团队技能 • 项目管理信息系统 3 输出 • 变更请求 • 项目文件更新	1 输入 • 项目管理计划 • 项目文件 • 工作绩效数据 • 工作绩效报告 2 工具与技术 • 数据分析 • 审计 • 会议 3 输出 • 工作绩效信息 • 变更请求 • 项目管理计划更新 • 项目文件更新 • 组织过程资产更新

图 1-12 项目风险管理知识领域

项目采购管理概述

9.1 采购管理规划

1 输入
- 项目章程
- 商业文件
- 项目管理计划
- 项目文件
- 事业环境因素
- 组织过程资产

2 工具与技术
- 专家判断
- 数据收集
- 数据分析
- 供方选择分析
- 会议

3 输出
- 采购管理计划
- 采购策略
- 招标文件
- 采购工作说明书
- 供方选择标准
- 自制或外购决策
- 独立成本估算
- 变更请求
- 项目文件更断
- 组织过程资产更新

9.2 采购实施

1 输入
- 项目管理计划
- 项目文件
- 采购文档
- 卖方建议书
- 事业环境因素
- 组织过程资产

2 工具与技术
- 专家判断
- 广告
- 投标人会议
- 数据分析
- 人际关系与团队技能

3 输出
- 投标人会议
- 协议
- 变更请求
- 项目管理计划更新
- 项目文件更新
- 组织过程资产更新

9.3 采购控制

1 输入
- 项目管理计划
- 项目文件
- 协议
- 采购文档
- 批准的变更请求
- 工作绩效数据
- 事业环境因素
- 组织过程资产

2 工具与技术
- 专家判断
- 索赔管理
- 数据分析
- 检查
- 审计

3 输出
- 结束的采购
- 工作绩效信息
- 采购文档更新
- 变更请求
- 项目管理计划更新
- 项目文件更新
- 组织过程资产更新

图 1-13　项目采购管理知识领域

项目干系人管理概述

10.1 识别干系人

1 输入
- 项目章程
- 商业文件
- 项目管理计划
- 项目文件
- 协议
- 事业环境因素
- 组织过程资产

2 工具与技术
- 专家判断
- 数据收集
- 数据分析
- 数据表现
- 会议

3 输出
- 干系人登记册
- 变更请求
- 项目管理计划更新
- 项目文件更新

10.2 规划干系人参与

1 输入
- 项目章程
- 项目管理计划
- 项目文件
- 协议
- 事业环境因素
- 组织过程资产

2 工具与技术
- 专家判断
- 数据收集
- 数据分析
- 决策
- 数据表现
- 会议

3 输出
- 干系人参与计划

10.3 管理干系人参与

1 输入
- 项目管理计划
- 项目文件
- 事业环境因素
- 组织过程资产

2 工具与技术
- 专家判断
- 沟通技能
- 人际关系与团队技能
- 基本规则
- 会议

3 输出
- 变更请求
- 项目管理计划更新
- 项目文件更新

10.4 监督干系人参与

1 输入
- 项目管理计划
- 项目文件
- 工作绩效数据
- 事业环境因素
- 组织过程资产

2 工具与技术
- 数据分析
- 决策
- 数据表现
- 沟通技能
- 人际关系与团队技能
- 会议

3 输出
- 工作绩效信息
- 变更请求
- 项目管理计划更新
- 项目文件更新

图 1-14　项目干系人管理知识领域

项目干系人管理主要通过沟通管理满足项目相关人员的需求和期望，同时解决问题。项目干系人管理还关注与干系人的持续沟通,以便了解干系人的需要和期望,解决实际发生的问题,管理利益冲突,促进干系人合理参与项目决策和活动。应该把干系人满意度作为关键的项目目标来进行管理。

按照项目管理生命周期,项目管理知识体系分为 5 个标准化过程组,也称为项目管理生命周期的 5 个阶段,即启动过程组、计划过程组、执行过程组、控制过程组、结束过程组(如图 1-15 所示)。每个标准化过程组由一个或多个过程组成,它们的关系定义如下。

- 启动过程组:主要是确定一个项目或一个阶段可以开始了,并要求着手实行;定义和授权项目或者项目的某个阶段。
- 计划过程组:为完成项目所要达到的商业要求而进行的实际可行的工作计划的设计、维护,确保实现项目的既定商业目标。计划基准是后面跟踪和监控的基础。
- 执行过程组:根据前面制订的基准计划,协调人力和其他资源,去执行项目管理计划或相关的子计划。执行过程存在两个方面的输入,一个是根据原来的基准来执行,另一个是根据监控中发现的变更来执行。主要变更必须要得到整体变更控制批准后才能够执行。
- 控制过程组:通过监督和检测过程确保项目达到目标,必要时采取一些修正措施。集成变更控制是一个重要的过程。
- 结束过程组:取得项目或阶段的正式认可并且有序地结束该项目或阶段,也称为收尾过程组。向客户提交相关产品,发布相关的结束报告,并且更新组织过程资产并释放资源。

图 1-15　项目管理的 5 个过程组

各个过程组通过其结果进行连接,一个过程组的结果或输出是另一个过程组的输入。其中,计划过程组、执行过程组和控制过程组是核心管理过程组。表 1-1 所示为 PMBOK 的 5 个标准化过程组、10 个知识领域、49 个模块之间的关系。

表 1-1　《PMBOK 指南》(第 6 版)的 5 个标准化过程组、10 个知识领域、49 个模块之间的关系

知识领域	项目管理过程组				
	启动过程组	计划过程组	执行过程组	控制过程组	结束过程组
1. 项目集成管理	1.1 制定项目章程	1.2 制订项目计划	1.3 指导与管理项目执行 1.4 管理项目知识	1.5 监控项目工作 1.6 实施整体变更控制	1.7 结束项目或阶段
2. 项目范围管理		2.1 规划范围 2.2 需求收集 2.3 范围定义 2.4 工作分解结构定义		2.5 范围核实 2.6 范围控制	
3. 项目进度管理		3.1 进度管理规划 3.2 任务定义 3.3 任务排序 3.4 任务历时估计 3.5 进度计划编制		3.6 进度计划控制	

（续）

知识领域	项目管理过程组				
	启动过程组	计划过程组	执行过程组	控制过程组	结束过程组
4. 项目成本管理		4.1 成本管理规划 4.2 成本估算 4.3 成本预算		4.4 成本控制	
5. 项目质量管理		5.1 质量规划	5.2 质量保证	5.3 质量控制	
6. 项目资源管理		6.1 资源规划 6.2 资源估算	6.3 资源获取 6.4 团队建设 6.5 团队管理	6.6 资源控制	
7. 项目沟通管理		7.1 沟通管理规划	7.2 沟通管理	7.3 沟通控制	
8. 项目风险管理		8.1 风险管理规划 8.2 风险识别 8.3 定性风险分析 8.4 定量风险分析 8.5 风险应对计划	8.6 风险应对实施	8.7 风险监控	
9. 项目采购管理		9.1 采购管理规划	9.2 采购实施	9.3 采购控制	
10. 项目干系人管理	10.1 识别干系人	10.2 规划干系人参与	10.3 管理干系人参与	10.4 监督干系人参与	

1.3.3 《PMBOK 指南》（第7版）

《PMBOK 指南》（第7版）不同于《PMBOK 指南》以往的版本，以往的版本是对上一个版本进行更新和替换。2021 年 7 月 1 日，令人翘首以待的《PMBOK 指南》（第7版）终于发布了。总体而言，《PMBOK 指南》（第7版）集百家之所长，成一家之所言。它的发布对项目管理界来说具有划时代的意义，也意味着全球最大的项目管理协会 PMI 正式地、完全地、完整地接受以往的项目管理五大过程组转变为以项目管理原则（principle）为导向的价值理念，由原来的项目科学化管理理念转为项目人心塑造和建设的理念。表 1-2 给出了《PMBOK 指南》第 6 版与第 7 版的对比。

表 1-2 《PMBOK 指南》第 6 版与第 7 版的对比

比较内容	《PMBOK 指南》（第6版）	《PMBOK 指南》（第7版）
总体方法	• 规定性的，而非描述性的 • 强调如何做，而非做什么或为什么做	• 用来指导思维、行动和行为的原则，体现在项目交付、敏捷、精益和以用户为中心的设计等内容中
设计依据	• 使用工具和技术，通过特定的过程将输入转化为输出 • 以过程为中心，以依从性驱动为导向	• 具有绩效成果的彼此相互作用和依赖的活动域，以及对常用的工具、技术、工件和框架的概述 • 除了可交付成果外，还聚焦于项目成果
项目环境	内部和外部	内部和外部
项目应用	大多数项目，大多数时间	任何项目
目标受众	主要是项目经理	参与到项目中，对团队成员、团队角色有特定关注的任何人，包括项目领导者、发起人和产品负责人
变更程度	基于以往的版本，进行增量修订	基于原则，反映全价值交付情景
裁剪指导	参考裁剪，但无特定的指导	提供特定的裁剪指导

　　《PMBOK 指南》(第 7 版)可谓标新立异,完全摒弃了以往项目管理过程组与知识领域相结合的风格,采用原则 + 绩效域的新架构进行编写。确立项目管理 12 项原则和 8 大绩效域,以一种柔性的原则体系打破原有约束性的过程组体系,以一组相互关联的项目管理活动(即绩效域)集成原有的项目管理知识领域,如图 1-16 所示。

图 1-16　12 项原则指导 8 大绩效域

　　此次 PMI 对《PMBOK 指南》的修订,也让我们意识到项目管理工作不仅是创造产出(output)和可交付物(deliverable),而且让产出和可交付物被客户、业主所使用,被社会和市场接受,创造有利的价值(value),价值交付系统如图 1-17 所示。而价值也不仅是财务经济价值,也应该考虑社会、环境的增量价值,当然在预期、衡量价值时,《PMBOK 指南》(第 7 版)中也提到不能因为对市场的短视,让短期的、一时的价值增长掩盖长期的健康发展。

图 1-17　价值交付系统

　　面对日益变化的外部环境和越来越复杂的项目,传统的基于一套固定模式的项目管理"套路"需要改进,裁剪恰到好处地解决了这种固化的管理痛点,对项目管理方法和过程进行量身定制（裁剪的本意），使其更加符合项目管理的环境和情境。《PMBOK 指南》（第 7 版）用一个章节详细描述对生命周期和开发方法、过程、参与互动、模型、工件、方法和绩效域的裁剪，唯独 12 项原则不可裁剪 [虽然《PMBOK 指南》（第 7 版）没有明确指出]，但是 12 项原则可以指导进行裁剪。158 个模型、工件和方法提供了项目管理实践的小方法、小技巧，能让我们在简化的思维模型、完善的工件和方法中事半功倍地理解手中的工作以及项目管理中发生的事情，更高效地完成项目管理工作，提升项目的成果和绩效。

《PMBOK 指南》（第 7 版）乍看改变了《PMBOK 指南》延续 20 多年的知识领域和五个大过程组的思路，而 PMI 给出的说法是《PMBOK 指南》（第 7 版）将会长期与第 6 版共存，也就是说《PMBOK 指南》（第 7 版）不是对第 6 版的推翻和替代，而是对第 6 版中项目管理精髓的延伸，是对第 6 版知识域与过程组高层次、高维度的承接。

绩效域是一组对有效地交付项目成果至关重要的相关活动，《PMBOK 指南》（第 7 版）将项目管理相关活动分为 8 组，构成 8 大绩效域。每个绩效域就内容结构而言，有其固定的三段式框架格式：首先是该绩效域的定义与成果的概要描述，其次是该绩效域的核心活动内容描述，最后是该绩效域与其他绩效域之间的相互作用，以及对于绩效域成果的检查。

- 干系人绩效域。项目由人来做且为人而做，人是项目管理中的核心要素，而干系人在人这个要素中扮演了关键的角色。干系人绩效域主要描述干系人在项目管理中的重要作用，以及识别、理解、分析、优先级排序、参与及监督干系人等一系列重要工作。其内容主要是《PMBOK 指南》传统版本中干系人管理相关内容的拓展。

- 团队绩效域。团队绩效域大致对应《PMBOK 指南》（第 6 版）第 3 章中项目经理相关内容与第 9 章中人力资源管理相关内容，涵盖了团队管理与领导力提升。该绩效域探讨了集中式团队管理与分布式团队管理的区别，强调了建立团队文化的重要作用，以及团队管理中决策与冲突解决的要求等内容。

- 开发方法和生命周期绩效域。开发方法和生命周期绩效域主要是关于项目生命周期的选择与开发方法的评估。该绩效域描述了从预测型到混合型再到适应型生命周期的频谱，以及开发、节奏和生命周期之间的关系，选择开发方法时所需考虑的变量等内容。

- 规划绩效域。规划绩效域大致对应《PMBOK 指南》（第 6 版）规划过程组的一系列相关工作。为了交付最终的可交付成果和项目成果，需要对项目的范围、进度、成本、质量、资源、沟通、采购等做相应的规划与估算工作。规划时需要考虑不同项目生命周期的特点，以采用不同的开发方法。

- 项目工作绩效域。项目工作绩效域大致对应传统的执行过程组中的一系列相关工作。该绩效域涉及平衡各种制约因素、建立合理的过程与过程优化、获取资源、招标采购，以及知识管理等内容。

- 交付绩效域。交付绩效域大致对应传统的项目需求、范围、质量管理、结束过程组，以及收益实现与价值交付等一系列相关工作，其中也包含敏捷的交付方式。

- 测量绩效域。测量绩效域大致对应传统的项目监控过程组的一系列相关工作，其中挣值管理依然扮演着非常重要的角色，同时也采用了不少敏捷方法。除了项目过程中的绩效测量外，还兼顾了与项目收益和价值相关的测量。

- 不确定性绩效域。不确定性绩效域主要由 VUCA 环境因素与风险管理两部分内容组成。对于 VUCA，《PMBOK 指南》（第 7 版）分别进行了深化阐述，针对不确定性

（Uncertainty）强调了韧性，针对模糊性（Ambiguity）强调了渐进明细，针对复杂性（Complexity）强调了系统解耦与迭代，针对易变性（Volatility）强调了备选方案与储备。对于风险管理则基本沿用了传统方法，强调机会的把握与威胁的应对。

总体来看，《PMBOK 指南》（第 7 版）中的 8 大绩效域除了大幅增加了 VUCA 与敏捷相关内容外，并没有摒弃以前版本的传统内容，基本上是对传统版本中五大过程组和十大知识领域的众多知识点加以解构与重构，构建出全新的以交付价值为导向的管理理念。8 个绩效域框架如图 1-18 所示，项目所处环境的不确定性（风险）程度与自身特点决定了生命周期与开发方法的选取，无论采用哪种开发方法，都需要通过 PDCA（Plan- 计划、Do- 执行、Check- 检查、Act- 处理）循环，即规划、项目工作、测量从而最终交付项目成果。在项目开展过程中，人是最重要的因素，项目需要干系人的有效参与，并需要通过激励团队来高绩效实施，从而达成目标。

图 1-18　8 大绩效域的理解框架

1.3.4　传统软件项目管理知识体系

1. 软件过程定义

所谓过程，简单来说就是人们做事情的一种固有的方式。做任何事情都存在过程，小到日常生活中的琐事，大到工程项目。对于做一件事，有经验的人对完成这件事的过程很了解，知道完成这件事需要经历几个步骤、每个步骤都完成什么事，以及需要什么样的资源和什么样的技术等，因而可以顺利地完成工作。没有经验的人对过程不了解，就会有无从着手的感觉。如图 1-19 所示，如果项目人员只将关注点放在最终的产品上，不关注期间的开发过程，那么不同的开发队伍或者个人可能会采用不同的开发过程，结果导致开发的产品质量不同，有的产品质量好，有的产品质量差，这完全依赖于个人的素质和能力。

图 1-19　关注结果

反之，如图 1-20 所示，如果项目人员将项目的关注点放在项目的开发过程上，不管谁来做，也不管什么需求，均采用统一的开发过程，即企业的关注点在过程，则经过同一企业过程开发的软件，产品的质量是一样的。可以通过不断提高过程的质量来提高产品的质量。这个过程是公司能力的体现，是不依赖于个人的。也就是说，产品的质量依赖于企业的过程能力，不依赖于个人能力。

图 1-20　关注过程

不能把软件过程简单地理解为软件产品的开发流程，因为我们要管理的并不只是软件产品开发的活动序列，而是软件开发的最佳实践。软件过程包括流程、技术、产品、活动间关系、角色、工具等，是软件开发过程中的各方面因素的有机结合。因此，在软件过程管理中，首先要进行过程定义，将过程以一种合理的方式描述出来，并建立企业内部的过程库，使过程成为企业内部可以被重用的共享资源。要不断对过程进行改进，以不断地改善和规范过程，从而帮助企业提高生产力。如果将一个软件的生产类比作一个产品的生产，那么生产线就是过程，产品按照生产线的规定进行生产。

软件开发的风险之所以大，是因为软件过程能力低，其中关键的问题在于软件开发组织不能很好地管理其软件过程，为此必须强调和加强软件开发过程的控制和管理。软件项目的开发过程主要有系统调研、需求分析、概要设计、详细设计、编码、测试、实施与维护等。不同软件项目的过程大体相同，但不同项目的每一个过程所包含的一系列具体的开发活动（子过程）千差万别，而且不同的项目组采用不同的开发技术，使用不同的技术路线，其开发过程的侧重点也不一样。因此项目经理在软件项目开发前，需要根据所开发的软件项目和项目组的实际情况，建立起一个稳定、可控的软件开发过程模型，并按照该过程来进行软件开发，这是项目成功的基本保证。

软件过程是极其复杂的。我们知道，软件是由需求驱动的，有了用户的实际需求才会开发一个软件产品。软件产品从需求的出现到最终的产品出现，要经历一个复杂的开发过程。软件产品在使用时要根据需求的变更不断修改，这称为软件维护。我们把用于进行软件开发及维护的全部技术、方法、活动、工具，以及它们之间的相互变换统称为软件过程。由此可见，软件过程的外延非常大，包含的内容非常多。对于一个软件开发机构来说，做过一个软件项目，无论成功与否，都能够从中总结出一些经验。做过的项目越多，经验越丰富，特别是完成一个成功的开发项目，从中可以总结出一些完善的过程，我们称之为最佳实践（best practice）。最佳实践开始存放在成功者的头脑中，很难在企业内部共享和重复利用并发挥其应有的效能。长期以来，这些本应属于企业的巨大的财富被人们所忽视，这无形中给企业带来了巨大的损失，当人员流动时，这种财富也随之流失，并且无法被其他的项目再利用。过程管理就是对最佳实践进行有效的积累，形成可重复的过程，使最佳实践可以在机构内部共享。过程管理的主要内容包括过程定义与过程改进。过程定义是对最佳实践加以总结，形成一套稳定的可重复的软件过程。过程改进是根据实践中对过程的使用情况，对过程中有偏差或不切合实际的地方进行优化的活动。通过实施过程管理，软件开发机构可以逐步提高其软件过程能力，从根本上提高软件生产能力。

2. 过程管理在软件项目中的作用

前面介绍了过程在软件开发中的重要性。对于软件这种产品来讲，软件过程具有非常重要的意义。一件家具的质量好主要有两方面的因素：一是用于生产这件家具的材料的质量要好，否则很难有好的家具；二是生产这件家具的加工工艺要好。早期的家具以手工制造为主，由于工匠的手艺不同，产品的质量参差不齐。技术的不断发展使材料质量得到了提高，同时在产品的加工上也引入了高技术含量的木工机械，所以产品的加工水平和质量的稳定性都得到了很大程度的提高。软件产品在生产上有一定的特殊性。首先，软件产品不是物理存在的实体，它是完全的逻辑的高度聚合体，所以在质量因素的构成上不存在材料质量的因素，因而，在生产过程中唯一影响软件产品质量的是其生产工艺。生产工艺在软件工程中的术语就是软件过程。软件过程管理对软件产业的发展非常重要。软件过程管理将帮助软件组织对过程资产进行有效管理，使之可以复用于实际项目中，并结合从项目中获取的过程的实际应用结果来不断地改进过程。这样软件组织就有能力改变自身的命运，将它从维系在一个或几个个体上变成维系在企业中的管理上。过程管理让软件组织直观感觉到的最明显的转变就是软件项目中所有成员的位置可以替换。

3. 软件项目管理知识体系的关系

顾名思义，过程管理就是对过程进行管理，其目的是要让过程能够被共享、复用，并得到持续改进。在软件行业，要管理的是软件过程。过程管理与项目管理在软件组织中处于重要地位，项目管理用于保证项目的成功，而过程管理用于管理最佳实践。两者并不是相互孤立的，而是有机地、紧密地相结合的。图 1-21 展示了过程管理和项目管理的基本关系。过程管理的成果即软件过程可以在项目管理中辅助项目管理的工作，在项目的计划阶段，项目计划的最佳参考是过去类似项目中的实践经验，这些内容通过过程管理成为过程管理的工作成果，这些成果对于一个项目的准确估算和合理计划非常有帮助。合理的计划是项目管理成功的基础。在项目计划的执行过程中，计划将根据实际情况不断调整，直到项目结束时，项目计划才能真正稳定下来。这份计划及其变更历史是过程管理中过程改进的最有价值的参考。在国外，成熟的软件组织内部，每个项目开发完成后必须提供"软件过程改进建议"文档，这是从软件开发项目过程中提炼出来的对软件过程改进的建议。过程的改进注重从项目的实际经验中不断将最佳实践提炼出来。

图 1-21　过程管理与项目管理的基本关系

所有的软件过程构成了软件项目管理的过程体系，对应 PMBOK 五个过程组和十个知识领域。大家最熟悉的过程组应该是执行过程组，例如需求过程、设计过程、编码过程，测试过程等；项目计划过程组有范围计划、进度计划、成本计划、质量计划等；控制过程组与计划过程组是一一对应的，控制的对象就是执行过程；当然，软件项目管理同理有启动过程组和结束过程组。这样就形成了软件项目管理体系，如图 1-22 所示。目前软件项目管理过程没有公认的体系标准，具体项目可以有适合自己的过程要求。

图 1-22 软件项目管理知识体系

1.4 敏捷软件项目管理

1.4.1 关于敏捷

软件项目是一类特殊项目,是脑力成果,而且依赖于用户需求,具有不断变化的特征。软件开发具有唯一性,是一次性的,这些都决定了软件项目的工程化有一定的难度。

从系统角度看软件项目,传统软件开发面临很多挑战,例如质量问题、测试问题、用户问题、进度问题、成本问题、团队的沟通问题等。快速变化的环境要求快速的开发和快速的提交,这促成了敏捷模型的产生。敏捷开发(agile development)是一种灵活的开发方法,用于在动态环境中向干系人快速交付产品。其主要特点是关注持续的交付价值,通过迭代和快速的用户反馈管理不确定性和应对变更。

由于高新技术的出现,技术更迭速度越来越快,产品的生命周期日益缩短,企业要面对新的竞争环境,抓住市场机遇,迅速开发出用户所需要的产品,就必须实现敏捷反应。与此同时,业界不断探寻适合软件项目的开发模式,其中,敏捷软件开发模式得到大家越来越多的关注。

高度不确定的项目变化速度快,复杂性和风险也较高。这些特点可能会给传统预测法带来问题,传统预测法旨在预先确定大部分需求,并通过变更请求过程控制变更。而敏捷方法的出现是为了在短时间内探讨可行性,根据评估和反馈快速调整。

2001 年年初,许多公司的软件团队都陷入了不断增长的过程的泥潭,一批业界专家聚集在一起概括出一些可以让软件开发团队具有快速工作、响应变化能力的价值观和原则,他们称自己为敏捷联盟。在随后的几个月中，他们发表了一份价值观声明，即"敏捷宣言"，正式宣告敏捷开发运动的开始。

1.4.2 敏捷项目管理

"敏捷宣言"代表了敏捷的核心价值，其内容如下。

- 个体和交互胜过过程和工具（individuals and interactions over processes and tools）。
- 可以工作的软件胜过面面俱到的文档（working software over comprehensive documentation）。
- 客户合作胜过合同谈判（customer collaboration over contract negotiation）。
- 响应变化胜过遵循计划（responding to change over following a plan）。

上述 4 个核心价值对应以下 12 个原则。

- 我们最先要做的是通过尽早地、持续地交付有价值的软件来使客户满意。
- 即使到了开发的后期，也欢迎改变需求。敏捷过程利用适应变化来为客户创造竞争优势。
- 经常性地交付可以工作的软件，交付的间隔可以从几个星期到几个月，交付的时间间隔越短越好。
- 在整个项目开发期间，业务人员和开发人员应尽可能在一起工作。
- 围绕被激励起来的个体组成团队来构建项目。给他们提供所需的环境与支持，并且信任他们能够完成工作。
- 在团队内部以及团队之间，最有效果并且最有效率的传递信息的方式就是面对面的交流。
- 可以工作的软件是首要的进度度量标准。
- 敏捷过程提倡平稳的开发。发起人、开发者和用户应该能够保持长期的、恒定的开发速度。
- 不断地关注优秀的技能和好的设计会增强敏捷的能力。
- 简单——使未完成的工作最大化的艺术——是根本的。
- 最好的架构、需求和设计出自自组织的团队。
- 每隔一定的时间，团队会在如何才能更有效地工作方面进行反思，然后相应地调整自己的行为。

尽管这些原则源自软件行业，但已经扩展到许多其他行业。这种思维模式、价值观和原则定义了敏捷方法的组成部分。今天所使用的各种敏捷方法都植根于敏捷思维模式、价值观和原则，它们之间的关系如图 1-23 所示。

图 1-23　敏捷思维模式、价值观和原则之间的关系

图 1-24 是在艾哈迈德·西德基（Ahmed Sidky）启发下提出的模式，它将敏捷明确表述

为一种思维模式,由"敏捷宣言"的价值观所界定,受"敏捷宣言"原则的指导,并通过各种实践实现。总之,敏捷方法是一个囊括各种框架和方法的涵盖性术语,它指的是符合"敏捷宣言"价值观和原则的任何方法、技术、框架、手段或实践。敏捷开发是一种灵活、快速的开发方法,可以应对迅速变化的需求,是一种迭代、循序渐进的开发方法。

敏捷思维主要体现为快速交付成果并获得早期反馈,同时强调以一种透明的方式工作,从图 1-25 可以看到,第一种方式是比较模糊的项目管理方式,而第二种方式更加透明和具体。

图 1-24 敏捷是许多方法的总称   图 1-25 模糊和透明方式的比较

敏捷软件开发是一种面临迅速变化的需求快速开发软件的能力,是对传统生存期模型的挑战,也是对复杂过程管理的挑战,是一种以人为核心、迭代、循序渐进的开发方法,是一种轻量级的软件开发方法。传统软件项目管理更倾向于不考虑项目后续需求的变化,在项目开始时预测用户需求,然后冻结需求,制订相应的开发计划,再按照计划执行。与之形成鲜明对比的是,敏捷软件项目管理通过不断的用户反馈动态调整需求,最终达成目标。这种自适应的特性使敏捷开发的产品更符合实际需求,如图 1-26 所示。

图 1-26 敏捷软件项目管理与传统软件项目管理的比较过程

随着云技术和敏捷思路的发展,云原生(cloud native)产生了。云原生是 Matt Stine 提出的一个概念,它是一个思想的集合,包括 DevOps、持续交付(continuous delivery)、微服务(micro service)、敏捷基础设施(agile infrastructure)、康威定律(conway's law)等。云原生包含一组应用的模式,用于帮助企业快速、持续、可靠、规模化地交付业务软件。云原生由微服务架构、DevOps 和以容器为代表的敏捷基础架构组成。因此,技术的发展也推动了敏捷软件项目管理的发展,如图 1-27 所示。

敏捷软件项目管理是应对快速变化环境的开发模型,以多迭代为代表,每个迭代在短期内完成一个有价值的、可用的结果。敏捷起源于软件,但是已经应用于很多行业。特斯拉采用了敏捷开发的原则,并建立了自己的工厂来模仿这一方法论的基本原则。一个由机器人和灵活、适应性强的工厂组成的系统本质上是一种简单的编程语言,可以随着用户需求的变化进行动态调整。例如,如果特斯拉的工程师设计出一种更好的车门——更轻、更安全、更便

宜——特斯拉就可以重新规划工厂来制造新的车门，并将其整合到现有的工厂流程中。这家
工厂可以随着新需求的添加和设计而进行调整。

图 1-27 技术与管理相互促进

1.5 AI 时代的软件项目管理

1.5.1 AI 时代的软件工程

AI 正在颠覆一切，软件工程也不例外。生成式人工智能（AIGC）在编码、设计、测试
和 DevOps 方面的最新成果令人印象深刻。在智能化时代，项目管理也随着发生了变化，借
助 AI 技术，软件项目实施流程得以精简，甚至实现了端到端的一站式软件项目流程，因此
软件项目管理过程也需要精简。

AIGC 是人工智能的一个分支，专注于创建和生成新的内容，如图像、文本、音频甚至
视频，这些内容很难与人类生成的内容区分开来。最近，由于大型语言模型（LLM）的进
步，以及 OpenAI、Stable Diffusion 和其他大厂的产品的发布，AIGC 备受关注。虽然很难
量化 AIGC 的准确传播范围，但可以肯定的是，研究人员、开发人员和软件从业人员正在积
极探索和利用 AIGC 的各种功能，如图像和文本生成、音乐和声音合成、视频生成、虚拟人
物和数字人创建以及数据增强。软件工程是 AI 革命的一部分，而 AIGC 可以使软件开发生
命周期（SDLC）的各个阶段得到显著改善。

由于软件具有天然的数字化特性，软件工程尤其适合借助 AIGC 的力量。具体的工程任
务，如数值分析和数据工程、文档编制、编码和质量控制，在某种程度上可能是重复性的，
因此，非常适合由训练有素的 AI 模型提供帮助。其次，复杂的算法代码结构适合由 AI 助
手生成。此外，软件开发人员面临的许多挑战可能已经解决。因此，对于训练有素的 AI 模
型来说，代码模块已经可用，生成整个函数或类也就变得可行了。AIGC 是加速软件开发的
有力工具。对于依赖于创建、维护或销售软件的公司来说，使用正确的 AIGC 工具可以提高
开发人员的效率、创造超越竞争对手的机会。企业可以通过多种方式利用 AIGC 工具，包括
开发人员的优化和培训、为关键工程任务启用 AIGC 工具等。

众所周知，AI 具有为技术组织增值的巨大潜力，例如 AI 能直接为以下软件工程活动提
供帮助。

- 需求开发方面：可以帮助我们更准确地理解和记录需求，协助起草和完善用户故事或
用例。

- 设计方面：可用于生成设计建议或对问题进行创意性的解决方案头脑风暴，协助起草设计文档或架构图。
- 编码方面：提供代码片段、建议或帮助开发人员了解复杂的编程概念，生成伪代码或解释代码逻辑。
- 代码生成：GitHub Copilot 、CodeWhisperer 、CodeArts Snap 等 AI 工具可以根据简单的文本提示生成整个代码。但使用代码生成的功能还是需要谨慎，因为该工具只是提供了模板代码，没有达到预期效果。不能盲目相信生成的代码，开发人员仍处于主导地位。检查代码的准确性、完整性和错误对于 AI 驱动的开发人员工作流程至关重要。
- 代码解释：作为开发人员，我们有时会加入一个项目或继承复杂的应用程序代码。我们可能需要花好几天的时间才能理解项目的结构和代码的工作原理，尤其是在文档很少的情况下。在这种情况下，ChatGPT 可以帮助开发人员解释代码，帮助开发人员减少阅读、理解和解释现有应用程序代码所需的时间，并进一步帮助开发人员加快入职或在新代码库中提高工作效率。
- 集成方面：解决合并代码或在整合软件各部分时出现的问题。
- 测试方面：根据需求和设计生成测试场景、边缘案例或测试脚本。协助分析测试结果，识别缺陷并提出可能的解决方案。

总之，AIGC 的出现为技术团队提供了提高效率的工具和技术。团队可以创建更好的软件产品，缩短开发生命周期，并对新原型进行市场测试，从而接触到更多客户，提高团队效率。

1.5.2　智能化时代的软件项目管理

随着人工智能技术的不断发展，软件项目管理领域也在逐渐借助 AI 技术来提升效率、质量和创新力。在传统的软件项目管理中，项目计划、资源分配、进度跟踪等环节通常由项目经理和团队成员手动完成，存在一定的主观性和复杂性。AI 驱动的软件项目模型引入了机器学习、自然语言处理、数据分析等技术，通过对历史项目数据的学习和对实时数据的分析，提供更智能的、预测性的项目管理决策支持。

2023 年年底，PMI 通过对"AI 正在对项目管理产生的影响"进行调查，发现 21% 的受访者提到他们正在使用 AI，82% 的高层领导认为 AI 会对项目产生一定的影响，91% 的受访者认为 AI 会对行业产生一定的影响。

智能化时代对软件项目开发和软件项目管理都带来了深刻的影响，我们要透过现象看本质，面向未来，洞察趋势，看到软件研发的范式（开发软件的本质）正在朝着一个新的方向迈进。

简单来说，AI 对于软件项目管理的影响如下。

- 降本增效：通过精简流程、节省人力资源，AI 可以有效降低组织运营的成本。AI 和 GAI 可以自动化和优化许多烦琐和重复的任务，从而减少人工干预和人为错误，提高工作效率和生产力。项目人员还可以用其书写基础代码、基础文档等。
- 理解用户需求：AI 和 GAI 还可以提供更准确、更及时和更个性化的数据和见解，从而帮助员工更好地理解和满足客户需求，提高客户满意度和忠诚度。
- 项目决策能力提升：AI 和 GAI 的数据处理能力无疑大大降低了数字化转型的难度和门槛。通过大数据分析、模型建模、情景模拟等方式，AI 和 GAI 能够更有效地发现项目隐藏的问题和规律，提供新视角，辅助人类进行更科学、更高效的决策。

- 重塑组织结构：由于 AI 和 GAI 工具的使用，某些分工和角色将不再存在，或者不再重要。同样，新的角色分工会涌现出来，由此会带来工作流程的调整和组织的重组，除了重组之外，组织的结构也会变得更加扁平。
- 新的工作方式和文化：AI 和 GAI 可以改变项目的工作方式和文化，例如更加注重数据驱动决策、更加注重创新。由于开发人员的知识技能水平显著提升，迭代速度将显著加快、组织结构将更加扁平化等，可以预见的是，组织的敏捷程度会大大提升，敏捷文化会得到加强。

软件项目管理者需要重新构建软件项目管理战略。

- 重新定位 AI。AI 在项目中的辅助角色可以变为重要角色，在需求、设计、评审和重构代码过程中承担工作。
- 构建或者使用软件项目管理大模型的能力。优先引入 / 开发 LLM 编程 / 测试助手，其次，引入 / 开发 LLM BA/Ops 助手，再引入 / 开发 LLM 调度 / 任务管理工具，最终形成基于 LLM 的工程平台。从头开始训练一个自定义模型的难度比较高，微调一个基础模型的难度适中，通过进一步的专有或特定领域数据的额外训练来更新预训练模型的权重。使用预先训练好的模型并检索相关背景，通过收集数据将其转化为嵌入并存储在一个矢量数据库中，当查询发生时，搜索这些嵌入数据以获得相关的背景，并将其提供给模型。这种做法难度最低，当然，直接使用第三方的 LLM API 没有难度，但有安全风险。
- 团队组织与流程优化。人始终是决定性因素，需要高度重视组织重构和人才培养。
  - 组织需要优化，团队规模应缩小。
  - 组织可分解为更多、更小的特战队。
  - 多数角色都在，但低层次的工作岗位基本可以取消。
  - 招聘一些高端的 AI 专业人才。

1.5.3　智能化软件项目管理

智能化软件项目管理，即 AI 驱动下的软件项目管理，旨在通过智能化、自动化的手段提升项目管理的水平，使团队更好地适应快速变化的市场和技术环境。这一发展方向将为软件项目的成功交付和持续优化带来新的可能。新型的项目管理模型中，AI 系统可以自动分析项目需求，优化资源分配，识别潜在的风险和瓶颈，并提供实时的数据洞察。通过深度学习算法，系统能够根据项目历史数据和实际执行情况不断优化自身的预测和决策能力，使项目管理更加精准和高效。

人工智能在项目管理方面具有以下优势。

- 效率和速度是第一位的：人工智能通过自动化日常工作来提高生产力，在生成报告、安排会议和发送后续电子邮件方面更快、更准确。
- 风险管理：生成式人工智能可以快速列出人员正在工作的环境中的潜在风险，可以分析历史项目数据并预测由于某些因素而导致工期延误或成本超支，项目经理可以提前干预。
- 辅助决策：可以通过分析超大量数据来提供建议，例如项目的优先级排序。

PMI 的报告中显示，AI 在成本进度估算、成本效益分析、大规模数据集分析、风险分析等方面有一定的智能辅助作用，在项目决策、项目业务案例创建等方面有一定的智能增强作用，在会议记录与总结、经验学习与总结、报告撰写等方面有一定的自动化辅助作用。报告中提到：2023 年，46% 的公司已经采用 AI 进行内部沟通，53% 的公司用 AI 改善生产流程，51% 的公司用 AI 进行流程自动化改进。

总之，在 AI 时代下的项目管理可以实现以下功能：

- 项目数据收集与分析的自动化和智能化。
- 基于数据和客观事实的范围、时间进度、成本、质量的评估和预测。
- 学习与利用项目流程、知识智能化、团队协同智能化、实现人机对话。
- 项目风险的智能化预测与管理。
- 项目智能化决策支持。

1.6 软件行业基准数据报告

中国软件行业基准数据库（以下简称 CSBSG）是在工业和信息化部信息化与软件服务业司、中国软件行业协会的领导下，由中国软件行业协会软件造价分会、中关村智联软件服务业质量创新联盟和 SSM Institute 共同牵头并承担建设。

CSBSG 主要是通过收集软件项目的历史数据，对项目规模、工作量、成本、工期、质量等数据展开行业基准比对，每年发布中国软件行业基准数据，展示行业发展水平及企业现状，发现行业最佳实践，促进企业生产力水平的持续改进。每年发布的《中国软件行业基准数据报告》是国标 GB/T 36964—2018 即《软件工程 软件开发成本度量规范》落地应用的最佳工具，也是在全行业引导科学量化观念，推动政企管理体系向数字化转型的重要支撑。

下面以 2023 年 9 月发布的中国软件行业基准数据（SSM-BK-202309）为例进行介绍。

- 数据范围。本次发布的中国软件行业基准数据，基于 CSBSG 数据库中所有可信度为 A 和 B 级的 29027 套国内软件项目数据分析得出。所有数据均为项目全生命周期数据，即工作量数据包含了开发方从立项到交付的所有工程活动（如需求分析、设计、编码、集成、测试、实施）以及相关的项目管理及支持活动所耗费的工作量。数据覆盖了政府、金融、电信、交通、能源、制造等行业领域，软件项目规模大小从 100FP（功能点）到 65 000FP（功能点）不等。
- 数据可信度。项目数据可信度等级定义如表 1-3 所示。

表 1-3　项目数据可信度等级定义

等级 A	非常可信	项目数据非常健全，不存在任何影响其完整性和正确性的因素
等级 B	可信	总体上被评估为健全，但是存在某些因素或许会影响数据的可信度
等级 C	部分可信	数据不完整或因为没有提供部分重要数据，不能充分评估数据的可信度
等级 D	不可信	因为某个要素或某个要素组合，数据不具有可信性

1. 行业生产率数据

全行业和分行业的生产率数据如表 1-4 和表 1-5 所示。

表 1-4　全行业的生产率数据

生产率（单位：人时 / 功能点）				
P10	P25	P50	P75	P90
2.06	4.15	7.14	15.38	18.92

表 1-5　分行业的生产率数据

行业领域	P10	P25	P50	P75	P90
政府（OA 类）	1.62	3.15	5.94	12.21	15.36
政府（电子政务类）	2.26	4.31	7.95	14.15	17.78
金融	2.96	6.88	11.52	14.79	23.35
电信	3.02	5.23	10.56	17.73	25.74
能源	2.10	4.12	8.61	16.72	26.14
交通	2.02	3.92	7.87	20.14	25.13
制造	2.05	3.27	8.89	17.33	25.96
医疗	1.98	4.59	6.82	15.24	20.19

2. 行业缺陷密度数据

表 1-6 所示为软件项目的缺陷密度基准数据明细，用于计算基准数据的缺陷数，为项目交付前所有的测试活动（包括内部测试及用户验收测试）发现的缺陷之和。

表 1-6　缺陷密度基准数据明细

缺陷密度（单位：缺陷数 / 功能点）				
P10	P25	P50	P75	P90
0.03	0.05	0.16	0.72	1.15

3. 工作量分布数据

表 1-7 所示为工作量分布基准数据明细，占比最高的是构建阶段，为 40.04%。

表 1-7　工作量分布基准数据明细

工程活动工作量分布详细信息				
需求	设计	构建	测试	实施
13.75%	11.87%	40.04%	23.98%	10.36%

4. 人员费率数据

表 1-8 为部分城市基准人月费率（软件开发）明细，人月费率包含软件的直接人力成本、间接成本及合理利润，但不包括直接非人力成本。

表 1-8　部分城市基准人月费率（软件开发）明细

序号	城市名称	基准人月费率（万元）	序号	城市名称	基准人月费率（万元）
1	北京	3.20	10	武汉	2.29
2	上海	3.18	11	重庆	2.21
3	深圳	3.11	12	天津	2.22
4	广州	2.69	13	西安	2.29
5	杭州	2.77	14	大连	2.20
6	苏州	2.52	15	青岛	2.24
7	南京	2.59	16	长沙	2.18
8	厦门	2.32	17	济南	2.18
9	成都	2.35	18	宁波	2.26

5. 功能点单价

功能点单价基准为 1313.10 元 / 功能点。以北京地区行业中位数（P50）为基准，人月工时为 174（21.75×8）人时 / 人月，费用包含软件的直接人力成本、间接成本及合理利润，但不包括直接非人力成本。其他地区功能点单价基准可参照与北京地区人月费率对应关系进行折算。

总之，这些行业基准数据对于软件项目规划和管理有一定的参考价值。

1.7 本书的组织结构

软件项目管理不同于其他领域的项目管理，软件项目有很大的特殊性，软件工程也远远没有建筑工程等领域规范化，经验在软件项目管理中起很重要的作用。本书分为 5 篇，前 4 篇代表软件项目管理的 4 个阶段，即项目初始、项目计划、项目执行控制、项目结束，如图 1-28 所示，最后是项目实践。项目计划和项目执行控制是项目管理中最重要的两项任务。在项目的前期，项目经理完成项目初始和计划阶段的工作，这个阶段的重点是明确项目的范围和需求，并据此计划项目的活动，进行项目的估算和资源分配、进度表的排定等。在项目计划完成后，整个项目团队按照计划的安排来完成各项工作。在工作进展的过程中，项目经理要通过多种途径来了解项目的实际进展情况，并检查与项目计划之间是否存在偏差，出现偏差意味着工作没有按照计划的预期来进行，这有可能对项目的最终结果产生重大影响，因此需要及时调整项目计划。调整计划要具体问题具体分析，先要找到问题发生的原因，然后采取相应的应对措施。在实际项目的进展过程中，计划工作与跟踪工作会交替进行，核心是围绕着最终的项目目标。

1. 项目初始

项目初始是软件项目管理的第一个阶段，包括：项目立项，招投标，合同（或者协议）的确定，明确软件要完成的主要功能，以及项目开发的阶段周期等。因此，项目初始篇又分两章，主要内容包括项目确立、生存期模型，如图 1-29 所示。

图 1-28　软件项目管理的阶段

图 1-29　项目初始路线图

2. 项目计划

项目计划是建立项目行动指南的基准，包括对软件项目的估算、风险分析、进度规划、团队人员的选择与配备、产品质量规划等，用于指导项目的进程发展。规划建立软件项目的预算，可提供一个控制项目成本的尺度，为将来的评估提供参考，是项目进度安排的依据。最后形成的项目计划书将作为跟踪控制的依据。因此，项目计划篇依次讲述了范围计划、成本计划、进度计划、质量计划、配置管理计划、团队计划、风险计划、合同计划等，如图 1-30 所示。

图 1-30　项目计划路线图

3. 项目执行控制

一旦建立了基准计划就必须按照计划执行，包括按计划执行项目和控制项目，以使项目在预算内、按进度、使顾客满意地完成。在这个阶段，项目管理过程包括测量实际的进程，并与计划进程相比较，同时发现计划的不当之处。为了测量实际的进程，掌握实际上已经开始或结束的任务、已投入的资金等很重要。如果实际进程与计划进程的比较显示出项目落后于计划、超出预算或是没有达到技术要求，就应该采取纠正措施，以使项目能恢复到正常轨道，或者更正计划的不合理之处。因此，项目执行控制是对所有计划的执行控制过程。软件项目执行控制篇主要包括项目跟踪与度量、核心计划执行控制、辅助计划执行控制，如图 1-31 所示。

图 1-31　项目执行控制路线图

4. 项目结束

项目管理的最后环节是项目的结束过程。项目的特征之一是它的一次性。项目有起点也有终点，项目结束期的主要工作是适时地做出项目终止的决策、确认项目实施的各项成果、进行项目的交接和清算等，同时对项目进行最后评审，并对项目进行总结。项目结束路线图如图 1-32 所示。

项目初始　项目计划　项目执行控制　项目结束

图 1-32　项目结束路线图

小结

本章介绍软件项目管理的概念、特点、过程及其重要性。过程管理在软件项目管理中起重要作用，通过不断地优化和规范过程，可以帮助企业提高软件的生产能力。软件项目管理包括 4 个阶段：项目初始阶段、项目计划阶段、项目执行控制阶段和项目结束阶段。另外，本章还阐述了项目管理知识体系，也给出了软件项目管理的知识体系，同时介绍了敏捷项目管理的概念。另外，也探讨了 AI 驱动下的软件项目管理变化。最后，本章给出了软件项目管理的路线图。

记住：对软件项目的理解越深刻，项目开发和管理的经验越多，就越能管理好项目。软件项目管理是一个渐进明细的过程，它的灵活性和实践性很强，不可死记硬背。项目管理没有唯一的标准，只有最适合特定项目的管理方法。

练习题

一、填空题

1. 敏捷开发模型包括_____个核心价值，对应_____个敏捷原则。
2. 传统项目管理包括_____、_____、_____、_____、_____5 个过程组。
3.《PMBOK 指南》（第 7 版）包含_____个绩效域。
4. VUCA 时代中的 U 代表的含义是_____。

二、判断题

1. 搬家属于项目。( )
2. 项目是为了创造唯一的产品或提供唯一的服务而进行的永久性的努力。( )
3. 过程管理的目的是要让过程能够被共享、复用，并得到持续的改进。( )
4. 项目具有临时性的特征。( )
5. 日常运作存在大量的变更管理，而项目基本保持连贯性。( )
6. 项目开发过程中可以无限制地使用资源。( )
7. 相比于传统开发的预测性过程，敏捷开发属于自适应过程。( )

三、选择题

1. 下列选项中不是项目与日常运作的区别的是( )。
   A. 项目是以目标为导向的，日常运作是通过效率和有效性体现的
   B. 项目是通过项目经理及其团队的工作完成的，而日常运作是职能式的线性管理
   C. 项目需要有专业知识的人来完成，而日常运作的完成不需要特定专业知识
   D. 项目是一次性的，日常运作是重复进行的
2. 以下都是日常运作和项目的共同之处，除了( )。
   A. 由人来做   B. 受制于有限的资源
   C. 需要规划、执行和控制   D. 都是重复性工作
3. 下面哪一项不是《PMBOK 指南》(第6版)中的知识领域? ( )
   A. 招聘管理   B. 质量管理   C. 范围管理   D. 风险管理
4. 下列选项中属于项目的是( )。
   A. 上课   B. 社区保安   C. 野餐活动   D. 每天的卫生保洁
5. 下列选项中正确的是( )。
   A. 一个项目具有明确的目标而且周期不限   B. 一个项目一旦确定就不会发生变更
   C. 每个项目都有自己的独特性   D. 项目都是一次性的并由项目经理独自完成
6. ( )是为了创造唯一的产品或提供唯一的服务而进行的临时性的努力。
   A. 过程   B. 项目   C. 项目群   D. 组合
7. 下面哪一项不是"敏捷宣言"中的内容? ( )
   A. 个体和交互胜过过程和工具   B. 可以工作的软件胜过面面俱到的文档
   C. 敏捷开发过程是自适应的过程   D. 响应变化胜过遵循计划
8. 下列活动中不是项目的是( )。
   A. 野餐活动   B. 集体婚礼   C. 上课   D. 开发操作系统
9. 下列选项中不是项目特征的是( )。
   A. 项目具有明确的目标   B. 项目具有限定的周期
   C. 项目可以重复进行   D. 项目对资源成本具有约束性

四、问答题

1. 项目管理知识体系[《PMBOK 指南》(第6版)]包括哪10个知识领域?
2. 请简述项目管理的5个过程组及其关系。
3. 项目的特征是什么?

第一篇

项目初始

项目初始是定义一个新项目并授权开始该项目的一组过程，是项目管理的第一个阶段，包括项目确立和生存期模型选择，项目初始阶段奠定了项目的基调和走向，为后续工作提供了前提。

第2章

项目立项与招投标

本章介绍项目确立的主要过程，包括项目评估、立项、招投标、项目章程等环节。进入路线图中的"项目确立"，如图 2-1 所示。

图 2-1 路线图中的"项目确立"

2.1 项目评估

根据项目不同阶段工作的要求，确定项目经济评估的深度。评估的流程主要包括：项目可行性研究阶段的评估、项目招投标阶段的评估、项目实施阶段的评估以及项目建成后的评估。项目可行性研究阶段的评估是指对项目建设的必要性、财务可行性、经济合理性、投资风险等进行全面评价，系统分析与计算项目效益和成本，推荐最佳方案。项目实施阶段的评估表现为项目计划和执行控制阶段的工作量评估、成本评估、进度评估、质量评估、风险评估等，以此对项目进行计划和控制。项目建成后的评估是项目结束阶段的评估。

2.1.1 项目启动

一个组织启动项目是为了应对影响该组织的因素。这些基本因素大致分为四类，如图 2-2 所示，即符合法规、法律或社会要求，满足相关方的要求或需求，执行、变更业务或技术战略，创造、改进或修复产品、过程或服务。

图 2-2 项目启动应对的因素

　　项目为组织提供了一个有效的途径，使其能够成功做出应对这些因素所需要的变更。这些因素最终应与组织的战略目标以及各个项目的商业价值相关联，例如进行市场分析，客观地分析市场现状（市场容量的大小、供求情况），预测未来市场的发展趋势（高速成长，平稳发展，还是逐渐衰退），了解主要竞争对手的产品、市场份额和发展战略。另外，要研究国家政策和产业导向，国家、行业和地方的科技发展和经济社会发展的长期规划与阶段性规划，这些规划一般由国务院、各部委、地方政府和主管厅局发布。这些项目启动背景，只是识别出的项目机会，还必须对其进行可行性分析。

2.1.2　项目可行性分析

　　真正启动一个项目之前，需要对项目进行可行性评估，评估是为立项做准备的，它是立项的依据。评估主要从战略、可操作性、计划、技术、社会可行性、市场可行性、经济可行性等方面来进行。战略评估是从整个企业的角度来考虑项目的可行性；可操作性评估重点从系统本身、人员等方面来进行；计划评估重点考虑项目制订的计划是否可行；技术评估是对开发的系统进行功能、性能和限制条件的分析，确定在现有资源的条件下技术风险的大小以及系统是否能实现；社会可行性评估主要从法律、社会等方面进行分析；市场可行性评估主要针对大众产品类软件项目，重点考虑市场因素，了解产品生产后是否有市场，是否可以带来预期的经济效益，市场可行性评估采用的主要方法是 SWOT 分析法，包括分析企业的优势（strength）、劣势（weakness）、机会（opportunity）和威胁（threat）；经济可行性评估是很多项目进行评估的底线，在开始一个新项目前必须做经济可行性分析，它是指对整个项目的投资和所产生的效益进行分析。

2.1.3　项目经济性分析

　　项目成本效益分析方法是评价项目经济效益的主要方法，它是指将系统开发和运行所需要的成本与得到的效益进行比较，如果成本高于收益则表明项目亏损，如果成本小于效益则表明项目值得投资。成本效益分析方法需要采用一些经济评价指标来衡量项目的价值，下面介绍其中主要的经济评价指标。

1. 现金流预测

　　现金流预测是描述何时支出费用、何时有收益的过程。表 2-1 描述了 4 个项目的现金流预测（负值表示花费，正值表示效益）。

表 2-1　4 个项目的现金流预测　　　　　　　　（单位：元）

年	项目			
	项目 1	项目 2	项目 3	项目 4
0	−100 000	−1 000 000	−100 000	−120 000
1	10 000	200 000	30 000	30 000
2	10 000	200 000	30 000	30 000
3	10 000	200 000	30 000	30 000
4	20 000	200 000	30 000	30 000
5	100 000	300 000	30 000	75 000
净利润	50 000	100 000	50 000	75 000

2. 净利润

　　净利润（net profit）是在项目的整个生命周期中总成本和总收入之差。从表 2-1 看，项目 2 有最大的净利润，但它是以最大投入为代价的。净利润没有考虑现金流的时限，项目 1 和项目 3 虽然有 5 万元的净利润，但是项目 3 在整个项目周期有平稳的效益。

3. 投资回报期

投资回报期（payback period）是指达到收支平衡或者偿还初始投入所花费的时间。投资回报期是衡量收回初始投资的速度的指标。如果企业希望最小化项目"负债"的时间，则可以选择具备最短投资回报期的项目。从表 2-1 看，项目 3 是投资回报期最短的项目，但是这个指标忽略了项目总的可能收益，项目 2 和项目 4 总体上比项目 3 有更大的收益。

4. 投资回报率

投资回报率（Return On Investment，ROI）也称为会计回报率（Accounting Rate of Return，ARR），用于比较净收益率与需要的投入，常见的最简单的公式是

$$ROI=（平均年利润 / 总投资）\times 100\%$$

对于表 2-1 中的项目 1，其净利润为 5 万元，总投资是 10 万元，则 ROI=（（50 000/5）/ 100 000）× 100%=10%。

5. 净现值

现值（Present Value，PV）是指资金贴现到现在时刻的价值。现值是相对的概念，将 $t+n$ 个时点上所发生的资金折现到第 t 个时点，所得的等值金额就是 $t+n$ 个时点上的资金额在 t 时点的现值。它基于这样的观点：今天收到 100 元要比明年收到 100 元更好。计算公式如下：

$$PV= 第\ t\ 年的值 /（1+r）^t$$

其中，r 是折现率，t 是现金流在未来出现的年数。

净现值（Net Present Value，NPV）是在项目计算期内按行业基准折现率或其他设定的折现率计算的各年净现金流量现值的代数和，即未来资金（现金）流入（收入）现值与未来资金（现金）流出（支出）现值的差额。净现值分析是一种项目评价技术，考虑了项目的收益率和要产生的现金流的时限。

计算净现值的公式如下：

$$净现值 = \sum_{k=0}^{n}\frac{I_k}{(1+i)^k} - \sum_{k=0}^{n}\frac{O_k}{(1+i)^k}$$

其中：n 是投资涉及的年限，I_k 是第 k 年的现金流入量，O_k 是第 k 年的现金流出量，i 是预定的折现率。

6. 内部回报率

内部回报率（Internal Rate of Return，IRR）是指可以直接与利润比较的百分比回报。如果借贷的资本少于 10%，或者如果资本不投入到回报大于 10% 的其他地方，则具有 10% 的内部回报率的项目是值得做的。

2.2 项目立项

在项目实施过程中，项目的利益应该高于一切。所谓项目利益是因项目的成功而给各项目干系人带来的可以分享的利益。因此，确定实施一个项目是需要多方斟酌和考虑的。

2.2.1 项目立项流程

在项目选择过程中，关键是对项目的定义有明确的描述，包括明确项目的目标、项目的时间表、项目使用的资源和经费，而且得到项目发起人的认可。这个阶段称为立项阶段。立项流程如图 2-3 所示，首先项目发起人对发起的项目进行调研和可行性分析，如果认为可以启动这个项目，则根据产品构思、立项调查和可行性分析结果完成《立项建议书》（图 2-4 是国家重点研发计划项目的立项申请书模板），提交给有决策权的机构领导，以进行项目审核并得到支持。项目立项审核后提交立项评审报告，如果通过审核，并且签署审核意见，则表示项目可以立项，否则取消立项。

图 2-3 立项流程

图 2-4 立项申请书模板

立项是要解决做什么的问题，需要确定开发的项目，关注点是效益和利润。项目立项报告的核心内容是确定立项前期需要投入多少，能否盈利，什么时候能够盈利，能否持久地盈利，等等。

立项审批通过后，一般会下达立项文件，其主要内容包括项目的大致范围、项目的一些关键时间，并指定项目经理和部分项目成员等。项目一旦确定就具有明确的起始日期和终止日期。项目经理的角色不是永久性的，而是暂时的。项目经理的责任是明确目标，规划达到目标的步骤，然后带领团队按计划实现目标。

2.2.2 自制－购买的经济性决策

在立项阶段，产品负责人进行自制－购买（make or buy）决策，确定应当采购待开发产品的哪些部分、外包开发还是自主研发。除了需要考虑自制或者购买的初始成本，还要考虑后续的大量费用。例如，如果一个公司准备租赁一台设备，那么需要评估租赁设备的后续费用与购买设备的后续费用的比较情况，以及每月的维护费、保险费和设备管理费等。

例如，图 2-5 显示了决定自己开发软件还是从软件公司购买软件的数学分析结果。如果选择自己开发软件的策略，公司需要花费 25 000 美元，根据历史信息，维护这个软件每个月需要的费用是 2500 美元。如果选择购买软件公司产品的策略，需要 17 000 美元，同时软件公司为每个安装的软件进行维护的费用是每月 2700 美元。自己开发软件和购买软件的费用之差是 8000 美元，而支持维护的费用之差是每月 200 美元。

图 2-5 自制－购买决策过程

自行开发费用与购买费用之差除以每月费用之差（即 8000 美元除以 200 美元）为 40，因此如果这个软件的使用期在 40 个月之内，则公司可以考虑购买软件，否则应该自行开发软件。一个企业选择自制还是购买的依据有很多，表 2-2 列出了自制－购买决策过程的常用选择依据。

表 2-2 自制－购买决策过程的常用选择依据

自制的理由	购买的理由
自制成本少	购买成本低
可以采用自制的技巧	不会自制
工作可控	工作量小
可以获得知识产权	购买更有益
学习新的技能	转移风险
有可用的开发人员	有很好的供货商
核心项目工作	项目可以将注意力放在其他工作上

购买需要组装和配置的硬件有很多种方式。对于一个项目来说，有些情况下，使用组装好的硬件是比较合适的，在另外一些情况下，现场组装硬件可以节省成本。

一个项目或者自行开发或者外包给别人，若选择外包，就存在甲乙方之间的责任和义务的关系。甲方即需方（有时也称为买方）对所需要的产品或服务进行"采购"，这覆盖了两种情况，一种是为自身的产品或资源进行采购，另一种是为顾客进行采购（与顾客签订合同的一部分）。"采购"这个术语是广义的，其中包括软件开发委托、设备的采购、技术资源的获取等。乙方即供方（有时也称为卖方）为顾客提供产品或服务。"服务"这个术语是广义的，其中包括为客户开发系统、为客户提供技术咨询、为客户提供专项技术开发服务及为客户提供技术资源（人力和设备）服务。

2.3　项目招投标

作为合同项目，需要明确甲乙双方的任务。企业在甲（需）方合同环境下的关键要素是提供准确、清晰和完整的需求，选择合格的乙（供）方并对采购对象（包括产品、服务、人力资源等）进行必要的验收。企业在乙方合同环境下的关键要素是了解清楚甲方的需求并判断企业是否有能力满足这些需求。软件开发商更多是供方的角色。

甲（需）方在招投标阶段的主要任务是定义招标书、选择供方、签署合同。乙（供）方在招投标阶段的主要任务是进行项目选择。

项目选择是项目型企业业务能力的关键，是指从获得商机到与客户签订项目合同的过程。项目选择开始于收集项目商机并进行简单评估，确定可能的目标项目，初步选择适合本企业的项目，然后对项目进行进一步分析，与客户进行沟通，制订项目方案和计划，通常还需要与客户进行反复交流，参加竞标，直到签订合同才算完成项目的选择过程。

2.3.1　招标过程

启动一个项目主要是由于存在一种需求。招标过程首先定义招标书，招标书定义主要是甲方的需求定义，也就是甲方定义采购的内容。软件项目采购的是软件产品，需要定义采购的软件需求，即提供完整清晰的软件需求和软件项目的验收标准，必要的时候明确合同的要求，最后，潜在的乙方可以得到这个招标文件。招标书定义过程如图 2-6 所示。

图 2-6　招标书定义过程

甲方在招标过程中的具体活动描述如下。

1）定义采购需求并对采购需求进行评审。

2）根据采购需求确定采购商务条件（如甲乙双方的职责、控制方式、价格等）。

3）确定采购对象的验证、检验标准与方式。

4）收集和汇集其他相关采购资料（如技术标准附件、产品提交清单）。

5）项目决策者负责认可采购需求、验收标准和相关资料。

6）根据上述信息编写招标书（招标文件），必要时可以委托招标公司进行招标。

招标书主要包括三部分内容：技术说明、商务说明和投标说明。技术说明主要对采购的产品或者委托的项目进行详细的描述。商务说明主要包括合同条款。投标说明主要是对项目背景和标书的提交格式、内容、提交时间等做出规定。招标书是投标人编写投标书的基础，也是签订合同的基础，必须小心谨慎，力求准确完整。如果合同条款存在漏洞，在合同执行过程中，双方可能会发生争议，直接影响合同的顺利执行，甚至可能造成巨大的经济损失。

招标书一般要明确投标书的评估标准。评估标准用来对投标书进行排序和打分，是选择乙方的依据。它包括客观和主观的评定标准，客观标准是事先规定好的明确的要求，如"乙方需要达到 CMM 3 级以上的要求"，主观标准比较模糊，如"乙方应该具备同类技术的相关经验"。评估标准一般包括以下几个方面。

- 价格：包括产品及产品提交后所发生的附属费用。
- 对需求的理解：通过乙方提交的投标书，评定乙方是否完全理解甲方的需求。
- 产品的总成本：乙方所提供的产品是否有最低的总成本。
- 技术能力：乙方是否具备保证项目所需要的技术手段和知识。
- 管理能力：乙方是否具备保证项目成功的管理手段。
- 财务能力：乙方是否具备必要的资金来源。

国际上，招标文件的类型主要有投标邀请（Invitation for Bidding，IFB）、建议书提交邀请（Request for Proposal，RFP）、报价邀请（Request for Quotation，RFQ）、谈判邀请（Invitation for Negotiation，INF）。招标书没有统一的格式，可繁可简。

编写好招标书后，可以把它发给（或者卖给）潜在的乙方，邀请他们参加投标，如果乙方认为可以参与竞标，则提交投标书。

招标的方式有很多种，如公开招标、有限招标、多方洽谈和直接谈判等。

- 公开招标是将招标信息在社会上公开发布，使一切潜在供应商获得平等的参与竞争的机会。这种方式强调公平、公开、公正，具有最高的透明度。供应商之间的竞争可以使甲方以最优、最低的价格获得产品。这种招标方式的缺点是成本高、花费时间长。
- 有限招标是招标信息在有限的范围内发布，通常是直接向筛选合格的、潜在的供应商发出邀请。这种招标方式比公开招标方式节省成本和时间，但是不一定能获得最好的产品。
- 多方洽谈是甲方不明确发出招标信息，而是选择若干潜在的、合格的供应商分别进行洽谈，从中选择合适的供应商。这种方式透明度较低，但是对于一些特殊的情况，也可能获得最有利的合同。
- 直接谈判是直接与一家供应商谈判并签订合同，只适应一些特殊的项目。

2.3.2 投标过程

投标过程是乙方针对招标文件进行项目投标的活动，包括项目分析和投标书编写以及投标。

1. 项目分析

项目分析是乙方分析用户的项目需求，并据此开发出一个初步的项目规划的过程，为下一步编写投标书打下基础。项目分析过程如图 2-7 所示。

图 2-7 项目分析过程

乙方在项目分析中的具体活动描述如下。

1）确定需求管理者。

2）需求管理者负责组织人员分析项目需求，并提交需求分析结果。

3）邀请用户参加对项目需求分析结果的评审。

4）项目管理者负责组织人员根据输入和项目需求分析结果确定项目规模。

5）项目管理者负责组织人员根据需求分析结果和规模及估算结果，对项目进行风险分析。

6）项目管理者负责组织人员根据项目输入、项目需求和规模要求，分析项目的人力资源要求、时间要求及实现环境要求。

7）项目管理者根据分析结果制订项目初步实施规划，并提交合同管理者评审。

8）合同管理者负责组织对项目初步实施规划进行评审。

项目分析的工作要点是完成需求分析，确定做什么，研究技术实现、明确如何做，估算项目工作量，估计团队现有的能力，分析项目是否可行，等等。

2. 编写投标书与投标

此过程是乙方竞标准备阶段，乙方根据招标文件的要求进行评估，以便决定是否参与竞标。在这个过程中，乙方要判断企业是否具有开发此项目的能力，并进行可行性分析。可行性分析用于判断企业是否应该承接此软件项目，并判断企业通过此项目是否可以获得一定的回报。如果项目可行，企业将组织人员编写项目投标书，并按照规定时间投标。具体过程如图 2-8 所示。

此过程中的具体活动描述如下。

1）根据项目需求分析报告确定项目技术能力要求。

图 2-8　投标书准备过程

2）根据项目初步实施计划确定项目人力资源要求。

3）根据项目需求分析报告确定项目实现环境要求。

4）根据项目初步实施计划确定项目资金要求。

5）根据项目初步实施计划确定质量保证和项目管理的要求。

6）根据以上的要求逐项比较企业是否具有相应的能力。

7）组织有关人员对评估结果进行评审。

8）根据输入确定用户需求的成熟度，确定用户的支持保证能力和资金能力，同时确定企业技术能力、人力资源保证能力、项目资金保证能力、项目的成本效益。

9）合同管理者根据以上分析结果完成可行性分析报告。

10）项目决策者根据可行性分析报告对是否参与项目竞标进行决策。项目决策者在进行项目决策时应主要考虑以下几个方面。

- 技术要求：技术要求是否超出公司的技术能力。
- 完成时间：用户所要求的完成时间是否合理，公司是否有足够的保证资源。
- 经济效益：可能的合同款项是否能覆盖所有的成本并有收益。
- 风险分析：项目的风险和风险控制方式。

11）如果乙方决定参与竞标，则组织相关人员编写投标书。

12）按照招标书要求，在投标截止时间前，将标书投递到指定的地点。

投标文件主要有两种类型，一种是建议书（proposal），另一种是报价单（quotation）。建议书是乙方根据甲方提出的产品的性质、目标、功能等，提交的完整的技术方案和报价等。报价单主要是乙方根据甲方提出的产品特定型号、标准和数量等要求提交必要的报价材料等。投标就是按照招标书要求编写标书。

一般来说，如果乙方竞标一个软件开发项目而不是一个软件产品，这个过程的关键是编写并提交建议书（即标书）。项目建议书是指在项目初期为竞标或签署合同而提交的文档，是在双方对相应问题有共同认识的基础上，清晰地说明项目的目的及操作方式，可以决定项目有无足够吸引力或是否可行。它是乙方描述甲方需求，并提出解决方案的文档。通过建议书可以展示乙方对项目的认识程度和解决问题的能力，也是甲方判断乙方能否成功完成任务的重要依据。

注意事项：

- 严格按照投标书的要求编写投标书，没必要给出不需要的文件说明。
- 尽量从评标专家的角度看问题。
- 给出必要的索引，方便评审。

2.3.3　开标过程

"开标"通常是指在投标截止日期后，公开展示和开启各个投标方的投标文件。这个过程的目的是确保透明度和公正性，并允许相关利益方（通常是评标委员会成员和其他相关人员）亲自见证投标文件的开启。以下是开标过程的一般步骤。

1）投标文件收集：在投标截止日期后，招标方收集并保管所有提交的投标文件。这可能涉及在特定的投标截止日期和时间之前接收纸质文件或在特定的电子投标系统中接收数字文件。

2）开标公告：在投标截止日期后，招标方发布开标公告，宣布开标的具体时间和地点。这个公告通常包括参与开标的相关方（评标委员会成员、招标方代表等）和其他感兴趣的各方。

3）开标会议：在指定的时间和地点，招标方组织开标会议。在开标会议上，评标委员会的成员和其他相关方会集中在一起，以观摩和记录开标过程。

4）投标文件检查：在开标会议上，招标方代表（通常是招标方的招标办公室工作人员）检查每个投标文件，确保它们符合招标文件的要求和规定。这包括检查文件的完整性、签名的有效性等。

5）文件公开和记录：在招标方代表的监督下，每个投标文件的封面通常会在开标会议上公开，并且相应的信息被记录。这可能包括投标方的名称、提供的保证金、投标价格等关键信息。

6）提问和澄清：在开标会议上，评标委员会成员和其他相关方可能提出关于投标文件的问题或需要澄清的事项。这有助于确保平等对待所有投标方。

7）投标文件存档：在开标会议结束后，所有投标文件通常会被存档并保管在一个安全的地方，以备后续的评标工作。

请注意，开标过程通常是公开的，但在一些情况下，可能会限制某些信息的公开，例如投标方的商业机密。在整个过程中，保持公正和透明是至关重要的，以确保评标的公正性和最终的中标结果。

2.3.4　评标过程

为了选择合适的供应商，甲方可以通过专家评标的方式选择乙方（供方或者卖方），乙方参加竞标并提交给甲（需）方项目投标书，甲方根据招标文件确定的标准对供方资格进行认定，并对其开发能力资格进行确认，最后选择最合适的供方。选择供方的评标过程如图2-9 所示。

图 2-9　评标过程

评标的目的是从众多的投标人中挑选出能以最合理价格为项目提供最好服务的乙方。在此过程中，项目经理需要与专家一起根据评估标准和相关策略，对所有的投标书进行评估、选择并通过合同谈判，最终确定供应商，签署合同。

评标过程主要分两个阶段：第一个阶段是初评阶段，采用筛选系统将一部分不满足评估标准中最低资格要求的投标书筛选出去；第二个阶段主要进行细评工作，对通过初评的投标书的各个方面进行量化打分，按照分值对投标人排序，以此决定进行合同谈判的顺序，或者直接与得分最高的投标人签署合同。

评标专家按照评标要求进行评标，资格评审和符合性评审之后，进入正式的评分阶段，评分包括商务评审和技术评审。评审专家根据评审标准给竞标企业的标书打分，最后根据分数高低决定中标企业。表 2-3 和表 2-4 是某项目的评标打分表。

表 2-3　X 项目的评标打分表

类别	评审内容	评审内容及规则	标准分值	A	B	C
商务部分	企业规模	1. 资产总额：根据投标人近三年加权平均资产总额评分。最高的得标准分值，其余依次递减 0.4 分	2			
		2. 纳税金额：根据投标人上一年度纳税总金额评分。最高的得标准分值，其余依次递减 0.4 分	2			
		3. 净资产总额：根据投标人近三年加权平均净资产总额评分。最高的得标准分值，其余依次递减 0.4 分	2			
		4. 注册资本金：根据投标人注册资本金的高低排名。最高的得标准分值，其余依次递减 0.2 分	1			
	财务状况	1. 营业收入：根据投标人近三年加权平均营业收入评分。最高的得标准分值，其余依次递减 0.4 分	2			
		2. 净利润：根据投标人近三年加权平均净利润评分。最高的得标准分值，其余依次递减 0.2 分	1			
	业绩	根据投标人近三年类似项目（软件测试项目）的数量进行评分。以提供类似项目服务合同复印件为准，每提供一份同类有效合同得 2 分，最多得标准分值	10			

（续）

类别	评审内容	评审内容及规则	标准分值	A	B	C
商务部分	资质认证	1. 提供 ISO 9001 或 GJB 9001C 质量管理体系认证证书的得4分，否则不得分	4			
		2. 具备中国合格评定国家认可委员会（CNAS）认可的"实验室认可证书"（认可的检验能力范围包含 GJB/Z 141—2004，即《军用软件测试指南》）得5分，否则不得分	5			
		3. 具备 ISO 27001 信息安全管理体系认证证书得1分，否则不得分	1			
技术部分	拟派人员资质	1. 项目经理：具有人力资源和社会保障部颁发的信息系统项目管理师证书或 PMP 证书得4分，否则不得分	4			
		2. 除项目经理以外的项目团队人员：具有软件测评工程师证书，每提供1个证书得2分，最高得6分，没有不得分	6			
	测试工具	投标人用于本项目的性能测试或代码测试工具需为合法拥有的测试工具，符合正版要求，得标准分	3			
	附加测试类型	能够在实施方案中给出技术要求之外的、与项目相关的附加测试类型并承诺提供该类型测试服务。每提供1种类型的附加测试加2分，最多得标准分	10			
	项目实施方案	项目实施方案详细、完善、针对性强、可执行性强，得8分；项目实施方案较详细、完善、针对性较强、可执行性较强，得5分；项目实施方案不够详细、针对性较差、可执行性较差，得3分；其他情况，得0分	8			
	项目管理方案	项目管理方案详细、针对性强、覆盖所有招标要求，得8分；项目管理方案较详细、针对性较强、基本覆盖招标要求，得5分；项目管理方案不够详细、针对性较差、未覆盖所有招标要求，得3分；其他情况，得0分	8			
	质量控制方案	项目质量控制、保证以及风险控制和应对措施详细具体，覆盖测评全过程，针对性、可操作性强，得8分；项目质量控制、保证以及风险控制和应对措施比较详细，覆盖测评设计、执行过程，针对性、可操作性较强，得5分；项目质量控制、保证以及风险控制和应对措施比较简单，覆盖测评执行过程，针对性、可操作性一般，得3分；其他情况，得0分	8			
	增值服务方案	能够提供增值服务方案，方案符合招标人需要，方案合理，可行性强，得8分；能够提供增值服务方案，方案基本符合招标人需要，方案基本合理、可行性一般，得5分；能够提供增值服务方案，方案不够合理、可行性较差，得3分；其他情况，得0分	8			
	价格评审	评审基准价：取所有有效投标报价的算术平均值作为评审基准价。投标报价得分： • 偏差率 β=100%×（供应商评审价格 – 评审基准价）/ 评审基准价 • 投标总报价等于评审基准价时得满分，与评审基准价相比，投标总报价每增加1%扣1分，每减少1%扣0.5分，增减不足1%时，按插值法计算，扣完为止 • 投标报价 > 基准价，总报价得分 =15−$|\beta|$ × 100 × 1；投标报价 ≤ 基准价，总报价得分 =15−$|\beta|$ × 100 × 0.5 • 计算结果四舍五入，保留小数点后两位	15			
合计			100			

表 2-4 Y 项目的评标打分表

评分因素		分值	投标人名称		
			A	B	C
商务评审	投标人类似项目业绩	10			
	资质情况	6			
技术评审	目标任务	5			
	需求理解与分析	8			
	总体设计	8			
	实施方案	20			
	工作部署与进度安排	6			
	培训服务	6			
	售后服务	6			
	项目团队	10			
价格评审		15			
合计得分		100			

评委签字：

软件项目的评标过程是在开标之后，对投标文件进行详细审查和评估，以选择最适合项目需求的投标方。以下是一般的软件项目评标过程步骤。

1）评标委员会形成：在项目招标过程开始时，通常会形成一个评标委员会，该委员会由代表招标方的专业人员组成，这些人员可能具备项目管理、技术、法务、财务等方面的专业知识。

2）投标文件分发和初步审查：投标文件在开标会议后被分发给评标委员会成员。评标委员会的成员开始对每份投标文件进行初步审查，以了解投标方对项目的理解、提供的技术方案、人员资质、预算估算等。

3）技术评估：评标委员会对技术方案进行详细审查，评估其是否满足项目的技术要求。这可能包括对系统架构、设计方法、开发工具、实施计划等方面的评估。

4）商务评估：商务评估主要涉及对投标方的商业能力和财务状况的审查。评标委员会可能会关注投标方的稳定性、过往项目经验、财务报表等信息。

5）文件澄清和面谈：在评估过程中，评标委员会可能会向投标方提出问题，以澄清投标文件中的不明确或矛盾之处。此外，可能会要求投标方参与面谈，以更深入地了解其方案和能力。

6）综合评估：评标委员会综合考虑技术、商务、合同条款等多个方面的评估结果，以确定哪个投标方最符合项目的需求和招标方的期望。

7）中标方确定：根据评标委员会的评估，招标方确定中标方，并通知中标方。这通常会在招标文件规定的时间内完成，并可能涉及与中标方的商务谈判。

8）合同签署：中标方和招标方签署正式的合同文件，明确项目的所有方面，包括时间表、付款方式、交付标准等。这一步是确保项目按照预期完成的法律约束。

整个评标过程需要确保公正、透明、符合法规，以保障招标方和投标方的权益。评标委员会的成员必须保持独立、客观，并严格遵守评标程序。

2.3.5 合同签署

如果甲方选择了合适的乙方（软件开发商），而且被选择的开发商也愿意为甲方开发满足需求的软件项目，那么为了更好地管理和约束双方的权利和义务，以便更好地完成软件项目，甲方应该与乙方（软件开发商）签订一个具有法律效力的合同。签署合同之前需要起草一个合同文本。双方就合同的主要条款进行协商，达成共识，然后按指定模板共同起草合同。双方仔细审查合同条款，确保没有错误和隐患，双方代表签字，合同生效，使之成为具有法律效力的文件，同时，根据签署的合同，分解出合同中甲方的任务，并下达任务书，指派相应的项目经理。合同签署过程如图 2-10 所示。

合同签署过程中的具体活动描述如下。

1）双方制订合同草案。

2）确定甲乙方的权利和义务，并将结果反映到合同条款中。

3）双方确定项目的验收和提交方式（如验收标准、产品介质、包装和复制要求），并将结果反映到合同条款中。

4）确定合同其他有关条款，并将结果反映到合同条款中。

5）对制订的采购合同草案进行评审。

6）根据评审结果对合同草案进行修改并确认，形成最终合同草案。

图 2-10　合同签署过程

7）确定谈判日程和谈判所涉及的人员。

8）在谈判日程所规定的谈判时间前向乙方提交合同草案。

9）按谈判日程和谈判要点与乙方讨论并形成合同签署文本。

10）项目决策者审阅合同签署文本。

11）根据甲方项目决策者审阅意见签署或终止合同谈判。

12）将合同签署文本（无论是否经双方签署）及合同相关文档存档保存。

13）根据合同条款，分解出甲乙方所需执行的活动或任务，编写任务书，确定项目经理。

在签署合同的时候，甲方同时将工作任务说明（Statement Of Work，SOW）作为合同附件提交给乙方。工作任务说明是甲方描述的实现开发约定所要执行的所有任务。

合同签署过程对于供方（乙方）而言具有重大的意义，它标志着一个软件项目的有效开始，这时，根据签署的合同，分解出合同中各方的任务，并下达项目章程（任务书），指派相应的项目经理。这里需要说明的是，项目章程（任务书）用于明确项目的目标、必要的约束，同时授权项目经理。项目章程是项目正式开始的标志，同时是对项目经理的有效授权过程。项目经理需要对项目章程（任务书）进行确认。

2.4 项目章程

当选择了一个项目之后，就需要对这个项目进行授权和初始化，以便确认相关的人知晓这个项目。这就需要一个文档化的输出，这个文档可以有很多不同的形式，最主要的形式是项目章程（project charter）。每个项目都需要一个项目章程，这样项目团队就能了解项目重要的原因、团队的前进方向以及项目的目标。

2.4.1　项目章程定义

项目章程的制定是编写一份正式批准项目并且授权项目经理在项目活动中使用组织资源的文件。项目章程的主要作用是明确项目与组织战略目标之间的直接联系，确定项目的正式地位，并展示组织对项目的承诺。项目章程是项目执行组织高层批准的一份以书面签署的确认项目存在的文件，包括对项目的确认、对项目经理的授权和项目目标的概述等。严格地说，项目章程包括对开始一个项目或者项目阶段的正式授权，但是通常而言，在每个项目阶段进行一次授权的做法并不多见。

项目章程是一个正式的文档，用于正式地认可一个项目的有效性，并指出项目的目标和管理方向。它授权项目经理来完成项目，从而保证项目经理可以组织资源用于项目活动。项目章程通常由项目发起人、出资人或者高层管理人员等签发。

项目章程和项目目标类似，但更加正式，叙述也更加完整、更加详尽，更符合公司的项目视图和目标。项目目标使这种描述更加具有特定性，并且加上了截止日期，而项目章程使目标形式化，类似到达目的地的一张通行证。总之，项目章程用于正式地授权项目。

项目章程不仅清楚地定义了项目，说明了它的特点和最终结果，而且指明了项目权威。项目权威通常是项目的发起人、项目经理和团队领导（如果需要的话），项目章程可以详细规定每个人的角色，以及相互交流信息的方式。不同企业的做法是不一样的，具有不同的形式，例如，有的企业采用一个简单的协议，有的企业采用一个很长的文档，或者使用合同作为项目章程。

一般说来，项目章程的要素如下：项目的正式名称、项目发起人及其联系方式、项目经理及其联系方式、项目目标、关于项目的业务情况（项目的开展原因）、项目的最高目标和可交付成果、团队开展工作的一般性描述、开展工作的基本时间安排（详细的时间安排在项目计划中列举），以及项目资源、预算、成员及供应商。图 2-11 是一个项目章程模板。

图 2-11　项目章程模板

　　无论采用哪种形式，这个过程正式地授权项目，任命项目经理，说明项目的背景、来源、一定的假设或者约束等。例如，表 2-5 和表 2-6 都是项目章程的例子。

　　项目章程类似项目的授权书，相当于对项目的正式授权，表明项目可以正式开始了。项目章程授权项目，建立了项目经理的责任心、发起人的主人翁意识及项目团队的团队意识。

表 2-5　某 IT 升级项目的项目章程

项目题目： IT 升级项目

项目开始时间： 2024.3.10　　　　　　　　**项目结束时间：** 2024.5.15

项目经理： 赵强，Zhaoqiang@abc.com

项目目标： 根据新的企业标准对企业所有人员的软件硬件进行升级，新的标准见附件。升级可能影响服务器和一些计算机以及一些网络的软硬件。软硬件的费用为 300 万元，人工成本为 20 万元

建议方式方法：
- 升级数据库目录
- 做详细的成本估算，然后上报
- 获取软硬件报价
- 尽可能用内部的人员参与项目

人员	角色	职责
赵强	项目经理	规划、监控项目
王立	质量经理	负责项目的质量
江明	技术经理	负责技术
章溢	系统支持	负责产品的所有系统、网络
韩斌	采购经理	负责采购软硬件

签字：

注释：

表 2-6　某项目章程案例

项目章程实例

　1. **项目目的：** 开发一款智能家居控制系统，以抓住智能家居市场机遇，实现公司产品线扩充。

　2. **项目目标：** 2024 年 6 月完成系统开发；2024 年销售收入达 5000 万元。成功标准：功能满足 85% 用户，售后服务满意率≥95%。

　3. **高层需求：** 技术实现可行，研发周期≤12 个月；成本控制在 5000 万元以内。限制条件：研发进度无法保障。

　4. **项目范围：** 研发智能家居控制系统，包括门禁系统、照明控制、安防监控。可交付成果：1 套系统，功能完备、高质量。

　5. **项目风险：** 技术风险，市场需求下滑风险，成本超支风险。应对策略：选用成熟技术、开拓海外市场、强化成本控制。

　6. **项目进度：** 2023.4 立项；2023.4-5 市场调研；2023.6 需求确定；2023.8 设计完成；2023.10 开发完成；2024.3 测试完成；2024.6 发布会。

　7. **项目预算：** 7000 万元。2023 年投入 4000 万；2024 年投入 3000 万。资金来源：自有资金和银行贷款。

　8. **关键相关方：** 研发部门、市场部门、生产部门、战略合作伙伴。

　9. **项目审批：** 项目审批委员会；评价标准：达成销售目标，控制在成本预算内。项目结束确认；首次销售额达到 5000 万。

　10. **项目退出标准：** 技术风险无法化解；销售额持续低于目标三个月；成本超支达 50% 以上。

　11. **项目经理：** 王工，研发总监，负责项目管理与执行。

　12. **章程批准人：** 潘总裁，研发中心主任，公司执行总裁。

　　项目章程可以让你全面地了解智能家居控制系统项目的关键信息与要素。这样你就基本掌握项目的来龙去脉与各阶段安排。为项目团队提供了清晰的方向，也使管理层和各相关方对项目有整体的了解，有利于资源协调和问题解决。详细实用的项目章程对项目管理至关重要。

2.4.2 敏捷项目章程

对于敏捷团队而言，仅有项目章程还不够。敏捷团队需要有团队规范以及对一起工作方式的理解。这种情况下，团队可能需要一个团队章程。制定章程的过程能帮助团队学习如何一起工作、怎样围绕项目协作。对于敏捷项目而言，团队至少还需要项目愿景或目标，以及一组清晰的工作协议。敏捷项目章程要回答以下问题。

- 我们为什么要做这个项目？这是项目愿景。
- 谁会从中受益？如何受益？这可能是项目愿景和 / 或项目目标的一部分。
- 对此项目而言，达到哪些条件才意味着项目完成？这些是项目的发布标准。
- 我们将怎样合作？这说明预期的工作流。

敏捷强调仆人式管理方式，仆人式领导可以促进章程的制定过程。团队可以通过一起工作实现协作，而制定项目章程是一种很好的开始工作的方式。此外，团队成员可能希望通过协作了解他们将如何一起工作。只要团队知道如何一起工作，制定章程就不需要一个正式的过程。有些团队可以从团队制定章程的过程中受益。下面是对团队成员制定章程的一些建议，可以将其作为制定团队社会契约的基础。

- 团队价值观，例如可持续的开发速度和核心工作时间。
- 工作协议，例如："就绪"如何定义，这是团队可以接受工作的前提；"完成"如何定义，这样团队才能一致地判断完整性；考虑时间盒；使用工作过程限制。
- 基本规则，例如团队如何对待会议时间。

2.4.3 项目经理的能力和职责

1. 项目经理的定义

项目经理的角色不同于职能经理或运营经理。一般而言，职能经理专注于对某个职能领域或业务部门的管理监督，运营经理负责保证业务运营的高效性，项目经理是由执行组织委派的领导团队实现项目目标的个人。

2. 项目经理的能力

PMI 人才三角（如图 2-12 所示）指出了项目经理需要具备的技能。人才三角重点关注以下三个关键技能组合。

- 技术项目管理。与项目、项目集和项目组合管理特定领域相关的知识、技能和行为，即角色履行的技术方面。
- 领导力。指导、激励和带领团队所需的知识、技能和行为，可帮助组织达成业务目标。
- 战略和商务管理。关于行业和组织的知识和专业技能，有助于提高绩效并取得更好的业务成果。

图 2-12 PMI 人才三角

虽然技术项目管理技能是项目集和项目管理的核心，但 PMI 研究指出，当今全球市场越来越复杂，竞争也越来越激烈，只有技术项目管理技能是不够的。各个组织正在寻求其他有关领导力和商业智慧的技能。来自不同组织的成员均提出，这些能力有助于支持更长远的战略目标，以实现赢利。为发挥最大的效果，项目经理需要平衡这三种技能。

整合能力是项目经理的一项关键技能。

（1）过程层面的整合

项目管理可被看作为实现项目目标而采取的一系列过程和活动。有些过程可能只发生一次（例如项目章程的初始创建），但很多过程在整个项目期间会相互重叠并重复发生多次。这种重叠和多次出现的过程，比如需求变更，会影响范围、进度或预算，并需要提出变更请求。控制范围过程和实施整体变更控制等若干项目管理过程可包括变更请求。在整个项目期间实施整体变更控制过程是为了整合变更请求。

虽然对项目过程的整合方式没有明确的定义，但如果项目经理无法整合相互作用的项目过程，那么实现项目目标的机会将会很小。

（2）认知层面的整合

管理项目的方法有很多，而方法的选择通常取决于项目的具体特点，包括项目规模、项目或组织的复杂性，以及执行组织的文化。显然，项目经理的人际关系技能和能力与其管理项目的方式有紧密的关系。项目经理应尽量掌握所有项目管理知识领域。熟练掌握这些知识领域之后，项目经理可以将经验、见解、领导力、技术以及商业管理技能运用到项目管理中。最后，项目经理需要整合这些知识领域所涵盖的过程才有可能实现预期的项目结果。

（3）背景层面的整合

与几十年前相比，当今企业和项目所处的环境有了很大的改变。新技术不断涌现，社交网络、多元文化、虚拟团队和新的价值观都是项目所要面临的全新现实，例如整合涉及多个组织的大规模、跨职能项目实施中的知识和人员。项目经理在指导项目团队进行沟通规划和知识管理时需要考虑背景所产生的影响。

在管理整合时，项目经理需要意识到项目背景和这些新环境因素，决定如何在项目中利用好这些新环境因素，以获得项目成功。

3. 项目经理的职责

项目经理是项目组织的核心和项目团队的灵魂，对项目进行全面的管理，其管理能力、经验水平、知识结构、个人魅力都对项目的成败起着关键的作用。同时，作为团队的领导者，项目经理的管理素质、组织能力、知识结构、经验水平、领导艺术等对团队管理的成败有着决定性的影响。在一个特定的项目中，项目经理要对项目实行全面管理，包括制订计划、报告项目进展、控制反馈、组建团队、在不确定环境下对不确定性问题进行决策、在必要的时候进行谈判及解决冲突等。其中组建团队是项目经理的首要责任，一个项目要取得好的成绩，关键的要素就是项目经理应该具备把各方人才聚集在一起、组建一个有效的团队的能力。在团队建设中，要确定项目所需的人才，从各有关职能部门获得人才，定义成员任务和角色，把成员按任务组织起来形成一个高效的团队。总之，要建立团队并使团队有效运行，项目经理起关键的作用。

项目经理是沟通者、团队领导者、决策者、气氛创造者等多个角色的综合。以身作则与有威信是相辅相成的。规范制度的权威性主要靠项目经理，只有坚持以身作则，才能将自己优秀的管理思想在整个项目中贯穿下去，取得最后的成功。项目经理关系一个项目的成败，在项目管理中要敢于承担责任，使项目朝更快、更好的方向发展。

（1）开发计划

项目经理的首要任务就是制订开发计划。完善合理的计划对于项目的成功至关重要。项目经理要在掌握并熟知所有的合同、需求等的基础上，明确项目目标，并就该目标与项目客户达成一致，同时告知项目团队成员，然后为实现项目目标制订基本的实施计划（成本、进度、产品质量）。

（2）组织实施

项目经理组织实施项目主要体现在两个方面：第一，设计项目团队的组织结构图，对各个职位的工作内容进行描述，并安排合适的人选，组织项目开发；第二，对于大型项目，项目经理应该决定哪些任务由项目团队完成，哪些任务由承包商完成。

（3）项目控制

在项目实施过程中，项目经理要时时监视项目的运行，根据项目实际进展情况调控项目，必要的时候，调整各项计划方案，防止意外的发生，及时解决出现的问题，同时预测可能的风险和问题，保证项目在预定的时间、资金、资源下顺利完成。

2.5 MED 项目招投标案例分析

"医疗信息商务平台"（简称 MED）项目的提出（甲）方是某开发区政府。"医疗信息商务平台"是一个全方位的医疗电子商务网站，该网站在向医疗专业人员提供最先进的医务管理专业知识及医疗产品信息的同时，还提供最先进的企业对企业（B2B）的医疗网络服务方案及医疗器材设备采购者、供货商之间的电子商务服务。为此，开发区政府提出了《医疗信息商务平台招标书》，通过公开招标的方式确定了开发方为北京×××科技有限公司。双方经过多次的协商和讨论，最后签署项目开发合同。

2.5.1 甲方招标书

"医疗信息商务平台"项目的甲（卖）方采取公开招标方式，有明确规范的招标文件，招标文件如下：此文档详见本课程 MOOC（http://www.icourse163.org/course/BUPT-1003557005）。

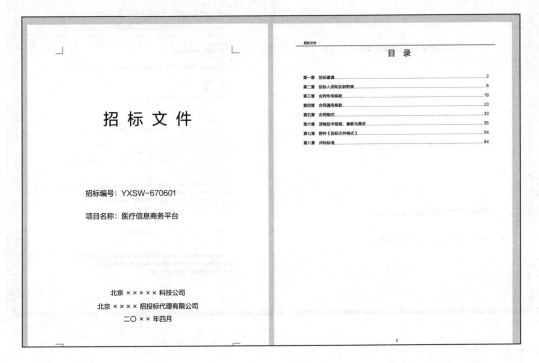

2.5.2 乙方投标书

乙方为了参加项目竞标，编写了项目投标书（即建议书），投标书如下：此文档详见本课程 MOOC（https://www.icourse163.org/course/BUPT-1003557005）。

2.5.3 项目合同

双方经过多次的协商和讨论，最后签署项目开发合同。合同文本如下：此文档详见本课程 MOOC（https://www.icourse163.org/course/BUPT-1003557005）。

2.6 MSHD 项目招投标案例分析

多源异构灾情数据管理服务系统（简称 MSHD）项目是某科研项目的一部分，项目初始需求如下。

本项目将完成一个多源异构灾情数据管理服务系统，本系统平台如图 2-13 所示。多源社会灾情数据通过接口输入到多源异构灾情数据管理服务系统平台，进行一体化编码；然后将编码后的数据输入到虚拟化管理系统。数据来源包括业务报送数据、泛在感知数据、舆情感知数据和承载体基础数据等，将来可以扩展更多数据来源。该系统依据数据的时效性进行数据存储，当前时刻为 t，设置合适的时间窗口 T，对 $(t-T+1)\sim t$ 内的数据进行存储，并且随着时间的延续，实现新数据的存储和旧数据的淘汰；最后，当外界发出数据请求时，从管理系统中获取目标数据，并通过接口发送给请求方。需要设计一个通用的架构以适应众多异源、异质、异构的数据请求。实时处理技术的研究，实现了灾情数据的统一管理和高效合理利用，以构建多源社会灾情数据管理服务系统。

图 2-13　多源异构灾情数据管理服务系统平台示意图

本项目是科研项目，首先由相关部门提出项目申请指南（类似简易的招标文件），相关单位根据申请指南，编写项目申请书（类似标书或者建议书），相关部门组织专家评审，评审通过则可以立项，立项审批后，确定实施单位（类似中标单位）实施单位编写立项任务书。

2.6.1 项目申请指南

项目申请指南（招标书）详见本课程 MOOC（https://www.icourse163.org/course/BUPT-1003557005）。

2.6.2　项目申请书

项目申请书（标书）详见本课程 MOOC（https://www.icourse163.org/course/BUPT-1003557005）。

2.6.3 项目任务书

审批通过后，下发立项通知，同时编写任务书（效力等同于合同）。详见本课程 MOOC（https://www.icourse163.org/course/BUPT-1003557005）。

2.6.4 项目的经济决策

假定 MSHD 项目的合同金额为 24.33 万元，项目成本预估为 16.22 万元，按照年利率 8% 计算，项目开发周期是 1 年，现采用净现值法对甲方以下两种项目付款方案进行目标决策。

- 年初 40%，年中 20%，年底 40%；
- 年初 50%，年底 50%。

项目合同金额 P、项目成本 C，在年初、年中与年底，两种方案的现金流如表 2-7 所示。

表 2-7 两种方案的现金流

付款期数	t	方案 1		方案 2	
		流入	流出	流入	流出
1	0	40%P	C	50%P	C
2	0.5	20%P			
3	1	40%P		50%P	

则分别有 $\mathrm{NPV}_1 = \dfrac{P \times 40\%}{(1+r)^0} + \dfrac{P \times 20\%}{(1+r)^{0.5}} + \dfrac{P \times 40\%}{(1+r)^1} - C$ 与 $\mathrm{NPV}_2 = \dfrac{P \times 50\%}{(1+r)^0} + \dfrac{P \times 50\%}{(1+r)^1} - C$。

由于 P=24.33 万元、项目成本 C=16.22 万元，则 NPV_1=7.2054 万元，NPV_2=7.2098 万元。$\mathrm{NPV}_2 > \mathrm{NPV}_1$，故对于开发方（乙方），方案 2 更优。

小结

本章介绍了项目初始阶段的项目评估、项目立项、项目招投标、项目章程编制等过程以及提交的文档。项目立项后便进入项目招投标过程，项目招投标过程包括招标过程、投标过程、开标过程、评标过程、合同签署过程等。这个阶段可能产生的主要输出是招标书、项目标书、项目合同、项目章程等。

练习题

一、填空题

1. 项目立项之后，项目负责人会进行_____决策，确定待开发产品的哪些部分应该采购、外包开发还是自主研发等。

2. PMI 人才三角重点关注_____、_____、_____三个关键技能的组合。

3. 在_____阶段，应明确项目的目标、时间表、使用的资源和经费，而且得到项目发起人的认可。

二、判断题

1. 项目立项可以确立项目目标、时间和资源成本，同时得到项目发起人的认可。（　　　）

2. 项目招标对于一个项目的开发是必需的，即便项目是内部项目。（　　　）

3. 自主开发相当于自制–购买决策中的自制。（　　　）

4. 项目标书是项目计划阶段开发的文档。（　　　）

5. 项目立项需要获得项目经理的认可，但不需要项目发起人的认可。（　　　）

6. 项目章程是项目执行组织高层批准的确认项目存在的文件，其中不包括对项目经理的授权。（　　　）

7. 乙方即供方（有时也称为卖方）是为顾客提供产品或服务的一方。（　　　）

8. 在软件项目合同中，甲方是需方，乙方是供方。（　　　）

9. 敏捷项目强调仆人式的管理方式。（　　　）

三、选择题

1. 下列不是项目立项过程内容的是（　　　）。
   A. 项目的目标　　　　　　　　　　　B. 项目的风险
   C. 项目的时间表　　　　　　　　　　D. 项目使用的资源和经费

2. 以下哪一项不包括在项目章程中？（　　　）
   A. 对项目的确认　　B. 对项目经理的授权　C. 对项目风险的分析　D. 项目目标的概述

3. 项目建议书（标书）是（　　　）阶段开发的文档。
   A. 项目执行　　　　　B. 项目结尾　　　　　C. 项目初始　　　　　D. 项目计划

4. 下列不属于甲方招投标阶段任务的是（　　　）。
   A. 编写建议书（标书）B. 招标书定义　　　　C. 供方选择　　　　　D. 合同签署

5. 某软件公司准备投标某项目，估计成本为 75.95 万元，项目的合同金额为 100 万元，分两次支付，项目开始支付 50 万元，项目结束支付 50 万元，项目周期为两年，贴现率为 8%，请计算 NPV。（　　　）。
   A. 24.05 万元　　　　B. 20 万元　　　　　　C. 75.97 万元　　　　D. 16.917 万元

6. PMI 人才三角不包括下面哪一项？（　　　）
   A. 技术项目管理　　　B. 测试能力　　　　　C. 领导力　　　　　　D. 战略和商务管理

四、问答题

1. 某公司希望开发一套软件产品，如果选择自己开发软件的策略，公司需要花费 30 000 元，根据历史信息，维护这个软件每个月需要 3500 元。如果选择购买软件公司产品的策略，需要 18 000 元，同时软件公司为每个安装的软件进行维护的费用是 4200 元 / 月。该公司该如何决策？

2. 什么是项目章程？

第 3 章

软件项目生存期模型

为了软件项目的顺利实施，需要选择合适的实施策略，选择生存期模型的过程就是选择策略的过程。本章进入路线图的"生存期模型"，如图 3-1 所示。

图 3-1　项目初始——生存期模型

3.1　生存期选择

软件项目生存期模型具有如下基本特征。

- 描述开发的主要阶段。
- 定义每一个阶段要完成的主要过程和活动。
- 规范每一个阶段的输入和输出。

在生存期模型中定义软件过程非常重要，人和过程是保证项目成功的两个关键因素。由好的人按好的过程进行项目开发，才能最大限度地保证项目的成功。通过过程可以实现一种规范化、流水线化、工业化的软件开发方法。软件的生产过程不存在绝对正确的过程形式，不同的软件开发项目应当采用不同的或者有针对性的软件开发过程，而真正合适的软件开发过程在软件项目的开发完成后才能明了。因此项目开发之初，只能根据项目的特点和开发经验进行选择，并在开发过程中不断地调整。

软件生存期模型的选择对项目的影响非常大。恰当的生存期模型可以使软件项目流程化，并帮助项目人员一步一步接近目标。如果选择了适宜的生存期模型，就可以提高开发速度、提升软件质量、加强项目跟踪和控制、减少成本、降低风险、改善用户关系。

软件生存期模型总体上经历了从传统到敏捷的变迁，从最初作坊式的个人单打独斗模式到传统瀑布模型，再到敏捷模型、DevOps 模型，随着 AI 技术的发展，基于 AI 驱动的开发模型也将逐步形成，如图 3-2 所示。

图 3-2   软件生存期模型的变迁

项目有多种形式，也有多种实施方式。项目团队根据项目特征选择最可能使项目成功的生存期模型和方法。总体上，项目生存期模型可以是预测型或适应型。适应型可以是迭代型、增量型、敏捷型等，图 3-3 从两个纬度展示了这 4 类模型的关系。从项目变化角度看，预测型低，迭代型高：从提交的频率看，预测型低，增量型高。被充分了解或有确定需求的项目要素遵循预测型开发模型，而仍在发展中的要素遵循适应型开发模型。

其中：

- 预测型生存期模型是一种更为传统的方法，需要提前进行大量的计划工作，然后一次性执行，执行是一个连续的过程。
- 迭代型生存期模型允许对未完成的工作进行反馈，从而改进和修改该工作。允许对部分完成或未完成的工作进行反馈，从而对该工作进行改进和修改。
- 增量型生存期模型向客户提供已完成的、可以立即使用的可交付成果。

图 3-3   生存期模型分类

- 敏捷型生存期模型同时利用迭代属性和增量特征，便于完善工作，频繁交付。团队使用敏捷方法时，他们会对产品进行迭代，创建可交付成果。团队将获得早期的反馈，并能提供客户可见性、信心和对产品的控制。由于团队可以提前发布产品，而团队将率先交付价值最高的工作，所以项目可以更早产生投资回报。

表 3-1 展示了不同生存期模型的特征。该表从项目需求、开发活动、产品交付和目标等角度看四大模型的项目特征。从项目需求上看：预测型的需求最稳定，其他三个模型的需求有变化。从开发活动上看：预测型项目是每个开发活动只执行一次，例如瀑布模型就是这样；迭代型是不断重复一些活动，直到正确为止；增量型是每个增量的活动只执行一次；敏捷型也是不断重复一些活动，直到正确为止。从产品交付上看：预测型、迭代型只提交一次，增量型、敏捷模型多次提交小版本。从目标上看：预测型的目标是管理成本，迭代型的目标是获得正确的解决方案，增量型的目标是加快速度，敏捷型通过不断提交和反馈获得用户肯定。这些特征可以作为选择模型的参考。

表 3-1   生存期模型的特征

生存期模型	项目特征			
	项目需求	开发活动	产品交付	目标
预测型	固定	整个项目活动只执行一次	提交一次	成本可管理
迭代型	变化	一直重复执行直到正确为止	提交一次	正确的解决方案

（续）

生存期模型	项目特征			
	项目需求	开发活动	产品交付	目标
增量型	变化	每个特定增量的活动只执行一次	频繁小增量提交	速度
敏捷型	变化	一直重复执行直到正确为止	频繁小增量提交	通过频繁提交和反馈体现客户价值

需要注意的是，所有的项目都具有这些特征，没有一个项目能够完全不考虑项目需求、开发活动、产品交付和目标这些因素。项目的固有特征决定了其适合采用哪种生存期模型。

另一种理解不同项目生存期模型的方法是，使用一个连续区间。从图 3-3 一端的预测型模型到另一端的敏捷型模型，连续区间中还有更多的迭代型周期或增量型周期。没有哪个生存期模型能够完美地适用于所有的项目，相反，每个项目都能在连续区间中找到一个点，根据其背景特征，实现最佳平衡。

3.2 预测型生存期模型

预测型生存期模型充分利用已知和已经证明的事物减少不确定性和复杂性，允许项目团队将工作分解为一系列可预测的小组，是一种传统的生存期模型，例如瀑布模型。预测型模型预计会从高确定性的明确需求、稳定的团队和低风险中获益。因此，项目活动通常以顺序方式执行，如图 3-4 所示。

图 3-4　预测型生存期模型

为了实现这种方法，团队需要制订详细的计划，了解要交付什么以及怎样交付。当其他潜在变更受到限制时，这些项目就会成功。团队领导的目标是尽可能减少预测型项目的变更。

团队在项目开始阶段创建详细的需求和计划时，可以阐明各种制约因素，然后可以利用这些制约因素管理风险和成本，进而在实施详细计划时，监督并控制可能影响范围、进度计划或预算的变更。

预测型项目如果遇到变更或需求分歧，或者技术解决方案变得不再简单明了，预测型项目就将产生意想不到的成本。瀑布模型和 V 模型是最典型的预测型模型。

3.2.1 瀑布模型

瀑布模型（waterfall model）是一个经典的模型，也称为传统模型（conventional model），它是一个理想化的生存期模型，如图 3-5 所示。它要求项目所有的活动都严格按照顺序自上而下执行，一个阶段的输出是下一个阶段的输入，如同瀑布逐级下落。瀑布模型没有反馈，一个阶段完成后，一般不返回——尽管实际的项目中要经常返回上一个阶段。瀑布模型是一个比较"老"的模型，甚至有些过时，但

图 3-5　瀑布模型

在一些小的项目中经常用到。

瀑布模型的优点如下。

- 简单、易用、直观。
- 开发进程比较严格，一个进程接着一个进程进行。
- 模型执行过程中需要严密控制。
- 允许基线和配置早期接受控制。
- 为项目提供了按阶段划分的检查点，当前一个阶段完成后，只需要关注后续阶段。

瀑布模型的缺点如下。

- 在软件开发的初期阶段就做出正确、全面、完整的需求分析对许多应用软件来说是极其困难的。
- 由于开发模型是线性的，模型中没有反馈过程，用户只有等到整个过程的末期才能见到开发成果，增加了开发风险。
- 新的项目不适合瀑布模型。
- 用户直到项目结束才能看到产品的质量，用户不能循序渐进地熟悉系统。
- 不允许变更或者限制变更。
- 早期的错误可能要等到开发后期才能发现，进而带来严重后果。

瀑布模型适合软件需求很明确的软件项目，即一般适用于功能明确、完整、无重大变化的软件系统的开发。

- 在项目开始前，项目的需求已经被很好地理解，也很明确，而且项目经理很熟悉为实现这一模型所需要的过程。
- 解决方案在项目开始前也很明确。
- 短期项目可以采用瀑布模型。

下面是瀑布模型的使用说明。

- 开发前，要进行概念开发和系统配置开发，概念开发主要是确定系统级的需求，提交一份任务陈述。系统配置开发需要确定软件和硬件的情况。
- 开发中，需要完成需求过程、设计过程、实施过程。
- 开发后，需要完成安装过程、支持过程、维护过程等。

瀑布模型因为缺乏灵活性、适应性不佳而渐渐受到质疑。Royce 在 1970 年发表的《管理大型软件系统的开发》中提到：建议在关键的原型阶段之后应用瀑布模型，在原型阶段要充分地理解所要应用的关键技术及客户的实际需求。

3.2.2 V 模型

V 模型是由 Paul Rook 在 1980 年提出的，是瀑布模型的一个变种，同样需要一步一步地进行，上一阶段任务完成之后才可以进行下一阶段的任务，如图 3-6 所示。

该模型强调测试的重要性，将开发活动与测试活动紧密地联系在一起。每一步都将进行比上一阶段更加完善的测试。一般，大家对测试存在一种误解，认为测试是开发周

图 3-6 V 模型

期的最后一个阶段。其实，早期的测试工作对提高产品的质量、缩短开发周期起着重要作用。V 模型正好说明了测试的重要性，它是与开发并行的，例如，单元测试对应详细设计，集成测试对应概要设计，系统测试对应需求分析。V 模型体现了全过程的质量意识。

V 模型的优点如下。

- 简单易用，只要按照规定的步骤一步一步执行即可。
- 强调测试过程与开发过程的对应性和并行性。
- 开发进程比较严格，执行过程需要严密控制。
- 允许基线和配置早期接受控制。
- 为项目提供了按阶段划分的检查点，当上一个阶段完成后，只需要关注后续阶段。

V 模型的缺点如下。

- 软件开发的初期阶段就要求做出正确、全面、完整的需求分析。
- 软件项目的实现方案需要很明确。
- 不能存在变更。

V 模型的适用范围如下。

- 项目的需求在项目开始前很明确。
- 解决方案在项目开始前也很明确。
- 项目对系统的性能安全要求很严格，如航天飞机控制系统、公司的财务系统等。

使用 V 模型时，要求开发的全过程是严格按照顺序进行的，一个阶段的输出是下一个阶段的输入。同时，注意图 3-6 中虚线对应过程的并行考虑，例如：在需求分析阶段，应该有系统测试的准备；在概要设计阶段，应该有集成测试的准备；在详细设计阶段，应该有单元测试的准备等。

3.3　迭代型生存期模型

迭代型生存期模型通过连续的原型或概念验证来改进产品或成果，对部分完成或未完成的工作进行反馈，从而对该工作进行改进和修改。每一个新的原型都能带来相关方新的反馈和团队见解。然后，团队在下一个周期重复一个或多个项目活动，在其中纳入新的信息。这样，迭代有利于识别和减少项目的不确定性。

当项目复杂性高、变更频繁或项目范围受到相关方对所需最终产品的不同观点的支配时，采用迭代型生存期模型会有优势。迭代型生存期模型可能需要更长的时间，因为它是为学习而优化，而不是为交付速度而优化的。迭代型生存期模型如图 3-7 所示。

图 3-7　迭代型生存期模型

3.4　增量型生存期模型

增量型生存期模型的策略是不同时开发项目需求，而是将需求分段，使其成为一系列增量产品，每个增量可以分别实施，每个增量都包括需求分析、设计、实施、测试、交付等过程。每个增量是一个交付成果。第一个增量往往是实现基本需求的核心产品。核心产品交付用户使用后，经过评价形成下一个增量的开发计划，不断重复这个过程，直到产生最终的完善产品。增量型生存期模型如图 3-8 所示。

图 3-8　增量型生存期模型

增量型生存期模型在各个阶段并不交付可运行的完整产品，而是交付满足客户需求的一个子集的可运行产品。整个产品被分解成若干个构件，开发人员逐个构件地交付产品。所以，增量型生存期模型向客户提供完成的可交付成果，让客户能够立即使用。如果有些项目是为了加快交付速度，或者无法等待所有的事情全部完成，可以采用频繁交付少量可交付成果的方式，即增量型生存期模型。这种情况下，客户是先接受整个解决方案中的一部分。

与一次交付一个最终产品相比，增量型生存期模型将经常优化为项目发起人或客户交付价值的工作。在开始工作之前，团队就计划了最初的可交付成果，他们还会尽快开始第一次交付的工作。某些敏捷项目在项目启动后几天内就开始交付价值，有的项目可能需要更长的时间，从一周到几周的时间不等。

增量模型的优点如下。
- 软件开发可以较好地适应变化，客户可以不断地看到所开发的软件，从而降低开发风险。
- 可以避免一次性投资太多带来的风险，首先实现主要的功能或者风险高的功能，然后逐步完善，保证投入的有效性。
- 可以更快地开发出可以操作的系统。
- 可以减少开发过程中用户需求的变更。

增量模型的缺点如下。
- 由于各个构件是逐渐并入已有软件体系结构中的，因此加入构件时不能破坏已构造好的系统部分，这需要软件具备开放式的体系结构。
- 在开发过程中，需求的变化是不可避免的。增量模型的灵活性使其适应这种变化的能力大大优于瀑布模型和快速原型模型，但一些增量可能需要重新开发，从而使软件过程的控制失去整体性（如果早期开发的需求不稳定或者不完整）。

增量模型的适用范围如下。
- 进行已有产品升级或新版本开发，增量模型是非常适合的。
- 对于完成期限要求严格的产品，可以使用增量模型。
- 对于所开发的领域比较熟悉而且已有原型系统，增量模型是非常适合的。
- 对于市场和用户把握不是很准、需要逐步了解的项目，可采用增量模型。

使用增量模型时，首先构建整个系统的核心部分，或者具有高风险的部分功能，这部分功能对项目的成功起到重要作用。通过测试这些功能决定它们是否是项目所需的，这样可以排除后顾之忧，然后循序渐进地增加功能和性能，增加功能的时候应该高效而且符合用户的需要。

迭代模型用于应对产品内部因素的不确定性，尝试通过不同的想法澄清需求、范围、方法等，而且每个迭代结束后可以没有交付。增量模型用于应对外部因素的不确定性，基本掌握系统的需求和实现，采取逐步开发特性和功能的方式实现多次交付，如图 3-9 所示。

图 3-9　迭代模型与增量模型的比较

3.5　敏捷型生存期模型

敏捷型生存期模型通常指的是敏捷软件开发方法或框架，它是一种在软件开发中广泛使用的迭代和增量的开发方法。在敏捷模型中，软件开发被分解成小的、可管理的部分，每个部分都经过迭代开发，并在整个过程中灵活地应对变化。

敏捷型生存期模型是符合"敏捷宣言"原则的模型，客户满意度将随着有价值产品的早期交付和持续交付不断提升。此外，功能性的、提供价值的增量可交付成果是衡量进展的主要尺度。为了适应更频繁的变更、更频繁地交付项目价值，敏捷型生存期模型结合了迭代和增量方法。

在敏捷环境中，团队预料需求会发生变更。迭代和增量方法能够提供反馈，以便改善项目下一部分的计划。不过，在敏捷项目中，增量交付会发现隐藏或误解的需求。图 3-10 显示了实现增量交付的两种可能的方法（基于迭代和基于流程），这样将便于项目与客户需求保持一致，并根据需要进行调整。

基于迭代的敏捷方法，团队以迭代（相等持续时间的时间盒）形式交付完整的功能。团队集中于最重要的功能，作为一个团队合作完成其工作。然后，团队再集中于下一项最重要的功能，并合作完成其工作。团队可决定一次进行若干功能的开发工作，但团队不会同时完成所有的迭代工作。

基于流程的敏捷方法，团队将根据自身能力从待办事项列表中提取若干功能开始工作，而不是按照基于迭代的进度计划开始工作。团队定义任务板各列的工作流，并管理各列的进行中的工作（Work In Progress，WIP）。完成不同功能所花费的时间可能有所不同。团队让进行中的工作（WIP）的规模尽量小，以便尽早发现问题，并在需要变更时减少返工。无须利用迭代定义计划和审核点，而由团队和业务相关方决定规划、产品评审与回顾的最适当的进度计划。

图 3-10　基于迭代和基于流程的敏捷型生存期模型

敏捷是许多方法的总称，其中包括很多敏捷开发管理实践，例如 Scrum、XP（eXtreme Programming）、精益（lean）、FDD、持续交付、DevOps 等。

3.5.1　Scrum

Scrum 是一个敏捷框架，由 Scrum 团队及其相关的角色、活动、工件和规则组成，如图 3-11 所示。在该框架中，可以应用各种流程和技术。Scrum 基于经验主义，经验主义主张知识源于经验，而决策基于已知的事物。Scrum 采用迭代增量式的方法优化可预测性和管理风险。一个迭代就是一个 Sprint（冲刺），Sprint 的周期被限制在一个月左右。Sprint 是 Scrum 的核心，其产出是可用的潜在可发布的产品增量。Sprint 的长度在整个开发过程中保持一致。新的 Sprint 在上一个 Sprint 完成之后立即开始。

如果 Sprint 周期过长，对"要构建什么东西"的定义就有可能会改变，复杂度和风险有可能也会增加。Sprint 通过确保至少每月一次对达成目标的进度进行检视和调整来实现可预见性。Sprint 也把风险限制在一个月的成本上。

Scrum 有明确的更高目标，具有高度自主权，它的核心是迭代和增量，紧密地沟通合作，以高度弹性解决各种挑战，确保每天、每个阶段都朝着目标明确地推进。

Scrum 模型包括 3-3-5-5 的核心要素。

1. 3 个角色

Scrum 团队由产品负责人、Scrum 主管和开发团队组成。Scrum 团队是跨职能的自组织团队。Scrum 团队迭代增量式地交付产品，最大化获得反馈的机会。增量式地交付"完成"的产品保证了可工作产品的潜在可用版本总是存在。

- **产品负责人（PO）**：代表客户的意愿，从业务角度来说保证 Scrum 团队在做正确的事情。同时产品负责人代表项目的全体利益干系人，负责编写用户需求（用户故事），排出优先级，并放入产品订单（product backlog），从而使项目价值最大化。产品负责人利用产品订单，督促团队优先开发最具价值的功能，并在其基础上继续开发，将最具价值的开发需求安排在下一个 Sprint 迭代中完成。产品负责人对项目产出的软件系统负责，规划项目初始总体要求、ROI 目标和发布计划，并为项目赢得驱动及后续资金。

图 3-11　Scrum 框架

- **Scrum 主管**：负责 Scrum 过程正确实施和利益最大化的人，确保它既符合企业文化，又能交付预期利益。Scrum 主管的职责是向所有项目参与者讲授 Scrum 方法和正确的执行规则，确保所有项目相关人员遵守 Scrum 规则，这些规则形成了 Scrum 过程。
- **开发团队**：负责找出可在一个迭代中将冲刺订单（Sprint backlog）转化为功能增量的方法。他们对每一次迭代和整个项目共同负责，在每个 Sprint 中通过实行自管理、自组织和跨职能的开发协作，实现 Sprint 目标和最终交付产品，一般由 5～9 名具有跨职能技能的人（设计者、开发者等）组成。

2.3 个工件

Scrum 模型的工件以不同的方式表现工作的任务和价值。Scrum 的工件用于最大化关键信息的透明度，因此每个人都需要有相同的理解。

（1）增量

增量是一个 Sprint 完成的所有产品待办列表项以及之前所有 Sprint 产生的增量价值的总和，它是在每个 Sprint 周期内完成的、可交付的产品功能增量。在 Sprint 的结尾，新的增量必须是"完成"的，这意味着它必须可用并且达到了 Scrum 团队"完成"的定义的标准。无论产品负责人是否决定真正发布它，增量必须可用。

（2）产品待办事项列表

产品待办事项列表也称产品订单（product backlog），是 Scrum 中的一个核心工件。产品待办事项列表是包含产品想法的一个有序列表，所有想法按照期待实现的顺序来排序。它是所有需求的唯一来源，这意味着开发团队的所有工作都来自产品待办事项列表。

最初，产品待办事项列表是一个长短不定的列表，可以是模糊的或是不具体的。通常情况下，在开始阶段，产品待办事项列表比较短小而模糊，随着时间的推移，它会逐渐变长且越来越明确。通过产品待办事项列表梳理活动，即将被实现的产品待办事项得到澄清，变得明确，粒度也拆得更小。产品负责人负责产品待办事项列表的维护，并保证其状态更新。产品待办事项可能来自产品负责人、团队成员或者其他利益干系人。

产品待办事项列表包含已划分优先等级的、项目要开发的系统或产品的需求清单，包括功能和非功能性需求及其他假设和约束条件。产品负责人和团队主要按业务和依赖性的重要程度划分优先等级，并做出估算。估算值的精确度取决于产品订单中条目的优先级和细致程度，入选下一个 Sprint 的最高优先等级条目的估算会非常精确。产品的需求清单是动态的，随着产品及其使用环境的变化而变化，并且只要产品存在，它就随之存在。而且，在整个产品生命周期中，管理层不断确定产品需求或对之做出改变，以保证产品的适用性、实用性和竞争性。

（3）Sprint 待办事项列表

Sprint 待办事项列表也称 Sprint 订单（Sprint backlog），是一个需要在当前 Sprint 完成的且梳理过的产品待办事项，包括产品订单中最高优先等级的条目。该列表反映团队对当前 Sprint 里需要完成工作的预测，定义团队在 Sprint 中的任务清单，这些任务会将当前 Sprint 选定的产品订单转化为完整的产品功能增量。Sprint 订单在 Sprint 规划会议中形成，任务被分解为以 h（小时）为单位。如果一个任务超过 16h，那么它应该被进一步分解。每项任务信息包括其负责人及其在 Sprint 中任一天时的剩余工作量，且仅团队有权改变其内容。在每个 Sprint 迭代中，团队强调应用"整体团队协作"的最佳实践，保持可持续发展的工作节奏和每日站立会议。

有了 Sprint 待办事项列表后，Sprint 即开始，开发团队成员按照 Sprint 待办事项列表来开发新的产品增量。

3.5 个事件

Scrum 的 5 个事件由 Sprint 计划会议、Sprint 迭代开发、每日站立会议、Sprint 评审会议和 Sprint 回顾会议组成。

（1）Sprint 计划会议

Sprint 计划会议的目的是为这个 Sprint 的工作制订计划。这份计划是由整个 Scrum 团队共同协作完成的。Sprint 开始时均需召开 Sprint 计划会议，产品负责人和团队共同探讨该 Sprint 的工作内容。产品负责人从最优先的产品待办事项列表中进行筛选，告知团队其预期目标，团队则评估在接下来的 Sprint 内预期目标可实现的程度。Sprint 计划会议一般不超过 8h。在前 4h 中，产品负责人向团队展示最高优先级的产品，团队则向他询问产品订单的内容、目的、含义及意图，而在后 4h 进行本 Sprint 的具体安排。

Sprint 计划会议最终产生 Sprint 待办事项列表，它为开发团队提供指引，使团队明确构建增量的目的。

（2）Sprint 迭代开发

Scrum 通过将整个软件交付过程分成多个迭代周期，帮助团队更好地应对变更，应对风险，实现增量交付、快速反馈。每个迭代开发过程中，通过关注保持整个团队可持续发展的工作节奏、每日站立会议和组织的工作分配，实现团队的高效协作，从而提高整个团队的生产力。

开发团队在每个 Sprint 都交付产品功能增量。这个增量是可用的，所以产品负责人可以选择立即发布它。每个增量都被添加到之前的所有增量上，并经过充分测试，以此保证所有的增量都能工作。通过进行更频繁的软件集成，实现更早地发现和反馈错误，降低风险，并使整个软件的交付过程变得更加可预测和可控，以交付更高质量的软件。

（3）每日站立会议

在 Sprint 开发中，每天举行的项目状况会议，称为每日站立会议。每日站立会议有如下指导原则。

- 会议准时开始：对于迟到者，团队常常会制定惩罚措施。
- 允许所有人参加。
- 不论团队规模大小，会议都被限制在 15min 内。
- 所有出席者都应站立（有助于保持会议简短）。
- 会议应在固定地点和每天的同一时间举行。
- 在会议上，每个团队成员需要回答 3 个问题：
  - 今天完成了哪些工作？
  - 明天打算做什么？
  - 完成目标是否存在障碍？

（4）Sprint 评审会议

每个 Sprint 结束时，团队都会召开 Sprint 评审会议，团队成员会在会议上分别展示他们开发出的软件，得到反馈信息，并决定下一次 Sprint 的内容。

（5）Sprint 回顾会议

每一个 Sprint 完成后，都会举行一次 Sprint 回顾会议，在会议上所有团队成员都要反思这个 Sprint。举行 Sprint 回顾会议是为了进行持续过程改进。会议的时间限制在 4h 内。

产品待办事项通常会很大，也很宽泛，而且想法会变来变去，优先级也会变化，所以产品待办事项列表梳理是一个贯穿整个 Scrum 项目始终的活动。该活动包含但不限于以下内容。

- 保持产品待办事项列表有序。
- 把看起来不再重要的事项移除或者降级。
- 增加或提升涌现出来的或变得更重要的事项。
- 将事项分解成更小的事项。
- 将事项归并为更大的事项。
- 对事项进行估算。

产品待办事项列表梳理的最大好处是为即将到来的 Sprint 做准备，为此梳理时会特别关注那些即将被实现的事项。

4.5 个价值观

5 个价值观是勇气（courage）、开放（openness）、专注（focus）、承诺（commitment）、尊重（respect）。

- 勇气：我们不是单打独斗，我们能够感受到支持，而且掌握更多的资源。这一切赋予我们勇气去做正确的事情和迎接更大的挑战。
- 开放：在团队合作中，大家都会表达我们做得如何，以及遇到的障碍。大家与利益干系人一起将担忧的问题说出来是一件好事，因为只有这样才能及时解决这些问题。

- 专注：由于我们在一段时间内只专注于少数几件事，所以我们可以很好地合作并获得优质的产出。专注于 Scrum 团队的目标，我们能够更快地交付有价值的事项。
- 承诺：由于对自己的命运有更大的掌控，我们有更坚定的信念去获得成功。每个人都会全身心投入地去完成 Scrum 团队的目标。
- 尊重：大家在一起工作，分享成功和失败，这有助于培养并加深互相之间的尊重，并帮助彼此成为值得尊重的人，相信每个人都是独立的有能力的个体。

3.5.2 XP

XP（极限编程）是由 Kent Beck 提出的一套针对业务需求和软件开发实践的规则，它的作用在于将二者的力量集中在共同的目标上，高效并稳妥地推进开发。XP 力图在不断变化的客户需求的前提下，以持续的步调，提供高响应性的软件开发过程及高质量的软件产品，保持需求和开发的一致性。XP 是一种注重软件工程实践和团队协作的敏捷方法。XP 强调团队的沟通、简单设计、测试驱动开发（TDD）、重构和持续集成。XP 还提倡在整个开发周期中频繁地进行小规模的发布。

XP 提出的一系列实践旨在满足程序员高效的短期开发行为和项目长期利益的共同实现，这一系列实践长期以来被业界广泛认可，实施敏捷方法的公司通常会全面或者部分采用。

这些实践如图 3-12 所示，按照整体实践（entire practice）、开发团队实践（development team practice）、开发者实践（developer practice）3 个层面，XP 提供如下 13 个核心实践：整体实践包括统一团队（whole team）、策划游戏（planning game）、小型发布（small release）及客户验收（customer test）；开发团队实践包括代码集体所有（team code ownership）、编码标准（coding

图 3-12 XP 最佳实践

standard）、恒定速率（sustainable pace，又名 40h 工作）、系统隐喻（system metaphor）、持续集成（continuous integration）；开发者实践包括简单设计（simple design）、结对编程（pair programming）、测试驱动开发（test driven development）、重构（refactoring）。具体介绍如下。

1. 统一团队

XP 项目的所有贡献者坐在一起。这个团队必须包括一个业务代表——客户，他提供要求，设置优先事项。如果客户或他的助手之一是一个真正的最终用户，这样是最好的；该团队也包括程序员；可能包括测试人员，帮助客户定义客户验收测试；分析师可帮助客户确定要求；通常还有一个教练，帮助团队保持在正确的轨道上；可能有一个上层经理，提供资源，处理对外沟通，协调活动。一个 XP 团队中的每个人都可以以任何方式做出贡献。最好的团队，没有所谓的特殊人物。

2. 策划游戏

在交付日期前可以完成多少工作？现在和下一步该做些什么？不断回答这两个问题，就是直接服务于如何实施及调整开发过程。与此相比，一开始就精确定义整个开发过程要做什么事情及每件事情要花多少时间，则事倍功半。针对这两个问题，XP 中有两个主要的相应过程：发布计划（release planning）和迭代计划（iteration planning）。

3. 小型发布

每个周期开发达成的需求是用户最需要的东西。在 XP 中，对于每个周期完成时发布的系统，用户都可以很容易地评估，或者已能够投入实际使用。这样，软件开发不再是看不见摸不着的东西，而具有实实在在的价值。XP 要求频繁地发布软件，如果可能，应每天都发布新版本，而且在完成任何一个改动、整合或者新需求后，应该立即发布一个新版本。这些版本的一致性和可靠性靠验收测试和测试驱动开发来保证。

4. 客户验收

客户对每个需求都定义了一些验收测试。通过运行验收测试，开发人员和客户可以知道开发出来的软件是否符合要求。XP 开发人员把这些验收测试看得和单元测试一样重要。为了不浪费时间，最好能将这些测试过程自动化。

5. 代码集体所有

在很多项目中，开发人员只维护自己的代码，而且不喜欢其他人修改自己的代码，因此即使有相应的比较详细的开发文档，但一个程序员很少甚至不太愿意去读其他程序员的代码；而且因为不清楚其他人的程序到底实现了什么功能，程序员一般也不敢随便改动其他人的代码。同时，程序员自己维护自己的代码，可能因为时间紧张或技术水平所限，某些问题一直不能被发现或得到解决。针对这一点，XP 提倡大家共同拥有代码，每个人都有权利和义务阅读其他人编写的代码，发现和纠正错误，重整和优化代码。这样，这些代码不仅仅是由一两个人写的，而是由整个项目开发队伍共同完成的，代码中的错误会减少很多，重用性会最大限度地得到提高，代码质量会非常好。

6. 编码标准

XP 开发小组中的所有人都遵循一个统一的编程标准，因此，所有的代码看起来好像是一个人写的。有了统一的编程规范，每个程序员更加容易读懂其他人写的代码，这是实现集体代码所有的重要前提之一。

7. 恒定速率

XP 团队处于高效工作状态，并保持一个可以无限期持续下去的状态。大量的加班意味着原来的计划是不准确的，或者程序员不清楚自己到底什么时候能完成什么工作，而且开发管理人员和客户无法准确掌握开发速度，开发人员也因此非常疲劳，从而可能降低效率及质量。XP 认为，如果出现大量的加班现象，开发管理人员应该和客户一起确定加班的原因，并及时调整项目计划、进度和资源。

8. 系统隐喻

为了帮助每个人一致、清楚地理解要完成的客户需求、要开发的系统功能，XP 开发小组用很多形象的比喻来描述系统或功能模块是怎样工作的。

9. 持续集成

在很多项目中，往往很迟才能把各个模块整合在一起，在整合过程中，开发人员经常发现很多问题，但不能确定到底是谁的程序出了问题，而且只有整合完成后，开发人员才开始使用整个系统，然后马上交付给客户验收。即使这些系统能够通过最终验收测试，因为使用时间短，客户心里也没有多少把握。为了解决这些问题，XP 提出，在整个项目过程中，应该频繁地、尽可能早地整合已经开发完的用户故事。每次整合，都要运行相应的单元测试和验收测试，保证软件符合客户和开发的要求。整合后，发布一个新的应用系统。这样，在整个项目开发过程中，几乎每隔一两天都会发布一个新系统，有时甚至会一天发布若干个版本。通过这个过程，客户能非常清楚地掌握已经完成的功能和开发进度，并基于这些情况与开发人员进行有效、及时的交流，以确保项目顺利完成。

10. 简单设计

XP 要求用最简单的方法实现每个小需求，前提是按照简单设计开发的软件必须通过测试。这些设计只要能满足系统和客户当下的需求即可，不需要任何多余的设计，而且所有这些设计都将在后续的开发过程中被不断地重整和优化。在 XP 中，没有传统开发模式中一次性的、针对所有需求的总体设计。在 XP 中，设计过程几乎一直贯穿整个项目开发：从制订项目的计划到制订每个开发周期的计划，到针对每个需求模块的简捷设计，再到设计的复核，以及不间断的设计重整和优化。整个设计过程是一个螺旋式的不断前进和发展的过程。从这个角度看，XP 把设计做到了极致。

11. 结对编程

在 XP 中，所有的代码都是由两个程序员在同一台机器上一起编写的，这保证了所有的代码、设计和单元测试至少被另一个人复核过，代码、设计和测试的质量因此得到提高。这样看起来是在浪费人力资源，但是各种研究表明这种工作方式极大地提高了工作效率。在项目开发中，每个人会不断地更换合作编程的伙伴，结对编程不但提高了软件质量，而且增强了程序员相互之间的知识交流和更新以及沟通和理解，这不但有利于个人，也有利于整个项目、开发团队和公司。从这一点看，结对编程不仅适用于 XP，也适用于其他的软件开发方法。

12. 测试驱动开发

在软件开发中，只有通过充分的测试才能获得充分的反馈。XP 中提出的测试在其他软件开发方法中都可以见到，如功能测试、单元测试、系统测试和负荷测试等。与众不同的是，XP 将测试结合到它独特的螺旋式增量型开发过程中，测试随着项目的进展而不断积累。另外，由于强调整个开发小组拥有代码，所以测试也是由大家共同维护的，即：任何人在往代码库中放入程序前，都应该运行一遍所有的测试；任何人如果发现了一个 bug，都应该立即为这个 bug 增加一个测试，而不是等待编写那个程序的人来完成；任何人接手其他人的任务或者修改其他人的代码和设计，如果改动完以后能通过所有测试，就证明他的工作没有破坏原系统，这样测试才能真正起到帮助获得反馈的作用。而且，通过不断地优先编写和累积，测试应该可以覆盖全部的客户和开发需求，因此开发人员和客户可以得到尽可能充分的反馈。

13. 重构

XP 强调简单的设计，但简单的设计并不是没有设计的流水账式的程序，也不是没有结构、缺乏重用性的程序。开发人员虽然对每个用户故事都进行简单设计，但同时也在不断地对设计进行改进，这个过程叫作设计的重构。重构主要是努力减少程序和设计中重复出现的部分，提高程序和设计的可重用性。重构的概念并不是 XP 首创的，它已被提出了近 30 年，一直被认为是高质量代码的特点之一。但 XP 强调把重构做到极致，应随时随地、尽可能地进行重构，程序员需要不断地改进程序。每次改动后，都应运行测试程序，保证新系统仍然符合预定的要求。

总之，XP 实施原则是：快速反馈，假设简单，包容变化。

3.5.3　OpenUP

OpenUP（Open Unified Process）是一种轻量级的、迭代的软件开发过程，它是一种开放的、灵活的、可扩展的过程框架。OpenUP 是基于统一过程（Unified Process，UP）的一个变体，旨在提供一种更加灵活、可定制的软件开发方法，以适应不同项目的需求。以下是OpenUP 的一些关键特征和原则。

- 轻量级：OpenUP 强调简化过程，专注于最重要的任务和文档，以减少不必要的开销。这使得 OpenUP 适用于中小型项目，也使得它在大型企业环境中更容易实施。
- 迭代和增量：OpenUP 采用迭代和增量的开发方法。每个迭代都产生一个可执行的、部分完整的系统，并在后续迭代中逐步添加新的功能和改进。
- 灵活性：OpenUP 是一个可定制的过程框架，可以根据项目的特定需求进行调整。它提供了一个基本的框架，但允许团队选择和适应适合其特定情境的实践。
- 适应性：OpenUP 鼓励团队根据实际项目需求进行自适应。它提供了一组最佳实践和指导原则，但允许团队根据项目的特定要求进行灵活调整。
- 协作和沟通：OpenUP 强调团队成员之间的协作和沟通，包括开发人员、测试人员、项目经理和业务代表。持续的沟通有助于确保团队对项目目标的一致理解。
- 用例驱动：OpenUP 使用用例来捕获系统的功能需求，并将其作为开发过程的中心。用例是对系统如何与外部实体（包括用户）进行交互的场景的描述。
- 风险导向：OpenUP 强调在早期和持续的过程中关注项目风险，并采取相应的措施来管理和减轻这些风险。

OpenUP 是一个面向敏捷团队的灵活框架，可以根据项目需求进行调整。它提供了一种平衡的方法，结合了统一过程的思想和敏捷开发的灵活性，以支持不同规模和性质的软件项目。

3.5.4　看板方法

看板方法是一种基于视觉化的敏捷方法，强调在工作流程中使用看板来跟踪工作项的状态。看板方法不规定迭代的长度，而是强调持续交付，通过限制在工作流程中的工作项数量，确保高质量和高效率。

看板（kanban）一词来自日本，源于精益生产实践，大野耐一开发了看板并在 1953 年将其应用于丰田的主要制造厂。敏捷开发将其背后的可视化管理理念借鉴过来。看板可以让研发过程最大限度地可视化，同时解决团队沟通障碍（实践中发现也可以作为和上级沟通项目进展的重要信息）。通过看板，项目团队可以清楚地了解已经完成的、正在做的以及后续将要做的用户故事，如图 3-13 所示。

看板可以作为敏捷团队每天站会的讨论的核心，及时变更看板中各个用户故事的状态，通过看板，敏捷团队可以清楚地了解其他成员的工作状况及和自己相关工作的进展。在状态墙上，除了用户故事、bug之外，还会有一些诸如重构、搭建测试环境等不直接产生业务价值的任务，用不同颜色的卡片将这三类任务放到状态墙上统一管理。

图 3-13　看板

3.5.5　Scrumban 方法

Scrumban 方法最初被设计为 Scrum 到看板之间的过渡方法。它是通过其自身衍生演变而成的另一种混合敏捷框架和方法，其中团队将 Scrum 作为框架，而将看板作为过程改进方法。

在 Scrumban 方法中，工作被分解到许多小的"冲刺"，并利用看板面板来可视化和监督工作。将故事列在看板面板上，团队通过使用在制品限制（WIP limit）来管理其工作。通过召开每日例会来维持团队之间的协作并消除阻碍。团队通过设置规划触发因素来了解何时规划下一步的工作，通常发生于在制品级别低于预设限制时。

3.5.6　精益模型

精益（lean）软件开发借鉴了制造业中的精益生产原则，强调减少浪费、快速响应变化和持续学习。在软件开发中，精益强调通过最小化流程浪费，实现更高的价值交付。

精益软件开发模式从一开始便侧重于提高过程中的效率。它最初来自丰田公司的制造工业，其主要思想是分析所有的流程，以查明和消除浪费，不断提高效率。为了达到这个目的，精益模式提出了一些概念和实用的工具，其中大部分工具都在制造业中使用而不能直接应用于软件开发。但是精益软件开发会经常提及其中的两个概念，即拉式系统（pull system）和价值流图（value stream mapping）。在拉式系统中，一个流水线上任何一个环节的任务完成后，都会从前一个环节自动提取下一个任务。该模式以客户的需求而不是市场预测来推动工作进程。另外，通过精益模式可以最小化未完成工作以及半成品的数量，它们通常被认为是开发过程中的浪费。价值流图也经常被应用于软件开发过程，价值流图能够有效识别过程中的浪费。

对于软件开发而言，从开发者或者最终用户的视角观察软件开发过程，并发现和消除不利于快速交付的行为，即为精益的软件开发。

3.5.7　持续交付

持续交付是经典的敏捷软件开发方法（例如 XP、Scrum）的自然延伸，以往的敏捷方法并没有过多关注开发测试前后的活动，例如前期的需求分析、产品的用户体验设计、产品的部署、运行和维护等。伴随着敏捷思想和原则在前后端领域的运用和升华，我们在持续交付这个新的大概念下看到了敏捷方法与更多实践活动的结合和更大范围的应用。

持续交付所描述的软件开发，是从原始需求识别到将最终产品部署到生产环境的过程中，需求以小批量形式在团队的各个角色间顺畅流动，能够以较短的周期完成需求的小粒度频繁交付。频繁的交付周期带来了对软件更迅速的反馈，并且在这个过程中，需求分析、产品的用户体验和交互设计、开发、测试、运维等角色密切协作。持续交付也需要持续集成、持续部署的支持。持续集成是指个人代码向软件整体部分交付，以便尽早发现个人开发部分的问题；持续部署是指集成的代码尽快向可运行环境交付，以便尽早测试；持续交付是指尽快向客户交付，以便尽早发现生产环境中存在的问题。

持续交付的前提是持续部署，持续部署和持续交付之间的区别在于：很多时候我们可以选择将有些功能部署到生产环境中，接受大量真实用户的非直接测试，或者有时候希望把一些小的功能组合起来一起展现给用户，因此，部署可以很频繁；然而可能根据计划实际交付给用户使用，交付的频率比部署的频率低。要实现产品的持续部署，还需要有自动化构建流水线（build pipeline）。以自动化生产线为例，自动化测试只是其中一道质量保证工序，而要将产品从原料（需求）转变为最终交付给客户的产品，自动化的生产线是中枢一般的存在。特别对于软件产品，多个产品往往要集成在一起才能为客户提供服务。多个产品的自动化构建流水线的设计也就成为一个很重要的问题。

产品在从需求到部署的过程中，会经历若干种不同的环境，例如 QA 环境、各种自动化测试运行环境、生产环境等。这些环境的搭建、配置、管理，以及产品在不同环境中的具体部署，都需要完善的工具支持。缺乏这些工具，生产流水线就不可能做到完全自动化和高效。

3.5.8　DevOps

DevOps（Development 和 Operations 的组合）是一组过程、方法与系统的统称，用于促进开发（应用程序/软件工程）、技术运营和质量保障（QA）部门之间的沟通、协作与整合，如图 3-14 所示。它的出现是由于软件行业日益清晰地认识到：为了按时交付软件产品和服务，开发和运营工作必须紧密合作，由持续交付演变出了 DevOps，即开发端和运营端的全程敏捷思维。传统运营人员和开发者之间的目标是有差异的，开发和运营原本有着不同的目标，开发人员希望快速提交产品，运营人员希望产品的更合理化、高性能、高可靠等，减少维护成本，开发者和运营人员之间目的上的差异就叫作混乱之墙。

可以把 DevOps 看作开发、技术运营和质量保障三者的交集，传统的软件组织将开发、IT 运营和质量保障设为各自分离的部门。

图 3-14　DevOps 模型

如何在这种环境下采用新的开发方法（例如敏捷软件开发）是一个重要的课题：按照从前的工作方式，开发和部署不需要 IT 支持或者 QA 深入的、跨部门的支持，而需要极其紧密的多部门协作。然而 DevOps 考虑的还不只是软件部署，它是一套针对这几个部门间沟通与协作问题的流程和方法。

DevOps 的引入能对产品交付、测试、功能开发和维护起到意义深远的影响。在缺乏 DevOps 能力的组织中，开发与运营之间存在着信息鸿沟，例如，运营人员要求更好的可靠性和安全性，开发人员则希望基础设施响应更快，而业务用户的需求则是更快地将更多的特性发布给最终用户使用。这种信息鸿沟就是最常出问题的地方。DevOps 融合了一系列基本原则和实践的方法论，将开发端和运营端融合在一起。

3.5.9　规模化敏捷

1. Scrum of Scrums

Scrum of Scrums（SoS）也称为 meta Scrum，是由两个或多个 Scrum 团队而不是一个大型 Scrum 团队所使用的一种技术（如图 3-15 所示），其中一个团队包含 3 ~ 9 名成员来协调其工作。每个团队的代表会与其他团队代表定期召开会议，可能是每日例会，但通常是一周两次或三次。每日例会的执行方式类似于 Scrum 的每日站会，其中代表将报告已完成的工作、下一步工作设置、任何当前障碍以及可能会阻碍其他团队的潜在未来障碍。其目标是确保团队协调工作并清除障碍，以优化所有团队的效率。具有多个团队的大型团队可能要求执行 Scrum of Scrum of Scrums，其遵循的模式与 SoS 相同，每个 SoS 代表向更大组织的代表报告。

图 3-15　Scrum of Scrums 模型

2. SAFe

SAFe（Scaled Agile Framework）是一种用于规模化敏捷开发的框架，可以帮助组织在大型项目或企业级环境中实现敏捷方法，并有效地管理复杂性。SAFe 的核心理念是将敏捷原则和实践扩展到组织的整个规模，从而实现高效、协调和可持续的软件交付。它结合了敏捷开发、系统思维、精益方法和产品开发流程，以建立一个能够适应需求的不断变化的灵活组织。SAFe 提供了一套明确的原则和实践，帮助组织管理规模化敏捷开发。

3. LeSS

LeSS（Large-Scale Scrum）是一种规模化的敏捷开发框架，可以帮助大型组织更好地应对复杂的产品开发。LeSS 是 Scrum 的变体，专注于多个团队合作，以交付一个共同的产品。LeSS 建立在 Scrum 的基础上，保留了 Scrum 的核心框架，包括角色（Product Owner、Scrum master、团队成员）、事件（Sprint、Review、Retrospective 等）和工件（Product Backlog、Sprint Backlog 等）。LeSS 提供了一种灵活的方法，使大型组织能够更好地在敏捷的框架下工作。它强调的原则包括透明度、检查和适应，以确保组织能够快速、灵活地适应变化。LeSS 的目标是帮助组织实现更高效、更灵活的产品开发。

3.6　混合生存期模型

对于整个项目，可能采用多个模型。为达到特定的目标，项目经常要结合不同的生存期模型。预测、迭代、增量和 / 或敏捷方法的组合就是一种混合方法。

3.6.1　先敏捷后预测型结合方法

图 3-16 描述了先敏捷后预测型结合方法，两者结合起来就形成一种混合模型。早期过程采用了敏捷开发生命周期，之后是预测型的发布阶段。当项目可以从敏捷方法中受益并且项目的开发部分存在不确定性、复杂性和风险时，可以使用这种方法，然后是一个明确的、可重复的发布阶段，该阶段适合采用预测方法进行，可能由不同的团队实施。例如，开发某种新的高科技产品，然后面向成千上万的用户推出，并对他们进行培训。

图 3-16　先敏捷后预测型结合方法

3.6.2　敏捷和预测综合方法

在同一项目整个生命周期中结合使用敏捷方法和预测法，图 3-17 描述了同时使用敏捷和预测的方法。也许团队正在逐渐向敏捷过渡，并使用一些方法，如短迭代、每日站会和回顾，但在项目的其他方面，如前期评估、工作分配和进度跟踪等，仍然遵循了预测法。

图 3-17　敏捷和预测综合的方法

同时使用预测方法和敏捷方法是一个常见的情况。将这种方法称为敏捷方法是一种误导，因为它显然没有充分体现敏捷的思维模式、价值观和原则。不过，由于这是一种混合方法，所以称其为预测方法也是不准确的。

3.6.3　以预测方法为主、敏捷方法为辅的方法

如图 3-18 所示，在一个以预测方法为主的项目中增加敏捷要素。在这种情况下，用敏捷方法处理具有不确定性或者复杂性或者可能存在范围蔓延的部分，而使用预测方法管理项目的其余部分。

图 3-18　以预测方法为主、敏捷方法为辅的方法

3.6.4　以敏捷方法为主、预测方法为辅的方法

图 3-19 描述了一个以敏捷方法为主、预测方法为辅的方法。当某个特定要素不可协商，或者使用敏捷方法不可执行时，可能会使用这种方法。例如，集成由不同供应商开发的外部组件，这些外部组件不能或不会以协作或增量方式合作。在组件交付之后，需要单独集成。

图 3-19　以敏捷方法为主、预测方法为辅的方法

3.7　AI 驱动项目的生存期模型

AI 在软件项目中的应用带来了许多新的挑战和机会，软件项目模型和开发流程需要适

应这些变化，例如，在需求分析阶段，可以利用自然语言处理技术从大量文档中提取和理解用户需求，帮助项目团队更准确地把握项目目标。在编码和测试阶段，智能编码助手和自动化测试工具可以大幅度提高开发效率和代码质量。

由于软件有着天生的数字化特性，软件工程尤其适合借助 AIGC 的力量。具体的工程任务在某种程度上可能是重复性的，因此，非常适合由训练有素的 AI 模型提供帮助。其次，复杂的算法代码结构适合由 AI 助手生成。因此，对于训练有素的 AI 模型来说，如果代码模块可用，生成整个函数或类也就变得可行了。AIGC 是增强人类能力和加速软件开发的有力工具。因此，AI 驱动下的软件项目流程可被大大简化，项目模型也会随之发生变化。

3.7.1 AI 驱动下的传统瀑布模型

在瀑布模型的基础上，结合 AI 驱动的软件开发，可以采用以下方法来优化软件项目管理过程。

1）需求管理的自动化。
- 使用自然语言处理（NLP）技术来自动分析和提取项目需求，这可以提高需求收集的效率，减少人为错误。
- AI 可以辅助生成需求规约说明书，通过分析用户故事和业务场景来生成更精确的需求描述。

2）设计阶段的智能化。
- AI 可以辅助系统设计，通过分析历史项目数据和设计模式来推荐最佳的架构和组件选择。
- 使用机器学习算法来预测系统性能，帮助设计更优化的系统架构。

3）编码阶段的自动化。
- AI 可以辅助代码生成，通过理解设计文档和需求规约来自动生成代码片段或整个模块。
- 使用代码生成工具来提高编码效率，减少手动编写代码的时间。

4）测试阶段的智能化。
- AI 驱动的测试工具可以自动生成测试用例，基于代码和需求文档来预测可能的测试场景。
- 使用机器学习来分析测试结果，快速识别和定位软件缺陷。

5）部署和维护的自动化。
- AI 可以监控系统性能，预测潜在问题，并在问题发生前自动采取措施进行修复。
- 自动化部署流程，减少人为错误，确保系统部署的一致性和可靠性。

6）持续学习和优化。
- 在项目生命周期的每个阶段，AI 都可以从数据中学习，不断优化开发流程和产品质量。
- 利用 AI 分析用户反馈和系统日志，以指导未来的迭代和改进。

7）风险管理的增强。
- AI 可以帮助识别项目风险，通过分析历史数据和当前项目状态来预测潜在的障碍和挑战。
- 提供实时的风险评估和缓解策略，帮助项目团队做出更明智的决策。

8）文档和知识管理。
- AI 可以自动整理和更新项目文档，确保所有团队成员都能访问到最新的信息。

- 使用知识图谱来管理项目知识，帮助团队成员快速找到相关信息。

在 AI 驱动的瀑布模型中，虽然项目仍然遵循瀑布模型的顺序性，但 AI 技术的应用使得每个阶段更加高效和智能。这种结合可以提高项目的整体质量和交付速度，同时降低风险和成本。

3.7.2　AI 驱动下的敏捷模型

经典的敏捷软件开发生命周期（SDLC）以较小的、可操作的、迭代的和增量的周期启动并进行演化，直到代码被完全开发、测试并部署到生产环境中。同样，分析、设计、编码和测试也被分成较小的块来执行，而 DevOps 则在整个过程中持续进行。敏捷分析阶段一般会包括用户故事和史诗（Epic）的编写，而设计阶段则会引入架构图的创建和数据结构的设计。编码和测试阶段通常包括用不同的语言编写软件和制作测试用例，以确保它们按照特定要求运行。测试和 QA 还可能包括独立测试，以确保一切按预期运行。同样，DevOps 也采用不同的方法，如环境配置、基础设施即代码和 CI/CD 流水线，如图 3-20 所示。

图 3-20　经典的敏捷 SDLC

AI 可以协助敏捷 SDLC 的每个阶段，缩短整个敏捷 SDLC 的反馈环路（如图 3-21 所示），使企业能够更快地推出产品。企业通过在敏捷 SDLC 中使用人工智能驱动的工具来提高竞争优势。OpenAI 开发的 ChatGPT 等工具可以帮助进行市场调研和趋势分析。AI 可以分析客户偏好，并通过简单的文本提示帮助编写用户故事。从技术角度来看，它们还可以在产品发布前自动执行 CI/CD 流程、环境脚本、安全测试和性能测试。GPT-4 还能帮助开发人员生成功能代码、进行自动化测试。此外，还可以创建数据模型、DDL 和序列图。因此，人工智能在整个 SDLC 中的累积效应可使综合效率提高 30% ～ 50%。

图 3-21　AI 的敏捷 SDLC

GitHub Copilot、AWS CodeWhisperer、华为 CodeArts Snap 等 AI 工具可在集成开发环境中自动完成大型代码块并检查代码质量，从而提高开发人员的工作效率。GitHub 和微软的一项研究表明，当开发人员使用 Copilot 提供代码帮助时，开发人员的效率提升超过 55%。从历史的角度来看，这是生产率的显著提高，超过了 19 世纪中期蒸汽机的引入，当时蒸汽机"仅"将大型工厂的生产率提高了 15%。

同时，AI 驱动下项目模型的管理也可以发生变化，例如对于 AI 驱动的 Scrum 模型，可以在产品 Backlog 管理、迭代计划会议、迭代开发进度、迭代开发工作质量评估、迭代过程数据分析方面，提高模型的效率，如图 3-22 所示。

图 3-22　AI 驱动的 Scrum 模型

以下是在 AI 驱动下的软件项目模型或开发流程的一些关键考虑因素。

- 数据驱动的开发：AI 项目通常依赖于大量的数据进行训练和学习。因此，开发流程需要着重考虑数据的收集、清理和预处理。数据质量对于 AI 模型的性能至关重要。
- 迭代开发和快速实验：由于 AI 模型的特性，采用迭代和快速实验的方法对模型进行不断调优是关键。这要求开发流程具有灵活性，能够快速适应新的数据和反馈。
- 模型选择和集成：在 AI 项目中，需要仔细选择合适的算法和模型架构。同时，将这些模型集成到整个软件系统中也是一项复杂的任务，因为 AI 模型的输出可能会影响整个系统的行为。
- 自动化和持续集成：由于 AI 项目的复杂性，自动化测试、部署和持续集成是至关重要的。这可以确保在不断变化的代码和模型中保持系统的稳定性。
- 可解释性和透明度：AI 模型的决策过程通常是黑盒的，这就需要考虑模型的可解释性和透明度。在一些领域，如医疗和金融领域，解释模型的决策过程是法规要求的。
- 安全性和隐私保护：AI 项目需要特别关注安全性和隐私保护。开发流程应该包括对敏感信息的处理、模型的防御性设计以及对抗性攻击的考虑。
- 监控和维护：AI 模型的性能可能随时间变化，因此需要建立监控机制来检测模型退化或失效的迹象。维护 AI 模型也是一个重要的方面，包括模型的更新和迁移学习等。
- 跨学科团队协作：AI 项目通常需要跨学科团队的合作，包括数据科学家、开发人员、领域专家等。项目流程应该鼓励这些团队成员之间的有效沟通和协作。

3.8　MED 项目的生存期模型案例分析

本项目采用 Scrum 敏捷生存期模型，产品目录及优先级如表 3-2 所示，整个项目分 4 个迭代，即 4 个 Sprint（冲刺迭代），表 3-2 也说明了每个 Sprint 包括的需求内容，第一个 Sprint 包括产品目录中前 4 优先级内容。每个冲刺订单（迭代）的周期大概是 4 周，每个冲刺订单完成之后提交一个可以运行的版本。因此，本项目的 Scrum 敏捷模式可以通过图 3-23 展示。具体生存期定义如图 3-24 所示。

表 3-2　产品目录及优先级

冲刺迭代	优先级	内容
1	1	用户注册
	2	用户管理
	3	产品、经销商编辑
	4	产品浏览及查询
2	5	用户信息内容管理
	6	产品信息内容管理
	7	产品维护 Offline 工具
	8	产品维护 Online 工具
3	9	产品交易
	10	E-mail 管理
	11	Chat 管理
	12	联机帮助
4	13	分类广告
	14	学会协会
	15	医务管理

图 3-23　Scrum 生存期模型

图 3-24   项目生存期示意图

生存期中的各阶段定义如下。

1. 需求分析阶段

阶段目标：确定需求的功能和服务。

进入条件：用户提出初始需求。

输入：演示系统。

输出：关键特性表（Key Feature List，KFL）、业务过程定义（business process definition）、需求定义文档。

完成标志：输出通过用户确认。

2. 系统设计阶段

阶段目标：根据已有的系统结构确定应用逻辑结构、数据库结构和页面结构。

进入条件：提交需求分析初步结果。

输入：关键特性表、商务过程定义文档、需求定义文档。

输出：系统设计报告、Data Model 和数据库、页面流 (page flow)。

完成标志：设计通过专家的对等评审。

3. 项目规划阶段

阶段目标：根据需求分析和系统设计结果确定本阶段的时间计划、资源需求和资金预算。

进入条件：提交需求分析初步结果。

输入：需求定义文档、系统设计文档。

输出：项目计划。

完成标志：项目计划经合同管理者审批。

4. 迭代 *n* 设计

阶段目标：设计与迭代 *n* 相关的页面、应用逻辑。

进入条件：设计通过专家的对等评审。

输入：系统设计文件、数据库结构定义。

输出：详细设计报告。

完成标志：设计通过对等评审。

5. 迭代 *n* 开发

阶段目标：实现迭代 *n*。

进入条件：设计通过专家的对等评审。

输入：详细设计报告。

输出：程序包。

完成标志：迭代 n 与网站系统集成调试完毕。

6. 集成测试

阶段目标：通过集成环境下的软件测试。

进入条件：迭代 n 与网站系统集成调试完毕。

输入：网站系统和迭代 n 功能包、QA 数据库、测试案例。

输出：测试报告。

完成标志：测试报告通过审核。

7. 确认测试

阶段目标：通过 QA 环境下的确认测试。

进入条件：集成测试完毕，WDB 可以转入 QA DB。

输入：网站系统软件包、QA 数据库、测试案例。

输出：测试报告。

完成标志：测试报告通过审核。

8. 产品提交

阶段目标：系统投入使用。

进入条件：测试报告通过审核。

输入：网站系统软件包。

输出：CD。

完成标志：用户完成产品接收。

3.9 MSHD 项目的生存期模型

根据项目的特点，团队选择了图 3-25 所示的多迭代增量开发模型作为项目的生存期模型，理由如下。

- 需求不够清晰：项目初期对需求的理解不够透彻，需要逐步了解。因为涉及众多异源异质构的数据请求，采用迭代模型可以在每个迭代中逐步引入新的数据来源，以确保系统适应性强。而且在多源数据管理系统中，需求可能随时间变化，采用迭代模型能够更灵活地应对这些变化。
- 快速响应变化：在增量开发过程中，每个增量迭代都提供了评估和调整方向的机会，使团队能够及时响应客户需求和市场变化。每个迭代可以根据新需求进行调整。
- 持续交付价值：每个增量结束时，都会产出可工作的软件，而且是按照用户需求价值优先级交付，这有助于确保项目的早期交付，并在每次迭代中不断完善系统。每个迭代都能够实现一个可用的部分系统，这样在项目早期就能够交付一些功能完备的模块，有助于及早验证系统的可行性。

图 3-25 的模型说明可以在开发过程中逐步完善功能，将用户需求按照优先级形成多个

开发增量，每个增量可以有多个迭代，每个增量完成后有用户参与的阶段评价，根据反馈做必要的调整完善，形成交付的可运行系统。

图 3-25　MSHD 项目生存期模型

小结

本章介绍了软件项目生存期模型的类型和特点，总体分为预测型模型和适应型模型，适应型可以是迭代型、增量型、敏捷型，混合型生存期模型是预测型和适应型的组合。瀑布模型、V 模型属于预测型模型，快速原型模型属于迭代型模型，渐进式阶段模型也属于增量模型，特别展开介绍了 Scrum、XP、看板方法、精益模型、持续交付、DevOps 等敏捷模型以及规模化敏捷模型。另外也探讨了 AI 驱动项目的生存期模型。

练习题

一、填空题

1.＿＿＿＿＿生存期模型中，要求项目所有的活动都严格按照顺序执行，一个阶段的输出是下一个阶段的输入。
2. 总体上，项目生命周期可以是预测型或＿＿＿＿。
3. DevOps 是＿＿＿＿和＿＿＿＿的组合。

二、判断题

1. 瀑布模型不适合短期项目。（　　　）
2. 增量式模型可以避免一次性投资太多带来的风险。（　　　）
3. V 模型适合的项目类型是需求很明确、解决方案很明确而且对系统的性能要求比较严格的项目。（　　　）
4. 瀑布模型和 V 模型都属于预测模型。（　　　）
5. 在瀑布生存期模型中，要求项目所有的活动都严格按照顺序执行，一个阶段的输出是下一个阶段的输入。（　　　）
6. 极限编程（eXtreme Programming）从三个层面提供了 13 个敏捷实践。（　　　）
7. 敏捷包括了《敏捷宣言》中的 4 个核心价值、12 个原则，以及一些通用实践等。（　　　）

三、选择题

1. 对于某项目，甲方提供了详细、准确的需求文档，我们的解决方案也很明确，且安全性要求非常严格，此项目采用（　　）生存期模型比较合适。

   A. 瀑布模型　　　　　B. 增量式模型　　　　　C. V 模型　　　　　　　　D. XP 模型

2. 下面哪一项属于预测型生存期模型?（　　）

   A. 瀑布模型　　　　　B. 增量模型　　　　　C. Scrum 模型　　　　　　D. 原型模型

3. 下面关于敏捷模型描述不正确的是哪一项?（　　）

   A. 与传统模型相比，敏捷模型属于自适应过程

   B. 可以应对需求的不断变化

   C. Scrum 模型、XP 模型、DevOps 模型等都属于敏捷模型

   D. 敏捷模型是预测型和迭代型的混合模型

4. XP 模型的实践原则不包括以下哪一项?（　　）

   A. 快速反馈　　　　　B. 假设简单　　　　　C. 包容变化　　　　　　　D. 详细设计

5. 项目初期，在一个项目需求不明确的情况下，应避免采用以下哪种生存期模型?（　　）

   A. 快速原型模型　　　B. 增量式模型　　　　C. V 模型　　　　　　　　D. Scrum 模型

6. 下面哪一个不是规模化敏捷模型?（　　）

   A. SAFe　　　　　　　B. Scrum　　　　　　　C. Scrum of Scrums(SOS)　D. LeSS

四、问答题

1. 写出三种你熟悉的生存期模型，并说明这些模型适用什么情况下的项目。

2. 举例说明什么是混合模型?

第二篇

项目计划

本篇是项目管理路线图第二阶段即项目计划阶段，项目计划是项目成败的关键，计划贯穿项目始终。本篇讨论范围计划、成本计划、进度计划、质量计划、配置管理计划、团队计划、风险计划、合同计划。

PMI 强调，作为零售摊位成功的关键要素是位置、位置、位置，而项目成功的三大要素是计划、计划、计划。计划是通向项目成功的路线图。

有原则不慌，有计划不乱，没有计划就没有整体的方向。无论是长期计划、短期计划，都很重要，有了计划，项目的执行过程才可以有条不紊。计划能够告诉你什么时候应该做什么。

有人对项目计划的作用认识不足，认为计划不如变化快，项目中有很多不确定的因素，做计划是走过场，因此制订计划时比较随意，很多事情没有仔细考虑。项目没有计划或者项目计划是随意的、不负责任的，则该项目将失去控制。敏捷项目强调远粗近细、渐进明细的计划方式。

第4章

软件项目范围计划——需求管理

范围计划是项目计划很重要的一部分，本章进入路线图的"范围计划"，如图4-1所示。

图4-1 项目计划——范围计划：需求管理

4.1 软件项目范围的定义

项目范围管理是对项目包括什么与不包括什么的定义与控制过程。确定项目范围是制订软件计划的依据，包括对功能、性能、接口和可靠性的确定。通过项目范围管理，明确项目管理的目标与边界。

在范围管理中首先要定义项目的范围，它是项目实施的依据和变更的输入，只有对项目的范围进行明确的定义，才能进行有效的项目规划。项目目标必须是可实现、可度量的，这一步管理不好会导致项目的最终失败。项目范围是指开发项目产品所包括的工作及产生这些产品所用的过程。项目人员必须在项目要产生什么样的产品方面达成共识，也要在如何生产这些产品方面达成共识。这个过程规定了如何对项目范围进行定义、管理和控制。项目的规模、复杂度、重要性等因素决定了范围计划的工作量，不同的项目，范围计划的情况可以不同，而软件项目的范围首先从项目的需求开始。

4.2 需求管理过程

无论采用何种软件生存期模型，软件需求是软件开发过程的基础，是软件项目建设的基石。资料表明，软件项目中40%～60%的问题都是在需求分析阶段埋下的隐患。软件开发中返工开销占开发总费用的40%，而其中70%～80%的返工是由需求方面的错误所导致的。

在以往失败的软件项目中，80% 是由于需求分析的不明确而造成的。因此一个项目成功的关键因素之一就是对需求分析的把握程度，而项目的整体风险往往是由需求分析不明确、业务流程不合理造成的，所以需求管理是项目管理的重要一环。

　　软件需求是指用户对软件的功能和性能的要求，就是用户希望软件能做什么事情，完成什么样的功能、达到什么样的性能。软件设计人员要准确理解用户的要求，进行细致的调查分析，将用户非形式的需求陈述转化为完整的需求定义，再由需求定义转化到相应形式的需求规约。对于软件项目的需求，首先要理解用户的要求，澄清模糊的需求，与用户达成共识。

　　软件需求包括三个不同的层次：业务需求（business requirement）、用户需求（user requirement）、功能需求（functional requirement）。最后确定软件需求规约（Software Requirement Specification,SRS），它们的关系如图 4-2 所示。

　　业务需求反映了组织机构或客户对系统、产品高层次的目标要求，由管理人员或市场分析人员确定，在项目视图与范围文档中予以说明。用户需求描述了用户通过使用本软件产品必须要完成的任务，一般由用户协助提供。用户需求可以在用例（use case）或场景（scenario）说明中予以说明。

图 4-2　软件需求的层次

　　功能需求定义了开发人员必须实现的软件功能，使得用户通过使用此软件能完成他们的任务，从而满足业务需求。对于复杂产品来说，功能需求也许只是系统需求的一个子集。软件需求规约充分描述了软件系统应具有的外部行为，描述了系统展现给用户的行为和执行的操作等。它包括产品必须遵从的标准、规范和合约，外部界面的具体细节，非功能性需求（如性能要求等），设计或实现的约束条件及质量属性。约束是指对开发人员在软件产品设计和构造上的限制。质量属性通过多种角度对产品的特点进行描述，从而反映产品功能。多角度描述产品对用户和开发人员都极为重要。

　　软件需求规约说明在开发、测试、质量保证、项目管理以及相关项目功能中都起着重要的作用。

　　用户需求必须与业务需求一致。用户需求使需求分析者能从中总结出功能需求，以满足用户对产品的期望从而完成任务，而开发人员根据软件需求规约来设计软件，以实现必要的功能。

4.2.1　需求获取

　　软件需求是软件开发项目中最关键的一个输入，与传统行业相比，软件的需求具有模糊性、不确定性、变化性和主观性的特点。需求获取是指通过与用户的交流、对现有系统的观察及对任务的分析，开发、捕获和修订用户的需求。正确获取用户需求不是一件容易的事情，我们以为互相了解彼此的需求，但是常常是"我以为的其实不是你以为的"（如图 4-3 所示）。而且对于同样的需求，不同的人又有不同的理解和描述，客户自己描述需求时也未必能够将自己的实际想法描述清楚（如图 4-4 所示）。因此，需求获取是一项很重要也很困难的任务。

图 4-3　我以为的其实不是你以为的

| 客户对需求的描述 | 项目经理的理解 | 分析师所设计的 | 程序员写出来的 | 商业顾问的产品描述 |

| 项目文档是这样记录的 | 实际交付客户的 | 客户是如何付账的 | 发售之后的技术支持 | 客户真正需要的 |

图 4-4　不同角色对需求的描述

需求获取的主要任务是与用户方的领导层、业务层人员进行访谈式沟通，目的是从宏观上把握用户的具体需求方向和趋势，了解现有的组织架构、业务流程、硬件环境、软件环境、现有的运行系统等具体情况和客观信息，建立良好的沟通渠道和方式。

需求获取需要执行的活动如下。

1）了解客户方的所有用户类型以及潜在的类型，然后根据他们的要求来确定系统的整体目标和系统的工作范围。

2）进行需求调查，对用户进行访谈和调研。交流的方式可以是会议、电话、电子邮件、小组讨论、模拟演示等不同形式。需要注意的是，每一次交流一定要有记录，还可以对交流的结果进行分类，便于后续的分析活动。需求调查说明如下。

- 面对面的沟通。与用户就需求问题进行一对一的面对面沟通是最有效的方式。电子邮件 Q&A 列表是向用户调查需求的主要方式，对于软件产品需求不明确的问题，可整理归纳成 Q&A 列表，通过电子邮件传递给用户。Q&A 列表能够详细记录问题从不明确到清晰的整个过程，但是比较费时，需求提问的进度取决用户是否能及时答复邮件。

- 电视电话会议访谈。电视电话会议访谈是一种自由的、开放的获取需求的方式，可以深入探究用户对某些问题的回答，从而得到更准确的信息。对不同的被访谈者可以及时调整问话方式，但是需要注意沟通方式。

- 需求专题讨论会。需求专题讨论会即头脑风暴（brain storm），它是指在一段短暂但紧凑的时间段内，把所有与需求相关的人员集中到一起，围绕产品或者项目的目标进行自由讨论，各抒己见，最后统一归纳出初步的需求。这种方式的效率非常高，看上去不相关的意见经过综合往往可以得出很好的主意，并且可以立即得出结果，但是需要有经验的人组织才能保证成功。

- 自行搜集需求。客户不能提供明确的需求，需要我们自己调查相关的行业标准、同类标准，总结出功能、非功能需求。

3）需求分析人员对收集到的用户需求做进一步的分析和整理。

对于用户提出的每个需求都要知道"为什么"，并判断用户提出的需求是否有充足的理由。将"如何实现"的表述方式转换为"实现什么"的方式，因为需求分析阶段关注的目标是"做什么"，而不是"怎么做"。

分析由用户需求衍生出的隐含需求，并识别用户没有明确提出的隐含需求（有可能是实现用户需求的前提条件）。这一点往往容易被忽略，经常因为对隐含需求考虑得不够充分而引起需求变更。

4）需求分析人员将调研的用户需求以适当的方式呈交给用户方和开发方的相关人员。大家共同确认需求分析人员所提交的结果是否真实地反映了用户的意图。需求分析人员在这个任务中需要执行下述活动。

- 明确标识出那些未确定的需求项（在需求分析初期往往有很多这样的待定项）。
- 使需求符合系统的整体目标。
- 保证需求项之间的一致性，解决需求项之间可能存在的冲突。

综上所述，进行需求获取的时候应该注意如下问题。

- 识别真正的客户。识别真正的客户不是一件容易的事情，项目总是要面对多方的客户，不同类型客户的素质和背景都不一样。有时他们没有共同的利益，例如，销售人员希望使用方便、会计人员最关心的是销售的数据如何统计、人力资源关心的是如何管理和培训员工等。有时他们的利益甚至有冲突，所以必须认识到客户并非平等的，有些人比其他人对项目的成功更为重要。我们需要清楚地认识影响项目的客户，并对多方客户的需求进行排序。

- 正确理解客户的需求。客户有时并不十分明白自己的需要，可能提供一些混乱的信息，而且有时会夸大或者弱化真正的需求。所以我们既要懂一些心理学知识，也要懂一些其他行业的知识，了解客户的业务和社会背景，有选择地过滤需求，理解和完善需求，确认客户真正需要的东西。例如，除了表面的需求，客户个体其实还有隐含的"需要"。

- 具备较强的忍耐力和清晰的思维。进行需求获取的时候，应该能够从客户凌乱的建议和观点中整理出真正的需求，不能对客户需求的不确定性和过分要求失去耐心，甚至造成不愉快，要具备良好的协调能力。

- 说服和教育客户。需求分析人员可以同客户密切合作，帮助他们找出真正的需求，可以通过说服引导等手段，也可以通过培训来实现。同时要告诉客户需求可能会不可避免地发生变更——这些变更会给持续的项目正常化增加很大的负担，使客户认真对待变更。
- 需求获取阶段一般需要建立需求分析小组，进行充分交流，互相学习，同时要实地考察访谈，收集相关资料，进行语言交流，必要时可以采用图形表格等工具。

4.2.2 需求分析

需求分析也称为需求建模，是指为最终用户所看到的系统建立一个概念模型，是对需求的抽象描述，并尽可能多地捕获现实世界的语义。需求分析的任务是借助于当前系统的逻辑模型导出目标系统的逻辑模型，解决目标系统"做什么"的问题，如图4-5所示。

图 4-5 需求分析模型

需求分析是项目成功的基础，应得到足够的重视，还要为其分配充足的时间和人力，让有经验的系统分析员负责，切忌让项目新手或程序员负责。最好让用户参与需求分析过程，如果条件不允许，在选择参与的用户时，一方面，要尽可能争取精通业务或计算机技术的用户参与，另一方面，如果开发的产品要在不同规模、不同类型的企业应用，应该选择具有代表性的用户参与。

需求是与技术无关（technology independent）的。在需求阶段讨论技术是没有任何意义的，只会分散你的注意力。技术的实现细节是在后面的设计阶段才需要考虑的事情。在很多情形下，分析用户需求是与获取用户需求并行的，主要通过建立模型的方式来描述用户的需求，为客户、用户、开发方等不同参与方提供一个交流的渠道。这些模型是对需求的抽象，以可视化的方式提供一个易于沟通的桥梁。需求分析与需求获取有着相似的步骤，区别在于分析用户需求时使用模型来描述，以获取更明确的需求。

需求分析应该执行下面的活动。

- 以图形表示的方式描述系统的整体结构，包括系统的边界与接口。
- 通过原型、页面流或其他方式向用户提供可视化的界面，用户可以对需求做出自己的评价。用户通常不善于精确描述自己的业务需求，系统分析员需要借助白板、白纸等沟通方式帮助用户清楚地表述需求，然后，开发一个用户界面原型，以便用户确认需求。
- 以模型描述系统的功能项、数据实体、外部实体、实体之间的关系、实体之间的状态转换等方面的内容。

需求分析的基本策略是采用头脑风暴、专家评审、焦点会议组等方式进行具体的流程细化、数据项的确认，必要时可以提供原型系统和明确的业务流程报告、数据项表，并能清晰地向用户描述系统的业务流设计目标。用户方可以通过审查业务流程报告、数据项表以及操作开发方提供的原型系统来提出反馈意见，并对可接受的报告、文档签字确认。

对于客户表达的需求，不同的分析人员可能有不同的理解。如果分析人员对客户需求理解有误，可能会导致以后的开发工作劳而无功。所以，进行需求分析的时候，要求开发人员具有广泛的知识面。

4.2.3 需求规约编写

对于软件这个特殊领域的业务需求，项目经理在管理需求的时候，一定要求需求分析人员首先获取用户的真正需求，即使是双方画的简单的流程草案也很重要，然后根据获取的真正需求采用适当的方法编写需求规约。

软件需求规约的编制是为了使用户和软件开发者双方对该软件的初始规定有共同的理解，使之成为整个开发工作的基础。需求分析完成的标志是提交一份完整的软件需求规约（SRS）。建立了需求规约，才能描述要开发的产品，并作为项目演化的指导。如果没有需求规约，那么需求将隐含地确定及影响项目的内容和项目的成功。需求规约以一种开发人员可用的技术形式陈述了一个软件产品所具有的基本特征和性质，以及期望和选择的特征和性质。对于项目来说，需求规约和工作陈述（Statement Of Work，SOW）是很关键的两个文档，需求规约的编写可以参照甲方提供的工作陈述的有关信息，它为客户和开发者之间建立一个约定，准确地陈述了要交付给客户什么。

软件产品范围是指软件产品所包含的特征或功能，而软件需求规约正是对软件产品范围正式且书面的界定，是软件项目管理过程必需的基础性文档。需求规约相当于软件开发的图纸，一般地，软件需求规约的格式可以根据项目的具体情况而定，没有统一的标准。

有一种非常危险的思想，即在项目的需求分析阶段，开发方与客户方在各种问题的基本轮廓上达成一致即可，具体细节可在以后补充。实际上许多软件项目失败的最主要的原因就是需求阶段对问题的描述不够细致，导致后来超出预算或者时间进度无法达到要求。正确的做法是：在项目需求分析阶段，双方必须全面地、尽可能细致地讨论项目的应用背景、功能要求、性能要求、操作界面要求、与其他软件的接口要求，以及对项目进行评估的各种评价标准，并且在需求分析结束以后，双方还要建立可以直接联系的渠道，以尽早地针对需求变动问题进行沟通。

4.2.4 需求验证

提交需求规约后，开发人员需要与客户对需求分析的结果进行验证，以需求规约为输入，通过符号执行、模拟或快速原型等途径，分析需求规约的正确性和可行性，以使需求规约中定义的需求正确、准确地反映用户的意图。

验证需求的正确性及其质量能大大减少项目后期的返工现象。在项目计划中应为这些保证质量的活动预留时间并提供资源。从客户代表方获得参与需求评审的赞同（承诺），并尽早且以尽可能低的成本，通过从非正式的评审逐渐到正式评审来找出其存在的问题。

需求验证包括以下几个方面。
- 需求的正确性。开发人员和用户都进行复查，以确保将用户的需求充分、正确地表达出来。只有通过调查研究，才能知道某一项需求是否正确。每一项需求都必须准确地陈述其要开发的功能。做出正确判断的参考是需求的来源，如用户或高层的系统需求规约说明书。若软件需求与对应的系统需求相抵触，则是不正确的。只有用户代表才能确定用户需求的正确性，这是一定要有用户积极参与的原因。没有用户参与的需求评审将导致评审者凭空猜测。

- 需求的一致性。一致性是指与其他软件需求或高层（系统、业务）需求不相矛盾。在开发前必须解决所有需求间的不一致部分。验证没有任何的冲突和含糊的需求，没有二义性。

- 需求的完整性。验证是否所有可能的状态、状态变化、转入、产品和约束都在需求中描述，不能遗漏任何必要的需求信息，因为很难查出遗漏的需求。注重用户的任务而不是系统的功能有助于避免不完整性。如果知道缺少某项信息，用 TBD（待确定）作为标准标识来标明这项缺漏。在开始开发之前，必须解决需求中所有的 TBD 项。

- 需求的可行性。验证需求是否实际可行，每一项需求都必须是在已知系统和环境的权能和限制范围内可以实施的。为避免不可行的需求，最好在获取需求（收集需求）过程中始终有一位软件工程小组的组员与需求分析人员或市场人员在一起工作，由他负责检查技术可行性。

- 需求的必要性。验证需求是客户需要的，每一条需求描述都是用户需要的，每一项需求都应把客户真正所需要的和最终系统需要遵从的标准记录下来。必要性也可以理解为每项需求都是用来授权你编写文档的"根源"。要使每项需求都能回溯至某项客户的输入。

- 需求的可检验性。验证是否能写出测试案例来满足需求，检查每项需求是否能通过设计测试用例或其他的验证方法，如用演示、检测等来确定产品是否确实按需求实现了。如果需求不可验证，则确定其实施是否正确就成为主观臆断，而非客观分析。一份前后矛盾、不可行或有二义性的需求也是不可验证的。有的项目范围的定义不够明确，做不到量化，可验证程度不高，很多时候都是一些定性而不是定量的要求，如"界面友好，可操作性强，提高用户满意度"等。这些模糊的需求是导致后续项目"扯皮"的根源。对于项目范围的明确定义，有经验的项目经理及系统分析员起着至关重要的作用。

- 需求的可跟踪性。验证需求是否是可跟踪的，应能在每项软件需求与它的根源和设计元素、源代码、测试用例之间建立链接，这种可跟踪性要求每项需求以一种结构化的、细粒度的方式编写并单独标明，而不是大段的叙述。软件开发的基本目标是构造能够满足客户基本需求的软件系统，因此需要一种检测手段来检验软件是否满足所有的需求。需求跟踪是一种有效的检测手段，要求对每一项需求都可以追踪到实现该需求的设计、编码及测试用例。通过需求追踪，可以检验软件是否实现了所有需求以及软件是否对所有的需求都经过了测试。有两种类型的跟踪：前向跟踪和后向跟踪。前向追踪意味着看需求是否在生命周期的后续阶段（如设计和编码阶段）的工作成果中得到体现，后向追踪意味着看生命周期后期的各个阶段的工作成果满足何种需求，前向追踪保证了软件能够满足需求，后向追踪则在变更、回归测试等情况下更有用。因此可以在项目进行过程中采用需求跟踪矩阵来管理项目需求。

- 最后的签字。通过评审的需求规约，要让用户方签字，并作为项目合同的附件，对双方都具有约束力。

4.2.5　需求变更

需求变更是软件项目一个突出的特点，也是软件项目最为普遍的一个特点。做过软件项目的人可能会有这样的经历：一个项目做了很久，感觉总是做不完，就像一个"无底洞"。虽然这与人类认识问题的自然规律是一致的，但是频繁而无管理的需求变更非常容易导致复杂、无形的软件在多变的情况下失控，增加软件开发过程中的不稳定性，从而造成多方的损失。据相关数据统计，需求变更是导致项目失败的主要原因之一。那么如何对需求变更加以有效的控制和管理，从而保证软件开发的进度、成本和质量，便成为软件开发过程中一个值得思考的问题。

客户的需求为什么一变再变？人类认识世界是一个由无知到已知、由浅入深的过程，我们以及客户对需求的认识也是一个逐步深入、逐步明晰的过程。随着认识的深入，客户的需求才逐渐明确。软件人员在最初的时候需要帮助客户深化认识、明确需求。

引起需求变更的表现形式是多样的，例如，客户改变想法、项目预算发生变化或者客户对某些功能的改变。在软件开发项目中，需求变更可能来自各个方面，如客户、方案服务商或产品供应商，也可能来源于项目组内部。

在软件开发过程中，需求的变更会给开发带来不确定性，所以必须接受"需求会变动"这个事实，做好需求变更的管理工作。需求变更管理主要的工作如下。

- 建立需求基线。需求基线是需求变更的依据。在开发过程中，需求确定并经过评审后（用户参与评审），可以建立第一个需求基线。此后每次变更并经过评审后，都要重新确定新的需求基线。
- 确定需求变更控制过程。制定简单、有效的变更控制流程，并形成文档。在建立需求基线后提出的所有变更必须遵循变更控制流程进行控制。
- 建立变更控制委员会（SCCB）。成立 SCCB 或相关职能的类似组织，负责裁定接受哪些变更。SCCB 由项目所涉及的多方人员共同组成，应该包括用户方和开发方的决策人员在内。
- 进行需求变更影响分析。需求变更一定要先申请然后评估，最后经过与变更大小相当级别的评审确认。对于提交的每项需求变更请求，应确定其对项目整体进度的影响和对其他相关开发任务的影响，并且一定要明确完成这些变更相关任务的工作量。只有经过全面的分析，SCCB 才能够做出更好的决策。
- 跟踪所有受需求变更影响的工作产品。需求变更后，受影响的软件计划、产品、活动都要进行相应的变更，以保持和更新的需求一致。
- 建立需求基准版本和需求控制版本文档，维护需求变更的历史记录。妥善保存变更产生的相关文档。记录每个需求变更文档的版本号、日期、所做的变更、原因等，并应该明确该文档由谁来负责更新。
- 跟踪每项需求的状态，衡量需求稳定性。SCCB 需要对需求变更的整体有良好的把握，通过记录需求基准的数量可以获得宏观需求的变更次数，同时应该记录一段时间内（如每周、每月）的变更数量，最好按变更的类别来列出详细信息。如果某一需求过于频繁变更，则说明对该问题的认识还不深入或者还没有达成一致的处理意见。如果需求变更的总体数量过高，则意味着项目范围并未很好地确定下来或是政策变化较大。

并非对需求定义得越详细，越能避免需求的渐变，这是两个层面的问题。太细的需求定义对需求渐变没有任何效果，因为需求的变化是永恒的，并非由于需求写得详细了，它就不会变化了。图 4-6 是需求变更管理流程图，包括需求提交阶段、需求受理阶段、需求规划分析阶段、需求实施阶段等。

图 4-6　需求变更管理流程图

4.3　传统需求分析方法

4.3.1　基于数据流建模

结构化分析（Structured Analysis，SA）方法是 20 世纪 70 年发展起来的最早的开发方法，其中有代表性的是美国 Coad/Yourdon 的面向数据流的开发方法、欧洲 Jackson/Warnier-Orr 的面向数据结构的开发方法，以及日本小村良彦等人的 PAD 开发方法，尽管当今面向对象开发方法兴起，但是如果不了解传统的结构化方法，就不可能真正掌握面向对象的开发方法，因为面向对象开发方法中的操作仍然以传统的结构化方法为基础，结构化方法是很多其他方法的基础。

结构化分析方法将现实世界描绘为数据在信息系统中的流动，以及数据在流动过程中向信息的转化，帮助开发人员定义系统需要做什么、系统需要存储和使用哪些数据、系统需要什么样的输入和输出，以及如何将这些功能结合在一起来完成任务。

结构化方法为进行详细的系统建模提供了框架，很多的结构化模型有一套自己的处理规则。结构化分析方法是一种比较传统、常用的需求分析方法，采用结构化需求分析，一般会采用结构化设计（Structured Design，SD）方法进行系统设计。结构化分析和结构化设计是结构化软件开发中最关键的阶段。

数据流图（Data Flow Diagram，DFD）、系统流程图等都属于结构化分析技术。

1. 数据流图方法

数据流图作为结构化系统分析与设计的主要方法，直观地展示了系统中的数据是如何被加工处理和流动的，是一种广泛使用的自上而下的方法。数据流图采用图形符号描述软件系统的逻辑模型，使用四种基本元素来描述系统的行为，它们是过程、实体、数据流和数据存储。数据流图直观易懂，使用者可以方便地得到系统的逻辑模型和物理模型，但是从数据流图中无法判断活动的时序关系。

数据流图已经得到了广泛的应用，尤其适用于管理信息系统（MIS）的表述。图 4-7 是一个旅行社订票过程的数据流图，它描述了从订票到得到机票，到最后将机票给旅客的数据流动过程，其中包括查询航班目录、费用的记账等过程。

确定数据流图后，还需要确定每个数据流和变化（加工）的细节，也就是数据字典和加工说明，这是一个很重要的步骤，是软件开发后续阶段的工作基础。

对于较为复杂问题的数据处理过程，用一个数据流图往往不够，一般按问题的层次结构进行逐步分解，并以分层的数据流图反映这种结构关系。根据层次关系，通常将数据流图分为顶层数据流图、中间数据流图和底层数据流图。对于任何一层数据流图来说，称它的上一层数据流图为父图，称它的下一层数据流图为子图。

- 顶层数据流图只含有一个加工，表示整个系统。输入数据流和输出数据流为系统的输入数据和输出数据，表明了系统的范围以及与外部环境的数据交换关系。

图 4-7　订票过程数据流图

- 底层数据流图是指其加工不能再分解的数据流图，其加工称为"原子加工"。
- 中间数据流图是对父层数据流图中的某个加工进行细化，而它的某个加工也可以再次细化，形成子图。中间层次的多少，一般视系统的复杂程度而定。
- 任何一个数据流子图必须与它上一层父图的某个加工对应，两者的输入数据流和输出数据流必须保持一致，此即父图与子图的平衡。父图与子图的平衡是数据流图中的重要性质，保证了数据流图的一致性，便于分析人员阅读和理解。

在父图与子图平衡中，数据流的数目和名称可以完全相同，也可以在数目上不相等，但是可以借助数据字典中的数据流描述，确定父图中的数据流是由子图中几个数据流合并而成的，即子图是对父图中的加工和数据流同时进行分解，因此也属于父图与子图的平衡，如图 4-8 所示。

图 4-8　父图与子图的平衡

一个加工的所有输出数据流中的数据必须能从该加工的输入数据流中直接获得，或者是通过该加工能产生的数据。每个加工必须有输入数据流和输出数据流，反映此加工的数据来源和加工变换结果。一个加工的输出数据流只由它的输入数据流确定。数据流必须经过加工，即必须进入加工或从加工中流出。

数据字典描述系统中涉及的每个数据，是数据描述的集合，通常配合数据流图使用，用来描述数据流图中出现的各种数据和加工，包括数据项、数据流、数据文件等。其中，数据项表示数据元素，数据流是由数据项组成的，数据文件表示对数据的存储。

2. 系统流程图

系统流程图是一种表示操作顺序和信息流动过程的图表，是描述物理系统的工具，其基本元素或概念用标准化的图形符号来表示，相互关系用连线表示。流程图是有向图，其中每个节点代表一个或一组操作。

在数据处理过程中，不同的工作人员使用不同的流程图。大多数设计单位、程序设计人员之间进行学术交流时，都习惯用流程图表达各自的想法。流程图是交流各自思想的一种强有力的工具，其目的是把复杂的系统关系用一种简单、直观的图表表示出来，以便帮助处理问题的人员更清楚地了解系统，也可以用它来检查系统的逻辑关系是否正确。

绘制流程图的法则是优先关系法则，其基本思想是：先把整个系统当作一个"功能"来看待，画出最粗略的流程图，然后逐层向下分析，加入各种细节，直到达到所需要的详尽程度为止。

利用一些基本符号，按照系统的逻辑顺序以及系统中各部分的制约关系绘制成的一个完整图形，就是系统流程图。系统流程图的设计步骤如下。

1）分析实现程序必需的设备。

2）分析数据在各种设备之间的交换过程。

3）用系统流程图或程序流程图的基本符号描述其交换过程。

图 4-9 采用系统流程图描述了外事部门出访业务需求。

图 4-9　外事部门出访业务需求系统流程图

4.3.2　基于 UML 需求建模

进行需求建模时，首先根据分析目标，确定系统的角色，即参与者，然后确定相应的用例。用例在需求分析中的作用是很大的，它从用户的角度，而不是程序员的角度看待系统，因此用例驱动的系统能够真正做到以用户为中心，用户的任何需求都能够在系统开发链中完整地体现。用户和程序员间通过用例沟通会很方便。从前，系统开发者总是通过情节来获取需求，问用户"希望系统为他做什么"。通过用例需求分析方法，需求获取就变成问用户"要利用系统做什么"。这是立场不同导致的结果。用户通常并不关心系统是如何实现的，对于他们来说，更重要的是要达到他们的目的。相反，大部分的程序员的工作习惯就是考虑计算机应该如何实现用户的要求。所幸的是，用例方法能够调和双方的矛盾，因为虽然用例来源于用户，服务于用户，但是它同样可以用于开发的流程。

下面以某进出口贸易项目的需求分析为例，说明采用 UML 方法建立需求模型的基本步骤。

1. 分析目标

通过需求分析，确定项目目标，定义系统特征。进出口贸易的业务环节很多，涉及配额与许可申请、询价、报价、合同洽谈、备货（出口）、信用证、商检、报关、运输、投保、付汇/结汇、出口核销退税等多个环节，并分别隶属于外贸、内贸、生产部门、海关、商检、银行、税务、保险、运输等职能机构和业务主管部门。这种跨部门、跨单位的"物流"过程，同样伴随着十分复杂的"信息流"。在实际业务中，不同的交易，不同的交易条件，其业务内容和处理过程也不尽相同。在具体运作方面，贸易处理程序及产生的单证交换，又常常是"并发"与"顺序"交叉进行的。贸易程序的简化一直是贸易效率化和低成本交易的"瓶颈"。

2. 确定角色（参与者）

角色即参与者，是指在系统之外，与系统进行交互的任何事物，在此处指用户在系统中所扮演的角色，如此模型中，出口商即为一个参与者，参与者与用例的关系描述了"谁使用了那个用例"。进出口贸易涉及的参与者（角色）众多，但是角色之间存在共性，在建模过程中，依据封装和抽象的原则，将角色进行了归并，降低了模型的复杂度。例如，出口商角色可以派生出口公司和工厂两个角色，如图4-10所示。工厂角色是经过国家部门批准授权，可以从事经营生产产品进出口贸易的工业企业。存储角色可以派生出3个角色，分别是码头、集装箱场地、仓库，如图4-11所示。海关角色可以派生出如图4-12所示的4个子类。检验部门角色可以派生出如图4-13所示的两个子类。进口商角色可以派生出如图4-14所示的两个子类。贸易管理部门角色可以派生出如图4-15所示的15个子类。银行角色可以派生出如图4-16所示的两个子类。运输角色可以派生出如图4-17所示的运输代理公司、进口港、外运公司、船代理公司、船大副5个子类。

图 4-10 出口商角色

图 4-11 存储角色

图 4-12 海关角色

图 4-13 检验部门角色

图 4-14 进口商角色

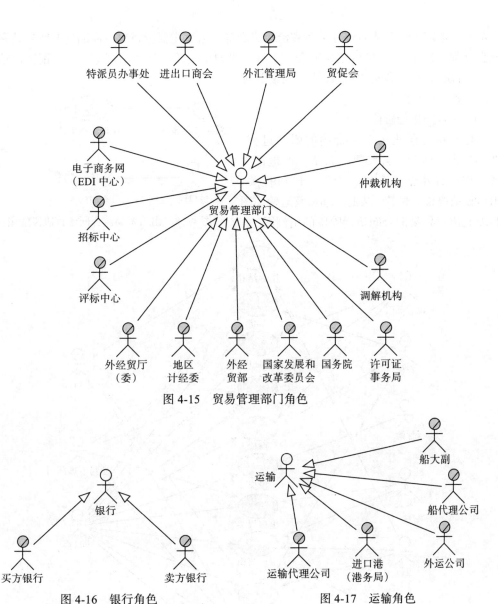

图 4-15　贸易管理部门角色

图 4-16　银行角色

图 4-17　运输角色

3. 确定需求用例

根据角色确定用例，一个用例就是系统向用户提供一个有价值的结果的某项功能。用例捕捉的是功能性需求，所有用例结合起来就构成了用例模型，该模型描述了系统的全部功能。用例模型取代了传统的功能规范说明。一个功能规范说明可以描述为对"需要该系统做什么"这个问题的回答，而用例分析则可以通过在该问题中添加几个字来描述，即"需要该系统'为每个用户'做什么"，这几个字有着重大意义，它们迫使开发人员从用户的利益角度出发进行考虑，而不仅仅是考虑系统应当具有哪些良好功能。

针对上面的进出口贸易项目的需求以及角色来确定用例，进出口贸易项目可分为两个阶段：合同签订阶段和合同执行阶段。这里，以这个项目的出口贸易链的一些业务为例进行说明。

（1）合同签订阶段

合同签订阶段涉及国家对出口商品监管的要求，出口企业需要申请出口商品配额、办理许可证、选定客户并建立业务关系和洽谈成交等，这里主要分析出口商品的配额申请和洽谈成交过程。图 4-18 是出口贸易链合同签订阶段的用例图，其中用例是"出口配额申请"和"合同洽谈"，参与者是"出口商""贸易管理部门"和"进口商"。

（2）合同执行阶段

合同执行阶段主要是合同的履约过程，其过程主要包括国际结算、备货、产地证申请、许可证申请、商检、投保、出口报关、出口核销退税、付款 / 结汇、理赔及运输。图 4-19 是出口贸易链合同执行阶段的用例图。

图 4-18　出口贸易链合同签订阶段的用例图

图 4-19　出口贸易链合同执行阶段的用例图

4. 分解细化用例

在具体的需求分析过程中，有大的用例（如业务用例），也有小的用例，这主要是由用例的范围决定的。用例像一个黑盒，它没有包括任何与实现有关的信息，也没有提供任何内部信息，很容易被用户（也包括开发者）所理解（简单的谓词短语）。如果用例表达的信息不足以支持系统的开发，就有必要把用例黑盒打开，审视其内部结构，找出黑盒内部的系统角色和用例。这样不断地打开黑盒，分析黑盒，再打开新的黑盒，直到整个系统可以被清晰地了解为止。

现以出口贸易链合同签订阶段中的"出口配额申请"为例，进一步描述其用例的功能。图 4-18 中的"出口配额申请"用例对于很多人来说是一个黑盒子，不清楚其具体功能，为了进一步描述其内部功能和相关信息，有必要将这个黑盒子打开。这个黑盒子可以进一步通过"计划分配配额"和"招标配额"这两个用例

描述，如图 4-20 所示。

5. 用例描述

针对每个用例，可以采用顺序图、活动图、协作图，以及文字等方式进行更加详细的描述，将用例的角色、目标、场景等信息描述出来。

图 4-20 "出口配额申请"用例展开

（1）"计划分配配额"用例描述

图 4-20 中的"计划分配配额"用例对于很多人来说仍然是一个黑盒子，有必要进一步描述其内部信息。"计划分配配额"描述出口公司向省级的地区经贸委外经贸部门提交"计划分配配额申请"并通过审核领取"计划分配配额书"的活动。图 4-21 为计划分配配额申请的顺序图，图中"出口公司"作为"出口商"的实例，指生产、销售待出口商品的单位，计划配额的分配一般为指定的公司。图 4-22 为计划分配配额申请的活动图。

图 4-21 计划分配配额申请的顺序图

注：标准的 UML 语法规定，参与者由"实例:类名"组成，此处我们使用了"子类:类名"作为标记。例如，"出口公司"是参与者"出口商"的子类，标记为"出口公司:出口商"。

图 4-22 计划分配配额申请的活动图

注：1. 活动图中起点（●）、终点（◉）作为一种特殊的状态，分别表示活动开始和结束。

2. 同步条（▬▬▬▬▬）也仅表示此处需进行同步，而不关心这种同步是由谁执行的。同步条实际上是一种"与"的关系。

3. 标准的 UML 语法规定，参与者由"实例：类名"组成，此处我们使用了"子类：类名"作为标记。

（2）"招标配额"用例描述

图 4-20 中的"招标配额"用例也需要展开描述，以进一步说明其内部信息。"招标配

额"用例描述了出口配额申请中贸易管理部门采用公开、公正原则实行配额招标的活动。在招标和投标中，双方当事人之间是买卖关系，投标人只能按照招标人提出的条件和要求向招标人做一次性递价，而且递出的必须是实盘，没有讨价还价的余地，没有交易磋商过程，能否中标主要取决于投标人所提出的投标条件是否优于其他竞争者。图 4-23 和图 4-24 分别为招标配额的顺序图和活动图。

图 4-23　招标配额的顺序图

图 4-24   招标配额的活动图

4.4 敏捷需求分析方法

敏捷需求分析方法涉及 7 个方法工具，即影响地图、需求池（backlog）、用户故事地图、用户故事编写、INVEST 原则和行为驱动开发（Behavior-Driven Development，BDD）。

4.4.1 影响地图

梳理需求时可以采用影响地图（impact mapping），影响地图可视化了从业务目标到产品功能的映射关系，主要用于需求讨论阶段，如图 4-25 所示。

影响地图由四层级别构成：①目标是什么；②谁能帮助我们实现这个目标，即用户或者与用户相关的人；③通过什么行为帮助我们实现这个目标；④为了产生这个行为，我们的产品需要什么功能。下面来看看每层级别的具体含义。

- 第一层：目标（why），即要实现的业务目标或要解决客户的核心问题是什么。目标应该具体、清晰和可衡量。目标来解释为什么这些事情是有用的，并不是构建一个产品或者交付的项目范围。目标表述待解决的问题，而不是方案，在目标的定义上避免设计上的限制。

图 4-25　影响地图

- 第二层：角色（who），即可以通过影响谁的行为来实现目标或消除实现目标的阻碍。角色通常包含：主要用户，如产品的直接使用者；次要用户，如安装和维护人员；产品关系人，也就是虽然不使用产品但会被产品影响或影响产品的人，如采购的决策者、竞争对手等。
- 第三层：影响（how），即怎样影响角色的行为来达成目标。这里既包含产生促进目标实现的正面行为，也包含消除阻碍目标实现的负面行为。 这些影响可能是冲突的或者矛盾的或者互补的，我们不需要都支持这些。图 4-25 中分级的特性很清楚地展示了谁产生了什么样的影响，是如何影响我们的目标的。
- 第四层：功能（what），即要交付什么产品功能或服务以产生希望的影响。它决定了产品的范围，说明作为一个组织或交付团队，需要做什么来实现这些影响，以达成目标。在这里形成是具体可执行的任务项，将来的用户故事将由此而产生。

影响地图是进行需求挖掘和需求规划的一种有效方法，在互联网行业被普遍采用。

4.4.2　需求池

需求梳理之后，可以陆续将需求放入需求池中，即放入 product backlog 中。product backlog 是一个敏捷团队管理开发过程的核心，所有的活动和交付物都围绕 product backlog 来进行。迭代开发是基于用户故事优先级进行的，因此需要对用户故事进行优先级排序。Product Owner 负责制定一个按照重要性级别排序的用户故事列表，最后在迭代规划会议上和开发团队确认。规模较小的用户故事可以直接加入 product backlog，规模较大的用户故事要先拆分，再加入 product backlog 进行迭代。

4.4.3   用户故事地图

用户故事地图（user story map）已经成为敏捷需求规划中的流行方法，用户故事地图可以将 backlog 变成一张二维地图，即将用户想要做的事通过二维可视化的方式表示出来。用户故事地图是创建对产品的共同理解、可视化用户需求以及在故事编写中激发用户故事创意的一种方法。

用户故事地图的第一个维度是在地图上水平展开的一系列用户任务。产品负责人引导参与者讨论为实现项目目标需要采取的步骤或行动。

在地图上添加一个物理或虚拟的便签或索引卡，代表序列中的每个步骤。

由于用户故事地图的水平维度代表了一个顺序，因此可以通过在卡片之间插入"然后"一词来进行阅读。可以将图 4-26 中的地图理解为"用户执行第一步，然后执行第二步，接着执行第三步"，假如你所在的团队被要求开发一款软件，公司员工可以通过它提交费用报告并获得报销。要提交费用报告，员工首先需要登录系统，这就成为地图上的第一张卡片。接下来，员工要创建一个新的空白费用报告，这就成为地图上的第二张卡片（放在登录卡片的右侧），表示这两件事是按顺序发生的。这可以从图 4-27 中看出来，同时还能看到员工接下来要输入费用，最后提交费用报告。

图 4-26   通过在每张卡片之间插入"然后"来横向阅读卡片

图 4-27   提交费用报告的初始故事地图

分析上述内容之后，产品负责人或需求分析师通常会将卡片移动到团队的产品 backlog 管理软件中，并使用用户故事模板创建用户故事。

用户故事地图是二维的，第二维可以理解为一个模块（任务）下的不同功能需求。

仍以费用报告为例，有的用户可以通过复制旧的费用报告来创建新的费用报告，即不新建空白的费用报告，而是复制一份最近的报告，然后编辑副本。如图 4-28 所示，可以把"复制现有的费用报告"添加到地图中的"创建空白费用报告"卡片下。

由于同一列中的卡片是一个模块的不同功能或者是不同的可选方案，因此在向下读取一列时，可以通过插入"or"（或者）一词来阅读地图。

现在从我们的地图中读到的信息是这样的：用户登录后，创建一份空白的费用报告或复制一份现有的报告，然后输入支出费用，最后提交费用报告。

包含不同（或者备选）方案的卡片应该按照优先级从高到低的顺序添加到地图中，最重要的在最上面，最不重要的在最下面。在绘制故事地图的过程中确定的优先级并不是严格不变的，产品负责人可以进行调整。但是，在一列备选方案中对大致的优先级进行简短的讨论是非常有用的。

图 4-28　除了创建空白费用报告外，用户还可以选择复制现有费用报告

有些故事地图可能会非常宽。遇到这种情况时，在地图上添加一行标题会很有帮助。比如，一个简单的文字处理器允许用户格式化、打印和保存文档，这些操作类别可以作为标题添加到地图中，如图 4-29 最上面的卡片所示。这样可以实现史诗级别的故事抽象，或者说模块分类。

图 4-29　添加了标题卡片，用于指示地图各部分的起始位置

在阅读这些标题卡时，同样可以在每个标题卡之间加上"然后"：用户可以先格式化文档，然后打印文档，最后保存文档。

标题卡本身并不是由团队直接实施的故事，而是史诗（或者称为功能模块）、主题或团队用来表示一组相关故事的任何术语（例如功能模块）。

用户故事地图可以帮助团队发现他们可能忽略的用户活动或功能，所以需要从用户体验的角度浏览故事地图，看看是否有遗漏。

在模拟的过程中，在每个步骤中提出几个问题会很有帮助，例如：

- 用户接下来最有可能想要做什么？
- 用户在这里可能会犯什么错误？
- 用户此时可能会为什么感到困惑？
- 用户可能还需要哪些信息？

如果你的产品有多种类型的用户，请针对每种类型的用户都问一下这些问题。例如当站在用户的角度去看我们关于费用报告的示例故事地图时，可能意识到用户经常需要为一些费用附上收据。因此，需要增加一个新的步骤。

也许团队成员会建议产品需要允许用户通过两种方式来实现这一点。首先,如果系统能够激活设备的摄像头并直接扫描收据就更好了;其次,用户需要能够将现有的 PDF 或图片附加到收据上。把每种方案都添加在故事地图的"附加收据"卡片下方。

由于故事地图是按优先级顺序垂直排列的,因此产品负责人可以使用故事地图来传达产品路线图,展示一个或多个即将发布的版本中功能的预期顺序。要绘制路线图,请在地图上添加一条水平线,然后将必须包含在本次发布或这个产品版本中的所有内容拖动到该线上方。回到之前使用的费用报告系统,一个可发布的产品必须让用户能够登录并制作新的费用报告,因此这些卡片被放置在图 4-30 中的横线上方,这些卡片功能形成了最小可行产品(Minimum Viable Product,MVP)版本。

图 4-30 可以在故事地图中添加横线来展示发布计划

让我们假设一开始使用一个新的空白报告。团队可以在稍后添加复制现有支出报告的功能,因此该功能被置于第一条横线下方,表示它不在第一个版本中。用户需要附加收据,但在 MVP 版本中只支持拖放上传现有的图片文件。激活移动设备的摄像头以拍摄收据照片的功能计划在第二版中添加,这张卡片被放在横线的下方。

4.4.4 用户故事编写

用户故事是从用户的角度来描述用户渴望得到的功能。一个好的用户故事包括以下三个要素。

- 角色:谁要使用这个功能。
- 活动:需要完成什么样的功能。
- 商业价值:为什么需要这个功能,这个功能带来什么样的价值。

用户故事是范围的单位,是交付的单位。用户故事向他人传递了有用的(或有价值的)信息。在 IT 环境中,"他人"通常指的是使用系统的人(尽管有时是另一个利益相关者,想以某种方式限制用户,例如保护系统免受未经授权的访问)。然后开始讲故事,这个故事有大有小。通常用它来表示要交付的范围单位,例如"我们已经在此 Sprint 2 中交付了故事 X、Y 和 Z"。

1. 用户故事的编写模板

用户故事的编写可以采用一个标准的模板进行。通常从用户角度以"作为……我可以……以便于……"格式描述用户故事,迫使交付团队始终专注于用户正在试图达成的目标及其原因。模板如下:

As a <type of user>,

I want <some goal>

so that <some reason>.

用户故事常常写在卡片或者即时贴上，也可以是电子卡片。

2. 用户故事的验收标准

验收标准称为 AC（Acceptance Criteria），可以作为用户故事完成之后的轻量级验收测试，一般写在故事卡的最后，它可以确保团队理解这个故事的实现价值。该验收标准一般由 PO 角色编写，最后也需要由 PO 按照 AC 验证用户故事的实现，图 4-31 是针对"银行开户"用户故事的描述和验收标准。

图 4-31　"银行开户"用户故事描述和验收标准

验收标准的作用如下。

- 以用户的视角表达业务交互过程。
- 为 PO 与用户的需求理解上提供场景化、具象化的沟通。
- 有助于用户体验友好性的识别和改进。
- PO 与团队需求共识的标准和记录。
- 可视化一个用户故事的粗细粒度。
- 开发与测试对功能实现与质量的共识。
- 需求完成边界的限定。
- 比单纯故事点更为直观的工作估算标准。
- 活文档，用户手册（帮助 FAQ）的素材。
- 更公平透明的甲乙方的定价标准。

4.4.5　用户故事 INVEST 原则

一个好的用户故事应该符合 INVEST 原则，即独立（不依赖其他故事）、可协商（并非一成不变，可以进行讨论）、有价值（对某些利益相关者，通常是最终用户）、可估算的（足够清晰，交付团队可以清除地知道它有多大）、足够小（小到足以在一个 Sprint / 迭代中传递多个故事）、可测试（如果无法测试，则显然对任何用户都无济于事）。可以将 INVEST 属性视为原则，而不是无可争议的规定。一些属性更适用于史诗（Epic）即大故事，而另一些属性更适用于小故事。对于所有故事而言，无论故事多大，它们都必须提供用户可见的内容。

1. I（Independent），独立的

所谓独立性，说的是各个用户故事之间不存在依赖性。原先我们对独立性的理解是，在实现功能先后上不能有依赖性，即 A 的实现不依赖于 B，这样就可以更好地根据价值来进行优先级排序。但是在实际工作中，我们遇到过这种需求：看起来是独立的，但实际上依赖性很强。

假设有一个 Epic，要求我们支持信用卡支付，信用卡包括 Visa 卡、MasterCard 和银联卡。我们根据习惯将该 Epic 拆分为支持 Visa 卡、MasterCard 和银联卡三个用户故事。此时三个用户故事是否有依赖？

从功能角度来看没有，但估算用户故事大小的时候，就有非常明显的影响。支付底层逻辑是三个用户故事共同依赖的，无论你优先完成哪个需求，你都需要完成底层逻辑。因此就会出现，第一个完成的用户故事（假设为 A），一定会比另外两个故事增加了一些底层逻辑实现的功能。但如果先实现用户故事 B，那么这部分底层逻辑功能就需要加到 B 上面去。这种情况下，拆分出来的用户故事是有依赖性的。

因此，依赖性的定义包含以下两个方面。

- 功能实现之间没有依赖性，即以任意顺序实现用户故事都可以，不用刻意考虑技术底层。
- 功能之间不要出现共同依赖的底层逻辑，这会让底层逻辑必然在某个拆分的用户故事中实现，这对用户故事的估算带来一定的麻烦，这也是一定意义上的依赖性。

针对上面的示例，我们将 Epic 拆分成下面的两个或者三个用户故事，这里以两个为例。

- 优先支持一种支付方式。
- 再支持另外两种支付方式。

通过这种方式，我们将用户故事主体中关于信用卡类型的部分隐藏，不会过早地暴露细节，方便优先级排序与工作量估算，然后借助验收标准来完善用户故事（在正式开发之前完善结束），再进入正式的开发阶段即可。

2. N（Negotiable），可协商的

可协商体现在需求实现程度可协商。以登录功能为例，假设有以下的用户故事。

作为商家，我需要可以登录我的后台。

这里的登录到底是什么意思？是输入用户名和密码、手机验证码还是 OpenID？是扫码登录还是其他？在我们写下上面的用户故事的时候并没有确定这些，而是需要 PO 与研发团队共同协商后得出结论。可能当前只需要实现用户名和密码登录，但是在下一个迭代中，需要支持微信扫码登录。Negotiable 仅仅是可协商，并不代表 PO 一定要接受研发团队的意见，毕竟他才是最终决定用户故事的人。

3. V（Valuable），有价值的

在编写用户故事的时候，只需要严格按照用户故事模板来编写，它必然是有价值的。

4. E（Estimable），可估算的

所谓可估算的，是指编写用户故事的人应该具备该用户故事的行业背景。具备行业知识是写出好的用户故事的基础条件之一。

5. S（Small/Size Appropriate），小的 / 大小适当的

传统的 INVEST 中，对 S 的解释为 Small，即认为只有小的用户故事才是好的用户故事，有以下几个原因。

- 小的用户故事可以放入短迭代中完成。
- 小的用户故事更容易被研发人员所理解，以便更好地进行开发。
- 小的用户故事更容易被估算。

6. T（Testable），可测试的

可测试的重要性毋庸置疑，这是用户故事验收标准的重要组成部分之一。可测试至少要包含以下两个要素。

- 客观性。所谓客观性是指，从某个测试结果可以得到唯一的结论，即测试通过或者不通过，不存在不同的人在不同的时间用测试结果可以得到不同的结论的情况。
- 可重复性。可重复性是指这种测试不是一次性的，是可以重复验证与测试的。

4.4.6　行为驱动开发

行为驱动开发（BDD）是一种敏捷软件开发的技术，它鼓励软件项目中的产品负责人、开发者、QA 和非技术人员或干系人之间的协作。BDD 最初由 Dan North 在 2003 年命名，作为对测试驱动开发的回应，BDD 包括验收测试和客户测试驱动等一系列极限编程的实践。BDD 介于业务领域和开发领域之间，如图 4-32 所示。

图 4-32　BDD 图示

行为驱动开发的核心在于"行为"，当业务需求被划分为不同的业务场景，并以"Given…When…Then"的形式描述出来时，就形成了一种范式化的领域建模规约。编写领域特定语言的过程其实就是不断发现领域概念的过程。

用例场景的描述格式"Given…When…Then…"如下所示。

其中，Given 从句描述的是场景的前提条件、初始状态，通常是一种现在完成时态；When 从句采取某个动作或者是发生某个事件，一定是动词，通常是一般现在时；Then 从句用"应该…(should be…)"来描述一种期望的结果，而不用断言（assert），后者与测试关联更紧密。

业务场景一：检查收件箱。下面给出了三个描述。第一个描述涉及过多实现相关的细节，并不合适；第二个描述过于啰唆；第三个描述清晰、明了且能体现业务价值，比较符合上面的要求。

```
Scenario: Check Inbox
  Given a user "Tom" with password "123"
  And a user "Jerry" with password "abc"
  And an email to "Tom" from "Jerry"
  When I sign in as "Tom" with password "123"
  Then I should see one email from "Jerry" in my inbox

Scenario: Check Inbox
  Given a user "Tom"
  And a user "Jerry"
  And an email to "Tom" from "Jerry"
  When I sign in as "Tom"
  Then I should see one email from "Jerry" in my inbox

Scenario: Check Inbox
  Given I have received an email from "Jerry"
  When I sign in
  Then I should see one email from "Jerry" in my inbox
```

业务场景二：限制非法用户查看某些受限内容，BDD 强调什么（What），而不是怎么（How）。

```
Scenario: Redirect user to originally requested page after logging in
  Given a user "Tom" exists with password "123"
  And I am not logged in
  When I navigate to the home page
  Then I am redirected to the login form
  When I fill in "Username" with "tom"
  And I fill in "Password" with "123"
  And I press "Login"
  Then I should be on the home page

Scenario: Redirect user to originally requested page after logging in
  Given I am an unauthenticated user
  When I attempt to view some restricted content
  Then I am shown a login form
  When I authenticate with valid credentials
  Then I should be shown the restricted content
```

业务场景三：添加图书到购物车并计算总额。

```
Scenario: Books add to shopping cart with correct number and total price
  Given a book "BDD" with price "30.5"
  And a book "Cucumber" with price "25.8"
  When I select "BDD"
  And I click the add to shopping cart button
  Then I should see one "BDD" in my shopping cart
  And the total price is "30.5"
  When I select "Cucumber"
  And I click the add to shopping cart button twice
  Then I should see two books "Cucumber" in my shopping cart
  And the total price is "82.1"

Scenario Outline: Books add to shopping cart with correct number and total price
  Given book <name1> with <price1>
  And book <name2> with <price2>
  When I add <number1> book <name1> and <number2> book <name2> to shopping cart
  Then I should see book <name1> and <name2> in my shopping cart
  And the total price should be <total>

Examples:
  | name1    | price1 | number1 | name2    | price2 | number2 | total |
  | BDD      | 30.5   | 1       | -        | -      | -       | 30.5  |
  | Cucumber | 25.8   | 2       | -        | -      | -       | 51.6  |
  | BDD      | 30.5   | 1       | Cucumber | 25.8   | 2       | 82.1  |
```

　　BDD 建立在测试驱动开发基础之上，其重点是通过与利益相关者的讨论取得对预期的软件行为的清醒认识。行为驱动开发人员使用自然语言编写团队成员都可以读懂的实例。这让开发者得以把精力集中在代码应该怎么写而不是技术细节上，也最大限度地减少了代码编写者的技术语言与商业客户、用户、利益相关者、项目管理者等的领域语言之间来回翻译的代价。

　　行为驱动开发在很大意义上来说是一个 PO、开发人员、测试人员共创的行为，同时也是一个自然而然的过程，我们可以使用行为驱动开发的人类语言描述方法来编写用户故事。行为驱动开发作为从代码到需求的桥梁，可以使你的测试更加贴近实际的用户行为，从而找到系统的问题所在。

　　基于 BDD 的用户故事，使用近于自然语言的方式描述了软件的行为过程，因此，可以直接作为软件的需求文档。

4.5　AI 驱动项目的需求分析方法

4.5.1　需求的智能化抽取

借助 AI 技术，未来可以实现业务人员和 AIGC 的直接对话，生成业务所需的软件，而不需要经过程序员这层"翻译"。借助 ChatGPT，可以帮助快速梳理思路，AI 可以是业务人员、产品经理、敏捷教练、测试人员。下面是 ChatGPT 助力业务需求梳理的例子。

> 3　做一个在线点餐App，用户下单的全流程应该如何？
>
> 用户打开App后，首先进入主页，选择需要订购的餐厅，并进入该店铺的主页。在该店铺主页中，用户可以选择菜品并加入购物车，以及设置数量、备注等信息。当用户已经添加完所有需要的菜品后，可选择结算并进入支付页面。在支付页面，用户需要输入配送地址、联系电话等信息，选择支付方式，并完成支付。系统接收到用户的订单后会发送推送消息给店家，提餐员会送餐到用户指定的地址。用户可以在App中查看订单状态、历史订单等信息。

另外，通过需求讨论的会议纪要等文件也可以实现需求的智能抽取，为需求梳理提供基础。

4.5.2　用户故事需求的自动化生成

可以利用 AI 技术生成需求的具体描述，下面是 ChatGPT 助力项目编写用户故事的例子。

> 3　你懂用户故事吗？他的格式是 作为一个xxx，我想要xxx,以便于xxx, 你能把上面的内容拆解成多个用户故事吗？
>
> 当然可以，以下是一些可能的用户故事：
>
> 1. 作为一个餐品爱好者，我想浏览店铺中的菜品，以便于发现我喜欢的新鲜美食。
> 2. 作为一个忙碌的上班族，我想在工作时间预订餐品，以便于在下班后省时间去吃晚饭。
> 3. 作为一个对口味有特殊要求的食客，我想对菜品进行备注，以便于餐厅准备制作我所需要的菜品。
> 4. 作为一个经常下单的用户，我想能够查看历史订单，以便于方便地再次下单。
> 5. 作为一个节约成本的用户，我想查看菜品的价格等信息，以便于选择性价比最高的餐品。
> 6. 作为一个喜欢在线支付的用户，我想选择支付方式并完成支付，以便于订单能够快速处理。

下面是 ChatGPT 助力项目梳理 MVP 的例子。

> 3　你懂最小可行产品（MVP）的概念吗？也就是说一个产品的最小的版本，能够帮助客户解决某方面的问题，即最初的第一个版本，针对上面的已经拆分出来的用户故事，你能规划优先级，并梳理出MVP来吗？
>
> 是的，我了解MVP的概念。在此基础上，根据上面拆解出来的用户故事，我会将其优先级排序，并规划出MVP的功能列表。以下是排好序的用户故事和MVP功能列表。
>
> 1. 吃货想要在App中浏览店铺的菜品，以便于发现新鲜美食。1.1 吃货希望能够按照菜品种类筛选菜品，以便于看到同一种类菜品的分类展示。1.2 吃货希望在查看菜品时能够看到每个菜品的图片、介绍等详细信息，以便于了解菜品的制作方式和口感特点。MVP功能：
>   · 显示所有菜品的基本信息和分类
> 2. 吃货想在App中预订餐品，以便于在下班后省时间去吃晚饭。2.1 吃货希望能够选定餐品的数量，以便于一次下单多份餐品。2.2 吃货希望APP能够提供预估配送时间的功能，以便于可以计划好自己的时间。MVP功能：
>   · 实现餐品下单功能
>   · 显示预估配送时间
> 3. 吃货想在App中添加菜品备注，以便于餐厅准确制作他所需要的菜品。3.1 吃货希望能够在App上添加菜品的口味偏好、餐品设置等信息，以便于确保菜品符合他的特殊喜好。MVP功能：
>   · 允许在下单时添加备注信息
> 4. 吃货想查看自己在App中的历史订单，方便再次下单。4.1 吃货希望在App上浏览自己的历史订单，并能够按时间、金额等不同方式进行排序和筛选。MVP功能：

4.6 MED 项目的需求案例分析

下面介绍"医疗信息商务平台"项目的软件需求规约和需求变更流程。

4.6.1 需求规约

下面给出"医疗信息商务平台"需求规约。

内部资料　　　　　　　　　　　　　　　　　　文档编号：BUPTMED-20120801055
注意保存　　　　　　　　　　　　　　　　　　文档版本：V1.0

医疗信息管理平台

需求规约

V1.0

北京 ××× 科技有限公司

目录

1 导言

略。

2 概述

略。

3 UML 建模语言

略。

4 执行者定义

执行者（actor）指与系统产生交互的外部用户或者外部系统。

Medeal 商务网站涉及的参与者（角色）众多，但是角色间存在共性，可以将角色进行封装和抽象，对角色进行归并，使整个系统更简洁、清晰，如图 1 所示。

4.1 medeal.com

medeal.com 包括 webmaster、内容管理经理、市场部经理，如图 2 所示。

图 1 medeal.com 站点使用者

图 2 medeal.com 角色

4.2 组织

根据其是否参与网上交易，组织可分为交易组织与非交易组织，如图 3 所示。

交易组织包括厂商、经销商、医院。

厂商：作为卖方是医疗器材设备的生产者，且为买方提供维修、保养等售后服务。

医院：作为买方是医疗器材设备的使用者。

经销商：为买方与卖方之间的交易提供中间服务，多为厂商指定。经销商既可为买方，也可为卖方。

图 3 组织角色

非交易组织包括医务界的协会、学会等政府或民间的团体组织。

4.3 个人

个人根据其在医疗信息商务平台上是否注册分为会员与非会员，如图 4 所示。

图 4　个人角色

　　每一种不同类型的用户又分为不同的角色，每种角色对网站的使用权限各不相同，对网站的各种不同功能所发挥的作用也不相同。

　　用户类型及其角色如表 1 所示。

表 1　用户类型及其角色

用户类型		角色	子角色
medeal.com		webmaster	
		内容管理经理	
		市场部经理	
组织	交易组织	厂商	管理者
			内容管理经理
			内容管理者
			销售经理
			销售人员
			决策人
			市场分析员
			合同履行人员
			售后服务经理
			售后服务人员
			一般人员
		经销商	管理者
			内容管理经理
			内容管理者
			销售经理
			销售人员
			决策人
			市场分析员
			合同履行人员
			售后服务经理
			售后服务人员
			采购经理
			采购员
			一般人员

（续）

用户类型		角色	子角色
组织	交易组织	医院	管理者
			决策人
			采购经理
			采购员
			护士长
			护士
			一般人员
	非交易组织	协会/学会	管理者
			编辑者
			会员
个人		成员	
		非成员	

5 主用例

5.1 用例图的表示

主用例图是医疗信息商务平台站点所执行的主要功能的一个概述，如图 5 所示。

图 5 主用例图

医疗信息商务平台站点提供个性化服务、广告和大量行业新闻等一般性信息、注册企业资料，以及用户在线帮助、成员交流服务等功能（医疗设备贸易社区服务用例）。

产品确定后，买方可以使用 RFQ 交易事务过程。参与各方将在站点交换主要的事务数据。在 0 阶段暂不实施（进行交易事务）。

产品目录服务提供产品搜索、产品更新、产品修改、拍卖品登记等服务（产品目录服务用例）。

医疗信息商务平台站点给成员提供大量的信息报告和通知，包括用户调查报告、站点统计报告、注册信息、订单状态信息（获得报告用例）。

站点系统管理服务提供管理员查看站点运行状态，维护并管理功能（站点系统管理用例）。

后端事务管理为站点管理员提供成员账户管理、产品目录管理、站点统计信息、计费管理、贸易数据跟踪和事务数据跟踪服务（后端事务管理用例）。

5.2 图示说明

背景色为浅灰色的用例（图 6）代表第一阶段要实施的商务过程。在黑白打印文稿中，颜色显示为深色。

背景色白色的用例（图 7）代表后续阶段将要实施的商务过程。在黑白打印文稿中，颜色显示为白色。

图 6 用例示例一   图 7 用例示例二

6 医疗贸易社区服务

6.1 一般信息服务

一般信息服务用例图如图 8 所示。

图 8 一般信息服务用例图

6.1.1 选择语言

用户进入主页后，首先要选择所使用的语言（简体、繁体、英文）。用户注册后，所选择的语言自动存入该成员个性化描述文件。本阶段不支持英文，如图 9 所示。

图 9 选择语言

......

6.2 商业信息服务

商业信息服务用例图如图 10 所示。

图 10 商业信息服务用例图

......

9 交易事务服务

9.1 采购单

采购用例图如图 16 所示。

图 16 采购用例图

9.1.1 选择采购单

如果买方已经拥有多个采购单,那么他就可以设定一个"活动的"采购单。如果是第一次购物,将自动被分配一个采购单,如图 17 所示。

图 17 选择活动单

......

9.3 拍卖服务

拍卖服务用例图如图 18 所示。

图 18 拍卖服务用例图

......

9.3.4 出价确认

站点将买方的出价和拍品信息再次提供给买方，买方确认后，此次出价有效，如图 19 所示。

图 19 出价确认

......

11　性能需求

根据用户对本系统的要求，确定系统在响应时间、可靠性、安全性等方面有较高的性能要求。

11.1　界面需求

略。

11.2　响应时间需求

无论是客户端和管理端，当用户登录，进行任何操作的时候，系统应该及时地进行反应，反应的时间在 5s 以内。系统应能监测出各种非正常情况，如与设备的通信中断、无法连接数据库服务器等，避免出现长时间等待甚至无响应。

11.3　可靠性需求

系统应保证 $7 \times 24h$ 内不停机，保证 20 人可以同时在客户端登录，系统正常运行，正确提示相关内容。

11.4　开放性需求

系统应具有十分的灵活性，以适应将来功能扩展的需求。

11.5　系统安全性需求

对于从事电子商务的网站系统，安全已经变得越来越重要。如何在网上保证交易的公正性和安全性，保证交易方身份的真实性，保证传递信息的完整性以及交易的不可抵赖性，成为电子商务的网站成败的关键。

为了保证医疗信息商务平台的安全性，网站运行系统必须满足如下方面的安全政策，该政策将作为系统设计的依据之一：

- 访问控制；
- 数据保护；
- 通信安全；
- 交易完整性。

11.5.1　访问控制

访问控制是网络安全防范和保护的主要策略，其主要任务是保证网络资源不被非法使用和非常访问，主要方式包括身份验证和权限控制。

……

12　产品提交需求

根据本项目是开发网站并有按阶段逐步完善其功能的特点，建议每个阶段完成后都跟踪运行一段时间后再提交完整的产品。

12.1　提交产品

提交的产品包括：

- 网站应用系统软件包（包括界面部分和服务侧）；
- 网站发布内容数据库（包括建库脚本）；
- 产品录入维护工具包；
- 网站内容管理过程文档；
- 网站系统使用维护说明文档。

12.2　提交方式

提交方式为 CD 介质。

12.3　优先级划分

考虑到时间因素，对功能需求进行了优先级划分，实际开发将按从优先级高到低的次序分阶段实施。Phase1 阶段的功能需求按优先高到低的次序排列如下：

1）用户信息管理（含用户注册和登录）。

2）产品浏览和查询。

3）产品维护。

4）交易。

5）其他。

4.6.2　需求变更控制系统

由于本项目采用了敏捷生存期模型，可以应对很多变更，但是大的变更还是需要有很好的变更控制。所有用户的需求变更直接由项目经理签收，并纳入变更管理中，对于没有纳入变更管理的需求，将不进行开发。具体的需求变更流程如图 4-33 所示。

图 4-33　需求变更流程

4.7　MSHD 项目的需求规约

MSHD 项目的需求分析采用了传统的 UML 用例图和敏捷用户故事的方法，形成了软件需求规约。需求规约包括功能需求和非功能需求。首先确定系统角色以及相应的用例，据此给出用户故事地图和用户故事分解情况，然后依次描述每个用户故事。图 4-34 是 MSHD 需求规约文档的目录，这个需求规约是按照迭代过程渐进式完善而成的。

图 4-34 MSHD 需求规约文档目录

4.7.1 MSHD 需求池与用户故事地图

根据用户需求描述展开需求讨论和分析，第一步分析讨论的结果产生产品需求池和用户故事地图，如图 4-35 和图 4-36 所示。

图 4-35 MSHD 需求池

我们将所有的用户故事按优先级进行划分，第一次迭代完成系统的基本功能，主要包括用户登录、基于 XML 和 JSON 格式的数据获取、灾情数据编码和基本震情编码以及基本数据管理。第二次迭代完成用户注册、参数设置、灾情动态管理和基于地图的展示等功能。第三次迭代完成用户管理、人工数据获取、数据的统计分析和数据请求管理和发送处理。经过三次迭代后将整个系统的功能全部完成，如图 4-36 所示。

图 4-36　MSHD 用户故事地图

4.7.2　基于 UML 用例图

1. 角色分析

角色或者执行者（actor）是指与系统产生交互的外部用户或者外部系统。本系统的角色主要分为数据操作员、系统管理员。

2. 需求用例图

图 4-37 展示了系统用例图，其中，数据操作员负责个人信息管理、数据输入、数据编码、数据管理、数据输出等功能，系统管理员负责数据请求管理等功能。

4.7.3　MSHD 用户故事

系统可以按照优先级逐步编写出用户故事（如表 4-1 所示），表 4-2 为项目需求规约中用户注册 Story 的详细描述。

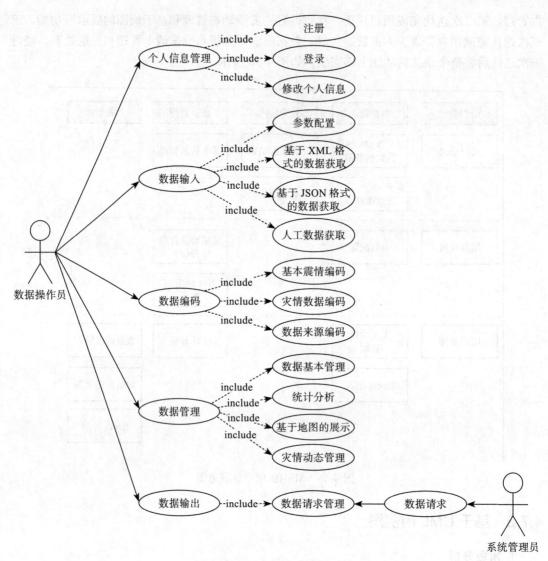

图 4-37 系统用例图

表 4-1 用户故事集

需求编号	需求标题	需求描述
US01	普通用户登录	作为普通用户,我可以通过输入自己的用户名、密码来登录系统
US02	普通用户注册	作为普通用户,我可以设置自己的用户名和密码来成为该系统使用者
US03	普通用户退出	作为普通用户,我可以退出系统
US04	用户信息修改	作为普通用户,我可以更新个人信息,如密码、个人简介
US05	音视频文件数据	作为数据管理员,我想通过系统的输入模块以音视频文件的方式读取灾情数据
US06	数据管理员登录	作为一名数据管理员,我可以通过输入密码来登录系统
US07	灾情一体化编码	作为一名数据管理员,我想通过输入灾情一体化编码来读取数据到系统中
US08	灾情数据检索	作为一名普通用户,我希望通过输入检索条件,对灾情信息进行查找
US09	灾情详细信息	作为一名数据管理员,我希望通过输入灾情的详细信息,将灾情数据录入系统中
US10	数据可视化	作为普通用户,我想通过查看地图获取近一段时间的灾情信息

（续）

需求编号	需求标题	需求描述
US11	灾情数据修改	作为用户，我可以对系统内的数据进行增删改查操作
US12	灾情数据备份	作为一名数据管理员，我能够对灾情数据进行备份操作
US13	灾情数据编码	作为一名数据管理员，我希望系统将输入的灾情信息进行统一编码
US14	灾情数据解码	作为一名普通用户，我想通过对灾情信息的解码查看灾情发生的详细信息
US15	灾情数量统计	作为一名普通用户，我想查看最近一段时间灾情数量统计
US16	灾情来源统计	作为一名普通用户，我想查看灾情数据来源的统计
US17	灾情信息载体	作为一名普通用户，我想查看灾情数据载体（文本、音视频）统计数据
US18	用户权限管理	作为系统管理员，我想修改和管理普通用户对数据的操作权限
US19	灾情预警信息	作为一名普通用户，我想收到最近一段时间震情信息
US20	灾情详细数据	作为一名普通用户，我希望可以查看某一条灾情的详细信息，包括一体化编码、位置、时间等
US21	灾情数据导出	作为一名普通用户，我想将选中的灾情数据以文件的形式保存到本地

表 4-2　用户注册 Story 的详细描述

Story name：用户注册 Story
Story ID：4.2

作为数据操作员
我想要系统提供账户注册的功能
以便于我可以注册新用户

验收标准（Acceptance Criteria）
1. 当输入已存在的用户名时，系统应该显示"当前用户名已存在"提示信息。
2. 当输入的密码不符合标准时，系统应该显示"密码不符合标准"提示信息。
3. 注册成功后，用户应能够使用所注册的用户名和密码进行登录。

优先级（Priority）：M（H.M.L）
迭代次数（Iteration number）：1

备注（Notes）：
- 系统应该对用户的密码进行安全的存储和传输。
- 密码应该具有一定的复杂性要求，如长度、包含特殊字符或数字等。
- 系统应该在用户输入密码时提供密码强度指示，以帮助用户创建更安全的密码。
- 系统还应该检查用户名的唯一性，以防止重复注册。
- 注册成功后，系统应该将用户的登录凭证（如会话令牌）保存在合适的地方，以便在用户登录时进行验证。

小结

本章介绍了需求管理的 5 个过程以及需求分析的主要方法。需求管理过程包括需求获取、需求分析、需求规约编写、需求验证、需求变更。需求分析综述了传统方法和敏捷方法，介绍了基于数据流和基于 UML 建模方法的传统需求建模方法，以及影响地图、需求池、用户故事地图、用户故事编写、INVEST 原则、MoSCoW 优先级原则和行为驱动开发等 7 个敏捷需求分析的方法工具。另外，还探讨了 AI 驱动的项目需求管理过程。

练习题

一、填空题

1. 需求管理包括_____、_____、_____、_____、_____ 5 个过程。

2. 敏捷项目主要采用_____描述需求。

二、判断题

1. 需求规约说明可以包括系统的运行环境。（   ）
2. 数据流分析方法是一种自下而上逐步求精的分析方法。（   ）
3. 需求分析工作完成的一个基本标志是形成了一份完整的、规范的需求规约。（   ）
4. 需求是指用户对软件的功能和性能的要求，就是用户希望软件能做什么事情、完成什么样的功能、达到什么性能。（   ）
5. Story 常常写在卡片上，称为 Story cards，部署到墙上，称为 Story Wall。（   ）
6. 软件项目系统的响应时间属于功能性需求。（   ）
7. 用户故事地图可以将 backlog 变成一张二维地图，即将用户想要做的事通过二维可视化的方式表示出来。（   ）

三、选择题

1. 下列不属于软件项目需求管理过程的是（   ）。
   A. 需求获取　　　　　B. 需求分析　　　　　C. 需求规约编写　　　　D. 需求更新
2. 用户故事 INVEST 准则中"S"的含义是（   ）。
   A. 独立的　　　　　　B. 足够小　　　　　　C. 可估计的　　　　　　D. 可测试的
3. 下列不属于 UML 需求视图的是（   ）。
   A. 甘特图　　　　　　B. 用例图　　　　　　C. 状态图　　　　　　　D. 顺序图
4. 下列关于用户故事描述不正确的是哪一项？（   ）
   A. 英文名称：User Story　　　　　　　　B. 不使用技术语言来描述
   C. 可以描述敏捷需求　　　　　　　　　　D. 一种数据结构
5. （   ）是软件项目的一个突出特点，可以导致软件项目的蔓延。
   A. 需求变更　　　　　B. 暂时性　　　　　　C. 阶段性　　　　　　　D. 约束性
6. 下列不属于结构化分析技术的是（   ）。
   A. 数据流图　　　　　B. 数据字典　　　　　C. 系统流程图　　　　　D. 用例图
7. 下列不属于软件需求范畴的是（   ）。
   A. 软件项目采用什么样的实现技术　　　　B. 用户希望软件能做什么样的事情
   C. 用户希望软件完成什么样的功能　　　　D. 用户希望软件达到什么样的性能
8. 敏捷项目需求一般采用下面哪一项进行描述？（   ）
   A. 用例　　　　　　　B.DFD 图　　　　　　C. 用户故事　　　　　　D. 数据字典

四、问答题

1. 下图是 SPM 项目需求规约文档中的一个用例图，请根据图中的信息判断参与者是什么角色？并写出至少 3 个用例，如登录、注册等。

2. 采用典型的用户故事模板描述上题中的注册功能。

第 5 章

软件项目范围计划——工作分解

为有效确定项目范围、完成范围计划，还需要进行工作分解。因此本章继续路线图的"范围计划"，如图 5-1 所示。

图 5-1 项目计划——范围计划：工作分解

5.1 工作分解

只有明确定义项目的范围才能做好项目规划，而要准确定义项目范围，进行工作分解是必需的。工作分解的结果包含所有要做的工作，而且这些工作是必须完成的。

项目管理的第一法则是"做正确的事"，其次才是"正确地做事"。正确定义项目开发范围是走向成功的第一步，因此必须明确项目范围。没有工作范围的定义，项目就可能成为"无底洞"。项目交付成果是项目的最终输出，是项目投入各种资源的依据。项目范围管理的作用是保证项目计划包括且仅包括为成功地完成项目所需要进行的所有工作，从而提交项目交付成果。

范围计划编制是将产生项目产品所需进行的项目工作（项目范围）渐进明细和归档的过程。进行范围计划编制工作需要参考很多信息，如产品描述，首先要清楚最终产品的定义，进而才能规划要做的工作。需求规约是主要的依据，通常对项目范围已经有了基本的约定，范围计划在此基础上进一步深入和细化。

5.1.1 WBS

当要解决的问题过于复杂时，可以将问题进行分解，直到分解后的子问题容易解决为止，然后分别解决这些子问题。规划项目时，也应该从工作分解开始，将一个项目分解为更多的工作细目或者子项目，使项目变得更小、更易管理、更易操作，这样可以提高估算成本、时间和资源的准确性，使工作变得更易操作，责任分工更加明确。完成项目本身是一个复杂的过程，必须采取分解的手段把主要的可交付成果分成更容易管理的单元才能一目了然，最终得出项目的工作分解结构（Work Breakdown Structure，WBS）。

工作分解是对需求的进一步细化，是最后确定项目所有任务范围的过程。工作分解的结果是 WBS。WBS 是面向可交付成果的、对项目元素的分组，组织并定义了整个项目的范围。不包括在 WBS 中的工作不是该项目的工作，只有在 WBS 中的工作才是该项目的工作范围，它是一个分级的树形结构，是对项目由粗到细的分解过程。

"化繁为简，分而治之"是自古以来解决复杂问题的思想，对于软件项目来讲，可以将大的项目划分成几个小项目来做，将周期长的项目化分成几个明确的阶段。

项目越大，对项目组的管理人员、开发人员的要求越高，参与的人员越多，需要协调沟通的渠道越多，周期越长，开发人员也越容易疲劳。将大项目拆分成几个小项目，可以降低对项目管理人员的要求，减少项目的管理风险，而且能够充分下放项目管理的权力，充分调动人员的积极性，目标比较具体明确，易于取得阶段性的成果，使开发人员有成就感。

"小就是美"，这句话对软件项目管理同样适用。项目范围、项目工期和项目规模（成本）可以看成支持项目成功的三大支柱。尽管软件项目的范围越小，项目组规模越小，项目成功的可能性越大，但我们不可能只做规模小的项目，也不可能将规模大的项目人为地缩小。我们要做的是将项目划分成生命周期的不同阶段，以简化项目的复杂度，提高项目的成功率。对于 WBS，每细分一个层次表示对项目元素更细致的描述。其中，工作包（work package）是 WBS 的最低层次的可交付成果。项目完成时，应该完成这些交付成果，这些交付成果也可以通过子项目的方式完成，分配给另外一位项目经理进行计划和执行，这时工作包可进一步分解为子项目的 WBS 和相应的活动，这种工作包应当由唯一主体负责。工作分解是项目评估的前提和自下而上估算法的基础。图 5-2 是工作分解的例子。

图 5-2　工作分解

WBS 的建立对于项目来说意义重大，它使原来笼统、模糊的项目目标变得清晰，使项目管理有依据，使项目团队的工作目标清楚、明了。如果没有一个完善的 WBS 或者范围定义不明确，就不可避免地出现变更，很可能造成返工、延长工期、降低团队士气等一系列不利的后果。

制定 WBS 的指导思想是逐层深入，即首先确定项目成果框架，然后每层再进行工作分解。这种方式的优点是结合进度划分，更直观，时间感强，评审中容易发现遗漏或多出的部分，也更容易被大多数人理解。

WBS 中的每一个具体细目通常指定唯一的编码（code of accounts），这对有效控制整个项目的系统非常重要，项目组成元素的编码对于所有人来说应当是有共同的认知。因此，WBS 的编码设计与结构设计应该有一一的对应关系，即结构的每一层代表编码的某一个位数，同时项目的各组成元素的编码都是唯一的。图 5-3 是确定了 WBS 编码的工作分解结果。

图 5-3　有编码的 WBS

5.1.2　工作包

工作包（work package）是 WBS 最低层次的可交付成果，是 WBS 的最小元素，例如图 5-3 中最底层的 1.1.1、1.1.2、1.1.3、1.2.1、1.2.2、1.2.3、1.3.1、1.3.2、1.3.3 都是工作包。工作包应当由唯一主体负责，可以分配给另外一位项目经理通过子项目的方式完成。我们可以对工作包进行成本估算、进度安排、风险分析以及跟踪控制。工作包还将被进一步分解为项目进度中的活动，在项目中，每个被分配的活动都应该与一个工作包相关，当工作包被项目的活动创建后，所有的工作包的总和等于项目范围，当项目范围完成时，它将满足产品的氛围，所有这些构成一个完整的项目。

有的工作包作为外包工作的一部分，这时需要制订相应的合同 WBS。

5.1.3　工作分解的形式

WBS 可以采用提纲式 WBS 项目（如图 5-4 所示）、组织结构图式 WBS（如图 5-5 所示）或能说明层级结构的其他形式来表达工作分解的结果。

图 5-4　提纲式 WBS　　　　　　图 5-5　组织结构图式 WBS

1. 提纲式 WBS

提纲式也称为清单式，采用提纲式的工作分解方式是将工作分解的结果以清单的表述形式进行层层分解。下面以一个项目——"程序变化计数器"为例进行说明。变化计数器是统计程序大小的软件工具，当修改一个程序的时候，该工具可以统计各个版本之间增加、删除或修改了多少代码行。针对这个项目，采用清单形式进行工作分解如下。

1　程序变化计数器

　　1.1　比较两个版本的程序

　　　　1.1.1　预处理

　　　　1.1.2　文件比较

　　　　1.1.3　结果处理

1.2 找出修改后的程序中增加和删除的代码行

  1.2.1 找出增加的代码行

  1.2.2 找出删除的代码行

1.3 统计修改后的程序中增加和删除的代码行数

  1.3.1 统计增加代码行数

  1.3.2 统计删除代码行数

1.4 统计总的代码行数

1.5 设定标记以指示修改的次数

1.6 在程序的头部增加修改记录

2. 组织结构图式 WBS

组织结构图式 WBS 也称为图表形式 WBS，这种形式的工作分解过程是采用图表的形式进行层层分解，类似组织结构图。例如，对于上面的"程序变化计数器"项目，采用图表类型的分解结果如图 5-6 所示。

图 5-6 "程序变化计数器"项目图表分解形式

5.1.4 WBS 字典

WBS 具体工作要素的阐述通常收集在 WBS 字典（WBS dictionary）中。一个典型的 WBS 字典既包括对工作包的阐述，也包括其他信息，如进度表的日期、成本预算和员工分配等问题的阐述。通过 WBS 字典可以明确 WBS 的组件是什么。表 5-1 是一个 WBS 字典实例。

表 5-1 WBS 字典实例

WBS 表示号	BSM-LBL
名称	BSN 事件日志管理系统
主题目标	网管的安全管理系统
描述	1. 存储事件数据：记录相应事件 2. 设置事件滤波：对某些事件可设置滤波 3. 浏览事件日志：对所有事件提供浏览功能 4. 规划 BSN 事件日志 5. 生成历史数据：可生成历史事件报告 6. 管理 BSN 事件日志：可以调整 BSN 事件的配置参数

（续）

完成的任务	1、2、3 已经完成
责任者	姜岳尊
完成的标识	通过质量保证部的验收报告
备注	

5.2　传统工作分解方法

进行工作分解应该采取一定的步骤，并且分解过程中保持唯一的分解标准。工作分解的基本过程如图 5-7 所示。

图 5-7　工作分解基本过程

工作分解应该根据需求分析的结果和项目相关的要求，同时参照以往的项目分解结果进行，其最终结果是 WBS。分解意味着分割主要工作细目，使它们变成更小、更易操作的要素，直到工作细目被明确、详细地界定，这有助于未来项目的具体活动（规划、评估、控制和选择）的开展。一般地，进行工作分解的基本步骤如下。

1）确认并分解项目的主要组成要素。通常，项目的主要要素是这个项目的工作细目。以项目目标为基础，作为第一级的整体要素。项目的组成要素应该用有形的、可证实的结果来描述，目的是使绩效易检测。确定要素后，这些要素就应该用项目工作怎样开展、在实际中怎样完成来定义。有形的、可证实的结果既包括服务，也包括产品。

2）确定分解标准，按照项目实施管理的方法分解，而且分解的标准要统一。分解要素是根据项目的实际管理而定义的。不同的要素有不同的分解层次。进行工作分解的标准应该统一，不能有双重标准，选择一种项目分解标准之后，在分解过程中应该统一使用此标准，避免使用不同标准导致的混乱。例如，可以以生存期阶段为标准，以功能（产品）组成为标准或者其他的标准等。例如，项目生存期的阶段可以当作第一层次的划分，把第一层次中的项目细目在第二阶段继续进行划分。

3）确认分解是否详细，是否可以作为费用和时间估计的标准，明确责任。

4）确定项目交付成果。交付成果是有衡量标准的，以此检查交付结果。

5）验证分解的正确性。验证分解正确后，建立一套编号系统。

图 5-6 所示的分解过程是按照功能组成进行分解的，分解后的编码系统如图 5-8 所示。

图 5-8　"程序变化计数器"项目分解后的编码系统

工作分解有很多具体方法，如模板参照、类比、自顶向下和自底向上等方法。

5.2.1　模板参照方法

许多应用领域都有标准或半标准的 WBS，可以把它们当作模板参考使用。例如，图 5-9 是某软件企业进行项目分解的 WBS 模板，本图仅作为参照示例，不代表任何特定项目的具体分解标准，而且也不是唯一的参照模板。

图 5-9　某项目的 WBS 模板

有些企业有一些 WBS 分解的指导说明和模板，项目人员应该通过评估相应的信息来开发项目的 WBS。

5.2.2　类比方法

虽然每个项目是唯一的，但是 WBS 经常被"重复使用"，有些项目在某种程度上是具有相似性的。例如，从每个阶段看，许多项目有相同或相似的周期和因此而形成的相同或相似的工作细目要求。可以采用类似项目的 WBS 作为参考，一些企业保存一些项目的 WBS 库和项目文档为其他项目的开发提供参考。很多项目管理工具提供了一些 WBS 的实例作为参考，因此可以选择一些类似的项目作为参考开发 WBS。

5.2.3　自顶向下方法

自顶向下方法采用演绎推理方法，它沿着从一般到特殊的方向进行，从项目的大局着手，然后逐步分解子细目，将项目变为更细、更完善的部分，如图 5-10 所示。

图 5-10　自顶向下方法

自顶向下方法需要有更多的逻辑和结构，它也是创建 WBS 的最好方法。使用自顶向下方法来生成 WBS，首先要确定每一个解决方案，然后将该方案划分成能够实际执行的若干步骤。在日常生活当中，你可能已经不自觉地使用过自顶向下的工作方法。例如，当你决定要购买一辆汽车时，需要首先确定买哪种类型的汽车，如运动型多用途车、赛车、轿车、小型货车，然后考虑能够买得起什么车、什么颜色的车等，这个思维过程就是一个从主要问题逐渐细化到具体问题的过程。

如果 WBS 开发人员对项目比较熟悉或者对项目大局有把握，可以使用自顶向下方法。应用自顶向下方法开发 WBS 时，可以采用下面的操作：首先确定主要交付成果或者阶段，将它们分别写在便条上，然后按照一定的顺序将它们贴在白板上，接下来开始考察第 1 个交付成果或者第 1 阶段，将这些部件分解为更小的交付成果，然后继续分解这些交付成果直到分解为比较容易管理的工作包，即 WBS 的最小单元。

分解项目交付成果需要一定的技巧。可能一开始不能将工作划分得太细，但一定要考虑将合适的时间和资源分配给每个阶段中必须完成的活动。只要能够把握大方向，然后给团队成员分配他们应该完成的工作，而不必详细描述具体的工作机制。

完成了第 1 个主要交付成果或者完成第 1 阶段以后，就可以进行第 2 个交付成果或者第 2 阶段的工作，以此类推，并重复上述过程。直到所有的交付成果被分解成工作包，则此时白板上一定已经贴满了便条。实际上，这已经清楚地表达了项目执行的全过程。

5.2.4　自底向上方法

自顶向下方法从一般到特殊的方向进行，而自底向上方法是从特殊向一般方向进行的。自底向上方法首先定义项目的一些特定任务，然后将这些任务组织起来，形成更高级别的 WBS 层。将详细的任务罗列后，可以形成高的层次，然后将它们组织成更高的层次，如图 5-11 所示。

图 5-11　自底向上方法

采用自底向上方法开发 WBS 时，可以将可能的任务都写在便条上，然后将它们粘贴在白板上，这样有利于观察和研究任务之间的关系，然后按照逻辑关系层层组合，形成最后的 WBS。自底向上方法是一种理想的发挥创造力的解决方法。试想现在有一个项目团队正设法找到一个廉价的连接北京和上海网络的解决方案。自底向上方法将会设法寻找一个针对该问题的独特方案，而不对能解决该类问题的每一个方案都进行详细研究。这种方法可能会研究新软件的使用、新服务提供商或者某些实际执行的情况，这些有待执行的工作尚未解决，还有待讨论。如果对于项目人员来说，某个项目是一个崭新的项目，可以采用自底向上方法开发 WBS。

5.3　工作分解结果验证

5.3.1　分解结果检查原则

工作分解后，需要核实分解的正确性。通过确认 WBS 较低层组件是完成上层相应可交付成果的必要且充分的工作，来核实分解的正确性。不同的可交付成果可以分解到不同的层次。某些可交付成果只需分解到下一层，即可到达工作包的层次，而另一些则须分解更多层。工作分解得越细致，对工作的规划、管理和控制就越有力。但是，过细的分解会造成管理努力的无效耗费、资源使用效率低下、工作实施效率降低，同时造成 WBS 各层级的数据汇总困难。因此，工作分解结果的基本检验原则如下。

- 明确并识别出项目的各主要组成部分，即明确项目的主要可交付成果。一般来讲，项目的主要组成部分包括项目的可交付成果和项目管理本身。在进行这一步时需要解答的问题是：要实现项目的目标需要完成哪些主要工作？更低层次的细目是否必要和充分？如果不必要或者不充分，就必须重新修正（增加细目、减少细目或修改细目）这个组成要素。
- 确定每个可交付成果的详细程度是否已经达到了足以编制恰当的成本和历时估算。"恰当"的含义可能会随着项目的进程而发生一定的变化，因为对将来产生的一项可交付成果进行分解也许是不大可能的。如果最底层要素存在重复现象，就应该重新分解。
- 确定可交付成果的组成元素。组成元素应当用切实的、可验证的结果来描述，以便于进行绩效测量。组成元素应该根据项目工作实际上是如何组织和完成的来定义。切实、可验证的结果既可包括产品，又可包括服务。这一步要解决的问题是：要完成上述各组成部分，有哪些更具体的工作要做？每个细目都有明确的、完整的定义吗？如果不是，需要修正或扩充这种描述。
- 核实分解的正确性，需要明确如下问题：最底层项对于项目分解来说是否是必要且充分的？如果不是，则必须修改添加、删除或重新定义组成元素。每项定义是否清晰完整？如果不完整，则需要修改或扩展。每项是否都能够恰当地编制进度和预算？如果不能，则需要做必要的修改，以便提供合适的管理控制。
- 与相关人员对 WBS 结果进行评审。

在实际操作中，对于实际的项目，特别是对于较大的项目而言，在进行工作分解的时候，要注意以下几点。

- 要清楚地认识到，确定项目的分解结构就是将项目的产品或服务、组织和过程这三种不同的结构综合为项目分解结构的过程。工作分解的规模和数量因项目而异。项目经理和项目的工作人员要善于将按照产品或服务的结构进行划分、按照项目的阶段进行划分以及按照项目组织的责任进行划分等有机地结合起来。
- 项目最底层的工作要非常具体，工作分解的结果必须有利于责任分配，而且要完整无缺地分配给项目内外的不同个人或者组织，以便于明确各个工作块之间的界面，并保证各工作块的负责人能够明确自己的具体任务、努力的目标和所承担的责任。同时，工作划分得具体，也便于项目的管理人员对项目的执行情况进行监督和业绩考核。
- 实际上，逐层分解项目或其主要的可交付成果的过程，也就是给项目的组织人员分派各自角色和任务的过程。先分大块任务，然后细分小的任务，最底层是可控的和可管理的，避免分解过细，最好不要超过 7 层。注意收集与项目相关的所有信息，注意参看类似项目的任务分解结果，与相关人员讨论。

- 对于最底层的工作块，一般要有全面、详细和明确的文字说明，定义任务完成的标准。因为对于项目，特别是较大的项目来说，也许会有许多的工作块，因此常常需要把所有的工作块的文字说明汇集到一起，编成一个项目工作分解结构字典。
- 并非 WBS 中所有的分支都必须分解到同一水平，各分支中的组织原则可能会不同。任何分支最底层的细目叫作工作包。按照软件项目的平均规模来说，推荐任务分解时至少拆分到一周的工作量（40 小时）。工作包是完成一项具体工作所要求的一个特定的、可确定的、可交付的和独立的工作单元，需要为项目控制提供充分而合适的管理信息。任何项目并不是只有唯一正确的 WBS。

　　成功完成的 WBS 是对项目总范围的组织和界定。根据情况，工作分解中可以包括诸如管理、质量等任务的分解。当然也可以在后续的活动分解时，再分解出相应的管理、质量等活动。

5.3.2　WBS 确定项目范围

　　WBS 提供了项目范围基线，是范围变更的重要输入。通过工作分解，项目经理可以集中注意力到项目的目标上，不必考虑细节问题。同时工作分解为开发项目提供了一个实施框架，其中明确了责任，为评估和分配任务提供具体的工作包，是进行估算和编制项目进度的基础，对整个项目成功的集成和控制起到非常重要的作用。

- WBS 明确了完成项目所需的工作。它是项目的充分必要条件，即必须完成的任务，而且只需完成的任务。WBS 可以保证项目经理对项目完成所必备的可交付成果了如指掌。
- WBS 建立时间观念。通过创建 WBS，项目经理及其团队可以一起为项目的可交付成果而努力。
- WBS 提供了一种控制手段。WBS 能以可视化的方式，提供项目中每个任务的状态和进展情况。
- WBS 是范围基线的重要组成部分。WBS 提供了范围基线的核心部分，批准的需求规约以及 WBS 字典也是基线的组成部分。
- WBS 可以及时提示是否变更。WBS 基于项目的范围和需求确定了所有的项目可交付成果，可以监督范围变化。

5.4　基于用户故事的敏捷工作分解

　　敏捷开发过程是通过用户故事来将需求具体化成可以进行迭代开发的，一般将比较大（high level）的用户故事定义为史诗（epic），它一般无法在一个迭代内完成，可以分解为一组更小的用户故事。史诗（epic）常常包含很多不同的特性（feature），一个特性就是一类需求，特性可以再分解出一些用户故事（user story），如图 5-12 所示。

　　分解故事最典型的原因是要把故事分成足够小的几小块以便在一次冲刺中交付其中的几个。分解故事使我们有机会将高价值的东西与低价值（高付出）的东西分开。一旦故事被拆分，并且子故事被

图 5-12　故事分解过程

放置在产品待办事项列表中，则在重新确定优先级期间，低价值的故事会自然地被过滤到待办事项列表的底部。

分解故事时，尽量牢记这两个目标：将它们缩小，然后剥离低价值的部分。分解建议是最大的故事也需要在一个迭代（Sprint）内完成，最好是在1/4迭代时间内完成，或者说故事足够小以在一次冲刺中交付其中的几个故事，而且不能要求十全十美。

分解可以按照不同的标准进行，例如按照业务工作流程的不同步骤来分解、按照不同业务规则来分解、按照不同的操作来分解、按照功能性或者非功能性需求来分解等。

用户故事从名字来看是站在用户的角度所描述的故事，同时也是用户能看懂的故事，开发人员最容易犯的错误就是站在自己的角度去思考和划分故事，这样就背离了用户故事的初衷。

Epic史诗由许多较大的不确定的需求（large fuzzy requirement）组成，而且史诗本身具有更低的优先级，因为不能直接通过其完成迭代和开发，而是首先需要把它划分成较小的真正的用户故事；另外，史诗因为包含太多的模糊性需求，所以常常混杂了很多不同的特性，而一个特性就是一组可以归为一类的需求，同时对某一特定的用户存在着交互的价值。因此，对于敏捷项目的分解过程，是将大型故事分解成用户故事。为此，需要定义项目的所有的史诗，针对每个史诗确定包含的特性以及分解出的故事，针对每个故事开发必要的任务。

分解例1

Epic

As a user, I want to backup my entire hard drive so that I won't lose any work.

Break down story 1

As a power user, I want to specify files or folders to backup based on file size, date created and date modified So that I can manage the files better.

Break down story 2

As a user, I want to indicate folders not to backup So that my backup drive isn't filled up with things I don't need.

分解例2

Epic

As a busy executive, I want to be able to save favourites on my mobile weather application so that I can choose from a finite drop-sown list to easily locate the weather in the destination I am travelling to.

Break down story 1

As a busy executive, I want to be able to save a search location to my list of favourites from my mobile device So that I can reuse that search on future visits.

Break down story 2

As a busy executive,
I want to be able to name my saved searches from my mobile device
so that I know how to access each saved search in the future.

Break down story 3

As a busy executive,
I want the name of my saved searches to default to the city
name, unless I choose to manually override it
So that I can streamline saving my searches.

Break down story 4

As a busy executive,
I want my "saved favourites" option on the user interface to be
presented on a mobile device near the "search location"
So that I have the option of starting a new search or using a
saved one, and can minimise my keystrokes within the
weather application.

5.5　MED 项目的工作分解案例分析

根据对"医疗信息商务平台"需求规约的分析，采用图表形式进行工作分解，其分解结果如图 5-13 所示，WBS 可以随着系统的完善而不断完善。

5.6　MSHD 项目的工作分解案例分析

针对 MSHD 项目的需求，我们将项目划分为用户管理、数据输入、数据编码、数据管理、数据输出 5 个大用户故事（epics），每个 epics 再分解分为不同的用户故事。用户管理分解为用户登录、用户注册和账户管理三个用户故事。数据输入分解为参数配置、基于 JSON 格式的数据获取、基于 XML 格式的数据获取和人工数据获取四个用户故事。数据编码分解为数据来源编码、灾情数据编码和基本震情编码三个用户故事。数据管理分解为数据基本管理、灾情动态管理、基于地图的展示和统计分析四个用户故事。数据输出分解为数据请求管理和数据发送管理两个用户故事。如图 5-14 所示，图中的编号反映了用户故事的优先级，这些优先级可以对应到相应的迭代开发中。

小结

本章讲述了软件项目的工作分解技术，通过工作分解，将项目拆分成更小、更易管理、更易操作的细目，责任分工更加明确，目的是提高估算成本、时间和资源的准确性，WBS 是工作分解的结果，为项目跟踪和控制确定一个基准线。模板参照方法、类比方法、自顶向下方法和自底向上方法是工作分解的主要方法，通过工作分解可以界定项目范围，WBS 确定了项目的范围基准计划。敏捷工作分解过程通过 epics 进一步分解为 story。传统工作分解是分解全部需求的任务，敏捷是渐进式分解过程，是基于需求 story 的分解过程。

图 5-13 工作分解结果

图 5-14　MSHD 用户故事分解

练习题

一、填空题

1. 工作分解是将一个项目分解为更多的工作细目或者_____，使项目变得更小、更易管理、更易操作。
2. WBS 的全称是_____。
3. WBS 最底层次可交付成果是_____。

二、判断题

1. WBS 提供了项目范围基线。（　　）
2. 一个工作包可以分配给另外一个项目经理去完成。（　　）
3. 如果开发人员对项目比较熟悉或者对项目大局有把握，开发 WBS 时最好采用自底向上方法。（　　）
4. 对于一个没有做过的项目，开发 WBS 时可以采用自底向上方法。（　　）
5. 在工作分解结果中，最底层的要素必须是实现项目目标的充分必要条件。（　　）
6. 一个工作包应当由唯一主体负责。（　　）
7. WBS 的最高层次的可交付成果是工作包。（　　）
8. 对任务的分解只能是自上而下的。（　　）

9. WBS 的最底层任务是能分配到一个人完成的任务。(　　　)

10. 敏捷项目的一个 epic 还可以继续分解为一些用户故事。(　　　)

三、选择题

1. WBS 之所以重要有以下原因，除了(　　　)。

　　A. 确定项目范围基准　　　　　　　　　B. 防止遗漏工作

　　C. 为项目估算提供依据　　　　　　　　D. 确定项目经理

2. WBS 中的每一个具体细目通常都指定唯一的(　　　)。

　　A. 编码　　　　　　　B. 地点　　　　　　　C. 功能模块　　　　　　D. 提交截至期限

3. 下列不是创建 WBS 的方法的是(　　　)。

　　A. 自顶向下　　　　　B. 自底向上　　　　　C. 控制方法　　　　　　D. 模板参照

4. 工作分解时，(　　　)方法从特殊到一般的方向进行，首先定义一些特殊的任务，然后将这些任务组织起来，形成更高级别的 WBS 层。

　　A. 模板参照　　　　　B. 自顶向下　　　　　C. 类比　　　　　　　　D. 自底向上

5. 下列关于 WBS 的说法，不正确的是(　　　)。

　　A. WBS 是工作分解的结果

　　B. 不包括在 WBS 中的工作就不是该项目的工作

　　C. 可以采用提纲式或者组织结构图形式表示 WBS 的结果

　　D. 如果项目是一个崭新的项目，最好采用自顶向下方法开发 WBS

6. 检验 WBS 分解结果的标准不包括以下哪一点？(　　　)

　　A. 最底层的要素是否是实现目标的充分必要条件

　　B. 分解的层次不少于 3 层

　　C. 最底层元素是否有重复

　　D. 最底层要素是否有清晰完整定义

7. WBS 是对项目由粗到细的分解过程，它的结构是(　　　)。

　　A. 分层的集合结构　　B. 分级的树形结构　　C. 分层的线性结构　　D. 分级的图状结构

8. 工作分解时，(　　　)方法从一般到特殊的方向进行，从项目的大局着手，然后逐步分解子细目，将项目变为更细、更完善的部分。

　　A. 模板参照　　　　　B. 自顶向下　　　　　C. 类比　　　　　　　　D. 自底向上

四、问答题

1. 试写出工作分解的方法和步骤。

2. 当项目过于复杂时，可以对项目进行工作分解，这样做的好处是什么？

第6章

软件项目成本计划

本章进入路线图的"成本计划",也是项目管理的核心计划之一,如图 6-1 所示。

图 6-1　项目计划——成本计划

6.1　成本估算概述

6.1.1　关于估算

软件成本估算是软件行业的老大难问题,软件项目中存在太多的不确定性,而且在项目初期,人们对需求和技术的了解还不是很透彻。可能没有人可以精确地回答"这个估算是正确的吗?"有效的软件估算,特别是软件成本估算,一直是软件工程和软件项目管理中最具挑战性、最为重要的问题。

在软件市场存在前期低价中标、占据地盘,后期漫天要价、绑架客户的情况;在预算审批环节存在缺少科学客观的评估依据的情况;在商务谈判环节存在双方无法界定的软件成本、缺乏合理的议价依据的情况;在项目结算环节存在变更内容的计价的情况。这些问题都是软件项目管理需要面对的难题。

虽然软件项目估算不是一门精确的科学,但将良好的历史数据与系统化的技术结合起来能够提高估算的精确度。

对于估算,既没有特效的办法,也没有通用的模型,项目经理可以根据以前的项目经验和验证过的指南来提高精度。无论是成本还是进度都可以采用渐进的方式逐步完善。

为了得到一个相对准确的估算结果,项目管理者应该系统地学习相关的成本管理过程。

成本估算是对完成项目所需费用的估计和计划，是项目计划中的一个重要组成部分。要实行成本控制，首先要进行成本估算。完成某项任务所需费用可根据历史标准估算，但由于项目和计划的变化，将以前的活动与现实进行对比会存在一定的差距。不管是否根据历史标准，费用的信息都只能作为一种估算。而且，在费时较长的大型项目中，还应考虑到今后几年的职工工资结构是否会发生变化，以及今后几年其他费用的变化情况。所以，成本估算是在一个无法以高度可靠性预计的环境下进行的。

软件项目的成本管理一直是难题，成本超支是很常见的现象。导致成本估算不精确的原因有很多，既有主观原因，也有客观原因。当今信息技术的飞速发展使得项目不断采用新的技术和新的商业流程，这加大了估算的难度。

随着软件系统规模的不断扩大和复杂程度的日益加大，从20世纪60年代末期开始，出现了以大量软件项目进度延期、预算超支和出现质量缺陷为典型特征的软件危机，至今仍频繁发生。软件成本估算不足和需求不稳定是造成软件项目失控较普遍的两个原因。所以，成本估算是项目管理者的一项必需和重要的技能。

软件成本估算是成本管理的核心，是预测开发一个软件系统所需要的总工作量的过程。软件项目成本是指软件开发过程中所花费的工作量及相应的代价。软件成本估算不同于其他物理产品和其他领域项目（如建筑行业等）的成本计算，不包括原材料和能源的消耗，主要是人的劳动的消耗。人的劳动的消耗所需要的代价是软件产品的开发成本，另外，软件项目不存在重复制造的过程。开发成本是以一次性开发过程所花费的代价来计算的。所以，软件开发成本的估算应该以软件项目管理、需求分析、设计、编码、单元测试、集成测试到接收测试等这些过程所花费的代价作为依据。

成本估算贯穿于软件的生存期。当决定招标或者开发 WBS，或者中途接管一个项目，或者项目进行到下一个阶段，或者 WBS 有变化时，都需要进行成本估算。成本估算是一种量化的评估结果，评估可以有一些误差，通常需要一定的调节，它不是准确的产品价格。估算是编制计划时非常重要的一步，需要经验、历史信息等。例如，建好99座相同的房子以后，可以很准确地估计建造第100座房子的成本和进度，这是因为我们具备丰富的经验。但是在软件领域，更多的情况是我们所做的推测是缺乏经验的，尤其是当今信息时代的项目有好多的未知领域，进行成本估算可能有一定的风险。

通过成本估算，分析并确定项目的估算成本，并以此为基础进行项目成本预算、开展项目成本控制等管理活动。成本估算是进行项目规划相关活动的基础。

6.1.2 规模、工作量、成本

软件项目规模是从软件项目范围中抽出的软件功能，然后确定每个软件功能所必须执行的一系列软件工程任务，即工作量。软件项目成本是指完成软件项目规模相应付出的代价，是待开发的软件项目需要的资金。代码行（Lines Of Code，LOC）、功能点是规模单位，人天、人月、人年等都是工作量单位。成本一般以货币为单位，如人民币和美元等。项目规模是成本的主要因素。一般来说，项目的规模、工作量、成本估算是同时进行的，确定了规模就可以确定项目的工作量和成本。表6-1是某项目规模、工作量和成本的估算结果。

表 6-1 某项目的估算结果

	P25	中值	P75
规模	1000 功能点		
工作量	22.64 人月	42.04 人月	75.79 人月
成本	33.96 万元	63.07 万元	113.69 万元

1. 关于软件规模

软件项目的规模通常涉及多个方面，例如代码行数、功能点数等，目前主要采用功能点来说明软件规模。功能点是根据软件系统的功能来度量的。每个功能点代表一个明确定义的功能或任务。这种度量方法更加关注系统提供的功能，而不是代码的数量。

2. 关于软件工作量

软件工作量是指为了完成项目必须执行的一系列软件工程任务，例如需求分析、设计、构建、测试、具体实施等工程任务，以及与之相关的管理、支持等任务。表 6-2 展示了需求分析、设计、构建、测试、实施等工程任务在总工作量中的占比 [来自中国软件行业基准数据报告（SSM-BK-202309）]。

表 6-2　工程任务的工作量占比

工程任务工作量分布详细信息				
需求分析	设计	构建	测试	实施
13.75%	11.87%	40.04%	23.98%	10.36%

各类工程活动包含的主要工作内容说明如下。

- 需求分析：主要包括需求调研、需求分析、需求文档编写及需求评审等，一般不包括甲方立项或可研阶段的需求相关活动。
- 设计：主要包括架构设计、概要设计、详细设计、设计文档编写以及设计评审等。
- 构建：主要包括编码、代码走查、单元测试、代码联调等。
- 测试：主要包括测试计划、测试用例编写及评审、集成测试、系统测试、用户测试等，一般不包括第三方测评活动。
- 实施：主要包括验收测试、部署上线、修改代码（少量）、技术支持等，该活动比例通常指在一地集中部署实施。

除主要工程外，相关的项目管理、配置管理、质量保证、技术支持等活动已经分摊到各类工程活动比例中。

3. 关于软件成本

软件开发过程是指从项目立项开始到项目完成验收之间所涉及的需求分析、概要设计、编码实现、集成测试、验收交付及相关的项目管理支持活动。软件开发成本仅包括软件开发过程中的所有人力成本和非人力成本之和（如图 6-2 所示），不包括数据迁移和软件维护等成本。人力成本包括直接人力成本和间接人力成本，非人力成本包括直接非人力成本和间接非人力成本。

图 6-2　软件开发成本

直接人力成本包括开发方项目成员的工资、奖金和福利等人力资源费用。其中，项目成员包括参与该项目开发过程的所有开发或支持成员，如项目经理、需求分析人员、设计人员、开发人员、测试人员、部署人员、用户文档编写人员、质量保证人员和配置管理人员等。对于非全职投入该项目开发工作的人员，按照项目工作量占总工作量比例折算其人力资源费用。

间接人力成本是指开发方服务于开发管理整体需求的非项目组人员的人力资源费用分

摊，包括开发部门经理、项目管理办公室人员、工程工作组人员、产品规划人员、组织级质量保证人员、组织级配置管理人员、商务采购人员和 IT 支持人员等的工资、奖金和福利等的分摊。

直接非人力成本包括：

- 办公费，即开发方为开发此项目而产生的行政办公费用，如办公用品、通信、邮寄、印刷和会议的费用等；
- 差旅费，即开发方为开发此项目而产生的差旅费用，如交通、住宿和差旅补贴等；
- 培训费，即开发方为开发此项目而安排的培训产生的费用；
- 业务费，即开发方为完成此项目开发工作所需辅助活动产生的费用，如招待费、评审费和验收费等；
- 采购费，即开发方为开发此项目而需特殊采购专用资产或服务的费用，如专用设备费、专用软件费、技术协作费和专利费等；
- 其他，即未在以上项目列出但却是开发方为开发此项目所需花费的费用。

间接非人力成本是指开发方不为开发某个特定项目而产生，但服务于整体开发活动的非人力成本分摊，包括：开发方开发场地的房租、水电费和物业费，开发人员日常办公费用分摊，战略、市场宣传推广、品牌建设、知识产权专利等费用分摊，以及各种开发办公设备的租赁、维修和折旧分摊等。

在编制软件项目预算、报价或结算时，除软件开发成本外，考虑开发方合理的毛利润水平是必要的。对于需要提供其他支持服务的项目或产品，还需要考虑支持活动所需的各种成本，如数据迁移费和维护费等。

6.1.3 成本估算过程

软件项目成本估算的基本过程如图 6-3 所示，从规模估算到工作量估算再到成本估算。

图 6-3 软件项目成本估算基本过程

1. 基本原则

在进行软件的规模、工作量、成本估算时应遵循以下原则。

- 在进行规模估算时，应根据项目特点和需求的详细程度选择合适的估算方法。
- 充分利用基准数据，对工作量和成本进行估算。
- 工作量和成本的估算结果宜为一个范围值。
- 在进行成本估算时，如有明确的工期要求，应充分考虑工期对项目成本的影响，可以根据项目实际情况以及工期对项目的影响程度，对成本的估算结果进行调整。
- 成本估算过程中宜采用不同的方法分别估算并进行交叉验证。如果不同方法的估算结果产生较大差异，可采用专家评审方法确定估算结果，也可使用较简单的加权平均方法。
- 在软件项目的不同场景（如预算、招投标、项目计划和变更管理等）下可以采用不同的标准。

2. 软件规模估算

在规模估算前，应根据项目范围明确系统边界。对于尚未确定的需求，应该在规模估算前确定估算原则。估算人员应根据已确定的系统边界和需求描述估算软件规模。规模估算所采用的方法，应根据项目特点和估算需求进行确定。在规模估算时，应考虑可能的需求变更程度，并利用规模调整因子对规模估算结果进行调整。

3. 软件工作量估算

在进行工作量估算前，应注意如下事项。

- 对项目风险进行分析。进行风险分析时应考虑技术、管理、资源和商业多方面的因素，例如需求变更、外部协作、时间或成本约束、人力资源、系统架构、用户接口、外购或复用以及采用新技术等。
- 对实现功能复用的情况进行分析，识别出复用的功能及可复用的程度。
- 根据经验或相关性分析结果，确定影响工作量的主要属性。

委托方应考虑的主要因素包括（但不限于）：

- 软件规模。
- 应用领域，如委托方组织类型、软件业务领域和软件应用类型等。
- 软件的完整性级别，软件完整性级别是系统完整性级别在包含软件部件，或（仅）包含软件部件，或（仅）包含软件部件的子系统上的分配。软件完整性级别分为 A、B、C、D 四个等级。
- 质量要求，如可靠性、易用性、性能效率、可维护性和可移植性。
- 工期要求，如工期要求的合理性、紧迫度等。

开发方除考虑以上因素外，还应考虑的因素包括（但不限于）：

- 采用的技术，如开发平台、编程语言、系统架构和操作系统等。
- 开发团队，如开发方组织类型、团队规模和人员能力等。
- 过程能力，如开发方过程成熟度水平和管理要求等。
- 选择合适的工作量估算方法。对于难以进行规模估算的项目，宜采用类比法或类推法。

4. 软件成本估算

根据工作量估算结果和项目人员直接人力成本费率估算直接人力成本。直接人力成本费率是指每人月的直接人力成本金额，单位通常为元每人月。

（1）直接人力成本估算

直接人力成本的估算宜采用以下两种方式之一。

- 根据不同类别人员的直接人力成本费率和估算工作量分别计算每类人员的直接人力成本，将各类人员的直接人力成本相加得到该项目的直接人力成本。
- 根据项目平均直接人力成本费率和估算的总工作量直接计算该项目的直接人力成本。

直接人力成本的计算如式（6-1）所示。

$$DHC=\sum_{i=1}^{n}(E_i \times IF_i) \tag{6-1}$$

式中：

- DHC 为直接人力成本，单位为元；
- n 为人员类别数量，取值为不小于 1 的自然数；
- E_i 为第 i 类人员的工作量，单位为人月；
- IF_i 为第 i 类人员的直接人力成本费率，单位为元每人月。

　　在估算项目直接人力成本费率时，应考虑不同地域人员成本的差异。委托方可参照同类项目的直接人力成本费率数据，开发方可优先使用本组织的直接人力成本费率数据。

　　（2）间接人力成本估算

　　间接人力成本宜按照工作量比例进行分摊。

　　例如，质量保证部门的质量保证人员甲负责组织级质量保证工作和3个项目（A、B、C）的项目级质量保证工作。其中，用于项目A、B、C的工作量各占其总工作量的1/4，用于组织级质量保证工作和其他工作的工作量占其总工作量的1/4；同时，项目A的开发总工作量占该组织所有开发项目总工作量的1/3，则质量保证人员甲的人力资源费用中，1/4计入项目A的直接人力成本，1/12（占质量保证人员甲1/4的组织级质量保证工作和其他工作中，只有1/3计入项目A的成本）计入项目A的间接人力成本。

　　（3）直接非人力成本估算

　　可以分项估算直接非人力成本，也可依据基准数据或经验估算。

　　示例1：项目成员因项目加班而产生的餐费宜计入直接非人力成本中的办公费，而项目成员的工作午餐费宜计入直接人力成本。

　　示例2：项目组因封闭开发而租用会议室产生的费用宜计入直接非人力成本中的办公费，而开发部因例会而租用会议室产生的费用宜按照间接非人力成本进行分摊。

　　示例3：为项目采购专用测试软件的成本宜计入直接非人力成本中的采购费，而日常办公类软件的成本宜按照间接非人力成本进行分摊。

　　（4）间接非人力成本估算

　　根据项目情况，按照分项估算间接非人力成本，间接非人力成本宜按照工作量比例进行分摊。

　　例如，某公司有员工200人，1年的房屋租赁费为人民币120万元，则每人每月的房租分摊为500元，如果项目A的总工作量为100人月，则分摊到项目A的房屋租赁费为人民币5万元（即100人月 ×500元/人月）。

　　（5）确定软件开发成本

　　进行软件成本测量的目的是对项目的实际规模、工作量以及成本数据进行收集和分析，以用于后续成本估算模型的校正或持续改进成本度量过程。

　　软件开发成本的计算如式（6-2）所示。

$$SDC = DHC + DNC + IHC + INC \tag{6-2}$$

式中：

- SDC为软件开发成本，单位为元；
- DHC为直接人力成本，单位为元；
- DNC为直接非人力成本，单位为元；
- IHC为间接人力成本，单位为元；
- INC为间接非人力成本，单位为元。

　　在估算软件开发成本时，可根据直接人力成本费率估算人力成本费率（即每人月直接人力成本与分摊到每人月的间接成本之和），计算如式（6-3）所示。

$$F = IF \times (1 + DP) \tag{6-3}$$

式中：

- F 为人力成本费率，单位为元每人月；
- IF 为直接人力成本费率，单位为元每人月；
- DP 为间接成本系数，即分摊到每人月的间接成本占每人月直接人力成本的比例。

委托方和第三方宜参照行业基准数据确定 DP 的取值。

如果已经获得了人力成本费率，则可以依据工作量估算结果和人力成本费率直接计算出直接人力成本和间接成本的总和，然后再计算软件开发成本，计算如式（6-4）所示。

$$\text{SDC} = \sum_{i=1}^{n}(E_i \times F_i) + \text{DNC} \tag{6-4}$$

式中：

- SDC 为软件开发成本，单位为元；
- n 为人员类别数量，取值为不小于 1 的自然数；
- E_i 为第 i 类人员的工作量，单位为人月；
- F_i 为第 i 类人员的人力成本费率，单位为元每人月；
- DNC 为直接非人力成本，单位为元。

委托方可根据行业基准数据确定每人月直接人力成本与分摊到每人月的间接成本的比例，进而估算人力成本费率。

对于委托方，如果已经确定了规模综合单价，则可以根据规模综合单价和估算出的规模直接计算出直接人力成本和间接成本的总和，然后计算软件开发成本，计算如式（6-5）所示。

$$\text{SDC} = P \times S + \text{DNC} \tag{6-5}$$

式中：

- SDC 为软件开发成本，单位为元；
- P 为规模综合单价，单位为元每功能点（元 /FP）；
- S 为软件规模，单位为功能点（FP）；
- DNC 为直接非人力成本，单位为元。

6.2　传统项目成本估算方法

在项目管理过程中，为了使时间、费用和工作范围内的资源得到最佳利用，人们开发出了不少成本估算方法，以尽量得到较好的估算。这里介绍常用的成本估算方法：代码行估算法、功能点估算法、用例点估算法、类比（自顶向下）估算法、自下而上估算法、三点估算法、参数模型估算法、专家估算法等。

6.2.1　代码行估算法

代码行（LOC）技术是比较简单的定量估算软件规模的方法。这种方法依据以往开发类似产品的经验和历史数据，估计实现一个功能所需要的源程序行数。代码行是从软件程序量的角度定义项目规模的。使用代码行估算时（作为规模单位），要求功能分解足够详细，而且有一定的经验数据。采用不同的开发语言，代码行可能不一样。当然，也应该掌握相关的比例数据等，如生产率 LOC/PM（人月）和 LOC/h 等。

代码行是在软件规模度量中最早使用、最简单的方法，在用代码行度量规模时，常会被描述为源代码行（Source Lines Of Code，SLOC）或者交付源指令（Delivered Source

Instruction，DSI)。目前成本估算模型通常采用非注释的源代码行。

代码行技术的主要优点体现在代码是所有软件开发项目都有的"产品"，而且很容易计算代码行数，但是代码行也存在许多问题。

- 对代码行没有公认的可接受的标准定义，例如，最常见的计算代码行时的分歧有空代码行、注释代码行、数据声明代码行、复用的代码行，以及包含多条指令的代码行等。在 Jones 的研究中发现，对同一个产品进行代码行计算，不同的计算方式可以带来 5 倍之多的差异。
- 代码行数量依赖于编程语言和个人的编程风格，因此，计算的差异也会影响用多种语言编写的程序规模，很难对不同语言开发的项目的生产率进行直接比较。
- 项目早期，在需求不稳定、设计不成熟、实现不确定的情况下很难准确地估算代码量。
- 代码行强调编码的工作量，只是项目实现阶段的一部分。

6.2.2 功能点估算法

功能点（Function Point，FP）估算法用系统的功能数量来测量其规模，以一个标准的单位来度量软件产品的功能，与实现产品所使用的语言和技术没有关系。功能点估算法从功能的角度来度量系统，与所使用的技术无关，不用考虑开发语言、开发方法以及使用的硬件平台。1979 年，IBM 公司的 Alan Albrecht 首先开发了计算功能点的方法，该方法也被称为 Albrecht 功能点估算法，功能点提供一种解决问题的结构化技术，它是一种将系统分解为较小组件的方法，使系统更容易被理解和分析。功能点估算法将系统分为数据功能和事务（交易）功能两大类，即 5 类组件，如图 6-4 所示。数据功能包括内部逻辑文件（Internal Logical File，ILF）和外部接口文件（External Interface File，EIF）两类组件，它们存储逻辑信息的数据；事务（交易）功能包括外部输入（External Input，EI）、外部输出（External Output，EO）和外部查询（External Inquiry，EQ）3 类组件，这 3 类组件中的每一个组件都处理文件，因此它们被称为事务（transaction）。常用的功能点估算法有国际功能点用户组织（IFPUG）和 NESMA 方法。COSMIC（Common Software Measurement International Consortium）方法是另一种功能点估算的国际标准，它关注功能的逻辑和业务的实质，而不仅仅是用户界面，COSMIC 方法也包括对功能的类型、复杂度等进行评估。

图 6-4 数据功能和交易功能

1. IFPUG 功能点估算法

IFPUG 方法将系统分为 5 类组件和一些常规系统特性，使用功能点方法需要评估产品所需要的内部基本功能和外部基本功能，然后根据技术复杂度因子（权）对它们进行量化，产生规模的最终结果。

功能点计算公式为

$$FP=UFC\times TCF$$

其中，UFC（Unadjusted Function Component）表示未调整功能点计数，TCF（Technical Complexity Factor）表示技术复杂度因子，也称为调整因子。估算步骤如下。

（1）未调整功能点计数

在计算未调整功能点计数（UFC）时，应该先计算 5 类功能组件的计数项。对于计算机系统来说，同其他计算机系统交互是一件非常普遍的事情，因此，在分类组件之前必须划分每个被度量的系统的边界，并且必须要从用户的角度来划分边界。简而言之，边界表明了被度量的系统或应用与外部系统或应用之间的界限。一旦边界被建立，则组件就能够被分类、分级和评分。下面介绍这 5 类组件。

1）内部逻辑文件。内部逻辑文件（以下简称内部数据）是用户可以识别的一组逻辑相关的数据，完全存在于应用的边界之内，并且通过外部输入维护（如增删改查），它可能是大型数据库的一部分或是一个独立的文件，如图 6-5 所示。

2）外部接口文件。外部接口文件（以下简称外部接口）是受其他程序控制的文件，是用户可以识别的一组逻辑相关数据，这组数据只能被引用。它们是机器可读的全部接口数据（如磁盘或磁带上的数据文件），用这些接口把信息传送给另一个系统。数据完全存在于应用的外部，是在其他系统中维护但本软件需要调用的数据。外部接口文件是另外一个应用的内部逻辑文件。

3）外部输入。外部输入是最终用户或其他程序用来增加、删除或改变程序数据的屏幕（screen）、表单（form）、对话框（dialog）或控制信号（control signal）等。外部输入是指向软件输入的数据或发送的指令，包括具有独特格式或独特处理逻辑的所有输入。外部输入给软件提供面向应用的数据项（如屏幕、表单、对话框、控件、文件等）。在这个过程中，数据穿越外部边界进入系统内部。这里的数据可以来自输入界面，也可以来自另外的应用。数据被用来维护一个或者多个内部逻辑文件。数据既可能是控制信息，也可能是业务逻辑信息。如果数据是控制信息，则它不会更新内部逻辑文件。图 6-6 展现了一个更新两个内部逻辑文件的简单的外部输入。输入不同于查询，查询单独计数，不计入输入项数中。

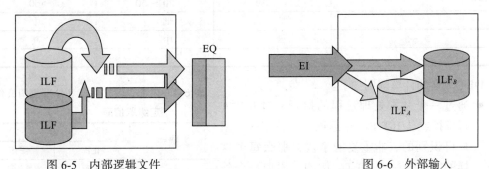

图 6-5　内部逻辑文件　　　　　　　　　　　图 6-6　外部输入

4）外部输出。外部输出是指程序生成的供最终用户或其他程序使用的屏幕、报表（report）、图表（graph）或控制信号等。外部输出是指软件向使用者或其他系统输出的数据或发送的指令，包括所有具有不同格式或需要不同处理逻辑的输出。如图 6-7 所示，外部输出向用户提供面向应用的信息，如报表和出错信息等。报表内的数据项不单独计数。在这个过程中，派生数据由内部穿越边界传送到外部。另外，外部输出可以更新内部逻辑文件，数据生成报表可以是传送给其他应用的数据文件，这些报表或者文件从一个或者多个内部逻辑文件以及外部接口文件生成。

图 6-7　外部输出

5）外部查询。外部查询是输入 / 输出组合，其中一个输入引出一个即时的简单输出。外部查询是使用软件进行的简单查询，使用单个关键词直接搜索特定数据。外部查询和外部输出是有区别的，外部查询直接从数据表中检索数据并进行基本的格式化；外部输出可以处理、组合或归并复杂数据，进行复杂的格式化。外部查询是一次联机输入，使软件以联机输出方式产生某种即时响应。这个过程中的输入和输出部分都导致数据从一个或者多个内部逻辑文件或外部接口文件中提取出来，这里的输入过程不能更新任何内部逻辑文件，并且输出端不能包括任何派生数据。

（2）未调整功能点定级

当组件被归为以上 5 类组件中的一类之后，就要为其指定级别，所有组件被定级为高、中、低 3 个级别。对于事务组件来说，它们的级别取决于被更新或引用的文件类型个数以及数据元素类型（Data Element Type，DET）的个数。对于内部逻辑文件和外部接口文件组件来说，它们的级别取决于记录元素类型（Record Element Type，RET）和数据元素类型的个数。

1）数据类型功能点复杂度定级。

对于内部逻辑文件和外部接口文件来说，记录元素类型（RET）和数据元素类型（DET）的数量决定它们的低、中、高级别。如表 6-3 和表 6-4 所示，记录元素类型是一个用户可以识别的内部逻辑文件或者外部接口文件中的数据元素小组。数据元素类型是内部逻辑文件或者外部接口文件中单一的、用户可识别的、非重复的、有业务逻辑意义的域（字段）。

表 6-3　内部逻辑文件或者外部接口文件的定级表

记录元素类型数量	数据元素类型数量		
	1～19	20～50	>50
1	低	低	中
2～5	低	中	高
>5	中	高	高

DET 数量的计算规则如下。

- 通过一个基本处理过程的执行，对 ILF 进行维护或从 ILF/EIF 中返回一个特定的、用户可识别的、非重复的字段，那么每个这样的字段算一个 DET。例如，添加一个外贸订单时需要保存"订单号码、订单日期、地址、邮编"，那么对于 ILF 订单来说，它

表 6-4　内部逻辑文件或者外部接口文件的定级取值表

级别	值	
	ILF	EIF
低	7	5
中	10	7
高	15	10

的 DET 就是 4 个。再如，保存订单时还会保存订单的明细，订单的明细往往作为一个子表进行保存，那么"订单号码"在主表和子表中都同时存在（主外键）。但从用户角度来识别时，存盘操作是一个最小的单位，那么订单号码只能算作一个 DET。

- 当两个应用程序维护和 / 或引用相同的 ILF/EIF，但是每个应用程序分别维护 / 引用它们的 DET 时，这些 DET 在这两个应用程序的维护 / 引用中将分别计算。例如，一个应用程序的两个基本处理过程都需要用到地址的信息，地址信息又可以细分为国家、城市、街道、邮编。那么对于其中一个基本处理过程来说，它将整个地址信息作为一个整体进行处理，只算作一个 DET；另外一个基本处理过程使用每个地址的详细信息，那么 DET 就是 4 个。

RET 是指一个 EIF/ILF 中用户可以识别的 DET 的集合。如果把 DET 简单理解为字段的话，那么 RET 就可以简单地被理解为数据库中的表。RET 在 ILF/EIF 中分为两种类型：可选的（optional）和必选的（mandatory）。计算 RET 数量的规则分为以下两点。

- 在一个 ILF/EIF 中每一个可选或必选的集合都被计算为一个 RET。
- 如果一个 ILF/EIF 没有子集合，则 ILF/EIF 被计算为一个 RET。

例如，在外贸订单系统中添加一个订单时会保存订单信息、客户 ID、部门 ID。那么订单系统 ILF 中的 RET 为订单信息（必选的）、客户 ID（必选的）、部门 ID（可选的），因此 ILF 中 RET 的个数为 3。

2）事务类型功能点复杂度定级。

事务类型功能点包括外部输入、外部输出和外部查询 3 类组件。事务类型功能点复杂度级别主要由引用的文件类型（File Type Referenced, FTR）和数据元素类型决定。表 6-5 ～表 6-7 用于对事务组件进行定级。例如，引用或者更新两个引用的文件类型，并且有 7 个数据元素的 EI 将被定级为中级，相关的级数是 4。这里，FTR 是被引用或更新的内部逻辑文件和被引用的外部接口文件的综合。

表 6-5　外部输入的定级表

引用的文件类型数量	数据元素类型数量		
	1 ～ 4	5 ～ 15	>15
0 ～ 1	低	低	低
2	低	中	高
≥ 3	中	高	高

表 6-6　外部输出和外部查询共用的定级表

引用的文件类型数量	数据元素类型数量		
	1 ～ 5	6 ～ 19	>19
0 ～ 1	低	低	中
2 ～ 3	低	中	高
>3	中	高	高

表 6-7　外部输入、外部输出和外部查询的定级取值表

级别	值		
	EO	EQ	EI
低	4	3	3
中	5	4	4
高	7	6	6

由此可见，EI、EO、EQ 的技术复杂度取决于 FTR 和 DET 的数量。

EI 的计算规则

- 从应用边界之外收到数据。
- 如果进入系统边界内的数据不是改变系统行为的控制信息，那么至少一个 ILF 应该被改变。
- 对于已识别的处理过程，至少满足下面三个条件之一：

○ 该基本处理过程的逻辑与本应用系统中其他基本处理过程的逻辑不同。该基本处理过程应该具有唯一性。例如，不能存在两个一模一样的存盘操作。

○ 在应用程序边界内，该基本处理过程所使用的这组数据应该与其他基本处理过程所使用的数据不同。

○ 在应用程序边界内，基本处理过程所引用的 ILF 或 EIF 不同于其他基本处理过程所引用的 ILF 或 ELF。

EO 和 EQ 的通用计算规则

必须全部满足以下内容才能被视为一个 EO 或者 EQ。

- 从外部发送数据或控制信息到应用程序边界内。
- 为了识别这个过程，以下三点必须满足一个：

  ○ 该基本处理过程逻辑上必须是唯一的，该唯一性是指其在应用程序中与其他 EO 或 EQ 在逻辑性上保持唯一。

  ○ 该基本处理过程所使用的数据应该是唯一的，该唯一性是指其在应用程序中与其他 EO 或 EQ 所使用的数据不同。

  ○ 该基本处理过程所引用的 ILF 或 EIF 文件是唯一的，该唯一性是指其在应用程序中与其他 EO 或 EQ 所引用的 ILF 或 EIF 文件不同。

EO 的补充计算规则

除了要满足上面的通用规则外，还要满足下面其中一条。

- 在基本操作过程中，至少包含一个数学公式或计算方法。
- 在基本操作过程中，要产生派生数据。
- 在基本操作过程中，至少要维护一个 ILF。
- 在基本操作过程中，要改变系统的行为。

EQ 的补充计算规则

除了要满足上面的通用规则外，还要满足下面其中一条：

- 基本操作过程从 ILF 或 EIF 中获取数据。
- 基本操作过程不能包含数学公式或计算方法。
- 基本操作过程不能生成派生数据。
- 基本操作过程不能维护任何一个 ILF。
- 基本操作过程不能改变系统的行为。

EI 中识别 FTR 的规则

- 通过 EI 读取的每个 ILF 或 EIF 都应计算为一个 FTR。
- 既被 EI 维护又被读取的 ILF 仅计算为一个 FTR。

EI 中识别 DET 的规则

- 在 EI 的过程中，从用户角度识别的、通过应用系统边界输入系统内部的非重复字段，应算作一个 DET。
- 在 EI 的过程中，只要没有通过系统边界输入，即使它存在于系统内的一个 ILF 中，也不能算为一个 DET。例如，外贸系统订单中，订单的金额是用单价和数量自动计算的，那么金额是没有通过系统边界输入的，因此在 EI 操作中就不应该算作一个 DET。
- 在应用程序的 EI 操作时，系统提示的错误信息或完成操作的信息，应该被分别计算为一个 DET。例如，在网站注册用户信息时，由于输入错误系统会显示提示信息，那么这些提示信息应该被逐个计算为一个 DET。再如，当 EI 操作完成时系统提示并显示出来的信息，应该被计算为一个 DET。

- 在 EI 操作中，如果遇到主外键的字段，应该算作一个 DET。

EO 和 EQ 计算 FTR 的规则

通用规则为每个在 EO/EQ 处理过程中读取的 ILF 和 ELF 算一个 FTR。

EO 额外的 FTR 计算规则为：

- 在 EO 处理过程中每个被维护的 ILF 算一个 FTR。
- 在 EO 处理过程中既被读取又被维护的 ILF 算一个 FTR。

EO 和 EQ 计算 DET 的通用规则

- 用户可识别的非重复字段，进入应用边界并指明处理什么、何时处理或处理方式，并且由 EO/EQ 返回或产生，那么这样的每个字段算一个 DET。例如，报表中的每个字段都是一个 DET。
- 在应用边界内从用户角度识别的非重复字段算一个 DET。例如，在报表中起到解释或备注作用的文字信息，不管是一个字、一个词还是一段话，都被当作一个 DET。再如，某种编号或日期，即使它被物理存储在不同字段中，但从用户角度看是一个整体的信息，都被当作一个 DET。另外，在饼图中百分比和分类算作不同的 DET。
- 在 EO 或 EQ 操作中，对系统进行输入或读取操作时，相同的字段只计算一个 DET。例如，在报表查询时，输入的字段在报表上也有显示，那么将算作同一个 DET。
- 在应用程序的 EO 或 EQ 操作时，系统提示的错误信息或完成操作的信息，应该被计算为 DET。例如，用户查询一个列表时被拒绝，那么拒绝的提示信息就算为一个 DET。
- 在 EO 或 EQ 操作中如果遇到主外键的字段，应该算作一个 DET。
- 在 EO 或 EQ 过程中，只要没有通过系统边界输入，即使它存在于系统内的一个 ILF 中，也不能算为一个 DET。例如，在公司发工资的时候，员工对应的状态信息被更新，但这个状态信息的更新是没有通过系统边界进行输入的，因此也不能算作一个 DET。
- 页面的标题等类似信息不计算 DET。
- 系统字段生成的记号不能算作一个 DET。例如，页码、位置信息、时间、上一页和下一页等信息都不能算作一个 DET。

（3）影响（技术复杂度）因子调整

未调整功能点需要通过影响因子进行调整，最后形成调整后的功能点数。功能点计算中需要评估影响系统功能规模的 14 个技术复杂度因子（调整系数值），即计算技术因素对软件规模的综合影响程度。技术复杂度因子取决于 14 个通用系统特性（General System Characteristic，GSC），这些系统特性用来评定功能点应用的通用功能的级别。每个特性有相关的描述，以帮助确定该特性的影响程度。影响程度的取值范围是 0 ~ 5，从没有影响到有强烈影响。表 6-8 展示了 14 个通用系统特性。技术复杂度因子的计算公式为

$$\text{TCF} = 0.65 + 0.01 \times \sum_{i=1}^{14} F_i \tag{6-6}$$

其中，TCF 表示技术复杂度因子；F_i 为每个通用系统特性的影响程度；i 代表每个通用系统特性，取值为 1 ~ 14；$\sum$ 表示 14 个通用系统特性的和。一旦 14 个 GSC 项的评分值被确定

下来，则通过上面的调整公式可以计算出技术复杂度因子。

表 6-8 14 个通用系统特性

通用系统特性		描述
F1	数据通信	多少个通信设施在应用或系统之间辅助传输和交换信息
F2	分布数据处理	分布的数据和过程函数如何处理
F3	性能	用户要求相应时间或者吞吐量吗
F4	硬件负荷	应用运行在的硬件平台工作强度如何
F5	事务频度	事务执行的频率（天、周、月）如何
F6	在线数据输入	在线数据输入率是多少
F7	终端用户效率	应用程序设计考虑到终端用户的效率吗
F8	在线更新	多少内部逻辑文件被在线事务所更新
F9	处理复杂度	应用有很多的逻辑或者数据处理吗
F10	可复用性	被开发的应用要满足一个或者多个用户需求吗
F11	易安装性	升级或者安装的难度如何
F12	易操作性	启动、备份、恢复过程的效率和自动化程度如何
F13	跨平台性	应用被设计、开发和支持被安装在多个组织的多个安装点（不同的安装点的软硬件平台环境不同）吗
F14	可扩展性	应用被设计、开发以适应变化吗

事务频度、终端用户效率、在线更新、可复用性等特性通常在 GUI 应用中的评分比传统应用要高。另外，性能、硬件负荷、跨平台性等项在 GUI 应用中的评分比传统应用要低。F_i 的取值范围是 $0 \sim 5$，如表 6-9 所示，根据式（6-6）可知技术复杂度因子 TCF 的取值范围是 $0.65 \sim 1.35$。

表 6-9 技术复杂度因子的取值情况

影响程度	描述
0	不存在或者没有影响
1	不显著的影响
2	相当的影响
3	平均的影响
4	显著的影响
5	强烈的影响

（4）调整功能点计算

基本上，外部查询的定级与外部输出一样（低、中、高），取值则与外部输入一样。级别取决于数据元素类型的个数及引用的文件类型（综合了唯一的输入端和输出端）的个数。如果同一个引用的文件类型被输入和输出同时使用，那么它只被计算一次。如果同一个数据元素类型被输入和输出同时使用，那么它也只能被计算一次。

同样复杂的外部输出产生的功能点数要比外部查询 / 外部输入多出 20% ～ 33%，由于一个外部输出意味着产生一个有意义的需要显示的结果，因此，相应的权应该比外部查询 / 外部输入高一些。

与外部输出、外部查询和外部输入相比，外部接口文件通常承担协议、数据转换和协同处理的任务，所以其权更高。内部逻辑文件的使用意味着存在一个相应处理，该处理具有一定的复杂性，所以具有最高的权。

将每个类型组件的每一级复杂度计算值输入表 6-10 中。每级组件的数量乘以相应的级数（numeric rating）得出定级值（rated value）。表中每一行的定级值相加得出每类组件的定级值之和。这些定级值之和再相加，得出全部组件的未调整功能点数。然后经过技术复杂度因子的调整后可以计算出调整后的功能点数，如表 6-10 所示。

表 6-10　组件的功能点计算

组件类型	组件复杂度			
	低	中	高	全部
外部输入	× 3= ___	× 4= ___	× 6= ___	
外部输出	× 4= ___	× 5= ___	× 7= ___	
外部查询	× 3= ___	× 4= ___	× 6= ___	
内部逻辑文件	× 7= ___	× 10= ___	× 15= ___	
外部接口文件	× 5= ___	× 7= ___	× 10= ___	
全部组件的未调整功能点数：				
调整因子：				
全部组件的调整后的功能点数：				

【例 6-1】一个软件的 5 类功能计数项如表 6-11 所示，计算这个软件的功能点。

1）计算 UFC。按照 UFC 的计算过程计算出 UFC=301，如表 6-12 所示。

表 6-11　软件需求的功能计数项

各类计数项	复杂度		
	简单	一般	复杂
外部输入	6	2	3
外部输出	7	7	0
外部查询	0	2	4
外部接口文件	5	2	3
内部逻辑文件	9	0	2

表 6-12　计算 UFC 的结果

组件	组件复杂度		
	低	中	高
外部输入	6 × 3	2 × 4	3 × 6
外部输出	7 × 4	7 × 5	0 × 7
外部查询	0 × 3	2 × 4	4 × 6
外部接口文件	5 × 5	2 × 7	3 × 10
内部逻辑文件	9 × 7	0 × 10	2 × 15
总计	134	65	102
UFC	301		

2）计算 TCF。假设这个软件项目所有的技术复杂度因子的值均为 3，即技术复杂影响程度是平均程度，则 TCF=0.65+0.01 × (14 × 3)=1.07。

3）计算功能点 FP。由公式 FP=UFC × TCF 得出功能点 FP=301 × 1.07 ≈ 322，即项目的功能点为 322。如果项目的生产率 PE=15 工时 / 功能点，则项目的规模是 15 工时 / 功能点 × 322 功能点 =4830 工时。

2.NESMA 功能点估算法

NESMA（Netherlands Software Metrics Association）功能点估算法基于国际通用的 IFPUG 方法，借鉴并与 IFPUG 方法兼容，效率较高且足够准确。NESMA 估算法提供三种估算模式：指示功能点计数、估算功能点计数、详细功能点计数。

- 指示功能点计数：该方法只关注内部逻辑文件和外部接口文件的数据类型功能点的估算，公示为 UFP=ILF × 35+EIF × 15
- 估算功能点计数：该方法在 IFPUG 基础上简化了功能点复杂度估算，公式为 UFP=7 × ILF+5 × EIL+4 × EI+5 × EO+4 × EQ。
- 详细功能点计数：该方法与 IFPUG 方法相同。

使用 NESMA 的指示功能点计数、估算功能点计数方法进行功能点计数，应考虑不同的估算阶段和历史数据规模变更系数，调整后的规模按下式计算：

$$S = \text{UFP} \times \text{CF} \tag{6-7}$$

式中：

- S 为调整后规模，单位为功能点（FP）；
- UFP 为未调整规模，单位为功能点（FP）；
- CF 为规模变更因子，取值范围为 1.0～2.0，建议预算阶段取 2.0，招标阶段取 1.5，投标阶段取 1.26，计划阶段取 1.0。

3. 国标成本计算模型

国家标准《软件工程 软件开发成本度量规范》（GB/T 36964—2018）中定义了软件研发成本计算模型，采用方程法来确定软件研发项目的工作量和成本，该模型如下：

$$SDC = (S \times PDR) \times SWF \times RDF \times F + DNC$$

该模型含义如下：

软件研发成本 =（软件规模 × 生产率）× 软件因素调整因子 × 开发因素调整因子 ×
人力成本费率 + 直接非人力成本

（1）软件规模估算

功能点计数规则如使用 NESMA 功能规模度量方法，则 NESMA 指示功能点计数法计算公式为

$$UFP = 35 \times ILF + 15 \times EIF$$

或者，NESMA 估算功能点计数法计算公式为

$$UFP = 7 \times ILF + 5 \times EIF + 4 \times EI + 5 \times EO + 4 \times EQ$$

- UFP：未调整的功能点数，单位为功能点。
- ILF：内部逻辑文件的数量，单位为个。
- EIF：外部接口文件的数量，单位为个。
- EI：外部输入的数量，单位为个。
- EO：外部输出的数量，单位为个。
- EQ：外部查询的数量，单位为个。

（2）软件规模调整

$$S = UFP \times GSC \times CF$$

- S：调整后的功能点数。
- UFP：未调整的功能点数。
- GSC：通用系统特性调整因子，参考表 6-8。
- CF：需求变更调整因子，取值如表 6-13 所示（参考行业基准数据报告）。需求变更调整因子既反映软件项目不同阶段需求的完整程度，也反映软件实际开发过程中规模的蔓延程度，在实际用于成本估算时应结合估算阶段、需求质量、项目类型三个因素确定取值。

（3）软件开发工作量估算

$$AE = (PDR \times S) \times SWF \times RDF$$

表 6-13　需求变更调整因子取值

估算阶段	取值
预算（可行性研究报告）	1.85
立项（立项报告、用户需求说明书）	1.50
招标／投标（用户需求说明书）	1.25
项目计划／需求（软件需求说明书）	1.10
设计（软件设计方案）	1.00

式中：

- AE：调整后的估算工作量，单位为人时。
- S：调整后的软件规模，单位为功能点数。
- PDR：生产率，单位为人时 / 功能点，生产率可取软件行业基准数据报告中全行业生产率的 P50 中位值（见表 6-14）。
- SWF：软件因素调整因子，包含业务领域、应用类型及质量特性调整因子，取值详见表 6-15、表 6-16、表 6-17。
- RDF：开发因素调整因子，包括开发语言、团队经验，取值详见表 6-18、表 6-19。

表 6-14　全行业生产率基准数据明细

生产率（单位：人时 / 功能点）				
P10	P25	P50	P75	P90
2.06	4.15	7.14	15.38	18.92

表 6-15　业务领域的软件因素调整因子

业务领域	取值	业务领域	取值
政府（OA 类）	0.83	交通	1.10
政府（电子政务类）	1.11	制造	1.25
金融	1.61	医疗	0.96
电信	1.48	其他（软件和信息服务）	1.00
能源	1.21		

表 6-16　应用类型的软件因素调整因子

应用类型	范围	取值
业务处理	办公自动化系统，人事、会计、工资、销售等经营	1.0
科学计算	算法、模拟、统计、大数据分析等	1.25
多媒体	图形、影像、声音等多媒体应用领域，地理信息系统，教育和娱乐应用等	1.3
智能信息	自然语言处理、人工智能、专家系统、预测模型等	1.7
系统	操作系统、数据库系统、集成开发环境、自动化开发 / 设计工具等	1.8
通信控制	通信协议、仿真、交换机软件、全球定位系统等	1.9
流程控制	生产管理、仪器控制、机器人控制、实时控制、嵌入式软件等	2.0

表 6-17　质量特性调整因子

质量要求	说明	取值
分布式处理	此应用能够在各组成要素之间传输数据	各因子根据质量需求取 –1、0、1，最终取值 =1+0.025 ×（∑各因子取值）
性能	对用户对应答时间或处理率的需求水平	
可靠性	发生障碍时引起的影响程度	
跨平台 / 设备	开发能够支持不同硬件和软件环境的软件	
安全性	应用系统所采用的保障系统安全的相关要求	
应用云化	应用云化部署主要是体现系统部署方式和提供应用服务的状态	

表 6-18　开发语言因素调整因子取值

开发语言	取值
C 及其他同级别语言 / 平台	1.5
Java、C++、C# 及其他同级别语言 / 平台	1.0
Python 及其他同级别语言 / 平台	0.8
PowerBuilder、ASP 及其他同级别语言 / 平台	0.6

表 6-19　团队经验因素调整因子取值

团队经验	取值
为本行业开发过类似的项目	0.8 ～ 0.9
为其他行业开发过类似的项目	1.0
没有同类项目的背景	1.1 ～ 1.2

（4）软件开发费用估算

$$P = AE/HM2 \times F2 + DNC$$

- P：软件开发费用，单位为万元。
- AE：调整后工作量，单位为人时。
- HM2：人月折算系数，单位为人时 / 人月，取值为 174（21.75 天 × 8 人时 / 天 =174 人时）。
- F2：人月基准单价，单位为万元 / 人月，取值见表 6-20。
- DNC：直接非人力成本，单位为万元；直接非人力成本由委托方根据实际情况进行分析估算。

表 6-20 部分城市基准人月费率（软件开发）明细

序号	城市名称	基准人月费率 / 万元	序号	城市名称	基准人月费率 / 万元
1	北京	3.20	10	武汉	2.29
2	上海	3.18	11	重庆	2.21
3	深圳	3.11	12	天津	2.22
4	广州	2.69	13	西安	2.29
5	杭州	2.77	14	大连	2.20
6	苏州	2.52	15	青岛	2.24
7	南京	2.59	16	长沙	2.18
8	厦门	2.32	17	济南	2.18
9	成都	2.35	18	宁波	2.26

注：人月费率包含软件的直接人力成本、间接成本及合理利润，但不包括直接非人力成本。

6.2.3 用例点估算法

目前，软件系统更多地采用统一建模语言（Unified Modeling Language,UML）进行建模，继代码行、功能点、对象点之后，出现了基于 UML 的规模度量方法，而基于用例的估算，即用例点（Use Case Point，UCP）方法则是其中具有代表性的一种。用例点方法通过分析用例角色、场景和技术与环境因子等来进行软件估算，估算中用到很多变量和公式，如未调整用例点（Unadjusted Use Case Point，UUCP）、技术复杂度因子（Technical Complexity Factor，TCF）和环境复杂度因子（Environment Complexity Factor，ECF）等变量。用例模型、用例、系统等主要概念的相关性如图 6-8 所示。

用例点估算法以用例模型为基础。整个项目工作量估算过程如下：通过用例模型确定用例数、角色数以及相应的复杂度级别，确定相应的权值，相加后获得未调整的用例点，然后计算技术复杂度因子和环境复杂度因子，通过这些因子，调整未调整的用例点获得用例点，最后通过项目生产率计算用例点和工作量的换算，得到项目开发所需的以人小时数为单位的工作量。用例点估算法受 Albrecht 的 FPA（Function Point Analysis）和 MKII 功能点方法的启发，是由 Gustav Karner 在 1993 年提出的，是在用例分析的基础上进行加权调整得出的一种改进方法。用例点方法的基本步骤如下。

1）对每个角色进行加权，估算未调整的角色的权值（Unadjusted Actor Weight，UAW）。

2）估算未调整的用例权值（Unadjusted Use Case Weight，UUCW）。

3）估算未调整的用例点（Unadjusted Use Case Point，UUCP）。

4）估算技术和环境因子（Technical and Environment Factor，TEF）。

5）估算调整的用例点（Use Case Point，UCP）。

6）估算工作量。

图 6-8　用例相关概念的相关性

1. 估算 UAW

首先根据软件需求的用例模型，确定参与角色以及复杂度，其次利用参与角色的数量乘以相应的权值来计算 UAW。

$$UAW=\sum_{C=c} aWeight(c)\times aCardinality(c) \qquad (6\text{-}8)$$

其中，C={simple，average，complex}，aCardinality(c) 是参与角色的数量。角色根据复杂度标准定义 3 个不同的复杂度级别，而每个不同级别又对应着不同的权值，其权值如表 6-21 所示。

2. 估算 UUCW

根据用例模型确定用例以及复杂度，利用用例的数量乘以相应的权值来计算 UUCW。

$$UUCW=\sum_{C=c} uWeight(c)\times uCardinality(c) \qquad (6\text{-}9)$$

其中，C={simple，average，complex}，uCardinality(c) 是参与用例的数量。用例根据场景个数分为 3 个不同的复杂度级别，而每个级别又各自对应着相应的权值，其权值如表 6-22 所示。

3. 估算 UUCP

估算 UUCP 是在 UAW 和 UUCW 的基础上计算得到的，即由未调整的 Actor 权值和未调整的用例权值相加得到。

$$UUCP=UAW+UUCW \qquad (6\text{-}10)$$

4. 估算 TEF

用例点方法中有 21 个适应性因子，即技术和环境因子（TEF），包括 13 个技术复杂度因子（TCF）和 8 个环境复杂度因子（ECF）。

表 6-21　角色权值定义

序号	复杂度级别	复杂度标准	权值
1	simple	角色通过 API 与系统交互	1
2	average	角色通过协议与系统交互	2
3	complex	用户通过 GUI 与系统交互	3

表 6-22　用例权值定义

序号	复杂度级别	事务 / 场景个数	权值
1	simple	1～3	5
2	average	4～7	10
3	complex	>7	15

（1）估算 TCF

TCF 的计算公式如式（6-11）所示。

$$TCF = 0.6 + \left(0.01 \times \sum_{i=1}^{13} TCF\_Weight_i \times Value_i \right) \quad (6\text{-}11)$$

其中，TCF_Weight_i 的值见表 6-23；$Value_i$ 根据该技术复杂度因子的影响等级，在 0 ~ 5 之间取值，0 表示该技术因子与本项目无关，3 表示该技术因子对本项目的影响一般，5 表示该技术因子对本项目有很大的影响。

表 6-23 技术复杂度因子的定义

序号	技术因子	说明	权值	序号	技术因子	说明	权值
1	TCF1	分布式系统	2.0	8	TCF8	可移植性	2.0
2	TCF2	性能要求	1.0	9	TCF9	系统易于修改	1.0
3	TCF3	最终用户使用效率	1.0	10	TCF10	并发性	1.0
4	TCF4	内部处理复杂度	1.0	11	TCF11	安全功能特性	1.0
5	TCF5	复用程度	1.0	12	TCF12	为第三方系统提供直接系统访问	1.0
6	TCF6	易于安装	0.5	13	TCF13	特殊的用户培训设施	1.0
7	TCF7	系统易于使用	0.5				

（2）估算 ECF

ECF 的计算公式如式（6-12）所示。

$$ECF = 1.4 + \left(-0.03 \times \sum_{i=1}^{8} ECF\_Weight_i \times Value_i \right) \quad (6\text{-}12)$$

其中，ECF_Weight_i 的值见表 6-24；$Value_i$ 的取值与 TCF 中的 $Value_i$ 取值类似，由开发团队根据该因子的影响等级来确定，0 表示项目组成员都不具备该因素，3 表示环境因子对本项目的影响程度中等，5 表示本项目组所有成员都具有该因素。

5. 估算 UCP

UCP 是经过环境复杂度因子和技术复杂度因子对 UUCP 调整后得到的，完整的公式如式（6-13）所示。

$$UCP = UUCP \times TCF \times ECF \quad (6\text{-}13)$$

6. 估算工作量

项目的工作量估算是 UCP 乘以相对应的项目生产率，因此，项目的工作量计算公式如式（6-14）所示。

表 6-24 环境复杂度因子的定义

序号	环境因子	说明	权值
1	ECF1	UML 精通程度	1.5
2	ECF2	系统应用经验	0.5
3	ECF3	面向对象经验	1.0
4	ECF4	系统分析员能力	0.5
5	ECF5	团队士气	1.0
6	ECF6	需求稳定度	2.0
7	ECF7	兼职人员比例高低	1.0
8	ECF8	编程语言难易程度	1.0

$$Effort = UCP \times PF \quad (6\text{-}14)$$

其中，PF（Productivity Factor）是项目生产率，对于 PF 的取值，在没有历史数据可参考的情况下，一般取其默认值 20，该默认值是由 Karner 提出的。

【例 6-2】下面通过项目案例，说明采用用例点方法来估算项目工作量的过程。

1）根据实际项目所提供的数据以及据此计算得到的各复杂度级别所对应的值，如表 6-25 和表 6-26 所示，并通过式（6-8）～式（6-10）计算 UAW、UUCW 和 UUCP。

- UAW=1×2+2×4+3×5=2+8+15=25。
- UUCW=5×5+10×2+15×3=25+20+45=90。
- UUCP=UAW+UUCW=25+90=115。

<table>
<tr><td colspan="5">表 6-25   Actor 权值</td></tr>
<tr><th>序号</th><th>复杂度级别</th><th>权值</th><th>参与角色数</th><th>UAW_i</th></tr>
<tr><td>1</td><td>simple</td><td>1</td><td>2</td><td>2</td></tr>
<tr><td>2</td><td>average</td><td>2</td><td>4</td><td>8</td></tr>
<tr><td>3</td><td>complex</td><td>3</td><td>5</td><td>15</td></tr>
</table>

<table>
<tr><td colspan="5">表 6-26   用例权值</td></tr>
<tr><th>序号</th><th>复杂度级别</th><th>权值</th><th>用例数</th><th>$UUCW_i$</th></tr>
<tr><td>1</td><td>simple</td><td>5</td><td>5</td><td>25</td></tr>
<tr><td>2</td><td>average</td><td>10</td><td>2</td><td>20</td></tr>
<tr><td>3</td><td>complex</td><td>15</td><td>3</td><td>45</td></tr>
</table>

2）根据实际项目所提供的数据以及据此计算得到的各技术复杂度因子和环境复杂度因子对应的值，并通过式（6-11）和式（6-12）计算 TCF、ECF。

$$TCF=0.6+0.01×(2.0×3+1.0×5+1.0×3+1.0×$$
$$5+1.0×0+0.5×3+0.5×5+2.0×3+1.0×5+1.0×$$
$$3+1.0×5+1.0×0+1.0×0)$$
$$=1.02$$
$$ECF=1.4+[-0.03×(1.5×3+0.5×3+$$
$$1.0×3+0.5×5+1.0×3+2.0×3+1.0×0+1.0×0)]$$
$$=0.785$$

3）应用式（6-13）计算 UCP。

$$UCP=UUCP×TCF×ECF=115×1.02×0.785≈92$$

4）根据该项目中的 PF 的取值，应用式（6-14）计算项目的工作量。

- Effort=UCP×PF=92×20=1840（h）(PF=20)。
- Effort=UCP×PF=92×28=2576（h）(PF=28)。
- Effort=UCP×PF=92×36=3312（h）(PF=36)。

通过上述计算可知该项目的工作量在 1840h 到 3312h 之间。假设每个工作人员一周工作 35h，且共有 8 个人员参与，则每周的工作量为 35h×8=280h，由 1840÷280≈6.57、2576÷280=9.2 和 3312÷280≈11.82 可知，完成该项目所需的时间在 7 周到 12 周之间。但一般估算的时候往往只计算 PF=20 和 PF=28 时的项目工作量，简而言之，完成该项目所需的时间在 7 周到 9 周之间。

UCP 方法从 1993 年提出至今，许多研究者在此基础上做了进一步的应用研究。2001 年，Nageswaran 把测试和项目管理的系数加入 UCP 等式，在其项目的实际应用中得到了更准确的估算。2005 年，Anda 对 UCP 方法步骤进行的修改结合了 COCOMO II 中针对改编软件的计算公式，使得它更适于增量开发的大型软件项目。2005 年，Carroll 在其研究中对 UCP 等式加入了一个风险系数，最后估算结果是 95% 的项目估算误差在 9% 以内。

6.2.4   类比估算法

类比估算法从项目的整体出发进行类推，即估算人员根据以往完成类似项目所消耗的总成本（或工作量）来推算将要开发的软件的总成本（或工作量），然后按比例将它分配到各个开发任务单元中，是一种自上而下的估算形式，也称为自顶向下方法。通常在项目初期或信息不足时采用此方法，如在合同期和市场招标时等。它的特点是简单易行、花费少、但是具有一定的局限性，准确性差，可能导致项目出现困难。

使用类比的方法进行估算是基于实例推理（Case Based Reasoning，CBR）的一种形式，即通过对一个或多个已完成的项目与新的类似项目的对比来预测当前项目的成本与进度。在软件成本估算中，当把当前问题抽象为待估算的项目时，每个实例即指已完成的软件项目。

类比估算要解决的主要问题是：如何描述实例特征，即如何从相关项目特征中抽取出最具代表性的特征；通过选取合适的相似度/相异度的表达式，评价相似程度；如何用相似的项目数据得到最终估算值。特征量的选取是一个决定哪些信息可用的实际问题，通常会征求专家意见以找出那些可以帮助我们确认最相似实例的特征。当选取的特征不够全面时，所用的解决方法也是使用专家意见。

对于度量相似度，目前的研究中常有两种求值方式来度量差距，即不加权的欧氏距离（unweighted Euclidean distance）和加权的欧氏距离（weighted Euclidean distance）。对于相似度函数的定义，有一些不同的形式，但本质上是一致的。

$$\text{distance}(P_i, P_j) = \sqrt{\frac{\sum_{k=1}^{n} \delta(P_{ik}, P_{jk})}{n}}$$

$$\delta(P_{ik}, P_{jk}) = \begin{cases} \left(\dfrac{|P_{ik}, P_{jk}|}{\max_k - \min_k}\right)^2, & k\text{是连续的} \\ 0, & k\text{是分散的且}P_{ik} = P_{jk} \\ 1, & k\text{是分散的且}P_{ik} \neq P_{jk} \end{cases}$$

【例 6-3】一个待估算工作量的项目 P0 与已经完成的项目 P1、P2 有一定的相似度，比较它们的相似点，如表 6-27 所示。

表 6-27 项目 P0 与项目 P1 和 P2 的相似点比较

项目	项目类型	编程语言	团队规模	项目规模	工作量
P0	MIS	C	9	180	
P1	MIS	C	11	200	1000
P2	实时系统	C	10	175	900

项目间的相似度计算过程如表 6-28 所示。

表 6-28 项目间的相似度计算过程

P_0 对比 P_1	P_0 对比 P_2
$\delta(P_{01}, P_{11}) = \delta(\text{MIS, MIS}) = 0$	$\delta(P_{01}, P_{21}) = \delta(\text{MIS, 实时系统}) = 1$
$\delta(P_{02}, P_{12}) = \delta(\text{C, C}) = 0$	$\delta(P_{02}, P_{22}) = \delta(\text{C, C}) = 0$
$\delta(P_{03}, P_{13}) = \delta(9, 11) = [(9-11)/(9-11)]^2 = 1$	$\delta(P_{03}, P_{23}) = \delta(9, 10) = [(9-10)/(9-11)]^2 = 0.25$
$\delta(P_{04}, P_{14}) = \delta(180, 200)$ $= [(180-200)/(200-175)]^2 = 0.64$	$\delta(P_{04}, P_{24}) = \delta(180, 175)$ $= [(180-175)/(200-175)]^2 = 0.04$
$\text{distance}(P_0, P_1) = (1.64/4)^{0.5} \approx 0.64$	$\text{distance}(P_0, P_2) \approx 0.57$

对于表 6-27 中项目 P0 的工作量估算，有以下不同的方法。

- 可以直接取最相似的项目的工作量，例如，如果认为 P0 与 P1 达到相似度要求，则 P0 工作量估算值可以取 1000；如果认为 P0 与 P2 达到相似度要求，则 P0 工作量估算值也可以取 900。
- 可以取比较相似的几个项目的工作量平均值，即可以取 P1、P2 两个相似项目的工作量平均值，则 P0 工作量估算值可以取 950 作为估算值。
- 可以采用某种调整策略，例如，用项目的规模做调整参考，对应到例子中，可采用调整 Size(P0)/Size(P1)=Effort(P0)/Effort(P1)，得到 P0 工作量估算值为 1000 × 180/200=900。

其实，由于相似度的计算比较麻烦，所以，类比估算基本上采用主观推测，很少采用相似度计算的方法。

类比估算法最主要的优点是比较直观，而且能够基于过去实际的项目经验来确定与新的类似项目的具体差异以及可能对成本产生的影响。该方法有 3 个主要缺点：一是不能适用于早期规模等数据都不确定的情况；二是应用一般集中于已有经验的狭窄领域，不能跨领域应用；三是难以适应新的项目中约束条件、技术、人员等发生重大变化的情况。

6.2.5　自下而上估算法

自下而上估算法是利用 WBS 对各个具体工作包进行详细的成本估算，然后将结果累加起来得出项目总成本。用这种方法估算的准确度较高，通常在项目开始以后，或者 WBS 已经确定的项目需要进行准确估算的时候采用。这种方法的特点是估算准确。它的准确度来源于每个任务的估算情况，但是该方法需要花费一定的时间，因为估算本身也需要成本支持，而且可能发生虚报现象。如果对每个元素的成本设定一个相应的费率，就可以对整个开发的费用得到一个自下而上的全面期望值。例如，表 6-29 是采用自下而上估算法估算项目成本的过程，首先根据任务分解的结果，评估每个子任务的成本，然后逐步累加，最后得出项目的总成本。

表 6-29　采用自下而上估算法估算项目的成本

子任务	人力	时间 / 月	成本 / 万	总计 / 万
项目准备阶段	M:2/D:8/Q:1	0.5	16.5	
设计阶段	M:2/D:8/Q:2/S:1	1	39	
基础模块开发： 　公共控制子系统				145.5
中央会计子系统	M:2/D:15/Q:2/ S:1	1.5	90	
客户信息子系统				
基本功能模块开发： 　账户管理子系统	M:2/D:12/Q:2/S:1	0.25	12.75	
出纳管理子系统	M:2/D:18/Q:2/ S:1	0.5	34.5	
凭证管理子系统	M:2/D:8/Q:2/ S:1	0.25	9.75	126
会计核算子系统	M:2/D:18/Q:2/ S:1	0.5	34.5	
储蓄子系统	M:2/D:18/Q:2/ S:1	0.5	34.5	
扩展功能模块开发： 　同城业务子系统	M:2/D:15/Q:2/ S:1	0.25	15	189.75

（续）

子任务	人力	时间/月	成本/万	总计/万
联行业务子系统	M:2/D:18/Q:2/S:1	0.5	34.5	
内部清算子系统	M:2/D:12/Q:2/S:1	0.25	12.75	
固定资产管理子系统	M:2/D:10/Q:2/S:1	0.25	11.25	
信贷管理子系统	M:2/D:18/Q:2/S:1	0.5	34.5	189.75
一卡通业务子系统	M:2/D:18/Q:2/S:1	0.5	34.5	
中间业务子系统	M:2/D:12/Q:2/S:1	0.25	12.75	
金卡接口模块	M:2/D:18/Q:2/S:1	0.5	34.5	
现场联调	M:2/D:10/Q:2	1	42	42
总成本		503.25		

6.2.6　三点估算法

如果估算中考虑项目的不确定性与风险，可以使用三种估算值来界定活动成本的近似区间，以提高单点成本估算的准确性。这三种估算值是最可能成本、最乐观成本、最悲观成本。

- 最可能成本（CM）：对所需进行的工作和相关费用进行比较现实的估算所得到的活动成本。得到这个估算值的概率最大。
- 最乐观成本（CO）：基于活动的最好情况所得到的估算成本。
- 最悲观成本（CP）：基于活动的最差情况所得到的估算成本。

估算成本基于活动成本在三种估算值区间内的分布情况，使用公式来计算预期成本。两种常用的概率分布模型是三角分布和贝塔分布，其计算公式分别为：

- 三角分布：预期成本 $CE = (CO + CM + CP) / 3$
- 贝塔分布：预期成本 $CE = (CO + 4CM + CP) / 6$

假设最乐观成本 CO =7、最悲观成本 CP =12、最可能成本 CM =9，则三角分布的估算结果为 9.33，贝塔分布的估算结果为 10.67。

6.2.7　参数模型估算法

参数模型估算法，也称为算法模型或者经验导出模型，是一种使用项目特性参数建立数学模型来估算成本的方法，是通过大量的项目数据进行数学分析导出的模型，是一种统计技术。数学模型可以简单也可以复杂。一个模型不能适合所有的情况，只能适应某些特定的项目情况。其实，目前没有一种模型或者方法能适应所有项目。

参数模型估算法的基本思想是：找到软件工作量的各种成本影响因子，并判定它们对工作量所产生的影响的程度是可加的、乘数还是指数的，以期得到最佳的模型算法表达形式。当某个因子只影响系统的局部时，一般认为它是可加的，例如，如果我们给系统增加源指令、功能点实体、模块、接口等，大多只会对系统产生局部的可加的影响。当某个因子对整个系统具有全局性的影响时，则认为它是乘数的或指数的，如增加服务需求的等级或者不兼容的客户等。

一般来说，参数模型提供工作量（规模）的直接估计。典型的参数模型是通过项目数据进行回归分析得出的回归模型。这个参数模型可以是线性的，也可以是非线性的。采用的回归分析方法有很多，例如线性规划、多项式回归、逻辑回归、神经网络、集成方法等。常用的模型是静态单变量模型和动态多变量模型。

（1）静态单变量模型

静态单变量模型的总体结构形式如下：

$$E = a + b \times S^c$$

其中：E 是以人月表示的工作量；a、b、c 是经验导出的系数；S 为估算变量，是主要的输入参数（通常是 LOC、FP 等）。下面给出几个典型的静态单变量模型。

面向 LOC 的估算模型：

- Walston–Felix(IBM) 模型：$E = 5.2 \times \text{KLOC}^{0.91}$。
- Balley Basili 模型：$E = 5.5 + 0.73 \times \text{KLOC}^{1.16}$。
- Boehm（基本 COCOMO）模型：$E = 3.2 \times \text{KLOC}^{1.05}$。
- Doty 模型（在 KLOC>9 的情况下）：$E = 5.288 \times \text{KLOC}^{1.047}$。

面向 FP 的估算模型：

- Albrecht–Gaffney 模型：$E = -12.39 + 0.0545\text{FP}$。
- Matson–Barnett 模型：$E = 585.7 + 15.12\text{FP}$。

（2）动态多变量模型

动态多变量模型也称为软件方程式，是根据从 4000 多个当代软件项目中收集的生产率数据推导出来的。该模型把工作量看作软件规模和开发时间这两个变量的函数。

$$E = (\text{LOC} \times B^{0.333} / P)^3 \times \left(\frac{1}{t}\right)^4$$

其中，E 是以人月或人年为单位的工作量；t 是以月或年为单位的项目持续时间；B 是特殊技术因子，随着对测试、质量保证、文档及管理技术的需求的增加而缓慢增加，对于较小的程序 (KLOC=5 ～ 15)，B=0.16，而对于 KLOC 超过 70 的程序，B=0.39；P 是生产率参数，反映下述因素对工作量的影响。

- 总体过程成熟度及管理水平。
- 使用良好的软件工程实践的程度。
- 使用的程序设计语言的级别。
- 软件环境的状态。
- 软件项目组的技术及经验。
- 应用系统的复杂程度。

开发实时嵌入式软件时，P 的典型值为 2000；开发电信系统和系统软件时，P=10 000；对于商业应用系统来说，P=28 000。可以从历史数据导出适用于当前项目的生产率参数值。

一般来说，参数模型估算方法适合比较成熟的软件企业，这些企业积累了丰富的历史项目数据，并可以归纳出成熟的项目估算模型。它的特点是比较简单，而且比较准确，一般参考历史信息，重要参数必须量化处理，根据实际情况，对参数模型按适当比例调整，但是如果模型选择不当或者数据不准，也会导致出现偏差。

下面讲述 COCOMO 模型（Boehm 模型）、Walston-Felix（IBM）模型和基于神经网络模型等参数估算模型。

1. 参数模型估算法——COCOMO 模型

COCOMO 模型是世界上应用最广泛的参数型软件成本估计模型，由 B.W.Boehm 在 1981 年

编写的 *Software Engineering Economics* 中首先提出，其本意是"结构化成本模型"（Constructive Cost Model），它是基于 20 世纪 70 年代后期 Boehm 对 63 个项目的研究结果提出的。

　　COCOMO 模型由于可用性且没有版权问题，得到了非常广泛的应用。在 COCOMO 模型的发展过程中，无论是最初的 COCOMO 81 模型，还是 20 世纪 90 年代中期提出的逐步成熟完善的 COCOMO Ⅱ模型，所解决的问题都具有当时软件工程实践的代表性。作为目前应用较广泛、得到学术界与工业界普遍认可的软件估算模型之一，COCOMO 已经发展为一组模型套件（包含软件成本模型、软件扩展与其他独立估算模型 3 大类），形成了 COCOMO 模型系列，也给基于算法模型的方法提供了一个通用的公式：

$$PM = A \times (\sum Size)^{\Sigma B} \times \prod(EM)$$

其中：PM 为工作量，通常表示为人月；A 为校准因子（calibration factor）；Size 为对工作量呈可加性影响的软件模块的功能尺寸的度量；B 为对工作量呈指数或非线性影响的比例因子（scale factor）；EM（Effort Multiplicative）为影响软件开发工作量的工作量乘数。

2. 参数模型估算法——COCOMO 81 模型

COCOMO 81 模型将项目的模式分为有机型、嵌入型和半嵌入型 3 种。

- 有机型（organic）：主要是指各类应用软件项目，如数据处理、科学计算。有机型项目是指相对较小、较简单的软件项目，开发人员对其开发目标理解得比较充分、与软件系统相关的工作经验丰富、对软件的使用环境很熟悉，且项目受硬件的约束比较小，其程序规模不是很大。
- 嵌入型（embedded）：主要是指各类系统软件项目，如实时处理、控制程序等，要求在紧密联系的硬件、软件和操作的限制条件下运行，通常与某种复杂的硬件设备紧密结合在一起，对接口、数据结构、算法的要求高，软件规模任意，如大且复杂的事务处理系统、大型或超大型操作系统、航天用控制系统、大型指挥系统等。
- 半嵌入型（semidetached）：主要是指各类实用软件项目，如编译器（程序）、连接器（程序）、分析器（程序）等，介于上述两种模式之间，规模和复杂度属于中等或者更高。

　　COCOMO 81 有 3 个等级的模型，即基本模型、中等模型和高级模型，级别越高，模型中的参数约束越多。基本（basic）模型在项目相关信息极少的情况下使用，中等（intermediate）模型在需求确定以后使用，高级模型则在设计完成后使用。3 个等级模型均满足以下通用公式，即

$$Effort = a \times KLOC^b \times F$$

其中，Effort 为工作量，表示为人月；a 和 b 为系数，具体的值取决于建模等级（即基本、中等或详细）以及项目的模式（即有机型、半嵌入型或嵌入型），这个系数的取值先由专家意见来决定，然后用 COCOMO 81 数据库的 63 个项目数据来对专家给出的取值进一步求精；KLOC 为软件项目开发中交付的有用代码行，代表软件规模；F 为调整因子。

　　（1）基本模型

　　基本模型是静态、单变量模型，不考虑任何成本驱动，用一个已估算出来的源代码行数（LOC）为自变量的函数来计算软件开发工作量，只适于粗略的迅速估算，公式为

$$Effort = a \times KLOC^b$$

即通用公式（$Effort = a \times KLOC^b \times F$）中 $F=1$，Effort 是所需的工作量（人月），a、b 系数值（见表 6-30）。

这个模型适于项目起始阶段，项目的相关信息很少，只要确定软件项目的模式与可能的规模就可以用基本模型进行工作量的初始估算。

【例 6-4】某公司将开发一个规模为 30KLOC 的银行应用项目，其功能以数据处理为主，试估算这个项目的工作量。

这个项目属于有机型软件模式，根据表 6-30，系数 $a=2.4$、$b=1.05$，调整因子 $F=1$，则工作量估算为 $Effort = 2.4 \times 30^{1.05} \approx 85.3$（人月）。

（2）中等模型

随着项目的进展和需求的确定，可以使用中等模型进行估算。中等模型在用 LOC 为自变量的函数计算软件开发工作量的基础上，利用涉及产品、硬件、人员、项目等方面属性的影响因素来调整工作量的估算，即用 15 个成本驱动因子改进基本模型，是对产品、硬件、工作人员、项目的特性等因素的主观评估。

这里，通用公式为 $Effort = a \times KLOC^b \times F$，其中 F 为乘法因子，是根据成本驱动属性打分的结果，是对公式的校正系数；a、b 是系数，系数取值如表 6-31 所示。

表 6-30　基本模型的系数取值

项目模式	a	b
有机型	2.4	1.05
半嵌入型	3.0	1.12
嵌入型	3.6	1.2

表 6-31　中等模型的系数取值

项目模式	a	b
有机型	3.2	1.05
半嵌入型	3.0	1.12
嵌入型	2.8	1.2

中等模型定义了 15 个成本驱动因子，见表 6-32，按照对应的项目描述，可将各个成本驱动因子归为不同等级：很低（very low）、低（low）、正常（normal）、高（high）、很高（very high）、极高（extra high）。例如，当软件失效造成的影响只是稍有不便时，要求的软件可靠性因子（Required Software Reliability，RELY）等级为"很低"；当软件失效会造成很高的财务损失时，RELY 等级为"高"；当造成的影响危及人的生命时，RELY 等级为"很高"。不同等级的成本驱动因子会对工作量（即开发成本）产生不同的影响。例如，当一个项目的可靠性要求"很高"时，RELY 取值为 1.40，也就是说，该项目相对于一个其他属性相同但可靠性要求为"正常"（即取值为 1.00）的项目来说，要多出 40% 的工作量。

每个成本驱动因子按照不同等级取值，然后相乘可以得到调整因子 F，即

$$F = \prod_{i=1}^{15} D_i$$

其中，D_i 是 15 个成本驱动因子的取值，取值如表 6-33 所示。

表 6-32　中等模型的成本驱动因子及等级列表

成本驱动因子（driver cost）		级别（rating level）					
		很低	低	正常	高	很高	极高
产品属性	可靠性（RELY）	0.75	0.88	1	1.15	1.40	
	数据规模（DATA）		0.94	1	1.08	1.16	
	复杂性（CPLX）	0.70	0.85	1	1.15	1.30	1.65

（续）

成本驱动因子（driver cost）		级别（rating level）					
		很低	低	正常	高	很高	极高
平台属性	执行时间的约束（TIME）			1	1.11	1.30	1.66
	存储约束（STOR）			1	1.06	1.21	1.56
	环境变更率（VIRT）		0.87	1	1.15	1.30	
	平台切换时间（TURN）		0.87	1	1.07	1.15	
人员属性	分析能力（ACAP）	1.46	1.19	1	0.86	0.71	
	应用经验（AEXP）	1.29	1.13	1	0.91	0.82	
	程序员水平（PCAP）	1.42	1.17	1	0.86	0.70	
	平台经验（VEXP）	1.21	1.10	1	0.90		
	语言经验（LEXP）	1.14	1.07	1	0.95		
过程属性	使用现代程序设计实践（MODP）	1.24	1.10	1	0.91	0.82	
	使用软件工具的水平（TOOL）	1.24	1.10	1	0.91	0.83	
	进度约束（SCED）	1.23	1.08	1	1.04	1.10	

【例6-5】对于例6-4的系统，若随着项目进展，可以确定其15个成本驱动因子的情况，除了 RELY、TURN、SCED 因子的取值（见表6-33）外，其余因子取值均为1.00，则估算的项目工作量是多少？由表6-31可知，系数 a=3.2、b=1.05，则其工作量估算为

$$\text{Effort} = 3.2 \times 30^{1.05} \times (1.15 \div 0.87 \times 1.08) \approx 123 \text{（人月）}$$

（3）高级模型

一旦软件的各个模块都已确定，估算者就可以使用高级模型了。高级模型包括中等模型的所有特性，但用上述各种影响因素调整工作量估算时，还要考虑对软件工程过程中分析、设计等各步骤的影响，将项目分解为一系列的子系统或者子模型，

表6-33　成本驱动因子的取值

成本驱动因子	级别	取值
RELY	高	1.15
TURN	低	0.87
SCED	低	1.08

这样可以在一组子模型的基础上更加精确地调整一个模型的属性，当成本和进度的估算过程转到开发的详细阶段时，就可以使用这一机制。例如，表6-34给出了高级模型工作量乘数的阶段差异性示例，AEXP 在需求设计阶段的影响最大，因此取值要大，而在后期（如集成测试阶段），这个因子的作用就降低了。

表6-34　高级模型工作量乘数的阶段差异性示例

成本驱动因子	开发阶段	级别					
		很低	低	正常	高	很高	极高
AEXP	需求设计阶段	1.40	1.20	1	0.87	0.75	
	详细设计阶段	1.30	1.15	1	0.90	0.80	
	编码和单元测试阶段	1.25	1.10	1	0.92	0.85	
	集成测试阶段	1.25	1.10	1	0.92	0.85	

总而言之，高级模型通过更细粒度的因子影响分析、考虑阶段的区别，使我们能更加细致地理解和掌控项目，有助于更好地控制预算。

3. 参数模型估算法——COCOMO Ⅱ 模型

COCOMO 81 以及后来的专用 Ada COCOMO 虽然较好地适应了它们所建模的一类软件项目，但是随着软件工程技术的发展，新模型和新方法不断涌现，不但没有好的软件成本和进度估算模型相匹配，甚至因为产品模型、过程模型、属性模型和商业模型等之间发生的模型冲突（model clash）等问题，频繁导致项目的超支与失败，COCOMO 81 也显得越来越不够灵活和准确。针对这些问题，Boehm 教授与他的同事们在改进和发展 COCOMO 81 的基础上，于 1995 年提出了 COCOMO Ⅱ。

COCOMO Ⅱ 给出了 3 个等级的软件开发工作量估算模型，这 3 个模型在估算工作量时，对软件细节考虑的详尽程度逐级增加。COCOMO Ⅱ 3 个等级模型是应用组装模型、早期设计模型、后体系结构模型，它们分别适合在规划阶段、设计阶段、开发阶段使用。

（1）应用组装模型

应用组装（application composition）模型主要适合于原型构造项目或者通过已有的构件组合进行的软件项目的工作量估算，可以用于项目规划阶段。这个阶段设计了用户将体验的系统的外部特征，在构建原型时可以使用已有的构件。它的计算是基于加权的应用点（或者称为对象点）除以一个标准的应用点生产率。一个程序的应用点数量可以由下面的数据估算出。

- 显示的单独的屏幕和网页的数量。
- 显示的产生报表的数量。
- 命令式程序设计语言（例如 Java）中程序模块的数量。
- 脚本语言或者数据库编程的代码行数。

然后按照开发每个应用点的难度对估算值进行调整，程序员的生产率取决于开发者的经验、能力以及所使用的软件工具水平。表 6-35 是某 COCOMO 模型开发者给出的不同应用点的生产率水平。

表 6-35　不同应用点的生产率水平

开发者的经验和能力	非常低	低	一般	高	非常高
软件工具的成熟度和能力	非常低	低	一般	高	非常高
PROD（NOP/月）	4	7	13	25	50

应用组装模型通常依赖于复用已经存在的软件以及配置应用系统，系统中的一些应用点可通过复用构件来实现，因此，需要考虑复用部分的占比以便调整基于应用点总数的估算，公式为

$$PM=(NAP \times (1-\%reuse/100))/PROD$$

式中：

- PM：以人月为单位的工作量。
- NAP：交付系统的应用点的总数。
- %reuse：在开发中重复利用的代码量的估计。
- PROD：应用点生产率。

（2）早期设计模型

早期设计（early design）模型适用于在项目初期需求已经确定、系统设计的初始阶段，这个阶段设计了基本的软件结构，还没有对体系结构进行详细的设计，这一阶段的主要任

务是简单快速地完成一个大概的成本估算，用于信息还不足以支持详细的细粒度估算阶段。这个阶段的模型把软件开发工作量表示成代码行数（KLOC）的非线性函数，即基于功能点（FP）或可用代码行以及 5 个规模指数因子、7 个工作量乘数因子。

$$PM = A \times S^E \times \prod_{i=1}^{7} EM_i$$

其中：PM 是工作量（人月数）；A 是常数，2000 年定为 2.94；S 是规模；E 是指数比例因子，$E = B + 0.01 \times \sum_{j=1}^{5} SF_j$，$B$ 可以校准，目前设定 $B=0.91$，SF 是指数驱动因子，指数比例因子的效果是对于规模较大的项目，预计的工作量将增加，也就是说，考虑了规模的不经济性；EM 是工作量系数。

下面讨论指数驱动因子（用于计算比例因子）的质量属性。每个属性越缺乏可应用性，赋给指数驱动因子的值就越大，事实上，对于一个项目而言，这些属性的缺乏将不成比例地增加更多的工作量。表 6-36 是每个比例因子的每个级别对应的数值。

表 6-36　COCOMO Ⅱ 指数驱动因子的取值

指数驱动因子	很低	低	正常	高	很高	极高	分级因素
PREC	6.2	4.96	3.72	2.48	1.24	0.00	项目先例性
FLEX	5.07	4.05	3.04	2.03	1.01	0.00	开发灵活性
RESL	7.07	5.65	4.24	2.83	1.41	0.00	风险排除度
TEAM	5.48	4.38	3.29	2.19	1.10	0.00	项目组凝聚力
PMAT	7.80	6.24	4.68	3.12	1.56	0.00	过程成熟度

表 6-36 中的 5 个分级因素的描述如下。

- 项目先例性。这个分级因素指出对于开发组织来说该项目的新奇程度。例如开发类似系统的经验、需要创新体系结构和算法，以及需要并行开发硬件和软件等因素的影响。
- 开发灵活性。这个分级因素反映出，为了实现预先确定的外部接口需求及及早开发出产品而需要增加的工作量。
- 风险排除度。这个分级因素反映了重大风险已被消除的比例。在多数情况下，这个比例与指定了重要模块接口（即选定了体系结构）的比例密切相关。
- 项目组凝聚力。这个分级因素表明了开发人员相互协作时可能存在的困难。这个因素反映了开发人员在目标和文化背景等方面相一致的程度，以及开发人员组成一个小组工作的经验。
- 过程成熟度。这个分级因素反映了按照能力成熟度模型度量出的项目组织的过程成熟度。

工作量系数 EM 可用来调整工作量的估算值，但是不涉及规模的经济性和不经济性。表 6-37 列出了早期设计模型的工作量系数，这些系数都可以被评定为非常低、很低、低、正常、高、很高、极高，每个工作量系数的每次评定有一个与其相关的值，大于 1 的值意味着开发工作量是增加的，而小于 1 的值将使工作量降低，正常评定意味着该系数对估计没有影响。评定的目的是这些系数及其他在 COCOMO Ⅱ 中使用的值将随着实际项目的细节被逐步添加到数据库中而得到修改和细化。

表 6-37　COCOMO Ⅱ早期设计模型的工作量系数

驱动因子	级别						
	非常低	很低	低	正常	高	很高	极高
产品可靠性和复杂度（RCPX）	0.49	0.60	0.83	1.00	1.33	1.91	2.72
需求的可重用性（RUSE）			0.95	1.00	1.07	1.15	1.24
平台难度（PDIF）			0.87	1.00	1.29	1.81	2.61
人员的能力（PERS）	2.12	1.62	1.26	1.00	0.83	0.63	0.50
人员的经验（PREX）	1.59	1.33	1.12	1.00	0.87	0.74	0.62
设施的可用性（FCIL）	1.43	1.30	1.10	1.00	0.87	0.73	0.62
进度压力（SCED）		1.43	1.14	1.00	1.00	1.00	

（3）后体系结构模型

后体系结构（post architecture）模型适用于完成体系结构设计之后的软件开发阶段。这个阶段，软件结构经历了最后的构造、修改，并在需要时开始创建需要执行的系统。顾名思义，后体系结构模型发生在软件体系结构完好定义和建立之后，基于源代码行和／或功能点以及 17 个工作量乘数因子，用于完成顶层设计和获取详细项目信息阶段。

该模型与早期设计模型基本一致，不同之处在于工作量系数不同，Boehm 将后体系结构模型中的工作量系数（即成本因素）划分成产品因素、平台因素、人员因素和项目因素 4 类，共 17 个属性。表 6-38 列出了 COCOMO Ⅱ后体系结构模型使用的成本驱动因子及与之相联系的级别。比例因子的指数驱动因子取值与表 6-36 相同。因此，后体系结构模型如下：

$$PM = A \times S^E \times \prod_{i=1}^{17} EM_i$$

$$E = B + 0.01 \times \sum_{j=1}^{5} SF_j$$

表 6-38　COCOMO Ⅱ后体系结构模型的成本驱动因子及级别列表

成本驱动因子		级别					
		很低	低	正常	高	很高	极高
产品因素	可靠性（RELY）	0.82	0.92	1.00	1.10	1.26	
	数据规模（DATA）		0.90	1.00	1.14	1.28	
	复杂性（CPLX）	0.73	0.87	1.00	1.17	1.34	1.74
	文档（DOCU）	0.81	0.91	1.00	1.11	1.23	
	复用（RUSE）		0.95	1.00	1.07	1.15	1.24
平台因素	执行时间的约束（TIME）			1.00	1.11	1.29	1.63
	存储约束（STOR）			1.00	1.05	1.17	1.46
	平台易变性（PVOL）		0.87	1.00	1.15	1.30	
人员因素	分析能力（ACAP）	1.42	1.19	1.00	0.85	0.71	
	应用经验（AEXP）	1.22	1.10	1.00	0.88	0.81	
	程序员水平（PCAP）	1.34	1.15	1.00	0.88	0.76	
	平台经验（PLEX）	1.19	1.09	1.00	0.91	0.85	
	语言与工具经验（LTEX）	1.20	1.09	1.00	0.91	0.84	
	人员连续性（PCON）	1.29	1.12	1.00	0.90	0.81	
项目因素	工作地分布程度（SITE）	1.22	1.09	1.00	0.93	0.86	0.80
	使用软件工具的水平（TOOL）	1.17	1.09	1.00	0.90	0.78	
	进度约束（SCED）	1.43	1.14	1.00	1.00	1.00	

与 COCOMO 81 模型相比，COCOMO Ⅱ 模型使用的成本因素的变化如下。

- 新增加了 4 个成本因素，分别是要求的可复用性、需要的文档量、人员连续性（即人员稳定程度）和工作地分布程度。这个变化表明，这些因素对开发成本的影响日益增加。
- 略去了原始模型中的 2 个成本因素（平台切换时间和使用现代程序设计实践）。
- 某些成本因素（分析能力、平台经验、语言与工具经验）对生产率的影响（即工作量系数最大值与最小值的比率）增加了，另一些成本因素（程序员水平）的影响减小了。

COCOMO 81 模型与 COCOMO Ⅱ 模型中工作量方程中模型指数 b 的值的确定方法也不同。

- 原始的 COCOMO 模型把软件开发项目划分成有机型、半嵌入型和嵌入型 3 种类型，并指定每种项目类型所对应的 b 值（分别是 1.05、1.12 和 1.2）。
- COCOMO Ⅱ 采用了更加精细的 b 分级模型，这个模型使用 5 个分级因素 W_i（$1 \leq i \leq 5$），其中每个因素都划分成从甚低（$W_i=5$）到特高（$W_i=0$）6 个级别，然后用下式计算 b 的数值：

$$b = 1.01 + 0.01 \times \sum_{i=1}^{5} W_i$$

因此，b 的取值范围为 1.01 ～ 1.26。显然，这种分级模式比原始 COCOMO 模型的分级模式更精细、更灵活。

（4）复用模型

复用模型可以估计复用代码的工作量，软件复用在软件开发中很普遍，大多数大型系统都有很大一部分代码是从以前开发的系统中拿来复用的。这时的代码规模包括开发不能复用的构件所写的新代码的工作量以及复用代码的额外工作量，这些额外工作量称为 ESLOC，相当于新的源代码行数，也就是说，复用工作量作为开发新的额外源代码的工作量，等价关系公式如下：

$$ESLOC = (ASLOC \times (1 - AT/100) \times AAM)$$

式中：

- ESLOC 为新源代码的等价行数；
- ASLOC 为必须修改的复用构件的代码行数；
- AT/100 为可以自动修改的复用代码所占百分比；
- AAM 为改写调整因子，反映了构件复用时所需的额外工作量。

确定 ESLOC 后，复用工作量的估算就可以参照早期设计模型了，下面公式中的 S 就是 ESLOC：

$$PM = A \times S^E \times \prod_{i=1}^{7} EM_i$$

（5）COCOMO 模型扩展及其系列

随着使用范围的扩大及估算需求的增加，Boehm 教授及其团队除了进行上述改进之外，还增加了不少扩展模型以解决其他问题，形成了 COCOMO 模型系列，包括用于支持增量开发中成本估算的 COINCOMO、基于数据库实现并支持灵活数据分析的 DBA COCOMO、用于估算软件产品的遗留缺陷并体现质量方面投资回报的 COQUALMO、用于估算并跟踪软件依赖性方面投资回报的 iDAVE、支持对软件产品线的成本估算及投资回报分析的 COPLIMO、提供在增量快速开发中的工作量按阶段分布的 COPSEMO、针对快速应用开发的 CORADMO、通过预测新技术中最成本有效（most cost effective）的资源分配来提高生产率的 COPROMO、针对集成 COTS 软件产品所花费工作量估算的 COCOTS、估算整个系统生命周期中系统工程所花费工作量的 COSYSMO、用于估算主要系统集成人员在定义和集成软件密集型 SoS 组件中所花费工作量的 COSOSIMO 等。因为 COCOMO 模型应用日益广泛，其他研究者也纷纷提出有针对性的改进或者扩展方案，不断丰富和完善基于算法模型的估算方法。

4. 参数模型估算法——Walston–Felix 模型

1977 年，IBM 公司的 Walston 和 Felix 两位专家根据 63 套软件项目数据，通过统计分析，提出了 Walston–Felix 参数估算模型，估算模型如下。

- 工作量：$E = 5.2 \times L^{0.91}$，L 是源代码行数（以 KLOC 计），E 是工作量（以人月计）。
- 人员需要量：$S = 0.54 \times E^{0.6}$，S 是项目人员数量（以人计）。
- 文档数量：$DOC = 49 \times L^{1.01}$，DOC 是文档数量（以页计）。

【例 6-6】某项目采用 Java 完成，估计需要 366 个功能点，采用 Walston-Felix 参数估算模型估算工作量和文档量。

Java 语言代码行与功能点的关系近似为 46LOC/FP，所以，366 个功能点的代码行数为 $L = 366 \times 46 = 16\,386$ 行 $= 16.386$KLOC，则：

- 工作量估算 $E = 5.2 \times 16.386^{0.91} \approx 66$ 人月。
- 项目的文档页数 $DOC = 49 \times 16.386^{1.01} \approx 826$ 页。

5. 参数模型估算法——基于神经网络估算

参数模型的回归分析方法还有很多，例如可以基于神经网络估算方法进行项目估算。本章给出基于 BP 神经网络的估算模型。

BP 神经网络是一种多层的前馈型神经网络，BP 神经网络工作过程分为两部分：工作信号的正向传递和误差的反向传递。BP 神经网络的多层次体现在网络可分为一个输入层、一个输出层、多个隐含层，在正向传递过程中，输入信号从网络的输入层进入网络，与输入因子的权值相结合，再经过隐含层逐层处理，到达输出层。网络中的每一个神经元状态只能够影响该神经元下一层的神经元状态。若网络的实际输出没有达到误差允许的范围，则网络转到反向传播过程，根据输出的误差逐层地调整网络权值和阈值，使 BP 神经网络的实际输出能够不断地逼近期望值，这一特性也说明了 BP 神经网络是一种有监督性的人工神经网络。图 6-9 是 BP 神经网络的网络拓扑结构。

图 6-9　BP 神经网络的拓扑结构

在图 6-9 中，X_1, X_2, …,X_n 是 BP 神经网络的输入值，Y_1,…,Y_m 是 BP 神经网络的输出值，W_{ij} 是输入层到隐含层的权值，W_{jk} 是隐含层到输出层的权值。由图 6-9 可以看出，BP 神经网络其实描述了一种非线性函数，自变量是网络的输入值，因变量是网络的输出值，网络的输入节点为 n，输出节点为 m，图中表示了 n 个自变量到 m 个因变量的函数映射关系。

（1）项目数据来源

663 条数据信息作为数据集，其中 600 条数据用作训练集，63 条数据用作测试集。一个样本信息包括 17 个输入和 3 个输出，若干个样本数据如图 6-10 所示。

	A	B	C	D	E	F	G	H	I	J	K	L
1	功能点数	38	54	31	47	58	1	51	45	39	34	3
2	可靠性	很高	高	很低	很低	很低	低	低	很低	低	很低	高
3	数据规模	高	很高	很低	极高	极高	正常	低	很高	很低	低	很低
4	复杂性	高	低	很高	正常	很低	很低	正常	很低	很低	正常	很低
5	文档	低	正常	极高	低	极高	高	极高	很高	很高	很低	高
6	复用	正常	很低	极高	很低	极高	低	低	低	很高	正常	极高
7	技术难度	很低	高	很低	极高	极高	低	低	极高	很低	高	极高
8	平台难度	低	很低	低	很低	极高	极高	低	极高	高	很高	很低
9	需求易变性	很低	很低	高	很高	很低	极高	很高	高	低	低	高
10	分析能力	低	极高	正常	正常	高	极高	很低	极高	低	正常	正常
11	应用经验	高	正常	正常	低	高	很低	极高	很低	极高	正常	高
12	程序员水平	极高	高	极高	高	正常	高	很高	正常	正常	正常	很低
13	语言与工具经验	高	低	正常	高	低	高	低	低	低	低	高
14	团队凝聚力	极高	正常	很低	很低	低	高	低	低	正常	正常	高
15	过程成熟度	正常	高	高	很低	低	很低	低	极高	低	高	高
16	使用软件工具的水平	低	极高	低	低	正常	高	很高	很低	高	正常	高
17	进度管理	很高	低	正常	正常	极高	极高	极高	极高	极高	低	正常
18												
19	时间（月）	17.6	25	14.4	24.6	29	0.4	24.6	26.1	18	15	1.7
20	成本（人/月）	52.8	75	43.2	73.8	87	1.2	73.8	78.3	54	45	5.1
21	缺陷数（个）	95	135	79	125	156	4	125	117	89	75	7

图 6-10　样本数据

其中，一列信息代表一个样本，1～17 行表示样本的输入因子，19～21 行表示样本的输出因子。我们可以看到图中的数据并不全都是数值，因此需要对数据进行一些处理，将其中的文本数据数值化。对于项目功能点数、开发时间、成本、缺陷数这类客观性数据，直接采取采用原始值，对于项目数据规模、复杂性等这类文字信息，进行量化处理。

通过综合分析软件项目开发的整个流程，选取了 17 个输入因子和 3 个预测输出作为软件项目估算模型的输入和输出，对于原始数据中是文字信息的输入因子，我们将其分成 6 个等级，将每个等级赋值为一个数字，代表这个等级。如此一来，原始数据中的文字信息就可以对应为数字。软件项目的 17 个输入因子等级的对应值如表 6-39 所示。

表 6-39　输入因子等级的对应值

输入因子		等级					
		很低	低	正常	高	很高	极高
产品因素	可靠性（RELY）	0.8	0.9	1.00	1.1	1.25	1.4
	数据规模（DATA）	0.8	0.9	1.00	1.1	1.25	1.4
	复杂性（CPLX）	0.8	0.9	1.00	1.1	1.25	1.4
	文档（DOCU）	0.8	0.9	1.00	1.1	1.25	1.4
	复用（RUSE）	0.8	0.9	1.00	1.1	1.25	1.4
开发因素	技术难度（TECH）	0.8	0.9	1.00	1.1	1.25	1.4
	平台难度（PLAT）	0.8	0.9	1.00	1.1	1.25	1.4
	需求易变性（REQU）	0.8	0.9	1.00	1.1	1.25	1.4

（续）

输入因子		等级					
		很低	低	正常	高	很高	极高
人员因素	分析能力（ACAP）	1.4	1.25	1.00	0.9	0.8	0.7
	应用经验（AEXP）	1.4	1.25	1.00	0.9	0.8	0.7
	程序员水平（PCAP）	1.4	1.25	1.00	0.9	0.8	0.7
	语言与工具经验（LTEX）	1.4	1.25	1.00	0.9	0.8	0.7
	团队凝聚力（TEAM）	1.4	1.25	1.00	0.9	0.8	0.7
项目因素	过程成熟度（PMAT）	1.4	1.25	1.00	0.9	0.8	0.7
	使用软件工具的水平（TOOL）	1.4	1.25	1.00	0.9	0.8	0.7
	进度管理（SCED）	1.4	1.25	1.00	0.9	0.8	0.7

输入值如下。

- 功能点数：模型最主要的输入，也是影响预测结果最关键的输入，对模型的预测输出呈正相关。
- 可靠性：从低到高分为很低、低、正常、高、很高、极高 6 个等级，对模型的预测输出呈正相关。
- 数据规模：从低到高分为很低、低、正常、高、很高、极高 6 个等级，对模型的预测输出呈正相关。
- 复杂性：从低到高分为很低、低、正常、高、很高、极高 6 个等级，对模型的预测输出呈正相关。
- 文档：从低到高分为很低、低、正常、高、很高、极高 6 个等级，对模型的预测输出呈正相关。
- 复用：从低到高分为很低、低、正常、高、很高、极高 6 个等级，对模型的预测输出呈正相关。
- 技术难度：从低到高分为很低、低、正常、高、很高、极高 6 个等级，对模型的预测输出呈正相关。
- 平台难度：从低到高分为很低、低、正常、高、很高、极高 6 个等级，对模型的预测输出呈正相关。
- 需求易变性：从低到高分为很低、低、正常、高、很高、极高 6 个等级，对模型的预测输出呈正相关。
- 分析能力：从低到高分为很低、低、正常、高、很高、极高 6 个等级，对模型的预测输出呈负相关。
- 应用经验：从低到高分为很低、低、正常、高、很高、极高 6 个等级，对模型的预测输出呈负相关。
- 程序员水平：从低到高分为很低、低、正常、高、很高、极高 6 个等级，对模型的预测输出呈负相关。
- 语言与工具经验：从低到高分为很低、低、正常、高、很高、极高 6 个等级，对模型的预测输出呈负相关。
- 团队凝聚力：从低到高分为很低、低、正常、高、很高、极高 6 个等级，对模型的预测输出呈负相关。

- 过程成熟度：从低到高分为很低、低、正常、高、很高、极高 6 个等级，对模型的预测输出呈负相关。
- 使用软件工具的水平：从低到高分为很低、低、正常、高、很高、极高 6 个等级，对模型的预测输出呈负相关。
- 进度管理：从低到高分为很低、低、正常、高、很高、极高 6 个等级，对模型的预测输出呈负相关。

输出值如下。

- 时间：完成软件项目需要的时间，单位为月。
- 成本：完成软件项目所需要的成本，单位为人/月。
- 缺陷数：软件项目的缺陷数目，单位为个。

将文字转换成数字后，原始数据如图 6-11 所示（一列数据为一个样本）。

	A	B	C	D	E	F	G	H	I	J	K	L
1	功能点数	38	54	31	47	58	1	51	45	39	34	3
2	可靠性	1.25	1.1	0.8	0.8	0.8	0.9	0.9	0.8	0.9	0.8	1.1
3	数据规模	1.1	1.25	0.8	1.4	1.4	1	0.9	1.25	0.8	0.9	0.8
4	复杂性	1.1	0.9	1.1	1	1.25	0.8	1	0.9	0.8	1.1	1
5	文档	0.9	1	1.4	0.9	1.4	1.1	1.4	1.25	1.25	0.8	1.1
6	复用	1	0.8	1.4	0.8	1.4	0.9	0.9	0.9	1.1	1	1.4
7	技术难度	0.8	1.25	0.9	1.4	1.4	1.1	1	1.1	0.9	1.25	1
8	平台难度	0.9	0.8	0.9	0.8	1.4	1.4	0.9	1.4	1.1	1.25	0.8
9	需求易变性	0.8	0.8	1.1	1.25	0.8	1.4	0.8	1.1	0.9	0.9	1.1
10	分析能力	1.25	0.8	1	1	0.9	0.8	1	1.25	0.7	1	0.9
11	应用经验	0.9	1	1	1.25	0.9	0.8	0.7	1.4	0.7	0.9	0.9
12	程序员水平	0.7	0.9	0.7	0.9	1	0.9	0.7	1	1	1	0.7
13	语言与工具经验	0.9	1.25	0.7	0.9	1.25	1.4	1.25	1.25	1.4	1	0.8
14	团队凝聚力	0.7	1	1.4	1.4	1.25	0.9	0.9	0.9	1	0.9	0.9
15	过程成熟度	1	0.9	0.9	0.7	1.25	0.7	1.25	0.7	1.25	0.9	1
16	使用软件工具的水平	1	0.7	1.25	1.25	0.9	1.4	1	1.4	1.25	1.25	1
17	进度管理	0.8	1.25	1	1	0.7	0.7	0.7	0.7	0.7	1.25	1
18												
19	时间（月）	17.6	25	14.4	24.6	29	0.4	24.6	26.1	18	15	1.7
20	成本（人/月）	52.8	73	42.6	73.2	87	1.2	73.8	78.3	54	45	5.1
21	缺陷数（个）	95	135	79	125	156	4	125	117	89	75	7

图 6-11　原始数据数值图

（2）数据归一化

因为每一条数据的各个特征之间会存在数量级的差异，如果直接把这些数据作为训练数据使用，会出现预测误差比较大的情况。因此需要进行数据的归一化，归一化的目的就是消除因为数据各个维度数量级不一样而导致网络预测输出误差过大的问题。

常用的数据归一化方法主要有 Z-score 标准化和最大 – 最小标准化。

1）Z-score 标准化。Z-score 标准化是根据原始数据的均值和标准差进行的数据标准化。将属性 A 的原始数据 x 通过 Z-score 标准化成 x'。Z-score 标准化适用于属性 A 的最大值或者最小值未知的情况，或有超出取值范围的离散数据的情况。

$$x' = \frac{x - \mu}{\sigma} \tag{6-15}$$

其中 μ 为均值，σ 为标准差。

Z-score 标准化得到的结果是所有数据都聚集在 0 附近，方差为 1。

2）最大 – 最小标准化。最大 – 最小标准化是根据原始数据进行线性变换，设 x_{min} 和 x_{max} 分别是属性 A 的最小值和最大值，将 A 的一个原始值 x_k 通过最大 – 最小标准化映射到区间 [0, 1] 的值 x_k'，公式如下：

$$x_k' = \frac{(x_k - x_{min})}{(x_{max} - x_{min})} \tag{6-16}$$

由于最大 – 最小标准化在 Matlab 中有对应的函数 mapminmax，所以我们选择最大 – 最小标准化对原始数据进行归一处理。处理后的原始数据如图 6-12 所示。

	A	B	C	D	E	F	G	H	I	J	K	L
1	功能点数	0.88	0.34	0.35	0.63	0.90	0.01	0.44	0.14	0.52	0.35	0.04
2	可靠性	0.65	0.13	0.51	0.43	0.43	0.40	0.20	0.13	0.07	0.05	0.63
3	数据规模	0.42	0.84	0.97	0.09	0.30	0.14	0.57	0.60	0.94	0.58	0.75
4	复杂性	0.90	0.50	0.23	0.83	0.42	0.32	0.75	0.33	0.26	0.06	0.56
5	文档	0.97	0.21	0.71	0.19	0.34	0.95	0.77	0.96	0.04	0.38	0.50
6	复用	0.45	0.74	0.21	0.29	0.32	0.93	0.43	0.90	0.49	0.25	0.42
7	技术难度	0.13	0.03	0.42	0.64	0.04	0.61	0.96	0.41	0.87	0.09	0.83
8	平台难度	0.34	0.90	0.46	0.10	0.92	0.72	0.06	0.69	0.22	0.80	0.43
9	需求易变性	0.62	0.53	0.17	0.69	0.85	0.92	0.10	0.62	0.16	0.84	0.47
10	分析能力	0.12	0.48	0.60	0.73	0.96	0.65	0.42	0.09	0.59	0.70	0.59
11	应用经验	0.49	0.25	0.07	0.16	0.00	0.28	0.40	0.40	0.65	0.57	0.58
12	程序员水平	0.82	0.06	0.71	0.37	0.74	0.66	0.06	0.57	0.04	0.15	0.47
13	语言与工具经验	0.15	0.57	0.32	0.09	0.27	0.62	0.94	0.08	0.64	0.52	0.01
14	团队凝聚力	0.07	0.89	0.15	0.19	0.46	0.63	0.55	0.05	0.75	0.81	0.11
15	过程成熟度	0.26	0.01	0.46	0.17	0.19	0.79	0.27	0.29	0.06	0.02	0.07
16	使用软件工具的水平	0.20	0.42	0.41	0.60	0.60	0.84	0.04	0.16	0.10	0.04	0.99
17	进度管理	0.29	0.10	0.47	0.41	0.94	0.17	0.24	0.75	0.84	0.36	0.85
18												
19	时间（月）	0.28	0.80	0.31	0.64	0.86	0.06	0.77	0.07	0.83	0.34	0.14
20	成本（人/月）	0.71	0.95	0.53	0.65	0.37	0.53	0.68	0.20	0.73	0.68	0.18
21	缺陷数（个）	0.95	0.96	0.71	0.85	0.87	0.88	0.96	0.32	0.08	0.29	0.54

图 6-12　数据归一化图

（3）神经网络算法建模

这里选取三层的 BP 神经网络，包括一个输入层、一个隐含层和一个输出层。数据样本包含 17 个输入特征和 3 个输出特征，因此输入层节点数为 17，输出层节点数为 3。其网络结构图如图 6-13 所示。

图 6-13　基于 BP 神经网络的软件项目估算模型

隐含层节点 i 的输入为

$$h_i = \sum_{j=1}^{M} w_{ij} x_j + b_i \tag{6-17}$$

隐含层节点 i 的输出为

$$y_i = \theta(h_i) = \theta \left(\sum_{j=1}^{M} w_{ij} x_j + b_i \right) \tag{6-18}$$

隐含层的所有节点的输出就是输出层节点的输入信号，类似地可得输出层节点 k 的输入为

$$\text{out\_in}_k = \sum_{i=1}^{q} w_{ki} y_i + a_k = \sum_{i=1}^{q} w_{ki} \theta \left(\sum_{j=1}^{M} w_{ij} x_j + b_i \right) + a_k \tag{6-19}$$

输出层节点 k 的输出为

$$O_k = \beta(\text{out\_in}_k) = \beta \left(\sum_{i=1}^{q} w_{ki} y_i + a_k \right) = \beta \left(\sum_{i=1}^{q} w_{ki} \theta \left(\sum_{j=1}^{M} w_{ij} x_j + b_i \right) + a_k \right) \tag{6-20}$$

其中：

- x_j 为输入层第 j 个节点的输入，$j=1,2,\cdots,M$；
- w_{ij} 为输入层节点 j 到隐含层节点 i 之间的权值，$i=1,2,\cdots,q$；
- b_i 为隐含层节点 i 的阈值；
- $\theta(x)$ 为隐含层的激活函数；
- w_{ki} 为隐含层节点 i 到输出层节点 k 之间的权值；
- a_k 为输出层节点 k 的阈值；
- $\beta(x)$ 为输出层的激活函数；
- O_k 为输出层节点 k 的输出。

由以上公式可以看出，BP 神经网络的输入层是 M 维空间向量，输出层是 L 维空间向量，M 维空间向量通过隐含层 q 的调整映射成了 L 维空间向量，这就是 BP 神经网络隐含层的作用。隐含层就相当于一个向量空间，对于影响输出结果的若干个维度，也就是输入层的若干维向量，隐含层都能够将这些自变量作矩阵的变换，然后得到输出结果。

由式（6-17）、式（6-18）、式（6-19）、式（6-20）可得：

$$\Delta w_{ki} = \eta \cdot e_k \cdot \beta' \cdot y_i \qquad (6\text{-}21)$$

$$\Delta a_k = \eta \cdot e_k \cdot \beta' \qquad (6\text{-}22)$$

$$\Delta w_{ij} = \eta \cdot \beta' \cdot \theta' \cdot x_j \cdot e_k \cdot w_{ki} \qquad (6\text{-}23)$$

$$\Delta b_i = \eta \cdot \beta' \cdot \theta' \cdot e_k \cdot w_{ki} \qquad (6\text{-}24)$$

其中，Δw_{ki} 是隐含层节点 i 到输出层节点 k 的权值变化量，Δw_{ij} 是输入层节点 j 到隐含层节点 i 的权值变化量，Δa_k 是输出层节点 k 的阈值变化量，Δb_i 是隐含层节点 i 的阈值变化量，η 是网络学习率，e_k 是输出层节点 k 的网络误差，x_j 为输入层节点 j 的值，y_i 是隐含层节点 i 的输出，θ 是隐含层的激活函数，β 是输出层的激活函数。

分析以上四式可以得知，网络权值和阈值的变化量与隐含层节点的数目、网络学习率、隐含层和输出层的激活函数有关，下面我们选择合适的参数来建立模型。

分析了影响 BP 神经网络模型的各个因素，包括隐含层节点数目、网络学习率、隐含层、激活函数、输出层激活函数。通过控制变量法与比较法选取不同的参数进行比较，本模型最终确定隐含层节点数目为 4、网络学习率为 0.54、隐含层激活函数为 logsig、输出层激活函数为 purelin。接下来针对 BP 神经网络容易出现"过拟合"而造成误差变大的特点进行优化，采用附加动量法对网络进行优化改进，确定动量因子 mc 为 0.9。至此，模型建立完成。

（4）模型应用

可以从两个方面评价所建立的软件项目估算模型。第一，从模型的预测误差进行评估，主要是根据模型预测值的均方误差（MSE）、误差百分比这两个指标对模型进行评价，公式如下：

$$\text{MSE} = \frac{1}{n}\sum_{i=1}^{n}(T_i - O_i)^2 \qquad (6\text{-}25)$$

$$\text{误差百分比} = \frac{1}{n}\sum_{i=1}^{n}\frac{|T_i - O_i|}{O_i} \times 100\% \qquad (6\text{-}26)$$

其中，O_i 表示软件项目估算模型的实际输出，T_i 表示软件估算模型的期望输出。MSE 的值越小，代表实际输出与期望输出相差越小，也说明模型精确度越高，误差百分比的值越小，也说明模型精确度越高。

第二，从软件估算模型的稳定性去衡量，如果所建立的模型每一次都能拟合良好，就代表该模型越稳定。为此，下面将建立的模型运行 3 次，记录其 MSE 与误差百分比值，计算均值，均值越小，模型预测性能越好。

我们设定期望误差范围为 0.001，BP 神经网络经过 11 次迭代就完成了收敛。

综合模型的软件项目开发时间的预测值与期望值的拟合情况如图 6-14 所示，软件项目成本的预测值与期望值的拟合情况如图 6-15 所示，软件项目缺陷数的预测值与期望值的拟合情况如图 6-16 所示，以及以上三者的预测误差图如图 6-17 所示，相对误差百分比如图 6-18 所示。

图 6-14 软件项目估算模型时间拟合图

图 6-15 软件项目估算模型成本拟合图

图 6-16 软件项目估算模型缺陷数拟合图

图 6-17 软件项目估算模型预测误差图

图 6-18 软件项目估算模型误差百分比图

综上所述，基于神经网络算法进行软件估算也是一个很好的参数估算方法，本模型不仅仅包括了规模的估算，也包括了项目时间以及缺陷的估算过程。

6.2.8 专家估算法

通常意义上讲，专家估算是由一些被认为是该任务专家的人来进行估算的，并且估算过程的很大一部分是基于不清晰、不可重复的推理过程，也就是直觉。对于某一个专家自己所用的估算方法而言，经常使用 WBS，通过将项目元素放置到一定的等级划分中来简化预算估计与控制的相关工作。当仅有的可用信息只能依赖专家意见而非确切的经验数据时，专家估算法无疑是解决成本估算问题的最直接的选择。另外，专家可以根据自己的经验对实际项目与经验项目的差异进行更细致的发掘，甚至可以洞察未来新技术可能带来的影响。但是，其缺点也很明显，即专家的个人偏好、经验差异与专业局限性都可能为估算的准确性带来风险。由于专家作为个体可能存在个人偏好，因此通常人们会更信赖多个专家一起得出的结果，并达成小组一致。为此，引入了 Delphi 专家估算法。首先，每个专家在不与其他人讨论的前提下，先对某个问题给出自己的初步匿名评定。第 1 轮评定的结果收集、整理之后，返回给每个专家进行第 2 轮评定。这次专家们仍面对同一评定对象，不同的是他们会知道第 1 轮总的匿名评定情况。第 2 轮的结果通常可以把评定结论缩小到一个小范围，得到一个合理的中间范围取值。与专家的这种沟通可以多次进行。Delphi 专家估算法的基本步骤如下。

1）组织者发给每位专家一份软件系统的规格说明和一张记录估算值的表格，请专家估算。

2）每个专家详细研究软件规格说明后，对该软件提出 3 个规模的估算值，即最小值 a_i、最可能值 m_i、最大值 b_i。

3）组织者对专家表格中的答复进行整理，计算每位专家的平均值 $E_i=(a_i+4m_i+b_i)/6$，然后计算出期望值 $E=(E_1+E_2+\cdots+E_n)/n$。

4）综合结果后，再组织专家无记名填表格，比较估算偏差，并查找原因。

5）上述过程重复多次，最终可以获得一个多数专家共识的软件规模。

6.2.9 估算方法综述

实际上，进行软件规模成本估算时，会根据不同的时期、不同的状况采用不同的方法。在项目初期，尤其是合同阶段，项目的需求不是很明确，而且需要尽快得出估算的结果，可以采用类比估算法。在需求确定之后开始规划项目的时候，可以采用自下而上估算法或者参数估算法。随着项目的进展，项目经理需要时时监控项目的状况，尤其在项目的不同阶段，也需要重新评估项目的成本，一般来说，项目经理根据项目经验的不断积累，会综合一个实用的评估方法。自下而上估算法费时费力，参数估算法比较简单，它们的估计精度相似。各种方法不是孤立的，应该注意相互结合使用，类比估算法通常用来验证参数估算法和自下而上估算法的结果。

6.3 敏捷项目成本估算

对易变性高、范围并未完全明确、经常发生变更的项目，详细的成本计算可能没有多大帮助。在这种情况下，可以采用轻量级估算方法快速生成对项目人力成本的高层级预测，在出现变更时容易调整预测；而详细的估算适用于采用准时制的短期规划。如果易变的项目也遵循严格的预算，通常需要更频繁地更改范围和进度计划，以始终保持在成本制约因素之内。

因此，敏捷估算的基本原则是：高层估算或者说整体估算，采用轻量级估算方法快速生成，对于短期的估算，则可以进行详细的估算。

在敏捷项目中，团队的估算最多限于未来几周时间。如果团队工作的可变性不高，则团队的能力就会变得稳定。这样才能对未来几周做出更好的预测。敏捷估算强调的是团队达成一致，而不是准确性。

敏捷方法采用用户故事描述项目需求，工作量估算或者说项目的规模则则采用故事点（story point）描述。

6.3.1 关于故事点估算

故事点是用来度量实现一个用户故事需要付出的工作量的相对估算。所以，我们关注最后得到的相对估算结果。例如，故事 A 估算值为 1 故事点，故事 B 估算值为 2 故事点，所以 B 的工作量是 A 的工作量的两倍

用时间来估算用户故事，简单且易于理解，甚至团队外的人也能很快明白用户故事的规模，目前很多团队也在用时间作为用户故事的计量单位。但是团队成员每天不仅要进行开发和测试，还有许多与计划的用户故事没有直接贡献的事情，比如开会、休假、打电话、发邮件、培训、给客户演示、面试等。因此团队经常遇到的问题是，估的 1 天用户故事或许要花 2 天甚至更多时间才能完成。

随着时间的推移、项目的推进以及团队技术与知识的积累，团队在第 10 次迭代中单位时间里能够完成的工作量与第一次迭代能够完成的工作量是有所不同的。其实用时间做估算再往前推进一步就成为故事点方法了，根据过去的数据统计团队的容量（capacity），而

非只是估算可用的时间；用比较倍数的方法考量用户故事的大小，而非考量完成所需的时间。

故事点估算是相对估算过程，需要确定相对的估算标准，常用的两个标准为 Fibonacci 数列等级标准和 2 的 n 次方数列等级标准，如下所示。

- Fibonacci 数列：0, 1, 2, 3, 5, 8, 13, 21, 34, 55, 89…
- 2 的 n 次方数列：0, 1, 2, 4, 8, 16, 32, 64, 128…

我们以 Fibonacci 数列等级标准为例来说明，故事点虽然可以分为很多的等级，但现实中一般只采用 0、1、2、3、5、8、13 这 7 个等级。如果在预估中发现故事点超过 13，则一般把任务进行分割，将其分割为两部分，循环该步骤，直至所有故事点都小于等于 13。因此，Fibonacci 数列等级标准的估算步骤如下。

1）选取预估为 3 故事点的用户故事。

2）将需要预估的用户故事与选取的用户故事进行比较。

3）如果两者的工作量差不多，设置该用户故事的故事点为 3。

4）如果工作量略少，则设置该用户故事的故事点为 2。

5）如果工作量更少，则设置该用户故事的故事点为 1。

6）如果该用户故事不需要完成，则设置为 0。

7）同理，如果工作量略多、更多、再多，可以相应地设置该用户故事的故事点为 5/8/13。

8）如果该用户故事的故事点超过 13，可以认为该故事是 Epic，可以再对其进行分解。

例如在规划发布计划时，假设根据历史数据，一个发布版本的容量为 150 个故事点，团队很有可能在下一个发布计划里面完成 150 个故事点左右的用户故事，这样待办事项列表里优先级最高的总和为 150 个故事点左右的那些用户故事是最有可能完成的。

【例 6-7】有两个用户故事 A 和 B，其内容是开发需求和设计类似的 App，如何估算？

在规划发布计划时，对 A 和 B 的规模估算都是 8。开发过程中，迭代 1 期间团队花了很多研究的时间完成了 A，那么迭代 2 期间 B 的规模是否应该继续为 8？可以分几种情况处理：迭代 1 末期，PO 需要跟团队一起对待办事项列表进行重整，此时，如果团队对 B 仍然没有足够的自信，则 B 的规模可以保持在 8，否则 B 的规模可以变成 5 或者更少，这取决于团队在此领域的知识。

疑问在于如果对 B 的估计变成 3，团队此时能够发布的价值更多，但是在故事点层面并没有体现出来。换句话说，对 B 的估算保持 8 点是否会让团队效率感觉更高？

仔细想想，其实在完成 A 的时候已经把 B 的很多东西相应地完成了，因此 B 的不确定性降低，风险也降低了，降低 B 的估算规模是合理的。另外故事点并不能用来衡量团队的效率，团队实际生产速率会保持在一个相对稳定的统计学数值上，一个团队在一个迭代周期实际完成的故事点跟速率相差过大，非但不能说明团队的效率高，反而说明团队之前的估算不准确，针对这个问题，需要在回顾会议里面讨论问题的原因并做出改进。

6.3.2　快速故事点估算方法

快速故事点估算方法（a fast story point estimation process）是由迈克尔 Mary Ann Michaels 提出的，也称为 T-Shirt 估算方法。它是一种快速、粗略的估算方法，使用类似 T 恤 XS、S、M、L、XL、XXL 等不同号码的分类方法，对估算任务进行大小分类。

这个方法改善了原有故事点估算枯燥乏味且烦琐耗时的过程。具体说明如下。

1. 假设条件

本方法需要如下的前提条件。

- 团队成员理解大多数用户故事的要点。
- 有同地协作的团队。
- 每个用户故事被独立打印，必须在估算过程之前准备，并且提前贴在墙上，如图 6-19 所示。
- 在墙上写下 Fibonacci 数列：1, 2, 3, 5, 8, 13, 21,…，并且加上一列"?"。如图 6-20 所示。

图 6-19   把用户故事贴到墙上

图 6-20   在墙上列出 Fibonacci 数列

2. 估算过程

具体估算过程如下。

1）团队人员排成一排。

2）要求第一名成员把一个用户故事放到他认为可以正确反映故事点值的那一列上。

3）第一名成员做完后排到团队成员的最后一个位置。

4）下一个团队成员可以挪动已经摆好的用户故事，也可以选择另外的用户故事，把它挪到他认为可以正确反映故事点值的那一列。

5）继续这个过程，直到所有用户故事都摆放完毕。

6）在此循环过程中，会有用户故事在不同的故事点列中来回挪动，引导师可以把这些用户故事挪到列表的上方，如图 6-21 中的 Story6，用于最后的讨论。也会有一些故事需要更多的信息才可以进行估算以及有暂时无法估算的用户故事，把它们放到"?"一列，如图 6-21 中的 Story9。团队需要将"?"一列的故事数降到最低，如果这样的故事太多，也许还需要一个列表修整会议，可以让团队成员很清晰地了解故事细节。

7）当大多数的故事都摆放好后，让团队成员投票选择那些来回挪动的"问题"故事属于哪一列。如果无法达成一致，把这个故事放到来回挪动的最高值的一列。例如 Story6 在 5、8、13 列下来回挪动，最后无法达成一致，则 Story6 应该放在 13 列下。

8）如果团队成员对放置的用户故事都满意，计算每一列下的故事个数，并且乘以所在列值，得到本列下的故事点数，然后将所有列下的故事点数相加，得到项目总的故事点数。

例如，图 6-22 是最后的估算结果，其中"?"列下有一个 Story9 暂时无法估算，接下来需要计算每一列下的故事个数，并且乘上所在列值，从而得到所有的故事点，例如：3 列下有 2 个故事，则对应的故事点个数为 3×2=6；5 列下有 1 个故事，则对应的故事点个数为 5×1=5；8 列下有 2 个故事，则对应的故事点个数为 8×2=16；13 列下有 2 个故事，则对应的故事点个数为 13×2=26；21 列下有 2 个故事，则对应的故事点个数为 21×2=42。将以上故事点个数相加得到 95，所以通过快速故事点估算得到的结果是 95，其中不包括 Story9 的工作量。

图 6-21　用户故事在墙上不断移动

图 6-22　最后的估算结果

6.3.3　Planning Poker 故事点估算方法

Planning Poker 故事点估算是一种详细估算方法，团队可以自行设定相应规则，下面是某团队进行 Planning Poker 故事点估算时设定的规则。

- 每个人独立思考出什么牌。
- 当每个人都表示准备就绪时，敏捷专家喊："3，2，1，亮牌！"
- 每个人都同时出牌。
- 如果所有估算值均在 3 个连续斐波那契数列内，则取平均值。
- 如果所有估算值均超出了 3 个连续斐波那契数列，那么最高和最低估值的要说明理由，然后重新投票。
- 最多可以重复投票两次，直到落到 3 个连续斐波那契数列内，则取平均值。
- 如果重复投票 3 次，仍然不能落在 3 个连续斐波那契数列内，则去掉最高和最低估值，其余取平均值。

根据以上规则进行用户故事的估算，用户故事 A 的出牌结果是 3, 5, 8, 3, 3，落在连续的 3 个斐波那契数列中，估算结果为 4SP（故事点），如果出牌结果是 8, 13, 21, 13, 13，也落在连续的 3 个斐波那契数列中，故事估算结果为 14SP，如图 6-23 所示。另外，用户故事 B 的出牌结果没有落在连续的 3 个斐波那契数列中，重复投票 3 次，仍然不能落在 3 个连续值内，根据出牌结果 8, 3, 5, 2, 3，去掉最高和最低估值，其余取平均值 3.67SP（故事点），如图 6-24 所示。

图 6-23 用户故事 A 的 Planning Poker 估算过程　　图 6-24 用户故事 B 的 Planning Poker 估算过程

6.4 AI 驱动项目的规模成本估算

AI 辅助软件开发可以通过提高开发效率、自动化重复性任务以及提供智能支持来影响软件项目的规模、成本和时间。如果采用 AI 辅助软件项目开发，首先要确定以下基本属性。

- 项目领域类型，例如电商、游戏等。
- 项目规模类型，例如小规模、中规模、大规模等。
- 项目流程类型，例如端到端、分阶段的等。
- AI 基础设施类型，例如自行开发、租用、购买等。
- 项目分工类型。

在提高效率的同时，还需要考虑以下因素。

- AI 工具和技术成本：包括购买或开发 AI 工具的成本，以及培训团队使用这些工具的费用。
- 人力成本：考虑开发团队的薪资、培训费用以适应新技术，以及团队规模对总成本的影响。
- 开发环境和基础设施成本：包括软件和硬件的购买和维护成本。
- 数据集和训练成本：如果 AI 模型需要使用大量数据进行训练，需要考虑数据采集、清理和存储的成本。
- 维护和支持成本：软件部署后的维护、更新和技术支持成本。

6.5 成本预算

成本预算是将项目的总成本按照项目的进度分摊到各个工作单元中去，即将总的成本安排到各个任务中，这些任务项是基于 WBS 分解的结果，所以 WBS、WBS 字典、每个任务的成本估计、进度、资源日历等可以作为成本预算的输入。成本预算的目的是产生成本基线，它可以作为度量项目成本性能的基础。

项目任务编排好执行的先后关系并分配资源后，项目中每个任务的成本预算就可以确定了。成本预算是根据项目的各项任务以及分配的相应资源计算的。成本预算提供对实际成本的一种控制机制，为项目管理者控制项目提供一把有效的尺度。分配项目成本预算主要包括以下 3 种情况。

- 分配资源成本。这是最常用的一种方式，即根据每个任务的资源分配情况来计算这个任务的成本预算，而资源成本与资源的基本费率紧密相连，所以要设置资源费率，例如，项目中开发人员的费率是 200 元 / 小时。
- 分配固定资源成本。当一个项目的资源需要固定数量的资金时，用户可以向任务分配固定资源成本。例如，项目中"张三"这个人力资源为固定资源成本，固定资源成本是 2 万元，即张三在这个项目中的成本固定为 2 万元，不用计算张三花费的具体工时。
- 分配固定成本。有些任务是固定成本类型的任务，也就是说，某项任务的成本不变，不管任务的工期有多长，也不管任务使用了哪些资源。例如，项目中的某些外包任务成本是固定的，即任务成本固定。假设项目某模块外包的成本是 10 万元，则这个任务的成本为 10 万元。

在编制成本预算过程中应该提供成本基线（cost baseline）。成本基线是每个时间阶段内的成本，它是项目管理者度量和监控项目的依据。如表 6-40 所示，项目 A 采用自下而上的估算方法得到的总成本是 16 万元，表 6-41 给出了总成本 16 万元的分配情况，以此得出项目 A 的预算曲线，如图 6-25 所示。成本预算与变更也相关，当发生变更的时候，需要同时变更成本预算。成本为资金需求提供信息，如果在项目进行过程中通过成本基线发现某个阶段的成本超出预算，则需要研究其原因，必要时采取措施。

表 6-40　项目 A 的成本估算

WBS 项	成本 / 万元	成本 / 万元	总成本 / 万元
项目 A			16
1. 功能 1		8	
1.1 子功能 1	5		
1.2 子功能 2	3		
2. 功能 2		6	
2.1 子功能 1	3		
2.2 子功能 2	2		
2.3 子功能 3	1		
3. 功能 3		2	

表 6-41　项目 A 的成本预算

周	任务	费用 / 万元
1	规划	1
2	需求	3
3	设计	5
4	开发 1	8
5	开发 2	12
6	测试	14
7	验收	16

图 6-25　成本基线

6.6 MED 项目的成本估算案例分析

下面给出"医疗信息商务平台"项目的用例点估算和自下而上估算两个成本估算过程。

6.6.1 用例点估算过程

根据用例点估算过程，通过"医疗信息商务平台"项目需求规约确定项目的 Actor 和用例情况，计算 UAW、UUCW，再得出 UUCP，然后计算用例点 UCP，最后根据工作效率计算出项目规模。

1. 估算未调整的用例点 UUCP

通过"医疗信息商务平台"项目需求规约统计出 Actor 复杂度级别、数量和用例复杂度级别、数量，依次计算 UAW 和 UUCW，如表 6-42 和表 6-43 所示，最后估算未调整的用例点 UUCP。

表 6-42　UAW 计算过程

序号	Actor 复杂度级别	权值	Actor 数量	UAW_i
1	simple	1	1	1
2	average	2	7	14
3	complex	3	1	3
总计				18

表 6-43　UUCW 计算过程

序号	用例复杂度级别	权值	用例数量	$UUCW_i$
1	simple	5	15	75
2	average	10	12	120
3	complex	15	3	45
总计				240

因此，UUCP=UAW+UUCW=18+240=258。

2. 计算用例点 UCP

首先计算技术复杂度因子 TCF 和环境复杂度因子 ECF。

1）根据 13 个技术复杂度因子的权重和影响等级计算技术复杂度因子，如表 6-44 所示，TCF=1.08。

表 6-44　技术复杂度因子的定义

序号	技术因子	权值	Value 值	TCF_i
1	TCF1	2.0	3	6.0
2	TCF2	1.0	5	5.0
3	TCF3	1.0	3	3.0
4	TCF4	1.0	5	5.0
5	TCF5	1.0	3	3.0
6	TCF6	0.5	3	1.5
7	TCF7	0.5	5	2.5
8	TCF8	2.0	3	6.0

（续）

序号	技术因子	权值	Value 值	TCF$_i$
9	TCF9	1.0	5	5.0
10	TCF10	1.0	3	3.0
11	TCF11	1.0	5	5.0
12	TCF12	1.0	3	3.0
13	TCF13	1.0	0	0.0
TCF			$0.6+(0.01 \times \sum TCF_i)=1.08$	

2）根据 8 个环境复杂度因子的权重和影响等级计算环境复杂度因子 ECF，如表 6-45 所示，ECF=0.785。

表 6-45　环境复杂度因子的定义

序号	环境因子	权值	Value 值	ECF$_i$
1	ECF1	1.5	3	4.5
2	ECF2	0.5	3	1.5
3	ECF3	1.0	3	3.0
4	ECF4	0.5	5	2.5
5	ECF5	1.0	3	3.0
6	ECF6	2.0	3	6.0
7	ECF7	1.0	0	0.0
8	ECF8	1.0	0	0.0
ECF			$1.4+(-0.03 \times \sum ECF_i)=0.785$	

3）计算 UCP=UUCP × TCF × ECF=258 × 1.08 × 0.785 ≈ 218.7。

3. 计算项目规模

本项目选取项目生产率（Productivity Factor, PF）为 20，即 PF=20，所以 Effort=UCP × PF=218.7 × 20=4374 工时。因为 1 人天 =8（工时），所以项目的规模为 4374/8 ≈ 547（人天）。

6.6.2　自下而上成本估算过程

下面采用自下而上成本估算方法，表 6-46 展示了"医疗信息商务平台"项目的 WBS 分解结果，由于 WBS 分解是针对项目的功能进行的分解，在成本估算的时候，首先估算每个任务的开发规模，然后通过系数获得相应的质量、管理任务的规模，从而计算直接成本，再计算间接成本，最后计算总成本，具体过程如下。

表 6-46　自下而上的估算

医疗信息商务平台			人天	小计	总计
F1：用户					396
	1.1 注册			15	
		个人注册	4		
		组织注册	4		
		协会 / 学会注册	4		
		登录	3		
	1.2 管理			26	

（续）

医疗信息商务平台			人天	小计	总计
		用户信息	3		
		用户权限	8		
		统计分析	15		
F2：产品信息					
	2.1 编辑			77	
		离线产品	23		
		在线产品	25		
		产品状态管理	29		
	2.2 浏览			27	
		按厂商浏览	12		
		按产品分类浏览	6		
		按医院科别浏览	9		
	2.3 查找		14	14	
F3：网上交易					
	3.1 售前			24	
		3.1.1 客户的分级优惠	12		
		3.1.2 购买数量的优惠	12		
	3.2 售中			30	
		3.2.1 询价	15		
		3.2.2 接受订单	15		
	3.3 售后			40	
		3.3.1 统计分析	20		
		3.3.2 查看采购记录	20		
F4：分类广告				50	
	4.1 与产品有关		9		
	4.2 与产品无关		10		
	4.3 匹配		15		
	4.4 招标		16		
F5：协会 / 学会				33	
	5.1 编辑		8		
	5.2 浏览		9		
	5.3 管理		16		
F6：医院管理				49	
	6.1 编辑		9		
	6.2 浏览		8		
	6.3 检索		16		
	6.4 管理		16		
F7：E-mail 管理（购买）		2.4 万	1	1	
F8：Chat 管理（现成）			2	2	
F9：护士排班表（移植）			5	5	
F10：联机帮助			3	3	

1）表 6-46 描述了项目的任务分解及每个任务的规模，分解是根据项目的功能进行的。

2）计算开发成本。

①对于表 6-46，通过自下而上地计算，可知项目开发规模是 396 人天，开发人员成本参数为 1000 元 / 天，则内部的开发成本为 1000 元 / 天 × 396 天 =39.6 万元。

②外包部分软件成本为 2.4 万元，则开发成本为 39.6 万元 +2.4 万元 =42 万元。

3）计算管理成本。由于任务分解的结果主要是针对开发任务的分解，没有分解出管理任务（项目管理任务和质量管理任务），针对本项目，管理成本 = 开发成本 ×10%。所以，管理成本为 42 万元 ×10%=4.2 万元。

4）计算直接成本。因为直接成本 = 开发成本 + 管理成本，所以直接成本为 42 万元 +4.2 万元 =46.2 万元。

5）计算间接成本。因为间接成本 = 直接成本 ×20%，所以间接成本为 46.2 万元 ×20%=9.24 万元。

6）计算总估算成本。项目总估算成本 = 直接成本 + 间接成本 =46.2 万元 +9.24 万元 =55.44 万元。

6.7　MSHD 项目的成本估算案例分析

下面给出 MSHD 项目的功能点估算和故事点估算两个估算过程。

6.7.1　功能点估算

针对 MSHD 项目采用 IFPUG 功能点估算方法估算规模，并计算软件工作量和成本，具体估算过程如下。

1. 计算未调整功能点数

将各功能模块按照 IFPUG 的计数标准进行计数，得到未调整功能点数计数如表 6-47 所示。

表 6-47　未调整功能点数计数

功能模块	类别	UFC	功能模块	类别	UFC
用户登录	EI	4	灾情信息编码	ILF	8
用户登出	EI	4	数据管理	ILF	14
用户注册	ILF	4	数据获取	EQ	6
用户管理	ILF	12	可视化	EO	10
数据查询	EQ	8	数据统计分析	EO	6
数据上传	EI	4	合计	—	80

2. 调整因子计算

根据项目的 14 个通用系统特性，得出调整因子，即技术复杂度因子（TCF），如表 6-48 所示。

表 6-48　调整因子计算

通用系统特性	调整因子	通用系统特性	调整因子
F1	5	F8	2
F2	2	F9	2

（续）

通用系统特性	调整因子	通用系统特性	调整因子
F3	2	F10	4
F4	3	F11	1
F5	4	F12	3
F6	5	F13	3
F7	6	F14	5

由表 6-48 可知，TCF = (5+2+4+6+2+1+3+2+3+5+2+4+3+5)*0.01+0.65=1.18。

3. 功能点计算

计算已调整的功能点数，是 IFPUG 功能点计算的最后一步，将未调整功能点和系统调整因子相乘，得到最终的功能点数，公式为：

$$FP=UFP×TCF$$

即项目功能点 FP=80 × 1.18=94.4（功能点）。

4. 工作量估算

采用 GB/T 36964—2018 的成本计算模型，中国软件行业基准报告（SSM-BK-202309）中的全行业生产率基准数据（取中间值 P50=7.14）计算工作量（以人时为单位）：

$$AE = PDR×S×SWF×RDF = 7.14×94.4×1.3×1.05 = 1104.04 \text{ 人时}$$

5. 成本估算

采用 GB/T 36964—2018 的成本计算模型，利用中国软件行业基准报告（SSM-BK-202309）中部分城市基准人月费率估算软件开发费用（以万元为单位），以北京地区行业中位数（P50）为基准，人月工时为 174（21.75 × 8）人时 / 人月，北京地区基准人月费率（软件开发）是 3.2 万元，则项目开发成本 C =1104.04/174 × 3.2 = 20.3（万元），不含直接非人力成本和间接成本。

6.7.2　Planning Poker 故事点估算

采用与 6.3.3 节中同样的规则进行估算，估算过程如表 6-49 所示。

表 6-49　快速估算方法估算过程

序号	功能点	第一次估算结果	平均值	最终故事点估算	估算理由
1	用户登录 / 注册	5、8、13、8、5	7.8	8	用户登录和注册是系统的核心功能之一。虽然这是常见的功能，但在实际实现中，可能需要处理密码加密、账户验证、异常处理等方面的细节。此外，还涉及账户安全性和管理的因素，因此 8 个故事点更能反映出实际的工作量
2	基于表单的数据输入	3、5、8、3、5	4.8	5	数据输入是系统的基础功能，但估算时需要考虑数据的类型、规模和复杂性。这包括对用户输入数据的验证、处理错误输入以及确保数据正确存储到后台等方面。5 个故事点反映了这方面的基本工作量

（续）

序号	功能点	第一次估算结果	平均值	最终故事点估算	估算理由
3	基于 JSON 格式的数据输入	5、8、13、21、5	10.4	8	基于 JSON 的数据输入可能需要处理复杂的数据结构和解析。考虑到信息的多样性和可能的处理场景，8 个故事点更贴切地描述了这一任务的工作量
4	灾情编码/解码	5、8、13、21、5	10.4	8	灾情编码和解码涉及信息的安全性和完整性，可能需要设计和实现复杂的算法。考虑到信息的多样性和可能的处理场景，8 个故事点更贴切地描述了这一任务的工作量
5	数据存储	3、8、5、8、5	5.8	5	数据存储涉及对灾情数据、用户信息等的持久化存储能力。8 个故事点更能覆盖可能的数据处理和存储方面的工作量
6	灾情表格显示	3、5、3、3、3	3.4	3	灾情表格显示可能需要处理复杂的数据关联或筛选逻辑。13 个故事点更能覆盖这一领域的工作量
7	用户动态管理	8、5、8、5、5	6.2	5	账户管理涉及对用户数据的增、删、改等操作，还可能包括对用户权限的管理和审计日志的记录。这需要处理数据库操作、权限控制等复杂性较高的功能，因此 13 个故事点更准确地反映了这方面的工作量
8	删除用户	3、3、5、3、5	3.8	3	删除用户功能是基本功能，但可能需要处理用户数据的关联和权限控制。3 个故事点更为准确
9	灾情数据动态管理	8、13、21、13、8	12.6	13	全面的增删改查功能可能需要处理复杂的数据验证、历史记录、权限控制等方面的工作。这方面的复杂性决定了 13 个故事点更符合实际情况
10	基于 XML/CSV 格式的数据输入	5、8、13、8、5	7.8	8	支持 XML 和 CSV 格式的数据输入需要处理数据解析和兼容性问题。8 个故事点更能覆盖这方面的工作量
11	数据备份	3、5、8、5、3	4.8	5	数据备份是基础功能，但需要确保数据备份的完整性和可靠性。5 个故事点更为准确
12	灾情分类显示	5、8、13、8、5	7.8	8	灾情分类显示可能需要处理复杂的数据筛选和展示逻辑。8 个故事点更能覆盖这方面的工作量
13	基于 CSV/JSON/XML 格式的数据输出导出	5、8、13、8、5	7.8	8	支持 CSV、JSON 和 XML 格式的数据输出导出需要设计灵活的导出模板和处理大量数据。8 个故事点更能覆盖这方面的工作量
14	图片上传	3、5、8、5、3	4.8	5	图片上传是基本功能，但可能需要处理不同格式、大小等问题。5 个故事点更为准确
15	视频上传	5、8、13、8、5	7.8	8	视频上传是标准功能，但可能需要处理不同格式、大小等。在实现时，我们需要考虑对上传视频的验证和处理，以及对不同视频格式的兼容性。这项任务相对基础，因此我们初步估算为 8 个故事点
16	灾情详情展示	3、5、3、3、3	3.4	3	灾情详情展示是基础功能，但需要确保展示内容的完整性和可靠性。5 个故事点更为准确
17	数据统计结果可视化	5、8、13、8、5	7.8	8	数据统计结果可视化可能需要处理复杂的统计算法和图表。8 个故事点更能覆盖这方面的工作量

故事点共计 111SP，按照团队 10 小时 /SP 工作效率计算，则总的工作量为 $111 \times 10 = 1110$ 工时。以北京地区行业中位数（P50）为基准，人月工时为 174（21.75×8）人时 / 人月，北京地区基准人月费率（软件开发）为 3.2 万元，则项目开发成本 $3.2 \times 1110/174 = 20.4$ 万元。

小结

　　项目规模成本估算是成本管理的核心，通过一定的成本估算方法分析并确定项目的估算成本，并以此进行项目成本预算和计划编排，为成本控制提供依据。本章介绍了代码行估算法、功能点估算法、成本计算模型、用例点估算法、类比（自顶向下）估算法、自下而上估算法、三点估算法、参数模型估算法、专家估算法等传统软件项目规模成本估算方法，也介绍了敏捷项目的故事点估算方法。实际应用中可以综合使用各种估算方法。另外，本章也探讨了 AI 驱动项目开发的估算方法。

练习题

一、填空题

1. 软件项目成本包括直接成本和间接成本，一般而言，项目人力成本归属于_____成本。

2. 在项目初期，一般采用的成本估算方法是_____。

3. 功能点方法中 5 类功能组件的计数项是_____、_____、_____、_____、_____。

4. 敏捷估算一般采用_____（故事点）估算方法。

5. _____方法通过分析用例角色、场景和技术与环境复杂度因子等来进行软件估算。

二、判断题

1. 故事点估算是一个相对的估算过程。（　　　）

2. 在软件项目估算中，估算结果是准确的没有误差的。（　　　）

3. 对于内部逻辑文件和外部接口文件来说，记录元素类型（RET）和数据元素类型（DET）的数量决定它们的复杂度级别。（　　　）

4. 功能点估算与项目所使用的语言和技术有关。（　　　）

5. COCOMO 81 的三个等级的模型是有机型、嵌入型、半嵌入型。（　　　）

6. 经验对于估算来说不重要。（　　　）

7. 估算时既要考虑直接成本又要考虑间接成本。（　　　）

8. 在进行软件项目估算的时候，可以直接参照其他企业的模型进行项目估算。（　　　）

9. 间接成本是与一个具体项目相关的成本。（　　　）

三、选择题

1. 三点估算选择的三种估算值不包括如下哪一项？（　　　）
   A. 最可能成本　　　　　B. 最乐观成本　　　　　C. 最悲观成本　　　　　D. 项目经理估算值

2. 下面关于估算的说法，错误的是（　　　）。
   A. 估算是有误差的　　　　　　　　　　B. 估算时不要太迷信数学模型
   C. 经验对于估算来说不重要　　　　　　D. 历史数据对于估算非常重要

3. 假设某项目的注册功能为 3 个故事点，而其中成绩录入工作量比注册功能工作量略多，如果采用 Fibonacci 等级标准估算，则成绩录入功能的估算值是（　　　）。
   A. 5 个故事点　　　　B. 4 个故事点　　　　C. 6 个故事点　　　　D. 7 个故事点

4. NESMA 功能点估算法提供三种估算模式，下面哪一个不是这三种模式之一？（　　　）
   A. COSMIC 方法　　　B. 指示功能点计数　　　C. 估算功能点计数　　　D. 详细功能点计数

5. 下面哪一项不是成本估算方法?(　　　)

    A. 代码行　　　　　　　B. 功能点　　　　　　C. 类比法　　　　　　D. 关键路径法

6. 下列不是 UFC 的功能计数项的是(　　　)。

    A. 外部输出　　　　　　B. 外部文件　　　　　C. 内部输出　　　　　D. 内部文件

7. 成本预算的目的是(　　　)。

    A. 产生成本基线　　　　B. 编写报告书　　　　C. 指导设计过程　　　D. 方便进度管理

8. 外贸系统订单中,单价和数量是输入的,订单的金额是通过单价和数量自动计算的,下面哪一项描述是错误的。(　　　)

    A. 金额是没有通过系统边界输入的　　　　　　B. EI 操作中"金额"算作一个 DET

    C. EI 操作中"单价"算作一个 DET　　　　　　D. EI 操作中"数量"算作一个 DET

9. 在成本管理过程中,每个时间段中的各个工作单元的成本是(　　　)。

    A. 估算　　　　　　　　B. 预算　　　　　　　C. 直接成本　　　　　D. 间接成本

四、问答题

1. 项目经理正在进行一个图书馆信息查询系统的项目估算,他采用 Delphi 的专家估算方法,邀请了 3 位专家进行估算,第一位专家给出了 2 万元、7 万元、12 万元的估算值,第二位专家给出了 4 万元、6 万元、8 万元的估算值,第三位专家给出 2 万元、6 万元、10 万元的估算值,试计算这个项目的成本估算值。

2. 如果某软件公司正在进行一个项目,预计有 50KLOC 的代码量,项目是中等规模的半嵌入型的项目,采用中等 COCOMO 81 模型,项目属性中只有可靠性为很高级别(即取值为 1.3),其他属性为正常,计算项目是多少人月的规模。如果是 2 万元 / 人月,则项目的费用是多少?

3. 已知某项目使用 C 语言完成,该项目共有 85 个功能点,请用 IBM 模型估算源代码行数、工作量、人员需要量以及文档数量。

第 7 章

软件项目进度计划

进度管理是软件项目管理的重要组成部分，是项目核心管理计划。进度管理的主要目标是在给定的限制条件下，用最短时间、最少成本，以最小风险完成项目工作。本章进入路线图的"进度计划"，如图 7-1 所示。

图 7-1　项目计划——进度计划

7.1　传统项目进度计划流程

一般来说，对项目规模、成本和进度的估算基本上是同时进行的，项目的规模和进度估算有一定的关系。进度估算是从时间的角度对项目进行规划，而成本估算则是从费用的角度对项目进行规划。这里应将费用理解为一个抽象的概念，它可以是工时、材料或人员等。其实，时间计划和成本计划都是估算的过程。在项目进行过程中，会有更多新的信息，可能需要不断重复进行估算。在项目的不同阶段可以采用不同的估算方法，最初的估算结果可能误差比较大，随着项目的进展，估算结果会逐步地精确。

时间是一种特殊的资源，以其单向性、不可重复性、不可替代性而有别于其他资源。如果项目的资金不够，则可以贷款或集资，即借用别人的资金，但如果项目的时间不够，就无处可借。时间也不像其他资源有可加合性。

交付期作为软件开发合同或者软件开发项目中的时间要素，是软件开发能否获得成功的重要判断标准之一。交付期意味着软件开发在时间上的限制，意味着软件开发的最终速度，也意味着满足交付期带来的预期收益和达到交付期需要付出的代价。目前，软件项目的进度是企业普遍最重视的项目要素，原因有很多。例如，客户最关心的是进度，最明确的也是进度；进度是项目各要素中最容易度量的，因为容易度量，所以在许多企业或者企业的领导人看来是最理想的管理考核指标。为此，项目管理者需要跟踪关键任务的进展情况，同时能够及时发现拖延进度的情况。为此，项目管理者必须制定足够详细的进度表，以便监督项目进度并控制整个项目。

因此，进度计划是项目计划中最重要的部分，是项目计划的核心。项目进度计划的主要流程如下：首先根据任务分解的结果（WBS）进一步分解出主要的任务（活动），确立任务（活动）之间的关联关系，然后估算出每个任务（活动）需要的资源、时间，编制项目的进度计划，最后需要不断优化进度计划，如图 7-2 所示。

图 7-2   项目进度计划流程

7.2   任务定义与进度管理图示

进度是对执行的活动和里程碑制定的工作计划日期表，它决定是否达到预期目的，是跟踪和沟通项目进展状态的依据，也是跟踪变更对项目影响的依据。按时完成项目是对项目经理最大的挑战，因为时间是项目规划中灵活性最小的因素，进度问题又是项目冲突的主要原因，尤其在项目的后期。进度计划的第一项任务是任务定义，识别出关键任务，同时，充分利用甘特图、网络图、里程碑图、资源图、燃尽图、燃起图等软件项目进度管理的图示。

7.2.1   任务定义

任务定义是一个过程，涉及确认和描述一些特定的活动，完成了这些活动意味着完成了 WBS 中的项目细目和子细目。WBS 的每个工作包需要被划分成所需要的活动（任务），每个被分配的活动（任务）都应该与一个工作包相关，通过任务（活动）定义这一过程可使项目目标体现出来。WBS 是面向可提交物的，而任务定义是面向活动的，是对 WBS 做进一步分解的结果，以便清楚应该完成的每个具体任务或者提交物应该执行的活动。我们称"活动"为一个具体的"任务"。

7.2.2   甘特图

甘特图（Gantt chat）历史悠久，具有直观简明、容易学习、容易绘制等优点。甘特图可以显示任务的基本信息。使用甘特图能方便地查看任务的工期、开始和结束时间以及资源的信息。甘特图有两种表示方法，这两种方法都是将任务（工作）分解结构中的任务排列在垂直轴，而水平轴表示时间。一种是棒状甘特图，用于表示任务的起止时间，如图 7-3 所示。空心棒状图表示计划起止时间，实心棒状图表示实际起止时间。用棒状图表示任务进度时，一个任务需要占用两行的空间。另外一种是三角形甘特图，如图 7-4 所示，它用三角形表示特定日期，向上的三角形表示开始时间，向下的三角形表示结束时间，计划时间和实际时间分别用空心三角和实心三角表示。一个任务只需要占用一行的空间。

从上面的两个图中可以看出，所有任务的起止时间都比计划推迟了，而且任务 2 的历时比计划长很多。利用甘特图可以很方便地制订项目计划和进行项目计划控制，由于其简单易用而且容易理解，因此被广泛地应用到项目管理中，尤其被软件项目管理普遍使用。例如，图 7-5 是用工具生成的一个软件项目甘特图。

图 7-3　棒状甘特图

图 7-4　三角形甘特图

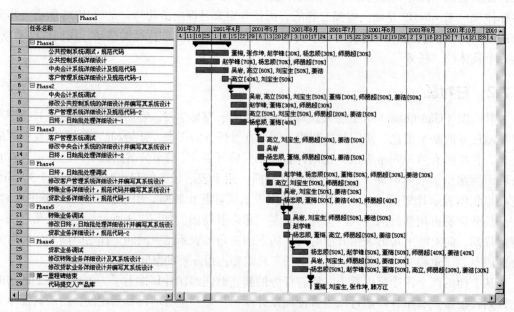

图 7-5　软件项目甘特图

在甘特图中可以很容易地看出一个任务的开始时间和结束时间，但是甘特图的最大缺点是不能反映某一项任务的进度变化对整个项目的影响，不能明确地表示各项任务彼此间的依赖关系，也不能明确地表示关键路径和关键任务。因此，在管理大型软件项目时，仅用甘特图是不够的，而网络图可以反映任务的起止日期变化对整个项目的影响。

7.2.3 网络图

网络图（network diagram）是活动排序的一个输出，用于展示项目中的各个活动以及活动之间的逻辑关系，表明项目任务将如何及以什么顺序进行。进行历时估计时，网络图可以表明项目将需要多长时间完成，当改变某项活动历时时，网络图表明项目历时将如何变化。

网络图不仅能描绘任务分解情况及每项作业的开始时间和结束时间，而且能清楚地表示各个作业彼此之间的依赖关系。在网络图中容易识别出关键路径和关键任务。因此，网络图是制订进度计划的强有力工具。通常联合使用甘特图和网络图来制订和管理进度计划，使它们互相补充、取长补短。

网络图是非常有用的进度表达方式。在网络图中可以将项目中的各个活动以及各个活动之间的逻辑关系表示出来，从左到右绘制出各个任务的时间关系图。网络图开始于一个任务、工作、活动、里程碑，结束于一个任务、工作、活动、里程碑，有些活动（任务）有前置任务或者后置任务。前置任务是在后置任务前进行的活动（任务），后置任务是在前置任务后进行的活动（任务），前置任务和后置任务表明项目中的活动将如何及以什么顺序进行。常用的网络图有 PDM 网络图、ADM 网络图、CDM 网络图等。

1. PDM 网络图

PDM（Precedence Diagramming Method）网络图也称为优先图法、节点法或者单代号网络图。构成 PDM 网络图的基本单元是节点，节点表示任务（活动），箭线表示各任务（活动）之间的逻辑关系。如图 7-6 所示，活动 1 是活动 3 的前置任务，活动 3 是活动 1 的后置任务。PDM 网络图是目前比较流行的网络图，图 7-7 是一个软件项目的 PDM 网络图的实例。

图 7-6 PDM 网络图中各活动之间的逻辑关系

图 7-7 软件项目的 PDM 网络图

2. ADM 网络图

ADM（Arrow Diagramming Method）网络图也称为箭线法或者双代号网络图。在双代号网络图中，箭线表示活动（任务），节点表示前一个任务的结束和后一个任务的开始。将图 7-7 所示的项目改用 ADM 网络图表示，如图 7-8 所示。这里的双代号表示网络图中两个代号唯一确定一个任务，例如，代号 1 和代号 3 确定"项目规划"任务，代号 3 和代号 4 确定"项目计划评审"任务。

图 7-8 软件项目的 ADM 网络图

在 ADM 网络图中，有时为了表示逻辑关系，需要设置一个虚活动，虚活动不需要时间和资源，一般用虚箭线表示，图 7-9 中的任务 A 和任务 B 表示的 ADM 网络图是不正确的，因为在 ADM 网络图中，代号 1 和代号 2 只能确定一个任务（两个代号唯一确定一个任务），即任务 A 或者任务 B。为了解决这个问题，需要引入虚活动，如图 7-10 所示，为了表示活动 A、B 的逻辑关系需要引入代号 3，用虚线连接代号 2 到代号 3 的活动就是一个虚活动。它不是一个实际的活动，只是为了表达逻辑关系而引入的。图 7-8 中的代号 6 和代号 5 之间的虚线也代表一个虚活动。

图 7-9 不正确的 ADM 网络图

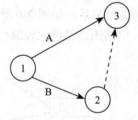

图 7-10 有虚活动的 ADM 网络图

3. CDM 网络图

CDM（Conditional Diagramming Method）网络图也称为条件箭线图法。它允许活动序列相互循环与反馈，如环（某试验需重复多次）或条件分支（一旦在检查中发现错误，就要修改设计），因此在绘制网络图的过程中会形成许多条件分支，而这在 PDM 网络图、ADM 网络图中是不允许的。这种网络图在实际项目中很少使用。

7.2.4 里程碑图

里程碑图是由一系列的里程碑事件组成的，里程碑事件往往是一个时间要求为零的任务，即它并不是一个要实实在在完成的任务，而是一个标志性的事件。例如，在软件开发项目中的"测试"是一个子任务，"撰写测试报告"也是一个子任务，但"完成测试报告"可能就不是一个实实在在需要完成的子任务。但在制订和跟踪计划的时候往往会加上"完成测试报告"这个子任务，其工期被设置为"0 工作日"，目的在于检查这个时间点，这是"测试"整个任务的结束标志。

里程碑图显示项目进展中重大工作的完成情况。里程碑不同于活动，活动需要消耗资源并且需要花时间来完成，里程碑仅仅表示事件的标记，不消耗资源和时间。例如，图 7-11 是一个项目的里程碑图，从图中可以知道设计在 2013 年 4 月 10 日完成，测试在 2013 年 5 月 30 日完成。里程碑图对项目干系人是非常重要的，它表示项目进展过程中几个重要的节点。项目计划以里程碑为界限，将整个开发周期划分为若干阶段。可以根据里程碑的完成情况，适当地调整每一个较小阶段的任务量和完成的任务时间，这种方式非常有利于整个项目计划的动态调整。项目里程碑阶段点的设置必须符合实际情况，它必须有明确的内容并且通过努力能达到，要具有挑战性和可达性，只有这样开发人员在抵达某个里程碑阶段点时才能产生喜悦感和成就感，并充满信心地向下一个里程碑前进。实践表明，未达到项目里程碑的挫败感将严重影响开发效率，无法达到里程碑可能是里程碑的设置不切实际造成的。进度管理与控制其实就是确保项目里程碑能够达到，因此里程碑的设置要尽量符合实际，并且不轻易改变里程碑的时间。

图 7-11　里程碑图

7.2.5　资源图

资源图用来显示项目进展过程中资源的分配情况，资源包括人力资源、设备资源等。图 7-12 就是一个人力资源随时间分布情况的资源图。

图 7-12　资源图

7.2.6   燃尽图

燃尽图是在项目完成之前，对需要完成的工作的一种可视化表示。燃尽图中 Y 轴表示工作量，X 轴表示项目时间。燃尽图描述随着时间的推移而剩余的工作数量，可用于表示开发速度。理想情况下，该图表是一条向下的曲线，随着剩余工作的完成，"烧尽"至零。如图 7-13 所示。

图 7-13   剩余故事点的燃尽图

7.2.7   燃起图

燃起图显示已完成的工作。在燃起图中，Y 轴表示工作量，X 轴表示项目时间。图 7-14 和图 7-13 都是基于相同的数据，但分别以两种不同的方式显示。

图 7-14   已完成故事点的燃起图

7.3   项目任务关联关系

任务定义之后，接下来需要确定任务之间的关系。为了进一步制订切实可行的进度计划，必须对活动（任务）进行适当的顺序安排。通过分析所有的任务、项目的范围说明以及里程碑等信息来确定各个任务之间的关系。

7.3.1   任务之间的关系

项目各项任务（活动）之间存在相互联系与相互依赖关系，根据这些关系安排各项活动的先后顺序。活动排序过程包括确认并编制活动间的相关性。活动必须被正确地排序以便制订现实的、可行的进度计划，排序可由计算机执行（利用计算机软件），也可进行手工排序。对于小型项目，手工排序很方便；对于大型项目，在早期（此时对项目细节了解甚少）手工排序是方便的，也可以结合使用手工排序和计算机排序。任务之间的关系主要有 4 种情况，如图 7-15 所示。

- 结束→开始（Finish to Start, FS）：表示 A 任务（活动）在 B 任务（活动）开始前结束。
- 开始→开始（Start to Start, SS）：表示 A 任务（活动）开始，B 任务（活动）也可以开始，即 A、B 任务有相同的前置任务。
- 结束→结束（Finish to Finish, FF）：表示 A 任务（活动）结束，B 任务（活动）也可以结束，即 A、B 任务有相同的后置任务。
- 开始→结束（Start to Finish, SF）：表示 A 任务（活动）开始，B 任务（活动）应该结束。

结束→开始是最常见的逻辑关系，开始→结束关系极少使用（例如，A 任务是交接 B 任务的工作，这时就需要这种关系）。

图 7-15　项目各活动（任务）之间的关系

根据任务之间的依赖关系，可以确定一个关系依赖矩阵，如式（7-1）所示，有 n 个活动 $d_1, d_2, d_3, \cdots, d_n$，如果 d_i 是 d_j 的前置，则 $d_{ij}=1$，否则 $d_{ij}=0$。

$$\begin{bmatrix} d_{11} & d_{12} & \cdots & d_{1n} \\ d_{21} & d_{22} & \cdots & d_{2n} \\ \vdots & \vdots & & \vdots \\ d_{n1} & d_{n2} & \cdots & d_{nn} \end{bmatrix} \quad (7\text{-}1)$$

图 7-16　网络图

根据图 7-16 所示的任务之间的关联关系，可以得出关系依赖矩阵，如式（7-2）所示。其中 t_1 是 t_2 和 t_3 的前置，可以看到关系矩阵第一行第 2、3 列为 1。

$$\begin{bmatrix} 0 & 1 & 1 & 0 & 0 & 0 & 0 \\ 0 & 0 & 0 & 1 & 1 & 0 & 0 \\ 0 & 0 & 0 & 0 & 1 & 0 & 0 \\ 0 & 0 & 0 & 0 & 0 & 0 & 1 \\ 0 & 0 & 0 & 0 & 0 & 1 & 0 \\ 0 & 0 & 0 & 0 & 0 & 0 & 1 \\ 0 & 0 & 0 & 0 & 0 & 0 & 0 \end{bmatrix} \quad (7\text{-}2)$$

7.3.2 确定任务间关系的依据

确定任务（活动）之间关联关系的依据主要有以下几种。

1. 强制性依赖关系

强制性依赖关系是法律或合同要求的或工作的内在性质决定的依赖关系，往往与客观限制有关。强制性依赖关系又称硬逻辑关系或硬依赖关系。在活动排序过程中，项目团队应明确哪些关系是强制性依赖关系，强制性依赖关系是工作任务中固有的依赖关系，是一种不可违背的逻辑关系，它是由客观规律和物质条件的限制造成的。例如，需求分析一定要在软件设计之前完成，测试活动一定要在编码任务之后执行。

2. 选择性依赖关系

选择性依赖关系有时又称首选逻辑关系、优先逻辑关系或软逻辑关系。选择性依赖关系应基于具体应用领域的最佳实践或项目的某些特殊性质对活动顺序的要求来创建。例如，根据普遍公认的最佳实践，在建筑施工期间，应先完成卫生管道工程，再开始电气工程，这个顺序并不是强制性要求，两个工程可以同时（并行）开展工作，但按先后顺序进行可以降低整体项目风险。选择性依赖关系是由项目管理人员确定的项目活动之间的关系，是人为的、主观的，是一种根据主观意志去调整和确定的项目活动的关系。例如，安排计划的时候，哪个模块先做、哪个模块后做、哪个任务先做好一些、哪些任务同时做好一些，都可以由项目经理确定。如果打算进行快速跟进，则应当审查相应的选择性依赖关系，并考虑是否需要调整或去除。

3. 外部依赖关系

外部依赖关系是项目活动与非项目活动之间的依赖关系，这些依赖关系往往不在项目团队的控制范围内。例如，环境测试依赖于外部提供的环境设备等。在排列活动顺序过程中，项目管理团队应明确哪些依赖关系属于外部依赖关系。

4. 内部依赖关系

内部依赖关系是项目活动之间的紧前关系，通常在项目团队的控制之中。例如，只有机器组装完毕，团队才能对其进行测试，这是一个内部的强制性依赖关系。在排列活动顺序过程中，项目管理团队应明确哪些依赖关系属于内部依赖关系。

7.4 任务历时估计

前面定义了项目中的任务（活动）、任务之间的关系，估计了需要的资源，下面需要估计任务的历时，即花费的时间。任务历时估计是指估计任务的持续时间，持续时间估算是对完成某项活动、阶段或项目所需的工作时段数的定量评估。它是项目计划的基础工作，直接关系整个项目所需的总时间。任务历时估计太长或太短对整个项目都是不利的。项目历时估计首先对项目中的任务（活动）进行时间估计，然后确定项目的历时。任务（活动）时间估计是指预计完成各任务（活动）所需的时间，在项目团队中熟悉该任务（活动）特性的个人和小组可对活动所需的时间做出估计。估计完成某活动所需的时间要考虑该活动"持续"所需时间。例如，如果软件系统设计需要 2 ~ 4 个工作日，到底需要多少工作日取决于活动的开始日期是哪一天、周末是否算作工作日，以及参加设计的人数等。绝大多数的计算机排序软件会自动处理这类问题。整个项目所需时间也可以运用这些工具和方法加以估算，它是作为制订项目进度计划的一个结果。

一般地，在进行历时估计的时候，还应该考虑如下信息。

- 实际的工作时间：例如，一周工作几天、一天工作几个小时等；要充分考虑正常的工作时间，去掉节假日等。
- 项目的人员规模：一般规划项目时，应该按照人员完成时间来考虑，如多少人月、多少人天等，同时要考虑资源需求、资源质量和历史资料等。资源数量的多少也决定活动的历时估计，大多数活动所需时间由相关资源的数量决定。例如，两人一起工作完成某设计活动只需要一半的时间（相对一个人单独工作所需时间），然而每日只能用半天工作的人通常至少需要两倍的时间完成某活动（相对一个人能整天工作所需的时间）。大多数活动所需时间与人和材料的能力（质量）有关。
- 生产率：根据人员的技能考虑完成软件项目的生产率，如 LOC/ 天等。
- 有效工作时间：在正常的工作时间内，去掉聊天、打电话、去卫生间、抽烟、休息等时间后的有效工作时间。
- 连续工作时间：不被打断的持续工作时间。
- 人员级别：不同的人员，级别不同，生产率不同，成本也不同。对于同一活动，假设两个人均能全日进行工作，一个高级工程师所需的时间少于初级工程师所需的时间。资源质量也影响活动的估计，有关各类活动所需时间的历史资料是有用的。
- 历史项目：与这个项目有关的先前项目结果的记录，有助于进行项目时间估计。

在项目计划编制过程中，由于开发人员需要休息、吃饭、开会等，可能不会将所有的时间放在项目开发工作上，而且这还不考虑开发人员的工作效率是否保持在一个恒定水平。其实，一天 8 小时工时制并不是说花在项目上的时间就是 8 小时，在实际开发中，开发人员的时间利用率能够达到 80% 就已经很好了。历时估计应该是有效工作时间加上额外的时间（elapsed time）或者称为安全时间（safty time），历时估计的输出是各个活动的时间估计，即关于完成一个活动需要多长时间的数量估计。下面介绍几种软件项目历时估计常用的估算方法。

7.4.1　定额估算法

定额估算法是比较基本的估算项目历时的方法，公式为

$$T=Q/(R \times S)$$

其中，T 为活动的持续时间，Q 为任务的规模（工作量），R 为人力数量，S 为效率（即贡献率）。

定额估算法比较简单，而且容易计算。但是，这种方法比较适合某个任务的历时估算或者规模较小的项目，它有一定的局限性，没有考虑任务之间的关系。

例如，一个软件任务的规模估算是 $Q=6$（人天），如果有 2 个开发人员，即 $R=2$（人），而每个开发人员的效率是 $S=1$（即正常情况下），则 $T=6/(2 \times 1)=3$（天），即这个任务需要 3 天完成；如果 $S=1.5$，则 $T=6/(2 \times 15)=2$（天），即这个任务需要 2 天完成。

7.4.2　经验导出模型

经验导出模型是根据大量项目数据统计分析而得出的模型。不同的项目数据导出的模型略有不同，整体的经验导出模型为

$$D = a \times E^b$$

其中，D 表示月进度，E 表示人月工作量，a 是 2 ～ 4 之间的参数，b 为 1/3 左右的参数。它们是依赖于项目自然属性的参数。例如，Walston-Felix 的模型为 $D=2.4 \times E^{0.35}$，基本 COCOMO 的模型为 $D=2.5 \times E^b$（b 是 0.32 ～ 0.38 之间的参数）。

【例 7-1】一个 33.3 KLOC 的软件开发项目属于中等规模、半嵌入型的项目，试采用基本 COCOMO 模型估算项目历时。根据公式 $D=2.5 \times E^b$，$b=0.35$，所以工作量为 $E = 3.0 \times 33.3^{1.12} \approx 152$（人月），历时估计为 $D=2.5 \times 152^{0.35} \approx 14.5$ 月。

经验导出模型根据项目的具体数据得出不同的参数。例如，一个项目的规模估计是 $E=65$ 人月，如果模型中的参数 $a=3$、$b=1/3$，则 $D=3 \times 65^{1/3} \approx 12$（月），即 65 人月的软件规模估计需要 12 个月完成。

7.4.3　工程评估评审技术

工程评估评审技术（Program Evaluation and Review Technique，PERT）最初发展于 1958 年，用来满足大型工程的需求。美国于 1958 年将 PERT 引入海军北极星导弹开发项目中，取得了不错的效果。PERT 是利用网络顺序图的逻辑关系和加权历时估算来计算项目历时的。当估计历时存在不确定性时，可以采用 PERT 方法，即估计具有一定的风险时采用这种方法。PERT 方法采用加权平均的算法进行历时估算。

$$\text{PERT 历时} =(O+4M+P)/6$$

其中，O 是活动（项目）完成的最小估算值，或者说是最乐观值；P 是活动（项目）完成的最大估算值，或者说是最悲观值；M 是活动（项目）完成的最大可能估算值。

最乐观值是基于最好情况的估计，最悲观值是基于最差情况的估计，最大可能估算值是基于最大可能情况的估计或者基于最期望情况的估计。

在图 7-17 所示的网络图中，估计 A、B、C 任务的历时存在很大的不确定性，故采用 PERT 方法估计任务历时，图中标示了 A、B、C 任务的最乐观、最可能和最悲观的历时估计，根据 PERT 历时公式，计算各个任务的历时估计结果，如表 7-1 所示。

图 7-17　ADM 网络图

表 7-1　PERT 方法估计项目历时

任务	估计值			
	最乐观值	最大可能估算值	最悲观值	PERT 估计值
A	2	3	6	3.33
B	4	6	8	6
C	3	4	6	4.17
项目	—	—	—	13.5

一个路径上的所有活动（任务）的历时估计之和便是这个路径的历时估计，其值称为路径长度。图 7-17 中的路径长度为 13.5，即这个项目总的时间估计是 13.5，如表 7-1 所示。

用 PERT 方法估计历时存在一定的风险，因此有必要进一步给出风险分析结果。为此引入了标准差（standard deviation）和方差（variance）的概念。

标准差：

$$\delta = \frac{P-O}{6}$$

方差：

$$\delta^2 = \left(\frac{P-O}{6}\right)^2$$

其中，O 是最乐观的估计，P 是最悲观的估计。

标准差和方差可以表示历时估计的可信度或者项目完成的概率。我们需要估计网络图中一条路径的历时情况，如果一个路径中每个活动的 PERT 历时估计分别为 $E_1, E_2, \cdots, E_n$，标准差分别为 $\delta_1, \delta_2, \cdots, \delta_n$，则这个路径的历时、方差、标准差分别如下：

- $E = E_1 + E_2 + \cdots + E_n$
- $\delta^2 = \delta_1^2 + \delta_2^2 + \cdots + \delta_n^2$
- $\delta = \sqrt{\delta_1^2 + \delta_2^2 + \cdots + \delta_n^2}$

图 7-17 中 A、B、C 任务的标准差和方差以及项目路径的标准差和方差如表 7-2 所示。

表 7-2　项目的标准差和方差

项	值	
	标准差	方差
任务 A	4/6	16/36
任务 B	4/6	16/36
任务 C	3/6	9/36
项目路径	1.07	41/36

根据概率理论，对于遵循正态概率分布的均值 E 而言，$E \pm \delta$ 的概率分布是 68.3%，$E \pm 2\delta$ 的概率分布是 95.5%，$E \pm 3\delta$ 的概率分布是 99.7%，如图 7-18 所示。

图 7-18 所示项目的 PERT 总历时估计是 13.5 天，标准差 $\delta = 1.07$。这个项目总历时估计的概率如表 7-3 所示。项目在 12.43 天到 14.57 天内完成的概率是 68.3%，项目在 11.36 天到 15.64 天内完成的概率是 95.5%，项目在 10.29 天到 16.71 天内完成的概率是 99.7%。

图 7-18　正态概率分布

表 7-3　项目完成的概率分布

历时估计 $E=13.5$，$\delta=1.07$				
范围		概率	从	到
T_1	$\pm 1\delta$	68.3%	12.43	14.57
T_2	$\pm 2\delta$	95.5%	11.36	15.64
T_3	$\pm 3\delta$	99.7%	10.29	16.71

【例 7-2】图 7-18 所示的项目在 14.57 天内完成的概率是多少？

由于 14.57=13.5+1.07=$E+\delta$，如图 7-19 所示，因此项目在 14.57 天内完成的概率是箭头

1 以左的概率，很显然它等于箭头 2 以左的概率加上（68.3/2）%，即 84.2%，所以项目在 14.57 天内完成的概率是 84.2%，接近于 85%。

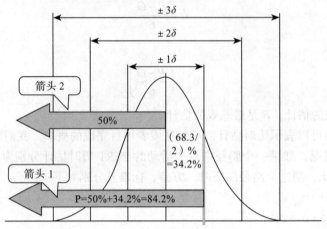

图 7-19   项目在 14.57 天内完成的概率

7.4.4   专家估计方法

专家估计是指基于某应用领域、知识领域、学科和行业等专业知识而做出的，关于当前活动的合理判断，这些专业知识可来自具有专业学历、知识、技能、经验或培训经历的任何小组或个人。

估计项目所需时间经常是困难的，因为许多因素会影响项目所需时间（如资源质量的高低、劳动生产率的不同）。专家估计法是指专家依靠过去资料信息进行判断，以估算进度的方法。如果找不到合适的专家，估计结果往往不可靠且具有较大风险。

7.4.5   类比估计方法

类比估计，也称为类推估计，是一种使用相似活动或项目的历史数据来估算当前活动或项目的持续时间的技术。类比估计以过去类似项目的参数值（如持续时间、预算、规模、重量和复杂性等）为基础来估算未来项目的同类参数或指标。在估算持续时间时，类比估计方法以过去类似项目的实际持续时间为依据，来估算当前项目的持续时间。这是一种粗略的估算方法，有时需要根据项目复杂性方面的已知差异进行调整，在项目详细信息不足时，就经常使用类比估计方法来估算项目持续时间。相对于其他估计技术，类比估计方法通常成本较低、耗时较少，但准确性也较低。类比估计方法可以针对整个项目或项目中的某个部分进行，也可以与其他估计方法联合使用。如果以往活动是本质上而不是表面上类似，并且从事估计的项目团队成员具备必要的专业知识，那么类比估计方法就最为可靠。

类比估计意味着利用一个先前类似活动的实际时间作为估计未来活动时间的基础，这种方法常用于项目早期掌握的项目信息不多的情况。以下情况的类比估计是可靠的：先前活动和当前活动在本质上类似而不仅仅是表面相似；专家有所需专长。对于软件项目，利用企业的历史数据进行历时估计是常见的方法。

7.4.6   基于承诺的进度估计方法

基于承诺的进度估计方法是从需求出发去安排进度，不进行中间的工作量（规模）估计，而是通过开发人员做出的进度承诺进行的进度估计，它本质上不是进度估算。其优点是有利于开发者对进度的关注，有利于开发者在接受承诺之后的鼓舞士气；其缺点是开发人员估计存在一定的误差。

7.4.7　Jones 的一阶估计准则

Jones 的一阶估计准则是根据项目功能点的总和，从幂次表（如表 7-4 所示）中选择合适的幂次将它升幂。例如，如果一个软件项目的功能点 FP=350，而且承担这个项目的公司是平均水平的商业软件公司，则粗略的进度估算是 $350^{0.43} \approx 12$ 月。

表 7-4　一阶幂次表

软件类型	最优级	平均	最差级
系统软件	0.43	0.45	0.48
商业软件	0.41	0.43	0.46
封装商品软件	0.39	0.42	0.45

7.4.8　预留分析

预留分析也称为储备分析，用于确定项目所需的应急储备（预留）量和管理储备（预留）量。在进行持续时间估算时，需考虑应急储备（有时称为"进度储备"），以应对进度方面的不确定性。应急储备是包含在进度基准中的一段持续时间，用来应对已经接受的已识别风险。应急储备可取活动持续时间估算值的某个百分比（例如 10% ~ 15%）或某个固定的时间段。但是，帕金森定律（Parkinson's law）指出工作总是拖延到它所能够允许最迟完成的那一天。也就是说，如果工作允许拖延、推迟完成，往往这项工作总是推迟到它能够最迟完成的那一刻，很少有提前完成的。如果一项任务需要花费 10 小时完成，可能任务执行者自己知道只需要 6 小时就可以完成，但不可思议地花费了 10 小时。这样他们可能会找一些其他事情来做或者简单地等待，直到预留时间花完，才开始正常的工作以期待将项目成功完成。在每一项任务产生的过程中，毫无疑问任务执行者会受到夸大任务完成所估算的时间的诱惑，不要受到这种诱惑的影响，应该总是反映任务完成所需要的准确时间。

所以，预留的应急储备应该是将每一项任务的预留时间累加在一起放在关键路径末端，而不要增加每一项任务的时间，即把应急储备从各个活动中剥离出来并汇总。当一项任务超出了分配的时间时，超出的部分可以使用这个预留时间。

随着项目信息越来越明确，可以动用、减少或取消应急储备，应该在项目进度文件中清楚地列出应急储备。

在进度估算时，为了保证任务能够有较高的概率在计划时间内完成，同时也由于项目组成员普遍存在风险规避心理，一般的计划时间都大于完成任务所需的平均时间，也可以说是在任务所需的平均时间上增加了一块"安全时间"（Safety Time，ST）。这样的处理方式具有两方面的效果，正面效果是提高了管理不确定因素的能力，负面效果则是延长了完成项目所需的时间。这时，可以采用应急储备方法，把应急储备从各个活动中剥离出来并汇总，用任务所需的平均时间作为最终的计划时间，但考虑到任务内在的不确定性，在路经的末端附加整块的安全时间，也就是项目的缓冲时间（Project Buffer，PB）。相当于重新配置了（关键）路径法中分散存在的安全时间，但这样的重新配置能够缩短项目所需的时间，因为根据概率理论，在整合安全时间后，在相同概率下，只需要较少的时间就可以完成所有任务，如图 7-20 所示。

图 7-20 增加应急储备（预留）量

管理储备（或称为管理预留）是为管理控制的目的而特别留出的项目预算，用来应对项目范围中不可预见的工作。管理储备用来应对会影响项目的"未知 – 未知"风险，它不包括在进度基准中，但属于项目总持续时间的一部分。依据合同条款，使用管理储备可能需要变更进度基准。

7.5 进度计划编排

进度计划编排是决定项目活动的开始和结束日期的过程，若开始日期和结束日期是不现实的，则项目不可能按计划完成。编排进度计划时，如果资源分配没有被确定，决定项目活动的开始日期和结束日期仍是初步的，则资源分配可行性的确认应在项目计划编制完成前做好。其实，编制计划的时候，成本估计、时间估计、进度编制等过程常常交织在一起，这些过程反复多次，最后才能确定项目进度计划。

进度计划编排的输入有项目网络图、活动历时估计、资源需求、资源库描述（对于进度编制而言，有什么资源、在什么时候以何种方法可供利用是必须知道的）、日历表、约束和假设（例如，强制性日期、关键事件或里程碑事件，项目支持者、项目顾客或其他项目相关人提出在某一特定日期前完成某些工作细目，一旦定下来，这些日期就很难被更改）等。

进度估算和进度编排常常是结合在一起进行的，采用的方法也是一致的。一般来说，项目进度编排的方法主要有关键路径法、时间压缩法，还有敏捷的进度编排方法等。

7.5.1 超前与滞后设置

超前与滞后方法解决了进度安排过程中任务的开始时间提前量和滞后量的问题。

滞后量（lag）也是网络分析中使用的一种调整方法，是在某些限制条件下增加一段不需要工作或资源的自然时间，即设置一定的 lag 值。滞后表示两个任务（活动）的逻辑关系所允许的推迟后置任务（活动）的时间，是网络图中活动间的固定等待时间。举一个简单的例子：装修房子的时候，需要粉刷房子，刷底漆的后续活动是刷面漆，它们之间至少需要一段等待时间（一般是一天），等底漆变干后，再刷面漆，这个等待时间就是滞后量。滞后量是相对于前置任务（活动），后置任务（活动）需要推迟的时间量。例如，对于一个大型技术文档，编写小组可以在编写工作开始后 15 天，开始编辑文档草案，这就是带 15 天滞后量（lag 值）的开始 – 开始关系，表示为 SS+15，如图 7-21 所示。在图 7-22 的项目进度网络图中，活动 H 和活动 I 之间就有 10 天的滞后量，表示为 SS+10，即带 10 天滞后量（lag 值）的开始 – 开始关系；活动 F 和活动 G 之间有 15 天的滞后量，表示为 FS+15，即 15 天滞后量的结束 – 开始关系。

图 7-21 滞后量图示

图 7-22　带有滞后量的网络图示

提前量（lead）是网络分析中使用的一种调整方法，通过调整后置任务（活动）的开始时间来编制一份切实可行的进度计划。提前量用于在条件许可的情况下提早开始后置任务（活动），即设置一定的 lead 值。

超前表示两个任务（活动）的逻辑关系所允许的提前后置任务（活动）的时间，它是网络图中活动间的固定可提前时间。提前量是相对于前置任务（活动），后置（活动）可以提前的时间量。在进度计划软件中，提前量往往表示为负滞后量。例如，某项目需求分析完成前 2 天开始，这就是带 2 天提前量的完成 – 开始的关系，表示为 FS–2，如图 7-23 所示。

项目管理团队应该明确哪些依赖关系中需要加入提前量或滞后量，以便准确地表示活动之间的逻辑关系。提前量和滞后量的使用不能替代进度逻辑关系，而且持续时间估算中不包括任何提前量或滞后量，同时还应该记录各种活动及与之相关的假设条件。

图 7-23　提前量图示

7.5.2　关键路径法

关键路径法（Critical Path Method，CPM）是根据指定的网络图逻辑关系进行的单一的历时估算。首先计算每一个活动的单一的、最早和最晚开始日期和完成日期，然后计算网络图中的最长路径，以便确定项目的完成时间估计。此方法可以配合进度的编制使用。借助网络图和各活动所需时间（估计值），计算每一个活动的最早或最晚开始时间和结束时间。关键路径法的关键是计算总时差，这样可决定哪一个活动有最小时间弹性，为更好地进行项目计划编制提供依据。CPM 算法在其他类型的数学分析中也得到了应用。

一个项目往往是由若干个相对独立的任务链条组成的，各链条之间的协作配合直接关系整个项目的进度。

关键路径法属于一种数学分析方法，包括理论上计算所有活动各自的最早、最晚开始日期与结束日期。讲述关键路径进度编排方法前，先来了解一下有关进度编制的基本术语。

- 最早开始时间（Early Start，ES）：表示一项任务（活动）最早可以开始执行的时间。
- 最晚开始时间（Late Start，LS）：表示一项任务（活动）最晚可以开始执行的时间。
- 最早完成时间（Early Finish，EF）：表示一项任务（活动）最早可以完成的时间。
- 最晚完成时间（Late Finish，LF）：表示一项任务（活动）最晚可以完成的时间。
- 浮动（float）时间：浮动时间是一个任务（活动）的机动性，它是一个活动在不影响项目完成的情况下可以延迟的时间量。

○ 总浮动（Total Float，TF）：在不影响项目最早完成时间的前提下，本任务（活动）可以延迟的时间。TF=LS−ES 或者 TF=LF−EF。

○ 自由浮动（Free Float，FF）：在不影响后置任务最早开始时间的前提下，本任务（活动）可以延迟的时间。某任务的自由浮动 FF=ES(successor)−EF−lag（successor 表示后置任务，lag 是本任务与后置任务之间的滞后时间），即某任务的自由浮动等于它后置任务的 ES 减去它的 EF，再减去它的 lag。自由浮动是对总浮动的描述，表明总浮动的自由度。

● 关键路径：项目是由各个任务构成的，每个任务都有一个最早、最迟的开始时间和结束时间，如果一个任务的最早时间和最迟时间相同，则表示其为关键任务，一系列不同任务链条上的关键任务链接成为项目的关键路径。关键路径是整个项目的主要矛盾，是确保项目能否按时完成的关键。关键路径在网络图中的浮动为 0，而且是网络图中的最长路径。关键路径上的任何活动延迟都会导致整个项目完成时间的延迟，它是完成项目的最短时间量。

下面以图 7-24 为例来进一步说明以上基本术语的含义（假设所有任务的历时以天为单位）。

在图 7-24 中，A、B、C 是并行的关系，则项目的完成时间是 100。任务 A 的最早开始时间和早晚开始时间都为 0，最早结束时间和最晚结束时间都为 100，所以 ES（A）=0、EF（A）=100、LF（A）=100、LS（A）=0

图 7-24　项目网络图

任务 B 的历时为 10 天，所以可以有一定的浮动时间，只要在任务 A 完成之前完成任务 B 就可以了，所以，任务 B 的最早开始时间是 0，最早结束时间是 10；而最晚结束时间是 100，最晚开始时间是 90，可知任务 B 有 90 天的浮动时间，这个浮动是总浮动。总浮动是在不影响项目最早完成时间本活动可以延迟的时间。任务 B 的总浮动 =90−0=100−10=90。所以 ES(B)=0、EF(B)=10、LF(B)=100、LS(B)=90、TF(B)=LS(B)−ES(B)= LF(B)−EF(B) =90。

任务 C 是任务 D 的前置任务，任务 D 是任务 C 的后置任务，它们之间的 lag=5 表示任务 C 完成后的 5 天开始执行任务 D。C 任务的历时是 10，D 任务的历时是 5，所以任务 C 和任务 D 的最早开始时间分别是 0 和 15，最早结束时间分别是 10 和 20，如果保证任务 D 的最早开始时间不受影响，任务 C 是不能自由浮动的，所以任务 C 的自由浮动为 0，即 FF(C)=ES(D)−EF(C)−lag=0，其中 ES(D) 是任务 D 的最早开始时间，EF(C) 是任务 C 的最早完成时间。任务 D 的最晚结束时间是 100，则任务 D 的最晚开始时间是 95，这样，任务 C 的最晚结束时间是 90，任务 C 的最晚开始时间是 80，所以 ES(C)=0、EF(C)=10、ES(D)=15、EF(D)=20、LF(D)=100、LS(D)=95、LF(C)=90、LS(C)=80、TF(C)=LS(C)−ES(C)= LF(C)−EF(C) =80、FF(C)= ES(D)−EF(C)−lag=0。

从图 7-24 可以看出，路径 A 是浮动为 0 且是网络图中的最长路径，所以它是关键路径，是完成项目的最短时间。

再看图 7-25，如何确定其中的关键路径（假设所有任务的历时以天为单位）。

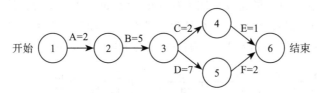

图 7-25 项目的网络图

- 从网络图可以知道有两条路径：A→B→C→E 和 A→B→D→F。
- A→B→C→E 的长度是 10，有浮动时间；A→B→D→F 的长度是 16，没有浮动时间。
- 最长而且没有浮动的路径 A→B→D→F 便是关键路径。
- 项目完成的最短时间是 16 天，即关键路径的长度是 16 天。

图 7-26 代表网络图中的一个任务（活动），其中，图中标识了任务的名称、任务的工期，同时标识了任务的最早开始时间（ES）、最早完成时间（EF）、最晚开始时间（LS）以及最晚完成时间（LF）。为了能够确定项目路径中各个任务的最早开始时间、最早完成时间、最晚开始时间、最晚完成时间，可以采用正推法和逆推法来确定。

图 7-26 任务图示

1. 正推法

在网络图中按照时间顺序计算各个任务（活动）的最早开始时间和最早完成时间的方法称为正推法。此方法的执行过程如下。

1）确定项目的开始时间，网络图中第一个任务的最早开始时间是项目的开始时间。

2）ES+Duration=EF：任务的最早完成时间等于它的最早开始时间与任务的历时之和，其中 Duration 是任务的历时时间。

3）EF+lag=ES(s)：任务的最早完成时间加上（它与后置任务的）lag 等于后置任务的最早开始时间，其中 ES(s) 是后置任务的最早开始时间。也就是说，一个任务的 ES 等于其前置任务的 EF 加上它们之间的 lag，当一个任务有多个前置任务时，选择前置任务中最大的 EF 加上 lag 作为其 ES。

4）依次类推，从左到右，从上到下，计算每个路径的所有任务的最早开始时间 ES 和最早完成时间 EF。

在图 7-27 所示的网络图（假设所有任务的历时以天为单位）中，项目的开始时间是 1，如任务 A，它的最早开始时间 ES(A)=1，任务历时 Duration=7，则任务 A 的最早完成时间是 EF(A)=1+7=8。同理可以计算 EF(B)=1+3=4；任务 C 的最早开始时间 ES(C)=EF(A)+0=8，最早完成时间是 EF(C)=8+6=14；任务 G 的最早开始时间和最早完成时间分别是 ES(G)=14

和 EF(G)=14+3 = 17。同理 ES(D)=4，EF(D)=7，ES(F)=4，EF(F)=6。由于任务 E 有两个前置任务，选择其中最大的最早完成日期（因为 lag=0，lead=0）作为其后置任务的最早开始日期，所以 ES(E)=7，EF(E)=10；任务 H 也有两个前置任务 E 和 G，选择其中最大的最早完成时间 17（因为 lag=0，lead=0），作为任务 H 的最早开始时间 EF(H)=17，EF(H)=19。

图 7-27　正推法

这样，通过正推法确定了网络图中各个任务（活动）的最早开始时间和最早完成时间。

2. 逆推法

在网络图中按照逆时间顺序计算各个任务（活动）的最晚开始时间和最晚完成时间的方法，称为逆推法。此方法的执行过程如下。

1）首先确定项目的结束时间，网络图中最后一个任务最晚完成时间是项目的结束时间。

2）LF-Duration=LS：一个任务的最晚开始时间等于它的最晚完成时间与历时之差。

3）LS-lag=LF(p)，一个任务的最晚开始与（它与其前置任务的）lag 之差等于它的前置任务的最晚完成时间 LF(p)，其中 LF(p) 是其前置任务的最晚完成时间。也就是说一个任务的 LF 等于其后置 LS 减去它们之间的 lag；当一个任务有多个后置任务时，选择其后置任务中最小 LS 减 lag（或者加上 lead）作为其 LF。

4）依次类推，从右到左，从上到下，计算每个任务的最晚开始时间 LS 和最晚结束时间 LF。

下面确定图 7-28 中各个任务（活动）的最晚开始时间和最晚完成时间。由于项目的结束时间是网络图中最后一个任务（活动）的最晚开始时间，对于图 7-25 所示的网络图，这个项目的结束时间是 19，即 LF(H)=19，则 LS(H)=19-2=17，LF(E)=17，LS(E)=17-3=14，同理，任务 G、C、A、D、F 最晚完成时间和最晚开始时间分别如下：LF(G)=17，LS(G)=17-3=14；LF(C)=14，LS(C)=14-6=8；LF(A)=8，LS(A)=8-7=1；LF(D)=14，LS(D)=14-3=11；LF(F)=14，LS(F)=14-2=12。任务 B 有两个后置任务，选择其中最小最晚开始日期（因为 lag=0，lead=0）作为其前置任务的最晚完成日期，所以将 11 作为任务 B 的最晚完成日期，即 LF(B)=11，LS(B)=11−3=8。另外，对于任务 F，它的自由浮动时间是 1（FF（F）=7−6）；而它的总浮动时间是 8（TF（F）=12−4=8）。结果如图 7-28 所示，图中 A→C→G→H 的浮动为 0，而且是最长的路径，所以它是关键路径。关键路径长度是 18，所以项目的完成时间是 18 天，并且 A、C、G、H 都是关键任务。

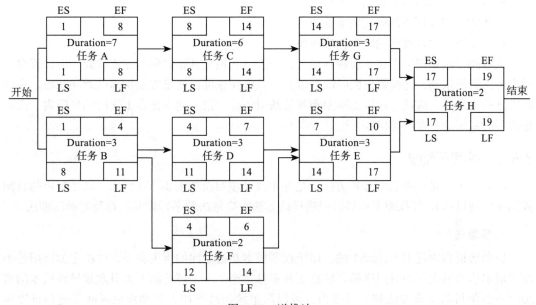

图 7-28　逆推法

图 7-28 所示的网络图可以称为 CPM 网络图，如果采用 PERT 进行历时估计，则可以称其为 PERT 网络图。PERT 网络与 CPM 网络是 20 世纪 50 年代末发展起来的两项重要的技术，其主要区别是 PERT 计算历时时存在一定的不确定性，采用的算法是加权平均 $(O+4M+P)/6$，CPM 计算历时的意见比较统一，采用的算法是最大可能值 M。1956 年，美国杜邦公司首先在化学工业上使用了 CPM（关键路径法）进行计划编排，美国海军在建立北极星导弹时，采用了 Buzz Allen 提出的 PERT（计划评审法）技术。后来这两种方法逐渐渗透到许多领域，为越来越多的人所采用，成为网络计划技术的主流。网络计划技术作为现代管理的方法具有明显优点，主要表现在以下几个方面。

- 利用网络图模型，明确表达各项工作的逻辑关系。按照网络计划方法，在制订工程计划时，首先必须清楚该项目内的全部工作和它们之间的相互关系，然后才能绘制网络图模型。
- 通过网络图时间参数计算，确定关键工作和关键线路。
- 掌握机动时间，进行资源合理分配。
- 运用计算机辅助手段，方便网络计划的调整与控制。

我国从 20 世纪 60 年代中期开始，在著名数学家华罗庚教授的倡导和亲自指导下，开始试点应用网络计划，并根据"统筹兼顾，全面安排"的指导思想，将这种方法命名为"统筹方法"。网络计划技术从此在国内生产建设中卓有成效地推广开来。为确保网络图的完整和安排的合理，可以进行如下检查。

- 是否正确标识了关键路径？

- 是否有哪个任务存在很大的浮动？如果有，则需要重新规划。
- 是否有不合理的空闲时间？
- 关键路径上有什么风险？
- 浮动有多大？
- 哪些任务有哪种类型的浮动？
- 工作可以在期望的时间内完成吗？
- 提交物可以在规定的时间内完成吗？

关键路径法是理论上计算所有活动各自的最早和最晚开始时间与完成时间，但计算时并没有考虑资源限制，这样算出的时间可能并不是实际进度，而是表示所需的时间长短。在编排实际的进度时，应该考虑资源限制和其他约束条件，把活动安排在上述时间区间内，所以还需要时间压缩、资源优化等方法。

7.5.3　时间压缩法

时间压缩法是一种数学分析方法，是在不改变项目范围前提下（例如，满足规定的日期或其他计划目标），寻找缩短项目时间途径的方法。应急法和平行作业法都是时间压缩法。

1. 应急法

应急法也称为赶工（crash）法，用于权衡成本和进度间的得失关系，以决定如何用最小增量成本达到最大量的时间压缩。应急法并不总是产生一个可行的方案且常常导致成本的增加。一旦项目的工作方法和工具得当，可以简单地通过增加人员和加班时间来进行进度压缩。在进行进度压缩时进度压缩与成本增长存在一定的关系，很多人提出不同的方法来估算进度压缩与成本增长之间的关系，下面介绍其中两种方法。

（1）时间成本平衡方法

时间成本平衡（time cost trade off）方法也称为进度压缩单位成本方法，这种方法是基于下面的假设提出的。

- 每个任务存在一个正常进度（normal time）和可压缩进度（crash time）、一个正常成本（normal cost）和可压缩成本（crash cost）。
- 通过增加资源，每个任务的历时可以从正常进度压缩到可压缩进度。
- 每个任务无法在低于可压缩进度内完成。
- 有足够需要的资源可以利用。
- 在"正常"与"可压缩"之间，进度压缩与成本的增长是成正比的，单位进度压缩的成本（cost per time period）=（可压缩成本 − 正常成本）/（正常进度 − 可压缩进度）。

上述线性关系方法是假设任务在可压缩进度内，进度压缩与成本的增长成正比，所以可以通过计算任务的单位进度压缩的成本来计算在压缩范围之内的进度压缩产生的压缩费用。

【例 7-3】图 7-29 是一个项目的 PDM 网络图，假设任务 A、B、C、D 在可压缩的范围内，进度压缩与成本增长呈线性正比关系。表 7-5 分别给出了任务 A、B、C、D 的正常进度、可压缩进度、正常成本、可压缩成本。从 PDM 网络图可知，目前项目的总工期为 18 周，如果将工期分别压缩到 17 周、16 周、15 周并且保证每个任务在可压缩的范围内，请说明应该压

图 7-29　项目 PDM 网络图

缩哪些任务，并计算压缩之后的总成本。

表 7-5 正常进度、可压缩进度、正常成本、可压缩成本

	A	B	C	D
正常进度	7 周	9 周	10 周	8 周
正常成本	5 万	8 万	4 万	3 万
可压缩进度	5 周	6 周	9 周	6 周
可压缩成本	6.2 万	11 万	4.5 万	4.2 万

1）从 PDM 网络图可以看到，有"开始→ A → B →结束"和"开始→ C → D →结束"两个路径，前者的长度是 16 周，后者的长度是 18 周，所以"开始→ C → D →结束"是关键路径，即项目完成的最短时间是 18 周。

2）如果将工期分别压缩到 17 周、16 周、15 周并且保证每个任务在可压缩的范围内，则必须满足两个前提：

- 任务 A、B、C、D 必须在可压缩的范围内。
- 保证压缩之后的成本最小。

根据表 7-5 计算任务 A、B、C、D 单位进度压缩的成本，如表 7-6 所示。

表 7-6 每个任务的单位进度压缩成本

单位进度压缩成本	任务			
	A	B	C	D
压缩成本（万 / 周）	0.6	1	0.5	0.6

根据上述两个条件，首先看可以压缩哪些任务，然后选择压缩后增加成本最小的任务，压缩这些任务，如表 7-7 所示。

表 7-7 压缩后的项目成本

工期 / 周	压缩的任务及成本		
	压缩的任务	成本计算 / 万元	项目成本 / 万元
18		5+8+4+3	20
17	C	20+0.5	20.5
16	D	20.5+0.6	21.1
15	A,D	21.1+0.6+ 0.6	22.3

3）如果希望将总工期压缩到 17 周，需要压缩关键路径"开始→ C → D →结束"，可以压缩的任务有 C 或者 D，但是根据表 7-6 知道压缩任务 C 的成本最小（压缩任务 C 一周增加 0.5 万元成本，压缩任务 D 一周增加 0.6 万元成本），故选择压缩任务 C 一周。所以，压缩到 17 周后的总成本是 20.5 万元。

4）如果希望将总工期压缩到 16 周，需要压缩关键路径"开始→ C → D →结束"，可以压缩的任务还是 C 或者 D，但是这时任务 C 在可压缩范围内是不能再压缩的，否则压缩成本会非常高，应该选择压缩任务 D 一周，所以，项目压缩到 16 周后的总成本是 21.1 万元。这时，项目网络图的两条路径的长度都是 16 周，即有两条关键路径。

5）如果希望将总工期压缩到 15 周，应该压缩两条关键路径，即"开始→ A → B →结束"和"开始→ C → D →结束"两条路径都需要压缩，在 A、B 任务中应该选择压缩任务 A 一周（压缩任务 A 一周增加 0.6 万元成本，压缩任务 B 一周增加 1 万元成本），在 C、D

中选择压缩 D 一周（这样的压缩成本是最低的），所以，项目压缩到 15 周后的总成本是 22.3 万元。

（2）进度压缩因子方法

进度压缩与费用的上涨不是总能呈现正比的关系，当进度被压缩到"正常"范围之外，工作量就会急剧增加，费用会迅速上涨。而且，软件项目存在一个可能的最短进度，这个最短进度是不能突破的，如图 7-30 所示。在某些时候，增加更多的软件开发人员会减慢而不是加快开发速度。例如，一个人 5 天写 1000 行程序，5 个人 1 天不一定能写 1000 行程序，40 个人 1 个小时不一定能写 1000 行程序。增加人员会导致更多的交流和管理的时间。在软件项目中，不管怎样努力工作，无论怎么寻求创造性的解决办法，无论组织团队多大，都不能突破这个最短的进度点。进度压缩因子方法是由著名的 Charles Symons 提出来的，而且被认为是精确度比较高的一种方法。它的公式如下：

进度压缩因子 = 期望进度 / 估算进度

压缩进度的工作量 = 估算工作量 / 进度压缩因子

图 7-30 进度与费用的关系图

这个方法首先估算初始的工作量和初始的进度，然后将估算与期望的进度相结合，计算进度压缩因子以及压缩进度的工作量。例如，项目的初始估算进度是 12 个月，初始估算工作量是 78 人月。如果期望进度压缩到 10 个月，则进度压缩因子 =10/12 ≈ 0.83，压缩进度后的工作量 =78/0.83 ≈ 94（人月），即压缩进度增加的工作量是 16 人月。也就是说，进度缩短 17%，约增加 21% 的工作量。

很多研究表明，进度压缩因子不应该小于 0.75，这说明一个任务最多压缩 25% 是有意义的。

2. 平行作业法

平行作业法也称为快速跟进（fast tracking）法，是一种提前量方法，平行作业法是平行地做活动，这些活动通常要按前后顺序进行（例如，在设计完成前就开始软件程序的编写）。例如图 7-31 所示的项目，在正常情况下，15 天内完成需求、设计，但是，如果需要在第 12 天内完成设计，则需要对项目的历时进行压缩，压缩方法有两种。一种是应急法，不改变任务之间的逻辑关系，将需求压缩到 8 天，设计压缩到 4 天，这样需求、设计可以在 12 天内完成。也可以采用另外一种方法，即调整任务需求和设计之间的逻辑关系，在需求还没有完成之前 3 天就开始设计，相当于需求任务与设计任务并行工作一段时间，或者说需求与设计任务之间的 lead=3，它解决任务的搭接，这样就压缩了项目的时间。但是，平行作业常导致返工并会增加风险。

图 7-31　任务之间的快速跟进

应急（赶工）法是一种通过增加资源，以最小的成本代价来压缩进度工期的技术。赶工只适用于那些通过增加资源就能缩短持续时间且位于关键路径上的活动，但赶工并非总是切实可行的，因它可能导致风险和 / 或成本的增加。平行作业法（快速跟进）将正常情况下按顺序进行的活动或阶段改为至少是部分并行开展。例如，在大楼的建筑图纸尚未全部完成前就开始建地基。快速跟进可能造成返工和风险增加，所以它只适用于能够通过并行活动来缩短关键路径上的项目工期的情况。使用提前量通常增加相关活动之间的协调工作，并增加质量风险。快速跟进还有可能增加项目成本，如图 7-32 所示。

图 7-32　时间压缩的两个方法比较

7.5.4　资源优化

为了成功地编制一个项目进度计划，必须为项目中的任务分配资源，项目中的任务必须在一定的条件下人为操纵完成。要使用资源来完成项目中的任务，就必须将资源与任务联系起来。每项任务需要的资源包括人力资源、设备资源等。

资源优化用于调整活动的开始和完成日期，以调整计划使用的资源，使其等于或少于可用的资源。资源优化技术是根据资源供需情况来调整进度模型的技术，资源平衡和资源平滑都属于资源优化方法。

1. 资源平衡方法

资源平衡（resource leveling）方法是为了在资源需求与资源供给之间取得平衡，调整任务的时间来协调资源的冲突，根据资源制约因素对开始日期和完成日期进行调整的一种技术。该方法的主要目的是形成平稳连续的资源需求，最有效地利用资源，使资源闲置的时间最小化，同时尽量避免超出资源能力。

如果共享资源或关键资源只在特定时间可用，数量有限，或被过度分配，如一个资源在同一时段内被分配至两个或多个活动（如图7-33所示），就需要进行资源平衡。

图 7-33　资源平衡

还可以为保持资源使用量处于均衡水平而进行资源平衡。资源平衡往往导致关键路径改变，因此，在项目进度计划期间，关键路径可能发生变化。

2. 资源平滑方法

资源平滑方法是对进度模型中的活动进行调整，从而使项目资源需求不超过预定的资源限制的一种技术。相对于资源平衡而言，资源平滑不会改变项目关键路径，完工日期也不会延迟。也就是说，活动只在其自由和总浮动时间内延迟，但资源平滑技术可能无法实现所有资源的优化。

例如，图7-34所示项目网络图中的A、B、C任务，A需要2天2个开发人员完成，B需要5天4个开发人员完成，C

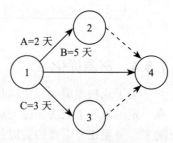

图 7-34　项目网络图

需要 3 天 2 个开发人员完成。如果 3 个任务同时开始执行，如图 7-35 所示，一共需要 8 个开发人员，而资源高峰在项目开始的前两天，之后就会陆续有人出现空闲状态，因此资源利用率不合理。如果 C 任务利用浮动时间，使用最晚开始时间，即 A 任务完成之后再开始 C 任务，如图 7-36 所示，从项目开始到结束，一共需要 6 个开发人员，而且项目同样是 5 天内全部完成，但是资源利用率提高了。

图 7-35　3 个任务同时开始的人员情况　　　图 7-36　3 个任务不同时开始的人员情况

7.6　敏捷项目进度计划

7.6.1　敏捷历时估算

在敏捷项目中，团队的估算最多限于未来几周时间。一旦团队建立了稳定的开发速度（每个迭代的故事或故事点的平均数量）或平均周期时间，团队就能够预测项目将花费多长时间。因此，敏捷历时估算可以分为开发速度稳定前的估算和开发速度稳定后的估算两种情况。

1. 开发速度稳定前的估算方法

开发速度（velocity）稳定前，可以采用决策技术，例如举手表决，举手表决是从投票方法衍生出来的一种形式，类似快速故事点估算方法。

采用这种技术时，项目经理会让团队成员针对某个决定示意支持程度，举拳头表示不支持，伸出五个手指表示完全支持，伸出三个以下手指的团队成员有机会与团队讨论其反对意见。项目经理会不断进行举手表决，直到整个团队达成共识（所有人都伸出三个以上手指）或同意进入下一个决定。

2. 开发速度稳定后的估算方法

团队通过观察历史表现来更准确地规划下一阶段的能力，可能需要 4～8 次迭代才能达到稳定的速度。团队需要从每个迭代中获得反馈，了解他们的工作情况以及该如何改进。他们根据自己在一个迭代中完成工作的能力（多少故事或故事点）来建立下一个迭代的能力衡量指标。这样，产品负责人与团队一起重新规划，团队就更有可能在下一次迭代中成功交付。

不同团队的能力各不相同，不同产品负责人的故事大小也各不相同。团队应考虑自身故事大小，避免因提交更多的故事而超出团队在一个迭代中所能完成工作的能力。

产品负责人应了解，当人员不可用时（例如，公共假期、度假期间或阻止人员参加下一组工作的任何事情），团队能力降低，团队将无法完成与前一时期相同的工作量。在能力降低的情况下，团队只会计划相应能力能够完成的工作。

● 基于故事点生产率的估算。如果团队平均完成每个故事的周期为 3 天，即平均速率

velocity=3 天 / 故事点，还有 30 个故事要完成，那么团队将需要 90 个剩余工作日。

- 基于迭代周期生产率的估算。如果团队平均每个迭代完成 5 个故事点，即周期生产率 velocity=5 个故事点 / 迭代，而团队估算还剩下大约 30 个故事点，因此团队估算还剩 下大约 6 个迭代。

3. 评审历时方法

项目团队可能会召开会议来估算活动持续时间，例如迭代（冲刺）计划会议，讨论按优 先级排序的产品未完项（用户故事），并决定团队在下一个迭代中会致力于解决哪个未完项。 然后团队将用户故事分解为按小时估算的低层级任务，再根据团队在持续时间（迭代）方面 的能力确认估算是否可行。该会议通常在迭代的第一天举行。完成迭代或流程中的工作后， 团队就可以重新规划。敏捷并不能创造出更大的工作能力。然而，有证据表明，工作量越 少，就越有可能交付。

7.6.2　敏捷进度计划

敏捷项目的进度编排采用的是适应型方法，即短周期来开展工作、审查结果，并在必要 时做出调整，这些周期可针对方法和可交付成果的适用性提供快速反馈，体现为迭代型进度 计划，迭代给出了进度计划的节奏。因此，敏捷项目一般采取远粗近细的计划模式，通过发 布计划（release planning）和迭代计划（iteration planning）体现。发布计划属于远期计划， 迭代计划属于近期计划。通过将概要的项目整体发布规划和详细的近期迭代计划有机结合， 提高计划的准确度和项目按时交付能力。

敏捷发布计划基于项目路线图和产品发展愿景，提供了高度概括的发布进度时间轴（通 常是 3 ～ 6 个月）。同时，敏捷发布计划还确定了发布的迭代或冲刺次数，使产品负责人和 团队能够决定需要开发的内容，并基于业务目标、依赖关系和障碍因素确定达到产品发行所 需的时间。对客户而言，产品功能就是价值，因此，该时间轴定义了每次迭代结束时交付的 功能，提供了更易于理解的项目进度计划，而这些就是客户真正需要的信息。发布计划与迭 代计划之间的关系如图 7-37 所示。

图 7-37　发布计划和迭代计划之间的关系

7.7　软件项目进度问题模型

软件项目进度问题（Software Project Scheduling Problem，SPSP）模型是在给定项目的任务、任务之间的关系和资源限制的情况下，确定项目合适的人员安排，以保证完成项目的时间最短、成本最小。在这个模型中，主要的资源是人力资源，这些人员需要具备项目需要的相应技能。软件项目进度问题模型综合利用了任务之间的关系、工作量的估算结果、组合最优化，以及关键路径等方法来合理制订项目进度计划。

7.7.1　项目需要的技能

人员技能（skills of employee）是完成项目需要的能力，项目人员需要具备这些技能。例如，软件项目相关的技能有软件分析技能、软件设计技能、软件编程技能、软件测试技能等。我们将这些技能定义为一个集合 $S=\{s_1,s_2,\cdots,s_n\}$，其中 n 是技能集合中的总技能数量。

7.7.2　项目需要执行的任务

任务是完成软件项目需要的所有活动，如分析、设计、编码、测试、写文档等活动。软件项目由一系列软件活动组成，这些活动之间具有一定的关联关系。可以使用任务关系图示 $G(T,E)$，即 PDM 网络图表示，这个图示是单向的，T 代表有关联关系的一些活动，E 代表活动之间的关联关系，其中 $T=\{t_1,t_2,\cdots,t_m\}$，$(t_i,t_j)\in E_T$，表示 t_i 是 t_j 的前置活动。每个任务 t_j 有两个属性，一个属性是该任务需要具备的技能 t_j^{sk}，一个属性是该任务的工作量 t_j^{eff}。

7.7.3　项目人员状况

软件项目中的人员是软件工程师，他们具备的技能是软件工程技能。通常，每个软件项目需要由具备一定软件工程技能的人员来完成项目。项目经理安排合适的人完成合适的任务。这样，我们就可以得到合适的任务进度安排。项目中的人员可以定义为 $E=\{e_1,e_2,\cdots,e_e\}$，每个人员有 3 个属性：第一个属性是这个人员的技能集合 e_i^{sk}，并且 $e_i^{sk}\subseteq S$；第二个属性是这个人员对项目的最大贡献度 $e_i^{\max d}$，并且 $e_i^{\max d}\in[0,1]$，如果 $e_i^{\max d}<1$，表示这个人员是兼职的；第三个属性是人力成本 e_i^{rem}。

7.7.4　SPSP 模型解决方案

要想得到 SPSP 模型的解决方案，需要针对现有的项目任务、项目需要的技能、现有的人员、每个人员具备的技能、每个人员的成本，做到最合适的人员任务安排，以求达到项目进度最短、总成本最小的目标。所以，最终的解决方案可以表达为一个矩阵 $M=[E\times T]$，该矩阵的维度是人员数与任务数的乘积，如式（7-3）所示，其中 $m_{ij}\in[0,1]$，表示人员 i 对任务 j 的贡献度，如果 $m_{ij}=0.25$，表示人员 i 花 25% 的时间在任务 j 上。

$$\begin{bmatrix} m_{11} & m_{12} & \cdots & m_{1n} \\ m_{21} & m_{22} & \cdots & m_{2n} \\ \vdots & \vdots & & \vdots \\ m_{m1} & m_{m2} & \cdots & m_{mn} \end{bmatrix} \tag{7-3}$$

通过贡献度矩阵可以将人员合理地安排到项目中，从而得到最短项目进度和最小项目成本，进而得到项目的进度安排计划。为了得到最优的矩阵，需要满足下面的限制条件。

1. 贡献度矩阵限制条件

在人员项目贡献度矩阵 $M=[E \times T]$ 中，$\sum_{i=1}^{m} m_{ij} > 0$，即至少有一人分配到一个任务中，并且分配到项目中的人员应该具备相应的技能。下式就满足这个限制条件：

$$\begin{bmatrix} 0.5 & 1 & 1 & 0 \\ 1 & 0 & 0.5 & 1 \end{bmatrix}$$

2. 最优函数限制条件

这里的最优函数是指满足一系列条件后得出的最佳方案。为了构建最优函数，需要执行下面的步骤。

（1）构建项目网络图

图 7-38 是一个项目的 PDM 网络图，该项目有 7 个任务，即 $T=\{t_1,t_2,t_3,t_4,t_5,t_6,t_7\}$，项目需要的技能是 $S=\{s_1,s_2,s_3\}$，其中每个任务需要的技能和工作量如下：

- $t_1^{sk}=\{s_1,s_2\},t_2^{sk}=\{s_2\},t_3^{sk}=\{s_1,s_3\},t_4^{sk}=\{s_1\}$
- $t_5^{sk}=\{s_1,s_2,s_3\},t_6^{sk}=\{s_1,s_2\},t_7^{sk}=\{s_2\}$
- $t_1^{eff}=4,t_2^{eff}=6,t_3^{eff}=8,t_4^{eff}=9,t_5^{eff}=8,t_6^{eff}=10,t_7^{eff}=16$

图 7-38 项目 PDM 网络图

（2）人员模型

项目人员共计 4 人，集合是 $E=\{e_1,e_2,e_3,e_4\}$，每个人员具备的技能和人力成本如下：

- $e_1^{sk}=\{s_1,s_2,s_3\},e_2^{sk}=\{s_1,s_2,s_3\},e_3^{sk}=\{s_1,s_2\},e_4^{sk}=\{s_1,s_3\}$
- $e_1^{rem}=\$6000,e_2^{rem}=\$6000,e_3^{rem}=\$5000,e_4^{rem}=\$5000$

（3）任务历时

通过每个任务的工作量以及项目贡献度矩阵 $M=[E \times T]$，可以确定每个任务 j 的历时 t_j^{len}，如式（7-4）所示。

$$t_j^{len} = \frac{t_j^{eff}}{\sum_{i=1}^{m} m_{ij}} \tag{7-4}$$

其中，m 是矩阵中人员的数量。

（4）项目时间

通过项目网络图，可以知道每个任务之间的关联关系，而且每个任务的历时也确定了，通过正推方法和逆推方法确定每个任务的开始时间和结束时间，最后得出关键路径，即项目的完成时间 p^{len}。

（5）项目成本

为了计算项目成本 p^{cos}，首先要计算每个任务的成本 t_j^{cos}，通过每个人员的成本、人员的贡献度矩阵、任务历时，得出每个任务成本，如式（7-5）所示，然后可以确定项目成本，如式（7-6）所示。

$$t_j^{\cos} = \sum_{i=1}^{|e|} e_i^{\text{rem}} m_{ij} t_j^{\text{len}} \qquad (7\text{-}5)$$

其中 $|e|$ 是人员数。

$$p^{\cos} = \sum_{j=1}^{|t|} t_j^{\cos} \qquad (7\text{-}6)$$

其中 $|t|$ 是任务数。

（6）最佳函数

由于项目进度安排的最终目标是成本和时间的最小化，定义 $w^{\cos}$ 和 w^{len} 为 $p^{\cos}$ 和 p^{len} 的权重，这里 (average cost)$^{-1}$ 可以作为 $w^{\cos}$ 的初始值，(average length)$^{-1}$ 可以作为 w^{len} 的初始值，这样，式（7-7）的函数单位可以取消，基本是一个数量级的。

$$f(x) = w^{\cos} p^{\cos} + w^{\text{len}} p^{\text{len}} \qquad (7\text{-}7)$$

式（7-7）没有考虑到超额工作量，如果一个项目人员的在项目中有超额工作，也可能会延长时间或者增加成本，为此，定义项目人员 e_i 对项目的贡献量函数 $e_i^w(t)$，如式（7-8）所示。

$$e_i^w(t) = \sum_{t_j^{\text{init}} \leqslant j \leqslant t_j^{\text{term}}} m_{ij}(t) \qquad (7\text{-}8)$$

式（7-8）表示项目人员 e_i 在时间 t 内的贡献量大于这个人员的 $e^{\max d}$。为此，我们定义一个函数 ramp(x)，如式（7-9）所示。

$$\text{ramp}(x) = \begin{cases} x, x > 0 \\ 0, x \leqslant 0 \end{cases} \qquad (7\text{-}9)$$

这样项目人员 e_i 的超额工作值如式（7-10）所示。

$$e_i^{\text{overw}} = \sum \text{ramp}(e_i^w(t) - e_i^{\max d}) \qquad (7\text{-}10)$$

这个项目的超额工作值 p^{overw} 是所有项目人员的超额工作值之和，如式（7-11）所示。

$$p^{\text{overw}} = \sum_{i=1}^{|e|} e_i^{\text{overw}} \qquad (7\text{-}11)$$

其中，$|e|$ 是人员数。

因此为了得出 SPSP 最佳方案的最佳函数应该是式（7-7）和式（7-11）达到最小值。通过最佳函数得出 SPSP 最佳方案后就可以合理安排项目了。为此，有人研究了很多组合优化算法以求得最佳方案。

3. 组合优化问题

组合优化（combinatorial optimization）是指通过对数学方法的研究去寻找离散事件的最优编排、分组、次序或筛选等，是运筹学中的一个重要分支。组合优化问题的目标是从组合问题的可行解集中求出最优解，通常可描述为：令 $\varOmega = \{s_1, s_2, \cdots, s_n\}$ 为所有状态构成的解空间，$C(s_i)$ 为状态 s_i 对应的目标函数值，要求寻找最优解 s^*，使得对于所有的 $s_i \in \varOmega$，有

$C(s^*)=\min C(s_i)$。组合优化有很多算法，例如近似算法、启发式算法、枚举算法、遗传算法、蚁群算法等。

典型的组合优化问题有旅行商问题、背包问题、装箱问题、最小度生成树问题、集合覆盖问题等。这些问题的描述非常简单，并且有很强的工程代表性，但最优化求解很困难，其主要原因是求解这些问题的算法需要极长的运行时间与极大的存储空间，以致根本不可能在现有计算机上实现，即所谓的"组合爆炸"。正是这些问题的代表性和复杂性激起了人们对组合优化理论与算法的研究兴趣。蚁群算法（Ant Colony Optimization，ACO）已经成功应用到组合优化问题中。

蚁群算法又称蚂蚁算法，是一种用来在图中寻找优化路径的概率型算法，其灵感来源于蚂蚁在寻找食物过程中发现路径的行为。

蚂蚁是地球上较常见、数量较多的昆虫种类，常常成群结队地出现在人类的日常生活环境中。这些昆虫的群体生物智能特征引起了一些学者的注意。意大利学者 Marco Dorigo 等人在观察蚂蚁的觅食习性时发现，蚂蚁总能找到巢穴与食物源之间的最短路径。经研究发现，蚂蚁的这种群体协作功能是通过一种遗留在其来往路径上的叫作信息素（pheromone）的挥发性化学物质来进行通信和协调的。化学通信是蚂蚁采取的基本信息交流方式之一，在蚂蚁的生活习性中起着重要的作用。通过对蚂蚁觅食行为的研究，他们发现，整个蚁群就是通过这种信息素进行相互协作，形成正反馈，从而使多个路径上的蚂蚁都逐渐聚集到最短的那条路径上的。

这样，Marco Dorigo 等人于 1991 年首先提出了蚁群算法。其主要特点就是通过正反馈、分布式协作来寻找最优路径。这是一种基于种群寻优的启发式搜索算法。目前，扩展的蚁群优化算法有很多，最大最小蚂蚁系统（Max Min Ant System，MMAS）就是其中之一，MMAS 是德国学者 Stützle 等在 1997 年基于蚁群算法提出的改进算法，已被成功应用于各类组合优化问题中，是目前蚁群优化中性能好的算法之一。在 MMAS 的应用与研究中，参数配置的好坏直接影响算法的寻优性能，各个参数既有各自功能又相互作用，彼此关系较为复杂，所以参数配置成为蚁群算法设计和调试中极其重要的工作。

Broderick Crawford 的论文 "A Max-Min Ant System Algorithm to Solve the Software Project Scheduling Problem" 阐述了如何通过 MMAS 算法获得 SPSP 最佳方案，这个最佳方案就是人员项目贡献矩阵。

4. 最佳方案确定

根据图 7-38 项目的各任务数据以及人员数据，结合最佳函数，采用组合优化算法获得最佳方案，即人员项目贡献矩阵，如式（7-12）所示。

$$
\begin{bmatrix}
1 & 0.5 & 0.5 & 0 & 1 & 1 & 1 \\
1 & 0.5 & 0.5 & 0 & 1 & 1 & 1 \\
0 & 1 & 0 & 0.5 & 0 & 0.5 & 1 \\
0 & 0 & 1 & 1 & 0 & 0 & 1
\end{bmatrix}
\tag{7-12}
$$

通过式（7-4）～式（7-6）可以计算出每个任务的历时以及每个任务的成本。

任务历时：

- $t_1^{len}=2$，$t_2^{len}=3$，$t_3^{len}=4$，$t_4^{len}=6$

- $t_5^{\text{len}} = 4$，$t_6^{\text{len}} = 4$，$t_7^{\text{len}} = 4$

任务成本：

- $t_1^{\text{cos}} = 24\,000$美元，$t_2^{\text{cos}} = 33\,000$美元，$t_3^{\text{cos}} = 44\,000$美元
- $t_4^{\text{cos}} = 45\,000$美元，$t_5^{\text{cos}} = 48\,000$美元，$t_6^{\text{cos}} = 58\,000$美元，$t_7^{\text{cos}} = 88\,000$美元

这样，通过正推方法和逆推方法确定了每个任务的开始时间和结束时间，由图 7-39 所示的 PDM 网络图得出关键路径是 $t_1 \rightarrow t_3 \rightarrow t_5 \rightarrow t_6 \rightarrow t_7$，因此关键路径的长度是 p^{len}=18，即完成项目时间是 18，通过每个任务的成本可以确定项目总成本为 p^{cos}=340 000 美元，具体计算如下：

Cost1=2(6000+6000)=24 000 美元

Cost2=3(0.5 × 6000+0.5 × 6000+5000) =33 000 美元

Cost3=4(0.5 × 6000+0.5 × 6000+5000) =44 000 美元

Cost4=6(0.5 × 5000+5000) =45 000 美元

Cost5=4(6000+6000) =48 000 美元

Cost6=4(6000+6000+0.5 × 5000) =58 000 美元

Cost7=4(6000+6000+5000+5000) =44 000 美元

因此，总成本 Cost=340 000 美元。

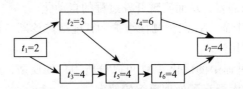

图 7-39　确定历时之后的 PDM 网络图

$T=\{t_1,t_2,t_3,t_4,t_5,t_6,t_7\}$ 中的 7 个任务分别是 {Planning, High-level design,Low-level design, Testcase design, Coding,System Testing, Acceptance Testing}，因此，可以给出项目的甘特图，如图 7-40 所示。

图 7-40　项目的甘特图

根据甘特图以及每个任务的成本，可以获得项目的成本基线，如图 7-41 所示。

图 7-41　项目的成本基线

7.8   AI 赋能下的项目进度计划思考

AI 辅助软件开发可以通过提高开发效率、自动化重复性任务以及提供智能支持来影响软件项目的规模、成本和时间。AI 驱动下的开发过程可能带来进度计划的变化，具体表现在以下几方面。

- 项目计划与管理：常规进度计划中，需要人工进行项目规划，而在 AI 驱动下的开发模型中，可以利用 AI 进行预测性的需求分析和项目规划。
- AI 助力需求分析与设计。在了解和细化项目需求的同时，使用 AI 的自然语言处理和知识图谱技术来理解项目需求、自动生成需求文档，甚至预测需求可能的变化，从而更快地完善初步的架构和设计方案。
- AI 助力快速搭建基础框架，依据预设的规则，AI 可以自动筛选最适应的开发框架，从而提高初步开发环境的搭建效率。
- AI 助力代码生成和优化，使用 AI 的代码生成能力，帮助开发人员更快地写出高效，健壮，安全的代码。
- AI 助力软件测试，AI 可以自动生成测试用例，进行压力测试，实现自动化测试，在大大提高测试效率的同时，提升测试覆盖率和质量。
- AI 助力持续集成和持续部署，AI 可以在代码提交后自动进行集成测试，再根据测试结果选择是否自动部署，从而实现开发过程的自动化。
- AI 助力系统运维过程，AI 的预测性维护和智能故障诊断可以大大减少系统的停机时间，提高系统的可用性。
- AI 助力用户反馈过程中的优化，AI 可以分析用户的反馈，进行自动分类并分配给相应的开发人员，大大提高了处理反馈的效率。

在计算项目进度时间时，需要考虑以下因素。

- 如果模型是自我训练的 AI 模型，需要考虑训练 AI 模型所需的时间，这可能取决于模型的复杂性、数据集的大小和计算资源的可用性。
- 软件开发时间：考虑 AI 辅助开发所需的时间，包括使用 AI 工具完成代码生成、自动化测试等任务的时间。
- 学习曲线：如果团队需要时间来适应新的 AI 工具和技术，需要考虑学习曲线对项目进度的影响。
- 迭代和优化时间：在开发过程中有时需要对模型进行优化或迭代，这也会影响项目的时间。
- 风险问题：在计算成本和时间时，需要进行充分的风险评估，考虑到技术不确定性、团队的熟练程度以及项目的规模和复杂性。
- 对于 AI 辅助软件开发，及时的沟通和协作也是确保项目成功的关键因素。

7.9   MED 项目进度计划案例分析

由于 MED 项目采用了敏捷生存期模型，项目的进度计划包括两层计划，即远期计划和近期计划。迭代计划相当于远期计划，冲刺计划相当于近期计划，采用远粗近细的策略。

7.9.1 发布计划

本项目的发布计划给出了项目的 4 个迭代，即 4 个 Sprint（冲刺）阶段，相当于里程碑计划，如表 7-8 所示。

表 7-8 项目的发布计划

冲刺	内容	里程碑
1	用户注册	7.9 — 8.8
	用户管理	
	产品、经销商编辑	
	产品浏览及查询	
2	用户信息内容管理	8.9 — 9.7
	产品信息内容管理	
	产品维护 Offline 工具	
	产品维护 Online 工具	
3	产品交易	9.10 — 10.5
	E-mail 管理	
	Chat 管理	
	联机帮助	
4	分类广告	10.8 — 11.9
	学会协会	
	医务管理	

7.9.2 迭代计划

表 7-8 的发布计划不能作为指导详细工作的计划，是比较粗的，还需要进一步细化。每个 Sprint 迭代需要进行详细的任务规划。从任务分解结果以及任务之间的关联关系可以得出第一次 Sprint 迭代的 PDM 网络图示，如图 7-42 所示。

图 7-42　第一次 Sprint 迭代的 PDM 网络图

根据任务分解结果、任务关联关系、任务工作量以及项目人员情况，可以对图 7-42 进行进一步细化，图中标识了每个任务的历时天数，如图 7-43 所示。

因此，第一次 Sprint 迭代的甘特图如图 7-44 所示。

图 7-45 是第一次 Sprint 迭代燃尽图的初始图示，在项目的执行过程中，项目管理者需要每天更新这些燃尽图。

图 7-43 细化的 PDM 网络图

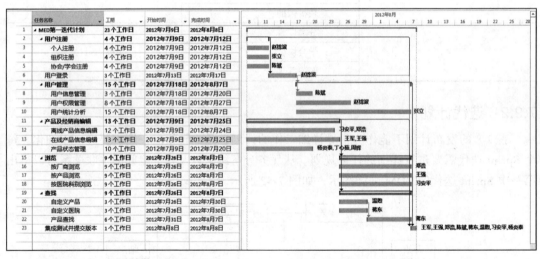

图 7-44 第一次 Sprint 迭代的项目甘特图

图 7-45 第一次 Sprint 迭代的任务初始燃尽图

7.9.3　冲刺预算

根据第一次 Sprint 迭代计划中每个任务的资源分配和时间花费，可以确定第一次 Sprint 迭代的项目预算，如图 7-46 所示，即项目随时间的工作量付出（费用支出）图，也是将来项目跟踪控制的费用曲线。

图 7-46　成本预算图示

7.10　MSHD 项目进度计划案例分析

根据 MSHD 项目的规模、工作量估算进行进度计划安排，首先确定 3 个迭代的总计划（发布计划），针对 3 个迭代的进度计划如表 7-9 所示。表中展示了每次迭代的开始时间和结束时间，以及每次迭代的增量描述。设定项目时间盒（timebox）长度为一周，从每周周五开始到下一周周四的 24:00 结束。

我们根据项目需求，通过 AI 交流，ChatGPT4 给出的项目进度计划如图 7-47 所示，为项目进度计划赋能，可供进度计划人员参考。

小结

本章介绍了进度管理的基本概念，如任务、任务之间的关联关系，以及网络图（PDM、ADM 等）、甘特图、里程碑图、资源图、燃尽图、燃起图等；讲述了定额估算法、经验导出模型、工程评估评审技术、专家估计方法、类比估计方法基于承诺的进度估计方法、Jones 的一阶估算准则，以及敏捷进度估算方法。本章还讲述了编制项目计划的基本步骤，重点讲述了关键路径法、时间压缩法等进度编排方法，最后总结了软件项目进度问题（SPSP）模型。通过完成的进度计划可以看到项目的范围、参与的资源、成本以及时间。另外，也探讨了 AI 赋能下的项目开发进度计划思考。

表 7-9 MSHD 项目的进度计划

日期	1 Oct	4 Oct	7 Oct	10 Oct	13 Oct	17 Oct	20 Oct	23 Oct	26 Oct	29 Oct	1 Nov	4 Nov	7 Nov	10 Nov	14 Nov	17 Nov	20 Nov	23 Nov	26 Nov	责任人
开工会																				
迭代 I																				
111 用户登录																				马××
112 用户注册																				马××
113 用户和灾情数据库建立																				刘×
114 文本信息传输																				范××
115 文本信息解码																				徐××
116 灾情列表可视化																				范××
117 请求响应服务																				刘×
迭代 II																				
211 用户信息管理																				马××
212 图片信息传输																				范××
213 图片信息解码																				徐××
214 汇总信息可视化																				范××
215 灾情信息管理																				刘×
216 请求响应服务																				刘×
迭代 III																				
311 用户权限管理																				马××
312 视频、音频信息传输																				范××
313 视频、音频信息解码																				徐××
314 视频、音频信息管理																				刘×
315 GIS 可视化																				范××
316 灾情信息备份																				徐××
317 请求响应服务																				刘×

GPT-4 Poe ···

基于项目需求，以下是为期两个迭代周期的进度计划，每个迭代周期假定为四周。

迭代周期一：数据分析和基础管理框架

第一周：项目启动和规划

- 召开项目启动会议，澄清需求，明确项目范围。
- 创建项目计划和迭代时间表。
- 设计系统架构和确定技术栈。

第二周：数据分析模块开发（上）

- 确定数据编码格式和解码规则。
- 开始开发数据解析业务模块，能够处理地震、洪水、火灾等灾害类型的编码数据。
- 设计数据库模型以存储解析后的灾情数据。

第三周：数据分析模块开发（下）

- 完成数据解析业务模块的开发。
- 开始单元测试，确保模块的稳定性和准确性。
- 开始数据整合逻辑的开发，包括消除重复数据和关联数据元素。

第四周：基础管理功能开发和测试

- 开发数据增删查改的基础管理功能。
- 完成所有后端模块的单元测试。
- 准备环境，部署后端服务进行集成测试。

迭代周期二：统一管理增强和数据可视化

第五周：统一管理模块开发

- 开发数据一致性验证功能。
- 开发数据缺失填补机制。
- 开始设计和实现前端管理界面。

第六周至第七周：数据可视化模块开发

- 开发地图可视化工具，展示灾害事件的空间分布。
- 开发灾情数据的图表和报表展示功能。
- 集成前后端，进行灾情数据的可视化功能测试。

第八周：演示、回顾和部署

- 准备系统演示，向项目利益相关者展示成果。
- 收集反馈，并进行项目回顾，确定改进项。
- 根据反馈调整和优化系统。
- 部署最终版本到生产环境。

关键考虑事项

- 风险管理：定期评估和管理项目风险，确保及时应对可能出现的问题。
- 敏捷反馈：在每个迭代的结束时，根据团队成员和利益相关者的反馈进行调整。
- 质量保证：确保在整个项目过程中，代码质量和系统稳定性是重中之重。
- 持续交付：通过自动化的构建、测试和部署流程，实现持续集成和持续交付。
- 用户培训：在系统最终部署前，为用户提供必要的培训，确保他们能够有效使用系统。

通过以上迭代计划的执行，项目旨在建立一个高效、可靠的灾情数据统一管理和可视化系统，满足国家震情应急管理的需求。

分享

图 7-47　ChatGPT4 给出的项目进度计划

练习题

一、填空题

1. _____路径决定项目完成的最短时间。

2. _____是一种特殊的资源，以其单向性、不可重复性、不可替代性而有别于其他资源。

3. 在 ADM 网络图中，箭线表示_____。

4. _____和_____都是时间压缩法。

5. 工程评估评审技术采用加权平均的公式是_____，其中 O 是乐观值、P 是悲观值、M 是最可能值。

二、判断题

1. 一个工作包可以通过多个活动完成。（　　）

2. 在项目进行过程中，关键路径是不变的。（　　）

3. 在 PDM 网络图中，箭线表示的是任务之间的逻辑关系，节点表示的是活动。（　　）

4. 项目各项活动之间不存在相互联系与相互依赖关系。（　　）

5. 在资源冲突问题中，过度分配也属于资源冲突。（　　）

6. 浮动是在不增加项目成本的条件下，一个活动可以延迟的时间量。（　　）

7. 在使用应急法压缩时间时，不一定要在关键路径上选择活动来进行压缩。（　　）

8. 时间是项目规划中灵活性最小的因素。（　　）

9. 外部依赖关系又称强制性依赖关系，指的是项目活动与非项目活动之间的依赖关系。（　　）

10. 当估算某活动时间，存在很大不确定性时应采用 CPM 估计。（　　）

11. 敏捷项目一般采取远粗近细的计划模式，敏捷的发布计划相当于远期计划，迭代计划相当于近期计划。（　　）

三、选择题

1. 下面说法中不正确的是（　　）。

   A. EF=ES+duration　　　　　　　　B. LS=LF–duration

   C. TF=LS–ES=LF–EF　　　　　　　D. EF=ES+lag

2. "软件编码完成之后，我才可以对它进行软件测试"，这句话说明了哪种依赖关系？（　　）

   A. 强制性依赖关系　　B. 软逻辑关系　　C. 外部依赖关系　　D. 内部依赖关系

3. 哪种图示可以显示任务的基本信息，并且能方便地查看任务的工期、开始时间、结束时间以及资源的信息？

   A. 甘特图　　　　　　B. 网络图　　　　C. 里程碑图　　　　D. 资源图

4. （　　）是项目冲突的主要原因，尤其在项目的后期。

   A. 优先级问题　　　　B. 人力问题　　　C. 进度问题　　　　D. 费用问题

5. 以下哪一项是项目计划中灵活性最小的因素？（　　）

   A. 时间　　　　　　　B. 人工成本　　　C. 管理活动　　　　D. 开发活动

6. 以下哪一项不是任务之间的关系？（　　）

   A. 结束–开始　　　　B. 开始–开始　　　C. 结束–结束　　　D. 结束–开始–结束

7. 快速跟进是指（　　）。

   A. 采用并行执行任务，加速项目进展　　B. 用一个任务取代另外的任务

   C. 如有可能，减少任务数量　　　　　　D. 减轻项目风险

8. 下面哪一项将延长项目的进度?( )

   A. lag   B. lead   C. 赶工   D. 快速跟进

9. 下面哪一项可以决定进度的灵活性?( )

   A. PERT   B. 总浮动   C. ADM   D. 赶工

10. 下面哪种图示可以表示敏捷项目进度,并且可以表示出剩余的任务?( )

   A. 燃起图   B. 燃尽图   C. 里程碑图   D. 网络图

四、问答题

1. 对一个任务进行进度估算时,A 是乐观者,估计用 6 天完成,B 是悲观者,估计用 24 天完成,C 是有经验者,认为最有可能用 12 天完成,那么这个任务的历时估算介于 10 天到 16 天的概率是多少?

2. 请将下面的 PDM(优先图法)网络图改画为 ADM(箭线法)网络图。

3. 根据下面的图表,采用 PERT 方法估算,求出项目在 14.57 天内完成的概率的近似值。

	最乐观值	最可能值	最悲观值
任务 1	2	3	6
任务 2	4	6	8
任务 3	3	4	6

4. 作为项目经理,你需要给一个软件项目做计划安排,经过任务分解后得到任务 A、B、C、D、E、F、G,假设各个任务之间没有滞后和超前,下图是项目的 PDM 网络图。通过历时估计已经估算出每个任务的工期,现已标识在 PDM 网络图上。假设项目的最早开工日期是第 0 天,请计算每个任务的最早开始时间、最晚开始时间、最早完成时间、最晚完成时间,同时确定关键路径,并计算关键路径的长度,计算任务 F 的自由浮动和总浮动。

项目的 PDM 网络图

5. 某项目有 7 个任务，$T=\{t_1,t_2,t_3,t_4,t_5,t_6,t_7\}$，项目需要的技能是 $S=\{s_1,s_2,s_3\}$，其中每个任务需要的技能和工作量如下。

- $t_1^{sk}=\{s_1,s_2\}$，$t_2^{sk}=\{s_2\}$，$t_3^{sk}=\{s_1,s_3\}$，$t_4^{sk}=\{s_1\}$。
- $t_5^{sk}=\{s_1,s_2,s_3\}$，$t_6^{sk}=\{s_1,s_2\}$，$t_7^{sk}=\{s_1\}$。
- $t_1^{eff}=4$，$t_2^{eff}=6$，$t_3^{eff}=8$，$t_4^{eff}=9$，$t_5^{eff}=8$，$t_6^{eff}=10$，$t_7^{eff}=16$。

另外，任务之间的关系图如下图所示。

任务之间的关系图

项目人员集合 $E=\{e_1,e_2,e_3,e_4\}$，共计 4 人，每个人员具备的技能和人力成本如下。

- $e_1^{sk}=\{s_1,s_2,s_3\}$，$e_2^{sk}=\{s_1,s_2,s_3\}$，$e_3^{sk}=\{s_1,s_2\}$，$e_4^{sk}=\{s_1,s_3\}$。
- $e_1^{rem}=\$100$，$e_2^{rem}=\$80$，$e_3^{rem}=\$60$，$e_4^{rem}=\$50$。

并且，每人的最大贡献率 $e_i^{\max d}\in[0,1]$，$i=1,2,3,4$。

请完成如下问题。

1）给出项目的关系依赖矩阵。

2）采用一定的方法给出贡献矩阵 M，使项目完成时间尽可能短、成本尽可能低（注意：没有唯一答案，只要任务和人员分配的适度合理即可）。

3）最后给出项目时间和总成本，画出项目的 PDM 网络或者甘特图。

第 8 章

软件项目质量计划

前面讲述了项目的范围计划、成本计划、进度计划，只有满足质量要求，这些计划才是有效的。本章进入路线图的"质量计划"，如图8-1所示。

图 8-1　项目计划——质量计划

8.1　软件质量概述

1981 年，由于计算机程序改变而导致的 1/67s 的时间偏差，使航天飞机上的 5 台计算机不能同步运行，这个错误导致了航天飞机发射失败。1986 年，一台 Therac 25 机器泄漏致命剂量的辐射，致使两名医院病人死亡，造成惨剧的原因是软件问题导致这台机器忽略了数据校验。这些惨痛的教训说明，在软件项目开发中认真抓好质量管理，并加强有关软件项目质量管理的研究是摆在我们面前的重要课题。

8.1.1　质量定义

质量是产品或者服务满足明确和隐含需求能力的性能特性的总体。ANSI/IEEE Std 729—1983 对软件质量的定义为"与软件产品满足规定的和隐含的需求能力有关的特征或特性的全体"。软件质量反映了以下 3 方面的问题。

- 软件需求是度量软件质量的基础，不满足需求的软件就不具备质量。
- 不遵循各种标准中定义的开发规则，软件质量就得不到保证。
- 只满足明确定义的需求，而没有满足应有的隐含需求，软件质量也得不到保证。

因此，质量与接受产品的客户有关系，客户接受产品或者服务，并提供资金，所以应该以客户为中心。以往质量的概念仅局限于符合规定的要求，而忽视了顾客的需要。新项目管理的核心之一是项目管理必须以用户为中心，它强调用户的满意度。所以质量是满足要求的程度，包括符合规定的要求和满足顾客的需求。归根结底，用户对应用程序质量的评价是最重要的。当用户做出评价时，第一步要做的是用这个软件去完成他们希望完成的任务，用过之后，用户会提出关于该软件好与不好的意见。所以，质量好的一个重要方面是让用户满意，质量管理的目标是满足项目干系人的需求。质量管理是项目管理的最高统一。

　　总之，质量是"一个实体的性能总和，它可以凭借自己的能力去满足对它的明示或暗示的需求"。在项目管理中，质量管理的既定方向就是通过项目范围界定管理体制，将暗示的需求变为明示的需求。

8.1.2　质量与等级

　　质量与等级是有区别的，等级是对具有相同功能的实体按照不同技术特征进行分类或者分级。无论产品采用任何等级标准，它都应该具备能满足相应功能要求的各种特征，这些特征的总和就是质量。尽管产品可以有不同等级，但是无论等级高低，都可以实现自己等级内的高质量。所以，低等级不代表低质量，高等级也不代表高质量。例如，打印机有很便宜的低端产品，也有很昂贵的高端产品。但是，低端产品也要求高质量，高端产品如果在打印过程中出现故障，也说明有质量问题。打印机使用的打印纸也有不同的级别。用户可以买贵的照片打印纸，也可以买便宜的复印纸，这些纸张的级别是不同的。

　　质量低通常是一个问题，级别低就可能不是。例如，一个软件产品可能是高质量（没有明显问题，具备可读性较强的用户手册）、低等级（数量有限的功能特点），或者是低质量（问题多，用户文件组织混乱）、高等级（无数的功能特点）。决定和传达质量与等级的要求层次是项目经理和项目管理小组的责任，其中，低质量就是质量问题。

　　这里需要明确以下几个概念：质量标准、质量策略和质量责任。

- 质量标准是企业、国家或者国际制定的对某个方面的规范，与质量政策相比，更侧重质量的细节特征，属于微观的范畴。
- 质量策略是某个组织针对自身要求制定的一种质量指导方针，更侧重于指导思想，属于宏观的范畴。
- 质量责任是整个组织都对项目质量负有的责任，但是如果没有明确和细化责任，就会形成人人有责、人人不负责的局面。所以，质量责任包括管理层的责任、最终责任、首要责任等。

8.1.3　软件质量成本

　　与任何管理活动一样，质量管理也是需要成本的，也就是说要采取行动就要有所花费。质量成本（Cost Of Quality，COQ）是由于产品第一次工作不正常而衍生的附加花费。在质量概念中，还有一个要素是值得注意的，那就是质量的经济性。根据 Crosby 的质量定义，"符合需求"的代价是指第一次把事情做对所花费的成本，这总是最经济的；"不符合需求"的代价是必须进行补救，这会使企业产生额外的支出，包括时间、金钱和精力，由此产生了质量损失，成本相应增加。质量成本包括预防成本和缺陷成本。其中，预防成本是为确保项目质量而进行预防工作所耗费的费用，缺陷成本是为确保项目质量而进行修复缺陷工作所耗费的费用。本着预防重于事后检查的原则，预防成本应该大于缺陷成本。有时，预防成本可以称为一致性成本，而缺陷成本称为非一致性成本。

　　预防成本包括评估费用和预防费用。评估费用是指为使项目符合所提要求（第一次）而检测缺陷所衍生的成本，如质量审计、测试等。预防费用是指为使项目符合所提要求并预防失败所衍生的成本，如用户满意确定、过程评审、改进等的费用。

　　缺陷成本包括内部费用和外部费用。内部费用是指不能符合所提要求、尚未发行的软件（返工）所衍生的费用，如缺陷标记、返工、重新测试等。外部费用是指已经发布但是不符合要求的软件所衍生的费用，如技术支持、问题估计、修正、索赔等的费用。

　　质量形成于产品或者服务的开发过程中，而不是事后的检查、测试、把关等。有些开发人员认为可以通过后期的测试来提高产品的质量，这是错误的想法。一个高质量的产品是开发出来的，后期的测试不能真正提高产品的质量，只能靠前期的质量预防和质量检测，如代码走查、单元测试、对等评审等。所以在安排质量计划的时候，应该注意质量活动的时间安排和质量成本的合理安排，尽量在项目的前期安排质量活动。质检过失比是一个有用的质量测量方法，它可以说明质量管理的程度。质检过失比＝预防成本/缺陷成本，这个值大于2是努力达到的程度，如果质检过失比小于1，则后期测试阶段会发现很多错误。质量保证中的过程审计、产品审计以及质量控制中的测试、对等评审等就是预防成本，而出错后的返工、缺陷跟踪以及诉讼和维护的费用等是缺陷成本。质量成本还包括项目返工的管理时间、丧失的信誉、丧失的商机和客户好感、丧失的财产等，也许还有更多的其他费用。克鲁斯比的质量理论认为质量要用预防成本即一致性成本来衡量，因为质量的形成不能靠缺陷成本来弥补。

8.1.4　质量管理对象

　　软件质量管理的对象不但包括软件产品的质量，也包括软件过程的质量。而质量形成于产品或者服务的开发过程中，而不是事后的检查（测试）把关等。因此，质量相关活动应该更多安排在开发过程中，而不是开发后的测试检查等。

8.2　软件质量模型

　　软件质量是贯穿于软件生存期的一个极为重要的问题，是软件开发过程中采用的各种开发技术和检验方法的最终体现。软件质量是软件满足软件需求规约中明确说明以及隐含的需求的程度。其中，明确说明的需求是指在合同环境中，用户明确提出的需求或需要，通常是合同、标准、规范、图纸、技术文件中做出的明确规定；对于隐含的需求则应加以识别和确定，具体来说，隐含的需求是指顾客或者社会对实体的期望或者人们所公认的、不言而喻的、不需要做出规定的需求。例如，数据库系统必须满足存储数据的基本功能。

　　人们通常把影响软件质量的特性用软件质量模型来描述，比较常见的 4 个质量模型是 Boehm 质量模型（1976 年）、McCall 质量模型（1979 年）、ISO/IEC 9126 质量模型（1993 年）、ISO/IEC 25010 质量模型（2002 年）。

　　Boehm 等人于 1976 年提出了定量评价软件质量的概念，给出了 60 个质量度量公式，并且首次提出了软件质量的层次模型。1978 年，Walters 和 McCall 提出了从软件质量要素、准则到度量的 3 层软件质量度量模型，此模型中的软件质量要素减到了 11 个。1985 年，ISO 依据 McCall 的模型提出了软件质量度量模型，该模型由 3 层组成。ISO/IEC 9126 质量模型提出了内部质量度量和外部质量度量的概念，为软件质量评价奠定了基础，也为制定软件质量评价标准提供了依据。

8.2.1 Boehm 质量模型

Boehm 质量模型认为软件产品的质量可从 3 个方面来考虑，即软件的可使用性、软件的可维护性、软件的可移植性，如图 8-2 所示。Boehm 质量模型将软件质量分解为若干层次，对于最底层的软件质量概念再引入数量化的指标，从而得到对软件质量的整体评价。

图 8-2　Boehm 质量模型

8.2.2 McCall 质量模型

McCall 质量模型是 McCall 等人在 1979 年提出来的，该模型列出的影响质量的因素分别反映了用户在使用软件产品时的 3 种不同倾向或观点。这 3 种倾向是产品运行、产品修正和产品转移，如图 8-3 所示。软件质量首先表现在可以正确运行，然后才可以评价其可维护性，最后才能评价其可移植性。通常对这些质量因素进行度量是很困难的，有时甚至是不可能的，因此 McCall 定义了一些评价准则，通过评价准则对反映质量特征的软件属性进行分级，依次来估计软件质量特征的值。软件属性的一般级别范围可以从 0（最低）到 10（最高）。

图 8-3　McCall 质量模型

8.2.3 ISO/IEC 9126 质量模型

根据软件质量国家标准 GB/T 8566—2001，软件质量评估通常从对软件质量框架的分析开始。软件质量框架是包含"质量特征 – 质量子特征 – 度量因子"的三层结构模型。图 8-4 所示是 ISO/IEC 9126 质量模型。

图 8-4 ISO/IEC 9126 质量模型

在这个框架模型中，上层是面向管理的质量特征，每一个质量特征是用来描述和评价软件质量的一组属性，代表软件质量的一个方面。软件质量不仅从该软件外部表现出来的特征来确定，而且必须从其内部所具有的特征来确定。软件的质量特征很多，如功能性、可靠性、易使用性、效率、可维护性、可移植性、使用质量等。如果某些质量特征并不能产生显著的经济效益，则可以忽略它们，把精力用在对经济效益贡献最大的质量要素上。简而言之，只有质量要素才值得开发人员下功夫去改善。质量要素包括两方面的内容：从技术角度讲，对软件整体质量影响最大的那些质量特征是质量要素；从商业角度讲，客户最关心的、能成为卖点的质量特征是质量要素。

第二层的质量子特征是上层质量特征的细化，一个特定的子特征可以对应若干个质量特征。软件质量子特征是管理人员和技术人员关于软件质量问题的沟通渠道。

最下面一层是软件质量度量因子（包括各种参数），用来度量质量特征。定量化的度量因子可以直接测量或统计得到，为最终得到软件质量子特征值提供依据。

McCall 模型的最大贡献在于，它建立了软件质量特征和软件度量项之间的关系，但是有些度量项不是客观指标，而是主观判断。另外，它没有从软件生存周期不同阶段的存在形态来考虑，而仅仅考虑一种产品形态，不利于在软件产品早期发现缺陷和降低维护成本。Boehm 模型与 McCall 模型相似，也是一种由纵向软件特征构成的层次模型，唯一的差别在于特征的种类，另外，Boehm 模型还包括 McCall 模型没有的硬件领域的质量要素。ISO/IEC 9126 模型的贡献在于将软件质量特征分为外部特征和内部特征，考虑了软件产品不同生命周期阶段的不同形态问题，但是该模型没有清楚给出软件质量特征的度量方法。

8.3　质量管理活动

时间、成本、质量在项目管理中常常相提并论，那么如何在时间、成本、质量这3个方面找到均令人满意的模式，并恪守这种模式，是质量管理的最终目标。

质量管理的学派和观点有很多，具有代表性有戴明理论、朱兰理论、克鲁斯比理论、田口玄一理论等。其中：

- 戴明理论的核心是"目标不变、持续改善和知识积累"，预防胜于检验。
- 朱兰理论的核心思想是适用性，适用性是指通过遵守技术规范，使项目符合或者超过项目相关人及客户的期望。
- 克鲁斯比理论的核心思想是质量定义符合预先的要求，质量源于预防，质量的执行标准是零缺陷（zero defect），质量是用非一致成本来衡量的。
- 田口玄一理论的核心思想是应用统计技术进行质量管理，通过损失函数来决定产生未满足目标产品的成本。

全面质量管理（TQM）是指通过全体员工的参与，改进流程、产品、服务和公司文化，达到在百分之百时间内生产百分之百的合格产品，以便满足顾客需求。TQM是一种思想观念，一套方法、手段和技巧。

软件项目的质量管理指保证项目满足其目标要求所需的过程。质量管理的关键是预防重于检查，事前计划好质量，而不是事后检查。

在任何软件开发项目中，质量不仅拥有发言权，而且对项目的成败拥有表决权甚至最终的否决权。质量不仅会对软件开发项目本身的成败产生影响，而且会对软件企业的形象、信誉、品牌带来冲击。质量一般通过定义交付物标准来明确定义，这些标准包括各种特性及这些特性需要满足的要求。另外，质量还包含对项目过程的要求，例如，规定执行过程应该遵循的流程、规范和标准，并要求提供过程被有效执行的证据。因此，质量管理主要是监控项目的交付物和执行过程，以确保它们符合相关标准，同时确保不合格项能够按照正确方法排除，还可能对项目的顾客应对质量做出规定，包括应对顾客的态度、速度以及方法。高质量来自满足顾客需求的质量计划、质量保证、质量控制和质量改善活动，来自保证质量、捍卫质量和创造质量的卓越理念、规则、机制和方法。

作为项目管理者，掌握质量管理的技能是必需的。质量管理的主要过程是质量计划、质量保证和质量控制。质量计划是指确定与项目相关的质量标准以及如何满足这些标准。质量保证是指通过定期地评估项目的整体性能以确保项目满足相关的质量标准。质量控制是指通过控制特定项目的状态保证项目完全按照质量标准完成，同时确定质量改进的方法。

8.3.1　质量保证

质量保证（Quality Assurance，QA）是为了提供信用，证明项目将会达到有关质量标准而开展的有计划、有组织的工作活动。它是贯穿整个项目生命周期的系统性活动，经常性地针对整个项目质量计划的执行情况进行评估、检查与改进等工作，向管理者、顾客或其他方提供信任，确保项目质量与计划保持一致。

质量保证可以确保对项目进行客观公正的审核和评价。在软件开发过程中，质量保证的主要任务是对项目执行过程和项目产品进行检查，验证它们与项目采用的过程和标准的一致性，这两项任务是项目审计活动，质量审计是质量保证的主要方法。质量审计是对过程或者产品的一次结构化的独立评估，将审核的主体与为该主体以前建立的一组规程和标准进行比较，目的是确保其真正地遵循了这一个过程，产生了合适的项目产品和精确反映实际项目的报告。项目审计可以事先规划，也可以是临时决定的。

质量审计包括软件过程审计和软件产品审计。需求过程审计、设计过程审计、编码过程审计、测试过程审计等都是软件过程审计。需求规约审计、设计说明书审计、代码审计、测试报告审计等都是软件产品审计。

软件质量保证的目的是验证在软件开发过程中是否遵循了合适的过程和标准，监督项目按照指定过程进行项目活动，审计软件开发过程中的产品是否按照标准开发。其主要作用是保证软件开发的透明。

质量保证过程通过评价项目整体绩效，建立对质量要求的信任。质量保证为管理人员及相关的各方提供软件项目的过程和项目本身的可视化。质量保证可以用"Is it done right?"（完成得是否正确？）表达，即在完成后看其是否正确。这个任务本身并不直接提高当前版本产品的质量，但是通过质量保证的一系列工作可以间接地提高产品的质量。开发高质量产品是开发组的责任，质量保证人员的职责是规划和维护质量过程，以便实现项目的目标。为此，质量保证人员要定期对项目质量计划的执行情况进行评估、审核与改进等，在项目出现偏差的时候提醒项目管理人员，提供项目和产品可视化的管理报告。质量保证人员通过各种手段来保证得到高质量结果的工作，属于管理职能。

8.3.2　质量控制

质量控制（Quality Control，QC）是指确定项目结果与质量标准是否相符，同时确定不符的原因和消除方法，控制产品的质量，及时纠正缺陷的过程。质量控制对阶段性的成果进行检测、验证，为质量保证提供参考依据。软件质量控制的主要目的是发现和消除软件产品的缺陷。对于高质量的软件来讲，最终产品应该尽可能达到零缺陷。而软件开发是一项以人为中心的活动，所以出现缺陷是不可避免的。因此，要想交付高质量的软件，消除缺陷的活动就变得很重要。

缺陷在软件开发的任何阶段都可能会被引入。潜在的缺陷越大，用来消除它所花的费用就越高。因此，成熟的软件开发过程在每一个可能会引入潜在缺陷的阶段完成之后都会开展质量控制活动。质量控制的任务是策划可行的质量管理活动，然后正确地执行和控制这些活动，以保证绝大多数的缺陷可以在开发过程中被发现。在进行评审和测试时可检测到缺陷。评审是面向人的过程，测试是运行软件（或部分软件）以便发现缺陷。

技术评审、走查、测试、返工等都是质量控制方法。

质量控制可以用"Is it right done?"（是否正确完成？）表达，即在项目完成前检查质量。通过质量控制可以直接提高产品的质量。质量控制一般由开发人员实施，直接对项目工作结果的质量进行把关，属于检查职能。

8.3.3　质量保证与质量控制的关系

质量保证和质量控制是有区别的。质量保证是指审计产品和过程的质量，保证过程被正确执行，确认项目按照要求进行，属于管理职能。质量控制是指检验产品的质量，保证产品符合客户的需求，是直接对项目工作结果的质量进行把关的过程，属于检查职能。

质量保证的焦点是过程和产品提交之后的质量监管，而质量控制的焦点是产品推出前的质量把关，如图 8-5 所示。例如，航天飞机发射进入倒计时的时候，可以进行质量保证和质量控制。质量控制是指检测各部分是否运行正常，如果不正常，应该及时纠正。这时进行质量保证只是对这次的发射过程提交质量保证报告，这个质量保证报告对这次的航天飞机发射活动没有直接的意义，但是对将来的航天飞机发射是有意义的，而这时的质量控制对这次的发射是有直接提高质量意义的。

图 8-5 质量保证与质量控制的关系

质量控制是针对具体产品或者具体活动的质量管理，而质量保证是针对一般的、具有普遍性的问题，或者软件开发过程中的问题进行的质量管理。质量保证促进了质量的改善，使产品性能得到提高。质量保证是从总体上提供质量保障，而质量控制是从具体环节上提高产品的质量。质量保证和质量控制可以提高项目和产品的质量，最终达到满意的目标。

8.4 敏捷项目质量管理

在敏捷项目中，质量活动由所有团队成员在整个项目生命周期中持续执行，而在瀑布式项目中，质量活动由特定团队成员在特定时间点执行。敏捷项目需要快速频繁交付，如果不重视质量，就无法快速发布任何东西。敏捷项目的质量管理特征如下。

- 敏捷项目提倡全程质量审查，有贯穿始终的质量活动，而不是某个阶段的质量活动，通过结对编程、测试驱动开发、持续集成、持续测试等活动实现。
- 敏捷项目提倡早发现问题，尽早提交可以运行的版本，多版本频繁提交可以尽早发现不一致和质量问题，这样，整体变更成本较低。
- 不断进行质量方法评估和改进，在敏捷项目的迭代回顾会议中，审核过程方法的有效性并进行改进。定期检查质量过程的效果；寻找问题的根本原因，然后建议实施新的质量改进方法；后续回顾会议评估试验过程，确定新方法是否可行、是否应继续使用、是否应该调整，或者直接弃用新方法。

敏捷项目的质量管理是通过质量内建和质量外延实现的。

8.4.1 质量内建

质量内建的核心是在开发生命周期的早期阶段就开始关注质量。这包括需求分析、设计评审、代码开发等环节的质量保证，以减少后期开发中的问题和缺陷。统计表明，在需求阶段发现问题的修复成本是在生产阶段发现问题的修复成本的 1/100。

质量内建和 DevOps 是相辅相成的，两者共同推动高效、高质量的软件开发。质量内建确保从一开始就注重质量，而 DevOps 通过其持续的集成、部署和监控实践，为质量内建提供了必要的基础和框架。这种集成和自动化的方法不仅提升了代码质量，也增加了测试覆盖率，确保了软件开发过程中的高效率和高质量输出。在 DevOps 的支持下，质量内建成为实现快速、可靠和高质量软件交付的关键，如图 8-6 所示。

- 持续集成。DevOps 的持续集成流程使得开发人员能够频繁地将代码更改合并到共享代码库中。每次代码合并都会触发自动化构建和测试，及时检测和纠正问题，从而提高了代码质量。持续集成可以减少 25% 以上的集成问题，并提高 20% 的交付速度。

图 8-6　质量内建和 DevOps

- 代码审查。代码审查不仅增强了代码质量，还促进了团队间的知识共享和合作。代码审查确保代码符合组织的标准和最佳实践。代码审查实践可减少 15% ～ 20% 的缺陷率，并提高代码质量。
- 版本控制和分支策略。在 DevOps 中，精确的版本控制和分支管理策略可帮助管理代码变更，确保代码的稳定性和可追溯性。这不仅有助于维护代码质量，也使团队能够更有效地协作。有效的版本控制和分支策略可提高 30% 的代码稳定性。
- 集成测试和系统测试。DevOps 强调在整个开发过程中进行测试，而不仅仅是在开发完成后。这种持续测试的方法有助于确保应用的每个部分都能按预期工作，提高了测试覆盖率。这些测试保障测试覆盖率至 80%，从而确保更高的应用质量。
- 环境一致性。DevOps 倡导的持续部署实践确保了从开发到生产的所有环境之间的一致性，从而使测试更加可靠，因为可以确保在一个环境中测试通过的代码也将在其他环境中正常工作。通过持续部署实践，环境不一致导致的问题可以减少 60% 以上。
- 构建自动化测试框架。自动化测试框架在 DevOps 中是基础设施的一部分。这些框架使得创建和执行测试用例更为高效，支持快速、频繁的软件迭代。自动化测试框架可提高 50% 的测试效率，并减少人工错误。

8.4.2　质量内建的作用

质量内建的作用体现在很多方面。

- 提升自动化测试。自动化测试在质量内建中占据核心地位，与 DevOps 中的持续集成和持续部署（CI/CD）紧密结合。这种自动化不仅提高了测试效率，还保证了测试的一致性和可靠性。自动化测试的实施可提升测试覆盖率至 90% 以上，同时减少 50% 以上的手动测试工作量。
- 加速反馈循环。在 DevOps 框架中，快速反馈是至关重要的。通过在每个开发阶段实施质量检查，如自动化测试和代码审查，团队能够及时发现并修复问题，从而加快了反馈循环并提高了整体效率。问题反馈周期可以从数天缩短至几小时甚至几分钟。
- 促进团队协作。质量内建鼓励开发人员、测试人员和运维人员之间的紧密合作，这与 DevOps 文化中强调的团队协作和通信不谋而合。跨职能团队协作有助于人们更好地理解和解决质量问题。跨职能团队合作可提高问题解决效率高达 60%，同时加快交付速度。
- 质量门禁的实施。质量门禁确保在软件开发的每个阶段都必须满足特定的质量标准。在 DevOps 实践中，这种机制确保了代码在推进到下一个阶段之前满足严格的质量标准，从而避免了后期的大规模修复。通过质量门禁，缺陷率可以降低 30% 以上，同时提高代码质量。

8.4.3   质量外延

质量外延主要是指测试左移和测试右移，即测试活动向前延伸，同时测试活动也向后延伸，主要体现为敏捷开发实践，例如结对编程（pair programming）、TDD（Test Driven Development）、持续集成与测试、不同层面自动化测试、验收测试驱动开发（ATDD），迭代评审、迭代回顾会议、重构等。

1. 结对编程

图 8-7 展示的是结对编程过程，两个人一起编码，互相评审代码。有数据证明，结对编程可以提高代码质量和项目效率，是一种代码检测行为。

1999 年，犹他州立大学做了一项试验。两组学生，一组独自工作（共 13 人），一组结对编程（共 28 人，即 14 对），完成相同的任务（由助教预先设计和开发了测试用例）。表 8-1 是完成相同的 4 个程序，独自工作和结对编程工作的测试用例成功通过的百分比。这些数据说明了结对编程可以提高测试用例通过的百分比。

图 8-7   结对编程过程

表 8-1   测试用例成功通过的百分比

测试用例	独自工作	结对编程
程序 1	73.4%	86.4%
程序 2	78.1%	88.6%
程序 3	70.4%	87.1%
程序 4	78.1%	94.4%

图 8-8 所示的柱状图是完成相同的程序，独自工作和结对编程所花费时间的对比。虽然结对编程的学生在刚开始的阶段比独自工作的学生花在同样任务上的时间多，但很快结对编程的学生的时间开始大幅度下降。而独立工作的学生需要花费比结对编程更多的时间来达到接近的代码质量。而且，在具体项目中，结对编程会带来比上面结果更高的价值。例如，减少修复错误的时间，减少个人理解上的偏差。结对编程的团队开发能力提高很快，这是潜在的价值。总之，结对编程提高了工作效率。

通过比较试验后的问卷调查，我们发现：

- 结对编程能用较少的时间生产更高质量的代码。
- 结对编程的学生认为自己比一个人的时候更勤奋和更聪明地工作，因为不想让自己的同伴失望。
- 结对编程的学生认为自己比一个人的时候更专注、更紧凑和更有纪律地工作，而且是持续的。而独自工作的学生也可以专注和紧凑地工作，但往往不持续。
- 在紧张的时间安排和繁重的工作压力下，独自工作的学生很容易蜕变为没有纪律的程序员。

另外，人员的流动一直是令很多软件公司非常困扰的问题，特别是老员工的离去意味着公司多年的技术和业务积累的流失。而在结对编程工作的团队中，几乎不用担心这个问题。

结对编程可以快速地进行知识传递，通过结对编程和结对编程伙伴的交换，知识不再掌握在一个人的手中，而是由整个团队一起共享。

图 8-8　独自工作和结对编程花费时间对比

2. 测试驱动开发

测试驱动开发（TDD）的基本思想是在开发功能代码之前，先编写测试代码，也就是说在明确要开发某个功能后，首先思考如何对这个功能进行测试，并完成测试代码的编写，然后编写相关的代码满足这些测试用例。循环此过程以添加其他功能，直到完成全部功能的开发。JUnit 是实现 TDD 的很好的框架，可以实现自动化测试.

3. 持续集成与测试

敏捷项目要求频繁地将工作集成到整体系统中，然后再进行重新测试，以确定整个产品仍然按照预期工作。因此，敏捷项目强调自动化测试。

4. 不同层面自动化测试

不同层面自动化测试包括单元测试、集成测试、系统测试、冒烟测试、回归测试等不同层次的测试。对端到端信息使用系统测试，对构建模块使用单元测试。在两者之间，了解是否需要进行集成测试，以及在何处进行测试。冒烟测试有助于判断所测试的工作产品是否良好。团队发现决定何时以及对哪些产品运行回归测试，可以帮助他们在维护产品质量的同时良好地构建性能。

5. 验收测试驱动开发

首先与客户一起讨论工作产品的验收标准，然后，团队创建测试，编写足够的代码进行自动化测试，满足标准要求。

6. 迭代评审

迭代完成之后，向项目相关人员展示本迭代版本的运行情况，得到用户反馈。

7. 迭代回顾会议

迭代完成之后，评审本迭代过程，确定是否进行过程改进。

8. 重构

重构活动是在每个迭代之后再逐步完善代码和设计的过程，基本思路是先完成代码的正常工作，然后再逐步提高代码的质量，频繁评审代码，完善设计。

8.5 软件项目质量计划

现代质量管理强调：质量是计划出来的，而不是检查出来的。只有制订出切实可行的质量计划，严格按照规范流程实施，才能达到规定的质量标准。对于软件项目，预防更是胜于检验，要求提前预防、计划，做到未雨绸缪，而不是后期补救和打"补丁"。因为质量是在开发过程中形成的，高质量的开发才能产生高质量的软件产品。当软件完成之后，就无法再提高它的质量了，好的质量保证开始于好的设计，而且在设计好的编程过程中得以延续。程序员必须在编程过程中重视每一行编码的质量。在测试、运行或者维护中所发现的每个缺陷都是不重视质量的开发人员带来的。一个庞大的软件被开发出来后，保证它没有缺陷是不现实的，测试也是不能保证的，那么保证软件没有错误或者几乎没有错误的最好办法是在前期就解决缺陷。要做好这些事情就需要做好质量计划。

8.5.1 质量计划

软件质量计划过程是指确定项目应达到的质量标准，以及决定满足质量标准的计划安排和方法。合适的质量标准是质量计划的关键。只有做出精准的质量计划，才能指导项目的实施，做好质量管理。例如，可以确定缺陷率作为一个质量标准。表 8-2 和表 8-3 是 2023 年中国软件行业基准数据报告中的缺陷率标准。

表 8-2 测试阶段的缺陷率

缺陷率（缺陷数 / 功能点）				
P10	P25	P50	P75	P90
0.03	0.05	0.16	0.72	1.15

注：用于计算本基准数据的缺陷数为项目交付前所有的测试活动（包括内部测试及用户验收测试）发现的缺陷之和。

表 8-3 交付阶段的缺陷率

缺陷率（缺陷数 / 千功能点）				
P10	P25	P50	P75	P90
2.01	3.58	13.16	38.23	67.56

注：用于计算本基准数据的缺陷数为项目交付后发现的缺陷之和。

质量管理的目的是确保项目完成的工期，实现系统的功能，达到系统的性能指标以及系统运行的可靠性，规定质量保证措施、资源及活动应具有的顺序，确保产品的实现过程受控且有效，完成的项目满足用户的要求。

质量计划主要是指依据公司的质量方针、产品描述以及质量标准和规则等制定实施策略，其内容全面反映用户的要求，为质量小组成员有效工作提供指南，为项目小组成员以及项目相关人员了解在项目进行中如何实施质量保证和控制过程提供依据，为确保项目质量得到保障提供坚实的基础。

不求质量的开发人员往往凭经验草草了事，追求完美的开发人员则在该项任务上耗费太多的精力，这些是由于没有验收标准而导致的情景。因为没有验收标准，无法知道要执行的任务需要什么样的结果，需要达到什么样的质量标准。作为质量管理最终责任承担者的项目经理来说，只有制定好每个任务的验收标准，才能够严格把好每一个质量关，同时了解项目的进度情况。

　　质量计划首先是确定项目质量目标，根据 WBS 将目标分解到每个工作包，并按职责分工将工作包的质量目标落实到每个小组成员。每个工作包的输入和输出都必须明确，还需要建立与项目目标相一致的项目管理组织，明确各工作包的质量责任人。对于一个项目，可以建立该项目的质量模型，根据质量模型来确定项目的质量目标或者质量标准。例如，表 8-4 是某项目的质量模型，质量模型的总分数是 100 分，如果定义质量目标是 85 分以上，那么所有的质量活动是保证项目质量达到 85 分以上。为此，需要在后续的执行控制过程中跟踪质量模型分数的走势，图 8-9 是该项目的质量模型分数的走势。

表 8-4　项目质量模型案例

质量特征	权重	质量子特征	权重
功能性	44.44%	完整性	29.7%
		准确性	53.9%
		安全性	16.4%
可靠性	22.22%	健壮性	66.6%
		容错性	16.7%
		易恢复性	16.7%
效率	11.11%	时间特性	50%
		资源特性	50%
易使用性	11.11%	易理解性	53.9%
		用户文档问题	16.4%
		易操作性	19.7%
标准	11.11%	行业标准	50%
		企业标准	50%

图 8-9　项目质量模型分数的走势

　　质量管理的对象是产品和过程。产品是指软件项目过程中的所有产品，如需求规约、设计说明书、代码、测试用例、测试报告、使用手册等。过程是指软件项目中的所有过程，如需求过程、设计过程、编码过程、测试过程、提交过程等。

8.5.2　质量计划的方法

　　在开发软件项目的过程中，可能会产生很多的中间产品，包括需求规约、设计说明书、源程序、测试计划、测试结果等，它们对最终产品的结果起着很重要的作用，所以应该对它们以及最终的产品进行评估和控制，以保证产品最终满足用户需求。

质量计划是确定哪种质量标准适合项目并决定如何达到这些标准的过程。质量计划是规划阶段的一个基本过程：每一个提交结果都有质量检查的衡量标准。编制项目的质量计划时，首先必须确定项目的范围、中间产品和最终产品，然后明确关于中间产品和最终产品的有关规定、标准，确定可能影响产品质量的技术要点，并找出能够确保高效满足相关规定、标准的过程方法。编制质量计划时通常需要对项目进行分析，确定需要监控的关键元素，并制定质量标准。

在进行质量计划时，可以采用很多方法，如试验设计、基准对照、质量成本分析等。

1. 试验设计

试验设计是一种统计学方法，确定哪些因素可能会对特定变量产生影响，是一种不错的方法。它在可选的范围内，对特定要素设计不同的组合方案，通过推演和统计，权衡结果，以寻求优化方案。例如，针对成本和时间可以设计不同的组合方案，并筛选出最优的组合。试验设计方法可以确定在一个项目中的哪些变量是导致项目出问题的主要原因。

2. 基准对照

基准对照是一种寻找最佳实践的方法，利用其他项目的实施情况作为当前项目性能衡量的标准。它通过审查项目的提交结果、项目管理过程、项目成功或者失败的原因等来衡量本项目的绩效。

3. 质量成本分析

质量成本分析是常用的方法。质量成本是为了达到满足用户期望的交付结果的质量要求而花费的所有成本，这包括为满足质量要求而做的所有工作和解决不合格项而付出的花费。当不合格项需要返工、浪费资源时，这个成本是最明显的。所以，编制质量计划必须进行质量成本的综合分析，以便决定质量活动。

4. 测试与检查的规划

在规划阶段，项目经理和项目团队可以决定如何测试或检查产品、可交付成果或服务，以满足相关方的需求和期望，以及如何满足产品的绩效和可靠性目标。不同行业有不同的测试与检查，例如 α 测试和 β 测试等。

5. 各种数据分析图示

各种数据分析图示也常常作为质量计划的方法，例如因果分析图、流程图、思维导图等。
- 因果分析图也称鱼刺图。对于复杂的项目，编制质量计划时可以采用因果分析图，如图 8-10 所示。因果分析图描述相关的各种原因和子原因如何产生潜在问题或影响，将影响质量问题的人员、设备、参考资料、方法、环境等各方面的原因进行细致的分解，方便在质量计划中制订相应的预防措施。
- 流程图方法可以显示系统的各种成分之间的相互关系，帮助我们预测在何处可能发生何种质量问题，并由此帮助开发处理它们的办法。
- 思维导图是一种用于可视化组织信息的绘图法。质量思维导图通常是基于单个质量概念创建的，是绘制在空白的页面中央的图像，之后再增加以图像、词汇或词条形式表现的想法。思维导图技术有助于快速收集项目质量要求、制约因素、依赖关系和联系。

图 8-10　因果分析图

另外，在质量计划中还必须确定有效的质量管理体系，明确质量监理人员对项目质量负责和各级质量管理人员的权限。戴明环（又名 PDCA 循环法）作为有效的管理工具在质量管理中得到广泛的应用，它采用计划－执行－检查－措施的质量环，质量计划中必须将质量环上的各环节明确落实到各责任单位，才能保证质量计划的有效实施。

8.5.3　质量计划的编写

质量计划应说明项目管理小组如何具体执行它的质量策略。质量计划的目的是规划出哪些是需要被跟踪的质量工作，并建立文档。此文档可以作为软件质量工作指南，帮助项目经理确保所有工作按计划完成。开发一个好的、具有针对性的质量计划可以为软件项目带来很多益处。严格一致的质量计划不仅有利于产品和客户，而且有助于项目经理对项目的维护控制和降低成本。质量计划可以是正式的或非正式的、高度细节化的或框架概括型的，以项目的需要而定。但是，质量计划应满足下列要求。

- 应达到的质量目标和所有特性的要求。
- 确定质量活动和质量控制程序。
- 确定项目不同阶段的职责、权限、交流方式以及资源分配。
- 确定采用的控制手段、合适的验证手段和方法。
- 确定和准备质量记录。

在质量计划中应该明确项目要达到的质量目标，以及为了达到目标的质量保证和质量控制活动。目标可以根据项目的质量模型确定相关的质量属性或者确定根据质量模型的计算值，质量属性可以根据具体项目选择，具体如下。

- 可用度：软件运行后在任一随机时刻需要执行规定任务或完成规定功能时，软件处于可使用状态的概率。
- 初期故障率：软件在初期故障期（一般以软件交付给用户后的 3 个月内为初期故障期）内单位时间的故障数。一般以每 100 小时的故障数为单位。可以用它来评价交付使用的软件质量与预测什么时候软件的可靠性基本稳定。初期故障率取决于软件设计水平、检查项目数、软件规模、软件调试彻底与否等因素。
- 偶然故障率：软件在偶然故障期（一般以软件交付给用户后的 4 个月以后为偶然故障期）内单位时间的故障数。一般以每 1000 小时的故障数为单位。它反映了软件处于稳定状态下的质量。
- 平均失效前时间（MTTF）：软件在失效前正常工作的平均统计时间。
- 平均失效间隔时间（MTBF）：软件在相继两次失效之间正常工作的平均统计时间。在实际使用时，MTBF 通常是指当 *n* 很大时，系统第 *n* 次失效与第 *n*+1 次失效之间的平均统计时间。在失效率为常数和系统恢复正常时间很短的情况下，MTBF 与 MTTF 几乎是相等的。国外一般民用软件的 MTBF 在 1000 小时左右。对可靠性要求高的软件则要求 MTBF 在 1000 ～ 10 000 小时之间。

- 缺陷密度（FD）：软件单位源代码中隐藏的缺陷数量。通常以每千行无注解源代码为单位。一般情况下，可以根据同类软件系统的早期版本估计 FD 的具体值。如果没有早期版本信息，也可以按照通常的统计结果来估计。典型的统计表明，在开发阶段，平均每千行源代码有 50 ～ 60 个缺陷，交付后平均每千行源代码有 15 ～ 18 个缺陷。

- 平均失效恢复时间（MTTR）：软件失效后恢复正常工作所需的平均统计时间。对于软件，其失效恢复时间为排除故障或系统重新启动所用的时间，而不是对软件本身进行修改的时间（因软件已经固化在机器内，修改软件势必涉及重新固化问题，而这个过程的时间是无法确定的）。

质量计划可以提供项目执行的过程程序，如需求分析的过程程序、总体设计的过程程序、详细设计的过程程序、质量审计的过程程序、配置管理的过程程序、测试的过程程序等。

编制一份清晰的质量计划是实施项目质量管理的第一步，而一个清晰的质量计划首先要明确采用的质量标准和质量目标。质量政策和质量标准是编制质量计划的约束条件。质量计划描述项目管理团队如何实施组织的质量策略过程，是项目计划的一个输入。

1. 软件项目的质量计划要素

软件项目的质量计划要根据项目的具体情况决定采取的相应的计划形式，没有统一的定律。有的质量计划只是针对质量保证的计划，有的质量计划既包括质量保证计划也包括质量控制计划。质量计划可以包括质量保证和质量控制的活动安排，包括质量保证（审计、评审软件过程、活动和软件产品等）的方法、职责和时间安排等。质量控制计划可以包含在开发活动计划中，如代码走查、单元测试、集成测试、系统测试等。

质量计划中要明确质量管理组织的职责和义务。质量保证的人员应该有特殊的问题上报渠道，以保证问题被顺利解决，但是质量保证人员应该慎用这个渠道。项目经理是项目质量管理的最终责任承担者。

2. 软件项目的质量计划形式

质量计划的输出形式没有统一标准，关键是将质量活动体现出来，以便将来项目执行过程中参照执行。质量计划的输出形式大体可以分两种，第一种是将质量活动体现在进度计划的活动中，如表 8-5 所示，这个例子的总体设计和详细设计任务的进度进化中都增加了相应的质量活动。质量计划的另一种输出形式是文档形式，它主要是质量保证计划，图 8-11 所示是某项目质量保证计划的模板。

表 8-5 体现质量活动的进度计划

任务	质量活动	进度计划
总体设计	体系结构设计	3 天
	数据库设计	3 天
	模块设计	5 天
	总体设计评审	1 天

（续）

任务	质量活动	进度计划
详细设计	模块 1 的伪代码设计	2 天
	模块 2 的伪代码设计	2 天
	模块 3 的伪代码设计	2 天
	模块 4 的伪代码设计	2 天
	模块 5 的伪代码设计	2 天
	详细设计评审	1 天

图 8-11　某项目质量保证计划模板

8.6　MED 项目的质量计划案例分析

在制订项目计划的时候，质量经理参与整个项目计划的制订过程，同时负责质量保证计划的制订。"医疗信息商务平台"质量保证计划文档如下，限于篇幅，下面省略封面。

目录

1 导言
　1.1 目的
　1.2 范围
　1.3 缩写说明
　1.4 术语定义
　1.5 引用标准
　1.6 版本更新记录
2 质量目标
3 质量管理职责
4 质量管理流程
5 质量活动

5.1 过程审核

5.2 产品审计

1 导言

略。

2 质量目标

质量管理客观地核实软件项目的实施行动与开发的产品遵从于对应的需求、过程描述、标准及规程，提前发现并排除项目中存在的问题和缺陷，保证项目的实施质量，具体目标包括：

- 通过监控软件开发过程来保证产品质量。
- 保证开发的软件和软件开发过程符合相应标准与规程。
- 保证软件产品、软件过程中存在的不合理问题得到处理，必要时将问题反映给管理者。
- 确保项目组制定的计划、标准和规程适合项目组需要，同时满足评审和审计需要。

3 质量管理职责

质量管理涉及的主要角色包括项目质量管理员、PMO 质量管理专员、各小组组长或项目经理、项目配置管理员、PMO 总体管理组。各主要角色的职责范围如表 1 所示。

表 1 质量管理角色职责表

角色名称	职责范围
项目质量管理员	制定质量管理办法、质量评估计划和标准；按照质量评估计划，执行项目质量评估，登记质量问题表，并形成质量评估报告；根据项目需要，参与质量评估小组，进行项目关键交付物的评估；组织制定质量评估问题的改善行动计划，并指导和监控行动计划的有效执行
PMO 质量管理专员	根据 PMO 发布的质量管理办法，协助项目组制定项目质量管理计划；根据质量评估活动发现的问题和缺陷，组织各项目组制定改善行动计划；制订整体工程项目群的质量评估计划；支持 PMO 对各项目的评估检查工作；根据项目组质量改善计划指导质量改善行动
各小组组长或项目经理	负责审核本项目质量监控流程、质量管理办法；负责本项目所有交付物的中间文档、最终文档的内容的质量；负责本项目质量评估问题的改善行动计划的执行，针对项目质量管理员提出的不符合问题协调项目组成员进行整改
项目配置管理员	负责质量管理相关的文档存储
PMO 总体管理组	审批质量管理计划及重大问题的改善行动计划，针对 PMO 质量管理专员上报的重大问题协调解决

4 质量管理流程

本项目的质量管理流程包含质量计划、质量评估及质量改善。质量管理流程如图 1 所示。

流程说明：

在项目实施过程中，每个项目成员都要对自己工作成果的质量负责，并且每个项目成员都是质量管理过程的参与者。小组负责人或项目经理参照质量管理办法执行质量保证活动，接受质量管理岗的评估检查，对质量评估反馈的缺陷进行修改和完善，并及时提交修改后的交付物，记录并存档质量保证活动的相关文档，以便于回溯查询。项目质量管理员需要根据工程项目总体计划，制订整体工程项目的质量管理计划，并按照计划执行项目质量保证活动（各项目质量评估），反馈质量评估的缺陷，并监督、指导质量改善行动。

图 1 质量管理流程图

质量管理计划：
- 依据项目进度计划确定要评审的活动和审计的产品。
- 确定 QA 评审和审计的方式及所需资源。
- 根据项目情况、历史经验确定 QA 工作重点。
- 必要时 QA 根据项目情况调整 QA 计划。

质量评估：
- 确定项目每个阶段质量评估的指标。
- 依据 QA 计划中确定的评审和审计方式执行计划中的 QA 活动，并保证计划中标注为工作重点的活动和工作产品的评审和审计活动正常执行。
- 把评审、审计活动记录、发现的不符合问题记录到 QA 计划中。
- QA 根据问题等级判断准则确定问题的等级。

质量改善：
- QA 向小组负责人或负责人报告不符合问题，协商解决措施，并将措施记录到 QA

计划中。
- QA 针对重大问题制定改善行动计划并报 PMO 总体管理组批准。
- 跟踪不符合问题的解决情况，直至问题解决。
- 定期对不符合问题的数据进行统计分析，并提出解决措施。

质量周报：
- 统计本周发现的和上周遗留下来的不符合问题。
- 记录本周的主要工作内容。
- 记录本周的主要问题及解决措施。
- 总结本周的工作经验，提出对 QA 工作的意见和建议。
- 制订下周的工作计划。

5 质量活动

项目质量管理员根据质量管理计划和事件触发的形式定期进行过程审计和产品审计，发现不符合问题并记录，跟踪并监控直至问题解决，对影响重大的问题进行上报、协调及处理。

5.1 过程审核

识别进行审核的过程、活动，并识别验证的标准，确定审核的时间。QA 验证项目活动需遵循适当的规程。需进行审核的过程如表 2 所示。

表 2 过程审核计划

阶段	对象	执行过程	审计频率		事件驱动
			每周	每月	
启动	项目启动	下达项目任务书			√
		召开项目启动会议			√
		建立配置管理库	√		√
	项目计划	项目过程定义			√
		进行任务分解			√
		制定项目进度表	√		√
		进行项目估计	√		√
		制订质量管理计划		√	√
		制订风险计划			√
		制订配置管理计划			√
		完成项目计划			√
		制订测试计划	√		√
		制订 SQA 计划			√
		项目计划管理评审	√		√
需求	客户需求开发	获得和确认需求			√
	软件需求开发	软件需求开发	√		√
		软件需求评审			√
		建立软件需求基准			√
		决策分析启动标准策划			√
		决策分析			√

（续）

阶段	对象	执行过程	审计频率		事件驱动
			每周	每月	
设计	架构设计	进行架构设计	√		√
		架构设计评审			√
		建立架构设计基准			√
	系统测试设计	系统测试设计			√
		测试设计评审	√		√
		建立系统测试基准			√
	集成测试设计	集成测试设计	√		√
		测试设计评审			√
		建立集成测试基准			√
	系统设计	进行系统设计			√
		系统设计评审	√		√
		建立系统设计基准			√
开发	编码	编码			√
		系统集成			√
		代码评审			√
测试	集成测试	进行集成测试			√
		错误修正			√
	系统测试	进行系统测试			√
		错误修正	√		√
试运行	产品发布	集成待发布产品			√
		版本确认	√		√
		产品发布			√
	现场实施	软件交付			√
		安装调试			√
		验收测试			√
		客户培训			√
	试运行	试运行			√
	系统验收	验收准备			√
		验收实施			√
管理	实施总结	实施总结			
	里程碑总结	里程碑总结			
		里程碑总结评审	√		
	项目总结	项目总结			√
		项目总结管理评审			√
	管理活动	项目周报填写		√	
		个人日报填写		√	
		项目例会		√	
		配置管理			√
		项目度量			√

5.2　产品审计

QA 对软件开发过程中创建的工作产品经选择后进行审核，以验证是否符合适当的标准。进行审计的工作产品如表 3 所示。

表 3　产品审计

阶段	对象	执行过程	审计频率		事件驱动
			每周	每月	
启动	项目启动	项目任务书			√
		项目配置管理库	√		
	项目策划	项目计划	√		
		项目进度表	√		
		项目估计书	√		
		评审计划			√
		测试计划			√
		QA 计划			√
		管理评审记录	√		
		配置管理计划			
需求	客户需求开发	业务提供的需求文档			√
		需求确认书			√
	软件需求开发	需求规约	√		
		需求用例			
		软件需求评审记录		√	
		软件需求基准			√
		更新后的配置管理计划			√
		架构设计	√		
		架构设计评审记录			√
		架构设计基准			√
		更新后的配置管理计划			√
	系统测试设计	测试大纲	√		
		测试用例	√		
		系统测试设计评审记录		√	
		系统测试基准	√		
		更新后的配置管理计划			
	集成测试设计	测试用例	√		
		集成测试设计评审记录	√		
		集成测试基准			√
		更新后的配置管理计划			√
	详细设计	系统设计	√		
		系统设计评审记录			√
		系统设计基准	√		
		更新后的配置管理计划			√
开发	编码	源代码	√		
		集成构成方案	√		
		用户手册			√
		代码评审记录		√	

（续）

阶段	对象	执行过程	审计频率		事件驱动
			每周	每月	
测试	集成测试	测试问题卡	√		
		测试总结报告	√		
		修正后的源代码		√	
	系统测试	测试问题卡		√	
		测试总结报告			
		修正后的源代码			
试运行	产品发布	集成的软件产品	√		
		产品发布表	√		
		更新后的配置管理计划			√
		待发布的软件产品			√
	现场实施	软件交付书			√
		软件安装记录			√
		测试问题卡			√
		实施问题记录表			√
		客户培训培训计划			√
		客户培训课程反馈表			√
		客户培训培训资料			√
		客户培训培训记录			√
	试运行	实施问题记录表	√		
	系统验收	验收申请			√
		项目验收报告			√
管理	实施总结	软件实施总结报告			√
	里程碑总结	里程碑总结报告	√		
		里程碑总结报告管理评审记录			√
	项目总结	项目总结报告			√
		测试总结报告			√
		更新后的项目计划			√
		项目总结报告管理评审记录			√
	管理活动	项目周报			√
		个人日报			√
		项目例会会议记录			√
		配置库管理计划			√
		项目计划、度量计划			√

8.7　MSHD 项目的质量计划案例分析

1. 质量计划的目标

- 确保 MSHD 系统的功能满足用户需求且系统具备运行稳定性、数据准确性。
- 符合行业标准和用户需求，系统响应时间在可接受范围内，数据准确性高于 95%。

2. 质量保证活动

针对质量目标，制订表 8-6 所示的质量保证（QA）活动。

表 8-6 质量保证活动

文档审计	需求、设计、代码、测试等关键文档均有专人负责，会在每次修改内容后进行审计。同时，使用 AI 辅助工具检测文档的完整性和格式的规范性
过程审计	定期审计软件开发过程，包括需求分析、设计、编码等全流程，确保本项目遵循既定流程和标准
代码审计	代码遵循严格的规范。ESLint 和 Husky 等自动化工具的配置，团队的代码在 GitHub 提交时便会自动审计

3. 质量控制活动

针对质量目标，制定质量控制（QC）活动（如表 8-7 所示）和体现质量控制的敏捷实践（如表 8-8 所示）。

表 8-7 质量控制活动

代码走查	结对编程的成员之间互相负责代码走查，同时使用 AI 工具用于自动识别潜在代码问题和不规范实践
测试活动	测试团队执行单元测试和集成测试。结合 AI 辅助工具自动生成测试用例，并监控测试覆盖率

表 8-8 体现质量控制的敏捷实践

结对编程	采用结对编程方法，以提高代码质量和促进知识共享
测试驱动开发（TDD）	在编写功能代码之前，先编写相应的测试用例，如前端的测试 JSON 文件
持续集成和部署（CI/CD）	使用 GitHub Action 启用自动化构建和部署，以持续地集成和测试代码

小结

软件质量是软件满足用户明确说明或者隐含说明的需求的程度。用户的满意度是质量非常重要的要素。质量保证和质量控制是主要的软件质量活动。质量保证用于验证软件是否正确，而质量控制用于验证软件是否正确构造。敏捷项目的质量活动是贯穿项目始终的，这样可以保证快速交付高质量产品。所有的质量标准和质量活动都需要质量计划来进行规划，它说明软件项目中的质量任务、采用的相应方法和对策，以及出现问题时的处理方式。

练习题

一、填空题

1. _____是对过程或产品的一次独立质量评估。
2. 质量成本包括预防成本和_____。
3. _____是软件满足明确说明或者隐含的需求的程度。
4. McCall 质量模型关注的 3 个方面是_____、_____、_____。
5. 质量管理总是围绕着质量保证和_____过程两个方面进行。
6. 质量保证的主要活动是_____和_____。

二、判断题

1. 质量是满足要求的程度，包括符合规定的要求和客户隐含的需求。（　　　）
2. 软件质量是软件满足明确说明或者隐含的需求的程度。（　　　）
3. 软件质量可以通过后期测试得以提高。（　　　）
4. 质量计划可以确定质量保证人员的特殊汇报渠道。（　　　）
5. 软件质量是代码正确的程度。（　　　）
6. 敏捷项目要求全程的质量审查。（　　　）

三、选择题

1. 下列不属于质量管理过程的是（　　　）。
   A. 质量计划　　　　　　B. 质量保证　　　　　C. 质量控制　　　　　D. 质量优化
2. 项目质量管理的目标是满足（　　　）的需要。
   A. 老板　　　　　　　　B. 项目经理　　　　　C. 项目　　　　　　　D. 组织
3. 下列属于质量成本的是（　　　）。
   A. 预防成本　　　　　　B. 缺陷数量　　　　　C. 预测成本　　　　　D. 缺失成本
4. 下列不是质量计划方法的是（　　　）。
   A. 质量成本分析　　　　　　　　　　　　　B. 因果分析图
   C. 抽样分析　　　　　　　　　　　　　　　D. 基准对照
5. 下列不是软件质量模型的是（　　　）。
   A. Boehm 质量模型　　　　　　　　　　　B. McCall 质量模型
   C. ISO/IEC 9216 质量模型　　　　　　　　D. 关键路径模型
6. 质量控制非常重要，但是进行质量控制也需要一定的成本，（　　　）可以降低质量控制的成本。
   A. 进行过程分析　　　　　　　　　　　　B. 使用抽样统计
   C. 对全程进行监督　　　　　　　　　　　D. 进行质量审计
7. McCall 质量模型不包含（　　　）。
   A. 产品修改　　　　　　B. 产品转移　　　　　C. 产品特点　　　　　D. 产品运行
8. 下面哪项不是敏捷项目的质量实践？（　　　）
   A. 结对编程　　　　　　　　　　　　　　B. TDD
   C. 迭代评审　　　　　　　　　　　　　　D. 需求规约编写过程审计

四、问答题

1. 简述质量保证的主要活动，以及质量保证的要点。
2. 简述质量保证与质量控制的关系。

第 9 章

软件配置管理计划

虽然范围计划、成本计划、进度计划、质量计划是项目管理的核心计划，但为了更好、更全面地进行项目管理，还需要其他的辅助计划，如配置管理计划、团队沟通计划、风险计划等。本章进入路线图的"配置管理计划"，如图 9-1 所示。

图 9-1　项目计划——配置管理计划

9.1　配置管理概述

软件项目进行过程中面临的一个主要问题是持续不断的变化，变化是多方面的，如版本的升级、不同阶段的产品变化。配置管理是有效管理变化的重要手段。软件项目的开发和实施往往都是在"变化"中进行的。可以毫不夸张地说，软件项目的变化是持续的、永恒的。需求会变，技术会变，系统架构会变，代码会变，甚至环境也会变。有效的项目管理能够控制变化，以最有效的手段应对变化，不断命中移动的目标，无效的项目管理则被变化所控制。如何在受控的方式下引入变更、监控变更的执行、检验变更的结果、最终确认变更，并使变更具有可追溯性，这一系列问题直接影响项目的成败，而有效的配置管理可以应对这一系列问题。

配置管理的概念源于美国，为了规范设备的设计与制造，美国空军于 1962 年制定并发布了第一个配置管理的标准。软件配置管理概念的提出则在 20 世纪 60 年代末 70 年代初，当时加利福尼亚大学圣巴巴拉分校的 Leon Presser 教授在承担美国海军的航空发动机研制工作期间，撰写了一篇名为"Change and Configuration Control"的论文，提出控制变更和配置的概念，这篇论文同时也是他管理该项目的经验总结。

随着软件工程的发展，软件配置管理越来越成熟，从最初的仅仅实现版本控制，发展到现在的提供工作空间管理、并行开发支持、过程管理、权限控制、变更管理等一系列全面的管理能力，已经形成了一个完整的理论体系。另外，在软件配置管理的工具方面，也出现了大批的产品，如 ClearCase、CVS、Microsoft VSS、Hansky Firefly、GIT 等。

软件配置管理贯穿于软件生存期的全过程，目的是建立和维护软件产品的完整性和可追溯性。下面介绍配置管理中几个重要的概念：软件配置管理、软件配置项、软件项目基线以及软件配置控制委员会。

9.1.1 软件配置管理的定义

软件配置管理（Software Configuration Management，SCM）是一套管理软件开发和维护以及其中各种中间软件产品的方法和规则，也是提高软件质量的重要手段，它帮助开发团队对软件开发过程进行有效的变更控制，高效地开发高质量的软件。配置管理的使用取决于项目的规模、复杂性以及风险水平。

软件配置管理通过在特定的时刻选择软件配置，系统地控制对配置的修改，并在整个软件生命周期中维护配置的完整性和可追踪性。中间软件产品和用于创建中间软件产品的控制信息都应处于配置管理的控制下。

随着软件开发规模的不断扩大，一个项目的中间软件产品的数目越来越多，中间软件产品之间的关系越来越复杂，对中间软件产品的管理也越来越困难，有效的软件配置管理则有助于解决这一系列问题。

配置管理在系统周期中对一个系统中的配置项进行标识和定义，这个过程是通过控制某个配置项及其后续变更、记录并报告配置项的状态及变更要求以及证明配置项的完整性和正确性实现的。软件配置管理相当于软件开发的位置管理，它回答了下面的问题。

- 我（他）是谁？
- 为什么我（他）在这里？
- 为什么我（他）是某某？
- 我（他）属于哪里？

软件配置管理是软件项目能顺利进行的基础。在一个软件项目开发过程中会有大量的"中间产品"产生，典型的如代码、技术文档、产品文档、管理文档、数据、脚本、执行文件、安装文件、配置文件甚至一些参数等，这些中间成果都是项目的产品，而且不断变化的软件项目还会使这些产品产生多个不同的版本，可以想象，一旦配置管理失控，项目组成员就会陷入配置项的"泥潭"。显然，制订配置管理计划，建立配置管理系统，确定配置管理的流程和规程，严格按照配置管理流程来处理所有配置项，是确保配置管理顺利实现的方法和必要的手段。

软件配置管理包括标识在给定时间点上软件的配置（即选定的软件工作产品及其描述），系统地控制对配置的更改并维护在整个软件生存周期中配置的完整性和可追溯性。置于软件配置管理之下的工作产品包括交付给顾客的软件产品（如软件需求文档和代码），以及与这些软件产品等同的产品项或生成这些软件产品所要求的产品项（如编译程序）。在配置管理过程中需要建立一个软件基线库，当软件基线形成时就将它们纳入该库。通过软件配置管理的变更控制和配置审计功能，系统地控制基线的更改和那些利用软件基线库构造成的软件产品的发行。

软件配置管理的概念容易被狭义地理解，比如被当作版本控制的同义词等，这是不全面的解释。软件配置管理中所放置的代码内容可以再分成两个层次，分别为项目的应用代码和环境相关的代码，环境相关的代码这部分内容又可以进一步细化成环境配置和环境数据。环境配置是指那些针对当前应用基本上固定的环境配置；环境数据是指那些需要在部署的同时根据情况调整的数据，如配置文件以及开发、测试、生产环境的地址等。

9.1.2 软件配置项

软件配置项（Software Configuration Item，SCI）是项目定义其受控于软件配置管理的项。软件配置项是一个特定的、可文档化的工作产品集，这些工作产品是在生存期中产生或者使用的。Pressman 给出了一个比较简单的软件配置项定义：软件过程的输出信息可以分为 3 个主要类别——计算机程序（源代码和可执行程序）、描述计算机程序的文档（针对技术开发者和用户）和数据（包含在程序内部或外部），这些项包含了所有在软件过程中产生的信息，总称为软件配置项。

每个项目的配置项也许会不同。软件产品某一特定版本的源代码及其相关的工具都可能受控于软件配置管理。也就是说，在取出软件产品某一版本时，同时可以取出与此版本相关的工具。配置是一组有共同目的的中间软件产品，每一个产品被称为一个配置项。软件配置管理的对象是软件开发活动中的全部开发资产。所有这一切都应作为配置项被纳入管理计划进行统一管理，从而能够保证及时地对所有软件开发资源进行维护和集成。

在项目之初，定义配置项的命名规则以及配置项的逻辑组织结构。在项目进行中，定义以什么规则做变更。所有需要被及时更新的文件都必须在软件配置管理控制之下。例如，下面的文档可以作为软件配置管理的一些 SCI：软件项目计划、需求分析结果、软件需求规约说明书、设计规格说明书、源代码清单、测试规格说明书、测试计划、测试用例与实验结果、可执行程序（每个模块的可执行代码、链接到一起的代码）、用户手册、维护文档。除此之外，有时还把软件工具和中间产生的文件列入配置管理的范畴，即把软件开发中选用的编辑器、编译器和其他一些 CASE 工具固定地作为软件配置的一部分。当配置项发生变化时，应该考虑这些工具是否与之适应和匹配。

配置项也有不同的版本，这里类似地将面向对象的类和实例类比成配置项和配置项的版本。可以将配置项看成面向对象的类，将版本看成类的实例。在图 9-2 所示的需求规约配置项中，需求规约的不同版本类似于需求规约配置项的实例，配置项的不同版本是从最原始的配置项（类似于配置项类）演变出的不同情况，尽管每个都是不同的，但是它们具有相关性。

图 9-2 配置项类及实例

由此可见，配置项的识别是配置管理活动的基础，也是制订配置管理计划的重要内容。所有配置项都应按照相关规定统一编号，按照相应的标准生成。在引入软件配置管理工具进行管理后，这些配置项都应以一定的目录结构保存在配置库中。

配置项的划分可以实现软件项目开发的数字化，将软件项目的需求、设计、代码、测试以及维护，以数字化的形式关联起来，实现数字化的跟踪和管理。

9.1.3　软件项目基线

软件的开发过程是一个不断变化的过程，由于各种原因，可能需要变动需求、预算、进度和设计方案等，尽管这些变动请求中的绝大部分是合理的，但在不同的时机做不同的变动，难易程度和造成的影响差别甚大。为了有效地控制变动，软件配置管理引入了基线（base line）这一概念。

基线是一个或者多个配置项的集合，它们的内容和状态已经通过技术复审，并在生存期的某一阶段被接受了。对配置项进行复审的目标是验证它们被接受之前的正确性和完整性，一旦配置项经过复审，并正式成为一个初始基线，那么该基线就可以作为项目生存期开发活动的起始点。

IEEE 对基线的定义是：已经正式通过复审和批准的某规约或产品，它因此可作为进一步开发的基础，并且只能通过正式的变化控制过程改变。根据这个定义，我们在软件的开发流程中把所有需要加以控制的配置项分为基线配置项和非基线配置项两类。例如，基线配置项可能包括所有的设计文档和源程序等，非基线配置项可能包括项目的各类报告等。

基线代表软件开发过程中的各个里程碑，标志开发过程中一个阶段的结束。已成为基线的配置项虽然可以修改，但必须按照一个特殊的、正式的过程进行评估，确认每一处修改。相反，未成为基线的配置项可以进行非正式修改。在开发过程中，我们在不同阶段要建立各种基线。所以，基线是一个具有里程碑意义的配置。

基线可在任何级别上定义，图 9-3 展示了常用的软件基线。基线提供了软件生存期中各个开发阶段的特定点，其作用是使开发阶段工作的划分更加明确化，使本来连续的工作在这些点上断开，以便于检查与肯定阶段成果。在交付项中确定一个一致的子集，作为软件配置基线，这些版本一般不是同一时间产生的，但具有在开发的某一特定步骤上相互一致的性质，如系统的一致、状态的一致。基线可以作为一个检查点，正式发行的系统必须是经过控制的基线产品。

系统工程	系统规格说明
需求分析	软件需求规约说明
软件设计	软件设计说明
程序编写	源代码
测试	测试计划、过程、数据
系统提交	可运行系统

图 9-3　基线示意图

9.1.4　SCCB

软件配置管理的目标之一是有序、及时和正确地处理对软件配置项的变更，而实现这一目标的基本机制是通过软件配置控制委员会（Software Configuration Control Board，SCCB）的有效管理。SCCB 可以是一个人，也可以是一个小组，通常由项目经理及相关人员组成。对于一个新的变更请求，所执行的第一个动作是依据配置项和基线，将相关的配置项分配给适当的 SCCB，SCCB 从技术、逻辑、策略、经济和组织的角度，以及基线的层次等，对变更的影响进行评估，将一个变更的期望与它对项目进度、预算的影响进行比较。SCCB 的目标是保持一种全局观点，评估基线的变更对项目的影响，并决定是否变更。SCCB 承担变更控制的所有责任，具体责任如下。

- 评估变更。
- 批准变更申请。
- 在生存期内规范变更申请流程。
- 对变更进行反馈。
- 与项目管理层沟通。

一个项目可能存在多个 SCCB，他们可能有不同的权利和责任。不同的项目具有不同的 SCCB 定义。

9.1.5　软件配置管理在软件开发中的作用

软件配置管理在软件项目管理中有着重要的地位。软件配置管理工作以整个软件流程的改进为目标，为软件项目管理和软件工程的其他领域奠定基础，以便于稳步推进整个软件企业的能力成熟度。软件配置管理的主要思想和具体内容在于版本控制。版本控制是软件配置管理的基本要求，是指对软件开发过程中各种程序代码、配置文件及说明文档等文件变化的管理。版本控制最主要的功能是追踪文件的变更。它将什么时候、什么人更改了文件的什么内容等信息真实地记录下来。对于每一次文件的改变，文件的版本号都将增加，如 V1.0、V1.1、V2.1 等。它可以保证在任何时刻恢复任何一个配置项的任何一个版本。版本控制还记录了每个配置项的发展历史，这样可保证版本之间的可追踪性，也为查找错误提供了帮助。除了记录版本变更外，版本控制的另一个重要功能是并行开发。软件开发往往是多人协同进行的，版本控制可以有效地解决版本的同步以及不同开发者之间的开发通信问题，提高协同开发的效率。许多人将软件的版本控制和软件配置管理等同看待，这是错误的观念。版本控制虽然在软件配置管理中占据非常重要的地位，但这并不是它的全部，对开发者工作空间的管理等都是软件配置管理不可分割、不可或缺的部分。而且，简单地使用版本控制并不能解决开发管理中的深层问题。软件配置管理给开发者带来的好处是显而易见的，但对于项目管理者来说，他所关心的角度与开发者是不一样的，他更关注项目的进展情况，这不是简单的版本控制能够解决的。项目管理者从管理者的角度去运用软件配置管理中的各种记录数据，将有巨大的收获。从这些记录数据中，我们可以了解到：谁在什么时候改了些什么，为什么改；开发项目进展得如何，完成了多少工作量；开发工程师的资源是否充分使用、工作是否平衡等。

现在人们逐渐认识到，软件配置管理是软件项目管理中的一种非常有效和现实的技术，它能有效地适应软件开发需求。配置管理对软件产品质量和软件开发过程的顺利进行和可靠性有着重要的意义。图 9-4 说明了软件配置管理在软件开发过程中的作用，可以看出配置管理相当于软件开发生产线中的仓库和调度。

合理地实施配置管理，软件产品的质量得以提高，开发团队能够工作在一个有助于提高整体工作效率的配置管理平台上。如果没有很好地进行配置管理，将会影响成本、进度和产品的规格。没有变更管理，项目就会被无限放大。有效的配置管理可以不断命中移动的目标。配置管理是对工作成果的一种有效保护。

图 9-4　软件配置管理在软件开发过程中的作用

　　软件配置管理是软件开发环境管理部分的核心，有些管理功能（如过程管理）在最初并不属于软件配置管理，但随着软件配置管理的不断发展，它们也逐渐成为软件配置管理的一部分。

9.2　软件配置管理过程

　　软件配置管理可以唯一地标识每个软件项的版本，控制由两个或多个独立工作的人员同时对一个给定软件项的更新，按要求在一个或多个位置对复杂产品的更新进行协调，标识并跟踪所有的措施和更改，这些措施和更改是由于更改请求或问题引起的。

　　配置管理主要包括配置项标识、变更控制、配置项状态统计和配置项审计等活动。配置项标识用于识别产品的结构、产品的构件及其类型，为其分配唯一的标识符，并以某种形式提供对它们的存取，同时找出需要跟踪管理的项目中间产品，使其处于配置管理的控制之下，并维护它们之间的关系。变更控制用于记录变化的有关信息，控制软件产品的发布和在整个软件生存期中对软件产品的修改。有效的变更控制，可以保证软件产品的质量。例如，它将解决哪些修改会在该产品的最新版本中实现的问题。配置项状态统计用于记录并报告配置项和修改请求的状态，并收集关于产品构件的重要统计信息。例如，它将解决修改这个错误会影响多少个文件的问题，以便报告整个软件变化的过程。配置项审计利用配置项记录验证软件达到的预期结果，确认产品的完整性并维护构件间的一致性，即确保产品是一个严格定义的构件集合。例如，它将解决目前发布的产品所用的文件的版本是否正确的问题。

　　配置管理的基本过程如下。

1）配置项标识、跟踪。

2）配置管理环境建立。

3）基线变更管理。

4）配置审计。

5）配置状态统计。

6）配置管理计划。

9.2.1 配置项标识、跟踪

一个项目要生成很多的过程文件，并经历不同的阶段和版本。标识、跟踪配置项过程用于将软件项目中需要进行配置控制的产品拆分成配置项，建立相互间的对应关系，进行系统的跟踪和版本控制，以确保项目过程中的产品与需求相一致，最终可根据要求将配置项组合生成适用于不同应用环境的正确的软件产品版本。配置项应该被唯一地标识，同时应该定义软件配置项的表达约定。一个项目可能有一种或多种配置项标识定义，如文档类的、代码类的、工具类的等，或者统一一个规范定义。下面给出一个配置项标识的实例。

某项目的配置项的标识为项目名称_所属阶段_产品名称_版本标识。其中，版本标识的约定如下。

- 版本标识以"V"开头，之后是版本号。
- 版本号分为3节：主版本号、次版本号和内部版本号。每节以小数点（.）间隔。

例如，School_Design_HLD_V2.1.1 表示的配置项是名称为 School 的项目，在设计（Design）阶段的总体设计（HLD）的 V2.1.1 版本。

通常，一个配置项与其他配置项存在一定的关系，跟踪配置项之间的关系是很重要的。图 9-5 是需求规约配置项和系统测试用例配置项的跟踪关系。

图 9-5 配置项跟踪关系

9.2.2 配置管理环境建立

配置管理环境是为了更好地进行软件配置管理的系统环境。其中最重要的是建立配置管理库，简称配置库。软件配置库是用来存储所有基线配置项及相关文件等内容的系统，是在软件产品整个生存期中建立和维护软件产品完整性的主要手段。配置库存储配置项相应版本、修改请求、变化记录等内容，是所有配置项的集合和配置项修改状态记录的集合。

从效果上来说，配置库是集中控制的文件库，并提供对库中所存储文件的版本控制。版本控制是软件配置管理的核心功能。所有置于配置库中的元素都应自动予以版本的标识，并

保证版本命名的唯一性。配置库中的文件是不会变的，即它们不能被更改，任何更改都会被
视为创建了一个新版本的文件。文件的所有配置管
理信息和文件的内容都存储在配置库中。

图 9-6　受控库环境

　　配置库就是受控库，受控库的任何操作都要受
到控制。如图 9-6 所示，从受控库导出（check out）
的文件自动被锁定直到文件重新被导入（check in），
一个版本号自动与新版本文件相关联。这样，用户
可以随时根据特定的版本号来导出任何文件（默认的是最新的版本）。对最新版本的修改的
结果是产生一个新的、顺序递增的版本，而对更老版本的修改的结果是产生一个分支版本。
配置库中不但存储了文件的不同版本、更改的理由，而且存储谁在什么时候替换了某个版本
的文件等历史信息。注意，有的配置管理库，对于每个不同版本的文件，不是将所有的代码
都存储起来，而只是将不同版本间实际的差异存储起来，这称为增量。这种方法有利于节省
空间和节省对最新文件版本的访问时间。另外，可以根据状态给文件加上标签，然后基于状
态的值进行导出。也可以根据修订版本号、日期和作者进行导出操作。配置库捕捉配置管理
信息并把不同版本的文件存储为不可修改的对象。

　　在引入了软件配置管理工具之后，要求所有开发人员把工作成果存放到由软件配置管理
工具所管理的配置库中，或是直接工作在软件配置管理工具提供的环境下。所以，为了让每
个开发人员和各个开发团队能更好地分工合作，同时又互不干扰，对工作空间的管理和维护
成为软件配置管理的一项重要的活动。

　　配置管理维护了配置项的发展史。在整个软件产品的生存期内，配置项的每次变更都会
被配置管理系统忠实地记录下来，形成不同的版本。同时，它是并行开发得以实现的基础。
版本控制的目的是按照一定的规则保存配置项的所有版本，避免发生版本丢失或混淆等现
象，并且可以快速、准确地查找到配置项的任何版本。

　　一般来说，比较理想的情况是把整个配置库视为一个统一的工作空间，然后根据需要把
它划分为个人（私有）、团队（集成）和全组（公共）这 3 类工作空间（分支），从而更好地支
持将来可能出现的并行开发的需求。

　　每个开发人员按照任务的要求，在不同的开发阶段工作在不同的工作空间上。例如，对
于私有开发空间而言，开发人员根据任务分工获得对相应配置项的操作许可之后，即可在自
己的私有开发分支上工作，其所有工作成果体现为在该配置项的私有分支上的版本的推进，
除该开发人员外，其他人员均无权操作该私有空间中的元素。集成分支对应的是开发团队的
公共空间，该开发团队拥有对该集成分支的读写权限，而其他成员只有只读权限。公共工作
空间用于统一存放各个开发团队的阶段性工作成果，提供全组统一的标准版本。另外，由于
选用的软件配置管理工具的不同，在对工作空间的配置和维护的实现上有比较大的差异。

9.2.3　基线变更管理

　　在软件项目进行过程中，项目的基线（配置项）发生变更几乎是不可避免的，变更的原
因有很多：程序员可能犯错误，客户的需求变更，产品的环境发生变更，研究者开发了新的
技术，等等。变更包括需求、设计、实施、测试等所有开发过程以及相关的文件。变更如果
没有得到很好的控制，就会产生很多的麻烦，以至于导致项目的失败。所以，变更应受到控
制。变更要经 SCCB 授权，按照程序进行控制并记录修改的过程，即基线变更管理，它是软

件配置管理的另一个重要任务。通过基线变更管理可以保证基线在复杂多变的开发过程中真正处于受控的状态，并在任何情况下都能迅速地恢复到任一历史状态。

对于基线的变更，需要指定变更控制流程，如图 9-7 所示。它的基本任务是批准变更请求。进行变更时，首先填写变更请求表，提交给 SCCB，由 SCCB 组织相关人员分析变更的影响，其中包括范围的影响、规模的影响、成本的影响、进度的影响等，根据分析的结果，决定是否可以变更，或者对变更的一部分提出意见，可能拒绝变更请求，可能同意变更请求，可能同意部分变更请求。项目经理根据批准的结果，指导项目组进行相应的修改，包括项目计划、需求、设计或者代码等相应文档、数据、程序或者环境等的修改。

图 9-7 变更控制系统

有时称这样的流程为变更控制系统，之所以称其为系统，是因为在进行变更控制的时候，需要综合运用各种系统将分工、授权、控制有机地结合在一起，使其各司其职。一旦有问题，可以通过一定的方式提出请求，一些小的变更可以自行决定，而一些大的纠正行为需要通过一系列的审批程序。所以，要注意内部结构和相互之间的关联，控制系统的流程必须清晰、明确，否则会产生混乱。

1. 变更请求

变更请求是变更控制的起始点。变更请求很少来自配置管理活动本身，通常来自系统之外的事件触发。例如，需求变化、不符合项或者软件测试报告就是一些普遍的触发事件。它们可能组成大量的变更，对开发基线产生影响，并传播到开发基线中的配置项。变更请求时需要准备一个软件变更请求表单，如表 9-1 所示，这是一个正式的文档，变更申请者使用这一文档描述所标识的变更。

表 9-1 项目变更申请

项目名称			
变更申请人		提交时间	
变更题目		紧急程度	
变更具体内容			
变更影响分析			
变更确认			
处理结果			
签字			

2. 变更评估

提交变更请求表单后，必须验证其完整性、正确性、清晰性，对变更申请进行评估。变更请求可能是由于提交人的错误理解而产生的，或者可能与现存的请求相重复，如果在检查中发现提出的变更是不完整的、无效的或者已经评估的，那么应拒绝这一请求，并建立说明拒绝原因的文档，返回给提交变更请求的人，不论什么情况，都要保留该变更请求和相关的处理结果。图 9-8 展示了一个有效的变更评估活动的组成部分。评估完变更后应填写项目变更评估表，如表 9-2 所示。

图 9-8　变更评估活动

表 9-2　项目变更评估表

技术因素
运行
质量、可靠性
规模
选择余地
资源
测试
利益
紧急性
依赖性
接口影响
进度影响
预算影响

3. 变更批准 / 拒绝

批准或者拒绝软件变更请求时涉及的活动如图 9-9 所示。

图 9-9　批准 / 拒绝变更的活动

根据变更评估的结果，SCCB 对变更请求做出如下决策。

- 直接实现变更。
- 挂起或者延迟变更。

- 拒绝变更。

对于拒绝变更这种情况，应该通知变更请求人，并且保存所有的相关记录，如果以后的事件证明拒绝变更是错误的，这些保存下来的记录是有用的。挂起或者延迟的变更常常是在 SCCB 评估分析之后，但是变更请求不在 SCCB 的控制范围之内。

当变更被接受时，应该按照选择的进度实现变更，实现进度可以采用下面 3 种形式之一。

- 尽可能快地实现变更：期望的变更是修改开发基线中的一个配置项，只有解决了这个变更，其他的工作才能展开。
- 按照一个特定的日期实现变更：考虑项目内或者项目外的事件，确定合适的日期实现变更。
- 在另外的版本中实现：出于技术或者运行等原因，期望与另外的变更一起发布。

4. 变更实现

实现已批准的软件变更请求时包含的活动如图 9-10 所示。项目人员使用 SCCB 给予的权限并遵循 SCCB 的指导，从受控库中取出基线的副本，并实现被批准的变更，对已经实现的变更实施验证。一旦 SCCB 认为正确实现并验证了一个变更，就可以将更新的基线放入配置库中，更新该基线的版本标识等。前面讲到的需求变更便是很重要的一个基线变更，软件需求变更表现在文档的需求变更和相关过程模型的变更。配置管理员可以通过软件配置管理工具来进行访问控制和同步控制，基线变更管理可以通过结合人的规程和自动化工具，提供一个方便的变化控制机制。

图 9-10　变更实现过程

9.2.4　配置审计

配置审计是一种质量审计活动，需要对配置管理的产品和过程进行审计。配置审计的主要作用是作为变更控制的补充手段，确保某一变更需求已被实现。在某些情况下，它被作为正式的技术复审的一部分。

配置审计包括两方面的内容：配置管理活动审计和基线审计。配置管理活动审计用于确保项目组成员的所有配置管理活动都遵循已批准的软件配置管理方针和规程，如导入 / 导出的频度、产品版本升级原则等。实施基线审计，要保证基线化软件工作产品的完整性和一致性，其目的是保证基线的配置项（SCI）正确地构造并正确地实现，并且满足其功能要求。基线的完整性可从以下几个方面考虑：基线库是否包括所有计划纳入的配置项？基线库中配置项自身的内容是否完整？此外，对于代码，要根据代码清单检查是否所有源文件都已存在于基线库。同时，还要编译所有的源文件，检查是否可产生最终产品。一致性主要考查需求与设计以及设计与代码的一致关系，尤其在有变更发生时，要检查所有受影响的部分是否都做了相应的变更。记录审核发现的不符合项，并跟踪直到解决。

简单的配置管理活动审计是记录配置管理工具执行的所有命令，复杂的配置管理活动审计还包括记录每个配置项的状态变化。

当软件配置管理发布一个新版本时，可能需要审核一个构造记录，以确保这一构造中确实包含组件配置项的正确版本，或者复审变化历史数据库，以验证在新的发布中只有所期望的变更，验证配置系统是否保持了自身的完整性。通过基线审计可以发现系统中一直没有被处理的变化请求，或者发现那些不按照规程文档随意出现或者变更的软件项。

9.2.5　配置状态统计

由于软件配置管理覆盖了整个软件的开发过程，因此它是改进软件过程、提高过程能力成熟度的理想的切入点。配置管理贯穿整个项目生存期，而且有非常重要的作用，因此必须定期检测软件配置管理系统的运行情况，以及配置项本身的变更历史记录。检查配置管理系统及其内容、检测配置项变更历史的过程称为配置状态统计。这些过程的结果应以报告的形式给出。

配置状态报告根据配置项操作数据库中的记录来向管理者报告软件开发活动的进展情况。配置状态报告应该定期进行，并尽量通过辅助工具自动生成，用数据库中的客观数据来真实地反映各配置项的情况。

配置状态报告应着重反映当前基线配置项的状态，以作为对开发进度报告的参照，同时能根据开发人员对配置项的操作记录来对开发团队的工作关系进行一定的分析。配置状态报告可以包括下列主要内容：配置库结构和相关说明、开发起始基线的构成、当前基线位置及状态、各基线配置项集成分支的情况、各私有开发分支类型的分布情况、关键元素的版本演进记录、其他应予报告的事项。此外，在评估一个配置系统状态以及系统所支持的产品状态时，经常需要以下信息。

- 变更请求的数量，可以按照类别进行分类，如需求变更、文档变更、设计变更、源码变更等。
- 变更请求的历史报告，包括进行编写请求、请求复审、请求批准、请求实现、请求测试、请求接受等一系列活动所花费的时间和每个单项活动所花费的时间。
- 配置管理系统以及 SCCB 在运作中发生异常的次数等。

9.2.6　配置管理计划

软件配置管理计划用于确定软件配置管理的解决方案。软件配置管理的解决方案涉及面很广，将影响软件开发环境、软件过程模型、配置管理系统的使用者、软件产品的质量和用户的组织机构。

1. 配置管理计划角色

软件配置管理计划由配置管理者制订，它是软件配置管理规划过程的产品，并在整个软件项目开发过程中作为配置管理活动的依据进行使用和维护。首先由项目经理确定配置管理者，配置管理者通过参与项目规划过程，确定配置管理的策略，然后负责编写配置管理计划。配置管理计划是项目计划的一部分。

配置管理的实施需要消耗一定的资源，在这方面一定要预先规划。具体来说，配置管理实施主要需要两方面的资源要素：人力资源和工具。

在人力资源方面，因为配置管理是贯穿整个软件生存期的基础支持性活动，所以配置管理涉及团队中比较多的人员角色，如项目经理、配置管理员、配置控制委员会、开发人员、维护人员等。但是，工作在一个良好的配置管理平台上并不需要开发人员、测试人员等角色了解太多的配置管理知识，所以配置管理实施集中在配置管理者上。对于一个实施了配置管理、建立了配置管理工作平台的团队来说，配置管理者是非常重要的，整个开发团队的工作成果都在他的掌管之下，他负责管理和维护配置管理系统。如果配置管理系统出现问题，轻则影响团队其他成员的工作效率，重则造成丢失工作成果、发布错误版本等严重的后果。

对于任何一个管理流程来说，保证该流程正常运转的前提条件是要有明确的角色、职责和权限的定义。特别是在引入了软件配置管理的工具之后，比较理想的状态是：组织内的所有人员按照不同的角色要求，根据系统赋予的权限来执行相应的动作。一般来说，软件配置管理过程中主要涉及以下角色和分工。

（1）项目经理

项目经理（Project Manager，PM）是整个软件开发活动的负责人，他根据软件配置控制委员会的建议批准配置管理的各项活动并控制它们的进程。其具体职责为以下几项。

- 制定和修改项目的组织结构和配置管理策略。
- 批准、发布配置管理计划。
- 决定项目起始基线和开发里程碑。
- 接受并审阅配置控制委员会的报告。

（2）配置控制委员会

配置控制委员会（Configuration Control Board，CCB）负责指导和控制配置管理的各项具体活动的进行，为项目经理的决策提供建议。其具体职责为以下几项。

- 定制变更控制流程。
- 建立、更改基线的设置，审核变更申请。
- 根据配置管理员的报告决定相应的对策。

（3）配置管理员

配置管理员（Configuration Management Officer，CMO）根据配置管理计划执行各项管理任务，定期向 CCB 提交报告，并列席 CCB 的例会。其具体职责为以下几项。

- 软件配置管理工具的日常管理与维护。
- 提交配置管理计划。
- 各配置项的管理与维护。
- 执行版本控制和变更控制方案。
- 完成配置审计并提交报告。
- 对开发人员进行相关的培训。
- 识别软件开发过程中存在的问题并拟就解决方案。

（4）开发人员

开发人员（developer）的职责是根据组织内确定的软件配置管理计划和相关规定，按照软件配置管理工具的使用模型来完成开发任务。

2. 配置管理计划模板

配置管理计划的形式可繁可简，根据项目的具体情况而定。下面给出一个配置管理计划的参考模板。

1 引言

2 软件配置管理（SCM）

2.1 SCM 组织

2.2　SCM 责任

2.3　SCM 与项目中其他机构的关系

3　软件配置管理活动

3.1　配置标识

3.1.1　配置项的标识

3.1.2　项目基线

3.1.3　配置库

3.2　配置控制程序

3.2.1　变更基线的规程

3.2.2　变更要求和批准变更的程序

3.2.3　变更控制委员会，描述并提供以下信息

● 规章；

● 组成人员；

● 作用；

● 批准机制。

3.2.4　用于执行变更控制的工具

3.3　配置状态报告

3.3.1　项目媒体的存储、处理和发布

3.3.2　需要报告的信息类型以及对于这类信息的控制

3.3.3　需要编写的报告、各报告的相应读者以及写出各报告所需的信息

3.3.4　软件版本处理，包括下述信息：

● 软件版本中的内容；

● 软件版本提供给谁、何时提供；

● 软件版本载体是何种媒体；

● 安装指导。

3.3.5　必要的变更管理状态统计

3.4　配置审核

3.4.1　何时审核及审核次数；每次审核提供下述信息：

● 审核的是哪个基线；

● 谁进行审核；

● 审核对象；

● 审核中配置管理者的任务是什么，其他机构的任务是什么；

● 审核的正式程度如何。

3.4.2　配置管理评审，每个评审提供下述信息：

● 有待评审的材料；

● 评审中配置管理者的责任，其他机构的责任。

配置管理是对软件开发过程中的产品进行标识、追踪、控制的过程，目的是减少一些不可预料的错误，提高生产率。在实施配置管理的时候，一定要结合企业的实际情况，制订适合本企业适合本项目的配置管理方案。这里给出一些建议。

● 对于小的企业或者小的项目，可以通过制定配置管理的过程规则（可以不使用配置管

理工具），实现版本管理的功能。如果条件允许，使用工具更好。

- 对于中小企业或者中小项目，可以通过制定过程规则，同时使用简单的版本管理工具，实现部分配置管理功能。
- 对于大企业或者大项目或者异地开发模式，必须配备专门的配置管理人员，同时需要制定配置管理严密的过程规则和配置管理工具，尽可能多地实现配置管理功能。

综上所述，配置管理是当今复杂软件项目得以实施的基础。通过有效地将复杂的系统开发过程以及产品纳入配置管理之下，使软件项目得以有效、清晰、可维护、可控制地进行。也许在软件工程初期，可以手工维护所有软件产品及中间文档，但随着软件工程的发展，更主要的是随着软件系统复杂度和可靠性的提高，必须要求有高效的配置管理与之相适应。

9.3　敏捷项目的配置管理

敏捷项目的主要特征是实现持续交付，持续交付是对整个软件交付模式的变革，涉及的内容非常多、非常广，其中一个关键实践是"配置管理"。配置管理（或者版本管理）是实现持续交付的重要基础。

9.3.1　全面配置管理

在持续交付领域，我们强调的是全面配置管理，也就是对项目所有的相关产物及其之间的关系都要进行有效管理，通过这种方式管理项目中的一切变化，实现项目中不同角色成员的高效协作，能够在任何时刻使用标准化的方法完整而可靠地构建出可正常运行的系统（而不仅仅是可工作的软件），并且整个交付过程中的所有信息能够相互关联、可审计、可追踪，最终实现持续、高效、高质量的交付。

为了做到全面配置管理，并为持续交付后续实践奠定良好的基础，一般来讲至少要做好以下工作。

- 代码和构建产物的配置管理：包括制定有效的分支管理策略，使用高效的版本控制系统，并对构建产物及其依赖进行管理。
- 应用的配置管理：对应用的配置信息进行管理，包括如何存取配置、如何针对不同环境差异提升配置的灵活性。
- 环境的配置管理：对应用所依赖的硬件、软件、基础设施和外部系统进行管理，确保不仅交付了可工作的软件，而且整个应用系统能够正常、稳定地运行。

9.3.2　开发过程的分支管理策略

要进行版本控制的不仅是源代码，还有测试代码、数据库脚本、构建和部署脚本、依赖的库文件等，对构建产物的版本控制也同样重要。只有将这些内容都纳入版本控制，才能够确保所有的开发、测试、运维活动能够正常开展，系统能够被完整地搭建。

制定有效的分支管理策略对达成持续交付的目标非常重要。在实际工作中，普遍采用的分支管理策略无外乎两种，即基于分支的开发和基于主干的开发。敏捷持续交付建议采用基于主干的开发模式，修改对所有项目成员都快速可见，然后通过持续集成的机制，对修改触发快速的自动化验证和反馈，再往后如果能通过各种维度的验证测试，最终将成为潜在可发布和部署到生产环境中的版本。

1. 基于分支的开发

基于分支的开发如图 9-11 所示，具体表现为接到需求后拉出分支，后面的开发都在分支上提交，每个分支生命周期较长，并且可能有多个并行分支，直到快要上线时甚至上线后才合并到主干。基于分支的开发的优点是多个功能可以完全并行开发，互不干扰。还可以按每个功能特性拉出分支，那么每次提交都是完整的功能特性，分支划分明确、版本控制的记录也比较清晰易懂。缺点是虽然使用分支暂时隔离了不同功能的代码，但系统的多个功能或者多个组成部分最终还是要集成在一起工作的。如果不同分支代码之间有交互，合并时可能会有大量冲突需要解决。在实际项目中，进行代码合并通常很容易出错，解决冲突也非常耗时。

图 9-11　基于分支的开发

例如，要发布 V1 版本的产品，在主干（trunk）上的内容稳定后，版本达到了要发布的要求，这时从主干上开分支出来，我们可以称这个 B1 分支上的内容为 pre-release 版，此时 B1 分支只为修复 bug，除非有必须要加的新功能。这时，大部分的开发人员就可以在主干上开发下一次的发布，而只需要少部分开发人员基于 B1 分支修复 bug。如果有 bug 需要在 B1 和主干里都修复的话，就会有少量的合并操作。B1 分支开出来后，一旦发布了，可以根据发布计划，选择是否需要保留。如果近期有 B1 的更新计划，则可以保留；如果近期都不会再有基于 B1 的开发，可以将 V1 发布这一时刻点的 B1 状态通过 tag 的方式记录下来，然后消亡 B1 分支。我们称这种模式为分支发布，因为分支才是发布的线，主干可以一直进行开发，而没有必要停止。

持续集成是希望每次修改都尽早提交到主干，主干总是处于最完整和最新的可用状态，充分验证后就可以用它来进行生产部署。使用分支开发模式时，由于无法及时合并到主干，那么时间越长，分支与主干差别越大，风险就越高，最终合并的时候就越复杂。所以持续交付不推荐使用分支开发的模式。

2. 基于主干的开发

如图 9-12 所示，所有项目成员把代码都提交到主干上，提交后自动触发持续集成进行验证和快速反馈，通过频繁的集成和验证，在保证质量的同时提升效率。持续交付更倾向使用基于主干的开发（Trunk Based Development，TBD）模式，相比于分支开发，主干开发模式有很多优势。首先是代码提交到主干，可以做到真正的持续集成，在冲突形成的早期发现和解决问题，避免后期的合并问题，这样做整体成本才是最低的。另外，主干会一直保持健康的状态，每次合入代码并验证后都可进行安全的发布。

图 9-12　基于主干的开发

例如，要发布某个产品的 V1 版本，之前大家都会在主干上做开发，等主干稳定了，开出一个分支 B1，在 B1 分支上做 V1 版本的其他功能添加、bug 修改等，并使用持续集成来验证 B1 的稳定性。直到 V1 版本达到要求，可以对外发布，并且发布成功后，进行从分支到主干的合并操作，此时主干上的内容变成了 V1 版本的内容，而后主干上的内容不再允许被修改。然后，再发布 V2 版本，这时从主干的 V1 版发布的那个点开一个分支 B2 出来，再进行 V2 版本的开发，并做持续集成，验证 V2 版本的稳定性。直到 V2 版本也达到要求，并且对外发布以后，将 B2 合并到主干上，此时的主干上的内容又变成了 V2 版本的内容。依次类推，直到 V3、V4、V5 等。我们称这种发布模式为主干发布，因为主干上的东西永远都是发布后的产品，而且不允许修改。

主干开发模式也并不完全排斥使用分支，比如可以创建以发布为目的的发布分支，这样在执行发布测试和缺陷修复的时候，主干就可以进行下一个迭代的开发了，相当于通过并行工作提升了效率。

另外需要强调，主干开发模式非常强调代码提交习惯，包括频繁、有规律的代码提交（比如每人每天提交一次），而提交前需要进行充分的本地验证和预测试，以保证代码提交质量，降低污染主干代码的概率。

9.3.3　构建产物、应用、环境的配置管理

持续交付强调要对所有内容进行版本控制，除对源代码、测试代码等配置项做好管理外，还有一点非常重要，即对构建产物进行有效管理。构建产物一般是指在编译或打包阶段生成的可用于部署的二进制包。一般情况下，我们不推荐将构建产物存放在版本控制库中，因为这样做效率较低，也没有必要。可以通过版本标识等信息对构建产物进行管理。

为了能够交付可正常运行的系统，我们需要把一切应用程序需要的内容进行标准化，并

且注入部署包中。作为应用程序正常运行的关键因素，应用的配置与程序文件、数据以及各类部署和控制脚本缺一不可。如果产品线需要部署的服务器规模比较大，我们就需要通过标准化部署包的封装，帮助我们实现部署过程的全自动化。比如，大家熟悉的 Docker 本质上就是做了封装，把应用程序和相关依赖打包在一起，生成一个镜像去部署。我们可以参考这种方式，把部署包设计为一个全量包，它不仅包含二进制的可执行程序文件，还包含应用的配置、模块数据，同时包含运行时依赖。这样才能做到在任何一个标准化的环境中能够快速地将应用部署起来。另外，在部署包中还需要提供一个稳定的控制接口，用来描述程序如何启动、如何停止、如何重启、如何监控健康状况，并告知部署系统如何进行部署和运维等。

9.4 配置管理工具及其应用实例

配置管理包括 3 个要素：人、规范、工具。首先，配置管理与项目的所有成员都有关系，项目中的每个成员都会产生工作结果，这个工作结果可能是文档，也可能是源程序等。规范是配置管理过程的实施程序。为了更好地实现软件项目中的配置管理，除了过程规范外，配置管理工具起到很好的作用。现代的配置管理工具提供了一些自动化的功能，大大方便了管理人员，减少了烦琐的人工劳动。软件项目配置管理工具用于管理和跟踪软件项目中各种配置项，配置项包括代码、文档、库、构建脚本、第三方依赖等。

9.4.1 常见的配置管理工具

选择什么样的配置管理工具，一直是大家关注的热点问题。与其他的软件工程活动不同，配置管理工作更强调工具的支持。如果缺乏良好的配置管理工具，则要做好配置管理的实施会非常困难。

选择工具就要考虑经费。市场上现有的商业配置管理工具大多价格不菲。一般来说，如果经费充裕，采购商业配置管理工具会让实施过程更顺利，而且商业配置管理工具的操作界面通常更方便，实施过程中出现与工具相关的问题也可以找厂商解决。如果经费有限，不妨采用自由软件，无论在稳定性还是功能性方面，自由软件也是一个不错的选择。

1975 年，加利福尼亚大学的 Leon Presser 教授成立了 SoftTool 公司，开发了 CCC 配置管理工具，这也是较早的配置管理工具之一。在软件配置管理工具发展史上，继 CCC 之后，最具有里程碑式的两个自由软件是 Marc Rochkind 的 SCCS（Source Code Control System）和 Walter Tichy 的 RCS（Revision Control System），它们对配置管理工具的发展做出了重大的贡献，直到现在绝大多数配置管理工具基本上都源于它们的设计思想和体系架构。

配置管理工具有助于团队有效地协同工作，确保所有成员使用相同的代码和配置，同时提供版本控制和追踪变更的功能。下面介绍几种常见的软件配置管理工具。

1. Rational ClearCase

Rational 公司是全球最大的软件 CASE 工具提供商，现已被 IBM 收购。也许是受到其拳头产品、可视化建模第一工具 Rose 的影响，其开发的配置管理工具 ClearCase 也深受用户的喜爱，是现在应用面广泛的企业级、跨平台的配置管理工具之一，是配置管理工具的高档产品，也是软件业公认的功能最强大的配置管理工具。ClearCase 主要应用于复杂的并行开发、发布和维护。功能包括版本控制、工作空间管理、Build 管理等。

- 版本控制。ClearCase 不仅可以对文件、目录、链接进行版本控制，而且提供了先进的版本分支和归本功能，用于支持并行开发。另外，它还支持广泛的文件类型。
- 工作空间管理。ClearCase 可以为开发人员提供私人存储区，同时可以实现成员之间的信息共享，从而为每一位开发人员提供一致、灵活、可重用的工作空间域。
- Build 管理。对于 ClearCase 控制的数据，既可以使用定制脚本，也可使用本机提供的 make 程序。

虽然 ClearCase 有很强大的功能，但是由于其不菲的价格，很多的软件企业望而却步。而且其需要一个专门的配置库管理员负责技术支持，还要对开发人员进行较多的培训。

2. Git

Git 是一个分布式版本控制系统，广泛用于跟踪和管理源代码。它具有分支、合并、提交、标签等功能，可以轻松地管理项目的不同版本。

3. GitHub

常见的 Git 代码托管平台包括 GitHub、GitLab 等，基本都是依托于 Git 代码库的底层能力，在其基础上提供一套 Web 界面，以可视化的方式管理代码提交、拉分支等常用操作，并且提供 wiki 用于存储文档，提供集成的问题跟踪器，以及对开发协作工作流的支持。

4. Gitee

Gitee 是开源中国社区 2013 年推出的基于 Git 的代码托管服务，Gitee 除了提供最基础的 Git 代码托管之外，还提供代码在线查看、历史版本查看、复刻（fork）、拉拽请求（pull request）、打包下载任意版本、issue、wiki、保护分支、代码质量检测、PaaS 项目演示等方便管理、开发、协作、共享的功能。

5. Bitbucket

与 GitHub 类似，Bitbucket 也是一个基于 Git 的代码托管平台。它与 Jira 等工具的集成性能较强，适合与其他 Atlassian 产品一起使用。

6. CVS

CVS（Concurrent Versions System）是开放源代码软件世界的一个杰作，它的基本工作思路是：在服务器上建立一个仓库，仓库中可以存放许多文件，每个用户在使用仓库文件的时候，先将仓库的文件下载到本地工作空间，在本地进行修改，然后通过 CVS 的命令提交并更新仓库的文件。由于简单易用、功能强大、跨平台、支持并发版本控制而且免费，它在全球中小型软件企业中得到了广泛使用。其最大的遗憾是缺少相应的技术支持，许多问题需要自己寻找资料，甚至是读源代码。

7. SVN

SVN（Subversion）是一个集中式版本控制系统，用于跟踪和管理源代码。相比于 Git，SVN 的工作方式是集中式的，因此可能在某些情况下更适合一些团队。

SVN 是在 CVS 基础上发展而来的，2000 年，CollabNet 公司的协作软件采用 CVS 作为版本控制系统，因为 CVS 本身具有一些局限性，需要一个替代品，所以开发了新的版本管理系统 Subversion。

SVN 的工作原理如下：SVN 可以实现文件以及目录的保存及版本回溯。SVN 将文件存放在中心版本库中，它可以记录文件和目录每一次的修改情况，这样就可以将数据恢复到以前的某个版本，并且可以查看更改的细节，也就是说，一旦一个文件被传到 SVN 上，不管对它进行什么操作，SVN 都会有清晰记录，文件即使被删除了，也可以找回来。SVN 是一种集中的分享信息系统，其核心是版本库，存储所有的数据。版本库按照文件树的形式存储数据，任意数量的客户端可以连接到版本库，读写这些文件。通过读写数据，别人可以看到这些信息，通过读数据，可以看到别人的修改。其基本操作如下：导入文件、导出文件、更新项目、修改版本库、查看文件日志、查看文件的版本树、重命名和删除文件、查看版本库。

8. Mercurial

Mercurial 是另一个分布式版本控制系统，类似于 Git。它注重易用性和性能，并且适用于各种规模的项目。

9. Jenkins

Jenkins 是一个用于自动构建、测试和部署的开源自动化服务器。通过与版本控制系统集成，Jenkins 可以在代码提交后触发自动化构建和测试流程。

10. Ansible

Ansible 是一种自动化工具，可用于自动化配置管理、应用程序部署等任务。它可以集成到版本控制系统中，确保在不同环境中的一致性。

11. Puppet

Puppet 是一个配置管理工具，用于自动化软件部署和管理。它可以定义和维护基础设施的状态，并确保在不同环境中的一致性。

可以根据项目的需求选择和组合使用这些工具，以确保代码和配置的高效管理、协作和追踪。

12. Microsoft VSS

VSS（Visual Source Safe）是 Microsoft 公司为 Visual Studio 配套开发的一个小型的配置管理工具，准确来说，它仅能够算是一个小型的版本控制软件。VSS 的优点在于其与 Visual Studio 实现了无缝集成，使用简单，提供了创建目录、文件添加、文件比较、导入 / 导出、历史版本记录、修改控制、日志等基本功能。

9.4.2　配置管理工具应用实例

下面来看主干开发模式在 Git 工具及其托管平台中的落地实例，Git 是目前常用的分布式版本控制系统。Git 版本管理流程如图 9-13 所示。

1. 主分支

（1）主要分支介绍
- 圆点①所在的线为源码的主线（master）。
- 方形指向的节点是每一个发布版本的标签（tag）。
- 圆点②所在的线为主要分支（develop）。
- 圆点③所在的线为新功能开发分支（feature）。
- 圆点④所在的线为新版本发布分支（release）。

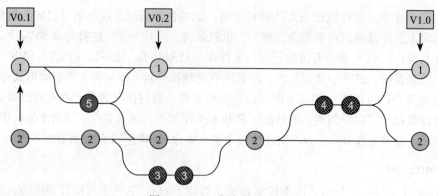

图 9-13 Git 版本管理流程

- 圆点⑤所在的线为发布版本 bug 修复分支（hotfix）。

（2）主分支说明

用两个分支来记录源码轨迹。

- 原来的 master 分支用来记录官方发布轨迹。
- 新的 develop 分支是一个集成分支，用来记录开发新功能的轨迹。

除了 master 主线和 develop 主分支线，其他的分支都是临时分支，有一定的生命周期，其余的工作流程分支都是围绕这两个分支之间的区别进行的。

2. 新功能分支

每一个新的功能都应该创建一个独立的分支，从 develop 分支中派生出来。当功能完成后，要合并回 develop 分支，合并后其生命周期即结束。新功能分支不会与 master 分支有直接的交汇。

3. 发布分支

一旦开发的功能已经满足发布条件（或预定发布日期接近），应该将所有满足发布条件的新功能分支合并到 develop 分支中，然后开出一个发布（release）分支，开始准备一个发布版本。这个分支上不能再添加新的功能，只有 bug 修复和该版本为导向的任务。一旦到了发布日期，release 分支就要合并回 master 分支发布，并且打出版本标签，另外还需要合并回 develop 分支。

4. 维护分支

维护分支即线上 bug 修复分支，用来快速修复生产环境中出现的紧急问题。

5. 管理策略

在使用 Git 等进行管理版本时，develop 主程序必须是从 master 的稳定版内容合并过来的，为了避免代码在开发人员开发过程中相互干扰，因此对根据产品人员提交的产品路线的需求单位进行特性研发，并将产生的分支命名为 feature 分支，边开发边在本地调试、修改，因此一个版本会有多条 feature 分支，且不断提交新的，覆盖原有的。当该分支代码通过了代码速查，项目组长即可将此段代码合并入 develop 分支，所有特性都集成进入 develop 分支时，即可发布 release 分支，并由测试人员进行测试。当所有的预发分支通过测试后，在预发分支上进行 bug 修复，完成后即可以提交到 master。最后，master 上的代码最终合并入

develop 中。在 master 上线过程中，一旦发现紧急版本升级，将进入 hotfix 分支，因为此时的代码修改并非全量修改，而是只针对某 bug 的紧急修复。

通过以上分析可以看出，使用高效的版本控制系统，配合可进行协作流程支撑的代码托管平台，对于配置管理的优化、让复杂场景以最小代价实现，其作用是非常显著的。

9.5 MED 项目配置管理计划案例分析

"医疗信息商务平台"配置管理计划文档如下（同样省略封面）。

目录

1 导言

1.1 目的

本文档的目的是为"医疗信息商务平台"项目的配置管理过程提供一个实施规范，作为项目配置管理实施的依据和指南。

1.2 范围

本文档仅适用于"医疗信息商务平台"项目的配置管理过程。本文档定义了配置管理的步骤和工作产品。

1.3 缩写说明

SCM：Software Configuration Management（软件配置管理）的缩写。

VM：Version Management（版本管理）的缩写。

VMG：Version Management Group（版本管理组）的缩写。

1.4 术语定义

无。

1.5 引用标准

[1]《文档格式标准》V1.0

　　北京 ××× 有限公司

［2］《过程术语定义》V1.0
　　北京×××有限公司
［3］《Key Practices of the Capability Maturity Model》V1.1
　　CMU/SEI-93-TR-25, 1993

1.6　版本更新记录

本文档的修订记录如表 1 所示。

表 1　版本更新记录

版本	修改内容	修改人	审核人	日期
0.1	初始版			2018-7-3
0.2	修改第 5 章			2018-7-8
1.0	修改第 4 章			2018-7-12

2　配置管理流程

本项目配置管理流程如图 1 所示，首先进行配置管理计划，并据此搭建配置计划中所需要的配置环境，同时确定配置管理活动，包括配置项标识，建立基线，编写配置状态报告，执行配置审计，确定变更控制管理。

图 1　配置管理流程图

3　配置项标识

本项目的配置项标识即文件名规则，如图 2 所示，包括 5 个部分，如 BUPT-Med-RM-SRS-V1.0，其中第一部分 BUPT 代表企业名，第二部分 Med 代表项目名，第三部分

RM 代表项目阶段，第四部分 SRS 代表文档类型，第四部分 V1.0 代表版本号。

图 2　配置项标识

4　配置库建立

建库程序如下。

1）确定纳入配置管理的工作产品（即基线产品）和不纳入配置管理的工作产品（即非基线产品）。

2）确定基线产品和非基线产品的命名规则。

3）采用 VVS 工具作为配置管理工具建立软件配置库，配置库的库结构以及相关基线如图 3 所示。

图 3　配置库结构

4）根据项目管理者的要求，对可以操作此配置库的项目人员进行授权，包括读、写等权限，如表 2 所示。

表 2　人员对配置管理库的权限

组名	用户名	权限
合同管理者（TCM）	江心	只读
项目管理者（SPP）	王军	只读
项目助理（SPP）	周霞	只读
开发组（develop）	张斌、胡锦波、陈洁、姜心、习平安	只读
SQA 组	谭刚	只读
	李丽	读、写
开发运行环境支持组（environment）	蔡强	只读
	许小明	

5）确定项目在配置库中的项目名，最好与项目标识一致。

6）此项目的配置管理者获得此项目名的最高权限。

5 入库程序

入库程序包括基线产品入库程序和非基线产品入库程序。

基线产品入库程序如下。

1）配置管理者将此配置项导入 VVS 库中对应项目的相应目录中，并进行版本标识，在描述栏给出一定的描述。

2）确定与此配置项关联的其他已知的产品（包括基线产品和非基线产品），并在基线状态表中增加此配置项的关联项，同时标识覆盖关系。

3）确定此配置项相关联的其他已知的基线的配置项，并在基线状态表中修改与此配置项关联的其他配置项的关联项，同时标识覆盖关系。

4）（如果上一步骤可执行）生成基线状态记录表，并将基线状态记录表导入配置库中。

非基线产品入库程序如下：

1）配置管理者将此产品导入 VVS 库中对应项目的相应目录中，并进行版本标识，在描述栏给出一定的描述。

2）确定与此非基线产品关联的其他已知的基线产品的配置项，在基线关系表中修改这些基线的配置项的关联记录，同时标识覆盖关系。

3）（如果上一步骤可执行）生成基线状态记录表，并将基线状态记录表导入 VVS 库。

6 出库程序

出库程序如下。

1）有权限读取此配置库的项目人员可以根据需求从配置库中以可读的方式导出相应的工作产品。

2）当某工作产品变更时，配置管理者以可写的方式将此产品从配置库导出，期间此工作产品不能以可写的方式出库，只能以可读的方式出库。

7 基线变更程序

基线变更程序如图 4 所示，当有新的需求变更产生时，对其进行需求变更的审核，如果审核通过之后则在下一个 Sprint 中将其实现，如果没有通过则拒绝变更。

图 4 变更流程

具体流程如下。

1）配置管理者收到基线修改请求后，在波及分析功能中，输入请求修改的配置项，生成与此配置项相关的波及关系表。

2）配置管理者将基线波及关系表提交给 SCCB，由 SCCB 确定是否需要修改。如果需要修改，SCCB 应根据波及关系表，确定需要修改的具体文件，并在波及分析表中标识出来。

3）配置管理将需要修改的文件按出库程序从配置库中出库。

4）项目人员将修改后的文件提交给配置管理者。

5）配置管理者将修改后的配置项按入库程序入配置库。

6）配置管理者按 SCCB 标识出的修改文件，由波及关系表生成基线变更记录表，并按入库程序入配置库。

9.6　MSHD 项目配置管理计划案例分析

本项目配置管理计划体现为版本管理和多人协同，项目使用 Git 工具进行版本管理，并在 GitHub 上注册存储库以实现项目的多人协同、多端同步等工作，选定基于分支的开发作为分支管理策略。通过同步配置文件与使用适当的环境管理器（pnpm）的方式，Git + GitHub 的组合使用可以同时完成代码和编译构建产物的配置管理、应用的配置管理与环境的配置管理，实现敏捷开发所需的全面配置管理。

本项目依照分支管理方法论，项目分为 3 个不同级别的分支（main、dev 和 nightly）来进行管理。根据稳定性和功能的不同，对它们的定义如下。

- main（稳定）分支：这是已经通过严格测试、被认为相对稳定并且适合生产环境使用的版本。每轮迭代中完成开发的标志就是产出一个稳定的版本，这一版本最终会被部署到服务器中以供正常使用。
- dev（开发）分支：这个分支用于进行活跃的开发工作，包括新功能的添加、bug 修复和其他改进等。这个分支不如 main 分支稳定，因为它通常包含最新的代码更改，还没有经过全面的测试。但它相比 nightly 分支而言，能保证基本功能的正常运行。
- nightly（夜间）分支：这个分支是开发过程中的一个具有更高实验性和即时性的版本，是开发者持续提交新的代码的目标分支。它包含最新提交的代码，但基本上都是经过极少测试、可能会存在问题的代码。这一分支下的代码是最新的、功能最多的，但也是最不稳定的。

在这些分支之间，nightly 基于 dev，dev 基于 main。图 9-14 给出了 3 个分支之间关系的示例。

在进行敏捷开发过程中增加新功能时，会首先将新功能推送至 nightly 分支，在经过一定程度的单元测试后才会进入 dev 分支。在 dev 分支经过和其他组件的联动验证后，这一功能才会被合并到 main 分支中，成为下一个稳定版本的一部分。这样设置三级分支有如下优势。

- 版本控制和管理：不同的分支代表了开发的不同阶段，三级分支能够分别管理这些阶段，使管理更加精细化、更加有效。
- 稳定性和实验性的平衡：三级分支策略可以平衡稳定性和新功能的引入。main 保持相对稳定，确保用户有一个可靠的版本使用；dev 允许新功能和改进的快速迭代；nightly 则提供了最新的功能实验和测试平台，有助于捕捉更多的 bug 和问题。
- 灵活性和迭代：这种分支策略提供了灵活性，使团队能够快速响应用户反馈和市场需求，快速迭代并逐步将新功能引入到稳定版本中。
- 早期反馈和测试：nightly 和 dev 允许开发人员和测试人员更早地获得新版本和新功

能，以便快速测试和验证。这有助于更早地发现问题并及时进行修复，从而降低在稳定版本中出现严重问题的风险。

- 并行开发：不同的分支允许本团队并行开发不同的功能和修复不同的 bug，而不会相互干扰。开发小组可以在 dev 或 nightly 分支上独立工作，而不必担心稳定版本的影响。
- 考虑到项目本身采用 Spring Cloud 进行开发，每个服务均为一个可独立运行的 jar 包，本项目决定采用更为快捷、部署 jar 包更为方便的 IDEA 插件 Alibaba Cloud Toolkit 进行 CI/CD。开发团队人员可以随时在 IDEA 中将服务部署到服务器上，而不受限于 GitHub 等代码仓库。

图 9-14 分支管理示例

小结

软件配置管理可以有效地管理产品的完整性和可追溯性，而且可以控制软件的变更，保证软件项目的各项变更在配置管理系统下进行。本章介绍了配置管理的基本概念，讲述了配置管理过程：配置项标识和跟踪、配置管理环境建立、基线变更管理、配置审计、配置状态统计、配置规划过程。同时，还介绍了配置管理的常用工具。敏捷项目的持续交付模式强调全面的配置管理，配置管理计划可以根据项目的具体情况选择相应的配置管理过程。

练习题

一、填空题

1. _____ 是软件配置管理的核心功能。
2. _____ 标志开发过程一个阶段的结束和里程碑。
3. 基线变更控制包括 _____、_____、_____、_____ 等步骤。
4. _____ 是配置管理的主要功能。

5. 基线变更时，需要经过_____授权。

6. SCCB 的全称是_____。

二、判断题

1. 一个软件配置项可能有多个标识。（ ）

2. 基线提供了软件开发阶段的一个特定点。（ ）

3. 有效的项目管理能够控制变化，以最有效的手段应对变化，不断命中移动的目标。（ ）

4. 一个（些）配置项形成并通过审核，即形成基线。（ ）

5. 软件配置项是项目需定义其受控于软件配置管理的款项。每个项目的配置项是相同的。（ ）

6. 基线的修改不需要每次都按照正式的程序执行。（ ）

7. 基线产品是不能修改的。（ ）

8. 基线修改应受到控制，但不一定要经 SCCB 授权。（ ）

9. 变更控制系统包括从项目变更申请、变更评估、变更审批到变更实施的文档化流程。（ ）

10. 在持续交付领域，强调对项目所有的相关产物及其之间的关系都要进行有效配置管理。（ ）

11. 持续交付更倾向使用基于分支的开发模式。（ ）

三、选择题

1. 下列不属于 SCCB 的职责的是（ ）。

  A. 评估变更   B. 与项目管理层沟通

  C. 对变更进行反馈   D. 提出变更申请

2. 为了更好地管理变更，需要定义项目基线，关于基线的描述，下列描述正确的是（ ）。

  A. 不可以变化

  B. 可以变化，但是必须通过基线变更控制流程处理

  C. 所有的项目必须定义基线

  D. 基线发生变更时，必须修改需求

3. 软件配置管理无法确保以下哪种软件产品属性？（ ）

  A. 正确性   B. 完整性   C. 一致性   D. 可控性

4. 变更控制主要关注的是（ ）。

  A. 阻止变更   B. 标识变更，提出变更，管理变更

  C. 管理 SCCB   D. 客户的想法

5. 以下哪一项不属于软件项目配置管理的问题？（ ）

  A. 找不到某个文件的历史版本

  B. 甲方与乙方在资金调配上存在意见差异

  C. 开发人员未经授权修改代码或文档

  D. 因协同开发或者异地开发，版本变更混乱导致整个项目失败

四、问答题

1. 写出配置管理的基本过程。

2. 说明软件配置控制委员会的基本职责。

3. 写出几个常见的软件配置项。

第10章

软件项目团队计划

软件产品是软件开发人员的智慧结晶，人是软件项目中的重要因素。建设高效的软件项目开发团队是软件项目顺利实施的保证。本章进入路线图的"团队计划"，如图 10-1 所示。本章包括 3 个方面的计划：人员职责计划、项目干系人计划、项目沟通计划。

图 10-1　项目计划——团队计划

10.1　关于组织结构

团队而非个人是最有效的软件交付主体，一个软件项目涵盖了项目组、客户、客户需求（或者称为项目目标）以及为达到项目目标和满足客户需求所需要的权责、人员、时间、资金、工具、资料、场所等项目资源。人员无疑是项目资源中最特别、最重要的资源。人具备主动性和情感，与社会、家庭、企业、员工等的关系密不可分。影响软件项目进度、成本、质量的因素主要是人、过程、技术。在这 3 个因素中，人是第一位的。人才是企业最重要的资源，人力资源决定项目的成败。

项目中的人力资源一般是以团队的形式存在的。团队是由一定数量的个体组成的集合，包括企业内部的人、供应商、承包商、客户等。通过将具有不同潜质的人组合在一起，形成一个具有高效团队精神的队伍来进行软件项目的开发。团队开发不仅可以发掘作为个体的个人能力，而且可以发掘作为团队的集体能力。当一组人被称为团队的时候，他们应该为一个共同的目标工作，每个人的努力必须协调一致，而且能够愉快地在一起合作，从而开发出高质量的软件产品。

人力资源管理是保证参加项目的人员能够被最有效地使用所需要的过程，是对项目组织所储备的人力资源开展的科学规划、开发培训、合理调配、适当激励等方面的一系列管理工作，使项目组织各方面人员的主观能动性得到充分发挥，做到人尽其才、事得其人、人事相宜，同时保持项目组织高度的团结性和战斗力，从而成功地实现项目组织的既定目标。

　　软件项目是由不同角色的人共同协作完成的，每种角色都必须有明确的职责定义，因此选拔和培养适合角色职责的人才是首要因素。合适的人员可以通过合适的渠道获取，而且要根据项目的需要对不同层次的人员进行合理的安排，明确项目需要的人员技能并进行验证。有效的软件项目团队由担当各种角色的人员所组成。每位成员扮演一个或多个角色。常见的项目角色包括项目经理、系统分析员、系统设计员、数据库管理员、支持工程师、程序员、质量保证工程师、业务专家（用户）、测试人员等。

　　运行项目时需要应对组织结构，为高效地开展项目，项目经理需要了解组织内的职责、职权的分配情况。这有助于项目经理有效地利用其影响力和能力成功完成项目。组织需要权衡两个关键变量之后才可确定合适的组织结构类型。这两个变量是指可以采用的组织结构类型以及针对特定组织优化组织结构类型的方式。不存在一种结构类型适用于任何特定组织。因要考虑各种可变因素，特定组织的最终结构是独特的。

　　组建团队时首先要明确项目的组织结构，项目组织结构应该能够提高团队的工作效率，避免摩擦，因此，一个理想的团队结构应当适应人员的不断变化，利于成员之间的信息交流和项目中各项任务的协调。项目组织是由一组个体成员为实现一个具体项目目标而组成的协同工作的队伍，其根本使命是在项目经理的领导下，群策群力，为实现项目目标而努力工作，具有临时性和目标性的特点。在确定组织结构时，每个组织都需要考虑大量的因素。在最终分析中，每个因素的重要性也各不相同。综合考虑因素及其价值和相对重要性为组织决策者提供了正确的信息，以便进行分析。

　　团队组织和用于管理项目的手段之间应和谐，任何方法上的失谐都很可能导致项目产生问题。

10.1.1　职能型组织结构

　　职能型组织结构是目前最普遍的项目组织形式。它是一种标准的金字塔型组织形式，如图 10-2 所示。

图 10-2　职能型组织结构

　　职能型组织结构是一种常规的线性组织结构。采用这种组织结构时，项目是以部门为主体来承担项目的，一个项目由一个或者多个部门承担，一个部门也可能承担多个项目。有部门经理也有项目经理，所以项目成员有两个负责人。这个组织结构适用于主要由一个部门完成的项目或技术比较成熟的项目。职能型组织结构既有优点也有缺点。

职能型组织结构的优点如下。

- 以职能部门作为承担项目任务的主体，可以充分发挥职能部门的资源集中优势，有利于保障项目资源的供给和项目可交付成果的质量，在人员的使用上具有较大的灵活性。
- 职能部门内部的技术专家可以被该部门承担的不同项目共享，节约人力，减少资源浪费。
- 便于同一职能部门内部的专业人员相互交流、相互支援，对创造性地解决技术问题很有帮助。也便于同部门的专业人员交流知识和经验，使项目成员在事业上具有连续性和保障性。
- 当项目成员调离项目或者离开公司时，所属职能部门可以增派人员，保持项目技术的连续性。
- 项目成员可以将完成项目和完成本部门的职能工作融为一体，可以减少因项目的临时性而给项目成员带来的不确定性。

职能型组织结构的缺点如下。

- 客户利益和职能部门的利益常常发生冲突，职能部门会为本部门的利益而忽视客户的需求，只集中于本职能部门的活动，项目及客户的利益往往得不到优先考虑。
- 当项目需要多个职能部门共同完成，或者一个职能部门内部有多个项目需要完成时，资源的平衡就会出现问题。
- 当项目需要由多个部门共同完成时，权力分割不利于各职能部门之间的沟通交流、团结协作。项目经理没有足够的权利控制项目的进展。
- 项目成员在行政上仍隶属于各职能部门的领导，项目经理对项目成员没有完全的领导权，项目经理需要不断地同职能部门经理进行有效的沟通，以消除项目成员的顾虑。当小组成员对部门经理和项目经理都要负责时，项目团队的管理常常是复杂的。对这种双重报告关系的有效管理常常是项目最重要的成功因素，而且通常是项目经理的责任。

10.1.2 项目型组织结构

与职能型组织结构相对应的另一种组织结构是项目型组织结构。项目型组织结构中的部门完全按照项目进行设置，是一种单目标的垂直组织方式。存在一个项目就有一个类似部门的项目组，当项目完成之后，这个项目组代表的部门就解散了，这时项目人员的去向就成了一个问题。所以，这种组织结构不存在原来意义上的部门的概念。每个项目以项目经理为首，项目工作会运用到大部分的组织资源，而项目经理具有高度独立性，具有高度的权力。完成每个项目目标所需的全部资源完全划分给该项目单元，完全为该项目服务，如图10-3所示。

在项目型组织结构中，项目经理有足够的权力控制项目的资源。项目成员向唯一领导汇报。这种组织结构适用于开拓型等风险比较大的项目或进度、成本、质量等指标有严格要求的项目，不适合人才匮乏或规模小的企业。项目型组织结构也有其优点和缺点。

项目型组织结构的优点如下。

- 项目经理可以对项目全权负责，可以根据项目需要随意调动项目组织的内部资源或者外部资源。
- 项目型组织的目标单一，完全以项目为中心安排工作，决策的速度得以加快，能够对客户的要求做出及时响应，项目组团队精神得以充分发挥，有利于项目的顺利完成。
- 项目经理对项目成员有完全的领导权，项目成员只对项目经理负责，避免了职能型项目组织中项目成员处于多重领导下的局面，项目经理是项目真正的、唯一的领导者。

图 10-3　项目型组织结构

- 组织结构简单，易于操作。项目成员直接属于同一个部门，彼此之间的沟通交流简洁、快速，提高了沟通效率，同时加快了决策速度。

项目型组织结构的缺点如下。

- 对于每一个项目型组织，资源不能共享，即使某个项目的专用资源闲置，也无法应用于另外一个同时进行的类似项目，人员、设施、设备重复配置会造成一定程度的资源浪费。
- 公司里各个独立的项目型组织处于相对封闭的环境中，公司的宏观政策、方针很难被完全、真正地贯彻实施，可能会影响公司的长远发展。
- 在项目完成以后，项目型组织中的项目成员或者被派到另一个项目中去，或者被解雇，项目成员缺乏一种事业上的连续性和安全感。
- 项目之间处于一种条块分割状态，项目之间缺乏信息交流，不同的项目组很难共享知识和经验，项目成员的工作会出现忙闲不均的现象。

10.1.3　矩阵型组织结构

矩阵型组织结构是职能型组织结构和项目型组织结构的混合体，既具有职能型组织结构的特征，又具有项目型组织结构的特征，如图 10-4 所示。它是根据项目的需要，从不同的部门中选择合适的项目人员组成的一个临时项目组，项目结束之后，这个项目组也就解体了，然后各个成员回到各自原来的部门，团队的成员需要向不同的经理汇报工作。这种组织结构的关键是项目经理需要具备好的谈判和沟通技能，项目经理与职能经理之间要建立友好的工作关系。项目成员需要适应与两个上司协调工作。加强横向联结，充分整合资源，实现信息共享，提高反应速度等方面的优势恰恰符合当前的形势要求。采用该管理方式可以对人员进行优化组合，引导聚合创新，同时可以改变原有行政机构中组合固定、互相限制的现象。这种组织结构适用于管理规范、分工明确的公司或者跨职能部门的项目。

矩阵型组织结构的优点如下。

- 专职的项目经理负责整个项目，以项目为中心，能迅速解决问题。在最短的时间内调配人才，组成一个团队，把不同职能的人才集中在一起。
- 多个项目可以共享各个职能部门的资源。在矩阵管理中，人力资源得到了更有效的利用，减少了人员冗余。研究表明，一般使用这种管理模式的企业能比传统企业少用

20% 的员工。

- 既有利于项目目标的实现，也有利于公司目标方针的贯彻。
- 项目成员的顾虑减少了，因为项目完成后，他们仍然可以回到原来的职能部门，不用担心被解散，而且他们能有更多机会接触自己企业的不同部门。

图 10-4   矩阵型组织结构

矩阵型组织结构的缺点如下。

- 容易引起职能经理和项目经理权力的冲突。
- 资源共享可能引起项目之间的冲突。
- 项目成员有多位领导，即员工必须要接受双重领导，因此经常有焦虑与压力。当两个经理的命令发生冲突时，他必须能够面对不同指令形成一个综合决策来确定如何分配时间。同时，员工必须和两个领导保持良好的关系，应该显示出对这两个领导的双重忠诚。

项目是由项目团队完成的，在矩阵型的组织结构中，项目经理和项目成员往往来自不同职能部门，由于组织职责不同，参与项目的组织在目标、价值观和工作方法上会与项目经理所在部门有所差异，可能在项目团队组建之初的磨合阶段出现矛盾，进而产生"对抗"。对于这种由于分工不同、人员相互之间不熟悉产生的对抗，项目经理应及时识别，并将对抗控制在"建设性"对抗的范围之内，切忌对项目组建初期的磨合放任自流。

矩阵组织的每一个点都有自己的直属上级，都有各自的团队利益。作为项目经理，如果确认采用矩阵型组织结构，就必须能够认同矩阵管理带来的差异，在确保项目整体目标的前提下，务必要和矩阵型组织结构所涉及的诸多职能部门做好协同工作，平衡各自的利益。在沟通中出现问题时，要立刻敏锐感觉到问题并非出现在矩阵点，而是出现在矩阵结构的直线上级，需要花费大量的时间和精力与矩阵结构的直线上级做好充分沟通。在出现严重问题后，首先要确保自己的站位尽可能超越原来的组织定位，以更高的站位看待各职能的差异，更多地以沟通、认同甚至妥协的方式顾全大局，确保项目的成功。如果不能超越自己的组织利益，且没有时间或精力做大量的沟通工作，仍旧习惯于高职责、高压力、强绩效导向的管理模式，那么职能型项目组织结构也许是最好的选择。

其实，很多组织结构不同程度地具有以上各种组织类型的结构特点，而且会根据项目具体情况执行一套特定的工作程序。项目的暂时性特征意味着个人之间和组织之间的关系总体而言是既短又新的。项目管理者必须仔细选择适应这种短暂关系的管理技巧。组织结构说明了一个项目的组织环境，在实施的时候应该明确本项目的具体形式，包括项目中各个层次的接口关系、报告关系、责任关系等。例如，图 10-5 是一个网站项目组织结构案例。

图 10-5　网站项目组织结构案例

项目管理风格正在从管理项目的命令和控制结构，转向更加协作和支持性的管理方法，通过将决策权分配给团队成员来提高团队能力。此外，现代的项目资源管理方法致力于寻求优化资源使用。

10.1.4　"小前台 + 大中台"组织结构

阿里巴巴在 2015 年提出了"小前台 + 大中台"的组织架构，它将之前细分的 25 个事业部打乱，根据具体业务将其中一些能够为业务线提供基础技术、数据等支持的部门整合成为"大中台"，统一为业务线提供支持和帮助。阿里"小前台 + 大中台"的组织模式，核心目的是使组织管理更加扁平化，使管理更加高效，组织运作效率更高，业务更加敏捷灵活。如图 10-6 所示，相当于中后台的成熟技术可以为不同的前台业务提供服务支持，即多个前台业务复用后台技术。

图 10-6　"小前台 + 大中台"组织结构

10.1.5　虚拟团队 / 分布式团队

项目全球化推动了对虚拟团队需求的增长。这些团队成员致力于同一个项目，却分布在不同的地方。沟通技术（如电子邮件、电话会议、社交媒体、网络会议和视频会议等）的使用，使虚拟团队变得可行。虚拟团队管理具有独特的优势，例如：能够利用项目团队的专业技术，即使相应的专家不在同一地理区域；将在家办公的员工纳入团队；以及将行动不便者或残疾人纳入团队。而虚拟团队管理面临的挑战主要在于沟通，包括可能产生孤立感、团队成员之间难以分享知识和经验、难以跟进进度和生产率，以及可能存在时区和文化差异。

10.2 人员职责计划

确定组织结构之后，还需要确定人员职责计划，人员职责计划说明每个人员的角色和职责，例如一个软件团队的主要角色有项目经理、系统分析员、系统设计员、数据库管理员、支持工程师、程序员、质量保证人员、配置管理人员、业务专家（用户）、测试人员等。有多种格式来记录和阐明团队成员的角色与职责。大多数格式属于层级型、矩阵型或文本型。有些项目人员安排可以在子计划中列出。无论使用什么方法来记录团队成员的角色，目的都是要确保每个工作包有明确的责任人，确保全体团队成员都清楚地理解其角色和职责。责任分配矩阵、组织结构图、文本描述等可以展示角色职责的关系。

10.2.1 责任分配矩阵

在项目团队内部，有时会出现由于各阶段不同角色或同阶段不同角色之间的责任分工不够清晰而造成工作互相推诿、责任互相推卸的现象；或者各阶段不同角色或同阶段不同角色之间的责任分工比较清晰，但是各项目成员只顾完成自己那部分任务，不愿意与他人协作。这些现象都将造成项目组内部资源的损耗，从而影响项目进展。项目经理应当对项目成员的责任进行合理的分配和清楚的说明，同时应强调不同分工、不同环节的成员应当相互协作，共同完善。而责任分配矩阵（Responsibility Assignment Matrix，RAM）是用来对项目团队成员进行分工，明确其角色与职责的有效工具。通过这样的关系矩阵，项目团队中每个成员的角色及职责等都得到了直观的反映，项目的每个具体任务都能落实到参与项目的团队成员身上，确保了项目的每项任务都有人做，每个人都有任务做。

责任分配矩阵是一种矩阵图，矩阵图能反映与每个人相关的所有活动，以及与每项活动相关的所有人员，它也可确保任何一项任务都只有一个人负责，从而避免职权不清。责任分配矩阵可以展示项目资源在各个工作包中的任务分配。它显示了分配给每个工作包的项目资源，用于说明工作包或活动与项目团队成员之间的关系。

表 10-1 展示了一个项目的人员是否参加或者负责项目中的某项活动，以及是否对项目的某项任务提供输入、进行评审等。

表 10-1 项目人员的角色

活动	项目人员的角色			
	项目经理	应用开发人员	网络工程师	专家
建立应用软件	A	C	P	—
测试应用软件	A	P	P	—
应用软件打包	R	—	R	P
测试发布应用软件	R	R		C
在工作站上安装应用	A	—	P	C

注：A=Approve（批准），R=Reviews（评审），P=Participant（参加），C=Creator（建立）。

采用责任分配矩阵可以确定项目参与方的责任和利益关系。责任分配矩阵确定了工作职责和执行单位。对于小型项目，这个执行单位最好是个人；对于大型项目，这个执行单位可以是团队或者一个企业单元。

责任分配矩阵可以帮助项目经理标识完成项目需要的资源，同时确认企业的资源库中是否有这些资源。在项目后期，项目经理可以使用更加准确的矩阵来标识将哪个任务分配给哪个人。

10.2.2　组织结构图

项目组织图以图形方式展示项目团队成员及其报告关系。基于项目的需要，项目组织图可以是正式或非正式的，可以是非常详细的或高度概括的。组织结构图自上而下地显示各种职位及其相互关系。为了创建一个组织结构图，项目管理者首先要明确项目需要的人员类型，即项目成员需要熟悉 Oracle 还是 DB2、需要精通 Java 语言还是 C++ 语言等。项目中的人员有不同的背景、不同的技能，管理这样的团队不是一件容易的事情，因此创建一个组织结构图是必要的。项目经理完成 WBS 分解之后，可能开始考虑如何将各个独立的工作单元分配给相应的组织单元。WBS 可以与组织分解结构（Organizational Breakdown Structure，OBS）综合使用，建立一个任务职责的对应关系，如图 10-7 所示。WBS 显示项目可交付成果的分解，而OBS 是一种组织结构图，显示组织中哪个单位负责哪项工作任务，也可以对一般组织结构再进行详细分解。确定组织结构图之后，项目经理需要确定组织结构中的责任分配。

图 10-7　WBS 与 OBS 的对应关系

如表 10-2 所示，横向为工作单元，纵向为组织部门名称。纵向和横向交叉处表示项目组织在某个工作单元中的职责。矩阵中的符号表示项目工作人员在每个工作单元中的角色或责任。

表 10-2　某项目的责任分配矩阵

单位	WBS 任务							
	1.1.1	1.1.2	1.1.3	1.1.4	1.1.5	1.1.6	1.1.7	1.1.8
系统部门	R	R P					R	
软件部门			R P					
硬件部门				R P				
测试部门	P							

（续）

单位	WBS 任务							
	1.1.1	1.1.2	1.1.3	1.1.4	1.1.5	1.1.6	1.1.7	1.1.8
质量保证部门					R P			
配置管理部门						R P		
后勤部门							P	
培训部门								R P

注：R 表示负责者（部门），P 表示执行者（部门）。

明确项目组织结构，再加上责任分配矩阵，就能够把团队成员的角色、职责以及汇报关系确定下来，使项目团队能够各负其责、各司其职，进行充分、有效的合作，为项目任务的完成提供了可靠的组织保证。

10.2.3 文本描述

文本更适合记录详细职责，如果需要详细描述团队成员的职责，就可以采用文本。文本型文件通常以概述的形式提供诸如职责、职权、能力和资格等方面的信息。这种文件有多种名称，如职位描述、角色、职责、职权表等。表 10-3 就是文本型人员职责描述表。

表 10-3 文本型人员职责描述表

序号	名称	人员数量	组长	职能
1	总体组	7	曲剑	• 负责项目计划和进度控制 • 协调和安排项目任务 • 协调和管理各项目小组的工作
2	平台组	6	刘建强	• 设计和完善三务合一信息化平台
3	设计组	4	刘建强	• 系统分析 • 概要设计 • 详细设计
4	需求组	6	李娥	• 需求调研、需求分析 • 编写需求规约 • 需求确认签字 • 客户培训
5	开发组	16	赵伟宏	• 程序开发 • 单元测试
6	测试组	5	周林红	• 编写测试计划、测试用例 • 进行功能测试、集成测试、压力测试和回归测试 • 提交测试报告
7	实施组	3	陈明	• 项目的具体实施工作 • 系统的安装、调试、部署工作

10.2.4 人员绩效管理

软件项目中的开发人员是最重要的资源。对人员的配置、调度安排贯穿整个软件过程，人员的组织管理是否得当是影响软件项目质量的决定性因素。

在安排人力资源的时候一定要合理，不能少也不能多，否则就会出现反作用，即要控制项目组的规模。项目组的人数越多，进行沟通的渠道就越多，管理的复杂度就越高，对项目经理的要求也越高。MSF（Microsoft Solution Framework）中有一个很明确的原则，即控制项目组的人数不要超过 10 人。当然这不是绝对的——和项目经理的水平有很大关系，但是人员"贵精而不贵多"，这是一个基本的原则。

首先在开始进行软件开发时，要合理地配置人员，根据项目的工作量、需要的专业技能，以及各个人员的能力、性格、经验，组织一个高效、和谐的开发小组。一般来说，开发小组的人数为 5 ～ 10 人最为合适。如果项目规模很大，可以采取层级式结构，配置若干个这样的开发小组。

在选择人员的问题上，要结合实际情况来决定是否选入一个开发组员。并不是一群高水平的程序员在一起就一定可以组成一个成功的小组。技术水平、与本项目相关的技能和开发经验以及团队工作能力都是很重要的考查标准。一个编程能力强却不能与同事融洽相处的程序员未必适合一个对组员的沟通能力要求很高的项目。另外，还应该考虑分工的需要，合理配置各个专项的人员比例。例如，对于一个网站开发项目，小组中有页面美工、后台服务程序、数据采集整理、数据库几个部分，应该合理地组织各项工作的人员配比。

在人员组建方面，需要对项目组人员进行规划配置，合理分工，明确责任，保证项目各阶段、各方面的工作能够按计划完成。例如，某项目经理在一个项目中配置了以下人员：技术组长 1 名，负责技术难题攻关，组间沟通协调；需求人员 3 名，负责将用户需求转换成项目内的功能需求和非功能需求，编制项目需求规约，针对每个集成版本与用户交流以获取需求的细化；设计人员 2 名，负责根据需求规约进行系统设计；开发人员 5 名，实现设计，完成用户功能；集成人员 1 名，负责整套系统的编译集成，督促小组系统功能提交，及时发现各模块集成问题，起到各小组之间沟通的纽带作用；测试人员 2 名，对集成人员集成的版本进行测试，尽可能地发现程序缺陷，以及未满足需求的设计；文档整理人员 1 名，负责小组内产生的文档的整合、统一。

作为项目计划的一部分，对人员管理计划描述的详细程度因项目而异。

传统绩效管理过程更重视工作量、计划的完成情况，而与项目的最终价值关联不太紧密。例如，表 10-4 是某项目的绩效管理指标要求。

表 10-4　某项目的绩效管理指标要求

	研发管理	产品经理	交互设计师	架构师	开发工程师	测试工程师	运维工程师
需求消耗时长	Y	Y	Y	Y	Y	Y	Y
生产缺陷需求比	Y	Y			Y	Y	
测试缺陷需求比	Y	Y			Y	Y	
技术债务	Y			Y	Y		
系统可用度	Y			Y	Y	Y	Y
需求吞吐率	Y	Y	Y	Y	Y	Y	Y
流动效率	Y						
分布 K 值	Y						
业务指标	Y	Y	Y	Y	Y	Y	Y

10.3　项目干系人计划

项目干系人计划也称为相关人管理计划，干系人（stakeholder）是能影响项目决策、活动或者结果的个人、群体或组织，以及会受到或者自认为会受到项目决策、活动或结果影响的个人、群体或组织。在软件项目进行过程中,有时一些人员会左右项目的成败,因此,项目经理应该识别出对项目有关键作用的人,然后进行规划,以保证项目的顺利进行。干系人计划就是基于对干系人需求、利益和潜在影响的分析,定义用于有效调动干系人参与项目决策和执行过程的程序、工具和技术。

"干系人"一词的外延正在扩大,从传统意义上的员工、供应商和股东扩展到各个群体,包括监管机构、游说团体、环保人士、金融组织、媒体,以及那些自认为是相关方的人员。

10.3.1　识别项目干系人

干系人识别即识别出干系人并分析和记录他们的相关信息,如他们的利益、参与度、影响力以及对项目成功的潜在影响。下面这些人员都可以是主要项目干系人。

- 项目经理:负责对项目进行管理的人员。
- 客户:使用项目产品的组织或者个人,指项目产品的购买者。
- 用户:产品的直接使用者。
- 项目执行组织:其员工主要投入项目工作的组织。
- 项目团队成员:具体从事项目工作,并直接或者间接向项目经理负责的人员。
- 项目出资人:为项目提供资助的个人或者团体。
- 项目承包人:依据合同而投入项目实施工作的一方,不具有对项目产品的所有权。
- 供货商:一个项目常常离不开供货商,它提供项目组织外的某些产品,包括服务。

每个项目都会涉及很多的项目干系人,每个干系人又会顾及项目对自己产生的不同程度的利害影响。因此,关注项目干系人也是项目管理的一个方面。

为了识别出项目的全部干系人,项目经理需要对项目干系人有全面的了解,在心中有一张完整的项目干系人结构图。在项目干系人识别中,对甲方项目干系人的识别和分析更是重中之重,例如,通过某项目案例的分析,可以绘制出甲方项目干系人结构图,如图 10-8 所示。

图 10-8　某项目甲方干系人结构图

在识别出项目干系人之后,还需要分析干系人之间的关系和历史渊源,切实处理好他们之间的关系,如果不做进一步的分析,会在项目过程中遇到不小的麻烦。

通过以上对干系人的识别和初步分析,可以看出,如果不能对项目干系人进行无遗漏的识别,仅仅关注项目具体事情和计划,项目出了问题可能都不清楚问题出在哪里。项目干系人结构图为项目经理描绘了甲方项目干系人的全景,为进一步对干系人进行分析、更好地把握项目管理奠定了基础。

10.3.2 按重要性对干系人进行分析

按照一般项目的干系人分类方法，项目的甲方干系人主要有如下几类：出资人、决策者、辅助决策者、采购者、业务负责人、业务人员、技术负责人、技术人员、使用者等。他们的不同身份会因甲方组织的情况不同和项目的不同，对项目产生不同程度的影响，需要具体情况具体分析。

作为项目干系人分析的第二步，需要分析出本项目干系人的重要程度。在图 10-8 所示的项目中，只要细加分析，不难理出项目干系人的重要程度，具体分析结果可以参看图 10-9。不同的人可能会得出不同的顺序，最后管理的重点也不同，这就更说明了这一步分析的重要性。

技术人员、部门人员、信息中心副主任、部门领导、信息中心主任、副局长、局长

干系人重要程度由弱到强

图 10-9　甲方项目干系人重要程度排序

通过上面的分析，可以看到甲方项目干系人在本项目中的不同重要程度。对于比较重要的干系人，我们要对他们的全部需求进行比较详细的分析，以便能更好地获得他们的支持。例如，局长提出的需求是将信息系统整合好，没提出的需求是最好不要否定他提拔的信息中心主任，否则有领导决策错误之嫌，另外局长也有一些无意识的需求，如果我们能分析出来，并能以可接受的代价替局长考虑更周全，那会让局长更加满意，项目也就好做多了。副局长和信息中心副主任提出的需求也是将信息系统整合成功，但他们未提出的需求就有些不同了。副局长未提出的需求是希望很快能出政绩，为自己排名靠前争取更大的机会，为以后接任局长提供更大的把握。信息中心副主任由于刚刚提拔上来，未提出的需求自然是要做好"新官上任的第一把火"，这对其在信息中心"站稳"非常重要，他自己也会全力协助推进项目。而其他人员（如各部门人员和信息中心技术人员）就不必花同样的力气进行分析了，因为项目经理的时间和精力有限，需要重点处理好与重要干系人的关系，让他们满意，这会对项目成功增加很多概率。

此外，还需要注意的是有些干系人虽然不那么重要，对推进项目并起不到实质性的作用，但也不能忽略他们的需求。他们一旦对项目起反作用，利用在一些重要干系人身边的机会并影响他们对项目的判断，后果也同样严重。所以，项目经理在分析重要项目干系人的同时，一定不要忽略一些不重要的干系人可能的影响。

10.3.3 按支持度对干系人进行分析

通过重要性的分析，我们能分辨出很重要的人，但他们是支持还是反对本项目的立场将决定他们对项目产生积极或消极的影响，这说明我们还需要对干系人的支持度进行分析。

作为项目干系人分析的第三步，需要分析出本项目干系人对项目的不同立场。不同的立场，最终体现在对项目的支持度不同。就一般项目而言，按支持度依次递减的顺序，干系人主要类别有首倡者、内部支持者、较积极者、参与者、无所谓者、不积极者、反对者。按照项目的前进方向，可以得出如图 10-10 所示的项目干系人支持度分析图。

图 10-10　甲方项目干系人支持度分析图

以上面的项目案例来分析，完全支持项目的有 3 位，分别是作为首倡者的局长和作为内部支持者的副局长和信息中心副主任。与项目目标不一致的主要是信息中心主任，不积极的人是某些部门领导，因为他们在信息系统整合的过程中会受到一定程度的影响，他们不会积极参与项目。其他一些干系人大多是中坚力量，是可以争取获得支持的对象。

在项目管理实战中，需要建立项目管理的统一战线，即为了实现项目管理目标需要争取干系人中大部分人的支持，尤其是中坚力量的支持。比较现实的做法是充分借助首倡者和内部支持者，积极寻求中坚力量的支持，至少让不支持者不要反对。当然，这还需要信息中心副主任的大力协助才有可能真正做到。

另外，重要的一点是，干系人的支持度并不是一成不变的，有时候项目的内部支持者可能会因为各种原因在项目进行中逐渐演变成项目的反对者，也有些项目关系人前期是反对者，到后面却逐渐支持项目。随着项目的推移，情况在不断变化，各干系人的支持度也必将发生变化。因此，项目经理需要动态调整项目干系人支持度分析图，及时分析并修正各干系人的支持度，以便灵活应对项目的各种新变化。

10.3.4　项目干系人分析坐标格

在上述项目干系人分析的步骤中，依次做到了无遗漏地识别出全部项目干系人、对干系人的重要性进行分析和对干系人的支持度进行分析。这些分析都是从一个维度对干系人进行的分析，但其分析结果往往不是孤立的，一般都交织在一起，所以还有必要在此基础上对项目关系人进行整合分析，形成对干系人的完整分析。作为项目干系人分析的第四步，需要将全部项目干系人放到项目干系人分析坐标格里的合适位置，具体如图 10-11 所示。项目干系人分析坐标格的纵轴是项目干系人对项目的重要性，分为高、中、低 3 个等级，项目干系人分析坐标格的横轴是项目干系人对项目的支持度，分为支持、中立、不支持 3 个等级，这两个维度组成了如图 10-11 所示的 9 个分区：A1、A2、A3、B1、B2、B3、C1、C2、C3。

图 10-11　项目干系人分析坐标格

10.3.5　项目干系人计划的内容

项目干系人计划是项目计划的组成部分，是为了有效调动项目干系人参与项目而制定的策略。根据项目的需要，项目干系人计划可以是正式或者非正式的，可以详细也可以简单。项目干系人计划可以包括干系人登记表、干系人变更的范围和影响、干系人目前参与程度和需要的参与程度、干系人之间的关系、需要分发给干系人的信息、更新干系人计划的方法以及向干系人分发信息的时间、频率等。

表 10-5 就是某项目的干系人计划，其中 3 个干系人"需要的参与程度"都是"支持"，但是从"目前参与程度"看，有两个干系人是没有达到这个程度的，为此制订干系人计划，以便期待通过"定期拜访"等行为来达到希望的程度。

表 10-5　某项目的干系人计划

干系人	联系方式	角色	目前参与程度	需要的参与程度	规划	备注
干系人 1			不支持	支持	定期拜访	
干系人 2			中立	支持	定期拜访	
干系人 3			支持	支持	定期拜访	

项目经理应该认识到干系人计划的敏感性，并采取恰当的预防措施，例如，有关抵制项目的干系人的信息对项目有潜在的破坏作用，因此，对于这类信息的发布必须特别谨慎。

10.4　项目沟通计划

沟通是指用各种可能的方式来发送或接收信息的过程，在这个过程中，信息通过一定的符号、标志或者行为系统在人员之间交换，人员之间可以通过身体的直接接触、口头或者符号的描述等方式沟通。在项目进行过程中，项目团队需要进行必要的项目沟通。项目经理很大一部分工作是进行项目沟通，统计表明，项目经理 80% 以上的时间用于沟通管理。

沟通管理是对传递项目信息的内容、传递项目信息的方法、传递项目信息的过程等几个方面的综合管理，确定项目干系人的信息交流和沟通需要，确定谁需要信息、需要什么信息、何时需要信息，以及如何将信息分发给他们。沟通管理的基本原则是及时性、准确性、完整性、可理解性。

沟通管理可以确保按时和准确产生项目信息、收集项目信息、发布项目信息、存储项目信息、部署项目信息、处理项目信息所需的过程。项目沟通管理为成功所必需的因素——人（people）、想法（idea）和信息（information）之间提供了一个关键连接。涉及项目的任何人都应以项目"语言"发送和接收信息，并且必须理解他们以个人身份参与的沟通怎样影响整个项目。

在软件项目中，对于涉及项目进度和人力资源调度等一些问题而言，充分的沟通是一个非常重要的管理手段。尽管项目评估能够在一定程度上解决一些问题，但需要注意的是，如果在计划的制订及实施过程中缺乏沟通，不但会从进度上影响项目的进行，而且会对项目团队人员的积极性产生不良影响，令供需双方产生对彼此的不信任感，从而严重干扰项目的开发进度。

在 IT 项目中，许多专家认为，成功最大的威胁就是沟通的失败。2001 年，Standish Group 研究表明，IT 项目成功的 4 个主要因素分别为管理层的大力支持、用户的积极参与、有经验的项目管理者、明确的需求表达。这 4 个要素全部依赖于良好的沟通技巧，特别是技术人员。传统的教育体制注重培养学生的技术技能，而不重视培养他们的沟通与社交技能，很少有沟通（听、说、写）、心理学、社会学和人文科学等软技能方面的课程。但是，在软件项目开发过程中需要进行大量沟通，例如，要开发满足用户需要的软件，必须首先清楚用户的需求，同时必须让用户明白你将如何实现这些需求，让用户知道为什么有些需求不能实现，在哪些方面可以做得更好。更重要的是，要让用户主动地使用所提交的软件，就必须让用户了解它、熟悉它、喜欢它，这些都需要充分发挥个人的沟通能力。

可以根据具体情况选择适当的沟通形式，以保证沟通的有效性，必要时可以建立沟通计划，保证团队内沟通渠道的畅通。

10.4.1　沟通方式

沟通管理的目标是及时并适当地创建、收集、发送、存储和处理项目的信息。沟通是占据项目组成员很多时间的工作，他们需要与客户、销售人员、开发人员、测试人员等进行沟通，还需要进行项目组内部的信息交换。获得的信息量越大，项目现状就越透明，对后续工作的把握就越大。

沟通是一种人与人之间的信息交流活动，所采用的方式应该是双方都可以理解的通用符号和技巧，这样可以保证信息传送与接收的畅通。一般的信息沟通模型至少包括信息发送者、信息、信息接收者，如图 10-12 所示。发送者需要仔细核对信息，确保发送信息的方法，并且要证实信息已经被理解了。接收者需要对信息进行理解，确保正确理解信息。

图 10-12　信息沟通模型

从信息沟通模型中可以看出，如果想最大限度地保障沟通顺畅，当信息在媒介中传播时要尽力避免干扰造成的信息损耗，使信息在传递中保持原始状态。信息发送出去并被接收到之后，双方必须对理解情况进行检查和反馈，确保沟通的正确性。信息发送人感觉自己把信息正确传达了，但是信息在接收端可能千差万别。其原因有很多，如语言、文化、语义、知识、信息内容、道德规范、名誉、权利、组织状态等，在项目执行中经常碰到由于背景不同而在沟通过程中产生理解差异的情况。保证沟通渠道畅通是前提，传递有效信息是关键。

沟通活动可按多种维度进行分类，具体如下。

- 内部沟通与外部沟通。
  - 内部沟通。针对项目内部或组织内部的相关方。
  - 外部沟通。针对外部相关方，如客户、供应商、其他项目、组织、政府、公众和环保倡导者。
- 正式沟通与非正式沟通。
  - 正式沟通。报告、正式会议（定期及临时）、会议议程和记录、相关方简报和演示。

- 非正式沟通。采用电子邮件、社交媒体、网站，以及非正式临时讨论的一般沟通活动。
- 官方沟通与非官方沟通。
  - 官方沟通。呈交监管机构或政府部门的报告。
  - 非官方沟通。采用灵活（往往为非正式）的手段，来建立和维护项目团队及其相关方对项目情况的了解和认可，并在他们之间建立强有力的关系。
- 书面与口头沟通。口头（用词和音调变化）及非口头（肢体语言和行为）沟通，例如社交媒体和网站、媒体发布。
- 层级沟通。相关方或相关方群体相对于项目团队的位置将会以如下方式影响信息传递的形式和内容。
  - 向上沟通。针对高层相关方。
  - 向下沟通。针对承担项目工作的团队和其他人员。
  - 横向沟通。针对项目经理或团队的同级人员。

很多人以为沟通就是多说话，结果是令人产生厌烦，因此漫无目的的沟通是无效的沟通。沟通前，项目经理要弄清楚沟通的真正目的是什么，要对方理解什么，确定了沟通目标，沟通的内容就围绕沟通要达到的目标组织规划，根据不同的目的选择不同的沟通方式。

将项目管理的信息正确传达到相应的人员，是相当重要并有一定的难度，经常发生的事情是信息发送人感觉自己把信息正确传达了，但实际的结果是信息没有传达到或者被错误地理解了。很多人不太习惯成堆的文件或者通篇的 E-mail，相比之下，利用非正式的方式或者双方会谈的方式来听取重要的信息，更能让人接受，价值取向不同，沟通的方式在使用效果上也不一样。德鲁克提出了 4 个基本法则：沟通是一种感知，沟通是一种期望，沟通产生要求，信息不是沟通。

对于紧急的信息，可以通过口头的方式沟通；对于重要的信息，可以采用书面的方式沟通。项目人员应该了解以下内容。

- 许多非技术专业人员更愿意以非正式的形式和双向会谈的方式来听取重要的项目信息。
- 有效地发送信息依赖于项目经理和项目组成员良好的沟通技能。口头沟通还有助于在项目人员和项目干系人之间建立较强的联系。
- 人们有不愿报告坏消息的倾向，报喜不报忧的状况要引起注意。
- 对重大的事件、与项目变更有关的事件、有关项目和项目成员利益的承诺等要采用正式方式进行沟通。
- 与合同有关的信息要以正式方式进行沟通。

10.4.2　沟通渠道

沟通渠道像连接每个人的电话线一样，随着项目的进展和范围的增加，项目团队成员的数量也在不断地增加，人越多，沟通的渠道就越多，例如，3 个人有 3 条沟通渠道，5 个人有 10 条沟通渠道，如图 10-13 所示。沟通渠道的公式为 $N(N-1)/2$，其中 N 为人员总数。可见，如果团队中的人越多，存在的沟通渠道就越多，管理者的管理难度就越大。为保证沟通的良好效果，必须保持沟通渠道的畅通和单一。因此应减少渠道数量，提高效率。例如，客户项目经理应该是唯一的客户接口，所有针对客户的信息只能通过客户项目经理来传递，所有跟客户相关的会议，客户项目经理必须在场，这样才能保证客户需求和客户信息的一致性。

3 个元素　　　　　　　　（E）
3 种可能的相互作用（I）

5 个元素
10 种可能的相互作用

10 个元素
45 种可能的相互作用

$$I= \frac{E(E-1)}{2}$$

图 10-13　沟通渠道

在实践中可以用项目组织图的方式展示项目团队成员及其报告关系。这样可以减少沟通渠道，减少沟通成本，如图 10-14 所示。

图 10-14　项目组织图及其报告关系

10.4.3　项目沟通计划的编制

要保证项目成功，必须进行沟通，为了有效地沟通，需要创建沟通计划。沟通计划决定项目相关人的信息和沟通需求：谁需要什么信息、什么时候需要、怎样获得、选择的沟通模式——什么时候采用书面沟通和什么时候采用口头沟通、什么时候使用非正式的备忘录和什么时候使用正式的报告等。沟通计划常常与组织计划紧密联系在一起，因为项目的组织结构对项目沟通要求有重大影响。在项目初始阶段就应该包含沟通计划，根据对项目相关人员的分析，项目经理和项目团队的成员可以确定沟通的需求。沟通计划可以将沟通的过程、沟通的类型和沟通的需求进行组织和文档化，从而使沟通更有效、更顺畅。

项目沟通计划是对项目全过程的沟通内容、沟通方法、沟通渠道等各个方面的计划与安排。就大多数项目而言，沟通计划的内容是项目初期阶段工作的一部分。由于项目相关人员有不同的沟通需求，所以应该在项目的早期，与项目相关人员一同确定沟通管理计划，并且评审该计划，以预防和减少项目进行过程中存在的沟通问题。同时，项目沟通计划还需要根据计划实施的结果进行定期检查，必要时还需要加以修订，所以项目沟通计划管理工作是贯穿于项目全过程的一项工作。尤其是企业在同时进行多个项目的时候，制订统一的沟通计划和沟通方式，有利于项目的顺利进行。例如，公司所有的项目都有统一的报告格式、统一的技术文档格式和统一的问题解决渠道，这给用户的感觉是公司的管理是有序的。编制沟通计划的具体步骤如下。

1. 准备工作

（1）收集信息

收集沟通过程中的如下信息。

- 项目沟通内容方面的信息。
- 项目沟通所需沟通手段的信息。
- 项目沟通的时间和频率方面的信息。
- 项目信息来源与最终用户方面的信息。

（2）加工处理沟通信息

对收集到的沟通计划方面的信息进行加工和处理也是编制项目沟通计划的重要一环，而且只有经过加工处理过的信息才能作为编制项目沟通计划的有效信息使用。

2. 确定项目沟通需求

项目沟通需求的确定是在信息收集的基础上，对项目组织的信息需求做出的全面决策，包括如下内容。

- 项目组织管理方面的信息需求。
- 项目内部管理方面的信息需求。
- 项目技术方面的信息需求。
- 项目实施方面的信息需求。
- 项目与公众关系的信息需求。

3. 确定沟通方式与方法

在项目沟通中，不同信息的沟通需要采取不同的沟通方式和方法，因此在编制项目沟通计划过程中，必须明确各种信息需求的沟通方式和方法。影响项目选择沟通方式方法的因素主要有以下几个方面。

- 沟通需求的紧迫程度。
- 沟通方法的有效性。
- 项目相关人员的能力和习惯。
- 项目本身的规模。

4. 编制项目沟通计划

项目沟通计划的编制过程是根据收集的信息，先确定项目沟通要实现的目标，然后根据项目沟通目标和沟通需求确定沟通任务，进一步根据项目沟通的时间要求安排这些项目沟通任务，并确定保障项目沟通计划实施的资源和预算。

制订一个协调的沟通计划非常重要，清楚地了解什么样的项目信息要报告、什么时候报告、如何报告、谁来负责编写这些报告非常重要。项目经理要让项目组人员和项目干系人都了解沟通管理计划，要让他们针对各自负责的部分根据相关规范来编制沟通管理计划。

在制订项目计划时，可以根据需要制订沟通计划，沟通计划可以是正式的或者非正式的，可以是详细的或提纲式的。沟通计划没有固定的表达方式，它是整个项目计划的一部分。沟通管理计划主要包括如下内容。

- 沟通需求：分析项目相关人需要什么信息，确定谁需要信息、何时需要信息。对项目干系人的分析有助于确定项目中各种参与人员的沟通需求。
- 沟通内容：确定沟通内容包括沟通的格式、内容、详细程度等。如果可能的话，可以统一项目文件格式、统一各种文件模板，并提供编写指南。
- 沟通方法：确定沟通方式、沟通渠道等，保证项目人员能够及时获取所需的项目信息。确定信息如何收集、如何组织，详细描述沟通类型、采用的沟通方式、沟通技术等。例如，检索信息的方法、信息保存方式、信息读写权限，会议记录、工作报告、项目文档（需求、设计、编码、发布程序等）、辅助文档等的存放位置，以及相应的读写权利、约束条件与假设前提等。明确表达项目组成员对项目经理或项目经理对上级和相干人员的工作汇报关系和汇报方式，明确汇报时间和汇报形式。例如，项目组成员对项目经理通过 E-mail 发送周报，项目经理对直接客户和上级按月通过 E-mail 发月报，紧急汇报通过电话及时沟通，项目组每两周进行一次当前工作沟通会议，每周同客户和上级进行一次口头汇报，等等。汇报内容包括问题的解决程序、途径等。
- 沟通职责：谁发送信息，谁接收信息，制定一个收集、组织、存储和分发适当信息给适当人的系统。该系统也对发布的错误信息进行修改和更正，详细描述项目内信息的流动图。这个沟通结构描述了沟通信息的来源、信息发送的对象、信息的接收形式，以及传送重要项目信息的格式、权限。
- 沟通时间安排：创建沟通信息的日程表，类似项目进展会议的沟通应该定期进行，设置沟通的频率等。其他类型的沟通可以根据项目的具体条件进行。
- 沟通计划维护：当项目进行时，沟通计划如何修订的指南，明确本计划在发行变化时由谁进行修订，并发送给相关人员。

其实，沟通计划也包括很多其他方面，例如，应该有一个专用于项目管理中所有相关人员的联系方式的小册子，其中包括项目组成员、项目组上级领导、行政部人员、技术支持人员、出差订房订票等人员的相关联系信息等。联系方式应做到简洁明了，最好能有对特殊人员的一些细小标注。

沟通计划在项目规划的早期进行并且贯穿项目生存期，若项目干系人发生变化，他们的需求可能也会发生变化，因此也需要定期地审核和更新沟通计划。

5. 沟通方式建议

如果没有针对项目中的一些重要信息进行充分和有效的沟通，则会导致各做各事、重复劳动，甚至造成不必要的损失。例如，沟通过程中的沉默、没有反应等可能表示项目人员尚未弄清楚问题，为此项目管理者还需要与开发人员进行充分沟通，了解开发人员的想法。在对项目没有共同、一致的理解的前提下，一个团队是不可能成功的。为此，需要制定有效的沟通制度和沟通机制，对由于缺乏沟通而造成的事件进行通报，以提高大家对沟通作用的认识。沟通方式应根据内容而多样化，讲究有效率的沟通。例如：通过制度规定对由于未及时收取邮件而造成损失的责任归属；对于特别重要的内容，要采用多种方式进行有效沟通以确保传达到位，除发送邮件外还要设置电话提醒、回执等，重要的内容还要通过举行各种会议进行传达。

为解决沟通中的问题，建议采取多种、灵活、经济的沟通方式。例如，一般的小问题或者简单问题可进行电话交流，复杂的、必要的、重要的沟通需要以会议形式解决，形成书面的会议纪要。在保证效果的前提下节省时间，提高工作效率。规定项目组成员在每天工作过程中记录下遇到的问题，然后以邮件方式发送给需要的沟通者或者询问者。对于可以直接回答的问题，则直接以邮件方式回复。对于无法直接答复而只需要与提出问题者讨论的问题，须商议确定。对于需要众人一起讨论的问题，则召开会议讨论。对于较紧急的问题，则召开临时性会议。通过以上方法，可以及时发现、解决问题，从而避免因各方立场不一致造成严重对立而影响项目进度，避免因交流不畅导致重大质量问题。

10.5 敏捷项目团队

10.5.1 小而美的团队

传统的组织结构图并不能帮助我们理解组织中的真实沟通模式。实际上，人们为了完成工作，会与另一条汇报线上的人员进行横向或纵向沟通。组织需要有意识地培养这种创造力和解决问题的能力，并从中受益，不局限于自顶向下和自底向上的沟通和汇报。康威定律指出：如果系统的架构和组织结构不一致，那么组织结构将成为赢家。特别是，当组织被划分为职能竖井（也就是团队按照专业职能来划分）时，难以面向端到端的工作流设计。同理，如果一个组织主要根据不同地域的销售渠道来划分，那么就难以开发出一种有效的软件架构来面向全球所有区域提供多样性的软件服务。架构的设计顺序是业务、技术、组织；一切都是为解决业务问题服务的，只有把业务架构梳理清楚才能去设计技术架构，只有把业务和技术架构梳理清楚才能去梳理组织架构，因为组织架构的目的是业务和技术架构的正常运作。架构的实施顺序是组织、业务、技术，因为组织架构会影响业务架构，业务架构又会影响技术架构。所以如果一个架构师或技术管理者没有能力去影响业务架构和组织架构，是不可能做好架构设计的。

根据邓巴数定律，个人和团队的认知负荷也是有上限的。所以我们要按照业务领域复杂度来组建团队，而不是按照传统组织架构图和技术活动来组建团队。应梳理团队职责来匹配团队的最大认知负荷；建立清晰的团队职责边界；定义好团队间明确的接口（不是技术的），要明确哪些事情是对外公开的（如系统 API、工具、支持性工作等）、哪些事情是对团队内部的（团队内的代码规范、交付实践原则等），并及时做好审核与监控。有以下几个建议。

- 可以将每个领域分配给单一团队。如果领域对团队来说太大，则将单一领域的职责拆分给不同团队。
- 一个 7～9 个人的黄金规模团队应该可以应对二三个"简单"领域。
- 如果一个团队已经负责了非常复杂的领域，那么就不应该再给他们分配更多领域，即便是一个非常简单的领域。
- 避免单一团队负责两个复杂领域。

这里要强调的是：团队是最有效的软件交付主体，而非个人。与以自我为中心的团队成员相比，集体导向的团队成员更有可能关注其他团队成员的任务输入，并在团队交互过程中提高他们的绩效。在团队中拥抱多样化，奖励团队而非个人。

10.5.2　自组织团队

何为自组织团队？有的组织为了适应外部环境，过渡到了自组织阶段，在没有外部指令的条件下，系统内部各子系统之间能自行按照某种规则形成一定的结构或功能。天空中的鸟群、海洋中的鱼群、雪花呈现明显的中心对称等都是一种自组织形式。

敏捷团队注重快速开发产品，以便能获得反馈，强调自组织团队，在实践中，最有效的敏捷团队往往由 3～9 个成员组成，而且黄金人数是 5～9 人。理想情况下，敏捷团队应该集中在一个工作场所工作，例如可以围坐在一个桌子上开会，沟通便捷，如图 10-15 所示。团队成员 100% 为专职成员，协同工作，高效配合。敏捷方式鼓励自我管理团队，由团队成员决定谁执行下一阶段定义的范围内的工作。敏捷团队与仆人式领导一起茁壮成长。领导支持团队的工作方法。跨职能敏捷团队频繁创造功能性产品增量，这是因为团队集体对工作负责并共同拥有完成工作所需的所有必要技能。

在成功的敏捷团队中，团队成员在工作中以各种方式开展合作（如结对、群集、群体开发），因而，他们会协同工作，随着工作的推进和少量已完成功能的交付，他们也在不断学习。在敏捷项目中，可以最大限度地采用集中和协作的团队结构，协作型团队可以促进不同工作活动的加速整合、改善沟通、增加知识分享，以及提供工作分配的灵活性和其他优势。

图 10-15　敏捷团队协作开发

10.5.3　仆人式领导

"敏捷宣言"的价值观和原则的一个核心宗旨是强调个人和交互的重要性。敏捷优化了价值流，强调了向客户快速交付功能，而不是怎样"用"人。要善于激励项目人员，为他们提供所需的环境和支持，信任他们能够完成工作，充分授权、提供必要的服务。

因此，敏捷方法强调仆人式领导方式，仆人式领导是一种为团队赋权的方法。仆人式领导是指通过对团队服务来领导团队的实践，它注重理解和关注团队成员的需要和发展，旨在使团队尽可能达到最高绩效。

《PMBOK 指南》（第 6 版）将项目经理定义为"由执行组织委派，领导团队实现项目目标的个人"。项目经理的价值不在于他们的岗位，而在于他们能够让每个人都变得更好。

10.5.4　敏捷团队的沟通

在模糊不定的项目环境中，必然需要对不断演变和出现的细节情况进行更频繁和更快速的沟通。因此，应该尽量简化团队成员获取信息的通道，频繁进行团队检查，并让团队成员集中办公。此外，为了促进与高级管理层和相关方的沟通，还需要以透明的方式发布项目工件，并定期邀请相关方评审项目工件。

高度变化的项目更需要项目相关方的有效互动和参与。为了开展及时且高效的讨论及决策，适应型团队会直接与相关方互动，而不是通过层层的管理级别。客户、用户和开发人员在动态的共创过程中交换信息，通常能实现更高的相关方参与和满意程度。在整个项目期间保持与相关方的互动，有利于降低风险、建立信任和尽早做出项目调整，从而节约成本，提高项目成功的可能性。为加快组织内部和组织之间的信息分享，敏捷型方法提倡高度透明。例如，邀请所有相关方参与项目会议和审查，或将项目工件发布到公共空间，其目的在于让各方之间的不一致和依赖关系，或者与不断变化的项目有关的其他问题，都尽快浮现。例如每日站立会议，团队所有开发人员都参加，迭代评审会议，邀请客户等相关人员参与评审和反馈。而且项目信息都随时发布在看板上，如图 10-16 所示，便于团队相关人员了解。

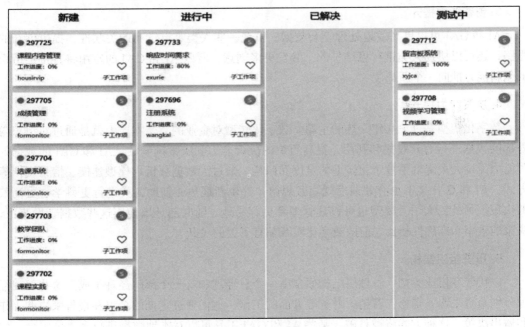

图 10-16　看板管理

10.6　AI 驱动开发的项目团队

顶级科学期刊 *Nature* 公布了 2023 年度十大科学人物榜单（Nature's10），这一榜单旨在选出 10 位在 2023 年所有重大科学事件中占有一席之地的人物，包括巴西环境部长玛丽娜·席尔瓦和参与月球 3 号任务的科学家卡尔帕纳·卡拉哈斯蒂。该杂志将前 10 名扩大到 11 名，首次包括了一名非人类——ChatGPT。该杂志主编理查德·莫纳斯特斯基表示，ChatGPT 的入选是为了"承认生成式 AI 正在以一种深刻的方式扰乱科学的发展和进步"。

10.6.1 AI 对组织团队的影响

AI/GAI 赋能下，可以预见在不久的将来，项目组织一定会有很大的变化。

1. 降本增效

通过精简流程、节省人力资源，AI 可以有效降低组织运营的成本。AI 和 GAI 可以自动化和优化许多烦琐和重复的任务，从而减少人工干预和人为错误，提高工作效率和生产力。例如，AI 和 GAI 可以自动搜索信息并生成报表、自动化客户服务、自动化数据分析。研发部门还可以用其书写基础代码、基础文档等。这类技术含量较低、工作内容相对固定且重复性较高的工作，恰恰是比较占用人力资源的。引入 AI 后，这些领域对人力资源的需求会大大减少。

2. 业务增长

从基础工作中解脱出来之后，员工可以将更多的时间和精力放在更有价值的任务上，例如创新、决策和客户关系管理等。此外，AI 和 GAI 还可以提供更准确、更及时和更具个性化的数据和见解，从而帮助员工更好地理解和满足客户需求，提高客户满意度和忠诚度。这些都是促进业务增长的有利条件。

3. 创新能力提升

AI 和 GAI 可以更高效地处理复杂数据，发现一些人类难以觉察的关联性，提供创新的思路，还可以协助人类进行思维扩散，激发更多创意。所以 AI 和 GAI 的应用将直接把组织的创新能力推向一个新高度。

4. 决策能力提升

数字化转型是过去几年大热的主题。数字化转型对企业的意义本质上就是通过对组织内外部的数据进行有效收集和利用，提高组织的决策能力和决策准确性。AI 和 GAI 的数据处理能力无疑大大降低了数字化转型的难度和门槛。通过大数据分析、模型建模、情景模拟等方式，AI 和 GAI 能够更有效地发现隐藏规律，提供新视角，辅助人类进行更科学、更高效的决策。另外，大语言模型也可以让管理者更容易地、随时随地地使用这些数据辅助决策，决策的效率和准确性相比之前的数字化实践都有了大的飞跃。

5. 重塑组织结构

以传统零售业为例，管理层结构通常由一个总经理和若干个部门经理组成。这些部门经理分别负责采购、销售、营销、财务等方面的工作，他们通过定期的会议和报告来协调工作和做出决策。这种方式将被打破。某些 AI 和 GAI 工具可以对本地数据进行多维度组合，生成报告，决策者可以通过大语言模型有效利用这些数据。所以零售业管理层可能会淘汰或重组一些部门，以更好地适应数据驱动的企业环境。

这种变化也同样适用于其他行业和公司，在可见的未来，某些分工和角色将不再存在或者不再重要。同样，新的角色分工会涌现出来，由此而来的工作流程调整、部门的重组都是相当确定的事情。

除了重组之外，组织的结构也会变得更加扁平。AI 可以提供更深入、更精确的数据分析，使得决策过程更加依赖数据驱动。因此，上层的决策不再完全依赖中层的汇报，而基层在 AI 的辅助下，也不再需要从经验更丰富的上级领导那里求取决策。所以组织对中层管理人员的需求大大减少，加之重复性劳动者的数量减少，以往大公司内庞大的中层将不再存在。

要用 AI 重塑组织结构，门槛就在如何更好地给数据归类并加上标签，唯一的难点是，组织内的数据一开始都是不合格的，因为很少有组织会对数据进行良好的标注。这是 AI 真正发挥作用前需要过的一个坎。

10.6.2　团队新工作方式

AI 和 GAI 可以改变企业内部的工作方式和文化，例如更加注重数据驱动决策、更加注重创新。由于人员的知识技能水平显著提升，迭代速度显著增快，组织结构更加扁平化，可以预见的是，组织的敏捷程度会大大提升，敏捷文化会得到加强。

AI 和 GAI 将会为企业创造新的岗位和工作职责，例如机器学习工程师、数据科学家等，这些岗位需要新的技能和知识。AI 和 GAI 也会影响 HR 部门，诞生新的培训岗位。

原有的组织结构会更加扁平化。对一线员工而言，依赖中层的原因无非是行政地位、经验、信息垄断，而 AI 淡化了信息垄断，缩小了经验差距，所以一线员工不那么依赖中层了；对高层而言，AI 辅助决策也能替代中层意见。因此，组织对中层需求数量减少，对中层的质量要求更高，缩减中层管理人员也是理所当然的。

AI 能取代某些角色，实际上不用 100% 取代，流程里的某一两个角色工作被 AI 取代 60%，这个流程就会被重构。淘汰旧角色，可能产生新角色，也可能由剩余角色分担剩余的 40% 的工作，分工变化会导致部门结构变化，淘汰老部门，产生新部门。

10.6.3　项目管理者角色的改变

随着 AI 技术的发展和应用，项目经理的角色也在发生着改变，应该向更高价值和更高影响力的工作转换。例如：

- 从任务分派、进度跟踪转向协作和共创；
- 从起草计划、撰写文件、频繁沟通转向激发行动和提升业绩；
- 从为决策提供事实依据转向提升干系人对决策影响力的认知；
- 从建立项目管理仪表盘转向战略思维和战略适配。

项目管理者更需要注重技术无法替代的影响力技能的培养，项目经理的日常工作离不开影响力技能，例如协作和共创技能是具有协作式领导、具有战略思维，通过有影响力的沟通解决问题。在 AI 时代，项目管理者成功转型是一项艰巨的任务，管理者们可以从以下 5 个关键点着手。

- 花时间充分了解技术和商业环境。
- 提出正确的问题。对组织使用前沿技术所需要具备的能力持开放态度。
- 明确议程、愿景和战略目标。
- 以身作则并为转型提供支持。
- 改变团队习惯。确保管理人员在构建新的理念和行为准则时做到言行一致。

10.7　MED 项目团队计划案例分析

本章案例包括"医疗信息商务平台"的团队人员资源计划、项目干系人计划以及项目沟通计划。

10.7.1 团队人员资源计划

由于项目实施过程中需要涉及不同组织的各方面人员，而各组织之间的任务和职责也不尽相同，因此明确定义组织结构和各自职责可保证系统开发活动的顺利进行。本项目的组织结构如图 10-17 所示，相当于矩阵组织结构。

图 10-17 项目组织结构图

合同管理者：
- 负责项目对外的商务协调。
- 负责项目计划的审批和实施监督。

需求管理组：
- 负责 KFL 的定义。
- 负责网站业务流程的定义和维护。
- 负责 Page Flow 定义。
- 负责项目的需求管理。

项目管理者：
- 负责项目实施的组织、规划和管理。
- 负责项目实施的资源组织协调。
- 负责项目计划的维护。
- 负责定期向 medeal.com 的工作报告。
- 负责网站系统的提交。

系统设计组：
- 负责网站系统实现的设计。
- 负责 Data Modeling 的设计。
- 负责页面结构、COM 和数据库的设计。
- 负责测试案例的评审。

系统开发组：
- 负责网站系统的开发。
- 负责页面、COM 和数据库的开发。
- 负责网站系统的集成和调试。

内容管理组：

- 负责内容管理环境的建立。
- 过程定义和维护。
- 负责网站内容的处理、确认和维护。

质量保证组：

- 负责根据过程规范制定检查表，按阶段控制项目开发过程。
- 负责项目的配置管理。
- 负责测试案例的设计。
- 负责网站系统的测试。

开发环境支持组：

- 负责开发环境、内容管理环境和 QA 环境的建立。
- 协助开发人员进行系统安装和配置。

该项目的项目管理由王军负责，技术管理由张立负责，需求管理由陈斌负责，网站内容开发由杨焱泰负责。具体各组织人员组成如表 10-6 所示。

表 10-6　项目角色定义

角色	负责人	参与人	角色	负责人	参与人
medeal.com	李××		系统开发组 – 后台	郑浩	王强、虞晓东、蒋东
合同管理者	姜心		CM 组	杨焱泰	丁心茹、周辉
需求管理组	陈斌	张山	质量保证组 –QA	韩新	
项目管理者	王军		质量保证组 –SCM	唐甜甜	
项目助理	周××		质量保证组 – 测试	唐甜甜	唐昕、田梅
系统设计组	习平安	柳金	开发环境支持组	蔡文姬	钱飞
系统开发组 –DB	张立	温煦	机动	许昕	
系统开发组 – 前台	赵锦波	胡好好、刘占山、崔铁			

10.7.2　项目干系人计划

项目干系人计划如表 10-7 所示。

表 10-7　项目干系人计划

序号	姓名	单位/部门	职位	项目角色	联系方式	主要需求	主要期望	管理计划	目前状态
0	李××	××公司/综合部	总经理	客户	136××	满足界面需求	配合需求调研、验收	外部/定期联络、沟通需求	中立
1	张××	××公司/业务部	部门经理	客户	138××	了解项目信息	支持项目进展、配合验收	外部/定期汇报进展、沟通需求	反对
2	王××	集成部	技术经理	项目协助	133××	接口、部署、协调、确认业务需求	配合接口、部署、协调、确认业务需求	参照内部沟通计划	中立
3	韩××	总部	总经理	项目支持者	189××	用户满意	项目管理、需求、设计、开发	参照内部沟通计划	支持

10.7.3　项目沟通计划

项目沟通分为外部协调和内部沟通两部分。

1. 外部协调

对于外部协调，应注意以下两点。

- 原则上由合同管理者负责与客户进行协调。为减少交流成本，项目人员也可直接与用户联系，但必须将联系内容通报合同管理者和项目助理，并由项目助理记入沟通记录。
- 建立周三、五定期报告制度，由项目管理者向客户进行工作汇报，报告内容包括项目进展状态、下步安排、项目管理问题协商等。联系方式为 E-mail，突发事件可通过电话联系。E-mail 地址格式如下：

我方：TomL@××××.com

客户：Brad@medeal.com

　　　Bill@yahoo.com

E-mail 标识：WeeklyReport-mmdd，其中 mmdd 表示月日，使用两位数字表示，如 0505 表示 5 月 5 日。

2. 内部沟通

在敏捷开发中，要进行频繁沟通，主要的 3 个沟通会议是每日站立会议（一般 15 分钟）、Sprint 计划会议、Sprint 复审会议。

（1）每日站立会议

会议时间：每天下班前开始。

会议目的：

- 协调每日任务，讨论遇到的问题。
- 任务板能够帮助团队聚焦于每日活动之上，要在这个时候更新任务板和燃尽图。

基本要求：

- 项目团队所有人员参加。
- 每天 15 分钟，同样时间，同样地点。
- 团队成员在聆听他人发言时，都应该想这个问题："我该怎么帮他做得更快？"
- 项目经理不要站在团队前面或任务板旁边，不要营造类似于师生教学的气氛。

会议输出：

- 团队彼此明确知道各自的工作、最新的工作进度图、燃尽图。
- 得到最新的"本迭代产品状况"。

（2）Sprint 计划会议

会议时间：在每个迭代第一天召开。

会议目的：估算本次迭代的工作项，明确优先级排序，确定本次迭代的 Sprint 提交结果，给出设计方案，估算本次 Sprint 的工作量。

会议内容：

- 该会议的工作以分析为主，目的是详细理解最终用户到底要什么，产品开发团队可以从该会议中详细了解最终用户的真实需要，决定他们能够交付哪些东西。

- 产品开发团队可以为他们要实现的解决方案完成设计工作，团队知道如何构建当前 Sprint 中要开发的功能。
- 估算本 Sprint 迭代的产品任务列表。

会议输出：
- 产品条目（product backlog）的用户验收测试。
- 架构设计图。
- 经过估算和排序的产品任务列表。

（3）Sprint 复审会议

会议时间：Sprint 结束。

会议目的：向最终用户展示工作成果，得到用户的反馈，并据此创建或变更列表条目。

基本内容：
- 让参与者试用团队展示的新功能。
- 有可能发布的产品增量，由团队展示。

会议输出：
- 用户的反馈。
- 更新的产品任务列表。

3. 沟通方式说明

为保证项目管理的有效进行，建立沟通事件记录通报制度，事件包括与用户的电话记录、各方建议等。事件记录由项目助理负责，并于每周三和周五提交项目管理者，用于向合同管理者汇报。

（1）邮件沟通

邮件沟通在项目实施过程中是使用最频繁的沟通方式，邮件沟通约定如下：
- 邮件收件人为对邮件内容必须知晓或对邮件必须反馈的人员。
- 邮件抄送人为对邮件内容了解或对邮件可以但不强制反馈的人员。
- 邮件收件人和抄送人的顺序依据组织架构内容，同组的人员放在一起，组内职级最高的人员决定小组位置，并列关系的组按先业务后信息的原则排列。
- 邮件主题"【"+组织结构名称+"-"+邮件主题目"】"+邮件子题目。
- 邮件正文分为几种类型，邮件正文约定如下：

（2）电话沟通

电话沟通时要清晰无歧义。电话沟通的结果（如需要）可以以邮件方式记录后发给相关人员。

（3）文件沟通与口头沟通

文件沟通特指通过纸质文件进行沟通的方式，在满足公司纸质文件流转规定的同时尽快推进。口头沟通时，遇到争议暂无法解决的问题，先记录下来之后讨论。口头沟通的结果（如需要）可以以邮件方式记录后发给相关人员。

10.8 MSHD 项目团队计划案例分析

表 10-8 为项目的团队人员职责计划，表 10-9 为项目的沟通计划。

表 10-8 MSHD 团队人员职责计划

成员姓名	角色	职责
陈一	前端设计师（UI 设计）、前端工程师	• Web 页面设计开发与优化 • 文档评审 • 测试
杨二	前端工程师	• MSHD 用户端逻辑功能 • MSHD 管理端整体逻辑（还有分页、粗略展示等） • 完善 MSHD 管理、用户端 • 测试
丁三	前端设计师（UI 设计）、前端工程师	• Web 页面数据统计的可视化展示 • 文档评审 • 测试
孙四	后端开发工程师、数据库管理员	• 负责后端基础服务开发 • 优化数据库查询和缓存查询 • 部署网站 • 负责后端拦截器开发
李五	后端开发工程师、数据库管理员	• 负责后端业务逻辑的开发与维护 • 设计和优化数据库结构 • 实现数据存储与检索的逻辑 • 与前端团队协作，定义接口规范

表 10-9 项目沟通计划

项目沟通计划					
一、项目基本情况					
项目名称	多源异构灾情管理系统		项目编号	MSHD-2.0	
制作人	王然		审核人	韩万江	
项目经理	张硕		制作日期	2023/10/10	
二、项目沟通计划					
利益干系人	会议类型	所需信息	频率	方法	责任人
团队	scrum 站会	项目进度更新、测试结果、问题解决策略	每周两次	线上腾讯会议 / 线下	张 ××
项目经理	需求分析	需求获取、需求变更通知、设计文档	每周一次	线下	吴 ××
前端工程师	项目例会	项目进度更新、需求变更通知、问题解决策略	一周一次	线上腾讯会议	王 ××
运维团队	测试例会	测试结果、设计文档	两周一次	线下	朱 ××
后端工程师	项目例会	项目进度更新、需求变更通知、测试结果	一周一次	线上腾讯会议	王 ××

小结

本章首先描述了项目团队组织形式。项目组织一般有 3 种典型形式：职能型、项目型和矩阵型。可以根据项目的具体特点选择合适的项目组织结构。角色职责的关系可以通过责任分配矩阵、组织分解结构、文本等进行描述。同时，本章也介绍了敏捷团队的特点，还描述了项目干系人计划，识别项目干系人、确定如何管理干系人也是项目计划的一部分。最后讲述了项目沟通计划，沟通是项目成功的前提，需要确定谁需要信息、需要什么信息、何时需要信息，以及如何将信息分发给他们。另外，本章也探讨了 AI 驱动项目开发的组织结构、人员管理的变化。

练习题

一、填空题

1. 可以充分发挥部门资源集中优势的组织结构类型为_____。
2. 组织结构的主要类型是_____、_____、_____。
3. _____沟通最有可能协助解决复杂的问题。
4. 当项目中有 20 个人时，沟通渠道最多有_____。
5. 敏捷团队注重快速开发产品，以便获得反馈，强调_____形式团队。

二、判断题

1. 项目干系人计划是项目计划的一部分。（　　　）
2. 项目型组织结构的优点是可以资源共享。（　　　）
3. 应尽量多建立一些项目沟通渠道。（　　　）
4. 项目沟通的基本原则是及时性、准确性、完整性和可理解性。（　　　）
5. 在 IT 项目中，成功最大的威胁是沟通的失败。（　　　）
6. 责任分配矩阵是明确项目团队成员的角色与职责的有效工具。（　　　）
7. 口头沟通不是项目沟通的方式。（　　　）
8. 对于紧急的信息，应该通过口头的方式沟通；对于重要的信息，应采用书面的方式沟通。（　　　）
9. 沟通计划包括确定谁需要信息、需要什么信息、何时需要信息，以及如何接收信息等。（　　　）
10. "小前台 + 大中台"的组织模式，核心目的是希望能够促使组织管理更加扁平化，相当于中后台的成熟技术可以为不同的前台业务提供服务支持，即多个前台业务复用后台技术。（　　　）

三、选择题

1.（　　　）以图形方式展示项目团队成员及其报告关系。这样可以减少沟通渠道，减少沟通成本。

　　A. 项目组织图　　　　B. 甘特图　　　　　　C. 网络图　　　　　　D. RAM 图

2. 下面哪项不是敏捷角色？（　　　）

　　A. 产品负责人　　　　B. 团队促进者　　　　C. 跨职能团队成员　　D. 合同管理者

3. 在项目管理的组织结构中，适用于主要由一个部门完成的项目或技术比较成熟的项目的组织结构是（　　　）。

　　A. 矩阵型组织结构　　B. 项目型组织结构　　C. 职能型组织结构　　D. 都一样

4. 在实践中，最有效的敏捷团队往往由三到九个成员组成，而且黄金人数是（　　　　）。

A. 3～5人 B. 4～7人 C. 5～9人 D. 4～9人

5. 在（　　　　）组织结构中，项目成员没有安全感。

A. 职能型 B. 矩阵型 C. 项目型 D. 弱矩阵型

6. 下列关于干系人的描述中，不正确的是（　　　　）。

A. 影响项目决策的个人、群体或者组织 B. 影响项目活动的个人、群体或者组织

C. 影响项目结果的个人、群体或者组织 D. 所有项目人员

7. 编制沟通计划的基础是（　　　　）。

A. 沟通需求分析 B. 项目范围说明书 C. 项目管理计划 D. 历史资料

8. 项目团队原来有5个成员，现在人员扩充，又增加了3个成员，那么沟通渠道是原来的（　　　　）倍。

A. 2.8 B. 2 C. 4 D. 1.6

9. 对于项目中比较重要的通知，最好采用（　　　　）沟通方式。

A. 口头 B. 书面 C. 网络方式 D. 电话

10. 在一个高科技公司，项目经理正在为一个新的项目选择合适的组织结构，这个项目涉及很多的领域和特性，他应该选择（　　　　）组织结构。

A. 矩阵型 B. 项目型 C. 职能型 D. 组织型

四、问答题

1. 写出5种以上项目沟通方式。

2. 对于特别重要的内容，你认为一般采用哪些方式才能确保有效的沟通？

第11章

软件项目风险计划

项目具有不确定性属性，任何项目都有风险，没有风险管理，项目就可能遇到麻烦。制订合理的风险计划，才能防患于未然，做到主动管理风险，而不是被动地被风险所控制。本章进入路线图的"风险计划"，如图 11-1 所示。

图 11-1　项目计划——风险计划

11.1　风险管理概述

伴随着软件技术的不断更新、软件数量的不断增多、软件复杂程度的不断加大，客户对产品的要求也在不断提高，随之而来的是软件项目给软件开发企业和需求企业带来的巨大风险。风险管理与控制已成为决定软件开发项目成败的关键。

风险是介于确定性和不确定性之间的状态，是处于无知和完整知识之间的状态。项目风险有很多种，没有风险的项目是不存在的，只是风险的多少、严重程度不同而已。在软件项目管理中很多项目管理者经常会更关注项目的范围、进度、成本、质量，但是，如果没有完善的风险管理机制，项目将困难重重。

需要采取积极的步骤对要发生或即将发生的风险进行管理，尽量减少软件项目风险，促进项目的成功。

11.1.1　风险定义

所谓风险，归纳起来主要有两种意见：主观说认为，风险是损失的不确定性；客观说认为，风险是给定情况下一定时期可能发生的各种结果间的差异。风险的两个基本特征是不确定性和损失。所以，风险是对潜在的、未来可能发生的损害的一种度量，如果风险确实发生了，则会对项目产生有害的或者负面的影响。软件风险是指对软件开发过程及软件产品本身可能造成的伤害或损失。风险关注未来的事情，这意味着，风险涉及选择及选择本身包含的不确定性。另外，风险涉及思想、观念、行为、地点等因素的改变。

软件项目风险会影响项目计划的实现，如果项目风险变成现实，就有可能影响项目的进度，增加项目的成本，甚至导致软件项目无法实现。如果对项目进行风险管理，就可以最大限度地减少风险的发生。但是，很多项目经理不太关心风险，结果造成软件项目经常性地延期、超过预算，甚至失败。

在软件项目的开发过程中必然要使用一些新技术、新产品，同时由于软件系统本身的结构和技术复杂性的原因，需要投入大量人力、物力和财力，这就造成开发过程中存在某些"未知量"或者"不确定因素"，必然给项目的开发带来一定程度的风险，也就可能会使项目计划失败或不能完全达到预期目标。因此，对项目风险进行科学、准确的判别，为项目决策层和管理人员提供科学的评估方法是十分必要的。一个项目的损失可能有不同的后果，如软件质量的下降、成本费用的超出、项目进度的推迟等。

一般来说，项目风险具有三要素：风险事件、风险事件发生的概率、风险造成的影响。如图 11-2 所示，风险发生的概率越高，造成的影响越大，就越容易导致高风险。

图 11-2　风险图示

风险是一种概率事件，即可能发生也可能不发生。因此，我们通常会表现得很乐观，不是看不到风险就是希望它们不会发生。如果风险真的出现了，这种态度会使项目陷入困境，这是一个大型项目中很可能发生的事情。当没有办法消除风险，甚至连试图降低该风险也存在疑问时，这些风险就是真正的风险。因此，风险管理被认为是管理大型软件项目的最佳实践。

11.1.2　风险类型

从范围角度来看，风险主要分为商业风险、管理风险、人员风险、技术风险、开发环境风险、客户风险、产品风险、过程风险等。

- 商业风险。商业风险是指与管理或市场所加诸的约束相关的风险，主要包括市场风险、策略风险、管理风险和预算风险等。例如：如果开发的软件不是市场真正想要的，就存在市场风险；如果开发的软件不再符合公司的软件产品策略，就存在策略风险；由于重点转移或者人员变动而失去上级管理部门的支持，就存在管理风险；如果没有得到预算或者人员的保证，就存在预算风险。

- 管理风险。管理风险是指潜在的预算、进度、个人（包括人员和组织）、资源、用户和需求方面的问题，如时间和资源分配不合理、项目计划质量不高、项目管理原理使用不当、资金不足、缺乏必要的项目优先级等所导致的风险。项目的复杂性、规模的不确定性和结构的不确定性也是构成管理风险的因素。

- 人员风险。人员风险是指与参与项目的软件人员稳定性、总体技术水平及项目经验相关的风险。例如：作为先决条件的任务不能按时完成；开发人员和管理层之间关系不佳，导致决策缓慢，影响全局；缺乏激励措施，士气低下，降低了生产能力；某些人员需要更多的时间适应还不熟悉的软件工具和环境；项目后期加入新的开发人员，需进行培训并不断与现有成员沟通，从而使现有成员的工作效率降低；由于项目组成员之间发生冲突，导致沟通不畅、设计欠佳、接口出现错误和额外的重复工作；不适应工作的成员没有调离项目组，影响了项目组其他成员的积极性；没有找到项目急需的具有特定技能的人等。

- 技术风险。技术风险是指与待开发软件的复杂性以及系统所包含技术的"新奇性"相关的风险，如潜在的设计、实现、接口、检验和维护方面的问题。规格说明的多义性、技术上的不确定性、技术陈旧以及"过于先进"的技术等都是技术风险因素。复杂的技术，以及项目执行过程中使用的技术或者行业标准发生变化所导致的风险也是技术风险。技术风险威胁要开发的软件质量及交付时间。如果技术风险变成现实，则开发工作可能变得很困难或者不可能。

- 开发环境风险。开发环境风险是指与用以开发产品的工具的可用性及质量相关的风险。例如：设施未及时到位；设施虽到位，但不配套；开发工具未及时到位；开发工具不如期望的有效，开发人员需要时间创建工作环境或者切换新的工具；新的开发工具的学习期比预期长，内容繁多。

- 客户风险。客户风险是指与客户的素质以及开发者和客户定期沟通的能力相关的风险。例如：客户对于最后交付的产品不满意，要求重新设计和重做；客户的意见未被采纳，造成产品最终无法满足用户要求，因而必须重做；客户对规划、原型和规格的审核决策周期比预期要长；客户没有或不能参与规划、原型和规格阶段的审核，导致需求不稳定和产品生产周期的变更；客户答复的时间（如回答或澄清与需求相关问题的时间）比预期长；客户提供的组件质量欠佳，导致额外的测试、设计和集成工作，以及额外的客户关系管理工作。

- 产品风险。产品风险是指与质量低下的不可接受的产品相关的风险。例如：矫正这些产品的质量，需要比预期更多的测试、设计和实现工作；开发额外的不需要的功能（镀金），延长了计划进度；严格要求与现有系统兼容，需要进行比预期更多的测试、设计和实现工作；要求与其他系统或不受本项目组控制的系统相连，导致无法预料的设计、实现和测试工作；在不熟悉或未经检验的软件和硬件环境中运行所产生的未预料到的问题；开发一种全新的模块将比预期花费更长的时间；依赖正在开发中的技术，延长计划进度。

- 过程风险。过程风险是指与软件过程被定义的程度以及它们被开发组织所遵守的程度相关的风险。例如：大量的纸面工作导致进程比预期慢；前期的质量保证行为不真实，导致后期重复工作；过程不正规（缺乏软件开发策略和标准），导致沟通不足，质量欠佳，甚至需重新开发；过程过于正规（教条地坚持软件开发策略和标准），导致过

多无用的工作；向管理层撰写进程报告占用开发人员的时间比预期多；风险管理水平
较低，导致未能发现重大的项目风险。

从预测角度看，风险可分为下面 3 种类型。

- 已知风险。已知风险是指仔细评估项目计划、开发项目的商业及技术环境以及其他
  可靠的信息来源（如不现实的交付时间、没有需求或软件范围的文档、恶劣的开发环
  境）之后可以发现的那些风险。
- 可预测风险。可预测风险是指能够从过去项目的经验中推测出来的风险（如人员调
  整、与客户之间无法沟通等）。
- 不可预测风险。不可预测风险是指可能会真的出现，但很难事先识别出来的风险。项
  目管理者只能对已知和可预测风险进行规划，不可预测的风险只能靠企业的能力来
  承担。

11.1.3   项目风险管理过程

风险管理过程就是分析风险 3 个要素的过程。风险管理过程旨在识别出风险，然后采取
措施使它们对项目的影响最小化。风险管理首次出现于 Boehm 关于风险管理的指南中。自
此，软件的风险管理逐渐被人们所认识。风险管理是项目管理中最容易被忽略而且是最难以
管理的环节，是在项目进行过程中不断对风险进行识别、评估并制定策略和监控风险的过
程。通过风险识别、风险分析和风险评价认识项目的风险，并以此为基础合理地使用各种风
险应对措施、管理方法、技术和手段对项目的风险进行有效的控制，妥善处理风险事件造成
的不利后果，以最小的成本保证项目总体目标的实现。

一般来说，在风险实施前需要进行风险规划，即决定采用什么方式计划项目风险的活
动，指导特定项目进行风险管理。例如，确定风险管理执行的方法以及采用的工具、数据
等；风险管理过程中的角色、职责；风险管理的预算、时间等要求；确定风险的分类；如何
评估风险的概率、影响等，如何生成风险管理文档。

一个优秀的风险管理者应该采取主动风险管理策略，而不是关注弥补和解决了多少问
题（风险未被及时识别或妥善处理，就会转换成问题），即着力预防和消灭风险根源的管理
策略，而不应该采取被动的方式。被动风险管理策略是指直到风险变成真正的问题时，才抽
出资源来处理它们，更有甚者，软件项目组对风险不闻不问，直到发生了错误才赶紧采取行
动，试图迅速地纠正错误。这种管理模式常常被称为"救火模式"。当补救的努力失败后，
项目就处于真正的危机之中了。主动风险管理策略的目标是预防风险。但是，因为不是所有
的风险都能够预防，所以，项目组必须建立一个应付意外事件的计划，使其在必要时能够以
可控和有效的方式做出反应。

只有进行很好的风险管理才能有效地控制项目的成本、进度、产品需求，同时可以阻
止意外的发生，这样项目经理可以将精力更多地放到项目的及时提交上，不用像救火队员一
样，处于被动状态。同时，风险管理可以防止问题的出现，即使出现，也可以降低损失程
度。可以说，你不跟踪风险，风险就跟踪你。正如 Tom Gilb 所说："如果你不主动攻击风险，
风险就会主动攻击你。"

风险管理是在风险尚未产生、形成之前，对风险进行识别，并且评估风险出现的概率以
及它们能够产生的影响，按风险级别从高到低排序，有计划地进行管理。这种做法正好和被
动风险管理方式相反，这里采取了主动出击，然而即使这样做，也并不能从根本上防止未知

风险的产生，我们能做的只是减少风险发生的可能，所以风险管理与我们的认知和经验有一定的联系。在计划项目书中要写清如何进行风险管理。在项目的预算中必须包含风险管理所需要的经费，以及它们可能产生的影响。

风险管理的过程包括风险识别、风险评估、风险规划、风险控制，而且这几个阶段不断循环，如图 11-3 所示。

图 11-3　风险管理过程

11.2　风险识别

风险识别是指系统化地确定对项目计划（估算、进度、资源分配）的威胁，识别已知和可预测的风险。只有识别出这些风险，项目管理者才有可能避免这些风险，并于必要时控制这些风险。在项目的前期及早识别出风险是很重要的。在项目开始时就要进行风险识别，并在项目执行过程中不断跟进。

风险识别包括确定风险的来源、确定风险产生的条件、描述风险特征和确定哪些风险事件有可能影响本项目。风险识别相当于确定风险三要素中的风险事件。每类风险可以分为两种不同的情况：一般性风险和特定性风险。对于每一个软件项目而言，一般性风险是一个潜在的威胁。只有那些对当前项目的技术、人员及环境非常了解的人才能识别出特定性风险。为了识别特定性风险，必须检查项目计划及软件范围说明，从而了解本项目中有什么特性可能会威胁到项目计划。一般性风险和特定性风险都应该被系统化地标识出来。

项目风险识别应凭借对"因"和"果"（将会发生什么和导致什么）的认定来实现，或通过对"果"和"因"（什么样的结果需要予以避免或促使其发生，以及怎样发生）的认定来完成。

风险识别不是一次性行为，而应有规律地贯穿于整个项目中。风险识别过程如图 11-4 所示，其中，风险识别的输入可能是项目的 WBS、工作陈述（SOW）、项目相关信息、项目计划假设、历史项目数据、其他项目经验文件、评审报告、公司目标等。风险识别常用的方法是建立"风险条目检查表"，利用一组问

图 11-4　风险识别过程

题来帮助项目风险管理者了解在项目和技术方面有哪些风险。此外，还有德尔菲方法、头脑风暴法、情景分析法、问询法（座谈法、专家法）法等。当然，风险识别还有很多其他的方法，如流程图法、现场观察法、相关部门配合法和环境分析法等。风险识别的输出是风险列表。

11.2.1　风险识别的方法

1. 德尔菲方法

德尔菲方法又称专家调查法，是组织专家就某一专题达成一致意见的一种信息收集技术。作为一种主观、定性的方法，德尔菲方法广泛应用于需求收集、评价指标体系的建立、具体指标的确定及相关预测领域。它起源于 20 世纪 40 年代末期，由美国兰德公司首先使用并很快在世界上盛行起来，目前此方法的应用已遍及经济、社会、工程技术等各领域。我们在进行成本估算的时候也用到了这个方法。用德尔菲方法进行项目风险识别的过程是，由项目风险小组选定与该项目有关的领域专家，并与这些适当数量的专家建立直接的函询联系，通过函询收集专家意见，然后加以综合整理，再匿名反馈给各位专家，再次征询意见，这样反复经过四至五轮，逐步使专家的意见趋向一致，作为最后预测和识别的根据。

2. 头脑风暴法

头脑风暴法是以专家的创造性思维来获取未来信息的一种直观预测和识别方法。此方法是美国人奥斯本于 1939 年首创的，从 20 世纪 50 年代起就得到了广泛应用。头脑风暴法一般在一个专家小组内进行，通过专家会议，激发专家的创造性思维来获取未来信息。这要求主持专家会议的人在会议开始时的发言应能激起专家们的思维"灵感"，促使专家们感到急需和本能地回答会议提出的问题，通过专家之间的信息交流和相互启发，诱发专家们产生"思维共振"，以达到互相补充并产生"组合效应"，获取更多的未来信息，使预测和识别的结果更准确。

3. 情景分析法

情景分析法是指根据项目发展趋势的多样性，通过对系统内外相关问题的系统分析，设计出多种可能的未来前景，然后用类似于撰写电影剧本的手法，对系统发展态势做出自始至终的情景和画面描述。当一个项目持续的时间较长时，往往要考虑各种技术、经济和社会因素的影响，对这种项目进行风险预测和识别，这时可用情景分析法来预测和识别关键风险因素及其影响程度。情景分析法对以下情况是特别适用的：提醒决策者注意某种措施或政策可能引起的风险或存在危机的后果；建议需要进行监视的风险范围；研究某些关键性因素对未来过程的影响；提醒人们注意某种技术的发展会给人们带来哪些风险。情景分析法是一种适用于对可变因素较多的项目进行风险预测和识别的系统技术，它在假定关键影响因素有可能发生的基础上，构造多重情景，提出多种未来的可能结果，以便采取适当措施防患于未然。

4. 风险条目检查表法

风险条目检查表法是最常用且比较简单的风险识别方法。这个检查表一般根据风险要素进行编写，利用一组问题来帮助管理者了解项目在各个方面有哪些风险。在风险条目检查表中列出一些可能的与每一个风险因素有关的问题，使得风险管理者集中来识别常见的、已知的和可预测的风险，如产品规模风险、依赖性风险、需求风险、管理风险及技术风险等。

风险条目检查表可以以不同的方式组织，通过判定分析或假设分析，给出这些问题的回答，就可以帮助管理或计划人员估算风险的影响。风险条目检查表是以往项目经验的总结。检查表的类别和条目可以根据企业或者项目的具体情况来选择或者自行开发。表 11-1 就是一个风险条目检查表。

表 11-1 风险条目检查表

商业风险	
风险类型	检查项
政治、 法律、 市场	政府或者其他机构对本项目的开发有限制吗
	有不可预测的市场动荡吗
	竞争对手有不正当的竞争行为吗
	是否在开发很少有人真正需要却自以为很好的产品
	是否在开发可能亏本的产品
客户	客户的需求是否含糊不清
	客户是否反反复复地改动需求
	客户指定的需求和交付期限在客观上可行吗
	客户对产品的健壮性、可靠性、性能等质量因素有非常过分的要求吗
	客户的合作态度友善吗
	与客户签的合同公正吗？双方互利吗
	客户的信誉好吗？例如按客户的需求开发了产品，但是客户可能不购买

管理风险	
风险类型	检查项
项目计划	对项目的规模、难度估计是否比较正确
	人力资源（开发人员、管理人员）够用吗？合格吗
	项目所需的软件、硬件能按时到位吗
	项目的经费够用吗
	进度安排是否过于紧张？有合理的缓冲时间吗
	进度表中是否遗忘了一些重要的（必要的）任务
	进度安排是否考虑了关键路径
	是否可能出现某一项工作延误导致其他一连串的工作也被延误
	任务分配是否合理（即把任务分配给合适的项目成员，充分发挥其才能）
	是否为了省钱，不采用（购买）成熟的软件模块，一切从零做起
项目团队	项目成员团结吗？是否存在矛盾
	是否绝大部分的项目成员对工作认真负责
	绝大部分的项目成员有工作热情吗
	团队之中有"害群之马"吗
	技术开发队伍中有临时工吗
	本项目开发过程中是否会有核心人员辞职、调动
	是否能保证"人员流动基本不会影响工作的连续性"
	项目经理是否忙于行政事务而无暇顾及项目的开发工作
上级领导、 行政部门、 合作部门	本项目是否得到上级领导的重视
	上级领导是否随时会抽调本项目的资源用于其他"高优先级"的项目
	上级领导是否过多地介入本项目的事务并且瞎指挥
	行政部门的办事效率是否比较低，以至于拖项目的后腿
	行政部门是否经常干一些无益于生产力的事情，以至于骚扰本项目
	机构是否能全面、公正地考核员工的工作业绩
	机构是否有较好的奖励和惩罚措施
	本项目的合作部门的态度积极吗？是否应付了事？或者做事与承诺的不一致

（续）

技术风险	
风险类型	检查项
需求开发、需求管理	需求开发人员懂得如何获取用户需求吗？效率高吗
	需求开发人员懂得项目所涉及的具体业务吗？能否理解用户的需求
	需求文档能够正确地、完备地表达用户需求吗
	需求开发人员能否与客户对有争议的需求达成共识
	需求开发人员能否获得客户对需求文档的承诺？以保证客户不随便变更需求
综合技术、开发能力、包括设计、编程、测试等	开发人员是否有开发相似产品的经验
	待开发的产品是否要与未曾证实的软硬件相连接
	对开发人员而言，本项目的技术难度高吗
	开发人员是否已经掌握了本项目的关键技术
	如果某项技术尚未实践过，开发人员能否在预定时间内掌握
	开发小组是否采用了比较有效的分析、设计、编程、测试工具
	分析与设计工作是否过于简单、草率，从而让程序员边做边改
	开发小组采用统一的编程规范吗
	开发人员重视测试工作吗？能保证测试的客观性吗
	项目有独立的测试人员吗？懂得如何进行高效率的测试吗
	是否对所有重要的工作成果进行了同行评审（正式评审或快速检查）
	开发人员懂得版本控制、变更控制吗？能够按照配置管理规范执行吗
	开发人员重视质量吗？是否会在进度延误时降低质量要求

11.2.2 风险识别的结果

进行风险识别的时候，项目经理不一定能预测到所有的风险情况，而且有时当局者迷，与不同的项目相关人员进行有关风险的面谈或者以电话、邮件等方式讨论将有助于识别那些在常规计划中未被识别的风险。在进行可行性研究时获得的项目前期面谈记录，往往是风险识别的有益参考。另外，SWOT（强项、弱项、机会、威胁）分析也是一种风险识别方法。

风险识别的结果可以是一个风险识别列表，如表11-2所示，第一列列出识别出来的风险，第二列是风险的分类。风险识别列表可以包括风险管理过程的所有结果，如风险名称、风险标识、风险描述、风险类别、风险负责人、概率、影响、状态等，随着风险管理过程的进行，风险识别列表的内容将逐步完善。

表 11-2 风险识别列表

风险	类别
规模估算可能非常低	产品规模
用户数量大大超出计划	产品规模
复用程度低于计划	产品规模
最终用户抵制该计划	商业影响
交付期限将被紧缩	商业影响
资金将会流失	客户特性
用户将改变需求	产品规模
技术达不到预期的效果	技术情况
缺少关于工具使用方法的培训	开发环境

（续）

风险	类别
人员缺乏经验	人员数目及其经验
人员流动频繁	人员数目及其经验

不同项目可能发生的风险事件不同，应该针对具体项目识别出真正有可能发生在该项目中的风险事件，而且还要对这些风险事件进行描述，如可能性、可能后果范围、预计发生时间、发生频率等。

11.3　风险评估

风险评估是对风险影响力进行衡量的活动。风险评估针对识别出来的风险事件做进一步分析，对风险发生的概率进行估计和评价，对项目风险后果的严重程度进行估计和评价，对项目风险影响范围进行分析和评价，以及对于项目风险发生时间进行估计和评价。它是衡量风险发生的概率和风险对项目目标影响程度的过程。通过对风险及风险的相互作用的估算来评价项目可能结果的范围，从成本、进度及性能 3 个方面对风险进行评价，确定哪些风险事件或来源可以避免、哪些可以忽略（包括可以承受）、哪些要采取应对措施。

在实践中，风险评估的结果通常用风险发生的概率以及风险发生后对项目目标的影响程度来表示，风险 R 是该风险发生的概率 P 和影响程度 I 的函数，即 $R=f(P,I)$，然后按风险的严重性排序，确定最需要关注的风险（风险识别列表的前几个风险）。

风险评估的方法包括定性风险评估方法和定量风险评估方法。

11.3.1　定性风险评估方法

定性风险评估主要是针对风险发生的概率及后果进行定性的评估，如采用历史资料法、概率分布法、风险后果估计法等。历史资料法主要是应用历史数据进行评估的方法，通过同类历史项目的风险发生情况进行本项目的估算。概率分布法主要是按照理论或者主观调整后的概率进行评估的一种方法。另外，还可以对风险事件后果进行定性的评估，按其特点划分为相对的等级，形成一种风险评价矩阵，并赋以一定的加权值来定性地衡量风险大小。例如，根据风险事件发生的概率，将风险事件发生的可能性定性地分为若干等级。风险概率值是介于没有、可能和确定之间的。风险概率度量也可以采用高、中、低或者极高、高、中、低、极低，以及不可能、不一定、可能和极可能等不同方式表达。风险后果是风险影响项目目标的严重程度，如无影响、无穷大影响，风险后果的影响度量可以采用高、中、低或者极高、高、中、低、极低，以及灾难、严重、轻微、可忽略等方式表达。

在评估概率和风险后果影响时可以采用一些原则，如小中取大原则、大中取小原则、遗憾原则、最大数学期望原则、最大可能原则等。

图 11-5 将风险发生的概率分为 5 个等级、将风险后果的影响程度也分为 5 个等级，将风险发生概率等级和后果影响编制成矩阵。矩阵中区域 A 是高风险区域，对应于风险发生概率高并且有严重后果的事件，应该建立风险应对计划。区域 D 是低风险区域，对应于风险发生概率低并且后果轻微的事件。区域 C 属于中低风险区域，区域 B 属于中高风险区域，对于中高风险也应尽可能制订风险应对计划。项目管理者可以根据项目的具体情况确定风险接受准则，这个准则没有统一的标准，需要根据具体对象来确定。

风险分析矩阵

5	C	C	B	A	A
4	D	C	B	A	A
3	D	C	B	B	B
2	D	C	C	C	C
1	D	D	D	D	C
	1	2	3	4	5

影响（当风险发生时）

风险发生概率

风险概率级别

1 极低概率（1%～20%）
2 低概率（21%～40%）
3 中等概率（41%～60%）
4 高概率（61%～80%）
5 极高概率（81%～100%）

风险影响级别

1 极微影响
2 微量影响
3 中等影响
4 重大影响
5 致命影响

风险应对计划
所有区域 A 的风险事件，都应建立相对应的风险应对计划。区域 B 的风险事件，都应考虑建立相对应的风险应对计划。

风险事件发生时，应对计划应予以执行以降低风险对项目的影响。

图 11-5　风险分析矩阵

从风险管理的角度来看，风险后果影响和发生概率各自起着不同的作用。一个具有高影响但低概率的风险因素不应当占用太多的风险管理时间，而具有中到高概率、高影响的风险和具有高概率及低影响的风险，就应该对其进行风险分析。

定性风险评估的目的是界定风险源，并初步判明风险的严重程度，以给出系统风险的综合印象。通过定性风险评估，可以对项目风险有一个大致了解，了解项目的薄弱环节。但是，有时需要了解风险发生的可能性到底有多大、后果到底有多严重等。要回答这些问题，就需要对风险进行定量的评估分析。

11.3.2　定量风险评估方法

定量风险评估是在定性评估基础上，给出各个风险源的量化指标及其发生概率，再通过一定的方法合成，得到系统风险的量化值。它是基于定性风险分析基础上的数学处理过程。

定量风险评估是一种广泛使用的管理决策支持技术，其目标是量化分析每一个风险的概率及其对项目目标造成的后果，也用于分析项目总体风险的程度。定量风险评估包括访谈、盈亏平衡分析、决策树分析、模拟法、敏感性分析等方法。

1. 访谈

访谈技术用于量化对项目目标造成影响的风险概率和后果。访谈可以邀请以前做过与本项目相类似项目的专家，这些专家运用他们的经验做出风险度量，其结果相当准确和可靠，甚至有时比通过数学计算与模拟仿真的结果还要准确和可靠。如果风险损失后果的大小不容易直接估计出来，可以将损失分解为更小的部分，再对其进行评估，然后将各部分评估结果累加，形成一个合计评估值。例如，如果使用 3 种新编程工具，可以单独评估每种工具未达到预期效果的损失，然后把损失加到一起，这要比总体评估容易。

2. 盈亏平衡分析

盈亏平衡分析（break even analysis）通常又称为损益平衡分析。它是根据软件项目在正常开发时间的产品产量或销售量、成本费用、产品销售单价和销售税金等数据，计算和分析产量、成本和盈利这三者之间的关系，从中找出它们的规律，并确定项目成本和收益相等时的盈亏平衡点的分析方法。在盈亏平衡点上，软件项目既无盈利，也无亏损。通过盈亏平衡分析可以看出软件项目对市场需求变化的适应能力。

盈亏平衡分析主要确定项目的盈亏平衡点。在平衡点上，收入等于成本，此点用以标志项目不亏不赢的开发量，用来确定项目的最低生产量。盈亏平衡点越低，项目盈利的机会就越大，亏损的风险越小。因此该点表达了项目生产能力的最低容许利用程度。参照水准是一种对风险评估的不错工具，例如，成本、性能、支持和进度就是典型的风险参照系，成本超支、性能下降、支持困难、进度延迟等都有一个导致项目终止的水平值。如果风险的组合所产生的问题超出了一个或多个参照水平值，就终止该项目的工作。在项目分析中，风险水平参考值是由一系列的点构成的，每一个单独的点常称为参照点或临界点。如果某风险落在临界点上，可以利用性能分析、成本分析、质量分析等来判断该项目是否继续工作。图 11-6 表示这种情况。

图 11-6　项目临界点

3. 决策树分析

决策树分析（decision tree analysis）是一种形象化的图表分析方法，提供项目所有可供选择的行动方案以及行动方案之间的关系、行动方案的后果以及发生的概率，为项目经理提供选择最佳方案的依据。决策树分析采用预期货币值（Expected Monetary Value，EMV，又称损益期望值）作为决策的一种计算值，是定量风险分析的一种技术。它将特定情况下可能的风险造成的货币后果和发生概率相乘，得出一种期望的损益。

决策树是以一种便于决策者理解的、能说明不同决策之间和相关偶发事件之间的相互作用的图表来表达的。决策树的分支或代表决策或代表偶发事件。图 11-7 是一个典型的决策树图。决策树是对实施某计划的风险分析。它用逐级逼近的计算方法，从出发点开始不断产生分枝以表示所分析问题的各种发展可能性，并以各分支的损益期望值中最大者（如求极小，则为最小者）作为选择的依据。从这个风险分析来看，实施计划后有 70% 的成功概率，30% 的失败概率。而成功后有 30% 概率是项目有高性能的回报 outcome=550 000，同时有 70% 概率是亏本的回报 outcome=−100 000，这样项目成功的 EMV=（550 000×30%−100 000×70%）×70% = 66 500，项目失败的 EMV=60 000（概率为 30%），则实施后的 EMV = 66 500−60 000=6500，而不实施此项计划的 EMV=0。通过比较，应该实施这个计划。

【例 11-1】利用决策树风险分析技术来分析如下两种情况，以便决定选择哪种方案（要求绘制决策树）。

- 方案 1：随机投掷硬币两次，如果两次投掷的结果都是硬币正面朝上，则获得 10 元；如果投掷的结果背面每朝上一次，则需要付出 1.5 元。

- 方案 2：随机投掷硬币两次，需要付出 2 元；如果两次投掷的结果都是硬币正面朝上，则获得 10 元。

图 11-7　决策树

决策树分析结果如下：

通过上面的分析可知，方案 1 的 EMV=1 元，方案 2 的 EMV=0.5 元，因此可以选择方案 1。

4. 模拟法

模拟（simulation）法是运用概率论及数理统计方法来预测和研究各种不确定因素对软件项目投资价值指标影响的一种定量分析。通过概率分析，可以对项目的风险情况做出比较准确的判断。例如，蒙特卡罗（Monte Carlo）技术就是一种模拟法。大多模拟项目日程表是建立在某种形式的"蒙特卡罗"分析基础上的。这种技术往往由全局管理所采用，对项目"预演"多次以得出如图 11-8 所示的模拟分析图，图中的曲线显示了完成项目的累计可能性与某一时间点的关系。例如，虚线的交叉点显示：在项目启动后 150 天之内完成项目的可能性为 50%。项目完成期越靠左则风险越高，反之风险越低。

5. 敏感性分析

敏感性分析（sensitivity analysis）的目的是考查与软件项目有关的一个或多个主要因素

发生变化时对该项目投资价值指标的影响程度。通过敏感性分析，可以了解和掌握在软件项目经济分析中，由于某些参数估算的错误，或是使用的数据不太可靠而可能造成的对投资价值指标的影响程度，有助于我们确定在项目投资决策过程中需要重点调查研究和分析测算的因素。

图 11-8　模拟分析

敏感性分析可判断不同变量的变化对结果的影响。在生活中，我们也会使用到这个方法，例如，在贷款的时候，大家会注意不同利率、不同年限的贷款对月供的影响，从而判断哪个风险最小，以便做出决定。

另一种被广泛运用于风险评估的方法是 VERT。VERT 是国外在 20 世纪 80 年代初期发展的一个通用仿真软件，用于对项目研制构造过程网络，将各种复杂的逻辑关系抽象为时间、费用、性能的三元组的变化。网络模型面向决策，统筹处理时间、费用、性能等风险关键性参数，有效地解决多目标最优化问题，具有较大的实用价值。它的原理是通过丰富的节点逻辑功能，控制一定的时间流、费用流和性能流流向相应的活动。每次仿真运行，通过蒙特卡罗模拟，这些参数流在网络中按概率随机流向不同的部分，经历不同的活动而产生不同的变化，最后至某一终止状态。用户多次仿真后，通过节点收集到的各参数了解系统情况以辅助决策。如果网络结构合理、逻辑关系及数学关系正确且数据准确，我们可以较好地模拟实际系统研制的时间、费用及性能的分布，从而知道系统研制的风险。

11.3.3　风险评估的结果

通过风险评估分析，可以得到明确的、需要关注的风险管理清单，如表 11-3 所示。清单上列出了风险的名称、类别、概率、所产生的影响以及排序。可以从风险清单中选择排序靠前的几个风险作为风险评估的最终结果。这个清单常常称为 Boehm 的风险 Top ten（前十）清单，而其中风险值的计算 risk= 概率 × 该风险所产生的影响，以此进行风险排序。

表 11-3　风险分析结果

风险	类别	概率	影响	排序
用户变更需求	产品规模	80%	5	1
规模估算可能非常低	产品规模	60%	5	2
人员流动	人员数目及其经验	60%	4	3
最终用户抵制该计划	商业影响	50%	4	4
交付期限将被紧缩	商业影响	50%	3	5
用户数量大大超出计划	产品规模	30%	4	6

（续）

风险	类别	概率	影响	排序
技术达不到预期的效果	技术情况	30%	2	7
缺少对工具的培训	开发环境	40%	1	8
人员缺乏经验	人员数目及其经验	10%	3	9

11.4 风险应对策略

项目开发是一个高风险的活动，如果项目采取积极的风险管理策略，就可以避免或降低许多风险，反之，可能使项目处于瘫痪状态。规划降低风险的主要策略是回避风险、转移风险、损失控制以及自留风险。

11.4.1 回避风险

通常可以通过及时改变计划来制止或避免风险事件。回避风险又称替代战略，是指通过分析找出发生风险事件的原因，尽可能地规避可能发生的风险，采取主动放弃或拒绝使用导致风险的方案，这样可以直接消除风险损失，回避风险，具有简单、易行、全面、彻底的优点，能将风险的发生概率保持为零，因为已经将风险的起因消除了，从而保证项目安全运行。项目管理组不可能排除所有风险，但特定的风险事件往往是可以排除的。在采取回避风险策略时，应注意以下几点。

- 对风险有足够认识，而且当风险发生概率极高、风险后果影响很严重时，可以采用这个策略。
- 当其他的风险策略不理想的时候，才可以考虑这个策略。
- 不是所有的风险都可以采取回避风险策略，如地震或者洪涝灾害等风险是无法回避的。
- 由于回避风险只是在特定范围内及特定的角度上才有效，因此避免了某种风险，有可能产生另一种新的风险。例如，避免采用新的技术，可能导致开发出来的产品存在技术落后的风险。

11.4.2 转移风险

转移风险是指为避免承担风险损失，而有意识地将损失或与损失有关的财务后果转嫁给另外的单位或个人去承担。例如，将一个有风险的软件项目分包给其他分包商，或者通过免责合同等开脱手段说明不承担后果。

转移风险有时也称通过采购转移风险，即从本项目组织外采购产品和服务，常常是针对某些种类风险的有效对策。例如，与使用特殊科技相关的风险可以通过与有此种技术经验的组织签订合同减缓风险。采购行为往往将一种风险置换为另一种风险。又如，如果销售商不能够顺利销售，那么用固定价格的合同来减缓成本风险会造成项目进程受延误的风险；而相同情形下，将技术风险转嫁给销售商又会造成难以接受的成本风险。

投保也是一种转移风险的策略，保险或类似保险的操作对一些风险类别是行之有效的。在不同的应用领域，险种的类别和险种的成本也相应不同。

11.4.3 损失控制

损失控制是指风险发生前消除风险可能发生的根源，并减少风险事件发生的概率，在风险事件发生后减少损失的程度。故损失控制的基本点在于消除风险因素和减少风险损失。

这个策略是最主动的风险应对策略，根据目的不同，损失控制分为损失预防和损失抑制。

1. 损失预防

损失预防是指风险发生前为了消除或减少可能引起风险的各种因素而采取的各种具体措施，制订预防性计划，即设法消除或减少各种风险因素，以降低风险发生的概率。预防性计划包括针对一个确认的风险事件的预防方法以及风险发生后的应对步骤。

例如，经过风险识别发现，项目组的程序员对所需开发技术不熟，可以事先进行培训来减轻对项目的影响，这是损失预防方法。

又如，为了避免"客户不满意"风险事件，可以采用如下的损失预防方法。

- 业务建模阶段要让客户参与。
- 需求阶段要多和客户沟通，了解客户真正的需求。
- 采用目标系统的模型向客户演示，并得到反馈意见。
- 要有双方认可的验收方案和验收标准。
- 做好变更控制和配置管理。

2. 损失抑制

损失抑制也称风险减缓，是指风险发生时或风险发生后为了缩小损失幅度所采用的各项措施。通过降低风险事件发生的概率或得失量来减轻对项目的影响。

例如，为了避免自然灾害造成的后果，在一个大的软件项目中考虑异地备份来进行损失抑制。如果一个系统有问题，可以启动另外一个系统。又如，有一个软件集成项目中包括了设备，而且计划在部署阶段之前设备必须到位，而这些设备从厂家直接进货。经过分析发现有可能不能按时进货，那就应该考虑备选方案。再如，在一个软件开发项目中，某开发人员有可能离职，离职后会对项目造成一定的影响，则应该针对这个风险事件开发应对计划（针对损失控制策略）。

- 进行调研，确定流动原因。
- 在项目开始前，把缓解这些流动原因的工作列入风险管理计划。
- 制定文档标准，并建立一种机制，保证文档及时产生。
- 对所有工作组织进行细致的评审，使大多数人能够按计划进度完成自己的工作。
- 对每个关键性技术人员培养后备人员。

11.4.4　自留风险

自留风险又称承担风险，是一种由项目组织自己承担风险事件所致损失的措施。这种接受可以是积极的（如制订预防性计划来防备风险事件的发生），一般是经过合理判断和谨慎研究后决定承担风险；或者不知道风险因素的存在而承担下来，这是消极的自我承担。例如，某些工程运营超支则接受低于预期的利润，或者由于疏忽而承担的风险。

11.5　传统项目风险计划

风险规划是针对风险分析的结果，为提高实现项目目标的机会、降低风险的负面影响而制定风险应对策略和应对措施的过程，即通过制定一系列的行动和策略来对付、减少以至于消灭风险事件。

项目管理永远不能消除所有的风险，但是通过一定的风险规划，采取必要的风险控制策略可以消除特定的风险事件。风险规划的输出是项目风险计划。

针对风险事件采取应对措施，开发应对计划，一旦发生风险事件，就可以实施风险应对计划。在考虑风险成本之后，决定是否采用上述策略。例如，在软件测试期间经常会发现故障，因此一个合理的项目必须做好发现故障时对它们进行修复的计划。同样，项目开发过程中几乎总是会出现某些变更申请，因此项目管理必须相应地准备好变更计划，以处理这些事件。

在风险规划过程中，可以通过计算风险缓解率来确定风险应对策略，风险缓解率 =（风险应对策略前风险值 − 风险应对策略后风险值）/ 风险缓解成本。

- 风险应对策略前风险值是采取风险对应策略之前的风险值。
- 风险应对策略后风险值是采取风险对应策略之后的风险值。

如果风险缓解率大于 1，表示通过风险策略缓解风险获得的价值大于缓解风险本身的成本。

风险规划的结果是一个项目风险计划或者风险管理方案。一个风险计划应该包括项目风险的来源、类型、项目风险发生的可能时间及范围、项目风险事件带来的损失，以及项目风险可能影响的范围等。表 11-4 是一个风险分析表，它通过输入风险识别项，对风险进行分析，得出风险值，然后按照风险的大小排序，给出需要关注的 TOP 风险清单，同时确定风险应对策略。

表 11-4　风险分析表

排序	输入	风险事件	可能性	影响	风险值	采取的措施
1	系统设计评审	没有足够的时间进行产品测试	70%	50%	35%	• 采取加班的方法 • 修改计划去掉一些任务 • 与客户商量延长一些时间
2	WBS	对需求的开放式系统标准没有合适的测试案例	20%	80%	16%	• 找专业的测试公司完成测试工作
3	需求和计划	采用新技术可能导致进度的延期	50%	30%	15%	• 培训开发人员 • 找专家来指导 • 采取边开发边学习的方法，要求他们必须在规定的时间内掌握技术

项目经理在制订项目计划的时候，应该制订一个需要关注的风险管理计划，至于采用什么形式的风险管理计划，项目经理可以自行决定，但是 TOP 风险清单是很重要的工具。

一个大型软件的开发存在 30 ～ 40 种风险。如果每种风险都需要多个风险管理步骤，那么风险管理本身也可以构成软件开发过程的一个子项目。风险管理不仅需要人力资源，而且需要经费的支持。通过风险管理，可以使项目进程更加平稳，可以获得很高的跟踪和控制项目的能力，并且可以增强项目组成员对项目如期完成的信心。风险管理是项目管理中很重要的管理活动，有效地实施软件风险管理是软件项目顺利完成的保证。

在软件项目管理中，应该任命一名风险管理者，该管理者的主要职责是在制订与评估规划时，从风险管理的角度对项目计划进行审核并发表意见，不断寻找可能出现的任何意外情况，试着指出各个风险的管理策略及常用的管理方法，以随时处理出现的风险。在风险管理过程中可以建立风险管理工具，通过该工具在控制风险过程中可以做到实时追踪。

11.6　敏捷项目风险计划

从本质上讲，越是变化的环境就存在越多的不确定性和风险，为了应对快速变化，需要采用适应型方法管理项目。敏捷模型的每个迭代就是把复杂性及不确定性的两个维度——"做什么"及"如何做"收敛到相对稳定和简单，然后行动，在结束时检视和适应调整，再进入下一个迭代周期。这是敏捷项目应对复杂多变问题的艺术和策略，如图 11-9 所示。

图 11-9　敏捷项目处理风险的策略

敏捷项目风险计划的主要措施是损失预防与损失抑制，例如：

- 敏捷团队是跨职能项目团队，不同领域专家有助于风险识别。
- 频繁评审增量产品，不断查找问题，可以识别风险。
- 在选择每个迭代期的工作内容时，应该考虑风险，识别风险。
- 在每个迭代期间应该识别、分析和管理风险。
- 客户参与可以减少需求变更的风险，客户是团队成员，经常与客户联系，也可以减少需求变更的风险。

11.7　AI 驱动项目风险计划

2023 年的 PMI 的"AI 重塑项目管理报告"表明干系人支持建立积极应对风险、构建组织韧性的企业文化。65% 的 CEO 表示其所在的组织在增加对风险管理相关技术的投入，而且更多企业希望在数据分析、流程自动化、风险检测监测支持技术等领域进行拓展。

AI 驱动项目开发的风险计划更多要考虑以下风险。

- 数据质量风险
  - 风险描述：数据源的异构性和质量差异可能影响模型训练和预测准确性。
  - 风险应对：建立完善的数据质量管理流程，包括数据清洗、标注和验证，确保训练数据的高质量。
- 模型性能风险
  - 风险描述：模型在实际应用中性能不达预期，无法满足系统要求。
  - 风险应对：建立模型评估和验证机制，使用验证集进行性能测试，定期进行模型迭代和优化。
- 解释性风险
  - 风险描述：模型的黑盒性使得其决策过程难以解释，引发用户和监管方的担忧。

○ 风险应对：强调模型的可解释性，使用可解释模型或采用解释性技术，与监管方沟通解释模型的决策逻辑。
- 安全与隐私风险
  ○ 风险描述：模型部署后可能受到攻击，导致数据泄露或服务中断。
  ○ 风险应对：引入安全机制，包括数据加密、访问控制等，进行持续监控和漏洞扫描，确保模型服务的安全性。
- 模型部署风险
  ○ 风险描述：模型部署过程中出现问题，影响系统的稳定性和性能。
  ○ 风险应对：制定完善的部署计划，进行灰度发布，建立监控系统，确保模型的顺利上线。
- 模型维护风险
  ○ 风险描述：模型需要持续优化和维护，但团队可能无法及时响应和适应变化。
  ○ 风险应对：建立定期的模型维护计划，确保团队具备足够的专业知识，同时考虑引入自动化工具进行监控和维护。
- 业务影响风险
  ○ 风险描述：模型在实际应用中可能产生不可预见的业务影响，引发用户抵触。
  ○ 风险应对：进行充分的业务风险评估，与业务团队密切合作，定期进行模型效果和业务影响的评估。
- 法规合规风险
  ○ 风险描述：未能及时适应新的法规或政策变化，导致模型违规。
  ○ 风险应对：建立法务团队与政策监测机制，及时调整模型方案以符合相关法规，确保合规性。

11.8 MED 项目风险计划案例分析

"医疗信息商务平台"项目的风险计划如表 11-5 所示。

表 11-5 "医疗信息商务平台"项目的风险计划

序号	风险描述	概率	影响	风险等级	风险响应计划	责任人	状态
1	时间风险： 该平台 Phase1 阶段的开发工作量大且时间有限（最后期限为 9 月 30 日），这给项目实施带来较大的时间风险	中	极大	中	为保证平台系统能在最短的时间内提交，从生存期上应采用敏捷式快速成型和增量开发技术，尽量利用已有的产品和成熟的技术进行集成，逐步实现平台的功能和服务，使平台逐步完善起来。为了使平台能够尽快投入使用，除采用上述策略外，还应与用户协商，确定实现服务和功能的优先级，按照优先级的顺序由高至低地进行开发，逐步完成全部服务和功能	赵六	OPEN

（续）

序号	风险描述	概率	影响	风险等级	风险响应计划	责任人	状态
2	需求风险： 而平台所有者对平台实现的需求也是随着项目的进展而不断具体化，而每一次需求的变化都可能由于影响设计和开发而造成时间和资源的调整，这给项目实施带来一定的需求风险	中	大	高	使用增量式的开发，面对需求的不断变更和具体化，可以随着项目的不断开发增量式地添加新功能或修改之前已有的功能，满足需求的变更	吴丹	OPEN
3	资源风险： 由于目前可以投入的开发人员有限，而新员工又面临熟悉和培训的过程，因此项目实施中可能存在一定的资源风险	低	中	中	合理分配开发人员的工作量，对可以投入的开发人员做到高效的利用，对每个新员工加强熟悉培训过程，尽快将其投入开发工作中	张三	OPEN

11.9　MSHD 项目风险计划案例分析

通过对 MSHD 项目的风险识别、分析评估、确定了相关风险应对策略，如表 11-6 所示。

表 11-6　项目风险计划清单

序号	风险描述	概率	影响程度	风险值	风险响应计划
1	时间风险：多源异构灾情管理系统的开发工作量大且时间有限	50%	50%	25%	制订详细的项目计划，包括任务分解、里程碑设定和资源分配，以合理安排开发工作。加强团队成员之间的沟通和协作，确保信息的及时共享和问题的及时解决。定期召开会议和进度评审会，跟踪项目进展情况，并及时调整计划和资源分配
2	技术风险：团队成员对项目的后端框架不太熟悉	60%	30%	18%	进行技术培训，确保所选的技术方案和工具能够满足系统需求。 建立技术专家组，具备相关领域的专业技能，能够解决技术挑战
3	需求变更风险：在项目开发过程中，需求可能会发生变化，导致项目范围和时间的不确定性	40%	20%	8%	采用敏捷的开发方式，通过多次迭代及时响应需求变更。小组成员多次讨论，制定变更管理流程，评估变更的影响和优先级，确保变更的合理性和可行性
4	用户风险：用户有可能并没有把需求讲清楚，或者可能更改审批流程，从而造成需求更改，以至于影响到设计，甚至在后期的更改将带来更大的影响	40%	50%	20%	尽可能做好需求分析，并使系统设计得更加灵活，多考虑扩展性。采用脑力风暴，以获得更准确、细致，可扩展的需求
5	版本管理风险：不同开发者在相同文件或功能上进行的修改可能会导致代码冲突，影响代码整合和系统稳定性。开发者之间的协作不畅、任务分配不均等问题可能导致开发进度延误和质量下降	50%	70%	35%	使用版本控制系统（如 Git）进行代码管理，并建立规范的分支管理策略。建立有效的沟通和协作机制，包括团队会议、项目管理工具和沟通平台。确保任务分配清晰，明确各自的责任和交付时间

（续）

序号	风险描述	概率	影响程度	风险值	风险响应计划
6	测试风险：测试覆盖不足，无法全面检测软件的各个功能和路径，可能导致潜在缺陷的遗漏	30%	60%	18%	引入单元测试和集成测试：单元测试可以测试代码的各个单元（如函数或模块），确保其功能正确性。集成测试可以验证多个模块或组件的协同工作

小结

风险是伴随着软件项目过程而产生的，在软件项目中进行风险管理是必需的，如果忽略风险，就会导致项目的失败。风险管理过程包括风险识别、风险评估、风险规划、风险控制等步骤，而且这些步骤是循环进行的。"风险条目检查表"是风险识别和风险评估中常用的一种方法。风险评估包括定性风险分析和定量风险分析，其中决策树是一个很重要的定量风险分析方法，风险应对策略主要包括回避风险、转移风险、损失控制以及自留风险。风险计划是软件项目计划的一个重要部分。本章也介绍了敏捷项目的风险管理策略，还探讨了 AI 驱动项目开发的风险计划。

练习题

一、填空题

1. 风险评估的方法包括_____和定量风险分析。
2. 决策树分析是一种_____方法。
3. 项目风险的三要素是_____、_____、_____。
4. _____风险应对策略是指尽可能地规避可能发生的风险，采取主动放弃或者拒绝使用导致风险的方案。
5. 定量风险评估主要包括_____、_____、_____等方法。

二、判断题

1. 任何项目都是有风险的。（　　　）
2. 风险是损失发生的不确定性，是对潜在的、未来可能发生损害的一种度量。（　　　）
3. 风险识别、风险评估、风险规划、风险控制是风险管理的 4 个过程。（　　　）
4. 应对风险的常见策略是回避风险、转移风险、损失控制和自留风险。（　　　）
5. 项目的风险几乎一样。（　　　）
6. 购买保险是一种回避风险的应对策略。（　　　）
7. MVP 版本也是敏捷项目应对风险的一个处理方式。（　　　）

三、选择题

1. 下列不属于项目风险的三要素的是（　　　）。
　　A. 一个事件　　　　　　B. 事件的产生原因　　C. 事件发生的概率　　D. 事件的影响
2. 下列属于可预测风险的是（　　　）。
　　A. 不现实的交付时间　　　　　　　　　B. 没有需求或软件范围的文档
　　C. 人员调整　　　　　　　　　　　　　D. 恶劣的开发环境

3. 下列不是风险管理过程的是（　　　）。

　　A. 风险评估　　　　　　B. 风险识别　　　　　　C. 风险规划　　　　　　D. 风险收集

4. 下列说法错误的是（　　　）。

　　A. 项目风险的 3 个要素是一个事件、事件发生的概率、事件的影响

　　B. 风险管理的 4 个过程是风险识别、风险评估、风险规划、风险控制

　　C. 风险规划的主要策略是回避风险、转移风险、损失控制、自留风险

　　D. 项目风险是由风险发生的可能性决定的

5. 在一个项目的开发过程中采用了新的技术，为此，项目经理找来专家对项目组人员进行技术培训，这是什么风险应对策略？（　　　）

　　A. 回避风险　　　　　　B. 损失控制　　　　　　C. 转移风险　　　　　　D. 自留风险

6. 下列不属于风险评估方法的是（　　　）。

　　A. 盈亏平衡分析　　　　B. 模拟法　　　　　　　C. 决策树分析　　　　　D. 二叉树分析

四、问答题

1. 一个项目在进行规划的时候，碰到了一个风险问题，项目经理在决定是否采用方案 A。如果采用方案 A，需要使用一个新的开发工具，而能够掌握这个工具的概率是 30%，通过使用这个工具可以获利 5 万元，但如果采用方案 A 而不能掌握这个工具，将损失 1 万元。利用决策树分析技术说明这个项目经理是否应该采用这个方案 A（绘制决策树）。

2. 某企业在今年有甲、乙两种产品方案可以选择，每种方案的状态、收益和概率如表 11-7 所示，绘制决策树并判断哪种方案将有更大收益。

表 11-7　每种方案的状态、收益和概率

状态	甲方案			乙方案		
	滞销	一般	畅销	滞销	一般	畅销
概率	0.2	0.3	0.5	0.3	0.2	0.5
收益	20	70	100	10	50	160

第 12 章

软件项目合同计划

当项目需要从外部获取产品、服务或者结果时，项目管理者需要考虑合同计划。本章进入路线图的"合同计划"，如图 12-1 所示。

图 12-1　项目计划——合同计划

12.1　项目采购

为了执行项目而从项目团队外部采购或者获取产品、服务或者结果的过程，称为采购。对于软件产品，采购一般可以分为两大类。一类是对已经在市场流通的软件产品进行采购。例如，某企业想做信息化建设项目，涉及数据库，可以选择目前市面通用的几种厂家数据库，然后根据自己的需求，通过询价、签合同、安装培训等过程来购买此类产品。这种采购过程基本已经形成几套通用的解决方案，比较简单，中国企业在处理这类产品的采购时，大部分都处理得较好。个别的企业由于需求分析不清晰、培训工作不到位等，可能会出现购买的产品不适用的情况。另一类软件产品采购的形式是外包采购。它是指在市场上没有现成的产品或者没有适合自己企业需求的产品的情况下，需要以定制的方式把项目（功能模块）承包给其他企业。例如，某企业需要实施企业资源计划项目（ERP），虽然可以购买一些现成的商用软件，但是基于本企业业务流程的管理软件必须定制，必须自己开发或外包给别的公司开发。

企业在执行项目过程中需要评判采购什么，什么时候需要采购，从哪里采购，是否采购。在决定是采购还是自制的过程中，可以使用自制/采购分析（make or buy analysis）方法或者专家方法（expert judgment）来决策。自制/采购分析是决定一个产品或者服务是采购还是企业内部自己来完成的方法，通常需要考虑一些财务分析数据，如成本、可利用的内部产能、控制水平、供应商的可获利性、保密性要求、持续需求等。

可以基于 WBS 来决定是自己开发还是购买。某些情况下，购买是划算的，而某些情况下，自己制造是更合适的。如果项目决定采购（外包），则需要选择合适的乙方，进行合同计划。

12.2　项目合同

一个软件项目如果选择通过外购（包）的方式完成，一般以招投标的形式开始。软件的客户（需求方）根据自己的需要，提出软件的基本需求，并编写招标书，同时将招标书以某种方式传递给竞标方，所有的竞标者认真地编写投标书。每一个竞标者都会思考如何以较低的费用和较高的质量来解决客户的问题，然后交付一份关于该问题的说明书以及相应的解决方案，同时附上一些资质证明文件和自己参与类似项目的经验介绍文档，以向客户强调各自的资历和能力。有时竞标者为了最后中标，会花大力气开发一个系统原型。在众多能够较好满足客户需要的投标书中，客户会选择一个竞标者。其间，竞标者会与客户进行各种公开和私下的讨论，以及各种公关活动，这是售前的任务。此时，作为竞标方的项目经理已经参与其中的工作，经过几个回合的切磋，得到用户的认可，并于中标后，开始着手合同书的编写等相关事宜，此时，质量保证人员和相关的法律人员介入。签订合同是一个重要的里程碑，也是竞标者跨过的一个非常重要的沟壑，即通过合同完成项目的采购。

12.2.1　合同定义

合同是规定项目执行各方行使其权利和义务、具有法律效力的文件，是一个项目合法存在的标志。合同的签署应该具有合法的目的和充分的签约理由，而且签订者具有相应的法律能力，且合同是双方自愿达成的。围绕合同，展开合同签署之前以及合同签署之后的一些工作。

软件项目合同主要是技术合同，技术合同是法人之间、法人和公民之间、公民之间以技术开发、技术转让、技术咨询和技术服务为内容，明确相互权利、义务关系所达成的协议。在理解合同的同时，还要理解甲方和乙方关系。甲方也称为买方，即客户，是产品的接受者。乙方也称为卖方，又称分包商、卖主、供应商，是产品的提供者。甲乙双方之间存在的法律合同关系称为合同当事人。

技术合同管理是围绕合同生存期进行的。合同生存期划分为 4 个基本阶段，即合同准备、合同签署、合同管理与合同终止，如图 12-2 所示。合同双方当事人在不同的合同环境下承担不同的角色，这些角色包括甲方、乙方。

一般来说，在合同的管理过程中，甲乙双方可以各自确定一个合同管理者，负责合同相关的所有管理工作。企业在甲方合同环境下的关键要素是提供准确、清晰和完整的需求，选择合格的乙方并对采购对象（包括产品、服务、人力资源等）进行必要的验收。

企业在乙方合同环境下的关键要素是了解清楚甲方的要求，并判断企业是否有能力来满足这些需求。

图 12-2　合同生存期

12.2.2 合同条款

项目合同中有很多条款，典型的合同条款如下。

- 定义：合同文档中所用到的术语都应该定义，例如，客户、供应商指的是哪些人。
- 协议形式：协议形式可以是销售合同、租赁合同、许可合同等，又如，合同的主体是否可以被转移给另外一个团队。
- 供应的商品和服务：要交付的实际设备、软件清单等是供应的商品，培训、安装、维护等是提供的服务。
- 软件的所有权：对于商用软件而言，供应商通常只是给客户一个使用该软件的许可证，如果软件是为某个客户定制的，则该客户不会允许其他人使用该软件。
- 环境：说明物理设备的安装等，提供的软件与现有硬件和操作系统平台的兼容性等。
- 客户承诺：明确客户在项目中的任务和义务等。
- 验收规程：合同中需要规定客户进行验收、测试的时间，以及交付产品后的签字等事宜。
- 标准：合同中应该包括商品和服务所需要遵循的标准。
- 时间要求：说明项目的进度表，这个进度表应该由供应商和客户双方承诺。
- 价格和付款方式：说明合同价格，以及付款的时间和方式。
- 其他法律上的需求：法律上的附属细则。

12.3 合同类型

当项目的甲乙双方达成一致后，应当将这个项目涉及的一些事情，包括价格、质量标准、项目时间等以合同的方式写下来。如果有必要，实地考察、请律师审查或者做出合适的修改。合同有很多不同类型，可以根据项目的工作、预计的项目时间和甲乙双方的关系来确定合同的类型。合同关系通常可分为总价和成本补偿两大类。此外，还有第三种常用的混合类型，即工料合同。但在实践中，单次采购时合并使用两种或更多合同类型的情况也并不罕见。

12.3.1 总价合同

总价合同为既定产品、服务或成果的采购设定一个总价，即设定一个固定价格。这种合同应在已明确定义需求且不会出现重大范围变更的情况下使用。总价合同的类型包括固定总价（FFP）、总价加激励费用（Fixed Price Plus Incentive Fee，FPIF）、总价加经济价格调整（FPEPA）等类型。

1. 固定总价

固定总价是最常用的合同类型。大多数买方都喜欢这种合同，因为货物采购的价格在一开始就已确定，并且不允许改变（除非工作范围发生变更）。例如，如果一个项目的合同价格是 100 万元，不管成本是 80 万元还是 150 万元，合同的金额 100 万元是固定的，所以在这种合同中，甲方的风险相对最小，乙方的风险相对最大。

2. 总价加激励费用

总价加激励费用，这种总价合同为买方和卖方提供了一定的灵活性，允许一定的绩效偏离，并对实现既定目标给予相关的财务奖励（通常取决于卖方的成本、进度或技术绩效）。FPIF 合同中会设置价格上限，高于此价格上限的全部成本将由卖方承担。例如，如果一个项目的目标成本是 100 万元，最高价格是 110 万元，利润是 10 万元，激励的比例是 70/30，即乙方获得节约成本的 30%，当实际的成本是 80 万元时，即节约成本 20 万元，则合同金额为 80+10+20×30% = 96 万元；当实际的成本是 150 万元时，则合同金额为 110 万元，即乙方节约成本有奖励，超出成本的部分自己承担，这样乙方的风险增加了，甲方的风险降低了。

3. 总价加经济价格调整

总价加经济价格调整合同类型是在一个基本的总价基础上，根据一些特殊情况进行最后总价的调整，这种合同适用于两种情况：卖方履约期将跨越几年时间，或将以不同货币支付价款。合同中包含了特殊条款，允许根据条件变化，如通货膨胀、某些特殊商品的成本增加（或降低），以事先确定的方式对合同价格进行最终调整。

12.3.2　成本补偿合同

成本补偿类合同是指向卖方支付为完成工作而发生的全部合法实际成本（可报销成本），外加一笔费用作为卖方的利润，即在成本的基础上加上补偿费用，这种合同适用于工作范围在合同执行期间可能发生重大变更的情况。

成本补偿合同的主要形式有成本加固定费用（Cost Plus Fixed Fee，CPFF）、成本加奖金（Cost Plus Incentive Fee，CPIF）和成本加奖励费用（CPAF）。

1. 成本加固定费用

成本加固定费用类型的合同，为卖方报销履行合同工作所发生的一切可列支成本，并向卖方支付一笔固定费用，即在成本的基础上加上一个固定费用，该费用以项目初始估算成本的某一百分比计算。除非项目范围发生变更，否则费用金额维持不变。例如，某项目初始估计成本是 10 万元，固定费用设为初始成本的 15%，即 1.5 万元，则合同金额为 10+1.5=11.5 万元。如果实际成本是 20 万元，则合同金额为 20+1.5=21.5 万元。所以这种合同类型对甲方还是有比较大的风险。

2. 成本加奖金

成本加激励费用类型的合同，为卖方报销履行合同工作所发生的一切可列支成本，并在卖方达到合同规定的绩效目标时，向卖方支付预先确定的激励费用。它增加了激励的机制，在 CPIF 合同中，如果最终成本低于或高于原始估算成本，则买方和卖方需要根据事先商定的成本分摊比例来分享节约部分或分担超支部分。例如，基于卖方的实际成本，按照 80/20 的比例分担（分享）超过（低于）目标成本的部分。假设估计的成本是 10 万元，利润是 1 万元，如果实际成本是 10 万元，则合同金额为 11 万元；如果实际成本是 8 万元，则合同金额为 8+1+2×20%=9.4 万元，即将节约的 2 万元成本的 20% 作为激励。在这种合同类型中，甲方承担成本超出的风险，但是又进一步约束了乙方，甲方的风险在减低，乙方的风险在增加。合同激励可以协调双方的目标和利益。

3. 成本加奖励费用

成本加奖励费用类型的合同，为卖方报销一切合法成本，但只有在卖方满足合同规定的、某些笼统主观的绩效标准的情况下，才向卖方支付大部分费用。奖励费用完全由买方根据自己对卖方绩效的主观判断来决定，并且通常不允许申诉。例如，某项目中买方根据自己对卖方绩效的主观判断，只支付成本 10 万元作为项目费用。另外一种情况是买方认为卖方的绩效可以给予 3 万元的奖励费，这样合同金额为 13 万元。

12.3.3 工料合同

工料合同也称为时间与材料合同，是兼具成本补偿合同和总价合同特点的混合型合同。这种合同往往适用于：在无法快速编制出准确的工作说明书的情况下扩充人员、聘用专家或寻求外部支持。这种合同中，客户必须为每一个单位（例如每一个员工时）的工作量付出一定的报酬，例如合同中工程师单价为 130 美元 / 工时，则合同总价根据工程师的具体工作时间来确定。

例如，某项目合同与功能点相关，如果每个单位的功能点价格确定了，最终价格就是每个单位的功能点价格乘以功能点数量，表 12-1 是某项目的价格表。

表 12-1　某项目价格表

功能点数量	每个功能点的设计成本 / 美元	每个功能点的实现成本 / 美元	每个功能的总成本 / 美元
2000 以下	242	725	967
2001 ~ 2500	255	764	1019
2501 ~ 3000	265	793	1058
3001 ~ 3500	274	820	1094
3501 ~ 4000	284	850	1134

根据表 12-1 的数据，可以计算项目总费用。例如，一个项目的功能点数估计为 2700，则总的费用是 2000 × 967+500 × 1019+200 × 1058=2 655 100 美元。

表 12-2 展示了常用的合同类型及其属性和风险。

表 12-2　常用的合同类型及其属性和风险

合同类型	属性	风险
成本加固定费用（CPFF）	实际成本加上卖方利润	买方承担成本超出的风险，买方的风险比较大
成本加奖金（CPIF）	实际成本加上卖方利润，有激励机制	买方承担成本超出的风险
成本加奖励费用（CPAF）	实际成本加上卖方利润，有奖励机制	买方承担成本超出的风险
固定总价（FFP）	双方就合同产品协商的价格，	卖方承担风险
总价加激励费用（FPIF）	双方就合同产品协商的价格，其中也包括对卖方的奖励金	卖方承担风险
总价加经济价格调整（FPEPA）	双方就合同产品协商的价格，其中也包括价格的调整要求	卖方承担风险
时间与材料合同	按照卖方使用的时间和材料来计算价格	没有最大开销约束的合同可以导致成本超支

综上所述，几种合同类型的风险关系可以用图 12-3 表示。成本补偿类合同的风险主要在甲方，总价合同的风险主要在乙方。

图 12-3　合同类型与风险的关系

12.4　软件外包

软件项目外包的实质是软件开发过程的管理规范与管理技术从企业内部部分或全部延伸到外部。与内部实施相比,其管理难度有过之而无不及。

项目外包有很多优点,最主要的一点并不是为了降低开发成本,而是为了解决企业内部人力资源的限制,使得企业不用招聘新员工就可以开发大型项目。外包费用是一次性的营运开支,不像雇员薪资一样成为企业的长期营运成本。假如企业有些一次性的大型项目需要马上启动,但缺乏足够的资源,或者企业本身没有相应的技术人员来执行,外包项目不失为一个可行的解决办法。

根据不同标准,软件外包可以有不同分类。

- 按照承包商地理位置分类。根据承包商的地理分布状况,软件外包分为境内外包和境外外包。境内外包是指发包商和承办商来自同一个国家。境外外包是指发包商和承办商来自不同国家,因此外包工作需要跨境完成。境内外包强调核心业务战略、技术等因素,境外外包强调成本节约、市场占有等因素。
- 按照外包内容分类。按照外包内容,软件外包分为技术外包、业务流外包、知识流外包。技术外包是指企业将自己的整体 IT 系统或者部分 IT 系统委托给专业服务公司,并且按照服务水平的要求管理、运营、维护被委托的 IT 系统的服务过程。业务流外包是指将对信息技术要求比较高的业务流程委托给外部服务商运作。知识流外包是业务流外包的高智能延续,更加集中在高度复杂的流程,这些流程需要由具有广泛教育背景和丰富工作经验的专家完成。

欧美企业愿意向印度、爱尔兰等软件生产“蓝领”国家进行软件外包时,并非意味着他们不能开发,而是不开发,原因很简单,就是节省成本和控制质量。此类外包的发包方位处强势,全程可控,也形成了严格而规范的流程。而国内企业的软件工程外包的背景就复杂得多。

基于软件外包管理的复杂性,要确保实现软件外包的主要目标,必须合理地设计与外包相关的组织结构。目前,部分外包项目管理失控的主要原因是企业在软件项目外包管理方面的职责不是很清晰,外包的策划、承包商的选择、监理执行等过程中的协同工作出现问题。

参考 CMM 理念,结合国内软件工程特点,外包(或外包为主)项目采用外包管理部门领导下的项目监理负责制比较合适。类似内部实施项目的业务主管部门领导下的项目经理负责制,外包管理部门负责根据项目需求,定义外包需求、策划外包承包商的选择、外包合同的拟定、推荐并管理各外包项目监理、执行外包合同、监控项目进展、积累外包获取的财富、量化评估外包承包商的业绩、维护外包承包商关系记录等。

各项目的高级管理人员根据项目特点,审批决策外包项目需要实现的主要目标、任命评审项目监理、确定监理策略、选定外包承包商、外包合同批准与中止等。

一般情况下,软件外包过程类似项目初始的招投标过程,相当于大项目中的小项目。基本步骤如下。

1)竞标邀请。首先由外包管理小组负责人起草“项目竞标邀请书”,并与候选乙方建立联系,分发“外包项目竞标邀请书”及相关材料。然后,候选乙方与委托方有关人员进行交流,进一步了解外包项目,撰写投标书,并将投标书及相关材料交付给项目合同管理小组负责人(用于证明自身能力)。投标书的主要内容有技术解决方案、开发计划、维护计划、报价等。

2）评估候选乙方的综合能力。为有效评估候选乙方的综合能力，合同管理小组应制定"评估检查表"，主要评估因素有：技术方案是否令人满意、开发进度是否可以接受、价比如何、能否提供较好的服务（维护）、是否具有开发相似产品的经验、承包商以前开发的产品质量如何、开发能力与管理能力如何、资源（人力、财力、物资等）是否充足和稳定、信誉如何、地理位置是否合适、外界对其评价如何、是否取得了业界认可的证书（如 ISO 质量认证、CMM2 级以上认证）等。项目管理小组对候选乙方进行粗筛选，对通过了粗筛选的承包商进行综合评估。

项目合同管理小组要和候选乙方进行多方面的交流，依据"评估检查表"评估候选承包商的综合能力，并将评估结论记录在承包商的"能力评估报告"中。

3）确定承包商。项目管理小组给出候选承包商的综合竞争力排名，并逐一分析与其建立外包合同的风险，选出最合适的承包商，并将结论记录在"承包商能力评估报告"中。甲方确定最终选择的乙方名单。

选择适合的外包商，并不能单以价格来做最终决定。优质的服务需要付出较高的代价，企业应根据自身对软件质量的要求来决定服务的代价。按照国际企业的衡量指标，外包投入比本身开发的净投资多付 15%～20%。也就是说，如果企业本身开发需要 30 万元，那么合理的外包服务价格是 34 万～36 万元。

一些项目经理往往认为外包开发项目与企业内部开发项目的管理没有太多分别，唯一不同的是外包项目需要更多时间去沟通、协调、跟进和监控。总体来说，这种想法是对的，但事实上，外包项目的管理比企业内部开发项目的管理更复杂，担负更大的风险，需要更紧密的进度和质量监控。所以，外包项目尤其需要在如下方面做好工作。

- 保障沟通。内部开发项目所需人力资源大致分为两组：一组是技术人员，另一组是配合技术人员的业务人员（他们是所建信息系统的潜在用户）。外包项目除了需要部分技术人员和用户群体参与外，还增加了一组外包商的资源。有些外包商更会指派一名联络人员负责联系与协调，而他们的技术人员只在后方负责项目的开发。要尽量避免采用这种运作模式，因为外包商指派负责联系的人员往往是业务人员，他们不能全面把握技术的细节，把有关信息传达到技术人员的时候便会有所差异。所以，我们的首要任务是让外包商明白负责项目联系的人员必须是开发小组的主管。这名开发小组主管是直接参与开发项目的主要人员，如此才能够有效地进行沟通和监控。

- 做好计划。项目经理首先需要做出一个完整的项目计划，并在计划中详细地列出每一项工作需要哪方面的哪些人力来共同执行。计划中的每一个进度都需要进行确认才能继续。例如，外包商在完成系统分析后，需要让客户理解分析的结果，便于企业能够确认外包商对整个系统的理解和分析与企业本身对项目的需求和分析达成一致，这样才能让外包商进行其后的模块设计，否则设计出来的模块组合便有可能与企业的需求存在差异。这些差异也将会引发企业将来在系统维护、更新、增加功能模块、升级、集成等各方面的严重问题。

- 避免延误。要避免项目发生延误，在计划中要预留足够的时间来进行确认工作。由于双方工作地点不同，原本只需一天的确认会议便可能耗费两天或三天的时间来完成。议程中所达到的共识可能需要时间来让外包商做出适当的修改才能让企业正式确认，并且只能在正式确认后才能够进一步继续接下来的工作。如果没有预留足够的时间用于协商，当一个项目经过多个确认会议之后，也许已经延误了一个月的时间。

12.5　传统项目合同计划

当企业需要采购，例如，需要将软件项目进行委托开发或者外包时，企业需要从最有利于项目工期、成本、质量的角度出发来制订采购或者合同计划，计划中需要明确如何进行、委托什么项目、何时进行、费用如何等，其中，"资金"常常是一个约束条件。所以，应该对采购的产品或者委托的项目进行描述，选择需要的合同类型，同时应该考虑市场条件，以及其他计划工作成果（如供应商、承包商的情况，以及成本、工期、质量、人员等情况）采用的招标方式、合同形式、招标的评估标准等。这个过程涉及复杂的合同管理的相关知识，可以听取相关专家的意见。这个阶段更多是通过招标书或者类似招标书的形式体现的。这个阶段的输出可以是合同计划。

12.6　敏捷项目合同特点

在敏捷环境中，可能需要与特定卖方协作来扩充团队。这种协作关系能够营造风险共担式合同模型，让买方和卖方共担项目风险和共享项目奖励。在大型项目中，可能针对某些可交付成果采用适应型方法，而对其他部分则采用更稳定的方法。在这种情况下，可以通过主体协议，如主要服务协议（MSA），来管辖整体协作关系，而将适应型工作写入附录或补充文件。这样一来，变更只针对适应型工作，而不会对主体协议造成影响。

《敏捷宣言》认为"客户协作高于合同协商"。许多项目的失败源于客户供应商关系破裂。如果合同相关方抱有非赢即输的想法，通常会给项目带来更多的风险。协作方法提倡共担项目风险和共享项目奖励的关系，实现所有方共赢。涉及这种动态特性的合同签署技术包括以下方面。

- 多层结构。除了在单个文档中正式说明整个合同关系外，项目方还可以通过在不同文档中说明不同方面来提高灵活性。通常固定项目（如担保、仲裁）可以锁定在主协议中。同时，所有方将可能会变更的其他项目（如服务价格、产品说明）列在服务明细表中。合同主要服务协议中注明这些服务参考。最后，范围、进度计划和预算等更多动态变化项目可以列在轻量级工作说明书中。将合同中的更多变化因素隔离到单独的文档中，可以简化修改工作并提高灵活性。
- 强调价值交付。可以根据价值驱动可交付成果来构建里程碑，以增强项目敏捷性。
- 总价增量。项目可以将范围分解为总价微型可交付成果（例如用户故事），而不是将整个项目范围和预算锁定到单个协议中。对于客户而言，这可以更好地控制资金流向。对于供应商而言，这可以限制对单个功能或可交付成果的过多承诺所带来的财务风险。
- 固定时间和材料。客户在采用传统的时间和材料方法时会产生不必要的风险。一种替代方法是将整体预算限制为固定数量，这就允许客户在最初未计划的项目中纳入新的观点和创新。
- 累进的时间和材料。在敏捷方法中，质量标准是已完成工作的一部分。因此，如果在合同期限之前交付，则可对供应商的高效率进行奖励。相反，如果供应商延迟交付，则将扣除一定费用。
- 提前取消方案。如果敏捷供应商在仅完成一半范围时便可交付足够的价值，且客户不再需要另外一半范围，则不必支付这部分费用。但合同中可以规定客户应为项目剩余部分支付一定的取消费用。因为不再需要这些服务，客户可以限制预算敞口，而供应商也可获得可观的收入。

- 动态范围方案。对于具有固定预算的合同，供应商可为客户提供在项目特定点改变项目范围的方案。客户可调整功能以适应该能力。这样客户便可利用创新机会，同时限制供应商的过度承诺风险。
- 团队扩充。大多数协作合同方法是将供应商服务直接嵌入客户组织中。通过资助团队而不是特定范围，可以保留客户自行确定需要完成工作这方面策略的权力。
- 支持全方位供应商。为了分化风险，客户可能需要采取多供应商策略。但是，这样签署合同的结果是，每家供应商只能负责一项工作，这就会产生许多依赖关系，阻碍可行服务或产品的交付。相反，要强调提供全面价值的合约。

总之，敏捷是在协作和信任的共同基础上建立的。如果供应商能够尽早频繁交付价值，且客户能够提供及时反馈，则有助于实现这一点。

12.7 MED 项目合同计划案例分析

"医疗信息商务平台"项目中的"E-mail 管理系统"以外包的形式委托给另外一方完成，因此，本项目有一个类似合同计划的委托书。

"医疗信息商务平台"任务委托书

任务委托书	甲方（委托方）	北京 ××× 有限公司
	乙方（受托方）	××× 公司
	任务书编号	BUPTMED-20120812-001
	系统名称及版本	E-mail 管理系统
	任务下达栏 *由甲方填写*	
任务名称		
任务性质	☑A：开发 □B：改正性维护（识别和纠正软件错误、改正软件性能上的缺陷、排除实施中的误使用） □C：适应性维护（因外部环境或数据环境的变化引发的修改） □D：完善性维护（因用户对软件功能提出新的功能和性能需求引发的修改） □E：其他（上述以外的技术服务）	
计划开始时间	20121008 计划完成时间	20121110
预计工作量	24 人天，合 1.1 人月	
本次任务计划税前服务费用（含报酬）	*注明小写金额和大写金额* ￥ 2.4 万 元，（大写） 贰万肆仟元整	

【任务概述】
1. 邮件收发管理
2. 邮箱管理
3. 邮件管理，包括已收、已发、草稿、垃圾等邮件。
4. 通讯录管理
【附加文档】：*由双方确认的需求规约、变更说明或系统问题报告单*

（续）

【信息技术部意见】		
负责人签字：_____　　　　日期：_____		
甲方项目负责人签字：_____　　　　乙方项目负责人签字：_____ 日　期：_____　　　　　　　　　　　日　期：_____		
任务完成情况栏 * 由甲方根据任务完成实际情况填写 *		
实际开始时间		实际完成时间
实际工作量	人天，合　　　　人月	
本次任务实际税前 服务费用（含报酬）	* 注明小写金额和大写金额 * ￥_____元，（大写）_____	
【任务完成情况】* 由甲方简要概述任务完成情况 *		
【提交文档清单】* 由乙方提交相关文档与程序代码清单 *		
甲方接受人签字：_____　　　　乙方提交人签字：_____ 日　期：_____　　　　　　　　　　日　期：_____		
任务验收信息栏		
【验收结论】* 由甲方根据验收报告出具验收结论，双方负责人签字确认 *		
甲方项目负责人签字：_____　　　　乙方项目负责人签字：_____ 日　期：_____　　　　　　　　　　　日　期：_____		

注：该表格一式两份，甲、乙双方各执一份。

小结

　　本章讲述合同、合同类型。当企业存在软件外购、软件外包等需求时，就可能存在软件合同计划，合同可以保证项目的有效实施。合同通常可分为总价合同和成本补偿合同两大类。此外，还有第三种常用的混合类型，即工料合同。同时，本章也介绍了敏捷项目合同的特点。

练习题

一、填空题
1. 为了执行项目而从项目团队外获取产品、服务或者结果的过程，称为_____。
2. 合同双方当事人承担不同角色，这些角色包括_____、_____。

3. 一个 CPFF 合同类型，估计成本是 10 万元，固定补偿费用是成本 1.5 万元，当成本提高至 20 万元时，合同金额为_____。

二、判断题

1. 软件项目外包的实质是软件开发过程从公司内部部分或全部延伸到公司外部的过程。（   ）

2. 对于甲方来说，成本补偿合同的风险大于总价合同的风险，对乙方来说则相反。（   ）

3. 如果一个项目的合同类型是固定价格（FFP），合同价格是 100 万元，实际花费 160 万元，则项目结算金额为 160 万元。（   ）

4. 成本加激励费用（CPIF）合同具有激励机制。（   ）

5. "敏捷宣言"认为"客户协作高于合同协商"。（   ）

三、选择题

1. 下列合同类型中，卖方承担的风险最大的是（   ）。
   A. 成本加固定费用　　B. 成本加激励费用　　C. 成本加奖金　　　　D. 固定总价

2. 某项目采用成本加激励费用的成本补偿类合同，当预计成本为 20 万元、利润 4 万元且奖励分配为 80/20 时，如果实际成本降至 16 万，则项目总价为（   ）。
   A. 24 万元　　　　　　B. 23.2 万元　　　　　C. 20.8 万元　　　　　D. 20 万元

3. 合同是需要靠（   ）约束的。
   A. 双方达成的共识　　B. 道德　　　　　　　C. 责任　　　　　　　D. 相关法律法规

4. 下面哪一项不是敏捷项目涉及的动态特性的合同签署技术？（   ）
   A. 多层结构　　　　　B. 总价增量　　　　　C. 动态范围方案　　　D. 固定价格

第三篇

项目执行控制

本篇是项目管理路线图的第三阶段，即项目执行控制阶段。项目计划和项目执行控制可以被视为互相渗透、不可分割的过程。计划是用来指导项目实施工作的。项目执行过程中，需要对项目的执行状况进行控制和管理，以保证项目按照预定的计划执行。每个项目都有计划要素，执行控制需要确定完成了多少计划以及何时完成。在项目执行控制过程中，要面临很多问题，如范围、进度、工作量成本、质量、风险、沟通等。所以，项目经理需要监管项目按照项目计划完成。这个阶段分为 3 部分，即项目跟踪与度量、核心计划执行控制、辅助计划执行控制。

第 13 章

项目跟踪与度量

第二篇讲述的几个计划不是独立的，而是相互关联的，最后形成项目集成计划，在项目执行控制过程中也需要进行集成管理。本章进入路线图的"项目跟踪与度量"，如图 13-1 所示。

图 13-1　项目跟踪与度量

13.1　项目执行控制过程

系统是一个整体，系统元素彼此联系、相互影响。小到微观粒子，大到宏观宇宙，它们都是一个相互影响、彼此联系的系统整体，都有其运行的内在规律。既然系统元素是相互影响、彼此联系的，软件项目管理中也需要以系统的方式来管理项目，进行集成的项目执行控制，统一协调各个过程。项目集成管理由项目经理负责，项目经理整合所有其他知识领域的成果，并掌握项目总体情况。

13.1.1　项目目标的集成

项目是一个集成的过程，项目集成管理对项目的成功至关重要。项目集成管理的目标在于对项目中的不同组成元素进行正确高效的协调，这并不是所有项目组成元素的简单相加。项目集成管理就是在项目的整个周期内协调项目管理的各个知识域过程来保证项目的成功完成，项目经理的本职工作是对项目进行整合。为了成功地完成项目，项目经理必须协调各个方面的人员、计划和工作。

因此，项目集成管理需要整合、统一、沟通各个项目要素，保证项目各要素相互协调，在相互影响的项目目标和方案中做出权衡，以满足或者超出项目干系人的需求和期望。如

图 13-2 所示，项目的范围目标、成本目标、进度目标、质量目标等各个目标是相互制约的，在诸多项目指标中，项目的进度目标和成本目标的关系最为密切，几乎成了对立关系，进度的缩短常常要依靠增加成本实现，而成本的降低也常常以牺牲工期进度为代价。工期和成本与质量的关系也很密切，在一些项目中，如果盲目缩短工期，就会导致项目质量下降，同样，质量出现问题、返工，也会延长工期；有的项目为了压缩成本会减少一些必需的质量环节，这将导致质量的下降。

图 13-2　项目目标相互制约

软件项目必须识别项目的驱动、约束条件和自由程度，每个项目都需要平衡功能、人员、预算、进度和质量目标。范围、进度、成本、质量、风险等之间存在一定的关系，不能只考虑某一个方面，应该综合起来考虑。压缩进度可能导致成本提高，质量下降，也可能导致无法实现的进度风险；如果减少成本，可能会影响进度，导致减少质量活动，降低质量成本，最后可能出现成本不足的风险等。所以，应该建立一个关于进度、成本、质量、规模等的折中计划。

因此，无论是进度计划、成本计划、质量计划还是风险计划等，所有计划的制订和管理都不是孤立的而是相互作用的，所有计划要以整体思想为指导，从全局角度出发，确保各项工作有机协调地配合进行，消除管理的局部性，平衡各个目标的冲突。所以，项目计划应该是集成的计划，项目集成计划具有综合性、全局性、内外兼顾性。它决定在什么时间、在哪些预期的潜在问题上集中资源，在问题变得严重前进行处理，协调项目干系人及各项工作，使项目走向成功。

总之，进行项目管理的时候，无论是哪个过程还是哪个阶段，都不应该只注重局部，应该将整体的管理思想融入项目管理的方方面面，注重从项目的全局出发，从整体的角度分析问题、解决问题。

13.1.2　平衡项目四要素的关系

范围（S）、质量（Q）、进度（T）、成本（C）是软件项目管理的 4 个要素，范围定义"做什么"，成本决定项目的投入（人、财、物），进度定义项目的交付日期，质量定义系统好到什么程度，这 4 个要素之间是有制约平衡关系的。如果需求范围很大，要在较少的资源投入下、在很短的工期内以很高的质量要求来完成某个项目，那是不现实的，要么需要增加投资，要么工程延期。如果需求界定清楚、资源固定、对系统的质量要求很高，则可能需要延长工期。

1. 项目范围与产品目标的关系

项目经理在接受项目工作时，首先要考虑项目的工作范围。但是，工作范围是靠目标导向的，而目标是提交让客户满意的项目产品。压缩进度、降低成本、提高质量的标准都会直接影响项目的工作范围；反之，项目的范围发生变化，也必然会影响项目的进度、成本、质量，项目的提交物也会发生相应的变化。

2. 成本与范围、进度、质量的关系

可以设定成本是范围、质量、进度的一个函数，即 $C=F(S,Q,T)$，其中：

- S 与 C 呈一定的正比关系；
- Q 与 C 呈一定的正比关系；
- T 与 C 呈一定的反比关系。

对于项目经理，在项目预算确定的情况下，如何平衡范围、进度、质量成为其重要工作，只有处理好这个问题，才能最大限度地提高客户满意度。在这 4 个要素中，客户最关注的是范围、质量、进度，在合同确定的情况下，客户一般不关心成本，而项目经理最关注的是成本、范围和进度，项目经理对质量的要求往往是客户能忍受的底线。这样看来，双方共同关注的是范围和进度。进度对于双方来说几乎不能改变，牵涉各方面的因素，需要尽可能地满足多方的需求。范围是双方争论的焦点，客户希望花钱尽可能少，功能尽可能多，而项目经理希望合同额尽可能高，功能尽可能少。由此看来，双方都关注的只有进度。所以，项目经理无论如何都要处理好进度管理的问题，必须就进度与客户达成一致。

3. 成本、进度与范围、质量的关系

一旦签订合同，成本和进度两个要素是确定的，那么在这种情况下如何提高客户满意度呢？

因为成本和进度是确定的，在成本或者时间不充足的情况下，只能通过减少范围或者降低质量来解决，需要根据不同的情况做出不同的选择。主要依据是客户的情况，若客户更重视范围就降低质量，若客户更重视质量就减少范围，若客户对范围、质量都重视，那么就降低质量并减少范围，直到用户基本能忍受为止。对于每个项目，如何合理地保证项目质量，如何正确处理质量与时间、成本之间的矛盾是项目管理的一个难点，这需要整合项目所有方面的内容，保证按时、低成本地实现预定的质量目标。

13.1.3   项目集成计划的内容

项目集成计划是指，通过使用其他专项计划过程所生成的结果（项目的各种专项计划），运用整体和综合平衡的方法所制订的用于指导项目实施和管理的整体性、综合性、全局性、协调统一的整体计划文件。项目集成计划是一个批准的正式文件，用来跟踪控制项目的执行。随着项目的发展，项目集成计划可以不断完善，它包括一些重要的基准（如范围基准、进度基准、成本基准、质量基准等）计划。基准计划是不能随便修改的，要经过相应的变更程序才可以修改。

项目集成计划将其他领域的子计划进行集成，其中项目的范围计划、进度计划、成本计划三大核心子计划是进行项目计划编制的基础，项目的质量计划也是核心子计划。另外项目的配置管理计划、沟通计划、人力计划、干系人计划、风险计划、合同计划等子计划也是编制计划的原材料，但是集成计划并不是简单的堆砌，而是需要不断地进行反馈，使各个子计划不断校正自己，以便符合项目的总目标。

对于集成的项目计划书，企业可以根据自己的需要选择合适的标准，并根据情况做适当的裁减。项目经理负责组织编写计划书，包括计划书主体和以附件形式存在的其他相关计划，如配置管理计划等。项目计划书的内容如下。

1）确定项目概貌。合同项目以合同和招投标文件为依据，非合同项目以可行性研究报告或项目前期调研成果为依据，明确项目范围和约束条件，以同样的依据，明确项目的交付成果，并进一步明确项目的工作范围和项目各参与方的责任。

2）确定项目团队。确定项目团队的组织结构和与项目开发相关的职能机构，包括管理团队、开发团队、测试团队、QA 团队、评审团队、验收团队等；确定项目团队人员及分工；与相关人员协商，确定项目团队人员构成。

3）明确项目团队内外的协作沟通。明确与用户单位的沟通方法，明确最终用户、直接用户及其所在企业 / 部门的名称和联系电话。客户积极参与项目是项目成功的重要推动力量，在开发过程中与用户方项目经理或配合人员的主动沟通，将有助于加强客户对项目的参与程度。建议采用周报或月报的方式通告项目的进展情况和下一阶段计划，通告需要客户协调或了解的问题。当项目团队需要与外部单位协作开发时，应明确与协作单位的沟通方式，确定协作单位的名称、负责人姓名、承担的工作内容以及实施人的姓名、联系电话。明确与项目团队内部的沟通方式，应该组织项目团队定期召开周例会，项目团队应采用统一的交流系统建立项目团队的交流空间。

4）规划开发环境和规范。说明系统开发所采用的各种工具、开发环境、测试环境等；列出项目开发要遵守的开发技术规范和行业标准规范；对于本企业还没有规范的开发技术，项目经理应组织人员制定出在本项目中将遵守的规则。

5）项目范围说明。项目范围说明应当形成项目成果核对清单，确定实现项目目标时必须要做的各项工作，并绘制完整的工作分解结构图；作为项目评估的依据，在项目终止以后或项目最终报告完成以前进行评估，以此作为评价项目成败的依据；范围说明还可以作为项目整个生命周期监控和考核项目实施情况的基础以及项目其他相关计划的基础。

6）编制项目进度计划。进度计划是说明项目中各项工作的开展顺序、开始时间、完成时间及相互依赖衔接关系的计划。进度计划的编制使项目实施形成一个有机的整体。进度计划是进度控制和管理的依据，在计划中要求明确以下内容。

- 确定项目的应交付成果。项目的应交付成果不仅包括项目的最终产品，而且包括项目的中间产品。在资源独立的假设前提下确定各个任务之间的相互依赖关系，以确定各个任务开始和结束时间的先后顺序；获得项目各工作任务之间动态的工作流程；显示项目各阶段的时间分配情况，确定主要里程碑、阶段成果。
- 确定每个任务所需的时间，确定每个任务所需的人力资源要求，如需要的技术、技能、知识、经验、熟练程度等。
- 确定每个项目团队成员的角色构成、职责、相互关系、沟通方式。

7）项目成本计划。项目成本计划包括资源计划、费用估算、费用预算等。资源计划就是决定在项目的每一项工作中用什么资源（人、材料、设备、信息、资金等），在各个阶段使用多少资源。

8）项目质量计划。质量计划针对具体项目，安排质量监控人员及相关资源，规定使用哪些制度、规范、程序、标准。项目质量计划应当包括与质量保证和质量控制有关的所有活动。质量计划的目的是确保达到项目的质量目标。

9）项目沟通计划。沟通计划是指项目开发过程中关于项目干系人之间信息交流的内容、人员范围、沟通方式、沟通时间或频率等沟通要求的约定。

10）风险计划。风险计划是指为了降低项目风险的损害而分析风险、制订风险应对策略方案的过程，包括识别风险、评估风险、编制风险应对策略方案等过程，需要分析项目过程中可能出现的风险以及相应的风险对策。

11）项目合同计划。项目开发过程中需要识别哪些项目需求可通过从本企业外部采购产品或设备来得到满足。如果决定外包软件项目，应当同时制订对外包的进度监控和质量控制的合同计划。

12）配置管理计划。由于项目计划无法保证一开始就预测得非常准确，在项目进行过程中也不能保证准确有力的控制，这导致项目计划与项目实际情况不符的情况经常发生，因此必须有效处理项目的变更。配置管理计划用于确定项目的配置项和基线，制定基线变更控制的步骤、程序，维护基线的完整性，向项目干系人提供配置项的准确状态和当前配置数据。

配置管理计划中的变更控制系统应该是一个集成的变更管理计划，要顾及各方面的变更。

13）制订其他辅助工作计划。根据项目需要，编制培训计划、支持工作计划、验收计划等。

下面给出一个项目集成计划的例子。

1 导言

1.1 目的

1.2 范围

1.3 缩写说明

1.4 术语定义

1.5 引用标准

1.6 参考资料

1.7 版本更新条件

1.8 版本更新信息

2 项目概述

3 项目任务范围

4 项目目标

5 项目实施策略

6 项目组织结构

7 计划结构

8 项目生存期

9 项目管理对象

10 项目风险分析

11 项目估算

12 项目时间计划

13 项目关键资源计划

14 项目设施工具计划

15 质量管理计划

16 配置管理计划

17 项目管理评审

18 项目度量计划

19 沟通计划

13.1.4 项目集成计划的执行控制

软件项目是一个系统，各个系统元素都不是彼此独立的，而是相互影响、互为联系、相辅相成的，所以，项目的执行控制过程是一个集成的管理过程。软件项目管理中涉及客户、客户需求、项目成员、资金、时间、技术、工具、场所等多种资源，只有确定各种资源的相互关系和影响，才能利用既有的项目资源寻求一条达到项目目标（客户需求）的最小代价路径。

项目控制过程的目的是保证项目目标的达成，进度、成本、质量控制是重要的监控内容。项目管理者需要不断收集项目信息、度量分析项目，并发布项目运行状况，同时也需要分析趋势，以便决定改善的步骤。变更是项目执行过程中不可以避免的，所以需要管理好变更控制系统。这个阶段需要对项目进行过程中的产品和活动进行审计和改进，项目经理需要组织和激励大家就项目进行沟通。

项目集成计划的执行控制主要是按照项目计划执行项目并监控项目性能，整合人力与其他资源，以实现项目目标，具体流程如图 13-3 所示。首先设立基准计划，它是经过多方认可的计划。项目开始之后监督项目按照计划执行，在执行过程中，不断从项目数据库中获取各种数据信息，其中包括项目的各种性能信息，以及相关的变更信息等，并与计划进行比较，一方面观察项目是否按进度进行、成本如何、是否超支、质量是否达标等，另一方面判断原来制订的项目计划是否合理。如果有偏差，应该标识偏差，对偏差进行分析，预测其对将来的影响，并提出纠正措施，同时评审纠正措施的方案，必要时修改项目计划。修改项目计划时，应该按照变更控制系统的过程执行，最后将修改后的项目计划通知相关人员。

图 13-3 项目执行控制过程

项目集成管理是最具全面性的一项工作，它从全局出发对整体项目中的各专项计划进行平衡和协调，以满足项目相关人员的利益要求和期望。进行项目执行控制的基本步骤如下。

1）建立计划标准：建立项目正确完成应该达到的目标，它是确保项目能够按照项目计划实施的具体说明书，是进行过程控制的依据。

2）观察项目的性能：建立项目监控和报告体系，确定为控制项目必要的数据。在项目实施过程中，为了便于管理和控制执行情况，必须做好项目计划实施记录，掌握项目的实际进展情况。记录还可以为项目实施中的检查、分析、协调、控制、计划修订和总结等提供原始资料。

3）测量和分析结果：将项目的实际结果与计划进行比较，掌握计划实施情况，协调各项工作，采取有效措施解决实施中出现的各种矛盾，调配资源以克服实施工作的薄弱环节，努力实现项目的动态平衡，从而保证项目计划目标的实现。

4）采取必要措施：如果实际的结果同计划有偏差，则采取必要的纠正措施，必要时修改项目计划。可以选用项目管理软件来协助项目执行过程。

5）做好计划修订工作，控制反馈：计划不可能一成不变，当项目的内部和外部条件发生较大变化时，项目计划就要根据实际情况进行必要的更改，以控制计划的实时有效性。如果修正计划，应该通知有关人员和部门。

只应急处理问题而不是提前观察各种征兆是项目控制中常见的情况，为了更好地进行项目控制，需要遵循一定的原则才能做好计划管理工作。项目是一个整体，要坚持系统管理的原则。项目计划是与各个专项计划紧密联系的，这就需要提高项目管理的透明度，管理要制度化，令行禁止，统一调配，合理进行适度授权，以便于提高项目团队的主动性、创造性。

在项目执行过程中，为了有效地控制项目，需要确定项目控制的标准，明确范围、成本、进度、质量等控制标准，例如，可以设置一个控制线，作为控制的标准。

13.2 项目跟踪过程

项目执行控制的前提是对项目执行数据的采集，通过项目性能数据（如进度、成本、缺陷、风险等）的收集、统计，分析项目的进展状况，对项目进行评价，必要时对项目采取措施。

项目跟踪主要是在项目生存期内根据项目计划中规定的跟踪频率按照规定的步骤对项目管理、技术开发和质量保证活动进行项目数据采集，目的是监控项目实际情况，记录反映当前项目状态的数据，如进度、资源、成本、性能和质量等，用于对项目计划的执行情况进行分析。项目跟踪过程如图 13-4 所示。

图 13-4 项目跟踪过程

具体活动描述如下。

参与角色

R1：项目管理者。

R2：项目助理。

进入条件

E1：项目计划被正式批准。

输入

I1：项目计划书。

活动

A1：项目助理负责依据项目计划的要求确定跟踪频率和记录数据的方式。

A2：项目助理负责按照跟踪频率记录实际任务完成的情况（包括进度或完成时间）。

A3：项目助理负责按照跟踪频率记录完成任务所花费的人力和工时。

A4：项目助理负责根据实际任务进度和实际人力投入计算实际人力成本和实际任务规模。

A5：项目助理负责记录除人力成本以外的其他成本消耗。

A6：项目助理负责记录关键资源的使用情况。

A7：项目助理负责记录项目进行过程中风险发生的情况及处理对策。

A8：项目助理负责按期按任务性质统计项目任务的时间分配情况。

A9：项目助理负责填写项目进行过程中的项目培训实施记录并收集培训教材。

A10：项目助理负责将以上采集的数据提交至项目配置管理者入库。

输出

O1：相关数据记录表格，可能的记录表格包括：

● 进度记录数据。

● 关键资源使用记录表。

● 风险处理记录表。

● 资源成本统计表。

● 任务性质／时间分配表。

● 项目培训实施记录表。

13.3　软件项目度量

管理学之父德鲁克说："如果你不能度量它，就无法改进它。"度量帮助我们更深刻地认识项目效能，设定改进方向，并衡量改进效果。产品开发过程中会产生大量的数据，但数据不是度量。所有度量均应依据项目目标，并由项目建立的一组度量需求所驱动，建立度量需求所应执行的度量指标。项目度量的基础是跟踪采集项目性能数据。

13.3.1　项目度量要素

如何解决项目进度、成本、质量等问题，是大多数项目管理者最为关心的，而项目数据的采集度量是解决问题的基础。引入量化管理，强化量化管理，可以使项目管理更加科学，用量化的方法评测软件开发中的费用、生产率、进度和产品质量等要素是否符合期望值。定义项目、制订项目计划的时候需要进行项目估算，而项目执行过程中的跟踪监督过程则离不开度量。良好的项目管理主要针对项目要素进行跟踪度量，通过分析度量数字可以及时发现项目进展中存在的问题，从而有针对性地制订解决方案。主要的项目度量要素如下。

1. 项目进度度量

对项目进度进行定期的跟踪度量，及时发现当前进度与计划的偏差，可以及时采取措施，及时赶工或调整进度计划。

2. 规模和工作量度量

在项目开发过程中和项目结束后，应对项目的实际规模、工作量、成本进行度量，在需求完成、设计完成、编码完成、内部测试完成、项目结束时对规模进行度量。

规模度量方法应该与规模估算所采用的方法一致。应定期或以事件驱动的方式对项目工作量进行度量。工作量度量方法宜与工作量估算所采用的方法一致，除对总工作量进行度量外，还应对项目不同活动、不同阶段的工作量分别进行度量。

3. 成本度量

工作量是衡量项目成本、人员工作情况的基础，准确地度量出项目真实的工作量，既可以掌握当前项目的成本情况，对于今后估算其他项目数据也有重要意义。

- 在项目开发过程中，应定期或以事件驱动的方式对已发生的直接成本进行度量。
- 在项目结束后，应按照分项对各项成本分别进行度量。
- 对于可以按照交付软件规模进行结算的项目，应根据交付软件规模及规模综合单价计算实际成本。

4. 质量度量

目前还不能精确地做到定量评价软件的质量，一般可以采取由若干位软件专家进行打分的方法来评价。在评分的时候，可以针对每一阶段的质量指标列出检查表，同时列出质量指标应该达到的标准。有的检查表是针对子系统或者模块的。然后根据评分的结果，对照评估指标，检查所有的指标特性是否达到了要求的质量标准。如果某个质量特性不符合规定的标准，就应当分析这个质量特性，找出原因。项目的成败直接取决于客户满意度，客户满意度是一个难以量化的指标，而产品的缺陷密度直接影响着客户的满意程度。度量产品的缺陷密度可以有效地说明项目完成的质量。

5. 人员生产率度量

人力资源是项目中最为重要的资源，掌握人员的生产能力对人员管理、资源管理都有重要的参考价值。生产率是团队人员生产能力的重要指标，需要定期度量、分析团队的生产率。表 13-1 是中国软件行业基准数据报告（SSM-BK-202309）的全行业生产率，针对具体项目，生产率会有一定的差别。

表 13-1   全行业生产率基准数据明细

生产率（人时 / 功能点）				
P10	P25	P50	P75	P90
2.06	4.15	7.14	15.38	18.92

图 13-5 是一个时间采集度量表的例子，图 13-6 是缺陷数据采集表的例子。

	F	G	H	I	J	K	L	M	N	O
2	计划完成时间	实际完成时间	BCWS	BCWP	ACWP	SV	CV	FAC	BAC	VAC
3	2003/9/3 17:00	2003/9/4 9:00	¥720	¥720	¥750	¥0	(¥30)	¥0	¥720	¥720
4	2003/9/3 17:00	2003/9/3 17:00	¥600	¥600	¥600	¥0	¥0	¥0	¥600	¥600
5	2003/9/4 17:00	2003/9/4 12:00	¥960	¥960	¥840	¥0	¥120	¥0	¥960	¥960
6	2003/9/5 12:00	2003/9/4 17:00	¥120	¥120	¥120	¥0	¥0	¥0	¥120	¥120
7	2003/9/5 17:00	2003/9/5 15:00	¥660	¥660	¥990	¥0	(¥330)	¥0	¥660	¥660
8	2003/9/8 17:00	2003/9/8 15:00	¥240	¥240	¥240	¥0	¥0	¥0	¥240	¥240
9	2003/9/9 17:00	2003/9/9 10:00	¥120	¥120	¥120	¥0	¥0	¥0	¥120	¥120
10	2003/9/9 17:00	2003/9/9 10:00	¥200	¥200	¥200	¥0	¥0	¥0	¥200	¥200
11	2003/9/10 12:00	2003/9/10 10:00	¥120	¥120	¥120	¥0	¥0	¥0	¥120	¥120
12	2003/9/10 12:00	2003/9/10 10:00	¥0	¥0	¥0	¥0	¥0	¥0	¥0	¥0
13	2003/9/10 17:00	2003/9/10 10:00	¥330	¥330	¥340	¥0	(¥10)	¥0	¥330	¥330
14	2003/9/15 12:00	2003/9/15 10:00	¥600	¥600	¥600	¥0	¥0	¥0	¥600	¥600
15	2003/9/15 17:00	2003/9/16 10:00	¥600	¥600	¥700	¥0	(¥100)	¥0	¥600	¥600
16	2003/9/15 12:00	2003/9/15 10:00	¥720	¥720	¥840	¥0	(¥120)	¥0	¥720	¥720
17	2003/9/15 17:00	2003/9/15 15:00	¥720	¥720	¥720	¥0	¥0	¥0	¥720	¥720
18	2003/9/16 12:00	2003/9/16 10:00	¥660	¥660	¥460	¥0	¥200	¥0	¥660	¥660
19	2003/9/16 12:00	2003/9/16 15:00	¥660	¥660	¥460	¥0	¥200	¥0	¥660	¥660
20	2003/9/17 12:00	2003/9/17 15:00	¥440	¥440	¥440	¥0	¥0	¥0	¥440	¥440
21	2003/9/17 17:00	2003/9/17 15:00	¥480	¥480	¥480	¥0	¥0	¥0	¥480	¥480
22	2003/9/17 17:00	2003/9/17 15:00	¥240	¥240	¥240	¥0	¥0	¥0	¥240	¥240
23	2003/9/18 12:00	2003/9/18 10:00	¥660	¥660	¥660	¥0	¥0	¥0	¥660	¥660
24	2003/9/19 12:00	2003/9/19 10:00	¥400	¥400	¥400	¥0	¥0	¥0	¥400	¥400
25	2003/9/19 12:00	2003/9/19 10:00	¥0	¥0	¥0	¥0	¥0	¥0	¥0	¥0
26	2003/9/19 12:00	2003/9/19 10:00	¥0	¥0	¥0	¥0	¥0	¥0	¥0	¥0
27	2003/9/19 17:00	2003/9/19 15:00	¥330	¥330	¥340	¥0	(¥10)	¥0	¥330	¥330
28	2003/9/19 17:00	2003/9/19 15:00	¥100	¥100	¥100	¥0	¥0	¥0	¥100	¥100
29	2003/9/19 17:00	2003/9/19 15:00	¥120	¥120	¥120	¥0	¥0	¥0	¥120	¥120
30	2003/9/24 12:00	2003/9/24 10:00	¥600	¥600	¥600	¥0	¥0	¥0	¥600	¥600

图 13-5 时间采集度量表

	日期	编号	类型	引入	排除	处理时间	处理错误	问题描述	归属模块
13	11月21日	6	20	20:10	20:30	20分钟	×	判断文件结束语句错误	产生程序代码源文件新的版本文件模块
14	11月21日	7	20	20:40	20:45	5分钟	×	少";"号	产生程序代码源文件新的版本文件模块
15	11月21日	8	80	20:50	21:00	10分钟	×	读取系统时间函数错误	产生程序代码源文件新的版本文件模块
16	11月21日	9	20	21:05	21:10	5分钟	×	计数器未被赋初值	产生程序代码源文件新的版本文件模块
17	11月21日	10	80	21:20	21:30	10分钟	×	字符串转浮点数函数错误	产生程序代码源文件新的版本文件模块
18	11月22日	11	20	19:10	19:20	10分钟	×	判断文件结束语句错误	生成VER1.0版本模块
19	11月22日	12	20	19:30	19:35	5分钟	×	少";"号	生成VER1.0版本模块
20	11月22日	13	20	19:30	19:35	5分钟	×	少";"号	生成VER1.0版本模块
21	11月22日	14	20	19:30	19:35	5分钟	×	少";"号	生成VER1.0版本模块
22	11月23日	15	80	19:40	20:00	20分钟	×	字符串转浮点数函数错误	产生程序代码源文件新的版本文件模块
23	11月23日	16	90	20:00	2:30	30分钟	×	对打开文件未做异常处理	产生程序代码源文件新的版本文件模块
24	11月23日	17	90	20:00	2:30	30分钟	×	对打开文件未做异常处理	产生程序代码源文件新的版本文件模块
25	11月22日	18	90	20:00	2:30	30分钟	×	对打开文件未做异常处理	产生程序代码源文件新的版本文件模块
26	11月23日	19	90	20:00	2:30	30分钟	×	对打开文件未做异常处理	生成VER1.0版本模块
27	11月23日	20	90	20:00	2:30	30分钟	×	对打开文件未做异常处理	生成VER1.0版本模块
28	11月23日	21	90	20:00	2:30	30分钟	×	对打开文件未做异常处理	生成VER1.0版本模块
29	11月24日	22	50	19:30	22:00	100分钟	×	文件名不能被函数调用	产生程序代码源文件新的版本文件模块
30	11月24日	23	50	19:30	22:00	100分钟	×	文件名不能被函数调用	产生程序代码源文件新的版本文件模块
31	11月24日	24	50	19:30	22:00	100分钟	×	文件名不能被函数调用	产生程序代码源文件新的版本文件模块
32	11月24日	25	50	19:30	22:00	100分钟	×	文件名不能被函数调用	生成VER1.0版本模块

图 13-6 缺陷数据采集表

通过项目数据采集和度量，可以有效地控制项目执行，并最终成功完成项目。缺乏量化管理，项目管理只能处于一种"混沌"状态。以 IT 项目为例，据称只有 26% 的 IT 项目成功地实现了范围、进度和成本目标。而如果采用量化管理，项目管理的全过程就会变得"可视化"，发现问题也可以"让数字说话"。软件企业一般需要建立历史项目数据库、风险数据库。实践证明，历史信息有助于项目进行更为准确、全面的计划与控制，历史的经验教训可以使项目少走不必要的弯路，少花不必要的代价，减少项目失败的风险。从项目管理的角度讲，经验是对历史信息的积累。这种总结应该以优化企业软件过程为目的，贯穿于整个项目过程中，而不是一份简单的项目总结报告。

13.3.2 基于 GQM 的度量

目标／问题／度量（GQM）方法的初衷是为了建立度量活动，它也可以用来指导软件过程的分析与改进。GQM 可驱动软件信息模型的建立，而软件信息模型所得到的结果可用来指导过程的改进。GQM 度量技术的核心内容是根据目标设计问题，通过问题设计度量指标。表 13-2 阐述了 GQM 模型的具体应用。

表 13-2　GQM 模型的具体应用

目标（G）	在 6 个月内将变更请求过程的平均执行时间减少 10%
问题 1	变更请求过程执行时间的基线是什么
度量 1-1	改进启动时变更请求过程的平均执行时间是多少
度量 1-2	改进启动时变更请求过程的标准偏差是多少
问题 2	当前变更请求过程的执行时间是多少
度量 2-1	当前变更请求过程的平均执行时间是多少
度量 2-2	当前变更请求过程的标准偏差是多少

13.3.3　度量技术

量化度量技术通过数据表的方式对项目数据进行收集和分析，也包含数学统计分析技术的应用。过程的量化数据被作为软件过程的副产品进行收集，例如在软件测试过程中所发现的缺陷数量及所花费的人时被收集后就可直接进行度量，计算出每人时所发现的缺陷数量，即缺陷的发现率。

质量控制的基本工具可以用来分析量化的过程度量数据（例如检查表、帕累托图、直方图、散点图、趋势图、控制图以及因果图）。另外，从计算的媒介与手段到多元分析方法，有各种统计技术可以选择。

用量化的过程度量技术所收集的数据也可以被用作模拟模型的输入，这些模型可以用来预测各种软件过程改进方法的效果。

另外，项目的度量过程也间接完成了软件过程的度量，软件过程度量技术用来收集项目过程数据及工作产品数据，将这些数据转换成有用的信息，并对信息进行分析以识别需要改进的过程活动。在某些情况下可能还需要引入新的软件过程。过程度量技术也为过程改进效果的度量提供了所需的信息。过程度量技术既可以用来收集定量数据也可以用来收集定性数据。量化过程管理技术的目的是收集、转换以及分析过程与工作产品的量化数据，用以指出哪些地方需要进行过程改进，并对过程改进活动的结果进行评价。

13.4　项目研发效能度量

13.4.1　效率竖井

产品交付需要前后职能部门（如产品、开发、测试等）和平行部门（如前端、后端、算法等）的协作。传统方法更多关注各个部门的独立改进。然而，过度局部优化往往导致效率竖井，反而降低整体效率。

图 13-7 描述了传统开发方式下，产品交付面临的普遍困境，即各部门局部优化带来的以下一系列问题。

- 基于局部信息的工作优先级安排，造成不同部门间相互等待，让需求无法顺畅流动。比如前、中、后台对工作的优先级处理不一致，进度无法对齐，使已经开始的需求不能及时交付。

- 批量式的工作移交带来进一步等待。为了最大化单个环节的效率,各职能往往倾向于批量接受和移交工作,如批量的集成、批量的测试等。这进一步造成需求在过程中的积压和等待。
- 跨部门的问题经常得不到及时和有效的处理。公共环境的维护就是一个典型问题,影响用户需求的顺畅交付。跨部门需求的有效澄清、接口对齐、问题排查是一些常见的公共问题,它们都会造成需求无法顺畅进展。

图 13-7　效率竖井

以上只是一部分问题,它们共同作用,结果是:站在各自的视角,每个部门都觉得自己繁忙且"高效";然而,站在全局和业务的视角,系统对外的反应却非常迟缓。这就是所谓的效率竖井。效率竖井是由局部优化导致的,表现为各个环节和部门繁忙而"高效",但总体的效率和响应速度却很低。它是研发效能提升的普遍症结所在。

图 13-8 的折线反映了效率竖井下单个需求的交付过程。图中灰色线表示需求正在被处理,黑色线则表示需求在等待中,工作量不大的需求,交付周期却很长,因为大部分时间需求都处于等待状态。各个局部一片繁忙,外部却抱怨连连,相信很多人会感同身受。效率竖井是研发效能改进的最大问题。

图 13-8　效率竖井下单个需求的交付过程

13.4.2　效能改进度量指标

要改进研发效能，必须走出效率竖井。为此组织必须把改进的焦点从关注各个资源环节，转向关注整个系统。图 13-8 说明效能改进的关键是从以局部资源效率为核心，转变为以价值流动效率为核心。持续发布能力和需求响应周期体现为流动效率。交付吞吐率体现为资源效率，资源效率指的是各环节的资源利用率和产出情况，如资源的忙闲程度、使用率、代码产出和测试执行速度等。流动效率指的是用户价值在系统中的流动速度，如：用户需求从提出到交付的时长，它越短越好；或者是过程中等待时间的占比，它越小越好。

为了提高价值的流动效率，组织就必须关注用户价值在系统中端到端的流动过程，改进整个系统，而不仅仅是局部环节。以此为基础，效能改进的目标是：持续快速交付价值的能力。为此我们必须把改进的焦点从局部资源效率转向价值流动效率，以保证全局和系统的优化。

一个组织持续快速交付价值的能力如何需要通过效能度量来回答。这里给出一个系统的研发效能指标体系，它由 5 组指标构成，分别是持续发布能力、需求响应周期、交付吞吐率、交付过程质量、对外交付质量，如图 13-9 所示。

图 13-9　研发效能的度量指标

持续发布能力具体包含以下两个细分指标。

- 发布频率。团队对外响应的速度不会大于其交付频率，发布频率约束团队对外响应和价值的流动速度。它的衡量标准是单位时间内的有效发布次数。
- 发布前置时间（也被称为变更前置时间），也就是从代码提交到功能上线花费的时间，它体现了团队发布的基本能力。如果时间开销很大，就不合适加大发布频率。

需求响应周期具体包含以下两个细分的指标。

- 交付周期时间，指的是从确认用户提出的需求开始，到需求上线所经历的平均时长。它反映团队（包含业务、开发、运营等职能）对客户问题或业务机会的响应速度。
- 开发周期时间，指的是从开发团队理解需求开始，到需求可以上线所经历的平均时长。它反映技术团队的响应能力。

区分交付周期和开发周期，是为了解耦并明确问题，以做出针对性的改进。其中，交付周期是最终的目标和检验标准。

交付吞吐率是指单位时间内交付需求的数量。更多强调单个团队的需求吞吐率的前后对比，统计意义上它足以反映趋势和问题。

交付过程质量包含以下两个细分的指标。

- 开发过程中缺陷创建和修复时间分布。我们希望缺陷能够持续和及时地被发现,并且在发现后尽快修复。
- 缺陷库存。我们希望在整个开发过程中控制缺陷库存量,让产品始终处于接近可发布状态,奠定持续交付的基础。

交付过程质量的核心是内建质量,也就是全过程和全时段的质量。而非依赖特定的阶段,如测试阶段;或特定的时段,如项目后期。内建质量是持续交付的基础。

对外交付质量包含以下两个细分的指标。

- 单位时间的故障(线上问题)数。
- 故障平均解决时长。这两者共同决定了系统的可用性。

这 5 组指标从流动效率、资源效率和质量三个方面回答了组织持续交付价值的能力如何这个核心问题。其中,持续发布能力和需求响应周期这两组指标反映价值的流动效率;吞吐率反映资源效率;交付过程质量和对外交付质量这两组指标共同反映质量水平。

13.5　MED 项目集成计划与度量案例分析

13.5.1　项目集成计划

"医疗信息商务平台"项目集成计划文档如下(同样省略封面)。

目　录

1　导言

1.1　目的

本文档的目的是为医疗信息商务平台项目提供实施计划，其主要目标包括确定：

- 项目范围和目标；
- 项目的实施策略；
- 项目的组织及管理方式；
- 项目的生存期和提交产品；
- 时间计划和成本计划。

1.2　范围

本文档定义了项目实施的方式和计划，未定义项目实施的过程规范和产品标准，有关内容可查阅企业的标准规范库。

1.3　缩写说明

CM：Content Management 的缩写。

KFL：Key Feature List 的缩写。

KPA：Key Practice Area 的缩写。

QA：Quality Assurance 的缩写。

SCM：Software Configuration Management（软件配置管理）的缩写，SW-CMM 2 级 KPA 之一。

SPTO：Software Project Tracking and Oversighting（软件项目跟踪与管理）的缩写，SW-CMM 2 级 KPA 之一。

WDB：Working Database 的缩写。

1.4　术语定义

无。

1.5　引用标准

［1］《文档格式标准》V1.0

北京 ××× 有限公司

［2］《过程术语定义》V1.0

北京 ××× 有限公司

［3］《Key Practices of the Capability Maturity Model》V1.1

CMU/SEI-93-TR-25，1993

1.6　版本更新记录

本文档的修订记录如表 1 所示。

表 1　版本更新记录

版本	修改内容	修改人	审核人	日期
0.1	初始版			2018-7-1
0.2	增加 10 章			2018-7-8
0.8	修改 7、8，增加 11			2018-7-9
1.0	修改 4、5、6、7、8			2018-7-12

2 项目概述

本项目将开发出一家全方位的医疗电子商务平台,该平台在向医疗专业人员提供最先进的医务管理专业知识及医疗产品信息的同时,提供最先进的企业对企业(B2B)的医疗网络服务方案及医疗器材设备采购者、供货商之间的电子商务服务。平台通过提供诸如医疗产品查询、网上交易、医疗专业信息咨询服务、广告服务和其他医疗综合信息,力争使平台成为中国区最大的医疗商务交易中心。目前,该平台的服务范围主要在中国地区,并且随着业务的发展,逐步实现面向全球的网上交易。

北京×××有限公司负责完成该平台演示系统的开发任务,并在此基础上与用户一起对项目的需求进行了分析和定义,确定了以产品目录服务、产品交易服务、医务管理服务、协会学会服务、用户管理服务和分类广告等为主要实现目标。为了有效地规划进度和资源,协调各方的关系,保证平台系统能在规定的时间内开通,北京×××有限公司基于目前需求分析的结果制定了平台建设项目的总体执行计划。

3 项目任务范围和实施目标

本项目的任务范围如下。

按功能分为:

- 产品目录浏览和查询服务的设计和开发;
- 用户注册登录管理服务的设计和开发;
- 网上交易服务的设计和开发;
- 医务管理服务的设计和开发;
- 协会学会服务的设计和开发;
- 分类广告服务的设计和开发;
- Medeal.com 新闻、About us 及帮助等服务的设计和开发;
- E-mail 和 Chat Room 服务的设计和开发;
- 多语言服务的设计和开发。

按工作性质分为:

- 网页的设计和开发;
- 后台应用服务的设计和开发;
- 数据库的设计和开发;
- 平台内容的开发和维护。

提交给用户的产品包括:

- 平台应用系统软件包;
- 平台发布内容数据库;
- 产品录入维护工具包;
- 平台内容管理过程文档;
- 平台系统使用维护说明文档。

该项目实施的目标:

- 5 个月内完成平台的开发;
- 使技术人员熟悉电子商务解决技术结构;

- 初步建成支持平台内容管理的工具集。

项目的任务分解图如图 1 所示。

图 1　任务分解图

4　项目风险以及应对策略

根据对项目需求的了解和用户对实现时间及技术的要求，本项目在实施过程中可能存在如下风险：

- 时间风险：该平台的开发工作量大且时间有限，这给项目实施带来较大的时间风险。
- 需求风险：平台所有者对平台实现的需求也是随着项目的进展而不断具体化，而每一次需求的变化都可能由于影响设计和开发而造成时间和资源的调整，这给项目实施带来一定的需求风险。
- 资源风险：由于目前可以投入的开发人员有限，而新员工又面临磨合和培训的过程，因此项目在实施中可能存在一定的资源风险。

为了有效地避免这些风险，使平台能够保质、保量地按时投入使用，在平台建设中将采取如下应对策略以避免上述风险的发生：

采用快速成型和增量开发技术

为保证平台系统能在最短的时间内提交，从生存期上采用敏捷式快速成型和增量开发技术，尽量利用已有的产品和成熟的技术进行集成，逐步实现平台的功能和服务，使平台逐步完善起来。

按照确定的优先级进行开发

为了使平台能够尽快投入使用，除采用上述策略外，还应与用户协商，确定实现服务和功能的优先级，按照优先级的顺序由高至低地进行开发，逐步完成全部服务和功能。

独立的开发、测试和运行环境

为保证开发的效率和系统的质量，应建立两套独立的环境：一套独立的开发环境用于承担设计开发、维护和 Content 管理工作；另一套独立的测试环境承担 QA 测试工作，而测试环境要求与运行环境保持一致。

开发人员与应用域专家的密切配合

由于技术人员比较缺乏医疗行业的相关知识，因此在项目的实施过程中，应确保技术人员与应用域专家的密切配合，以使得技术人员开发的系统真正满足用户的商务需求，并应确定应用域支持渠道和方式，以保证平台开发的进度和质量。

通过企业质量管理体系管理开发过程，保证产品质量

有效的过程控制是项目进行过程中相关各方进行有效沟通合作和控制产品质量的有力保证。为保证开发在规范、有序的环境中进行，项目实施将按照企业质量管理体系的要求，根据质量风险分析的结果选择必要的环节进行控制。

为了保证上述项目策略的实现，在平台的建设过程中，从管理、技术和 QA 3 个方面采取不同的策略。

项目管理策略

- 采用滚动式项目计划方式，即采用分阶段制定计划的方式，以适应项目管理的要求。
- 采用 ISSUE LIST 表格进行项目跟踪管理，以保证内部信息的畅通、事件处理的落实。
- 采用项目定期评审和用户定期汇报制度。

技术策略

- 采用基于 Web 的多层结构，以保证系统的分布性和灵活性。
- 采用与工业标准兼容的协议（如 HTTP、COM 等），以保证系统的开放性。
- 尽可能选用现有的商用组件，以提高系统开发速度和质量。

QA 策略

- 对过程的执行按阶段进行评审。
- 采用对等评审方式，以保证技术的正确性。
- 采用配置管理，以保证实现与需求的一致性。
- 加强测试设计案例评审，以保证测试的有效性。

5　项目组织结构

由于在项目实施过程中需要涉及不同组织的各方面人员，而各组织之间的任务和职责也不尽相同，因此明确定义组织结构和各自职责可保证系统开发活动的顺利进行。本项目的组织结构如图 2 所示。

其中：

合同管理者：

- 负责项目对外的商务协调。
- 负责项目计划的审批和实施监督。

图 2 项目组织结构图

需求管理组：
- 负责 KFL 的定义。
- 负责网站业务流程的定义和维护。
- 负责 Page Flow 定义。
- 负责项目的需求管理。

项目管理者：
- 负责项目实施的组织、规划和管理。
- 负责项目实施的资源组织协调。
- 负责项目计划的维护。
- 负责定期向 Medeal.com 提交工作报告。
- 负责网站系统的提交。

系统设计组：
- 负责网站系统实现的设计。
- 负责 Data Modeling 的设计。
- 负责页面结构、COM 和数据库的设计。
- 负责测试案例的评审。

系统开发组：
- 负责网站系统的开发。
- 负责页面、COM 和数据库的开发。
- 负责网站系统的集成和调试。

CM 组：
- 负责内容管理环境的建立。
- 过程定义和维护。
- 负责网站内容的处理、确认和维护。

质量保证组：
- 负责根据过程规范制定检查表，按阶段控制项目开发过程。
- 负责项目的配置管理。
- 负责测试案例的设计。

● 负责网站系统的测试。

开发环境支持组：

● 负责开发环境、内容管理环境和 QA 环境的建立。

● 协助开发人员进行系统安装和配置。

该项目的项目管理由王军负责，技术管理由张立负责，需求管理由陈斌负责，网站内容开发由杨焱泰负责。

6　项目生存期

本项目采用类 Scrum 敏捷生存期模型，如图 3 所示，项目分 4 个 Sprint（迭代），每个 Sprint（迭代）的周期大概是 4 周，每个 Sprint（迭代）完成之后提交一个可以运行的版本。

具体生存期定义参见项目生存期示意图。

7　项目规模估算

根据项目的任务分解以及每个任务的规模，通过自下而上的计算，最后得到总的项目开发规模是 396 人天，开发人员成本参数 =1000 元 / 天，则内部的开发成本 = 1000 元 / 天 × 396 天 = 39.6 万元，加上外包部分软件成本 2.4 万元，则开发成本 = 39.6 万元 + 2.4 万元 = 42 万元，由于任务分解的结果主要是针对开发任务的分解，没有分解出管理任务（包括项目管理任务和质量管理任务），针对本项目，管理成本 = 开发成本 ×10%。所以，管理成本 = 42 万元 ×10% = 4.2 万元。直接成本 = 开发成本 + 管理成本，所以直接成本 = 42 万元 + 4.2 万元 = 46.2 万元。另外，间接成本 = 直接成本 ×20%，所以间接成本 = 46.2 万元 ×20% = 9.24 万元，项目总估算成本 = 直接成本 + 间接成本 = 46.2 万元 +9.24 万元 = 55.44 万元。

图 3　Scrum 生存期模型

8　时间计划

根据用户对项目的进度要求，项目活动的起止时间如下。

开始日期：2018 年 7 月 3 日。

截止日期：2018 年 12 月 25 日。

时间计划基本采取远粗近细的原则，粗略计划如表 2 所示，它展示了各阶段的时间进度。

表 2   阶段计划

冲刺	内容	里程碑
1	用户注册	7.9～8.8
	用户管理	
	产品、经销商编辑	
	产品浏览及查询	
2	用户信息内容管理	8.9～9.7
	产品信息内容管理	
	产品维护 Offline 工具	
	产品维护 Online 工具	
3	产品交易	9.10～10.5
	E-mail 管理	
	Chat 管理	
	联机帮助	
4	分类广告	10.8～11.9
	学会协会	
	医务管理	

项目将按滚动方式确定详细计划，具体参照每个迭代的进度计划。

9   干系人计划

项目涉及的关键干系人资源见表 3。

表 3   沟通计划表

干系人名称	联系方式	参与阶段	目的	沟通方法
Tom（主要用户）	Tom@hotmail.com	主要阶段	支持和配合	每周汇报 1～2 次项目进展
Brad（用户）	Brad@126.com	需求、验收	配合和理解	每周联络，倾听意见
陈××（技术专家）	Chen@263.net	系统设计	负责系统设计	邀请培训
		开发	负责关键模块的开发	邀请参加每日站立会议
姜××（技术指导）	jiang@sina.com	系统设计	负责系统设计的专家评审	邀请参加技术评审会议
		所有阶段	关键技术决策和管理决策	邀请参加迭代评审会议

10   项目沟通计划

项目沟通计划分为外部协调和内部沟通两部分。

10.1   外部协调

对于外部协调，应注意以下两点。

1）原则上由合同管理者负责与客户进行协调，但为减少交流成本，项目人员也可直接与用户联系，但必须将联系内容通报合同管理者和项目助理，并由项目助理记入沟通记录。

2）建立周三、五定期报告制度，由项目管理者向客户进行工作汇报，报告内容包括项目进展状态、下步安排、项目管理问题协商等。联系方式为 E-mail，对于突发事件可通过电话联系。E-mail 地址如下：

我方：Tom@××××.com。

客户：Brad@Medeal.com；

　　　Bill@yahoo.com。

E-mail 标识：WeeklyReport-mmdd，其中，mmdd 表示月日，使用两位数字表示，如 0505 表示 5 月 5 日。

10.2　内部沟通

在敏捷开发中，要进行频繁沟通，最重要的 3 个会议：Sprint 计划会议、每日站立会议（一般 15 分钟）、Sprint 评审会议。

对于内部管理，项目经理参照敏捷的要求，制定每日的站立会议以及每个迭代后的冲刺评审会议。建立事件记录通报制度，见表 4。事件包括与用户的电话记录、各方建议等，事件记录由项目助理负责记录，并于每周三和周五提交项目管理者，用于向合同管理者汇报。各类交流评审安排如表 4 所示。

表 4　项目沟通评审计划

评审类别	评审周期	评审要点	相关人员
日例会（站立会议）	每天 17：00 ～ 17：30	1. 当天工作进度 2. 问题及对策 3. 资源协调 4. 明天工作安排 5. 共享经验，避免错误	项目组所有人
Sprint 计划会议	一个 Sprint 迭代开始	1. 本阶段的需求功能 2. 本阶段详细计划	项目主管 项目经理 开发经理 质量经理 配置管理员 市场人员
Sprint 评审会议	一个 Sprint 迭代完成	1. 本阶段计划执行情况 2. 本迭代版本演示结果 3. 下阶段 Sprint 功能	项目经理 开发经理 质量经理

11　项目度量数据

记录项目开发过程中的数据是为今后有效地进行项目估算和项目管理提供必要的量化指标。在本项目中，需要度量的数据定义如下。

1）平均网页工作量：每人天可完成的网页数量，包括网页设计和开发。计算方法为（时间 × 人力）/ 完成网页数量。

2）平均 KF 工作量：KF 工作量包括完成设计、开发和测试一个 KF 所需的工作量。计算方法为（时间 × 人力）/ 完成 KF 数量。

3）平均数据工作量：计算方法为（时间 × 人力）/ 完成产品数据条数。

4）平均生产率。

计算方法：

对于设计人员：（时间 × 人力）/ 完成的设计模块数。

> 对于开发人员：（时间 × 人力）/ 完成代码行数，不包括自动生成的代码。
>
> 对于测试人员：（时间 × 人力）/ 完成测试案例数，包括测试案例的设计。
>
> 对于内容开发人员：平均数据工作量。
>
> 5）平均故障率：计算方法为测试过程中出现的错误数量 /KLOC。
>
> 6）计划偏差量：计算方法为实际项目时间 / 计划项目时间。
>
> 7）各阶段规模比例：按各阶段实际完成所需的人天计算。
>
> 8）各项费用比例：费用包括设计开发费用、内容开发费用、项目补贴、机动费用等。

13.5.2　项目数据跟踪度量案例分析

下面的案例展示了"医疗信息商务平台"的人力数据以及缺陷数据的采集过程。

1. 项目工时采集

在项目实施过程中，项目人员针对分配给自己的任务，每天输入自己的工时数据，包括每个任务花费的时间及还需要的时间（即自己认为还需要多久能完成这个任务）。表 13-3 是"组织成员注册"任务的数据录入情况，根据这个数据可以得出趋势燃尽图，如图 13-10 所示。

表 13-3　"组织成员注册"任务的数据录入

时间 / 天	已消耗时间 / 小时	估计需要时间 / 小时	计划时间 / 小时
0	0	32	32
1	8	30	24
2	16	24	16
3	24	16	8
4	32	8	0
5	40	0	0

图 13-10　"组织成员注册"任务趋势燃尽图

项目经理应该关注图 13-10 所示的趋势燃尽图，理想上看，实际消耗时间曲线和剩余时间曲线等比例增加和减少。如果任务剩余时间曲线一直高高在上，则表明这个任务有问题，可能有困难完成不了。

2. 人力规模统计

表 13-4 展示的是第二个 Sprint 结束时的人力规模成本统计结果，表中给出了计划数据

和实际数据。

- 工作类型说明：D 表示软件开发人员，M 表示项目管理人员，Q 表示质量保证人员。
- 成本比率 = 实际成本 / 计划成本。

表 13-4　第二个 Sprint 结束时人力规模成本统计结果

阶段	任务（管理对象）	计划人力投入					实际人力投入				
		人数	级别	类型	规模 / 天	成本 / 元	人数	级别	类型	规模 / 天	成本 / 元
项目规划	编写项目计划	1	4	M	8	3856	1	4	M	6.75	3240
	质量保证	3	4	Q	7	3374	3	4	Q	7.25	2320
	管理	1	4	M	2	964	1	4	M	1.25	600
	分析原有设计	3	3	D	6	2220	3	3	D	1.88	700
总计					23	10 414				17.13	6860
产品设计	系统设计	3	3	D	24	8880	3	3	D	18.25	6760
	系统设计	1	E	D	5	19 300	1	E	D	6	23 160
	技术验证	2	2	D	30	7770	2	2	D	19.75	5119
	质保	5	4	Q	10	4820	5	4	Q	5.38	2580
	管理	1	4	M	6	2892	1	4	M	8.88	4260
	培训	1	2	D	2	518	1	2	D	1.88	486
总计					77	44 180				60.14	42 365
产品开发	开发	8	3	D	224	82 880	9	3	D	166.66	61 664.2
	开发咨询	1	E	D	3	11 580	1	E	D	4	15 440
	质保	1	4	Q	32.5	15 665	3	4		11.55	5567.1
	管理	1	4	M	16	7712	1	4		19.46	9379.72
	培训	8	2	D	16	4144	1	2		12.4	3211.6
总计					291.5	121 981				214.07	95 262.62
产品测试	开发	6	3	D	84	31 080	5	3	D	60.03	22 211.1
	开发咨询	1	E	D	1	3860	1	E	D	1	3860
	质保	1	4	Q	4	1928	1	4	Q	0.8	385.6
	管理	1	4	M	11	5302	1	4	M	10.31	4969.42
总计					100	42 170				72.14	31 426.12
累计					491.5	218 745				363.48	175 913.74

3. 缺陷数据采集

表 13-5 是按照日期统计的缺陷数据及相关的缺陷类型，图 13-11 是缺陷统计图示。其中，日均 Urgent 类缺陷数为 1.45，日均 High 类缺陷数为 9。缺陷类型定义如下：1-Low 表示轻微缺陷，2-Medium 表示中等缺陷，3-High 表示高级缺陷，4-Urgent 表示严重缺陷。

表 13-5　缺陷数据统计（按日严重 bug 数）

日期	缺陷类型			总计
	2-Medium	3-High	4-Urgent	
6 月 27 日	11	9	3	23
6 月 28 日	4	1		5

（续）

日期	缺陷类型			总计
	2-Medium	3-High	4-Urgent	
6月29日	8	15		23
6月30日	1	18	2	21
7月1日	1	14	1	16
7月5日	2	9		11
7月6日	2	7	6	15
7月7日	1	9	1	11
7月8日	1	9	1	11
7月12日	2	4	1	7
7月13日	2	4	1	7
总计	35	99	16	150

图 13-11 缺陷统计图示

13.6 MSHD 度量案例分析

13.6.1 进度度量

团队成员每天录入项目工时并预估剩余工时，表 13-6 是第一次迭代团队的工时度量，图 13-12 是对应的燃尽图。

表 13-6 第一次迭代的工时情况

时间 / 天	每天消耗时间 / 小时	估计需要时间 / 小时	计划时间 / 小时
0	0	750	500
1	4×12=48	650	452
2	4×13=52	500	400
3	4×10=40	450	360
4	4×14=56	350	304
5	4×9=36	300	268
6	4×16=64	220	204
7	4×10=49	170	155

（续）

时间/天	每天消耗时间/小时	估计需要时间/小时	计划时间/小时
8	4×11=44	140	111
9	4×12=48	80	63
10	4×16=64	0	0

图 13-12 计划与实际的进度燃尽图对比

13.6.2 质量缺陷度量

在项目执行过程中，缺陷采集是很重要的一部分，图 13-13 展示了在项目开发过程中缺陷的发现和修复情况。

图 13-13 缺陷的发现与修复情况

13.6.3 工作量成本度量

表 13-7 是项目第 3 次迭代结束时，针对项目工作量、成本的采集度量结果。

表 13-7 项目度量的结果

工作分解结构（R-负责，As-辅助，I-通知，Ap-审批）

分解代码	任务名称	包含活动	工时估算	人力资源	其他资源	费用估算	工期	团队成员 1	团队成员 2	团队成员 3	团队成员 4	团队成员 5
1.1	迭代①：基础用户交互与灾情数据管理	用户认证：需求分析，设计用户登录界面，开发登录注册功能，用户认证测试	40h	5 个开发人员	验证服务器，数据库	$3000	5	R	R	R	R	I
1.2		灾情数据上传：设计数据上传界面，数据格式验证，上传功能测试	50h	3 个开发人员，2 个测试人员	用于数据存储的服务器空间	$4000	6	I	R	R	As	As
1.3		灾情编码和检索：开发编码逻辑，编码界面，实现检索功能，检索界面和检索测试	60h	3 个开发人员，2 个测试人员	数据库系统	$4500	7	R	R	R	I	As
2.1	迭代②：扩展数据处理能力	批量数据上传：实现批量上传，后端逻辑设计，批量上传测试	40h	3 个开发人员，2 个测试人员	批量上传工具	$3500	5	R	As	R	Ap	Ap
2.2		数据解码：开发 JSON/XML 解析器，整合数据解码流程，解码准确性验证，解码功能测试	50h	3 个开发人员，2 个测试人员	JSON/XML 分析器	$4000	6	R	As	Ap	R	Ap
2.3		数据标准化：制定数据标准化规则，数据转换逻辑，数据完整性测试	40h	3 个开发人员，2 个测试人员	数据转换工具	$2500	5	R	As	Ap	Ap	R
3.1	迭代③：灾情地理信息可视化	地图服务集成：选定地图 API，设计地图标注功能，集成地图测试	60h	2 个开发人员，2 个 UI 设计人员	映射 API	$5000	7	As	As	R	As	Ap
3.2		灾情标注：设计灾情标注逻辑，地图数据关联，用户界面优化，标注功能测试	70h	2 个开发人员，2 个 UI 设计人员	映射 API	$5500	8	R	As	R	Ap	As
3.3		用户交互优化：收集用户反馈，实施用户体验测试，设计，实现用户界面设计，优化用户界面	30h	2 个开发人员，2 个 UI 设计人员	用户反馈工具	$2000	4	Ap	As	R	R	As
4.1	迭代④：灾情数据分析与可视化	数据可视化模块开发：集成 charts 库，图表类型，实现数据绑定逻辑，模块功能测试	80h	3 个开发人员，2 个 UI 设计人员	电子表格库，数据可视化工具	$6000	9	R	R	As	R	As
4.2		图表优化：图表交互功能，设计交互逻辑，开发交互界面，实现图表自定义功能，交互功能测试	70h	3 个开发人员，2 个 UI 设计人员	交互式表格工具	$5500	8	As	As	R	R	R
4.3		系统测试与优化：进行系统集成测试，性能优化，安全性审核，准备部署	60h	3 个开发人员，2 个 UI 设计人员	测试平台	$4500	7	R	R	I	R	As

小结

项目计划是一个集成的计划，项目执行控制过程也是一个集成的过程。项目集成管理是为了实现项目目标，确保项目范围内的各项工作能够顺利且协调地配合进行、消除项目管理中的局部性、平衡项目各个目标之间的冲突、保证项目各阶段的正确实施所开展的以整体思想为指导，从全局出发，以项目总体利益最大化为目标，以统一协调各方面管理为内容进行的全面管理的过程。本章也说明了项目集成执行控制的基本思路和过程，强调了项目执行控制过程中各个计划、各个因素的协调管理，以保证项目总体目标的实现。在项目执行过程中，变更控制是重要事项。数据采集是项目执行控制的基础，可以实现量化的管理。项目执行控制是非常重要的过程，直接决定着项目的成功与否，也是体现项目管理水平的关键之处。控制是根据采集的项目数据，与原始项目计划进行比较，从而判断项目的性能，对出现的偏差给予纠正，必要时修改项目计划。项目的控制包括项目的范围控制、进度控制、成本控制、资源控制、质量控制、风险控制等。

练习题

一、填空题

1. 软件项目管理最重要的 4 个要素是_____、_____、_____、_____。
2. 质量和成本成一定的_____关系。
3. 进度和成本成一定的_____关系。

二、判断题

1. 范围与成本呈一定的正比关系。（　　　）
2. 进度和成本是关系最为密切的两个要素，几乎成对立关系，进度的缩短一定依靠增加成本实现，而成本的降低也一定以牺牲工期进度为代价。（　　　）
3. 项目管理过程是一个集成的过程，范围计划、进度计划、成本计划、质量计划、风险计划是相互联系的。（　　　）
4. 软件项目管理最重要的 4 个要素是范围、质量、进度、风险。（　　　）
5. GQM 度量技术的核心内容是根据目标设计问题，通过问题设计度量指标。（　　　）

三、选择题

1. 项目集成管理包括以下内容，除了（　　　）。

  A. 对计划的集成管理和项目跟踪控制的集成管理

  B. 保证项目各要素协调

  C. 软件设计文档

  D. 在相互影响的项目目标和方案中做出权衡

2. 设成本 C 是范围 S、质量 Q、进度 T 的一个函数 $C=F(S,Q,T)$，在成本或时间不充足的情况下，可以通过减小范围或者（　　　）来解决。

  A. 提高质量　　　　　　　　　　　B. 增加项目成员

  C. 降低质量　　　　　　　　　　　D. 以上均不行

3. 项目管理过程中的进度目标、成本目标、质量目标、范围目标等各个目标之间（　　）。

    A. 相互独立   B. 相互关联和制约

    C. 进度目标最重要   D. 以上都不是

四、问答题

1. 描述项目执行控制的基本步骤。

2. 设计一个项目数据采集表格，根据表格中的数据绘制燃尽图。

第 14 章

项目核心计划执行控制

本章介绍范围、时间、成本、质量等核心计划的执行控制，进入路线图的"核心计划执行控制"，如图 14-1 所示。

图 14-1　项目执行控制——核心计划执行控制

要保证项目成功，必须对项目进行严格的控制。项目管理人员都知道项目管理的"金三角"，即时间、质量、成本，要想让项目按时、按质并且在不超出预算成本的前提下完成项目目标，项目经理必须从范围、成本、时间、质量等方面严格地对项目全过程进行跟踪控制管理。

14.1　范围计划执行控制

通过执行范围计划可以交付项目成果，同时需要控制项目范围的变更。

14.1.1　项目范围的执行控制

项目范围的执行控制是监督项目和产品的范围状态、管理范围基准变更的过程。本过程的主要作用是在整个项目期间保持对范围基准的维护，保证项目最终提交一个客户满意的产品是项目经理的职责。

确定偏离范围基准的原因和程度，并决定是否需要采取纠正或预防措施，是项目范围控制的重要工作。控制范围过程可以采用偏差分析和趋势分析等数据分析技术。这里的偏差分析是指将范围基准与实际结果进行比较，以确定偏差是否处于临界值区间内或是否有必要采取纠正或预防措施，如图 14-2 所示。这里的趋势分析是指审核范围偏差随时间的变化情况，以判断范围管理是正在改善还是正在恶化，如图 14-3 所示。

图 14-2　范围偏差分析

图 14-3　范围趋势分析

　　范围核实和验证是贯穿项目始终的过程，完成项目范围可能会生成交付物，这些交付物必须获得客户或者相关项目干系人的认可，当然，客户对项目的正式接收一般是项目收尾阶段最重要的任务。

14.1.2　范围变更控制

　　控制项目范围，确保所有变更请求、推荐的纠正措施或预防措施都通过实施集成变更控制过程进行处理。在变更实际发生时，要采用变更控制过程来管理这些变更。控制范围过程应该与其他控制过程协调开展。未经控制的产品或项目范围的扩大被称为范围蔓延。范围控制过程中要特别注意防治不合理的范围扩张，包括范围蔓延和范围镀金，因此需要做好范围变更管理。变更不可避免，因此在每个项目中都必须强制实施某种形式的变更控制。

　　范围变更的原因是多方面的。项目经理通过绩效报告、当前进展情况等来分析和预测可能出现的范围变更，在发生变更时遵循规范的变更流程来管理变更，这里的范围管理主要是针对需求变更的管理。图 14-4 是一个需求变更申请表实例，它是在软件项目实施过程中，对需求提出的一个变更。这个变更发生在设计阶段，还没有进行具体的编程工作，按照变更控制系统流程，首先提出需求变更请求，然后评估变更的影响，最后通过 SCCB 的表决，决定可以接受其中一部分变更，另外一部分变更则推迟到下一版本实现。

软件基线产品修改申请表			
申请人	韩万江	申请日期	2022.10.12
项目名称	项目管理系统		
阶段名称	系统设计		
文件名称	RCR-PM-01.doc, RCR-PM-02.doc		
修改内容	1）修改测试流程控制：将 2 个角色、3 个渠道流改为 3 个角色、4 个渠道流，详见 RCR-PM-01.doc 2）增加开发人员技能信息库管理，详见 RCR-PM-02.doc		
验证意见	同意 RCR-PM-01.doc 变更。RCR-PM-02.doc 的变更可以推迟到下一个版本实施		
	验证人	杨炎泰	验证日期	2022.10.12
SCCB	韩万江，姜岳尊，孙泉	填表人	韩万江

图 14-4　需求变更申请表

需求变更后需要重新修改 WBS。关于更多管理范围变更的内容，请参见第 9 章的基线变更管理内容。需求是项目中的一个重要基线，所以需求变更管理也是一个重要的基线变更管理。

在进行需求分析时，要懂得防患于未然，尽可能地分析清楚哪些是稳定的需求、哪些是易变的需求，以便在进行系统设计时，将软件的核心构建在稳定的需求上，同时留出变更空间。有的项目由于频繁变更需求，又没有进行很好的变更管理，最后以失败告终。所以需求变更管理是项目管理中非常重要的一项工作。

需求变更是每个开发人员、每个项目经理都可能遇到的问题，也是很令人烦扰的问题，一旦需求发生了变更，开发人员就不得不修改设计、重写代码、修改测试用例、调整项目计划等。需求的变化为项目的正常进展带来数不尽的麻烦，因此，必须管理好需求的变更，使需求在受控的状态下发生变化，而不是随意变化。需求管理就是要按照标准的流程来控制需求的变化。需求变化一般不是突发的革命性的变化，最常见的是项目需求的蔓延问题。

根据以往的经验，随着客户方对信息化建设的认识和自己业务水平的提高，他们会在不同的阶段和时期对项目的需求提出新的要求。用户总是向项目开发方提出新的需求，有些客户认为软件项目需求的改变很容易实现。这就像用户在"漫天要价"，而开发方在"就地还钱"。这个现象的本质问题是由需求变更所引发的。

需求变更可以发生在任何阶段，即使到项目后期也可能发生（例如，在测试阶段，用户根据测试的实际效果会提出一些变更要求），后期的变更会对项目产生极大的负面影响。

之所以发生需求变更，主要是因为在需求确定阶段，用户往往不能确切地定义自己需要什么。用户常常以为自己清楚，但实际上他们提出的需求只是依据当前的工作，而采用的新设备、新技术通常会改变他们的工作方式。或者，要开发的系统对于用户来说也是个未知数，他们以前没有相关的使用经验，随着开发工作的不断进展，系统开始展现功能的雏形，用户对系统的了解也逐步深入，于是，他们可能会想到各种新的功能和特色或对以前提出的要求进行改动。用户对系统了解得越多，新的要求也越多，需求变更因此不可避免地一次又一次出现。

项目经理一定要坚持一个最基本的原则：不要轻易答应这样的要求——你给我们做个什么。只要你答应一次，需求就会一个一个接踵而至，这种现象严重时甚至会导致项目失去控制，最终无法验收。为了把需求控制在一定的范围，要避免与一般业务人员交谈，树立顾问的权威和信心，要以专家的姿态与客户接触。

管理范围变更时应该处理好变更的请求，对需求变更进行严格的控制，没有控制的变更会对项目的进度、成本、质量等产生严重的影响。对于变更，项目人员常常存在某种顾虑，其实变更并不可怕，可怕的是面对变更束手无策或者不采取任何的预防控制措施。对待变更的正确处理方法是，根据变更的输入，按照变更控制系统规定的审批程序执行，在严格审查变更申请后决定项目变更是否应该得到批准或者拒绝。

如果开发团队缺少明确的需求变更控制过程或采用的变更控制机制无效，抑或不按变更控制流程来管理需求变更，那么很可能造成项目进度拖延、成本不足、人力紧缺，甚至导致整个项目失败。当然，即使按照需求变更控制流程进行管理，由于受进度、成本等因素的制约，软件质量还是会受到不同程度的影响。但实施严格的软件需求管理会最大限度地控制需求变更给软件质量造成的负面影响，这也正是我们进行需求变更管理的目的所在。

范围变更管理的过程很大程度上是用户与开发人员的交流过程。软件开发人员必须学会认真听取用户的要求、考虑和设想，并加以分析和整理。同时，软件开发人员应该向用户说明，进入设计阶段以后再提出需求变更会给整个开发工作带来什么样的冲击和不良后果。有时开发任务较重，开发人员容易陷入开发工作中而忽略与用户的沟通，因此需要一名专职的需求变更管理人员负责与用户及时交流。对于需求变更控制，可以采用商业化的需求管理工具，如 Rational Requisite Pro 等，这些工具提供了对每项需求的属性描述、状态跟踪等，并可以将需求与其他的相关工作产品建立关联关系。

14.1.3 敏捷项目范围管理

对于需求不断变化、风险大或不确定性高的项目，在项目开始时通常无法明确项目的范围，而需要在项目期间逐渐明确。敏捷方法在项目早期缩短定义和协商范围的时间，并为持续探索和明确范围而延长相应过程时间。在许多情况下，不断涌现的需求往往导致真实的业务需求与最初所述的业务需求之间存在差异。因此，敏捷方法有目的地构建和审查原型，并通过发布多个版本来明确需求。因此，在敏捷方法中，将需求列入未完项，在整个项目期间被定义和再定义，通过循序渐进的方式确定范围需求。

14.2 进度与成本执行控制

项目进度与成本控制的基本目标是在给定的限制条件下，根据跟踪采集的进度、成本、资源等数据，与原来的基准计划比较，对项目的进展情况进行分析，以保证项目在可以控制的进度、成本、资源内进行，最后期待用最短的时间、最小的成本以最小的风险完成项目工作。因此，需要在整个项目期间不断监督项目状态，保持对进度基准的维护，以更新项目进度和管理进度基准变更。

项目进度控制的第一个要点是要保证项目进度计划是现实的，第二个要点是要有纪律，遵守并达到项目进度计划的要求。

进度管理是一个动态过程。有的软件项目需要一年，甚至几年。一方面，在这样长的时间内，项目环境在不断变化；另一方面，实际进度和计划进度会存在偏差。因此在进度控制中要根据进度目标和实际进度，不断调整进度计划，并采取一些必要的控制措施，排除影响进度的障碍，确保进度目标的实现。

成本控制是指落实成本计划的实施，保证成本计划得到全面、即时和正确的执行。需要进行成本核算，即根据完成项目实际发生的各种费用来计算，要动态地对项目的计划成本和实际成本、直接成本和间接成本进行比较和分析，找出偏差并进行相应的处理。成本管理的目的是确保项目在预算内按时、保质、经济高效地完成项目目标，一旦项目成本失控，就很难在预算内完成项目。不良的项目成本控制常常使项目处于超预算的危险境地。在实际实施过程中，预算超估算、决算超预算等现象是屡见不鲜的，因此进行成本管理是必需的。项目时间、成本控制过程中常用的分析方法有图解控制法、挣值分析（已获取价值）法、网络图分析法等。

14.2.1　图解控制法

图解控制法是一种偏差分析方法，利用时间图、进度图、成本图，资源图等对项目的性能进行偏差分析，审查目标绩效与实际绩效之间的差异（或偏差）。在监控项目工作过程中，通过偏差分析对成本、时间、技术和资源偏差进行综合分析，以了解项目的总体偏差情况。这样便于采取合适的预防或纠正措施。

1. 甘特图

从甘特图可以看出计划中各项任务的开始时间、结束时间，也可以看出计划进度和实际进度的比较结果，如图 14-5 所示。

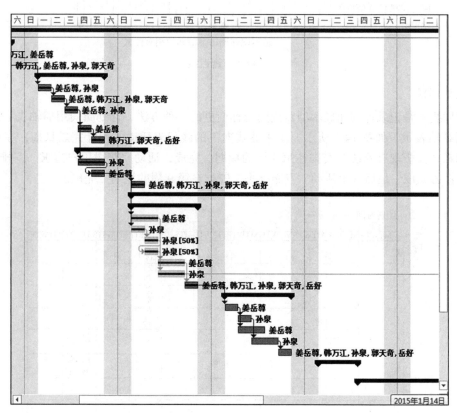

图 14-5　甘特图

2. 延迟线

延迟线与甘特图类似，对于没有按照进度计划进展的活动，提供了更加醒目的可视化指示，延迟线越弯曲，对于计划的偏离就越大。从图 14-6 可以清晰地看出活动 B 比活动 A 延迟得严重些。如果延迟线的锯齿严重，说明进度的延迟比较普遍，需要重新规划进度。

延迟图强调每个活动的相对位置

图 14-6 延迟线

3. 时间线

时间线图是记录计划和显示项目期间目标变更的一种方法，计划时间用横轴表示，实际时间用纵轴表示。如图 14-7 所示，图中曲线向下的线代表活动的预计完成日期，在项目开始，活动"分析现有系统"安排在第 3 周的星期一完成，活动"获得用户需求"安排在第 5 周的星期四完成，最后一个活动"发布标书"安排在第 9 周的星期二完成。

图 14-7 时间线

在实际执行过程中，第 1 周末，通过评审进度，可以保持进度不变，实际的时间轴上画的线是从目标日期垂直向下直到第 1 周末。

第 2 周末，通过评审进度，"获得用户需求"可能要延期，在第 6 周的星期二前不能完成，因此，斜着延长活动线来表示这种情况，其他的活动完成日期也相应推迟了。

第 3 周的星期一，"分析现有系统"完成了，则在斜的时间线上画一个实点表示已经完成的活动。第 3 周末，保持现有的目标计划。

截至第 6 周末，两个活动已经完成了，其他活动还在进行中。

4. 费用曲线图

费用曲线图是项目累计成本图，将项目各个阶段的费用进行累计，得到平滑的、递增的计划成本和实际支出的曲线。累计费用曲线对监视费用偏差是很有用的，计划成本曲线和实际成本曲线之间的高度差表示成本偏差，理想情况下，两条曲线应当很相似。

5. 资源图

资源图显示项目生存期的资源消耗。项目早期处于启动状态，资源使用少，到了中期，项目全面展开，资源被大量使用，而在结束阶段，资源消耗再次减少。利用资源分配表的总数很容易构造资源载荷图，资源图围住的面积代表某段工作时间的资源消耗。例如，如果实际资源图面积大于计划资源图面积，说明我们已经比计划投入了更多的人工；反之，说明我们现在比计划消耗的人工少。

6. 偏差分析和控制

对计划偏差进行分析和控制要求我们完成以下几件事情（以进度为例）。

（1）精确记录任务消耗的实际时间

人对时间的感知在缺乏时间衡量的情况下是不可靠。所以，要计算计划偏差（通常是偏慢），必须要有精确的实际消耗时间。一些软件（如 JIRA）可以帮助我们轻松记录每个任务的实际消耗时间。

（2）量化任务的计划偏差

度量计划偏差的方式通常包括持续时间偏差和进度偏差，其计算公式如下：

持续时间偏差（%）=[（实际持续时间 − 计划持续时间）/ 计划持续时间]×100

进度偏差（%）=[（实际结束时间 − 计划结束时间）/ 计划持续时间]×100

其中，持续时间不包含非工作日。持续时间偏差反映了任务实际消耗工作时间与任务计划持续工作时间的偏移程度，而进度偏差则反映了任务实际结束时间与计划结束时间的偏移程度。对于项目中的关键任务，进度偏差反映了项目总体进度的偏差。将任务的计划偏差进行量化可以让人清晰、准确地认识到偏差的程度。

另外，也可以通过监控应急储备时间来分析项目性能，项目经理可以采用百分比来查看项目的进展情况。例如，如果一个项目完成了 40%，却用去 65% 的储备时间，余下的任务如果仍然保持这个趋势，这个项目就会陷入困境。

（3）对计划偏差进行根因分析

有了计划偏差度量值后，需要对这些度量值进行根因分析，以便找到规避和改进的措施。

通过图解控制方法分析项目时，需要综合分析这些图示，单独一个图示不能全面说明项目状况。如图 14-8 所示，从甘特图中可以看到，项目的每项任务所用时间都比计划时间长。

从累加费用曲线看，实际费用比计划费用少了一些，但是不要以为节约了成本，因为从资源图可以看出是由于没有使用足够的资源才导致实际费用没有计划费用多。所以，可以说进度推迟的原因是缺乏足够的资源（人力资源和设备资源）。

图 14-8　项目图解控制图例（一）

再看图 14-9，从甘特图看，项目进度基本按照计划进行，如果不仔细分析，会认为项目进展得很好，然而从累加费用曲线和资源图可以知道保持进度是以大量费用为代价的，费用高的原因是资源超出计划很多。用图解控制法进行项目分析的时候应该利用甘特图、累加费用曲线图和资源图共同监控项目。这个方法可以给项目经理提供项目进展的直接信息。

图解控制法的优点是可以一目了然地确定项目状况，采用这种易于理解的方法，可以向上级管理层、项目人员报告项目的状况。它的最大缺点是只能提供视觉印象，本身并不能提供其他重要的量化信息，如相对于完成的工作量预算支出的速度、每项工作的预算和进度中所占的份额、完成的工作百分比等。而挣值分析（也称为已获取价值分析）法可以提供这方面的功能，而且可以提供更多量化的信息，无论是大型项目还是小型项目，都可以采用挣值分析法。

图 14-9　项目图解控制图例（二）

14.2.2　挣值分析法

挣值分析法综合了范围、进度、成本的绩效，是对项目实施的进度、成本状态进行绩效评估的有效方法，挣值分析法可用于偏差分析，如进度偏差、成本偏差、总时间偏差、预算偏差。采用这个方法，根据以往结果预测未来绩效、项目时间和成本情况。挣值分析法也可用于趋势分析，可以预测项目的进度延误，提前让项目经理意识到，按照既定趋势发展，后期进度可能出现的问题。应该在足够早的项目时间进行趋势分析，使项目团队有时间分析和纠正任何异常。可以根据趋势分析的结果，提出必要的预防措施建议。

挣值分析也称为已获取价值分析，是计算实际花在一个项目上的工作量，以及预计该项目所需成本和完成该项目的日期的一种方法，是利用成本会计的概念评估项目进展情况的一种方法。该方法依赖于"已获取价值"（挣值）的度量。传统的项目性能统计是将实际的项目数据与计划数据进行比较，计算差值，判断差值的情况。但是，如果实际完成的任务量超过了计划的任务量，那么实际的花费可能会大于计划的成本，但不能说成本超出了。所以，应该计算实际完成任务的价值，这样就引出了"已获取价值"的概念，即到目前为止项目实际完成的价值。有了"已获取价值"就可以避免只用实际数据与计划数据进行简单的减法而产生的不一致性。挣值分析模型如图 14-10 所示。挣值分析模型的输入如下。

- BCWS（Budgeted Cost of Work Scheduled，计划完成工作的预算成本）：到目前为止的总预算成本。它表示"到目前为止原来计划成本是多少"或者"到该日期为止本应该完成的工作是多少"，它是根据项目计划计算出来的。
- BCWP（Budgeted Cost of Work Performed，已完成工作的预算成本，又称已获取价值或者挣值）：到目前为止已经完成工作的原来预算成本。它表示"到该日期为止完成了多少工作"。
- ACWP（Actual Cost of Work Performed，已完成工作的实际成本）：到目前为止所完成工作的实际成本。它说明了"到该日期为止实际花了多少钱"，可以由项目组统计。
- BAC（Budgeted At Completion，工作完成的预算成本）：项目计划中的成本估算结果，它是项目完成的预计总成本。
- TAC（Time At Completion，计划完成时间）：项目计划中完成时间的估算结果。

图 14-10　挣值分析模型

下面结合图 14-11 说明挣值分析法的原理。截至当前日期，图中 BCWS=10 万元、ACWP=11 万元、BCWP=12 万元，也就是说计划成本是 10 万元，为此已经付出的实际成本是 11 万元，而完成任务的价值（已获取价值）是 12 万元。费用差异为 CV=BCWP−ACWP=12−11=1（万元），表示成本比计划有节余；进度差异为 SV=BCWP−BCWS=12−10=2（万元），表示实际进度比计划快，多完成 2 万元的工作任务。如果项目的实际执行与计划一致，则 ACWP、BCWP、BCWS 应该重合或接近重合。

图 14-11　挣值分析法的原理

挣值分析模型的输出如下。

- 进度差异：SV（Schedule Variance）= BCWP-BCWS。如果此值为零，表示项目按照进度进行；如果此值为负值，表示项目进度落后；如果此值为正值，表示项目进度超前。
- 费用差异：CV（Cost Variance）= BCWP-ACWP。如果此值为零，表示项目按照预算进行；如果此值为负值，表示超出预算；如果此值为正值，表示低于预算。
- 进度效能指标：SPI（Schedule Performance Index）= BCWP/BCWS × 100%。此指标表示完成任务的百分比。如果此值为 100%，表示项目按照计划进度进行；如果此值小于 100%，表示项目进度落后；如果此值大于 100%，表示项目进度超前。
- 成本效能指标：CPI（Cost Performance Index）= BCWP/ACWP × 100%。此指标表示花钱的速度。如果此值为 100%，表示按照预算进行；如果此值小于 100%，表示项目超出预算；如果此值大于 100%，表示低于预算。研究表明：项目进展到 20% 左右，CPI 应该趋于稳定，如果这时 CPI 的值不理想，则应该采取措施，否则这个值会一直持续下去。
- 项目完成的预测成本：EAC（Estimate At Completion）= BAC/CPI。
- 项目完成的预测时间：SAC（Schedule At Completion）= TAC/SPI
- 项目完成的成本差异：VAC（Variance At Completion）= BAC-EAC。
- 项目完成的时间差异：VAT（Variance At Time）= TAC-SAC。
- 未完工的成本效能指标：TCPI= 剩余工作 / 剩余成本 =(BAC-BCWP)/(Goal-ACWP)，其中，Goal 是项目希望花费的钱数或者预期将花费的钱数。可以看出，分子是还有多少工作要做，分母是还有多少钱可以花费，即要保证将来不超出这些花费，必须以什么方式来工作。如果 TCPI 大于 1，则将来必须做得比计划要好才能达到目标，如 TCPI 小于 1，则表明做得比计划差一些也可以达到目标。

对于挣值分析的结果，可以按照一定的时间段来计算（如一周）。这个方法的难点在于计算 BCWP，因此如何计算 BCWP 是值得研究的问题，可以归结为两种计算方法：第一种方法是自下而上法，这种方法比较费时费力，需要专门的人员及时、连续地计算开发出来的产品的价值；第二种方法是公式计算方法，如果没有比较简单且实用的公式，这个方法也存在问题。目前，BCWP 通常可以采用一些规则计算，主要是 50/50 规则、0/100 规则，或者经验加权法等。最常用的方法采用 50/50 规则。50/50 规则是指当一项工作已经开始但是没有完成时，就假定已经实现一半的价值，当这项工作全部完成的时候才实现全部的价值。0/100 规则是指当一项工作没有完成时，不产生任何价值，直到完成时才实现全部的价值。例如，如果一项任务的成本是 100 元，这项任务没有开始前价值为 0。当采用 50/50 规则时，如果这项任务开始了但没有完成，我们假设已经实现了 50 元的价值，不管是完成了 1% 还是完成 99%，都认为实现了 50 元的价值，直到这项任务全部完成，我们才认为它实现了 100 元的价值。如果采用 0/100 规则，直到项目全部完成，我们才认为任务实现了 100 元的价值，除此之外，这项任务没有任何价值。因此，0/100 规则是保守的规则。经验加权法是根据经验确定已经完成任务的百分比。如果对任务非常了解的话，也可以采用经验加权的方法计算已获取价值。

图 14-12 可以说明 50/50 规则的计算原理，按照此规则可以计算：截止到今天，A、B、C 任务已经完成，它们实现了 300 美元工作量的价值，而 D 任务开始了但是没有完成，则它实

现了 50 美元工作的价值。所以，截止到今天，项目总共实现了预算的 400 美元工作的 350 美元的价值，即已经完成的工作量价值是 350 美元，称为"已获取价值"，即 BCWP=350 美元，假设实际花费是 700 美元，即 ACWP=700 美元，而 BCWS=400 美元，如果项目总预算 BAC=1000 美元，那么：

- SV=−50 美元：表明进度落后了 50 美元的工作。
- CV=−350 美元：表明成本超出预算 350 美元。
- SPI=350/400×100%=87.5%：表明项目已经实现了 87.5% 的工作。
- CPI=350/700×100%=50%：说明花费 700 美元实现的工作量价值是 350 美元，即每支出 1 美元实现 0.5 美元的价值。
- EAC=1000/0.5=2000（美元）：说明按照目前的花钱速度，这个项目最终的费用将是 2000 美元。
- 如果期望的最终预算是 1000 美元，即目标是 BAC，则 TCPI=（1000−350）/（1000−700）≈ 2.17，说明为了保证项目总花费控制在 BAC 以内，即 1000 美元，将来 1 美元需要创造 2.17 美元的工作量价值。

图 14-12　50/50 规则的计算原理

因此，对于图 14-12，按计划今天应该完成 400 美元的任务，可是目前只完成了其中 350 美元的任务，说明进度差异是 −50 美元，它表明进度落后，还差 50 美元的任务没有完成；而实际完成 350 美元的任务花了 700 美元，所以，费用差异是 −350 美元，说明超出预算 350 美元。进度效能指标是 87.5%，成本效能指标是 50%，也就是说花钱的速度是预算的 2 倍，严重偏离预算。如果按照这个效能指标工作，将来的总成本将是 2000 美元，若希望总成本与计划一样，即希望将来的最终成本为 1000 美元，则 TCPI=（1000−350）/（1000−700）= 2.17，即将来 1 美元应该产生 2.17 美元的工作量价值，才能保证成本控制在 1000 美元，而不是 2000 美元。所以，这个方法是一种计算已完成工作百分比的方法，可以帮我们分析成本支出的速度。

【例 14-1】一个软件项目由 4 部分（A、B、C、D）组成，项目总预算为 53 000 元，其中 A 任务预算为 26 000 元，B 任务预算为 12 000 元，C 任务预算为 10 000 元，D 任务预算为 5000 元。截止到 8 月 31 日，A 任务已经全部完成，B 任务完成过半，C 任务刚开始，D 任务还没有开始。表 14-1 是截止到 8 月 31 日的计划成本和实际成本，采用 50/50 规则计算截止到 8 月 31 日为止的 CV、SV、CPI、SPI、EAC、VAC。

表 14-1　截止到 8 月 31 日的计划成本和实际成本　　　　（单位：元）

任务	BCWS（计划成本）	ACWP（实际花费）
A	26 000	25 500
B	9000	5400
C	4800	4100
D	0	0

[解]

计算 CV、SV、CPI、SPI 的关键是计算 BCWP，由于采用 50/50 规则，A 任务已经全部完成，由此其 BCWP 为 26 000 元；由于 B 任务过半，C 任务刚开始，根据 50/50 规则，不管完成多少，只要是任务开始，但是没有完成，我们认为实现了 50% 的预算价值，因此 B 任务的 BCWP=6000 元，C 任务的 BCWP=5000 元，D 任务还没有开始，则 D 任务的 BCWP=0（见表 14-2）。

表 14-2　计算 BCWS、ACWP、BCWP　　　　（单位：元）

任务	BCWS（计划费用）	ACWP（实际花费）	BCWP（已获取价值）
A	26 000	25 500	26 000
B	9000	5400	6000
C	4800	4100	5000
D	0	0	0
总计	39 800	35 000	37 000

截止到 8 月 31 日的 CV、SV、CPI、SPI、EAC、VAC 的计算结果如下。

- BCWS = 39 800 元。
- ACWP = 35 000 元。
- BCWP = 37 000 元。
- CV = 37 000 元 − 35 000 元 = 2000 元。
- SV = 37 000 元 − 39 800 元 = −2800 元。
- SPI ≈ 93%。
- CPI ≈ 106%。
- 因为 BAC = 53 000 元，所以 EAC = BAC/CPI ≈ 50 000 元。
- VAC = 53 000 元 − 50 000 元 = 3000 元。

SPI 小于 1，说明截止到 8 月 31 日没有完成计划的工作量，即进度落后一些；但是 CPI 大于 1，说明截止到 8 月 31 日费用节省了，完成工作量的价值大于实际花费的价值。按照目前的成本效能指标，预测项目总成本 50 000 元，比原计划偏差 3000 元，即少了 3000 元。

注意：不可以根据表 14-1 中 BCWS 的值来计算 BCWP，表 14-2 中 BCWS 的值是截止到 8 月 31 日的预算值，而不是 A、B、C、D 任务本身的预算值，采用 50/50 规则计算 BCWP 时，应该根据任务总预算来计算已获取价值。

【例 14-2】表 14-3 是一个小型软件项目实施阶段的计划，根据项目管理的要求，每周末计算本周应该完成的计划工作量和在本周末已经完成的任务。一个好计划应该是渐进完善的，随着项目的展开，计划也会随之细化和完善，表 14-4 便是对设计阶段细化和完善后的计划。同时按照经验加权规则（经验百分比）计算已获取价值，如表 14-5 所示。表 14-5 的已获取价值每周计算一次，BCWP 随着项目进展而每周有所增加。可以从表 14-4 得到 BCWS，从表 14-5 得到 BCWP。ACWP 是已经付出的实际工作量（单位是人天）。将实际周数乘上 5（每周工作 5 天），如果开发人员是全职工作，再乘以人数，即为实际工作量（单位是人天）。根据人员成本参数可以计算相应的货币价值。例如，若人员成本为 500 元 / 人天，则 3 个工作日的价值是 1500 元。

表 14-3　小型软件项目实施阶段的计划

任务	计划工作量 / 人天	估计完成的周数	负责人
规划	3	1	章一
需求规约	2	2	王二
软件设计	10	5	章一，李三
测试计划	3	6	章一
编码	5	7	王二
单元测试	3	8	章一
集成测试	2	9	王二
Beta 测试	3	10	李三
总计	31		

表 14-4　细化的项目计划

周	任务		累计计划工作量 / 人天	BCWS/ 人天
1	规划		3	3
2	需求规约		5	5
3	软件设计	总体设计	7	7
4		编写设计说明书	11	11
5		设计评审	15	15
6	测试计划		18	18
7	编码		23	23
8	单元测试		26	26
9	集成测试		28	28
10	Beta 测试		31	31

表 14-5　截止到第三周的已获取价值（BCWP）

任务	任务工作量 / 人天	完成百分比 / %	已获取价值 BCWP / 人天
规划	3	100	3
需求规约	2	50	1
软件设计	10	25	2.5
测试计划	3	0	0
编码	5	0	0
单元测试	3	0	0
集成测试	2	0	0
Beta 测试	3	0	0
总计	31		6.5

下面分析一下截止到第三周的项目性能情况。由于项目人员不是全职的，在这个项目中

需要计算实际的工作时间，如果实际花在这个项目只有 9 人天，则截止到第三周的性能数据如下。

- BAC = 31 人天。
- BCWS = 7 人天。
- BCWP = 6.5 人天。
- ACWP = 9 人天。
- SV = BCWP−BCWS = −0.5 人天，进度落后 0.5 人天的工作量。
- SPI = BCWP/BCWS × 100% ≈ 92.9%，以计划进度的 92.9% 效能在工作。
- CV = BCWP−ACWP = −2.5 人天，超出预算 2.5 人天（如果人员成本为 500 元 / 人天，则超出预算 1250 元）。
- CPI = BCWP/ACWP × 100% ≈ 72.2%，以超预算 27.8% 的状态在工作。
- EAC = BAC/CPI ≈ 43 人天，因为 BAC=31 人天，按照目前的工作性能 CPI = 72.2% 计算 EAC 是 43 人天。
- VAC = BAC−EAC = −12 人天，超出预算 12 人天的工作量（如果人员成本为 500 元 / 人天，则超出预算 6000 元）。
- SAC = 10 周 /SPI ≈ 10.8 周，因为计划的完成时间是 10 周，按照目前的工作进度效能估算完工时间为 10.8 周。

从上面的计算可知，这个项目将推迟 0.8 周（4 工作日）左右，超出预算 27.8%，完成预算比较困难。这时可以研究一下"为什么花费了比计划多的工作量"，"是否因为不是全职工作影响了工作效率"，还是"对任务缺乏了解"，抑或是"应该做了更多其他任务，没有统计上来，可能以后任务会完成得很快，而且没有想象得那样糟糕"，还是"计划做得不够科学"。经过分析找出原因，然后解决，如果问题解决了也无法按照计划进行，就有必要变更计划以适应项目今后的情况。如果是因为计划做得不够科学，就必须修正计划。

14.2.3　网络图分析法

网络图分析是利用网络图描述项目中各项任务的进度和结构关系，以便对进度进行优化控制。这里主要讨论贝叶斯网络图对项目进展的控制。

软件项目不同于一般传统工程项目，具有高度的不可预知性。贝叶斯网络主要用于解决不确定知识推理，可以很好地解决软件项目进度管理中存在的不确定性问题。利用贝叶斯网络对项目进度进行管理，可以随时进行结构和参数的改进，容易接受和处理新信息，从而为软件项目进度计划提供依据。

贝叶斯网络（Bayesian network）是指基于概率分析和图论的一种不确定性知识的表达和推理的模型。从直观上讲，贝叶斯网络表现为一个赋值的复杂因果关系网络图，网络中的每一个节点表示一个变量，即一个事件。各变量之间的弧表示事件发生的直接因果关系。

1. 贝叶斯定理

贝叶斯定理基于下述贝叶斯公式：

$$P(A \mid B) = \frac{P(B \mid A)P(A)}{P(B)}$$

为此，我们引入以下概念。

- 条件概率就是事件 A 在另外一个事件 B 已经发生条件下的发生概率。条件概率表示为 $P(A|B)$，读作"在 B 条件下 A 的概率"。
- 联合概率表示两个事件共同发生的概率。A 与 B 的联合概率表示为 $P(A\cap B)$ 或者 $P(A, B)$。
- 边缘概率（又称先验概率）是某个事件发生的概率。边缘概率是这样得到的：在联合概率中，把最终结果中那些不需要的事件通过合并成它们的全概率，而消去它们（对离散随机变量用求和得到全概率，对连续随机变量用积分得到全概率），这称为边缘化（marginalization）。比如 A 的边缘概率表示为 $P(A)$，B 的边缘概率表示为 $P(B)$。
- $P(A|B)$ 是在 B 发生的情况下 A 发生的可能性。
  - 事件 B 发生之前，我们对事件 A 的发生有一个基本的概率判断，称为 A 的先验概率，用 $P(A)$ 表示。
  - 事件 B 发生之后，我们对事件 A 的发生概率重新评估，称为 A 的后验概率，用 $P(A|B)$ 表示。
- $P(B|A)$ 是在 A 发生的情况下 B 发生的可能性。
  - 事件 A 发生之前，我们对事件 B 的发生有一个基本的概率判断，称为 B 的先验概率，用 $P(B)$ 表示。
  - 事件 A 发生之后，我们对事件 B 的发生概率重新评估，称为 A 的后验概率，用 $P(A|B)$ 表示。

2. 贝叶斯网络

贝叶斯网络是一种概率图模型，于 1985 年由 Judea Pearl 首先提出。它是一种模拟人类推理过程中因果关系的不确定性处理模型，其网络拓扑结构是一个有向无环图（DAG）。这个有向无环图中的节点表示随机变量，它们可以是可观察到的变量。若两个节点间以一个单箭头连接在一起，代表此两个随机变量具有因果关系，其中一个节点是"因"（parents），另一个节点是"果"（children），两个节点就会产生一个条件概率值。贝叶斯网络其主要用来描述随机变量之间的条件依赖，用圈表示随机变量（random variable），用箭头表示条件依赖（conditional dependency）。

假设节点 E 直接影响到节点 H，即 $E \to H$，则用从 E 指向 H 的箭头建立节点 E 到节点 H 的有向弧 (E, H)，权值（即连接强度）用条件概率 $P(H|E)$ 来表示，如图 14-13 所示。

图 14-13　用条件概率表示

令 $G = (I,E)$ 表示一个有向无环图，其中 I 代表图形中所有节点的集合，E 代表有向连接线段的集合，且令 $X = (x_i)(i \in I)$ 为其有向无环图中的某一节点 i 所代表的随机变量，若节点 X 的联合概率可以表示成：

$$p(X) = \prod_{i\in I} p(x_i \mid x_{\mathrm{pa}(i)})$$

则称 X 为相对于有向无环图 G 的贝叶斯网络，其中，$\mathrm{pa}(i)$ 表示节点 i 之"因"，或称 $\mathrm{pa}(i)$ 是 i 的 parents（父母）。此外，对于任意的随机变量，其联合概率可由各自的局部条件概率分布相乘而得出：

$$p(x_1,\cdots,x_K) = p(x_K \mid x_1,\cdots,x_{K-1})\cdots p(x_2 \mid x_1)p(x_1)$$

图 14-14 所示便是一个简单的贝叶斯网络。因为 a 导致 b，a 和 b 导致 c，所以有 $p(a,b,c) = p(c\mid a,b)p(b\mid a)p(a)$。

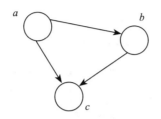

图 14-14 一个简单的贝叶斯网络

3. 基于贝叶斯网络的软件项目进度偏差预测

为了采用贝叶斯网络来解决软件进度的预测与控制问题，首先确定项目进度图示，选择影响软件进度的因素并且确定因素间的因果关系，然后构建贝叶斯网络结构，根据项目数据，估计和预测实际偏差。基本步骤如下。

（1）建立项目网络图

第 1 步是建立项目网络图，图 14-15 是某项目的网络图，其中有很多的活动。可以根据网络图和进度表，监控项目实际进展情况，如果与计划有偏差，分析偏差的原因，采取必要的措施，为此，需要不断完善网络图。

图 14-15 某项目的网络图

（2）建立贝叶斯网络

第 2 步建立贝叶斯网络，贝叶斯网络的建立是一个比较复杂的过程，没有现成的规则，需要根据实际情况进行分析，并要依靠专家经验。对每一个活动构造贝叶斯网络。分析影响项目活动的资源影响因素，包括人力、技术、财力资源以及质量的限制等。必须明确定义每个节点的各种状态，定义每一种节点的属性值，必须确定每一种状态的条件概率。图 14-16 所示是某项目"编码"这个活动的贝叶斯网络，形成以"coding_schedule_variance"（编码进度偏差）为中心的图示。这里给出了影响编码进度的 12 个因素，即贝叶斯网络的随机变量集合 N_s={coding_process_quality, coding_team_quality, coding_complexity, project_size, programmer_experience, team_size, process_maturity, requirement_volatility, stuff_turnover rate, design_complexity, coding_method, estimation_accuracy}。每个节点对编码这个任务都有影响。其中第一层有 5 个因素．即与 coding_schedule_variance"直接关联的节点有 {coding_process_quality, stuff_ turnover_rate, requirement_volatility, coding_complexity, estimation_accuracy}，而 coding_process_quality 直接关联的节点是 coding_team_quality 和 process_maturity，与 coding_team_quality 直接关联的节点有 programmer_experience、team_size 和 coding_method，与 coding_complexity 直接关联的节点有 design_complexity 和 project_size。

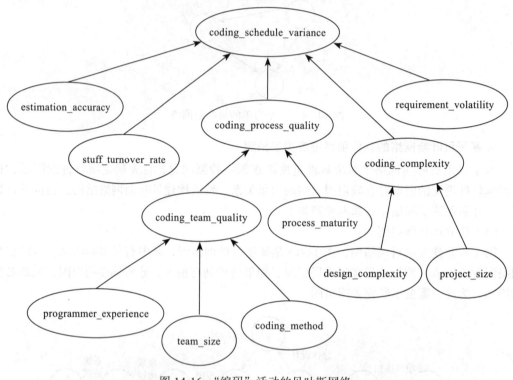

图 14-16 "编码"活动的贝叶斯网络

（3）数据处理

第 3 步是数据处理，数据是贝叶斯学习的关键部分。如果软件过程不稳定，从它收集的数据将不能在贝叶斯学习中发挥正确的作用。由于连续贝叶斯算法需要满足高斯分布的数据，所以选择离散贝叶斯学习算法。如果因子是连续的，则需要将其转化为离散变量。在这种情况下，我们使用数据分析和数据离散化来处理数据。

我们需要对上面的贝叶斯网络进行数据离散化。当遇到离散变量时，我们选择归一化方法将变量值转换为区间 [0，1]，当遇到连续变量时，我们选择动态离散化方法将变量值转换为区间 [0，1]。我们将每个因素的值划分为 3 个区间，每个区间表示一个状态。例如，变量 coding_schedule_variance（编码进度偏差）被赋值状态，"小于 10%""10% ～ 20%"和"大于 20%"三个区间，分别代表 H、M、L，这些状态可以根据每个项目属性进行更改。评级范围如表 14-6 所示，其中 H 表示高、L 表示低、M 表示中间，其他依次类推。

（4）贝叶斯模型学习

第 4 步是贝叶斯模型学习，数据处理之后，就需要选择学习贝叶斯网络结构的算法和条件概率表来构建软件进度模型。按照贝叶斯网络各个节点的因果关系，以及节点变量的先验概率确定相关节点变量的条件概率，这些先验概率根据专家经验确定。图 14-17 是根据专家评审构建的贝叶斯模型。

表 14-6　贝叶斯变量的数据处理

1	coding_process_quality	H	[0.7,1)
		M	[0.4,0.7)
		L	[0,0.4)
2	coding_complexity	H	[0.7,1)
		M	[0.3,0.7)
		L	[0,03)
3	coding_team_quality	H	[0.7,1)
		M	[0.4,0.7)
		L	[0,0.4)
4	project_size	H	[0.6,1)
		M	[0.3,0.6)
		L	[0,0.3)
5	estimation_accuracy	H	[0.7,1)
		M	[0.3,0.7)
		L	[0,0.3)
6	requirement_volatility	H	[0.6,1)
		M	[0.3,0.6)
		L	[0,0.3)
7	programmer_experience	H	[0.7,1)
		M	[0.3,0.7)
		L	[0,0.3)
8	stuff_turnover_rate	H	[0.8,1)
		M	[0.4,0.8)
		L	[0,0.4)
9	design_complexity	H	[0.7,1)
		M	[0.4,0.7)
		L	[0,0.4)
10	process_maturity	H	[ML4,ML5]
		M	[ML3]
		L	[MLI,ML2]
11	coding_method	H	[0.8,1)
		M	[0.4,0.8)
		L	[0,0.4)
12	team_size	H	[0.7,1)
		M	[0.3,0.7)
		L	[0,0.3)

　　具体来说，我们需要探讨三个相关的方面：如何计算软件开发过程中的项目进度差异；如何利用这些信息重新规划项目和重新分配资源，以便及时完成项目；哪些变量对软件进度差异的贡献更大。图 14-17 对与编码活动进度模型根节点直接相关的 5 个因素进行分析得到的模型，采用的数据是由某些公司提供的。

　　（5）贝叶斯网络更新

　　第 5 步是通过贝叶斯网络更新分析项目进展，在软件项目开发过程中，每次得到新的数据，都要将其输入贝叶斯网络中，通过计算以及参数学习更新当前各节点的状态，同时可以建立贝叶斯网络数据库，以固定的时间更新贝叶斯网络，周期性地检查和考核项目的进度，以便于软件项目的跟踪工作。

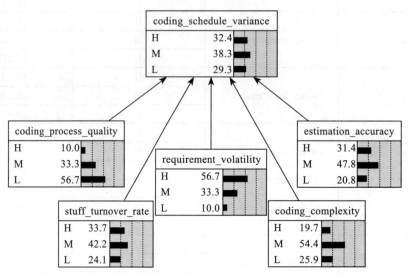

图 14-17　贝叶斯模型

当导入历史数据并成功地训练模型时，就可以从贝叶斯图中获得进度偏差概率。如果无法接受这个偏差，则必须调整项目计划和资源。在软件开发过程中，一些因素的值确定之后，可以将相应的值赋给贝叶斯模型时，结果就会显示出来。图 14-18 是改变人员流动率的结果，在这个项目进行过程中，stuff_turnover_rate（人员流动率）确定 100% 是最低的，贝叶斯网络更新了，则编码这个活动的进度偏差 10% ～ 20% 的概率是 40.5%。

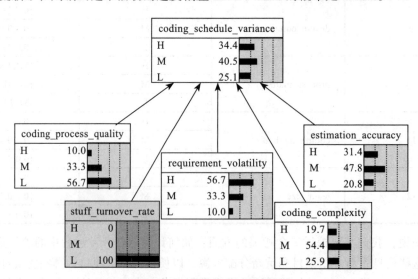

图 14-18　更新的贝叶斯模型

（6）分析原因

最后，根据前面的分析结果，图 14-17 显示进度偏差是大概率事件，可以进一步分析哪些因素是最主要的原因，可以采用很多方法，例如采用敏感性分析，找出影响软件进度最重要的关键属性，帮助项目经理决定应该调整哪个节点。为此，分析图 14-17 中与进度偏差相关的 5 个因素中哪个影响最大，通过计算熵值，我们知道最敏感的节点是 coding_process_quality（编码过程质量）。熵的意义就是所谓的相互信息，它将显示模型在输入证据之前和之后所表示的不确定性程度。这意味着它的熵减越高，节点就越敏感。图 14-17 中有关灵敏度的分析结果如表 14-7 所示。可以看出 coding_process_quality 对 coding_schedule_variance（编码进度偏差）的影响最大，而其他 4 个变量影响较小。因此，提示我们减少进度延迟可以从 coding_process_quality 入手。

表 14-7　灵敏度分析结果

重要因素	熵减	偏差
project_complexity	0.01041	0.582
estimation_accuracy	0.01069	0.694
requirement_volatility	0.02346	1.52
coding_process_quality	0.04435	3.53
stuff_turnover_rate	0.00619	0.0858

14.2.4　敏捷项目进度与成本控制

采用敏捷方法控制进度需要关注如下内容。
- 通过比较上一个时间周期中已交付并验收的工作总量与已完成的工作估算值，来判断项目进度的当前状态。
- 实施回顾性审查（例如定期审查），以便纠正与改进过程。
- 对剩余工作计划（未完项）重新进行优先级排序。
- 确定每次迭代时间内可交付成果的生成、核实和验收的速度。
- 确定项目进度已经发生变更。
- 在变更实际发生时对其进行管理。
- 将工作外包时，定期向承包商和供应商了解里程碑的状态更新是确保工作按商定进度进行的唯一途径，有助于确保进度受控。同时，应执行进度状态评审和巡检，确保承包商报告准确且完整。

1. 敏捷项目的衡量指标

传统的计划管理常常采用基准，基准通常是预测的产物。敏捷项目进展衡量的原则是交付价值衡量指标，而不是传统的预测型衡量指标，例如完成的工作，而不是完成百分比。敏捷项目衡量团队所交付的成果，而不是团队预测将交付的成果，因为敏捷项目关注的是客户价值。预测型衡量指标的问题在于，它们往往并不反映真实的情况。例如，项目领导将项目描述为"完成 90% 的工作"，可能只完成了 10% 的工作。敏捷项目要定期交付价值，即完成的工作，项目团队可以利用这些数据改进预测和决策。

在敏捷项目中，团队的估算最多限于未来几周时间。在敏捷项目中，团队能力稳定之后。才能对未来几周做出更好的预测。完成迭代或流程中的工作后，团队可以根据衡量的开发进度进行重新规划。

迭代速率（Velocity）反映一个团队在固定的时间（一个迭代周期）内所能交付的故事个

数，它反映了团队的生产能力。团队可能会发现需要几次迭代才能达到稳定的速度，团队需要从每次迭代中获得反馈，了解工作情况以及该如何改进。团队一旦建立了稳定的速度或平均周期时间，就能够预测项目将花费多长时间。

除了定量指标之外，团队还可以考虑收集定性衡量指标。其中一些定性衡量指标侧重于团队选择的实践，评估团队使用这些实践的情况，例如，对交付功能的业务满意度、团队的士气。团队希望跟踪的任何东西等都是定性衡量指标。

有时候我们有必要适当放慢进度，进而"降低"团队生产力。"得寸进尺"式的期望值提升告诉我们，团队生产能力越大，组织上层和客户对团队的期望值也就越大。但是，团队的管理者要适当控制他们的期望值的提升，因为团队的生产能力应该有上限，而期望值的提升可能远比团队生产力的提升要来得快，但这无论对于组织和客户还是团队来说都不是好事。因此，在进度管理中控制迭代进度，不要使其让人感觉过快，也是进度管理中很重要的一方面。

2. 敏捷进度控制的时间片

敏捷模型进度控制的时间片比较短（例如两周），迭代可以帮助团队为交付和多种反馈创建一个节奏。团队会为交付和反馈创建增量。交付的第一部分是一次演示。团队会收到关于产品的外观和运行方式的反馈。团队成员回顾如何检查和调整有关过程以取得成功。团队应该经常为反馈进行演示，演示或评审是敏捷项目流程的必要组成部分。

敏捷并不能创造出更多的工作能力。然而，有证据表明，工作量越少，人员就越有可能交付。与其他知识型工作一样，软件产品开发关乎在交付价值的同时进行学习。在项目的设计部分，学习的过程是通过实验交付微小的价值增量，并获得对目前已完成工作的反馈。团队需要在平衡不确定性的同时为客户提供价值，团队根据经验数据重新规划其他小的增量，以此管理项目的不确定性。

3. 基于迭代的项目执行控制

（1）燃尽图

某些基于迭代的项目使用燃尽图查看项目随时间的进展情况。图 14-19 显示了某个项目的燃尽图，其中，团队计划交付 37 个故事点。故事点对需求或故事的相关工作、风险和复杂性进行评估。许多敏捷团队使用故事点估算工作量。燃尽图中的虚线表示计划，从图 14-19 可以看到，团队在第 3 天面临交付的风险。

图 14-19 某项目燃尽图

（2）燃起图

燃起图显示已完成的工作，如图 14-20 所示。图 14-19 和图 14-20 都是基于相同的数据，但分别以不同的方式显示。团队可以根据实际情况选择如何查看其数据。

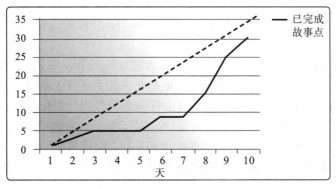

图 14-20 某项目燃起图

无论使用燃尽图还是燃起图，团队都能看到在迭代过程中完成的工作。在迭代结束时，他们可能会根据自己在这次迭代中完成工作的能力（多少故事或故事点）来建立下一次迭代的能力衡量指标。这样，产品负责人与团队一起重新规划，团队就更有可能在下一次迭代中成功交付。

（3）项目数据采集与分析

Scrum 要求在团队内部和外部都保证透明性。产品增量是保证这种透明性的最重要方式。团队成员每天都会在 Sprint 待办事项列表上更新他们对还需要多少工作量来完成当前工作的估计，如图 14-21 所示。

每日结束时所剩余工作量的最新估计							
产品待办事项列表事项	Sprint 中的任务	志愿者	初始工作量估计	1	2	3	4	5
作为买家，我希望把书放到购物车中	修改数据库	王小二	5	4	3	0	0	0
	创建网页（UI）	赵五	3	3	3	2	0	0
	创建网页（JavaScript 逻辑）	张三和李四	2	2	2	2	1	0
	写自动化验收测试	尹哲	5	5	5	5	5	0
	更新买家帮助网页	孙媛	3	3	3	3	3	0
	……							
改进事务处理效率	合并 DCP 代码并完成分层测试		5	5	5	5	5	5
	完成 pRank 的机器顺序		3	3	8	8	8	8
	把 DCP 和读入器改为用 pRank http API		5	5	5	5	5	5
⋮	⋮	⋮	⋮	⋮	⋮	⋮	⋮	⋮
总计			50	49	48	44	43	34

图 14-21 每天更新 Sprint 待办事项列表中剩余工作量

在每个 Sprint 迭代中的任意时间点都可以计算 Sprint 待办事项列表中所有剩余工作的总和。开发团队至少在每日站会时跟踪剩余的工作量，预测达成 Sprint 目标的可能性。团队通过在 Sprint 中不断跟踪剩余的工作量来管理自己的进度。燃尽图直观地反映了 Sprint 过程中剩余的工作量情况，Y轴表示剩余的工作，X轴表示 Sprint 的时间。随着时间的消耗，剩余工作量逐渐减少，在开始时，由于估算上的误差或者遗漏，工作量有可能呈上升态势。它显示了团队向着他们目标的进展，这不是按过去已经花了多少时间，而是按将来还剩余多少工作量来表示的，这也是团队与他们目标间的距离。如果这条燃尽线在接近 Sprint 结尾时没有向下接近完成点，那么团队需要做出调整，例如，减小工作范围或者找到在保持可持续步调下更高效的工作方式。

例如，在 Sprint 开始之前领取估算能在 15 天完成的任务，则估算时间 15 × 8=120（小时）。在图 14-22 所示的趋势燃尽图中，每天更新花在这个任务上的时间，同时更新你认为还需要多久能完成这个任务的剩余时间，其中有一个理想的计划指导线。一旦发现剩余时间线一直高高在上，则表明这个任务有问题，可能有困难，完成不了。若直到最后一周的2 ～ 3 天才降下来，则这个任务也是有问题的。如果剩余时间线早早就降下来或提前降为 0，则说明团队提前完成任务，Sprint 开始前的估算时间有较大误差，可以安排新任务。

图 14-22　趋势燃尽图

在任何时间，达成目标的剩余工作量是可以累计的。产品负责人可以随时追踪剩余工作总量，以评估在希望的时间点能否达成目标的进度。这个信息对所有的相关干系人都是透明的。尽管 Sprint 燃尽图可以用电子表格来创建和显示，很多团队却发现用贴在他们工作空间的白板上来展示并用笔来更新效果更好。

4. 基于流程的敏捷项目执行控制

基于流程的敏捷团队使用不同的衡量指标，例如交付周期、周期时间、响应时间等。与基于迭代的执行控制不同的是，每个阶段的时间长度可以不同，如图 14-23 所示。

- 交付周期（交付一个工作项目花费的总时间，从项目添加到看板直至项目完成）。交付周期有助于理解从第一次查看特定功能到向客户发布该功能所需的周期时间。
- 周期时间（处理一个工作项目所需的时间）。当团队依赖于外部人员或团队时，衡量周期时间可了解团队完成工作所需的时间。团队完成工作之后，衡量交付周期可了解外部依赖关系。每个功能都是独一无二的，所以它的周期时间也是独一无二的。不过，产品负责人可能会注意到，较小的功能周期时间也较短。产品负责人希望看到产出，因此产品负责人创建较小的功能，或者与团队合作创建。
- 响应时间（一个工作项目等待工作开始的时间）。团队通过衡量周期时间发现瓶颈和延迟问题，问题不仅限于团队内部。响应时间是从准备就绪到第一列的时间，说明平均需要多长时间才能对新请求做出响应。

```
                               看板
┌──────────┬──────────┬──────────┬──────────┬──────────────────────────┐
│          │ 开发和单元 │          │          │                          │
│ 准备就绪   │   测试    │  开发完成  │  系统测试  │    完成                   │
└──────────┴──────────┴──────────┴──────────┴──────────────────────────┘
```

图 14-23 基于流程的敏捷控制

5. 交付可用价值的衡量

燃起图、燃尽图（能力衡量指标）和交付周期，以及周期时间（可预测的衡量指标）对于评价项目非常有用。它们可帮助团队了解共有多少工作以及是否能按时完成工作。有些团队试图在没有完成实际功能或故事的情况下衡量故事点，这衡量的不是已完成的工作，这违背了"可用的软件（如果不是软件，则是其他的产品）是衡量进度的主要指标"的原则。每个团队都有自己的能力，在使用故事点时，团队要认识到，在给定时间内能够完成的故事点数量对一个团队而言是唯一的。根据自身的指标单位进行衡量，团队就能更好地评估和估算自己的工作，并最终交付。相对估算的缺点是，无法比较各个团队或者在团队之间增加速度。

团队可以在一个功能燃起图 / 燃尽图和一个产品待办事项列表中衡量已完成的工作。这些图表提供了随时间变化的完成趋势，如图 14-24 所示。

图 14-24 功能燃起图 / 燃尽图

功能燃起图 / 燃尽图可显示项目期间需求的发展。功能完成线显示团队以正常速度完成功能。总功能线显示了项目的总功能随时间的变化。剩余的燃尽线显示功能完成速度的变化。每次在项目中添加功能时，燃尽线都会有改变。

6. 敏捷背景下的挣值管理

敏捷中的挣值基于已完成的功能，团队可以用一个产品待办事项列表燃起图来显示已完成的价值，如图 14-25 所示。如果一个团队需要衡量挣值，可以考虑使用燃起图，以图 14-25 为例，左边的 Y 轴代表故事点的范围，右边的 Y 轴代表项目的支出。

图 14-25　敏捷背景下的挣值

按照传统的挣值管理衡量指标，如进度绩效指数（SPI）和成本绩效指数（CPI）可以很容易地转换为敏捷术语，如果团队计划在一次迭代中完成 30 个故事点，但是只完成了 25 个，那么 SPI 是 25/30 或者 0.83（该团队的工作速度只有计划的 83%）。同样，CPI 是迄今为止的劳动价值（已完成的功能值）除以实际的成本，如图 14-25 所示，CPI=EV/AC=$2.2M/$2.8M=0.79。这意味着，投入 1 美元仅能得到 79 美分的结果。

14.2.5　与计划偏差的管理

在进行进度成本控制过程中，主要依据绩效审查、趋势分析、偏差分析等，确定项目性能，同时给出项目修订或者预防的措施。

- 绩效审查：绩效审查是指根据进度基准，测量、对比和分析进度绩效，如实际开始和完成日期、已完成百分比，以及当前工作的剩余持续时间。
- 趋势分析：趋势分析检查项目绩效随时间的变化情况，以确定绩效是在改善还是在恶化。图形分析技术有助于理解截至目前的绩效，并与未来的绩效目标（表示为完工日期）进行对比。
- 偏差分析：偏差分析关注实际开始和完成日期与计划的偏离、实际持续时间与计划的差异，以及浮动时间的偏差。它包括确定偏离进度基准的原因与程度，评估这些偏差对未来工作的影响，以及确定是否需要采取纠正或预防措施。例如，非关键路径上的某个活动发生较长时间的延误，可能不会对整体项目进度产生影响；而某个关键或次关键活动的稍许延误，却可能需要立即采取行动。

项目经理在做项目计划的时候已经对项目成本进行了预算，而且经常按照预算内完成、低于预算完成或者超预算完成来评价项目的成败。超预算会给项目经理以及公司带来很严重的后果，对于一个根据合同得到经费的项目，经费超支可能会导致经济损失。意识到预算的重要性，就不难理解为什么很多软件企业都很重视这方面的管理。项目管理上面临的一个尴尬的现实是常常受到超支的威胁，因此控制预算是一个非常重要的管理过程，对于超出控制容许偏差范围的项目，就要引起重视，应该及时调查偏差发生的原因。

布鲁克斯法则告诉我们向一个已经滞后的项目增加人力会使这个项目更加滞后。不幸的是，当一个项目滞后的时候，管理层往往首先想到的是增加人力，因为这样他们会安心些。值得注意的是，此时增加的人是否使项目更加滞后，在某种程度上说取决于如何使用新增的人力。虽然新增的人力对本项目并不熟悉，而且本项目原有人力也不可能抽出时间给这些"新人"做培训，但是，我们却可以以扬长避短的方式去发挥新增人力的作用——把一些不需要项目背景知识的工作交给这些人做，从而使原有的开发人员能够集中精力做他们最值得做的事情。比如，可以把开发过程中需要使用的与项目背景没有直接联系的函数交给"新人"开发，也可以将一些非项目开发相关而平时大家又不得不做的一些例行任务（即通常所谓"项目干扰"）交由这些人做。

1. 时间偏差管理注意事项

进度问题是项目经理关注的问题，进度冲突通常是项目管理过程中最主要的冲突，进度落后是威胁项目成功的一项非常重要的因素。所以，一般在安排进度的时候，很多项目经理对团队成员的要求是先紧后松，先让开发人员有一定的紧张感，然后在实施的过程中做适度的调节，以预防过度的紧张。记住一个经验教训：最容易误导项目发展、伤害产品质量的事情就是过分重视进度，这不仅会打击人员的士气，而且会导致组员做出愚昧的决定。对上层管理者或者客户的进度沟通，基本上是先松后紧，给项目留出一定的余地，然后在实施过程中紧密控制。保证进度的偏差在可以控制的范围内。项目进度滞后的主要原因往往是项目的范围或成本变化、对项目风险分析不足，以及对项目要素的理解掌控能力不够造成的。例如：

- 对项目的范围没有做明确透彻的分析和定义，致使项目在执行当中做了许多额外的工作。项目管理者对项目的范围未做深入细致分析、未和相关责任人做详细讨论或未做明确说明和定义就开始启动项目，给项目埋下隐患。
- 对项目涉及的资源、环境、工具等的成本分析不够完善准确，致使项目在实施过程中遇到资源、环境、工具的限制，而不得不以时间作为代价。
- 对项目的质量不够重视或者不具备质量管控的能力，导致项目在执行过程中不断出现质量问题，活动安排顺序部分失控或者完全失控，项目进度管理计划形同虚设，从而导致项目进度失去控制。
- 许多项目的风险分析并未引起项目管理者的足够重视，对项目进度影响最大的就是"风险"。由于项目管理者想不到的事情太多，因此项目实施过程中的意外问题接踵而至，不断需要应对这种所谓的"风险"。
- 在影响项目进度的主要因素中还有一个经常不被人重视的因素，就是"项目组成员的职业素养"。在项目中真正专注于自身工作，对工作精益求精，对自己负责的项目的质量、自身形象负责，应该是项目成员的职业素养。

项目经理给项目成员安排了一个任务，要求本周完成，到了周末，项目成员反馈无法完成任务，需要延期 2 天，项目经理确认延期两天并调整后续任务。到了下周二，项目成员又反馈出现了新问题，有个细节没有考虑到还需要延期 3 天，项目经理不得已又进行任务调整。这就是我们常看到的场景，整个任务和项目计划变得不可控制。项目成员有责任，但项目经理同样有责任，项目经理在第一次出现偏差时就应该介入任务或问题本身，进行一次诊断和问题分析，挖掘延期根源，或者调整任务粒度，改进监控方式，而这些都需要项目经理具备一定的业务和技术能力，具备相关的积累经验以便及时做出指导。

在第一次出现进度偏差的时候，项目经理需要及时介入问题，查找问题根源而不是简单地关注成员反馈的下一个可能完成的时间点。所以，进度出现小偏差时就立即查找根源并控制，而不是出现大偏差时才做应急处理。

项目总体进度允许偏差确定了项目任务粒度划分和任务跟踪频度。很多进度问题是前期没有进行充足风险分析和提前应对而造成的。估算很重要，不切实际的进度无论怎么跟踪都只能延期或导致项目质量降低。任务完成百分比不可靠，可靠方法是任务细分并定义严格的出入口准则。

2. 成本偏差管理注意事项

作为项目经理，不仅要把握整体的进度，而且要把握开发的成本，如果开发的成本超出预算，那么开发的项目就不能盈利，而不能盈利的开发意味着失败。项目中某些问题的反反复复，导致开发人员加班费的支出，不仅加大了开发的费用，同时给员工带来身体、精神上的双重压力，甚至会造成员工身体上的隐藏疾病，相应的管理费用也随之增加。这些都会导致软件的成本增加。项目实际的人力成本决定了盈利的水平。在实际工作中可能会发现：预算时项目的利润很高，最后核算总体利润时却赔本。这是因为，应用开发项目的人力成本很难估算准确，很多项目为了达到质量和进度要求，在项目执行中会不断追加人力，最后导致人力资源大大超出预算。因此软件公司必须核算项目人力成本以控制项目的人力资源投入。具体做法是：在做项目预算时应该明确需要的人力资源总数，执行中要记录实际使用的人力资源，项目结束时核算一个项目到底是赚了还是赔了。特别是对于一些利润水平低、风险又大的项目，可能只要多投入一个人月，项目就赔了，因此在项目过程中要动态监控人力投入情况，并与预算进行比较，一旦发现超出预算应即时处理。

对项目的进度和成本进行监控的同时也应该对项目的质量、风险、人员等方面进行监控，只有它们的指标在计划控制范围之内，项目的进度和成本控制才有意义。

3. 进度计划变更

进度计划基准的任何变更都必须经过实施集成变更控制过程的审批，控制进度作为实施集成变更控制过程的一部分，关注如下内容。

- 判断项目进度的当前状态。
- 对引起进度变更的因素施加影响。
- 重新考虑必要的进度储备。
- 判断项目进度是否已经发生变更。
- 在变更实际发生时对其进行管理。

14.3 质量计划执行控制

质量的执行控制是管理者在对软件质量进行一系列度量之后做出的各种决策，促使软件产品符合标准。参照质量计划，执行质量保证和质量控制活动，对执行的结果进行监控。

质量的重要性已经在各个领域得到了广泛的认同。在软件项目的开发过程中必须及时跟踪项目的质量计划，对软件质量的特性进行跟踪度量，以测定软件是否达到要求的质量标准。通过质量跟踪的结果来判断项目执行过程的质量情况，决定产品是否可以接受，还是需要返工或者放弃产品。如果发现开发过程存在有待改善的部分，应该对过程进行调整。

质量管理围绕着质量保证和质量控制两方面进行。这两方面相互作用，在实际应用中还可能会发生交叉。质量保证是在项目过程中实施的有计划、有系统的活动，确保项目满足相关的标准。质量控制是指采取适当的方法监控项目结果，确保结果符合质量标准，还包括跟踪缺陷的排除情况。质量管理不是一次性的事件，而是持续不断的过程。

14.3.1　质量保证的执行

质量保证（QA）执行的一个重要内容是报告对软件产品或软件过程评估的结果，并提出改进建议。质量保证通常由质量保证部门或有类似的组织单位提供。质量保证可以向项目管理小组和组织提供（内部质量保证），或者向客户和其他没有介入项目工作的人员提供（外部质量保证）。质量保证的 3 个要点如下。

- 在项目进展过程中，定期对项目各方面的表现进行评价。
- 通过评价来推测项目最后是否能够达到相关的质量指标。
- 通过质量评价来帮助项目相关人员建立对项目质量的信心。

质量保证的主要活动是产品审计和执行过程审计。

产品审计是根据质量保证计划对项目过程中的工作产品进行质量审查的过程。质量保证管理者依据相关的产品标准从使用者的角度编写产品审计要素，然后根据产品审计要素对提交的产品进行审计，同时记录不符合项，将不符合项与项目相关人员进行确认。质量保证管理者根据确认结果编写产品审计报告，同时向项目管理者及相关人员提交产品审计报告。例如，可以对需求文档、设计文档、源代码、测试报告等产品进行产品审计。

执行过程审计（有时也称为质量审查）是对项目质量管理活动的结构性复查，是对项目的执行过程进行检查，确保所有活动遵循规程进行。过程审计的目的是确定所得到的经验教训，从而提高组织对这个项目或其他项目的执行水平。例如，质量保证人员可以审计软件开发中的需求过程、设计过程、编码过程、测试过程等，确认软件人员是否按照企业的过程体系执行这些过程，如果有问题，需要进行记录，得出过程审计报告。过程审计可以是有进度计划的或随机的，可以由训练有素的内部审计师进行，也可以由第三方（如质量体系注册代理人）进行。一方面，项目进行中的观察员负责监督审查质量体系的执行；另一方面，项目质量状态的报告员负责报告项目的质量现状和质量过程的状态。

质量保证是保证软件透明开发的主要环节，是项目的监视机构和上报机构。在项目开发的过程中，绝大多数部门都与质量保证小组有关。质量保证小组同项目经理提供项目进度与项目真正开发时的差异报告，提出差异原因和改进方法。独立的质量保证组是衡量软件开发活动优劣与否的尺度之一。这一独立性使其享有一项关键权利——"越级上报"。当质量保证小组发现产品质量出现危机时，有权向项目组的上级机构直接报告这一危机。这无疑对项目组起到相当的"威慑"作用，也可以视为促使项目组重视软件开发质量的一种激励。这一形式使许多问题在组内得以解决，提高了软件开发的质量和效率。但是，质量保证人员应该清晰地认识工作的性质，采取妥当的方法，否则会出现不应有的麻烦。在开始前，一定要与项目经理及相关人员交流，耐心协调和指导项目组人员，确认符合相应的规范，发现问题之后，及时和项目经理沟通，争取问题被合理解决，不要轻易上报（易产生不和谐的因素），同时要尽量减少开发人员的附加工作量，为他们提供更多的标准参考或者相应的工具，以便方便执行。质量保证人员掌握广泛的知识和方法，才能取得人们的信任，才会起到质量保证作用。

具体如何执行各个过程，应该参照企业相应的质量体系的定义，以及项目计划针对项目而特制的过程定义等。例如，下面是针对产品审计过程定义的一个实例。

参与角色

R1：质量经理。

R2：质量保证人员。

R3：待审产品的负责人。

进入条件

E1：待审计产品提交。

输入

I1：待审计产品的产品标准。

I2：待审计产品。

活动

A1：质量保证人员依据产品标准从使用者的角度编写产品审计要素。

A2：质量保证人员根据产品审计要素对产品进行审计，并记录不符合项，将不符合项与项目相关人员进行确认。

A3：质量保证人员根据确认结果编写产品审计报告。

A4：质量保证人员向项目管理者提交产品审计报告。

A5：质量保证人员将产品审计报告提交入库。

输出

O1：产品审计报告。

完成标志

F1：产品审计报告入库。

质量保证活动的一个重要输出是质量报告（SQA 报告），质量报告是对软件产品或软件过程评估的结果，并提出改进建议。表 14-8 是一个《功能测试报告》的产品审计报告实例，表 14-9 是配置管理过程审计报告实例。

表 14-8　产品审计报告

项目名称	×××检测系统	项目标识	QTD-HT0302-102
审计人	郭天奇	审计对象	《功能测试报告》
审计时间	2018-12-16	审计次数	1
审计主题	从质量保证管理的角度审计测试报告		
审计项与结论			
审计要素	审计结果		
测试报告与产品标准的符合程度	与产品标准存在如下不符合项： 1. 封页的标识 2. 版本号 3. 目录 4. 第 1 章（不存在） 5. 第 2 章和第 3 章（内容与标准有一定出入）		
测试执行情况	本文的第 1 章"测试方法"应在测试设计中阐述，本文的第 2 章基本描述了测试执行情况，但题目应为"测试执行情况"		
测试情况总结	测试总结不存在		

（续）

结论（包括上次审计问题的解决方案）
由于测试报告存在上述不符合项，建议修改测试报告，并进行再次审计
审核意见

不符合项基本属实，审计有效

审核人：韩万江

审核日期：2018-12-16

表 14-9　配置管理过程审计

标识号	ISO 9001 质量要素	审核时间	检查内容	检查方法和涉及部门	执行情况
D1999A20	4.4	2018/01/04 12:30～15:30	配置管理规划过程（TCQS-SCM-01-2.2） 1. 角色 2. 进入条件 3. 输入 4. 活动 5. 输出 6. 完成标志 7. 度量	1. 与开发部门的唐英面谈项目配置管理情况。 ——参加的角色； ——执行活动的步骤和程序（执行了哪些活动，应用了哪些程序）。 2. 查阅工作产品的存放及内容。 O1：质量保证任务单； O2：质量保证计划。 3. 受审人员的意见和建议	1. 配置管理者任务不明确。 2. 项目管理者没有明确责任和任务
D1999A21	4.4	2018/01/04 12:30～15:30	建立项目软件配置管理库（TCQS-SCM-02-2.2） 1. 角色 2. 进入条件 3. 输入 4. 活动 5. 输出 6. 完成标志 7. 度量	1. 与开发部的唐英面谈定期评审的执行情况。 ——参加的角色； ——执行活动的步骤和程序（执行了哪些活动，应用了哪些程序）； ——度量的执行情况。 2. 查阅工作产品的存放及内容。 O1：评审记录（是否符合标准）； M1：度量数据。 3. 受审人员的意见和建议（哪些过程好用，哪些不好用）	按过程执行
D1999A22	4.4	2018/01/04 12:30～15:30	审核以下过程： • 跟踪与管理 SCI • 基线变化控制 • 基线修改控制 • 基线审核 • 基线冻结 • 产品发布 • 产品生成 • 编制 SCM 报告（TCQS-SPTO-03-2.2） 1. 角色 2. 进入条件 3. 输入 4. 活动 5. 输出 6. 完成标志 7. 度量	1. 与开发部门的唐英面谈定期评审的执行情况。 ——参加的角色； ——执行活动的步骤和程序（执行了哪些活动，应用了哪些程序）； ——度量的执行情况。 2. 查阅工作产品的存放及内容。 O1：评审记录（是否符合标准）； M1：度量数据。 3. 受审人员的意见和建议（哪些过程好用，哪些不好用）	项目中没有实施

14.3.2 质量控制的执行

质量控制是指通过检查项目成果，判定它们是否符合有关的质量标准，并找出方法消除造成项目成果不令人满意的原因。它应当贯穿于项目执行的全过程。质量控制通常由开发部门或类似质量控制部门名称的组织单位执行，当然并不都是如此。

质量控制的 3 个要点如下。

- 检查控制对象是项目工作结果。
- 进行跟踪检查的依据是相关质量标准。
- 对于不满意的质量问题，需要进一步分析其产生的原因，并确定采取何种措施来消除这些问题。

质量控制的重点流程如下。

1）代码测试覆盖率监测：使用工具来跟踪代码测试覆盖率，以确保足够的代码行数被测试到。

2）错误追踪和修复：记录和跟踪代码中的问题和错误，并及时进行修复。

3）定期性能监测：在开发过程中和项目完成后，定期进行性能监测，以确保代码的性能满足要求。

4）用户反馈和需求收集：积极收集用户的反馈和需求，根据用户的反馈和需求进行改进和优化。

质量控制有很多方法和策略，如技术评审、代码走查、测试、返工等方法，以及趋势分析、抽样统计、缺陷跟踪等数据分析策略手段。

1. 技术评审

技术评审（Technical Review，TR）的目的是尽早发现工作成果中的缺陷，并帮助开发人员及时消除缺陷，从而有效地提高产品的质量。技术评审的要点如下。

- 软件产品是否符合其技术规范。
- 软件产品是否遵循项目可用的规定、标准、指导方针、计划和过程。
- 软件产品的变更是否被恰当地实现，以及变更的影响等。

技术评审的主体一般是产品开发中的一些设计产品，这些产品往往涉及多个小组和不同层次的技术。主要评审的对象有软件需求规约、软件设计规格、代码、测试计划、用户手册、维护手册、系统开发规程、安装规程、产品发布说明等。技术评审应该采取一定的流程，例如，下面是一个技术评审的建议流程。

1）召开评审会议：一般应有 3～5 个相关领域人员参加，会前每个参加者做好准备，评审会每次一般不超过 2 小时。

2）在评审会上，由开发小组对提交的评审对象进行讲解。

3）评审组可以对开发小组进行提问，提出建议和要求，也可以与开发小组展开讨论。

4）会议结束时必须做出以下决策之一：

- 接受该产品，不需要做修改。
- 由于错误严重，拒绝接受。
- 暂时接受该产品，但需要对某一部分进行修改。开发小组还要将修改后的结果反馈至评审组。

5）评审报告与记录：记录所提出的问题，在评审会结束前产生一个评审问题表，另外必须完成评审报告。

技术评审可以把一些软件缺陷消灭在代码开发之前，尤其是一些架构方面的缺陷。在项目实施中，为了节省时间，应该优先对一些重要环节进行技术评审，这些环节主要有项目计划、软件架构设计、数据库逻辑设计、系统概要设计等。如果时间和资源允许，可以考虑适当增加评审内容。表 14-10 是项目实施技术评审的一些评审项。

表 14-10　项目实施中的技术评审

评审内容	评审重点与意义	评审方式
项目计划	重点评审进度安排是否合理	整个团队相关核心人员共同进行讨论、确认
软件架构设计	架构决定了系统的技术选型、部署方式、系统支撑并发用户数量等诸多方面，这些都是评审重点	邀请客户代表、领域专家进行较正式的评审
数据库逻辑设计	主要是数据库的逻辑设计，这些既影响到程序设计，也影响到未来数据库的性能表现	进行非正式评审，在数据库设计完成后，可以把结果发给相关技术人员，进行"头脑风暴"方式的评审
系统概要设计	重点是系统接口的设计。接口设计得合理，可以大大节省时间，尽量避免很多返工	设计完成后，相关技术人员一起开会讨论

表面看来，很多软件项目是由于性能等诸多原因而失败的，实际上是由于设计阶段技术评审做得不够而导致失败的。

对等评审是一种特殊类型的技术评审，是由与工作产品开发人员具有同等背景和能力的人员对工作产品进行的一种技术评审，目的是在早期有效地消除软件工作产品中的缺陷，并可对软件工作产品和其中可预防的缺陷有更好的理解。对等评审是提高生产率和产品质量的重要手段。

采用检查表（checklist）的技术评审方法对软件前期的质量控制起着非常重要的作用。检查表是一种结构化的对软件需求进行验证的工具，检查是否所有的应该完成的工作点都按标准完成，检查所有应该执行的步骤是否都正确执行了，所以它首先确认该做的工作，其次是落实是否完成。一个成熟度高的软件企业应该有很详细、很全面、执行性很高的评审流程和各种交付物的评审检查表（review checklist）。

2. 代码走查

代码走查是指在代码编写阶段，开发人员检查自己代码的过程。代码走查是非常有效的方法，可以检查到其他测试方法无法监测的错误。很多的逻辑错误是无法通过测试手段发现的，很多项目证明这是一种很好的质量控制方法。例如，我们做过一个嵌入式系统项目，无法很方便地对其进行实地验证，只走查自己的代码，然后互相评审代码，经过努力，我们发现了很多的错误，最后，当我们的产品实地运行的时候，质量非常高，几乎没有发生错误。

代码走查可以被看作开发人员的个人质量行为，而代码评审是更高一层的质量控制，也是一种技术评审。代码评审是一组人对程序进行阅读、讨论的过程，评审小组由几名开发人员组成。评审小组在充分阅读待审程序文本、控制流程图及有关要求、规范等文件的基础上，召开代码评审会，程序员逐句讲解程序的逻辑，并展开热烈的讨论甚至争议，以揭示错误的关键所在。代码评审是一种静态分析过程。实践表明，程序员在讲解过程中能发现许多自己原来没有发现的错误，而讨论和争议进一步加快了问题的暴露。例如，对某个局部性小问题修改方法的讨论，可能发现与之有牵连的甚至能涉及模块的功能说明、模块间接口和系统总结构等大问题，从而对需求进行重定义并重新设计验证，大大改善了软件的质量。

3. 测试

在项目实施相关的全部质量管理工作中，软件测试的工作量最大。由于很多项目在实施中非常不规范，因此软件测试对把好质量关非常重要。软件测试的重点是做好测试用例设计。

测试用例设计是开发过程中必不可少的。在项目实施中设计测试用例时，应该根据进度安排，优先设计核心应用模块或核心业务相关的测试用例。

单元测试可以检验单个模块是否按其设计规格说明运行，测试的是程序逻辑。一旦模块完成，就可以进行单元测试。

集成测试是测试系统各个部分的接口，以及在实际环境中运行的正确性，保证系统功能之间接口与需求的一致性，且满足异常条件下所要求的性能级别。单元测试之后可以进行集成测试。系统测试是检验系统作为一个整体是否按其需求规约说明正确运行，验证系统整体的运行情况。在所有模块都测试完毕或者集成测试完成之后，可以进行系统测试。

功能测试保证软件首先应该从功能上满足用户需求，因此功能测试是质量管理工作中的重中之重。在产品试运行前一定要做好功能测试，否则将会发生"让用户来执行测试"的情况，后果非常严重。

性能测试是经常容易被忽略的测试。在实施项目过程中，应该充分考虑软件的性能。性能测试可以根据用户对软件的性能需求来开展，通常，系统软件和银行、电信等特殊行业的应用软件对性能要求较高，应该尽早进行，这样更易于尽早解决问题。

另外，压力测试用于测试系统在特殊条件下的限制和性能，测试系统在大数据量、低资源条件下的健壮性、系统恢复能力等，可以在集成测试或者系统测试结束之后进行。接收测试用于在客户的参与下检验系统是否满足客户的所有需求，尤其在功能和使用方便性上。

此外，对于一些项目，如果实在没有测试人员，可以考虑让开发人员互相进行测试，这样也可以发现很多缺陷。

这里强调一下，测试的目的在于证明软件的错误，不是证明软件的正确。一个好的测试用例在于能发现至今未发现的错误，一个成功的测试是发现了至今未发现的错误的测试。在传统的开发模式中，通常将软件质量的控制工作放在后期的测试阶段进行，期望通过测试提高产品的质量，这种方式不仅不能从根本上提高软件的质量，而且增加了软件的成本。其实，在项目的早期就应该开始质量控制，而且越早开始，越能保证软件的质量和降低软件的成本。在需求、设计以及代码编写阶段可以通过各种早期的评审来保证质量。测试过程中可以采用一些测试工具。表 14-11 是一个测试案例报告。

表 14-11　测试案例报告

测试案例编码：WebSite-Base-link-01		版本：V1.0
测试项目名称：网站	测试人员：郭天奇	测试时间：2018/11/29
测试项目标题：对网站页面之间的超链接的测试		

（续）

测试内容：
——验证网站页面中没有失败的超链接；
——验证网站页面中图片能正确装入；
——验证网站页面中的超链接的链接页面与页面中的指示（或图示）相符；
——验证 pageflow（参见网站的 pageflow.doc）

测试环境与系统配置：	
详见《网站测试设计》，本测试需依赖 SiteManager 测试工具	
测试输入数据	无

测试次数：应至少在 3 次不同的负载下测试，且每个测试过程至少做 3 次

预期结果：SiteManager 扫描的图中没有错误的链接页面；

linkDoctor 生成的报告中，页面链接正确。

（如包含错误的链接，则为单纯的页面点击不能激活的链接）

测试过程：

（由于网站页面太多，可以采用分区域测试超链接）

subTest1：

1. 在 Client 端，运行 SiteManager，扫描 "X-1 功能页面"；

2. 查看 SiteManager 的运行结果中是否有错误的链接页面；

3. 用工具 linkDoctor 生成诊断报告

subTest2：

1. 在 Client 端，运行 SiteManager，扫描 "X-2 功能页面"；

2. 查看 SiteManager 的运行结果中是否有错误的链接页面；

3. 用工具 linkDoctor 生成诊断报告。

……

subTest n：

1. 在 Client 端，运行 SiteManager，扫描 "X-n 功能页面"；

2. 查看 SiteManager 的运行结果中是否有错误的链接页面；

3. 用工具 linkDoctor 生成诊断报告。

SubTest $n+1$：

1. 在 Client 端，运行 SiteManager，扫描所有页面；

2. 查看 SiteManager 的运行结果中是否有错误的链接页面；

3. 用工具 linkDoctor 生成诊断报告

测试结果：3

测试结论：正常

实现限制：

备注：运行的硬件环境不是最佳环境

4. 返工

返工是将有缺陷的、不符合要求的产品变为符合要求和设计规格的产品的行为。返工也是质量控制的一种重要的方法，将有缺陷的项和不合格项改造为与需求和规格一致的项。返工，尤其是预料之外的返工，在大多数应用领域中是导致项目延误的常见原因。项目小组应当尽一切努力减少返工。

5. 数据分析手段

在质量执行控制过程中可以借助数据分析手段来控制项目质量，例如控制图法、趋势分析、抽样统计等。

（1）控制图法

控制图法是一种采用图形展示结果的质量控制手段，它显示软件产品的质量随着时间变化的情况，标识出质量控制的偏差标准，确定一个过程是否稳定或者是否具有可预测的绩效。上限和下限是根据要求制定的，反映了可允许的最大值和最小值。图 14-26 是一个软件项目的缺陷控制图，可以看到缺陷还是在可控制的范围之内的。如果超出缺陷的控制范围，应该采取措施，例如，对相应的产品进行返工或者修改开发过程，必要的时候可能要提出计划的变更。如果在控制图中有连续的 7 个或者更多的点发生在平均线的同一个方向，如图 14-27 所示，尽管它们可能都处于受控范围内，但是已经说明项目存在质量问题，这个时候也需要采取措施，称为七点规则。

图 14-26 缺陷控制图

图 14-27 质量控制图与七点规则

（2）趋势分析

趋势分析是指运用数字技巧，依据过去的成果预测将来的产品质量的一种手段。趋势分析常用来监测质量绩效，例如，有多少错误和缺陷已被指出、有多少仍未纠正，以及每个阶段有多少活动的完成有明显的变动。进行趋势分析可以对一些偏向于不合格的趋势及早进行控制。Pareto 分析图就是一种趋势分析方法，源自 Pareto 规则。Pareto 规则是一个常用的项目管理法则：80% 的问题是由 20% 的原因引起的。图 14-28 是反映客户投诉数据的 Pareto 分析图，柱状图展示了各种类型的投诉数据，其中登录问题是最大的问题，然后是系统问题等，第一个问题占了 50% 以上，第一、第二个问题累计占总问题的 80% 以上，所以企业要想减少投诉问题，首先需要解决前两个问题。

例如，一个项目组通过 Pareto 分析图发现，客户端子系统电子商业汇票模块的缺陷占总缺陷的 40% 以上，而且通过其缺陷趋势分析发现这个模块的缺陷在前两次的交付中并没有呈现收敛的趋势。通过分析和总结发现，该模块的问题主要是由外联系统的接口需求频繁变更导致的，通过与客户就外联系统进行正式的沟通，确认了最终的接口需求，从而解决了问题，再次测试后分析发现该模块的缺陷明显减少。

图 14-28　Pareto 分析图

当然也可以通过因果图、直方图等图示展示质量趋势。因果图可以识别质量缺陷和错误可能造成的结果。直方图可按来源或组成部分展示缺陷数量，图 14-29 是某项目的缺陷分析直方图。

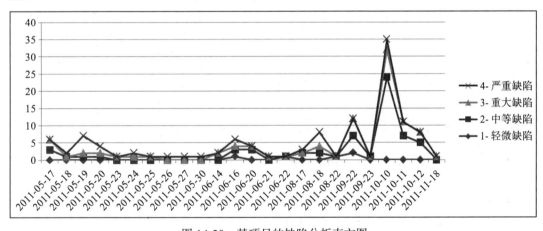

图 14-29　某项目的缺陷分析直方图

（3）抽样统计

抽样统计是指根据一定的概率分布抽取部分产品进行检查。它是以小批量的抽样为基准进行检验，以确定大量或批量产品质量的常用方法，抽样的频率和规模应在质量计划中确定。例如，需要检查的代码有几万行，为了在有效的时间内检查代码的质量，可以选择其中的几段程序代码进行检查，从而找出普遍的问题所在。抽样比 100% 检查能够降低成本，但是也可能导致更高的失败成本。

（4）缺陷跟踪核查表

缺陷跟踪核查表可以有效地收集关于潜在质量问题的有用数据。在开展检查以识别缺陷时，用核查表收集属性数据特别方便，它可以跟踪软件产品的所有问题，记录缺陷的原因、缺陷引入阶段、对系统的影响、状态，以及解决方案。缺陷跟踪是从缺陷发现开始，一直到缺陷改正为止的全过程的跟踪。缺陷跟踪不仅可以为软件项目质量监控提供翔实的数据，而且可以为质量改进提供参考。例如，通过统计某项目的缺陷数目和引入阶段，可以改善相应阶段的质量和过程，从而做到有的放矢，为最终软件质量的提高做出贡献。表 14-12 是一个缺陷跟踪核查表。

一般来说，通过质量控制可以做出接受或者拒绝的决定，经检验后的工作结果或被接受或被拒绝。被拒绝的工作成果可能需要返工。质量控制完成之后的报告应作为项目报告的组成部分。另外，质量控制的结果可以作为对不合理过程进行调整的依据。过程调整可以作为针对质量检测结果而随时进行的纠错和预防行为。

表 14-12   缺陷跟踪核查表

序号	时间	事件描述	错误类型	状态	处理结果	测试人	开发人
1							
2							
3							

14.3.3   敏捷项目质量执行

敏捷方法要求在整个项目期间频繁开展质量审核，而不是在面临项目结束时才执行质量活动：定期检查质量过程的效果；寻找问题的根本原因，然后建议实施新的质量改进方法；回顾会议评估改进过程，确定新方法是否可行、是否应继续使用、是否应该调整或者直接弃用。为促进频繁的增量交付，敏捷方法关注于小增量工作，形成尽可能多的项目可交付成果，频繁提交增量的目的是在项目早期发现不一致和质量问题，以便降低质量成本。实施的质量活动在敏捷质量计划中都有体现，例如结对编程、TDD、持续集成、不同层面测试、迭代评审、验收测试驱动开发、迭代回顾会议等。

14.4   AI 驱动项目的执行控制

在项目管理过程中尽可能使用以下数智化工具进行项目管理，同时项目经理对于项目管理的新方法保持开放的态度。

- 项目管理软件：Microsoft Project、Trello。
- 沟通工具软件：Slack、Microsoft Teams。
- 虚拟会议软件：Zoom、Google Meet、腾讯会议。
- 数据分析软件：Power BI、Tableau。
- 资源管理软件：MF PPM、Web Tracker。
- 跟踪和 Backlog 管理软件：JIRA、A360。

14.5   MED 项目核心计划执行控制案例分析

本章案例包括"医疗信息商务平台"的范围、时间、成本、质量等计划的执行控制。

14.5.1   范围计划的执行控制

由于本项目采用敏捷模型，通过迭代和增量有效应对变更，图 14-30 展示了每个 Sprint

迭代中的相关流程和过程。每个迭代完成之后就产生一个可以发布的版本，不断与用户反馈，更新产品列表，范围变更得到有效控制。表 14-13 是范围执行控制过程中的一个变更表。

图 14-30　每个 Sprint 迭代中的相关流程和过程

表 14-13　"医疗信息商务平台"项目范围变更表

一、项目基本情况

项目名称	医疗信息商务平台	项目编号	Med-201807001
制作人	Jack	审核人	李丽
项目经理	Tom	制作日期	2018/10/15

二、历史变更记录

序号	变更时间	涉及任务	变更要点	变更理由	申请人	审批人
1	2018/10/15	自动保存竞拍记录	分对内、对外两部分分别定义，对内处理、记录、采取动作	增加功能的灵活性	Jim	
2						
3						

三、请求变更信息（建议的变更描述以及参考资料）

1. 申请变更的内容

功能修改：自动保存竞拍记录

2. 申请变更原因

方便客户的操作

四、影响分析

受影响的基准计划	1. 进度计划	2. 费用计划	3. 资源计划
是否需要成本/进度影响分析？	√是	□否	
对成本的影响	增加 5 人天的工作量		
对进度的影响	变更后需要延长 3 ～ 4 天		
对资源的影响			
变更程度分类	□高	□中	√低
若不进行变更有何影响	如果不变更，将影响用户的满意度		
申请人签字		申请日期	2018 年 10 月 15 日

五、审批结果

审批意见	批准变更	审批人签字		日期	2018/10/15

14.5.2　时间、成本的执行控制

由于"医疗信息商务平台"项目采用敏捷模型，计划了 4 个迭代，制订计划的原则是

远粗近细。因此，时间、成本执行控制的基本原则也是远粗近细，对于总的计划，每个迭代（Sprint）采取严格的、精细化的控制。

1. 总体计划的执行控制

图 14-31 和图 14-32 是依据 0/100 规则，对项目的 1～15 周进行盈余分析的结果。这个结果是根据项目总体数据分析得出的。

从图 14-31 和图 14-32 可以得出结论：从进度上看，每周的任务基本上按照计划完成，在第 9 周有一定的提前，在第 14 周有一定的滞后；从成本上看，任务结束时 CPI 为 0.94，超出预算。

2. 每个迭代的时间、成本控制

由于敏捷模型要求每天召开站立会议，每天会议要统计所有任务的进展，表 14-14 是第一个 Sprint（冲刺）迭代截止到 7 月 18 日的执行数据，也是对 Sprint 待办事项列表的实时更新结果，图 14-33 是截止到 7 月 18 日的跟踪甘特图。图 14-34 是任务"组织成员注册"在 7 月 11 日的燃尽图，图 14-35 是任务"组织成员注册"在 7 月 13 日的燃尽图，图 14-36 为第一个 Sprint（冲刺）迭代在 7 月 18 日的燃尽图。

周次	BCWS	BCWP	ACWP	累计 BCWS	累计 BCWP	累计 ACWP	SV	CV	SPI	CPI
1	¥3060	¥3060	¥3300	¥3060	¥3060	¥3300	¥0	¥-240	1.00	0.93
2	¥1010	¥1010	¥1020	¥4070	¥4070	¥4320	¥0	¥-250	1.00	0.94
3	¥6730	¥6730	¥6560	¥10 800	¥10 800	¥10 880	¥0	¥-80	1.00	0.99
4	¥2640	¥2640	¥2630	¥13 440	¥13 440	¥13 510	¥0	¥-70	1.00	0.99
5	¥1605	¥1605	¥2230	¥15 045	¥15 045	¥15 740	¥0	¥-695	1.00	0.96
6	¥3080	¥3080	¥3420	¥18 125	¥18 125	¥19 160	¥0	¥-1035	1.00	0.95
7	¥5642	¥6102	¥6454	¥23 767	¥24 227	¥25 614	¥460	¥-1387	1.02	0.95
8	¥1900	¥1780	¥1960	¥25 667	¥26 007	¥27 574	¥340	¥-1567	1.01	0.94
9	¥3120	¥4380	¥4330	¥28 787	¥30 387	¥31 904	¥1600	¥-1517	1.06	0.95
10	¥6134	¥4534	¥4940	¥34 921	¥34 921	¥36 844	¥0	¥-1923	1.00	0.95
11	¥2400	¥2400	¥2600	¥37 321	¥37 321	¥39 444	¥0	¥-2123	1.00	0.95
12	¥2520	¥2520	¥2720	¥39 841	¥39 841	¥42 164	¥0	¥-2323	1.00	0.94
13	¥2360	¥2360	¥2460	¥42 201	¥42 201	¥44 624	¥0	¥-2423	1.00	0.95
14	¥1200	¥900	¥1250	¥43 401	¥43 101	¥45 874	¥-300	¥-2773	0.99	0.94
15	¥440	¥740	¥910	¥43 841	¥43 841	¥46 784	¥0	¥-2943	1.00	0.94

图 14-31　1～15 周进行盈余分析的结果

图 14-32　1～15 周进行盈余分析图示

表 14-14 第一个 Sprint 的执行情况数据（截止到 7 月 18 日）

编号	任务名称	类别	子类别	子角色	角色	描述	实际历时（天）	完成情况	执行人
1	组织成员注册	用户	注册	管理者	组织	为组织提供注册申请功能，注册申请需按照 medeal.com 的要求说明组织的基本信息及联系方式以供 medeal.com 与之联系	2	100%	张立
2	协会/学会成员注册	用户	注册	管理者	协会/学会	为协会/学会提供注册申请功能，注册申请需按照 medeal.com 的要求说明协会/学会基本信息及联系方式以供 medeal.com 与之联系	2	100%	陈斌
3	个人成员注册	用户	注册	非成员	个人	为个人提供注册申请功能。注册申请需按照 medeal.com 的要求填写个人的基本信息，与组织成员注册不同的是此处须在此填写用户名及口令	2	100%	赵锦波
4	组织成员注册协议	用户	注册	管理者	组织	对于厂商、经销商、医院有不同的注册使用协议，注册前必须同意该协议	1	100%	张立
5	协会/学会成员注册使用协议	用户	注册	管理者	协会/学会	针对协会/学会的注册使用协议，注册前必须同意该协议	1	100%	陈斌
6	个人成员注册使用协议	用户	注册	非成员	个人	个人用户使用 medeal.com 前必须同意个人注册使用协议	1	100%	赵锦波
7	组织成员注册响应	用户	注册	市场部经理	medeal.com	组织用户发出注册请求后，经 medeal.com 市场人员与组织协商，签订合同后，medeal.com 为组织建立组织管理者用户，用 E-mail 通知用户注册成功，同时将组织管理者的默认用户名和密码通知用户	2	100%	张立
8	协会/学会成员注册响应	用户	注册	市场部经理	medeal.com	协会/学会用户发出注册请求后，经 medeal.com 市场人员与协会/学会协商，签订合同后，medeal.com 为协会/学会建立协会/学会管理者用户，用 E-mail 通知用户注册成功，同时将协会/学会管理者的默认认用户名和密码通知用户	2	100%	陈斌

（续）

编号	任务名称	类别	子类别	子角色	角色	描述	实际历时（天）	完成情况	执行人
9	个人成员注册响应	用户	注册		medeal.com	个人用户发出注册请求后（需填写用户名和口令），经 medeal.com 检查个人注册信息符合要求后即刻通知用户注册成功	2	100%	赵锦波
10	组织、协会/学会第一次登录	用户	登录	管理者	组织、协会/学会	默认用户名和密码进行第一次登录后，medeal.com 出于安全原因，要求管理者更改用户名和密码。用户名是可更改的，但只有此一次更改机会是可选的且须符合用户名的 ASCII 字符设置要求，即必须是可显示 ASCII 字符且含有数字和英文字符长度（最小6位，最大16位）。密码的更改是必需的且须符合密码设置要求，即必须是可显示 ASCII 字符且含有数字和英文字符长度（最小6位，最大16位）。修改后的用户名和口令应全 medeal.com 站点唯一，这点由 medeal.com 负责检查执行	2	100%	赵锦波
11	用户登录	用户	登录		组织、协会/学会	用户根据自己的用户名和口令登录系统	2	100%	赵锦波
12	修改成员信息	用户	管理	成员	组织、协会/学会、个人	成员注册成功后，可以对本人的口令、联系地址等信息进行修改			陈斌
13	修改组织、协会/学会信息	用户	管理	管理者	组织、协会/学会	组织、协会/学会的信息（包括联系电话、通信地址等基本信息和经销范围等交易信息）只能由本组织、协会/学会的管理者修改			陈斌
14	修改成员口令	用户	管理	管理者	组织、协会/学会	组织、协会/学会的管理者有权修改本组织、协会/学会内部成员的口令（可以在不知原口令的情况下强行修改）			陈斌
15	删除成员账户	用户	管理	管理者	组织、协会/学会	组织、协会/学会的管理者有权删除本组织、协会/学会的内部成员账户，使其无法登录 medeal.com			陈斌

（续）

编号	任务名称	类别	子类别	子角色	角色	描述	实际历时（天）	完成情况	执行人
16	删除成员用户账户	用户	管理	webmaster	medeal.com	webmaster 有权删除已注册的成员用户。若删除的用户是组织或协会/学会者，则该组织或协会/学会下的所有成员用户均被删除			赵锦波
17	修改成员用户管理信息	用户	管理	webmaster	medeal.com	webmaster 有权修改已注册用户的管理信息			赵锦波
18	暂停访问权	用户	管理	webmaster	medeal.com	因某种原因，webmaster 能够暂停用户对某项服务的访问权一段时间，时限过后，自动恢复访问权			赵锦波
19	登记新成员用户	用户	管理	webmaster	medeal.com	webmaster 有权登记个人新用户			赵锦波
20	添加新角色	用户	管理	webmaster	medeal.com	medeal.com 能够在各级组织、协会/学会中定义新的角色			赵锦波
21	删除角色	用户	管理	webmaster	medeal.com	medeal.com 能够在各级组织、协会/学会中删除原有的角色。删除时须确定该角色没有做分配给其他用户			赵锦波
22	定义角色	用户	管理	webmaster	medeal.com	medeal.com 能够定义并修改角色的各种权限			赵锦波
23	分配角色	用户	管理	管理者	组织、协会/学会	根据合同规定的用户数和角色分配比例指定人员担当相应角色。可以为同一个人分配不同角色。分配的新用户名及口令必须唯一			赵锦波
24	访问统计（点击率）	用户	管理		medeal.com	用户访问站点次数统计			张立
25	访问统计（服务）	用户	管理		medeal.com	用户访问站点提供的各种服务的统计数据			张立
26	离线录入编辑产品信息	产品信息	编辑	内容管理经理、内容管理者	厂商、经销商	medeal.com 为用户提供一个离线录入工具，供用户将产品信息录入并生成产品文件	5	100%	习平安、郑浩
27	离线修改产品信息	产品信息	编辑	内容管理经理、内容管理者	厂商、经销商	medeal.com 为用户提供一个离线录入工具，供用户将需修改的产品信息录入并生成产品文件		30%	习平安、郑浩

（续）

编号	任务名称	类别	子类别	子角色	角色	描述	实际历时（天）	完成情况	执行人
28	离线删除产品信息	产品信息	编辑	内容管理经理、内容管理者	厂商、经销商	medeal.com 为用户提供一个离线录入工具，供用户将删除的产品信息录入并生成产品文件			习平安、郑浩
29	在线录入编辑产品信息	产品信息	编辑	内容管理经理、内容管理者	厂商、经销商	medeal.com 为用户提供一个在线录入工具（Web形式），供用户将产品信息录入并生成产品文件	5	100%	王军、王强
30	在线修改产品信息	产品信息	编辑	内容管理经理、内容管理者	厂商、经销商	medeal.com 为用户提供一个在线录入工具（Web形式），供用户将修改的产品信息录入并生成产品文件		20%	王军、王强
31	在线删除产品信息	产品信息	编辑	内容管理经理、内容管理者	厂商、经销商	medeal.com 为用户提供一个在线录入工具（Web形式），供用户将需删除的产品信息录入并生成产品文件			王军、王强
32	在线、离线产品信息入库	产品信息	编辑	内容管理经理	medeal.com	medeal.com 将产品文件导入工作数据库中，其中要区分产品的状态（新增、修改、删除）			王军、王强
33	发布新产品信息	产品信息	编辑	内容管理经理	medeal.com	medeal.com 对 QA 数据库中的产品信息进行质量保证后发布到网上	7	100%	杨嫉泰、丁心茹、周辉
34	修改产品信息	产品信息	编辑	内容管理经理	medeal.com	medeal.com 可对已发布到网上的产品信息进行修改		10%	杨嫉泰、丁心茹、周辉
35	删除产品信息	产品信息	编辑	内容管理经理	medeal.com	medeal.com 可删除已发布到网上的产品信息			杨嫉泰、丁心茹、周辉
36	定义相关产品链接信息	产品信息	编辑	内容管理经理、内容管理者	厂商、经销商	指定与该产品有关的产品			杨嫉泰、丁心茹、周辉
37	招募经销商	产品信息	编辑	销售经理	厂商	指定可与本厂商进行交易的经销商名单。若厂商已交费，则可根据厂商的要求禁止若干经销商查看自己的产品目录			杨嫉泰、丁心茹、周辉

（续）

编号	任务名称	类别	子类别	子角色	角色	描述	实际历时（天）	完成情况	执行人
38	设定经销商经销范围	产品信息	编辑	销售经理	厂商	指定经销商可与本厂商进行交易的产品范围			杨焱泰、丁心茹、周辉
39	设定经销商经销产品线	产品信息	编辑	销售经理	厂商	指定经销商可与本厂商进行交易的产品线范围			杨焱泰、丁心茹、周辉
40	按厂商－经销商浏览产品目录	产品信息	浏览	成员	组织	用户可以按照"厂商－产品小类－经销商－产品"的次序逐级浏览产品目录			郑浩
41	浏览经销商	产品信息	浏览	成员	组织	用户可以按照"厂商－经销商"的次序浏览经销商			郑浩
42	按厂商浏览产品目录	产品信息	浏览	成员	组织	用户可以按照"厂商－产品小类－产品"的次序逐级浏览产品目录			王强
43	按产品分类浏览产品目录	产品信息	浏览	成员	组织	用户可以按照"产品大类－产品小类－产品"的次序逐级浏览产品目录			王强
44	按医院科别浏览产品目录	产品信息	浏览	成员	组织	用户可以按照"医院大科－医院小科－产品"的次序逐级浏览产品目录			习平安
45	用户自定义产品大类	产品信息	查找	销售经理	厂商、经销商	当 medeal.com 提供的产品大分类不能满足用户需求时，允许用户自定义产品大类			温煦
46	用户自定义医院科别	产品信息	查找	销售经理	厂商、经销商	当 medeal.com 提供的医院科别不能满足用户需求时，允许用户自定义医院科别			蒋东
47	搜索产品小类	产品信息	查找	成员	组织	在产品小类名称字段中搜索含有录入字符的产品小类记录			蒋东

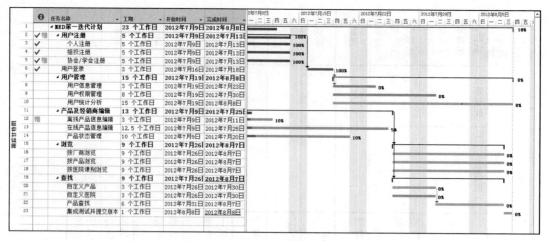

图 14-33　7 月 18 日的跟踪甘特图

图 14-34　"组织成员注册"任务在 7 月 11 日的燃尽图

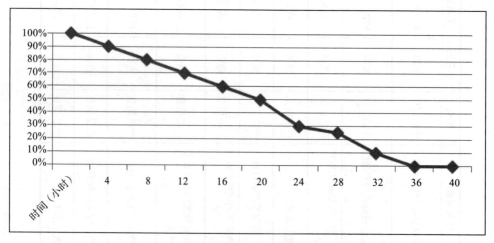

图 14-35　"组织成员注册"任务在 7 月 13 日的燃尽图

图 14-36　第一个 Sprint 迭代在 7 月 18 日的燃尽图

14.5.3　质量计划的执行控制

本案例包括需求管理过程评审报告、软件系统设计评审报告、阶段评审过程评审报告，同时也展示了问题图示。

需求管理过程评审报告

评审主题：需求管理过程评审
评审时间：2018.7.18
报告人：周新

分类		评审条款	是否通过	问题	解决方案
进入条件	需求确认过程	是否存在一个正式的用户初始需求	通过		
		参与人员是否为下列人员： ——合同管理者 ——需求管理者 ——用户 ——软件工程人员 ——配置管理人员	通过		
需求管理过程	需求确认过程	需求管理者是否按照需求管理确认过程的工作步骤，进行需求的确认	通过		
		需求规约是否按照需求规约的要求进行编写	通过		
		拆分的配置项是否经过评审确认		本项目没有进行配置管理，只进行版本管理	版本管理库经过评审确认
		需求规约是否经过评审确定	通过		
		需求规约是否经合同管理者批准	通过		

评审方法：
- 进入条件的条款 1 和条款 2 的评审，要通过审阅用户初始需求和需求规约评审记录来完成。
- 过程的条款 1 的评审，要通过检查有关需求管理的执行过程记录来完成。

- 过程的条款 2 至条款 4 的评审，要通过参加需求管理定期管理评审，审查需求管理定期管理评审报告的内容来完成。

软件系统设计评审报告

项目编号：Med

项目名称	医疗信息商务平台		文件版本	V0.8	
阶段	第一 Sprint		负责人	李琦山	
评审人员	部门	职务	评审人员	部门	职务
李琦山	开发一部	项目经理	××	客户中心	经理
姜燕	开发一部	工程师	××	产品中心	工程师
李鹏	开发一部	高工			

评审内容：在内容分项后面打"√"表示评审通过，"?"表示有建议或疑问，"×"表示不同意

合同标准符合性	√	环境影响性	√	可维护性	√	架构合理性	√
系统安全性	√	界面美观性	√	系统性能	√	采购可行性	√
系统集成可行性	√	可检验性	√	数据库	√	模块	√

存在的问题及改进建议：

无

记录人：姜 燕　日　期：2018.7.10

评审结论：
基本符合要求，可进行开发

审批人：李琦山　日　期：2018.7.10

上版本修正结果：

验证人：李 鹏　日　期：

备注：

阶段评审过程评审报告

项目名称：医疗信息商务平台

分类	里程碑评审过程评审报告					
	评审条款		SQA 人员评审记录			
	操作	内容	是否通过	问题	解决方案	
过程活动	项目经理	是否负责依据定期评审报告审核该里程碑点所有计划的任务完成情况，针对审核中出现的问题与有关人员讨论解决方案	通过			
	项目经理	负责依据产品技术评审报告和 SQA 评审报告审核该里程碑点所有计划的任务完成的质量情况，针对审核中出现的问题与有关人员讨论解决方案	通过			
	项目经理	负责依据 SQA 审计报告审核产品完成情况，针对审核中出现的问题与有关人员讨论解决方案	通过			
	项目经理	根据审核情况决定产品是否提交	通过			
	项目经理	负责对项目的风险进行分析，确定避免风险的途径和措施	通过			
	项目经理	根据审核情况和讨论结果确定下阶段项目计划的调整情况	通过			
	记录员	负责记录评审情况	通过			

评审方法如下：

1. 对于条款 1 ～ 2、条款 4 ～ 5 的评审，要通过检查《评审记录》来完成。

2. 对于条款 3 的评审，要通过检查《项目计划变更记录》来完成。

表 14-15 是评审缺陷统计结果，由此可以得出图 14-37 所示的缺陷比率曲线。从缺陷比率曲线可以看出，由需求导致的缺陷数量比较多，比率比较大，然后有下降趋势。

表 14-15　评审缺陷统计结果

序号	名称	版本号	评审通过时间	发现的问题总数	文档页数（代码行数）	比率	控制线
1	系统需求规约	V1.0	2018/9/10	11	32	34.4%	20.00%
2	概要设计说明书	V1.0	2018/9/19	10	33	30.3%	20.00%
3	数据库设计说明书	V1.0	2018/9/19	6	23	26.1%	20.00%
4	详细设计说明书	V1.0	2018/9/29	12	52	23.1%	20.00%
5	系统测试计划	V1.0	2018/9/15	7	38	18.4%	20.00%
6	集成测试计划	V1.0	2018/9/24	6	35	17.1%	20.00%
7	单元模块程序	V1.0	2018/10/9	80	4KLOC	12%	3%

图 14-37　缺陷比率曲线

14.6　MSHD 项目核心计划执行控制案例分析

项目第 1 次迭代的执行情况分析如下。

第 1 次迭代的软件功能（范围）包括：

- t1：用户信息和灾情信息管理数据库的建立。
- t2：用户注册与登录。
- t3：文本灾情信息的解码。
- t4：灾情信息可视化展示（数据请求和灾情列表可视化）。
- t5：文本文件传输模块（支持用户上传文件和管理员下载文件）。
- t6：请求响应服务（请求接受、请求分发和请求结果响应）。

图 14-38 展示了第 1 次迭代结束时的任务执行情况。可见，任务 t2、t3、t4 均落后于计划，但是按规定时间完成；而 t5 和 t6 落后于计划，而且没有按计划完成。根据经验规则计算出来的 BCWP 以及实际的 ACWP（实际工作成本）和 BCWS（预算工作成本）可得表 14-16 所示的成本（工作量）和进度执行情况，对迭代 1 进行挣值分析，得到迭代 1 计划时间截止时的成本（工作量）和进度的完成情况（其中，BCWP 为根据详细功能点估算得出的计划工作成本）。

图 14-38 第 1 次迭代结束时的任务执行情况

表 14-16 第 1 次迭代的挣值分析

任务	BCWP	ACWP	BCWS
t1	56 000 元	56 000 元	56 000 元
t2	20 400 元	20 400 元	20 400 元
t3	14 400 元	14 400 元	14 400 元
t4	36 000 元	36 000 元	36 000 元
t5	4080 元	10 200 元	20 400 元
t6	5440 元	13 600 元	27 200 元
总共	136 320 元	150 600 元	174 400 元

根据挣值分析模型：

- SV（进度偏差）= BCWP − BCWS = 136 320 − 174 400 = −38 080 元 < 0
- CV（成本偏差）= BCWP − ACWP = 136 320 − 150 600 = −14 280 元 < 0
- SPI（进度效能指标）= BCWP / BCWS = 136 320 / 174 400 = 0.78 < 1
- CPI（成本效能指标）= BCWP / ACWP = 136 320 / 150 600 = 0.91 < 1

可见，第 1 次迭代进度落后于计划，并且预算超出了计划，第 1 次迭代的 BAC（预算总值）为 174 400 元，TAC（预计完成时间）为一个月，可求得：

- EAC（预测完成成本）= BAC / CPI = 174 400 / 0.91 = 191 648 元
- SAC（预测完成时间）= TAC / SPI = 1 / 0.78 = 1.28 月
- VAC（成本偏差）= BAC − EAC = −17 248 元
- VAT（时间偏差）= SAC − TAC = 0.28 月
- TCPI（未完工指数）= 剩余工作 / 剩余成本 =（BAC − BCWP）/（Goal − ACWP），现在有以下两种方案。
- 方案一：未来的项目绩效按照原定预算 BAC 完成，即目标成本为 174 400，则 TCPI =（174 400 − 136 320) /（174 400 − 150 600）= 38 080 / 23 800 = 1.6。这意味着，如果

希望第 1 次迭代的成本不超出预算，需要在今后每单位成本要完成原本 1.6 倍的工作量。这种方案的成本较低，但是可能导致任务难以完成。

- 方案二：未来的项目绩效按照新的 EAC 完成：即目标成本为 191 648 元，TCPI = (174 400 - 136 320) / (191 648 - 150 600) = 38 080 / 23 800 = 0.93。这种方案会增加一定的成本，但是任务相对容易完成。

为了不影响之后的迭代，本团队选择方案二，将保证迭代 1 的完成放在最优先的位置。

项目第 1 ~ 2 次迭代的工作量执行情况。

图 14-39 展示了项目截至第 2 次迭代的燃尽图，表明第 1 次迭代进度稍有落后，但是第 2 次迭代完成时，基本与计划一致。

图 14-39　第 1 ~ 2 次迭代的工作量执行情况

小结

本章对核心计划的执行控制过程进行了讲述，说明了范围、时间、成本、质量的控制方法和过程，重点介绍了项目性能分析的方法、图解控制方法、挣值分析法、网络图分析，同时也介绍了敏捷项目进度控制方法。图解控制方法是综合甘特图、费用曲线以及资源图来分析项目的一种方法。挣值分析法是利用成本会计的方法评价项目进展情况的一种方法，是评估成本和进度差异的一种方法。本章也介绍了贝叶斯网络图分析方法，解决软件项目进度管理中存在的不确定性问题。本章最后介绍了质量保证和质量控制等管理方法，包括敏捷的质量控制思路。

练习题

一、填空题

1. 当 SV=BCWP-BCWS<0 时，表示_____。
2. 代码评审由一组人对程序进行阅读、讨论和争议，它是_____过程。
3. 挣值分析法也称为_____，是对项目的实施进度、成本状态进行绩效评估的有效方法。
4. 一项任务正常进度是 10 周，成本是 10 万元，可以压缩到 8 周，成本变为 12 万元，按照时间成本平衡方法，压缩到 9 周时的成本是_____。
5. 从质量控制图的控制上限和控制下限，可以知道_____。

6. 范围控制的重点是避免需求的_____。

7. 一个任务原计划 3 个人全职工作 2 周完成，而实际上只有 2 个人参与这个任务，到第二个周末完成了任务的 50%，则 CPI=_____。

二、判断题

1. 范围控制的一个重要注意点是防治不合理的范围扩张，范围蔓延和范围镀金都是不合理的范围扩张。（   ）

2. 项目进度成本控制的基本目标是在给定的限制条件下，用最短时间、最小成本，以最小风险完成项目工作。（   ）

3. 代码走查是在代码编写阶段，开发人员自己检查自己的代码。（   ）

4. 在使用应急法压缩进度时，不一定要在关键路径上选择活动来进行压缩。（   ）

5. 累计费用曲线中某时间点 ACWP 比 BCWS 高，意味着在这个时间点为止，实际的成本要比计划的高。（   ）

6. CPI=0.90 说明目前的预期成本超出计划的 90%。（   ）

7. 技术评审的目的是尽早发现工作成果中的缺陷，并帮助开发人员及时消除缺陷，从而有效地提高产品的质量。（   ）

8. 基于流程的敏捷项目执行控制方法中，交付周期是指处理一个工作项目所需的时间。（   ）

三、选择题

1. 在一个项目会议上，一个成员提出增加任务的要求，而这个要求超出了 WBS 确定的项目基线，这时项目经理提出项目团队应该集中精力完成而且仅需完成原来定义的范围基线，这是一个（   ）的例子。

    A. 范围定义　　　　　　B. 范围管理　　　　　　C. 范围蔓延　　　　　　D. 范围变更请求

2. 项目原来预计于 2023 年 5 月 23 日完成 1000 元的工作，但是到 2023 年 5 月 23 日只完成了 850 元的工作，而为了这些工作花费了 900 元，则成本偏差和进度偏差分别为（   ）。

    A. CV=50 元，SV=−150 元　　　　　　　　B. CV=−150 元，SV=−150 元

    C. CV=−50 元，SV=−50 元　　　　　　　　D. CV=−50 元，SV=−150 元

3. 如果成本效能指标 CPI=90%，则说明（   ）。

    A. 目前的预期成本超出计划的 90%　　　　B. 投入 1 元产生 0.90 元的效果

    C. 项目完成的时候，将超支 90%　　　　　D. 项目已经完成计划的 90%

4. 进度控制重要的一个组成部分是（   ）。

    A. 确定进度偏差是否需要采取纠正措施

    B. 定义为项目的可交付成果所需要的活动

    C. 评估 WBS 定义是否足以支持进度计划

    D. 确保项目队伍的士气高昂，发挥团队成员的潜力

5. 当项目进展到（   ）左右时，CPI 处于稳定。

    A. 10%　　　　　　　　　　　　　　　　B. 20%

    C. 30%　　　　　　　　　　　　　　　　D. 40%

6. 抽样统计的方法中，（   ）。

    A. 应该选择更多的样品　　　　　　　　　B. 以小批量的抽样为基准进行检验

    C. 确定大量或批量产品质量的唯一方法　　D. 导致更高的成本

四、问答题

1. 某项目由 1、2、3、4 四个任务构成，该项目目前执行到了第 6 周末，各项工作在其工期内的每周计划成本、每周实际成本和计划工作量完成情况如下表所示。

1）根据提供的信息，计算截至第 6 周末该项目的 BCWS、ACWP 和 BCWP。

2）计算第 6 周末的成本偏差 CV、进度偏差 SV，说明结果的实际含义。

3）按照目前情况，计算完成整个项目实际需要投入多少资金？写出计算过程。

项目进展数据

周次	1	2	3	4	5	6	7	8	9	10
任务 1 预算成本 / 周	10	15	5							
任务 2 预算成本 / 周		10	10	10	20	10	10			
任务 3 预算成本 / 周					5	5	25	5		
任务 4 预算成本 / 周								5	5	20
周次	1	2	3	4	5	6	7	8	9	10
任务 1 实际成本 / 周	10	16	8							
任务 2 实际成本 / 周		10	10	12	24	12				
任务 3 实际成本 / 周					5	5				
任务 4 实际成本 / 周										
周次	1	2	3	4	5	6	7	8	9	10
任务 1 完工比	30%	80%	100%							
任务 2 完工比		10%	25%	35%	55%	65%				
任务 3 完工比					10%	20%				
任务 4 完工比										

2. 某项目正在进行中，下表是项目当前运行状况的数据，任务 1、2、3、4、5、6 计划是按顺序执行的，表中也给出了计划完成时间和实际的执行情况。

1）计算 BAC。

2）计算截至 2014 年 4 月 1 日的 BCWP、BCWS、ACWP、SV、SPI、CV、CPI 等指标。

3）通过上面的指标说明截至 2014 年 4 月 1 日项目的进度、成本如何。

项目当前运行状况的数据

任务	估计规模 / 人天	目前实际完成的规模 / 人天	计划完成时间	实际完成时间
1	5	10	2014 年 1 月 25 日	2014 年 2 月 1 日
2	25	20	2014 年 4 月 1 日	2014 年 3 月 15 日
3	120		2014 年 5 月 15 日	
4	40	50	2014 年 6 月 15 日	2014 年 4 月 1 日
5	60		2014 年 7 月 1 日	
6	80		2014 年 9 月 1 日	

3. 试述 Pareto 规则。

4. 某项目有 7 个任务，$T=\{t_1, t_2, t_3, t_4, t_5, t_6, t_7\}$，项目需要的技能是 $S=\{s_1, s_2, s_3\}$，其中每个任务需要的技能和工作量如下。

$$t_1^{sk}=\{s_1,s_2\}, t_2^{sk}=\{s_2\}, t_3^{sk}=\{s_1,s_3\},, t_4^{sk}=\{s_1\}$$
$$t_5^{sk}=\{s_1,s_2,s_3\}, t_6^{sk}=\{s_1,s_2\}, t_7^{sk}=\{s_1\}$$
$$t_1^{eff}=4, t_2^{eff}=6, t_3^{eff}=8, t_4^{eff}=9, t_5^{eff}=8, t_6^{eff}=10, t_7^{eff}=16$$

另外，任务之间的关系如下图所示。

项目人员集合 $E=\{e_1, e_2, e_3, e_4\}$，共计 4 人，每个人员具备的技能和人力成本如下所示。

$$e_1^{sk} = \{s_1, s_2, s_3\}\ e_2^{sk} = \{s_1, s_2, s_3\}, e_3^{sk} = \{s_1, s_2\}\ e_4^{sk} = \{s_1, s_3\}$$

$$e_1^{rem} = \$100, e_2^{rem} = \$80, e_3^{rem} = \$60, e_4^{rem} = \$50$$

项目经理进行任务分配，得出贡献矩阵如下。

	t_1	t_2	t_3	t_4	t_5	t_6	t_7
e_1	0	0.5	0.5	0	1	0.5	1
e_2	1	0.5	0.5	1	1	1	1
e_3	1	1	0	1	0	1	1
e_4	0	0	1	1	0	0	1

同时画出项目 PDM 图如下：

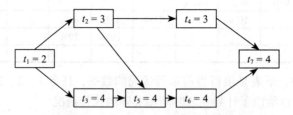

假设计划到目前应该完成 t_1、t_2、t_3、t_5 任务，实际情况是 t_1、t_2、t_3 已经完成，t_4 没开始，t_5 任务开始没有结束，目前投入的费用是 $1500，请完成如下任务。

1）计算目前为止的 CPI 和 SPI。

2）画出目前为止的项目燃尽图（计划与实际的对比图示）。

第 15 章

项目辅助计划执行控制

本章介绍针对团队人员计划、干系人计划、沟通计划、风险计划、合同计划等辅助计划的执行控制，进入路线图的"辅助计划执行控制"，如图 15-1 所示。

图 15-1 项目执行控制——辅助计划执行控制

15.1 团队计划的执行控制

对于一个项目团队，仅有优秀的项目经理是不够的，"巧妇难为无米之炊"，要达到项目目标，离不开项目的其他资源。项目经理的职责是利用既有的项目资源达到项目的目标，满足客户的需求。人力资源是一种特殊的资源，人有主动性和情感，有好恶、有情绪、有自尊，人是一种社会动物，受社会、经济、法律、家庭、生活等各方面活动的影响。"人性化管理"就是从人的精神需求出发，给予团队成员认同、尊重，以激发其最大的潜能，减少内耗，达到最大效能，使其参与并服务于公司行为和目标。所以，项目经理应该创建一个既务实又具有凝聚力的团队。

15.1.1 项目团队建设

一个团队的创建过程包括 4 个主要阶段，即组建阶段、磨合阶段、规范阶段和执行阶段。

- 组建阶段：项目团队开始组建，个体成员组成一个项目团队，这是团队成员互相认识、彼此了解的阶段。在这个阶段，项目经理应该向项目团队成员介绍项目目标、项目计划以及成员的角色和职责，而项目团队成员彼此之间可能会言语谨慎一些。
- 磨合阶段：在项目团队的磨合期，相互之间的合作可能不尽如人意，个人还没有融入团队，团队内还没有凝聚力，团队成员可能会出现彼此竞争或者士气低落，甚至相互对立的现象。

- 规范阶段：项目成员逐步接受项目的环境，成员之间也加深了了解。在这个阶段，项目团队开始有凝聚力，项目团队成员之间建立了信任和友谊，共同解决项目问题，并能够集体做出决定。
- 执行阶段：项目团队的完善阶段，成员之间坦诚合作、相互帮助，使得项目有很好的绩效，工作效率提高。这个阶段是项目经理追求的最终阶段。

这 4 个阶段不是简单的单向过程，可能是反复曲折的过程，而且这 4 个阶段可能会因新人的加入而被打乱，再从头开始，如图 15-2 所示。

图 15-2　项目组建的 4 个阶段

团队成员的选择是组建团队的第一步，也是决定这个团队是否能有效工作的关键因素。整个团队的未来业绩直接取决于成员的努力。

选择成员时，除了要求成员具有基本的专业素质外，还要求成员具有较宽的专业知识面，对产品具有整体意识和系统集成的思想，并具有较强的合作精神。对于团队领导，则要求其具有较强的协调能力及处理团队与其他部门关系的能力，并能够营造好的团队文化。作为一个整体，团队的专业技能组合要达到必要的高度和广度，同时要求团队成员必须具有很好的人际关系处理能力，注意角色配置，以利于相互交流、彼此理解与通力合作。在挑选团队成员的过程中，既要考虑他们的性格、能力，又要遵循自愿的原则。团队成员还应该包括团队顾问或专题顾问，他们来自各职能组织部门，不直接参与产品的开发，但提供技术和知识上的支持。

在选择人员的时候，理想的方法是由开发小组的其他成员一起来面试，如果有一个人不满意，则淘汰，否则以后会有很多麻烦，这样做的另一个好处是借此机会互相认识。经理一定要把新员工介绍给大家，并且小组中的每个员工都应该过来握手并介绍自己，这是基本的礼仪。

当工作任务确定后，就要安排人员来完成。合理的人员分配的基础是项目经理清楚地了解每位组员的能力、性格，例如，哪些人适合做什么事、哪些人在一起能够很好地配合。当然，项目经理需要经过一定的时间才能认识到人员的能力和性格。要组建一支高效、和谐的团队，需要经过一定的磨合期，而为了缩短磨合期，则需要多交流、多考验。

在团队管理过程中，以为团队服务的理念，建立适合的可以让更多成员接受的规则，让团队更快进入良性循环。"好的管理者是不知道管理者的存在"，无为而治，从本质规律入手。另外，还需要培养团队成员信守承诺的工程师素养——承诺计划、承诺任务、团队合作。

15.1.2　项目成员的培训

项目成员的培养是项目团队建设的基础，项目组织必须重视对员工的培训工作。通过对项目成员的培训，可以提高项目团队的综合素质，提高项目团队的工作技能和技术水平，同时可以提高项目成员的工作满意度，降低项目成员的流动比例和人力资源管理成本。针对项目的一次性和制约性（主要是时间的制约和成本的制约）特点，对项目成员的培训主要采取短期性的、片段式的、针对性强、见效快的培训。培训形式主要有以下两种。

- 岗前培训：主要对项目成员进行一些常识性的岗位培训和项目管理方式等的培训。
- 岗上培训：根据开发人员的工作特点，针对开发中可能出现的实际问题而进行的特别培训，多偏重于专业技术和特殊技能的培训。

15.1.3　项目成员的激励

项目团队士气也是影响项目成功的一个因素，项目成员的激励是调动成员工作热情的重要手段。激励的目的是希望团队成员可以高效完成项目，有数据表明，快乐员工的生产率比普通员工的生产率高 12%，不快乐员工的生产率比普通员工的生产率低 10%。所谓的不快乐员工每人每周耗费的生产力成本高达 75 美元。

一般来说，激励至少包括以下几个方面的工作。

1）授权。授权是指为了实现项目目标而赋予项目成员一定的权利，使他们能够在自己的职权范围内完成既定的任务。要根据项目成员的特点、岗位和任务，给他们一定的责任，明确任务完成的可交付成果。

2）制定绩效考评。对每一位项目成员进行绩效考评，是对项目成员施以激励的依据。项目组织的绩效考评是指采用一套科学可行的评估办法，检查和评定项目成员的工作完成质量。对员工的工作行为进行衡量和评价以确定其工作业绩是项目人力资源管理的一项重要内容。制订员工的培训计划，合理确定员工的奖励与报酬等方面的工作都要以项目成员的绩效考评成绩为基础。做好项目成员的绩效考评工作，对加强项目成员的管理，从而成功实现项目目标具有积极的意义。

3）给予适当的奖励与激励。管理者通过采取各种措施，给予项目成员一定的物质刺激、精神激励，以激发项目成员的工作动机，调动员工的工作积极性、主动性，并鼓励他们的创造精神，从而以最高的效率完成项目，实现项目目标。激励一定要因人而异，可以适当参照下面的做法。

- 薪酬激励：对于软件开发人员，当支付的薪酬与其贡献出现较大偏差时，便会产生不满情绪，工作积极性降低，因此必须让薪酬与绩效挂钩。
- 机会激励：在运用机会激励时，讲究公平原则，即每位员工都有平等的机会参加学习、培训和获得具有挑战性的工作，这样才不会打击软件开发人员的积极性。
- 环境激励：企业内部良好的技术创新氛围，企业全体人员对技术创新的重视和理解，尤其是管理层对软件开发人员工作的关注与支持，都是对软件开发人员有效的激励。
- 情感激励：知识型员工大多受过良好的教育，受尊重的需求相对较高，尤其对于软件开发人员，他们自认为对企业的贡献较大，更加渴望被尊重。
- 其他激励，例如，宽松、灵活的弹性工作时间和工作环境对保持软件人员的创新思维很重要。

激励理论有很多，如马斯洛的需求层次理论、海兹波格的激励理论、麦格雷戈的 X 理论、麦格雷戈的 Y 理论、超 Y 理论、Z 理论、期望理论等。这些理论各自有不同的侧重点。

1. 马斯洛的需求层次理论

马斯洛的需求层次理论认为人类的需求是以层次形式出现的，共有 5 个层次，即生理、安全、社会归属、自尊和自我实现，如图 15-3 所示。其中自我实现是最高的层次，低层次的需求必须在高层次需求满足之前得到满足，满足高层次需求的途径比满足低层次需求的途径更为广泛，激励来自为没有满足的需求而努力奋斗。例如，新员工有群体归属感的需要（社会归属层次上的需要），为满足这方面的需要，可以为其开一个热情的欢迎会，新老员工相互介绍与沟通，另外要对其生活方面的困难给予帮助。又如，青年人常有想多学点东西的愿望，这是寻求自我发展与成长的需要（自我实现层次的需要），项目经理要运用任务分配权，在可能的范围内尽量满足其愿望，特别是对于进取心强的骨干，应分配给他们新的具有挑战性的任务，这是一种激励手段，同时也是一种培训人员的方法。阿尔德佛进一步发展了马斯洛的需求层次理论：认为有的需求（如自我实现）是后天通过学习而产生的；人的需求不一定严格地按从低到高的顺序发展，并提出了有名的"挫折 – 倒退"假设；管理者应努力把握和控制好工作结果，通过工作结果来满足人们的各种需求，从而激发人们的工作动机。其中，最后一点强调了工作结果对各种需求的满足，因此在软件项目的阶段点或最终产品达成时，要非常慎重地予以宣布，并通过多种途径肯定这一成果，如表扬、奖励等，全方位地满足组员的需求，从而激发其下一阶段的工作热情。

图 15-3　马斯洛的需求层次理论

2. 海兹波格的激励理论

海兹波格的激励理论认为企业中存在着两组因素：一组因素可以导致不满，另一组因素可以产生激励。可以导致不满因素的是工作环境或组织方面的外在因素，满足了这些因素的要求就能避免员工的不满情绪，故称为"保健因素"，它主要包括公司的政策与管理、安全感、工资及其他报酬、人际关系等。提高员工的工作情绪源于内在因素，通常称为"激励因素"，它包括成就感、责任感、进步与成长、被赏识等。因此，要从这两个因素的角度来协调管理。从"保健因素"的角度，项目经理要密切注意员工的情绪波动，多与员工沟通，消除与缓解员工的不满情绪；对制度和政策多做解释工作，以消除误解；向上级反映员工的合理要求与建议，以便及时完善有关政策和制度；在项目组内协调好人际关系，对出现的紧张关系要及时地调解；改善工作流程，可能有助于组员间更好地协助工作；对于员工，要公正地评价其表现和安排晋级。从"激励因素"的角度，项目经理要鼓励和帮助员工制订个人成长计划（如多长时间学会一门技术）；为员工的进步与成长提供机会，包括分配适当的任务和培训；项目经理要对骨干进行适当的授权，尽量放权给员工，及时地肯定成绩，提高员工的成就感和责任感。

3. 麦格雷戈的 X 理论

麦格雷戈的 X 理论对人性假设的主要内容是：人天生是懒惰的，不喜欢他们的工作并努力逃避工作；人天生缺乏进取心，缺乏主动性，不愿负责任，没有解决问题与创造的能力，更喜欢经常被指导，宁愿被领导，避免承担责任，没有什么抱负；人天生习惯于明哲保身，反对变革，把对自身安全的要求看得高于一切；人缺乏理性，容易受外界和他人的影响而做出一些不适宜的举动；人生来以自我为中心，无视组织的需要，对组织需求反应淡漠，反对变革，所以对多数人必须使用强迫甚至惩罚、胁迫的办法去驱使他们工作，方可达到组织目标。

X 理论强调需要用马斯洛的底层需求（生理和安全）进行激励。这个理论不适合软件项目人员的激励。

X 理论就是强势管理。假设某些下属逃避责任、不愿意动脑筋，甚至很讨厌领导给他分派工作，碰到这种下属，就需要强势管理。这种强势管理可以对员工产生约束力，提高企业生产效率。但是，X 理论忽视了人的自身特征和精神需要，只注重满足人的生理需要和安全需要，把金钱作为主要的激励手段，把惩罚作为有效的管理方式。麦格雷戈根据人的需要、行为和动机又提出一种新的假设，即 Y 理论。

4. 麦格雷戈的 Y 理论

麦格雷戈的 Y 理论对人性假设的内容是：人天生是喜欢挑战的，要求工作是人的本能；在适当的条件下，人们能够承担责任，而且多数人愿意对工作负责，并有创造才能和主动精神，如果给予适当的激励和支持性的工作氛围，会达到很高的绩效预期，具有创造力、想象力、雄心和信心来实现组织目标；个人追求与组织的需要并不矛盾，只要管理适当，人们能够把个人目标与组织目标统一起来；人对于自己所参与的工作，能够实行自我管理和自我指挥，能够自我约束、自我导向与控制，渴望承担责任；在现代工业条件下，一般人的潜力只利用了一部分。

Y 理论认为需要用马斯洛的高层次需求（自尊和自我实现）进行激励。用 Y 理论指导管理，要求管理者根据每个人的爱好和特长，安排具有吸引力的工作，发挥其主动性和创造性；同时要重视人的主动特征，把责任最大限度地交给每个人，相信他们能自觉完成工作任务。外部控制、操纵、说服、奖罚不是促使人们努力工作的唯一办法，应该通过启发与诱导，信任每个工作人员，发挥每个人的主观能动作用，从而实现组织管理目标。

Y 理论属于参与管理，如果下属愿意接受任务，也喜欢发挥自己的潜力，喜欢有挑战性的工作，则管理者应该给这样的下属一些机会，让他们参与管理。但是，经过实践，人们发现 Y 理论并非在任何条件下都比 X 理论优越，管理思想和管理方式应根据人员素质、工作特点、环境情况而定，不能一概而论。这便是超 Y 理论产生的理论基础。

5. 超 Y 理论

超 Y 理论是莫尔斯和洛希在 1970 年发表的论文《超 Y 理论》中提出的，其主要观点是：人们是怀着许多不同的需要加入工作组织的，各自有不同的情况，例如，有的人自由散漫，不愿参与决策、承担责任，需要正规化的组织机构和严格的规章制度加以约束，而有的人责任心强，积极向上，需要更多的自治、责任和发挥创造性的机会去实现尊重和自我实现的需要；组织形式和管理方法要与工作性质和人们的需要相适应，对有些人（如懒惰、缺乏进取心者）适用 X 理论管理，而对另一些人（如富有责任心、工作主动者）适用 Y 理论管理；组织机构和管理层次的划分、职工培训和工作分配、工作报酬和控制程度等，都要从工作性质、工作目标、员工素质等方面进行综合考虑，不能千篇一律；当一个目标达到后，应激起员工的胜任感，使他们为达到新的、更高的目标而努力。但是，认真分析和研究之后，人们发现：不论是 X、Y 理论，还是超 Y 理论，都存在一个不足之处，即其理论研究的出发点大多是以管理者与员工对立为基本前提的。有鉴于此，便产生了 Z 理论。

6. Z 理论

Z 理论的提出者是威廉·大内（日裔美国管理学家、管理学教授）。威廉·大内于 1973 年开始研究日本企业管理，针对日美两国的管理经验，编写了《Z 理论》一书。

Z 理论认为，经营管理者与员工的目标是一致的，二者的积极性可以融合在一起。Z 理论基于日本的员工激励方法，强调忠诚、质量、集体决策和文化价值。Z 理论的基本思想是：企业对员工实行长期或终身雇佣制度，使员工与企业同甘苦、共命运，并对职工实行定期考核和逐步提级晋升制度，使员工看到企业对自己的好处，因而积极关心企业的利益和企业的发展；企业经营者不仅要让员工完成生产任务，而且要注意员工的培训，使他们能适应各种工作环境需要，成为多专多能的人才；管理过程既要运用统计报表、数字信息等鲜明的控制手段，又要注意对人的经验和潜在能力进行诱导；企业决策采取集体研究和个人负责的方式，由员工提出建议，集思广益，由领导者做出决策并承担责任；上下级关系融洽，管理者要处处关心职工，让职工多参与管理。不同于"性本恶"的 X 理论，也不同于"性本善"的 Y 理论，Z 理论"争取既追求效率又尽可能减少管理者与员工的对立，尽量取得行动上的统一"。

7. 期望理论

期望理论最早是由美国心理学家佛隆在《工作与激励》一书中首先提出来的，其基本内容主要是佛隆的期望公式和期望模式。佛隆认为，人总是渴求满足一定的需要并设法达到一定的目标。这个目标在尚未实现时，表现为一种期望，这时目标反过来对个人的动机又是一种激发的力量，激发力量的大小取决于目标价值（效价）和期望概率（期望值）的乘积，用公式表示即 $M=\sum V \times E$。其中，M 表示激发力量，是指调动一个人的积极性、激发人内部潜力的强度。V 表示目标价值（效价），这是一个心理学概念，是指达到目标对于满足个人需要的价值。对于同一个目标，由于每一个人所处的环境不同，需求不同，其需要的目标价值也就不同。同一个目标对每一个人可能有 3 种效价——正、零、负，效价越高，激励力量就越大。E 是期望值，是指人们根据过去的经验判断自己达到某种目标的可能性是大还是小，即能够达到目标的概率。目标价值的大小直接反映人所需要动机的强弱，期望概率反映人实现需要和动机的信心强弱。这个公式说明：假如一个人把某种目标的价值看得越大，估计能实现的概率也越高，那么这个目标激发动机的力量越强烈。

怎样使激发力量达到最高值，佛隆提出了人的期望模式：个人努力→个人成绩（绩效）→组织奖励（报酬）→个人需要。

15.2　干系人计划的执行控制

项目的目的是实现项目干系人的需求和愿望，项目干系人管理应当贯穿始终，项目经理及其项目成员要分清项目干系人包含哪些人和组织，通过沟通协调对他们施加影响，驱动他们对项目的支持，调查并明确他们的需求和愿望，减小其对项目的阻力，以确保项目获得成功。

在项目实施过程中，项目管理者需要不断跟踪干系人计划，对干系人进行必要的管理，让干系人更多地支持项目，以保证项目的成功。管理干系人参与和控制干系人参与都是管理者的任务。

管理干系人参与是指在整个项目周期中，与干系人进行沟通和协作，以满足其需要与期望，解决实际出现的问题，并促进干系人合理参与项目活动的过程，帮助项目经理提升来自干系人的支持，并将干系人的抵制降到最低，从而显著提高项目成功的机会。控制干系人参与是指全面监管项目干系人之间的关系，调整策略和计划，以调动干系人参与的过程，而且，随着项目进展和环境变化，维护并提升干系人参与活动的效率和效果。表 15-1 是针对项目干系人计划的执行控制情况表。

表 15-1　针对项目干系人计划的执行控制情况表

干系人	联系方式	角色	目前参与程度	需要的参与程度	规划	状态
干系人 1			不支持	支持	定期拜访	没有完全支持，加强交流
干系人 2			中立	支持	定期拜访	基本支持，继续加油
干系人 3			支持	支持	定期拜访	支持

15.3　项目沟通计划的执行控制

项目执行过程中应该按照计划中确定的沟通方式和沟通渠道进行沟通。从一定意义上讲，沟通就是管理的本质。管理离不开沟通，沟通渗透于管理的各个方面。所谓沟通，是人与人之间的思想和信息的交换，是将信息由一个人传达给另一个人，逐渐广泛传播的过程。著名组织管理学家巴纳德认为"沟通是把一个组织中的成员联系在一起，以实现共同目标的手段"。沟通是保持项目顺利进行的润滑剂。

15.3.1　项目沟通技术

在项目的实施过程中，可以根据项目的具体情况，采取合适的沟通方法和沟通技术进行项目沟通。例如，利用信息技术、项目会议、非正式沟通等。

1. 利用信息技术

可以利用信息化系统来管理项目的信息，并进行有效的沟通。例如，可以采用互联网的方式将项目需要的文档标准、会议纪要、需求变更、客户要求等及时予以发布和获取，也可以通过配置管理系统实现信息的沟通。

2. 项目会议

项目会议属于正式沟通，正式沟通是通过项目组织明文规定的渠道进行信息传递和交流的方式。它的优点是沟通效果好，有较强的约束力；缺点是沟通速度慢。项目管理过程中一个比较重要的、正式的沟通方式是项目会议，或称为项目评审。项目评审是项目管理中的重要手段，是通过一定的方式对项目进行评价和审核的过程。通过项目评审可以明确项目的执行状况，并确定采取的管理措施。评审时，需要对进度计划、成本计划、风险计划、质量计划、配置计划等的执行情况进行评价，确认计划中各项任务的完成情况，重新评估风险，更新风险表，明确是否所有的质量、配置活动都在执行，团队的沟通情况如何等，给出当前为止项目的执行结论。

评审会议能突出一些重要项目文件提供的信息和综合的状态信息，迫使人们对他们的工作负责。通过对重要的项目问题进行面对面的讨论，激励职员在自己负责的项目部分取得进展。项目经理应为评审会议制定基本规则，以控制冲突的数量，并解决潜在的问题。另外，要让项目干系人参与解决执行中的问题，这是很重要的。

按照评审的时间属性，评审会议分为定期会议、阶段会议、事件会议等。

（1）定期会议

定期会议主要是根据项目计划和跟踪采集的数据，定期对项目执行的状态进行评审，跟踪项目的实际结果和执行情况，检查任务规模是否合理、项目进度是否得以保证、资源调配是否合理、责任是否落实等。根据数据分析结果和评审情况，及时发现项目计划的问题，评审相关责任落实情况，针对出现的偏差采取纠正措施。

基于上述会议评审，项目经理可以对项目实际执行结果与计划做出比较，如果出现明显偏差，则需要采取纠正措施。

定期会议评审是用来交流项目信息的定期会议，该会议同时也是一个很好的激励工具。项目成员如果知道要定期对工作情况进行正式汇报，一定会确保完成工作任务。

（2）阶段会议

阶段会议（或称里程碑会议）主要在项目计划中规定的阶段点（或里程碑），由项目管理者组织，根据项目计划、项目数据等对该阶段任务完成情况和产品进行评审。会议评审的目的是检查当前计划执行情况，检查产品与计划的偏差，并对项目风险进行分析处理，判定是否可以对产品进行基线冻结。一个好的计划应该是渐进完善和细化的，所以阶段评审会议之后应该对下一阶段的项目计划进行必要的修正。

（3）事件会议

在项目进展过程中可能会出现一些意想不到的事件，需要项目经理及时解决。事件会议评审主要是根据项目进行过程中相关人员提交的事件报告（这里的事件主要是指对项目进度和成本产生影响的事件），对该事件组织相关人员进行评审，分析事件性质和影响范围，讨论处理方案，并判断是否影响项目计划，必要时采取纠正措施，从而保证整个项目的顺利进行。

项目评审会议结束后需要将评审的结果以评审报告的形式进行发布，如定期评审报告、事件评审报告和阶段（里程碑）评审报告等。表 15-2 所示是某项目的评审报告。

表 15-2　某项目评审报告

项目名称	网管检测系统				项目标识		CELLLER			
部门 / 组织名	开发部				阶段名称		系统开发及测试			
主持人	刘建军				会议地点		小会议室			
评审时间	2018.9.24				评审时段		2018/9/18 ～ 2018/9/24			
评审人	吴军、姜立、李伟、章佰艺、韩万江、王斌									
评审项与结论										
评审要素	规模		完成时间		进度		时间偏差	人力		成本
	计划	实际	计划	实际	计划	实际		计划	实际	计划	实际
系统开发	33	35	9.15 ～ 9.24	进行中	100%	65%	-35%	5	5		

（续）

问题和对策（管理／技术／质量）

1. 原测试工作淡化，现需要加强。
2. 目前进度：
    ——检测子系统完成编程；
    ——通信完成编程；
    ——显示模块进行中；
    ——进度问题：由于测试工作加强及显示工作未完成，下周刘阳加入测试工作，下周完成编码及测试，进度推迟 4 天。
3. 使用资源情况：因时间紧张立、杨阳加入。
4. 功能问题：
    ——暂时取消加密／压缩功能，在以后的版本中增加；
    ——检测模块的过滤功能，只完成几种基本要求，如 TCP、UDP、ICMP、IP；
    ——显示模块。
5. 测试下周开始：
    ——显示模块单元测试主要由王斌、李伟进行；
    ——检测模块测试报告；
    ——质量保证对功能测试下周一由韩万江负责开始。
6. 代码走查：下周二，李铭负责检测模块程序走查。
7. 管理：
    ——加强测试的管理和控制

评审结论（包括上次评审问题的解决方案）

1. 本周推迟计划进度。
2. 为了保证产品质量，在月底前无法按时完成，需要在 10 月初完成。
3. 必要时修改计划。

审核意见

1. 资源和进度都有所变化，应修改项目计划或调整计划（应有说明）。
2. 没有说明计划推迟的原因。
3. 下图是 QA 的进度监视图（仅供参考）。

审核人：韩万江　　　　　　　　　　审核日期：2018/9/24

3. 非正式沟通

非正式沟通是指在正式沟通渠道之外进行的信息传递和交流。这种沟通的优点是沟通方便、沟通速度快，且能提供一些正式沟通中难以获得的信息。其缺点是容易失真。

在通过沟通获取相关信息时，除了比较正式的方法之外，还需要一些非正式的沟通方法。例如，聊天、非正式的见面谈话等都可以很好地获取一些重要信息，而且有时这种方式更为有效、直观。所以，沟通是一个多维度的实施过程，包括写、说、听等。项目管理者要善于应用各种方法，引导成员进行有效沟通，而且要注意针对不同的人采用不同的沟通方法。

非正式沟通是非正式组织的副产品，一方面满足了员工的需求，另一方面弥补了正式沟通系统的不足。非正式沟通带有一种随意性与灵活性，并没有一个固定的模式或方法。

有效的沟通可以让员工更加无障碍地工作。但是，过分正式的沟通反而会带给员工新的压力。要想避免这一点，就要抓住员工的心理特点。当员工的积极性还没有高涨起来的时候，沟通可以带来压力，也可以带来信心。但是当激励到了一个阶段以后，正式的沟通会让员工认为自己做得还不能令管理者满意，因此他们会感到沮丧，这时，就需要通过非正式的沟通方式来和员工交流。

对于一些很及时的消息，可以通过口头的方式沟通，口头交流有时是很有效的方式，也不容易产生误会，而且有更加真切的感觉。人与人之间最常用的沟通方法是交谈。有统计表明，在面对面的沟通中，58%的沟通是通过肢体语言实现的。

在非正式沟通中可以注意以下技巧：营造愉快的氛围，以询问替代命令，态度要平和，避免无聊空谈等。另外，在沟通过程中，注意介质的选择，如硬盘、电话、电子邮件、会议、网络等，不同的介质适合于不同的场合和需要，可以根据情况确定，并给予说明。

项目经理可以根据沟通计划，确定合理有效的沟通方式。对于特别重要的内容，要采用多种方式进行有效沟通。影响项目选择沟通方式的因素有很多，如沟通需求的紧迫程度、沟通方式的有效性、项目相关人员的能力和习惯、项目本身的规模等。

15.3.2 冲突解决方案

有研究表明，管理中70%的错误是由于不善于沟通造成的。很多的IT企业容易忽视员工沟通技巧的培训，忽视说、听、写的训练，而且随着企业的日益强大以及全球化，员工更需要与不同习惯的人、不同文化背景的人进行沟通，所以改善沟通技能是很重要的。

在所有与良好沟通相关的技巧中，倾听可能是其中最重要的一种。大多数人并没有意识到他们听的能力有多差，其实听懂别人所说的并不容易。员工不仅要听上级说什么，还要听出上级没说什么。

要学会移情聆听。移情聆听是指以理解为目的的聆听，听者要站在说话者的角度看问题，理解他们的思维模式和感受。移情聆听时，最好重复对方的讲述内容，并反映出感情色彩。倾听强调主动倾听和反应性倾听。主动倾听是指聆听信号的全部意思，不预加判断或诠释，或者想着接下来该说什么来响应。反应性倾听是建立在移情基础上的一种沟通，它可以帮助我们体验他人的想法和感受；不是为他人承担责任，不是自己说而是让他人说；不用评价、判断或给出建议，而只是略做表示，可以在谈话结束后再来纠正谈话者的错误。反应性倾听者擅长"开放式问句"，例如，"你能告诉我更多情况吗？"或"那时你的感受如何？"，应避免评论式、事实性或否定的问句。反应性倾听不是直接告诉对方，不应打断对方，而应帮助谈话者从中去发现问题。经验表明，这一技巧的效果极好。

在项目沟通过程中，冲突不可避免。冲突的来源包括资源稀缺、进度优先级排序和个人工作风格差异等。采用团队基本规则、团队规范及成熟的项目管理实践（如沟通规划和角色定义），可以减少冲突的数量。

冲突不是坏事情，很多好的想法、好的选择都是通过冲突产生的。乔布斯在《乔布斯：遗失的访谈》（1995年）中谈到：正是通过团队合作，通过这些精英的相互碰撞，通过辩论、对抗、争吵、合作，相互打磨。磨砺彼此的想法，才能创造出美丽的"石头"。

与项目相关的冲突有 5 种常用的解决方法，每种方法都有各自的作用和用途，建议的优先级如下。

1）合作 / 解决问题：直接面对冲突（问题），综合考虑不同的观点和意见，共同分析问题，采用合作的态度和开放式对话引导各方达成共识和承诺，找到最恰当的解决方案，允许受到影响的各方一起沟通，以消除他们之间的分歧。这是一种从根本上解决问题的方法，这种方法可以带来双赢的局面。

2）强迫 / 命令：以牺牲其他方为代价，推行某一方的观点，通常是利用权力来强行解决紧急问题，这是一种非输即赢的解决冲突方法，即一赢一输的局面。

3）妥协 / 调解。为了暂时或部分解决冲突，双方各让一步，寻找能让各方都在一定程度上满意或者折中的方案，虽然没有赢家，但是双方都得到了一定程度的满意。但这种方法有时会导致双输的局面。

4）缓和 / 包容。强调一致性，淡化分歧，是求同存异的解决方法，为维持和谐与关系而退让一步，考虑其他方的需要。

5）撤退 / 回避。从实际或潜在冲突中退出，将问题推迟到准备充分的时候，或者将问题推给其他人员解决。虽然不能解决冲突，但是暂时冷却了冲突的局面，此方法只适合于某些情况。

下面是一个有关沟通在项目监控过程中作用的案例。这是一个客户高度关注的大型软件项目，其进度已经相对滞后。正当所有的人都在紧张地追赶进度时，客户方的一个负责人突然提出修改进度计划，将系统的一部分提前上线。因为项目的数据移植和切换都是作为一个整体来处理的，此方案需要增加接口开发和数据移植的工作量；其次，切换方案的修改会影响已经展开的工作，这些对项目的最终交付日期会造成巨大的风险。但是，无论项目经理如何解释，对方仍坚持要求公司增加人手，让部分系统提前上线。

项目经理与项目总监进行了分析，首先认为这样的决策可能是更高级别做出的。这一点很快得到了验证，这个决策是客户方的一个部门经理的决定，而要求变更的负责人只是执行者，跟他解释无法改变决定。

根据这一情况，项目总监与客户方的部门经理进行了沟通，获知了变更计划的真正原因。由于项目延期，上级对项目能否按期完成忧心忡忡，因此部门经理决定通过部分提前上线的方式"展示"项目的执行力。由此判断，决策的症结不在部门经理这里。

项目总监求助公司高层与客户高层进行了一次沟通，了解到高层真正的担忧并不是"延期"本身，而是项目信息不透明、过程不可控，"没人说清楚到底要延期到什么时候！"

至此，状况基本清晰。项目总监再次与客户方的部门经理进行沟通。首先，告知其客户方高层的真正担忧，对于这个反馈信息，部门经理非常重视，也很感谢，这拉进了项目总监与他的关系。其次，项目总监提出，部分提前上线的方式其实没有解决高层担忧的根本问题，且使最终的交付风险增大，只是风险后移，可能会使其处境更为严峻。最后，建议不要修改计划，而是主动将项目的进展状态和问题向高层汇报，使得项目过程透明，将所有人的精力集中到按预期交付项目上。部门经理接受了此建议，沟通和透明增加了高层的信心，改变了项目的处境，而且项目组还获得了很多意想不到的资源。

一个变更计划的需求反映的是不同的需要：项目负责人是执行者，需要坚决地贯彻部门经理的决策；部门经理是决策者，需要证明项目的执行力，增加高层信心；客户高层是决策的影响者，其担忧的内容直接影响决策。可见，一个需求下面有 3 种需要。要统一认识，必须回到整体的项目目标"按期上线"（在这个目标上各层很容易达成一致）。在这个共同的目标下，最有效的措施不是提前上线，而是增加项目的透明度，而且，这个措施同时可以满足所有人的需要。该措施将所有人的注意力聚焦到确保最终交付日期的目标上，从而获得了项目的驱动力。回到案例的起点，如果项目经理匆忙决策满足客户需求，向公司施加压力，即使按期完成了部分系统，最后也可能造成项目整体延期。这也体现了一个普通项目经理和一个优秀项目经理的本质区别。

15.4　风险计划的执行控制

风险管理的 4 个步骤是循环进行的，在项目执行过程中，需要不断地进行风险识别、风险分析、风险规划和风险控制，如图 15-4 所示。

图 15-4　风险管理过程框架

风险控制是指实施和监控风险计划，保证风险计划的执行，评估和削减风险的有效性，针对一个预测的风险，监控它是否发生，确保针对某个风险而制定的风险消除步骤正在合理使用，同时监视剩余的风险和识别新的风险，收集可用于将来的风险分析信息的过程。风险跟踪控制是贯穿项目始终的。当变更发生时，需要重复进行风险识别、风险分析以及风险对策，研究一整套基本措施。首先需要建立风险控制体系，然后评审和评价风险。风险控制涉及整个项目管理过程中的风险应对过程，该过程的输出包括应对风险的纠正措施以及风险管理计划的更新。

软件企业在进行项目管理的过程中，可以采用适合自己的风险管理方法进行风险管理，以确保软件项目在规定的预算和期限内完成项目。人们常采用风险清单对项目风险进行管理，在项目进行中，不时地更新和处理项目当前风险中最高的几项风险，以保证项目不脱离目标。风险是动态的，因此需要经常地、及时地评估当前的风险，例如，每周或每两周进行一次风险评估。

通过风险跟踪控制可以及时调整风险计划，追加新的风险，更新风险的排序。表 15-3 是一个风险跟踪控制表。

有效的历史信息将有助于对潜在风险问题的控制，通过对产生风险的条件施加影响，最大限度地消除负面影响，使项目向有利的方向发展。在风险事件发生时，在规避、转移、缓解、接受中选择最合理的应对方式。所有的项目都有风险，且风险有高有低。风险和快速开发是一对矛盾和协调的组合。

软件项目的风险是多种多样、无处不在的。在项目管理活动中，要积极面对风险，越早识别风险、管理风险，就越有可能规避风险，或者在风险发生时能够降低风险带来的影响。特别是对于项目参与方多、涉及面广、影响范围大、技术含量高的复杂项目，应加强风险管理。风险计划可以帮助项目摆脱困境，用风险分析的结果说明问题。

表 15-3　风险跟踪控制表

本周排名	上周排名	总周数	风险	风险处理情况
1	1	6	需求的逐渐增加	• 利用原型方法收集客户的需求，将确认的需求纳入变更控制之下，用户签字 • 采用分阶段提交的方式让用户逐步接受
2	5	3	总体设计出现问题	• 聘专家评审总体设计，提出修改建议 • 使用符合要求的开发过程
3	2	5	开发工具不理想	• 尽可能采用熟悉的工具 • 加强培训
4	7	3	计划过于乐观	• 避免在完成需求规约前对进度做出约定 • 早期评审，发现问题 • 及时评估项目状况，必要时修订计划
5	3	6	关键人员离职	• 挽留关键人员 • 启动备份的开发人员 • 再招聘其他人员
6	4	5	开发人员与客户产生沟通矛盾	• 与客户共同组织活动，增进感情 • 让用户参与部分开发
7	6	4	承包商开发的子系统延迟交付	要求开发商确定负责的联络人

从某种意义上讲，软件项目管理就是风险管理。项目经理应该通过学习掌握项目风险管理所必备的知识，总结项目中常见的风险及其对策。下面简单介绍软件项目中的常见风险及其预防措施。

（1）合同风险

签订的合同不科学、不严谨，项目边界和各方面责任界定不清等是影响项目成败的重大因素之一。预防这种风险的办法是在项目建设之初，项目经理要全面、准确地了解合同各条款的内容，尽早和合同各方就模糊或不明确的条款签订补充协议。

（2）需求变更风险

需求变更是软件项目经常发生的事情。一个看似很有"钱途"的软件项目，往往由于无限度的需求变更而让项目开发方苦不堪言，甚至最终导致项目亏损。预防这种风险的办法是在项目建设之初就和用户书面约定好需求变更控制流程，记录并归档用户的需求变更申请。

（3）沟通不良风险

项目组与项目各干系方沟通不良是影响项目顺利进展的一个非常重要的因素。预防这种风险的办法是在项目建设之初就和项目各干系方约定好沟通的渠道和方式，在项目建设过程中多和项目各干系方进行交流和沟通，注意培养和锻炼自身的沟通技巧。

（4）缺乏领导支持风险

上层领导的支持是项目获得资源（包括人力资源、财力资源和物料资源等）的有效保障，也是项目遇到困难时项目组最强有力的"后台支撑"。预防这种风险的办法是主动争取领导对项目的重视，确保和领导的沟通渠道畅通，经常向领导汇报工作进展。

（5）进度风险

有些项目对进度要求非常苛刻（对于进度要求不高的项目，同样要考虑该风险），项目进度的延迟意味着违约或市场机会的错失。预防这种风险的办法一般是分阶段交付产品，增加项目监控的频率和力度，多运用可行的办法保证工作质量，避免返工。

（6）质量风险

有些项目的用户对软件质量有很高的要求，如果项目组成员的开发经验不足，则需要密切关注项目的质量风险。预防这种风险的办法一般是经常和用户交流工作成果，采用符合要求的开发流程，认真组织对交付物的检查和评审，计划和组织严格的独立测试等。

（7）系统性能风险

有些软件项目属于多用户并发的应用系统，系统对性能要求很高，这时项目组就需要关注项目的性能风险。预防这种风险的办法一般是在进行项目开发之前先设计和搭建出系统的基础架构并进行性能测试，确保架构符合性能指标后再进行后续工作。

（8）工具风险

在软件项目开发和实施过程中，所必须用到的管理工具、开发工具、测试工具等是否能及时到位，以及到位的工具版本是否符合项目要求等，是项目组需要考虑的风险因素。预防这种风险的办法一般是在项目的启动阶段就落实好各项工具的来源或可能的替代工具，在需要使用这些工具之前（一般需要提前一个月左右）跟踪并落实工具的到位事宜。

（9）技术风险

在软件项目开发和建设的过程中，技术因素是一个非常重要的因素。项目组一定要本着项目的实际要求，选用合适、成熟的技术，千万不要无视项目的实际情况，而选用一些虽然先进但并非项目所必需且自己又不熟悉的技术。如果项目成员不具备或掌握不好项目所要求的技术，则需要重点关注该风险因素。预防这种风险的办法是选用项目所必需的技术，在应用技术之前，对相关人员开展技术培训工作。

（10）团队成员能力和素质风险

团队成员的能力（包括业务能力和技术能力）和素质对项目的进展、项目的质量具有很大的影响，项目经理在项目的建设过程中需要实时关注该因素。预防这种风险的办法是在用人之前先选对人，开展有针对性的培训，将合适的人安排到合适的岗位上。

（11）团队成员协作风险

团队成员是否能齐心协力为项目的共同目标服务，是影响进度和质量的关键因素。预防这种风险的办法是在项目建设之初，项目经理需要将项目目标、工作任务等和项目成员沟通清楚，采用公平、公正、公开的绩效考评制度，倡导团结互助的工作氛围等。

（12）人员流动风险

项目成员特别是核心成员的流动给项目造成的影响是非常可怕的。人员的流动轻则影响项目进度，重则导致项目无法继续甚至被迫夭折。预防这种风险的办法是尽可能将项目的核心工作分派给多人（而不要集中在个别人身上），加强同类型人才的培养和储备。

（13）工作环境风险

工作环境（包括办公环境和人文环境）的好坏直接影响项目成员的工作情绪和工作效率。预防这种风险的办法是在项目建设之前就选择和建设好适合项目特点和满足项目成员期望的办公环境，在项目的建设过程中不断调整和营造和谐的人文环境。

（14）系统运行环境风险

目前，大部分项目系统集成和软件开发是分开进行的（甚至由不同公司承接），因此软件系统赖以运行的硬件环境和网络环境的建设进度对软件系统是否能顺利实施具有相当大的影响。预防这种风险的办法是和用户签订相关的协议、跟进系统集成部分的实施进度、及时提醒用户等。

（15）分包商风险

有些项目可能会涉及将系统的部分功能分包出去，这时项目组需要关注项目的分包商风险。预防这种风险的办法一般是指定分包经理全程监控分包商活动，让分包商采用经认可的开发流程，督促分包商及时提交和汇报工作成果、及时审计分包商工作成果等。

以上列举的这些风险是软件项目建设中经常出现的主要风险，但由于项目本身的个性化特征，针对具体的项目，可能会出现一些事先根本无法预期的风险，这就需要项目经理能够敏锐地识别它们，从而更好地预防和控制它们。

15.5 合同计划的执行控制

为了保证合同的顺利进行，同时满足合同的相关规定，甲乙双方都需要对合同的执行过程进行跟踪管理。

15.5.1 甲方合同管理

甲方合同管理的工作主要是验收、违约事件的处理等。

1. 验收过程

验收过程是甲方对乙方交付的产品或服务进行阶段性验收检验，以保证它满足合同条款的要求的过程。验收过程如图 15-5 所示。

图 15-5　验收过程

具体活动描述如下。

1）根据需求（采购）资料和合同文本制定对采购对象的验收清单。

2）组织有关人员对验收清单及验收标准进行评审。

3）根据验收清单及验收标准制订验收计划并通过甲乙双方的确认。

4）甲乙双方执行验收计划。

5）处理验收计划执行中发现的问题。

6）编写验收报告。

2. 违约事件处理过程

如果在合同的执行过程中，乙方发生与合同要求不一致的问题，导致违约事件，需要执行违约事件处理过程。违约事件处理过程如图 15-6 所示。

图 15-6　违约事件处理过程

甲方合同管理者的具体活动描述如下。

1）负责向项目决策者和其他有关人员发出违约事件通告。

2）项目决策者负责决策违约事件处理方式。

3）负责按项目决策者的决策处理违约事件。

4）合同管理者负责向项目决策者报告违约事件的处理结果。

15.5.2 乙方合同管理

乙方合同管理主要包括合同跟踪管理过程、合同修改控制、违约事件处理过程和产品维护过程。

1. 合同跟踪管理过程

合同跟踪管理过程是乙方跟踪合同的执行过程，基本过程如图 15-7 所示。

图 15-7 合同执行跟踪管理过程

乙方合同管理者的具体活动描述如下。

1）根据合同要求对项目计划中涉及的外部责任进行确认，并对项目计划进行审批。

2）根据合同要求和项目计划进行合同执行管理规划。

3）依据合同执行管理计划对合同执行过程进行跟踪管理并记录结果。

4）负责项目实施过程中甲乙双方责任的落实，包括产品交付过程。

5）对需求变更请求，向需求管理者下达任务单，并依据相关过程进行处理。

6）对项目管理者提交的计划修改请求进行审批。

7）对项目管理者提交的事件报告进行处理。

8）与用户协调产品验收有关事宜。

2. 合同修改控制

在合同的执行过程中，可能发生合同的变更，合同修改控制就是管理合同变更的过程，合同修改控制过程如图 15-8 所示。

图 15-8 合同修改控制过程

乙方合同管理者的具体活动描述如下。

1）评估变更请求对合同的影响，并与用户协商有关问题。

2）根据评估结果提出合同修改建议，确定修改策略。

3）根据修改策略处理修改请求，并记录合同修改备忘录。

4）负责调整因修改请求处理引起的相关变化。

5）向项目决策者提交修改请求处理结果报告。

6）将修改请求处理结果通知有关人员。

3.违约事件处理过程

乙方违约事件处理过程类似甲方的情况。

4.产品维护过程

产品维护过程是乙方对提交后的软件产品进行后期维护的工作过程。产品维护过程如图 15-9 所示。

图 15-9　产品维护过程

产品维护过程具体活动描述如下。

1）乙方记录用户的维护需求，对用户的维护需求进行分类，并确定响应策略。一般维护需求和响应策略有如下几种。

- 适应性维护：按优先级排列。
- 改善性维护：或按优先级排列，或拒绝。
- 纠错性维护：根据错误严重程度进行优先级排列。

2）乙方根据响应策略通知用户对维护需求的处理方式。

3）确定乙方产品维护管理者。

4）乙方产品维护管理者负责组织有关人员对用户的维护需求进行确认；对于确认过程中出现的问题，负责与用户进行协商。

5）乙方产品维护管理者负责组织有关人员对用户的维护需求进行评估，估算所需的时间和资源，并将结果提交合同管理者。

6）乙方合同管理者依据评估结果负责与用户进行商务协调，并与用户达成维护协议。

7）乙方合同管理者依据维护协议给产品维护管理者下达产品维护任务单。由产品维护管理者负责完成产品维护过程。

15.6　敏捷项目执行控制过程

15.6.1　敏捷团队管理

敏捷团队是跨部门组成的，在项目的执行过程中，应该充分促进自组织团队建设。

1.个体授权

团队逐渐形成自组织需要领导逐步授权团队，但是授权并不是单纯的权力下放，领导层对每一位员工授权时都需要充分考虑员工意愿，即员工是否愿意承担相应的职责。除此之外，在具体授权的事项上，需要考虑员工的能力水平。如果授权的工作内容对员工过于简单，员工未必能提得起兴趣，并且，长此以往可能导致员工缺乏动力，甚至认为工作没有挑战性而考虑另谋高就。反之，授权的工作内容对员工来说难度过大，会造成员工处于紧张和焦虑的情绪中，长此以往又导致员工压力过大，不仅无法顺利完成工作，甚至会影响整个团队的协作效率。

2. 团队授权

除了个体视角，授权时也要考虑团队视角。团队视角需要重点关注团队成熟度，团队敏捷转型初期并不适合过多授权，初期的授权需要承担较大的敏捷转型风险。而随着团队成熟度的提高，可以考虑逐步授权，为团队自组织提供机会。当团队自组织模式逐步显现时则可以充分授权，在适当的时机给予团队必要的建议，并重点关注如何帮助团队创造更好的环境，为团队成长提供充足的土壤。

3. 明确团队目标

团队自组织带来的是高效的运作，但是并不能代表团队能够持续交付价值。对于一个团队的长期发展来说，既要有价值交付目标，也要有团队发展目标。在自组织的环境之下依然需要领导层为团队提供明确的目标或者帮助团队共创、共识、产出目标。任何目标缺失的自组织团队也只是"空转"罢了。

4. 帮助团队成长

作为领导层，需要在确保团队充分自组织、不断实现发展目标的前提下，做到持续成长。而团队成长的关键会涉及三方面的因素：个体的技能水平、团队的纪律规范和团队的动态架构。

（1）技能水平

自组织团队无疑对团队中每个角色的技能水平提出了更高的要求。想要自组织、高效地运作，需要团队各角色互相支持，并在不同的场景下承担起领导者的角色。所以除了各个角色的基础技能之外，也对团队个体的领导力提出了更高的要求。

（2）纪律规范

10个专家组成的团队不一定就是最好的团队，个人技能的充分发挥需要团队纪律的支撑，自组织并不是无组织无纪律，反而更加依赖于团队纪律。必要的团队纪律是减少浪费、提升团队战斗力的关键。技能离不开纪律的规范，纪律也离不开技能的支撑，二者相辅相成才是团队自组织下效能提升的重点。

（3）动态架构

团队稳定对于高绩效的达成至关重要，但是稳定不意味着一成不变。自组织团队需要在面对各种内外部需求变化的场景下，结合目标的达成，产生动态适应的灵活架构来支撑团队更高效的交付价值流。对于自组织团队来说，衡量其自组织价值的核心指标就是适应性，而架构适应性是不可忽略的核心体现。

5. 塑造团队文化

自组织团队并不是单纯的行为上的改变，团队文化是自组织团队不可忽略的重要因素。文化进一步分解为多样性、包容性和成长思维多个维度。多样性带给团队更多的视角，也意味着更多的潜在方案和不同的领导风格；包容性是自组织团队能够持续成长和改进的基石，确保团队能够在自我检视和改善中成长；而成长思维带来的是团队的正向状态。三者没有高低之分，都是自组织团队文化的重要组成部分。

自组织不是根本目标，也不应该追求自组织的极致状态。对敏捷团队来说，在领导管控与自组织之间找到平衡点才是最佳策略。

15.6.2　敏捷团队的沟通管理

敏捷会议是主要的沟通方式，例如 Scrum 的迭代规划会议、每日站立会议、迭代评审和迭代回顾会议等属于定期会议管理方式，如图 15-10 所示。在敏捷生存期模型中，每日站立会议是很有效的沟通方式，会议中可以及时了解项目的进展以及存在的问题。

图 15-10　Scrum 会议

另外，看板也是敏捷项目很有效的沟通技术，在敏捷生存期模型中，任务是分解到人的实际的工作，把将要做的任务、正在做的任务和已完成的任务用简单的贴士贴在白板上（见图 15-11），可以绘制一些横向的"泳道"来表明任务应该由谁来完成。

情景	要做的任务	正在做的任务	已完成的任务
作为用户，我能……　5	编码……　8	编码…… Tom　8 4	编码…… Mike　6 4 0
	编码……　6		
	测试……　4		
作为用户，我能……　2	编码……　8		
	测试……　6		
作为用户，我能……　3	编码……　6	编码…… Lucy　5 3	
	测试……　4		

图 15-11　白板沟通

15.6.3　敏捷团队的 OKR 激励模式

　　OKR（Objective and Key Result，目标与关键结果）是一套组织、团队与个人皆适用的目标管理方法，即通过目标和关键结果实现团队激励的方式。众多海外企业（例如 Intel、Google、Oracle、Twitter、Facebook、Uber、LinkedIn 等）都采用过 OKR 方式，并取得了效果。OKR 从 2014 年前后传入国内后，百度、腾讯、京东、华为、小米、今日头条、抖音、知乎、顺丰、链家等多家具有创新意识的公司先后实施，很多创业团队也都在实践着 OKR，帮助团队创业成功。表 15-4 是一个 OKR 案例。

表 15-4　OKR 案例

	目标	关键结果
案例 1	目标：向餐厅供应商证明我们所提供的优质茶叶的价值	关键结果 1：客户重复订购率达到 70% 关键结果 2：50% 的重复订购客户能自助完成重复订购 关键结果 3：完成 25 万美元的交易额
案例 2	目标：为餐厅供应商优化在线订单管理系统	关键结果 1：80% 的重复订购订单在线完成 关键结果 2：系统满意度达到 8 分（满分 10 分） 关键结果 3：电话订购减少 50%
案例 3	目标：推出一个很棒的 MVP	关键结果 1：40% 的用户在一周以内访问量增加两倍 关键结果 2：净推荐值达到 8 分 关键结果 3：15% 的转化率

　　企业或者项目的 OKR 目标可以来自以下几个方面。
- 组织使命、愿景和战略分解。
- 管理团队的讨论和决策。
- 团队自发讨论和设计。
- 协作团队的要求。
- 创新要求。
- 团队成长规划。
- 个人的兴趣、爱好。

案例 1

　　微信红包就是一个自组织敏捷团队在 OKR 激励方式下的成功典范。微信红包出现之前，支付宝基本碾压微信支付，但是微信红包改变了移动支付的格局。这不是事前规划好的，而是通过设定"赶超第一移动支付霸主"的目标，从若干项目实践中产生的一个成果。

案例 2

　　2015 年，华为将员工的奖金 / 薪酬打包，和组织的价值创造挂钩，形成闭环，获得了降本增效的效果，如图 15-12 所示。某个部门降本增效做得好，创造价值就高，所有员工的奖金包就大，员工也就分得奖金多。这样的利益驱动机制效果非常明显，员工会非常有动力去推动降本增效，因为省下的钱和多挣的钱都是自己的。这种机制激励效应非常明显，员工会拧成一股绳力图创造高绩效。

案例 3

　　2024 年 1 月 4 日，雷军发布消息称，2024 年开年第一件大事是为小米工程师们颁发百万美金年度技术大奖。这是小米内部规格最高的奖项，奖励在重大技术创新项目中做出关键突破的 10 人以内团队。"小米澎湃 OS 架构"和"一体化大压铸技术"两支团队拿到了当年的百万美金大奖，他们为小米实现"人车家全生态"闭环做出了重要贡献。

图 15-12　华为薪酬包

15.6.4　敏捷风险管理

敏捷项目的风险管理基本上是采取风险预防的策略，例如基于测试的开发、结对编程、多版本提交、迭代评审等方法都是预防策略的具体实施。

15.6.5　敏捷项目的干系人管理

敏捷客户管理的主导思想是与客户等干系人保持协作的关系，例如客户参与接收测试、客户参与迭代评审会议、执行灵活的合同协议等，这些策略对于干系人管理、风险管理、合同管理都有很好的作用。敏捷方法提倡高度透明，将项目信息发布到看板等公共空间，邀请所有相关方参与项目会议和审查。

15.7　智能化时代的项目团队管理

在智能化时代，项目经理应该更需要具有适用性、软技能，同时掌握人工智能的工具，利用 AI 进行智能项目管理，例如 AI 驱动的项目信息采集、AI 驱动的项目计划和控制、AI 驱动的沟通管理、AI 驱动的项目风险预测、AI 驱动的项目资源分配和预测分析、AI 驱动的项目干系人反馈情感分析等，实现 AI 赋能项目管理。

15.8　MED 项目辅助计划执行控制案例分析

本章案例包括"医疗信息商务平台"的项目干系人计划、项目沟通计划、项目风险计划的执行控制。

15.8.1　项目干系人计划的执行控制

项目干系人计划执行控制如表 15-5 所示。

表 15-5　项目干系人计划执行控制表

干系人名称	联系方式	参与阶段	目的	沟通方法	状态
Tom（主要用户）	Tom@hotmail.com	主要阶段	支持和配合	每周汇报 1-2 次项目进展	OK
Brad（用户）	Brad@126.com	需求、验收	配合和理解	每周联络，倾听意见	增加汇报信息

（续）

干系人名称	联系方式	参与阶段	目的	沟通方法	状态
陈××（技术专家）	Chen@263.net	系统设计	负责系统设计	邀请培训	OK
		开发	负责关键模块的开发	邀请参加每天站立会议	关键会议参加
姜××（技术指导）	jiang@sina.com	系统设计	负责系统设计的专家评审	邀请参加技术评审	OK

15.8.2　项目沟通计划的执行控制

沟通记录如表 15-6 所示。

表 15-6　沟通记录

沟通日期	会议主题	项目经理	项目组成员	客户成员	沟通事项	沟通结果
2018/7/8	Medeal 项目实施规划	王军	习平安、张立、赵锦波、郑浩	×××、×××	1. 确定项目管理方式。 2. 该实施规划应包括如何与用户和技术支持的协调，即增加"关键资源"章节，内容涉及人员、职责和时间安排。 3. 该实施规划应包含"项目管理方式"章节，内容涉及第1条内容、项目报告周期和内容摘要等	基本满意，但是大家应对变化能力不够
2018/8/2	总结 Medeal 项目联合评审会议情况	姜心	杨焱泰、丁心茹、周辉、王强、虞晓东、蒋东	×××、×××	1. 内容管理。 2. 网页设计。 3. 工作环境提案、第一阶段实施计划。 4. 商务过程定义、KFL 负责人。 5. 应用域模型	讨论内容基本满意，只是没有完全讨论出网页的设计

下面给出一个迭代评审会议的会议纪要。

会议纪要

日期：2018 年 8 月 4 日

时间：09:30 ～ 10:30

地点：大会议室

参加人员：韩总、章一、高键、刘昕、程军、赵廷刚

主题：医疗信息商务平台第一迭代评审

一、第一个迭代完成之后的产品展示

这个迭代完成之后，提交了一个可以运行的版本。运行基本满足第一迭代的需求。

二、《页面流》

与客户进一步沟通，基本满足要求，会后完成了进一步讨论，修改与补充。

三、介绍《关键特征列表》

根据客户与开发人员的讨论，同时参照试用版运行结果有所修改，如表 1 所示。

表 1 变更修改

编号	名称	变更区	变更类别	更改内容
10	自动保存竞拍记录	描述	功能修改	分对内、对外两部分分别定义，对内处理、记录、采取动作
11	产品目录维护	描述	功能修改	设计接口、过程
13	广告发布服务	名称	修改	广告发布服务→广告管理服务
		描述	功能修改	重新设计
15	系统日常维护	来源	修改	QSI → Alex
19	竞拍服务	描述	功能增加	增加自动竞拍功能
20	查看拍卖订单	描述		暂不考虑付款
32	电子邮件	描述	功能增加	增加 Free Mail 服务

其他：

1）重新定义交易的含义：在订单发送之后交易前阶段结束。

2）暂时不考虑产品订单管理，待客户定义一整套订单管理政策后再完成。

四、任务流程讨论

在项目计划驱动下，任务流程定义：KFL → BPD、MP、FP → WPF、DM → CM。

BPD：商务过程设计。

MP：管理过程。

FP（Facility Process）：便利工具过程。

WPF：主页流程。

DM：域模型设计。

CM：内容管理。

五、项目时间表

按商务要求，本项目分为以下 3 个阶段。

1）阶段 0：8 月 17 日参加医疗厂商展览会，8 月 10 日提交 DEMO 版。

2）阶段 1：10 月 15 日参加另一个医疗厂商展览会。要求实现 transaction，尽量实现 auction model。

3）阶段 2：11 ～ 12 月，完成项目，实现并提交全部功能。

目前，进度基本正常。

六、问题

1）重新定义 dealer（中间商）与 buyer（买家）的区别。

2）seller（卖家）如何修改 catalog 方式？

在 KFL 和 BPD 设计时考虑上述问题，并在初始评审时讨论。

15.8.3 项目风险计划的执行控制

风险计划控制如表 15-7 所示。

15.9 MSHD 辅助计划执行控制案例分析

本章案例展示 MSHD 项目的风险执行情况、沟通计划执行情况等。

15.9.1 风险计划的执行控制情况

表 15-8 展示了 MSHD 项目的风险计划执行情况。

表 15-7　风险计划控制表

序号	风险描述	发生概率	影响程度	风险等级	风险响应计划	责任人	状态
1	时间风险：该平台 Phase1 阶段的开发工作量大且时间有限（截止日期为 9 月 30 日），这给项目实施带来较大的时间风险	中	极大	中	为保证平台系统能在最短的时间内提交，从生存期上应采用敏捷成型和增量开发技术。尽量利用已有的产品和成熟的技术进行集成，逐步实现平台的功能和服务，使平台逐步完善起来。为了使平台能够尽快投入使用，除采用上述策略外，还应与用户协商，确定实现服务和功能的优先级，按照优先级的顺序由高至低地进行开发，逐步完成全部服务和功能	赵六	解决
2	需求风险：平台所有者对平台实现的需求也是随着项目的进展而不断具体化，而每一次需求的变化都可能由于影响设计和开发而造成时间和资源的调整，这给项目实施带来一定的需求风险	中	大	高	使用增量式的开发，面对需求的不断变更和具体化，可以随着项目的不断开发增量式地添加新功能或修改之前已有的功能，满足需求的变更	吴丹	关闭
3	资源风险：由于目前可以投入的开发人员有限，而新员工又面临熟悉和培训的过程，因此项目实施中可能存在一定的资源风险	低	中	中	合理分配开发人员的工作量，对可以投入的开发人员做到高效的利用，对个新员工加强技术培训，尽快使其投入开发工作中	张三	关闭
4	新风险：学生学习新技术的能力不理想，拖延项目						解决
5	新风险：本项目的内容管理与行业标准有一定的差距						进行

表 15-8　MSHD 项目的风险计划执行表

序号	风险描述	概率	影响程度	风险值	风险响应计划	处理状态
1	时间风险：多源异构灾情管理系统的开发工作量大且时间有限	50%	50%	25%	制订详细的项目计划，包括任务分解、里程碑设定和资源分配，以合理安排开发工作。加强团队成员之间的沟通和协作，确保信息的及时共享和问题的及时解决。定期召开会议评审进度，跟踪项目进展情况，并及时调整计划和资源分配	解决
2	技术风险：团队对项目的后端框架不太熟悉	60%	30%	18%	进行技术培训，确保所选的技术方案和工具能够满足系统需求。建立技术专家团队，具备相关领域的专业技能，能够解决技术挑战	解决
3	需求变更风险：在项目开发过程中，需求可能会发生变化，导致项目范围和时间的变更	40%	20%	8%	采用敏捷的开发方式，通过多次迭代及时响应需求变更。小组成员多讨论，制订变更管理流程，评估变更的影响和优先级，确保变更的合理性和可行性	关闭
4	用户风险：用户可能并没有把需求讲清楚，或者可能更改审批流程，从而造成需求更改，以至于在后期将更改带来更大的影响	40%	50%	20%	尽可能做好需求分析，并使系统设计得更加灵活，采用脑力风暴，以获取更准确、细致、可扩展性的需求	关闭

15.9.2　沟通计划的执行情况

项目团队主要通过线下的定期会议、定时汇报与看板发布任务，通过线上的飞书群聊系统与共享文档同步项目进度，并通过 GitHub 平台管理项目版本，必要时通过电话、邮件或文件的形式实现项目沟通。

1. 定期会议

定期会议包括迭代计划会议、每日站会、迭代评审会议等，会议由项目管理者主持，确保所有成员都在场，能够及时解决问题。另外，通过看板实施发布项目信息（如图 15-13 所示）。

2. 紧急沟通渠道

对于紧急情况，任何团队成员都可以直接与项目管理者沟通，确保迅速响应。

3. 技术协作工具

利用技术协作工具（飞书）进行实时沟通和文档共享，简化沟通过程。

通过上述沟通方案，确保了团队信息流动的效率和有效性，同时减少了复杂和冗余的沟通链条。

图 15-13　看板信息

小结

本章介绍了辅助计划的执行控制过程，讲述了团队人员、干系人、沟通、风险、合同等计划的执行控制，讲述了针对团队人员职责计划对项目团队人员进行管理，针对项目干系人计划对干系人进行管理，针对项目沟通计划执行项目沟通，针对风险计划执行项目风险管理，同时也介绍了敏捷项目的团队管理、沟通管理、风险管理以及客户管理等过程。

练习题

一、填空题

1. 项目周例会是一种_____沟通方式。

2. 在马斯洛的需求层次理论中，最高层需求是_____。

3. OKR（Objectives and Key Results）是一套组织、团队与个人皆适用的目标管理方法，其中 KR 的含义是_____。

二、判断题

1. 麦格雷戈的 X 理论是参与理论。（　　）

2. 产品提交之后，如果甲方提出修改一些功能，对于这个维护需求，我们应该及时给予维护。（　　）

3. 风险管理是连续的过程。（　　）

4. 管理干系人参与和控制干系人参与都是干系人管理的任务。（　　）

5. 敏捷生存期模型中的每天站立会议是一种很有效的沟通方式。（　　）

三、选择题

1. 移情聆听需要理解他人的观点，为了展示移情聆听的技巧，项目经理应该（　　）。

　　A. 检查阐述的内容是否正确　　　　　　B. 重复他人的内容，并且有感情色彩

　　C. 评估内容并提出建议　　　　　　　　D. 重复

2. 对于冲突而言，下面哪个说法是正确的？（　　）。

　　A. 冲突是坏事情　　　　　　　　　　　B. 冲突常常是有利的事情

　　C. 冲突是由捣乱分子制造的　　　　　　D. 应该避免冲突

3. 项目培训特点不包括（　　）。

　　A. 时间短　　　　　B. 连续性　　　　　C. 针对性强　　　　　D. 见效快

4. "为什么大家不能都让一步解决这个问题呢？"，这是哪类冲突解决方法的体现？（　　）

　　A. 解决问题　　　B. 妥协　　　　　C. 强迫方式　　　　　D. 撤退

5. 项目中的小组成员要同时离开公司，项目经理首先应该（　　）。

　　A. 实施风险计划　　　　　　　　　　　B. 招募新员工

　　C. 与人力资源经理谈判　　　　　　　　D. 修订计划

四、问答题

1. 针对一个软件项目，给出 OKR 管理方式的一个目标和关键成果。

2. 一个软件项目团队中一般有哪些人员角色？

3. 举例说明几种项目沟通方式。

第四篇

项 目 结 束

经过前面几章的学习，大家已经知道作为项目经理，首先应该做项目计划，然后实施项目计划，跟踪控制项目计划，直到最后正式接受一个项目或者项目的一部分，进入结束过程。

收尾过程组是为正式完成或关闭项目、阶段或合同而开展的一组过程。在迭代型、适应型和敏捷型项目中，对工作进行优先级排序，以便首先完成最具商业价值的工作。这样，即便不得不提前关闭项目或阶段，也很可能已经创造出一些商业价值。

> 项目初始 〉 项目计划 〉 项目执行控制 〉 项目结束

第16章

项目结束过程

16.1 项目终止

当一个项目的目标已经实现或者明确看到该项目的目标已经不可能实现时，项目就可以终止，进入结束阶段。例如以下一种或多种情况下，项目即宣告结束。

- 达成项目目标。
- 不会或不能达到目标。
- 项目资金缺乏或没有可分配资金。
- 项目需求不复存在。
- 无法获得所需人力或物力资源。
- 出于法律或其他原因而终止项目。

一旦决定终止一个项目，项目就要有计划、有序地分阶段停止。当然这个过程也可以简单地立即执行，即立即放弃项目。虽然项目是临时性工作，但其可交付成果可能会在项目终止后依然存在。项目结束阶段是项目的最后阶段，对这一阶段仍然需要进行有效的管理，适时做出正确的决策，总结分析项目的经验教训，为今后的项目管理提供有益的经验，并有效地终止项目。项目终止的条件是达到项目的完工或退出标准。

16.2 项目结束的具体过程

在结束项目时，项目经理需要回顾项目管理计划，确保所有项目工作都已完成以及项目目标均已实现。如果项目在完工前就提前终止，结束项目或阶段过程还需要制定程序，来调查和记录提前终止的原因。为了实现上述目的，项目经理应该引导所有合适的相关方参与本过程。

结束项目是终结项目、阶段或合同的所有活动的过程。本过程的主要作用是存档项目或阶段信息，完成计划的工作，释放组织团队资源以展开新的工作。

16.2.1 项目验收与交付

项目验收过程是指甲方对乙方交付的产品或服务进行最后的检验，以保证它满足合同条款的要求，最后确认项目范围。项目验收的具体活动描述如下。

1）甲方根据需求（采购）资料和合同文本制定验收清单。

2）甲方组织有关人员对验收清单及验收标准进行评审。

3）根据验收清单及验收标准制订验收计划，并通过甲乙双方的确认。

4）甲乙双方执行验收计划。

5）处理验收计划执行中发现的问题。

6）编写验收报告。

7）双方确定验收问题处理计划，并下达给项目经理执行。

8）双方签字认可，验收完成。

当所有的工作成果都通过验收后，乙方向甲方提交最终产品，产品交付的具体活动描述如下。

1）乙方依据合同要求对提交的产品进行检查，检查内容包括产品名称、产品版本、产品提交介质、产品提交数量、产品提交形态等。

2）乙方按照合同规定的产品提交方式将产品提交给用户。

3）乙方负责完成《产品提交说明》中双方的签字，表明项目正式接收。正式接收文件是由项目发起人或客户签发的表明他们接受项目产品的文件。

4）乙方将最终结果通知项目决策者、项目管理者及财务等有关人员。

表 16-1 和图 16-1 是验收报告示例。

表 16-1　验收报告

项目名称	×××报销系统项目		
项目阶段	系统已上线		
甲方	北京×××集团		
联系人	蒋××	联系电话	010-88888801
乙方	北京×××科技开发公司		
乙方联系人	韩江	乙方联系电话	010-99999998
验收组成员	李强、王珊、张丽		
项目概况	由于×××集团业务的不断拓展和扩大，日常费用报销、给供应商付款的业务越来越多，给工作人员带来一定的困扰，保险服务集团系统通过网上报销系统，提高工作效率和工作质量，希望通过信息化建设实现企业的持续性、健康性的发展。 本项目于×××日正式启动，经过网上报销系统的实施工作，目前系统已经正式上线使用，并使用系统完成了现阶段预算管理、费用报销、借支管理、出纳管理、资金划拨管理、业务申请管理、工作流管理、报表及各接口集成		
交付文档	需求分析说明.doc，软件设计说明书（概要设计、架构设计）.doc，软件设计说明书（数据库设计）.doc，软件设计说明书（详细设计）.doc，项目开发计划.doc，软件测试计划.xls，软件单元测试报告.doc，软件集成测试报告.doc，运维计划.doc，用户操作手册.doc，数据库.doc，运维手册.doc，用户反馈意见.doc，可行性分析报告.doc，×××集团付款报销系统–硬件配置及部署方案.doc，所有源代码		
验收结果	已完成如下功能： 1. 开发预算模块 2. 借支模块 3. 报销模块 4. 系统设置模块 5. 业务申请模块 6. 资金划拨模块		

（续）

验收结果	7. 报表模块 8. 各接口集成（OA 系统、财务系统、OA 单点登录、短信集成、润乾报表、USBKEY 登录集成）	
×××集团单位签章：		乙方单位签章：
	年　月　日	年　月　日

备　注：

1. 验收报告 本系统按照合同如期高质量完成，而且运行效果很好，完全满足合同任务书的要求。工业控制计算机也满足用户合同的要求，而且硬盘容量为 60GB，比合同要求的 40GB 高出 20GB。 实现系统主要技术指标如下： • 具有自检功能 • 控制周期分别为 1ms、2ms、2.5ms • 控制精度为 ±0.05ms • 可以实现任意单通道控制，开通时间可以设置 • 控制通道总数为 24 路 • 系统可以读取数据文件，通过指令控制通道的开通与关闭，而且控制精度在 ±0.05ms，比合同要求的 ±0.5ms 精确一个数量级	2. 交货清单 • ACME 工业控制计算机一套 • ACME 工业控制计算机手册 • ACME 工业控制计算机保修卡 • 6401 卡及其用户手册 • 功率放大器 • 功率放大器电源 • 使用说明书 • 软件清单 • 运行软件光盘 3. 双方签字 　　甲方： 　　乙方：

图 16-1　某项目的验收报告

16.2.2　合同终止

合同结束说明完成了合同所有条款或者合同双方认可终止，同时解决了所有问题。合同是甲乙双方的事情，合同结束也应该由甲乙双方共同完成。

当项目满足结束条件时，合同管理者应该及时宣布项目结束，终止合同的执行，并通过合同终止过程告知各方合同终止。

甲方具体活动描述如下。

1）按照企业文档管理规范将相关合同文档归档。

2）合同管理者向有关人员通知合同终止。

3）起草项目总结报告。

4）在项目的末期，与乙方的合同如果还有尚未解决的索赔，项目经理可以在合同收尾之后采取法律行动。

在合同终止过程中，乙（供）方应该配合甲（需）方的工作，包括项目的最后验收、双方签字认可、总结经验教训、获取合同的最后款项、开具相应的发票、将合同相关文件归档等过程。

16.2.3　项目最后评审

项目结束中一项重要的过程是项目的最后评审，即对项目进行全面的评价和审核，主要包括：确定是否实现项目目标，是否遵循项目进度计划，是否在预算成本内完成项目，项目过程中出现的突发问题以及解决措施是否合适，问题是否得到解决，对特殊成绩的讨论和认识，回顾客户和上层经理人员的评论，从该项目的实践中可以得到哪些经验和教训等事项。在评审会议上，项目成员可以畅所欲言地说出自己的想法，而且这些想法对企业也可能很有帮助。

16.2.4　项目总结

在项目结束过程中，时间、质量、成本和项目范围的冲突在这个过程中集中爆发出来。这些冲突主要表现在 3 个方面：一是客户与项目团队之间，项目团队可能认为已经完成了预定任务，达到了客户需求，而客户并不这样认为；二是项目团队与公司之间，项目团队可能认为自己已经付出了艰苦的努力，已经尽到了责任，然而公司因为项目成本上升和客户满意度不高并没有获得利润；三是项目成员之间，由于缺乏科学合理的评价体系，项目完成后的成绩属于谁、责任属于谁的问题往往造成团队成员之间互相不理解。

项目最后执行的结果有两个状态：成功与失败。项目范围、项目成本、项目时间、客户满意度达到要求，可以作为"成功项目"的标准解释。项目范围、客户满意度主要代表客户的利益，项目成本主要代表开发商的利益，项目开发时间同时影响双方的利益。一个项目如果生产出可交付的成果，而且符合事先预定的目标，满足技术性能的规范要求，满足某种使用目的，达到预定需要和期望，相关领导、项目关键人员、客户、使用者都比较满意，就是很成功的项目，即使有一定的偏差，但只要多方肯定，项目也是成功的。其实，对于项目失败的界定比较复杂，不能简单地认为项目没有实现目标就是失败的，也可能目标本身不实际，即使达到了目标，但是客户的期望没有解决，也不是成功的项目。

一个项目的交付验收并不意味着项目的真正结束，一个优秀的项目管理人员善于在项目结束后进行总结。项目结束的最后一个过程是项目总结。项目总结是将实际运行情况与项目计划不断比较以提炼经验教训的过程。通过项目总结，项目过程中的经验和教训应该得到完整的记录和升华，成为"组织财富"。

软件企业普遍缺乏经验总结过程，包括个人经验和组织经验。个人经验以组织经验为载体，总结出各种项目的成功经验，使之规则化，把具体经验归纳为全组织的标准软件过程。很多项目没能得到很好的总结，推脱的理由有很多，例如，项目总结时项目人员已经不全了、有新的项目要做、没有时间写、没人看等。这些理由是不正确的，进行总结是必要的，只有总结当前，才能提高以后。项目的成员应当在项目完成后，将取得的经验和教训写成《项目总结报告》，总结在本项目中哪些方法使项目进展得更好、哪些为项目制造了麻烦、以后应在项目中应避免什么情况等。总结成功的经验和失败的教训，为以后的项目人员更好地工作提供好的资源和依据。无论项目成功还是失败，项目结束后可以根据项目规模的大小，适当地款待项目成员，例如，可以组织项目团队共进晚餐、给他们放假或者组织度假等。最后，要对软件项目过程文件进行总结，对项目中的有用信息进行分类，放入信息库。

项目总结的形式可繁可简，实用是基本要求，例如，根据项目实际工作中遇到的需求变更管理问题，可以总结如下。

- 良好气氛下的充分交流。讨论需求及变更需求时，需求人员与客户及用户应该尽量采取协作的态度，良好的工作氛围也会提高工作效率，双方在"刁难"与"对付"的态度下是一种很糟糕的工作场景。确定需求基线的过程是与用户交流的过程，而频繁大量的需求变更在很大程度上是交流不充分的后果。所以，有效、充分的交流尤为重要，需求人员认真听取用户的要求，进行分析和整理，并设想项目在开发过程中可能会遇到的由该需求导致的问题，同时要让客户认识到如果此时再提出需求变更将会给整个项目带来的各种影响和冲击。

- 专职人员负责需求变更管理。在具有相当规模的项目中，专职的需求人员和由此组成的需求变更执行小组是项目稳定、进度良好的保证。没有变更管理而直接由开发人员处理的需求变更会给项目带来毁灭性的灾难。这些专职人员应该具有专业的需求分析技能，针对用户的变更需求，可以向用户说明利弊，并按紧迫程度为开发人员提供工作重点，同时，他们需要控制需求变更的频率。
- 明确合同约束，限制需求变更。需求在软件项目中的地位已经越来越重要，需求变更给软件开发带来的影响是有目共睹的，甚至可能因为质量低下的需求或者频繁无控制的需求变更而导致项目的失败。因此，应该让客户明白需求变更给项目带来的工期、成本等各方面的影响，在互相理解的基础上增加合同条款，例如，明确说明客户可以提出需求变更的期限，超过期限的需求变更的具体处理细则（如增加开发费用等，需求变更与开发费用本身也是关联的，这个要求并不过分）。
- 良好的软件结构适应需求变更。优秀的软件体系结构可以快速应对不同情况的需求变更，这样可以适当降低需求的基线（在成本影响的允许范围内），从而提高客户的满意度。适应需求变更必须遵循一些设计原则，如松散耦合、合理的接口定义等，力求减少接口入口参数的变化。

16.3 项目管理核心之道

随着软件开发的深入、各种技术的不断创新以及软件产业的形成，人们越来越意识到软件过程管理的重要性，管理学的思想逐渐融入软件开发过程中，软件项目管理日益受到重视。项目管理既是一门科学也是一门艺术，不同的项目、不同的项目经理有不同的管理方法和技巧，不可以照搬照抄，要因地制宜。IPD 曾经在 IBM 取得了很大的成功，于是国内很多企业纷纷仿效，结果均以失败告终。这些企业之所以失败，是因为它们没有考虑到，适合别人的未必适合自己，因为管理没有最好，只有最合适，不同的企业具有的条件和环境各不相同，企业必须根据自己的实际情况"量体裁衣"。企业管理如此，项目管理也不例外。

16.3.1 传统与敏捷项目管理的比较

传统项目管理的思路是基于项目计划的预测过程，敏捷项目管理的思路是基于价值的自适应过程，如图 16-2 所示。表 16-2 描述了两者的不同。两者各有特点，无好坏之分，传统项目管理中可以有敏捷方法，敏捷项目管理中可以采用传统技术。最初提出的敏捷主要解决的是业务与开发之间的敏捷化，DevOps 延伸了敏捷的含义，将开发与运维之间敏捷化（如图 16-3 所示）。

表 16-2 传统与敏捷项目管理的不同

比较项	敏捷项目管理	传统项目管理
特征	适应变化的价值驱动方法	遵守计划的架构驱动方法
主要目标	快速交付价值和响应变化	高稳定性和高可靠性
环境	需求难控制，经常变更	需求稳定，很少变更
计划和控制	内部计划，定性定量控制	文档化计划，定量控制

（续）

比较项	敏捷项目管理	传统项目管理
沟通	面对面沟通	编制和查阅规范文档
需求	排定优先级的 backlog	规范化的需求规约文档
开发	简单设计，少增量，认为重构代价低	大量的事前设计，较多的增量，认为重构代价高
测试	测试用例可以执行并采用来定义需求	文档化的详细测试计划和规程
管理文化	自组织	政策和规程
人员配置	不要新手，至少 30% 的熟手	可以需要 30% 高级新手

图 16-2　敏捷项目管理与传统项目管理

图 16-3　敏捷与 DevOps

传统项目管理过程通常包括详细的需求分析、规划、工时估算和阶段性的交付。这种方法适用于已知需求和较稳定的项目，可以进行全面的计划和控制。它强调规范化的工作流程和明确的任务分工，有助于项目团队的组织和协作。然而，传统项目管理对需求变更较为敏感，不太适应快速变化的环境。相比之下，敏捷项目管理过程通常更加灵活，采用敏捷开发方法可以更好地应对需求变更和技术挑战，更加注重快速迭代、持续评估和反馈，以便及时调整和优化模型的性能。

16.3.2　项目管理中的常见问题

目前我国大部分软件公司，无论是产品型公司还是项目型公司，都没有形成完全适合自己公司特点的软件开发管理模式，虽然有些公司根据软件工程理论建立了一些软件开发管理规范，但并没有从根本上解决软件开发的控制问题。软件项目管理常见问题如下。

- 缺乏项目管理系统培训。在软件企业中，以前几乎没有项目管理专业的人员来担任项目经理，某人被任命为项目经理，主要是因为他能够在技术上独当一面，而其在管理方面特别是项目管理方面的知识比较匮乏。
- 项目计划意识问题。项目经理对总体计划、阶段计划的作用认识不足，因此制订总体计划时比较随意，不少事情没有经过仔细考虑；阶段计划因工作忙等理由经常拖延，造成计划与控制管理脱节，无法进行有效的进度控制管理。
- 管理意识问题。部分项目经理不能从总体上把握整个项目，而是埋头于具体的技术工作，造成项目组成员之间忙闲不均、计划不周、任务不均、资源浪费等。有些项目经理没有很好的管理方法，工作安排不合理，很多工作只好自己做，使项目任务无法被有效、合理地分配给相关成员，以达到"负载均衡"。
- 沟通意识问题。在项目中，对于一些重要信息，没有进行充分和有效的沟通。在制订计划、意见反馈、情况通报、技术问题或成果等方面与相关人员的沟通不足，导致各做各事、重复劳动，甚至造成不必要的损失。例如，有些人没有每天定时收邮件的习惯，以至于无法及时接收最新的信息。
- 风险管理意识问题。有些项目经理没有充分意识到风险管理的重要性，对计划书中风险管理的内容简单应付了事，随便列出几个风险，随便地写一些简单的对策，对后面的风险防范起不到指导作用。
- 项目干系人问题。在范围识别阶段，项目组对客户的整体组织结构、有关人员及其关系、工作职责等没有足够了解，以至于无法得到完整需求或最终经权威用户代表确认的需求；多个用户代表意见不一致，反复修改需求，但同时要求项目尽早交付；项目后期需求变化随意，造成项目范围的蔓延、进度的拖延、成本的扩大。
- 项目团队内分工协作问题。项目团队内部有时责任分工不够清晰，造成互相推诿工作、互相推卸责任的现象；各项目成员只顾完成自己的任务，不愿意与他人协作，这些现象都将造成项目组内部资源的损耗，从而影响项目进展。

16.3.3　项目管理的经验与建议

软件项目管理比较难做，主要表现在工期短、客户对自己的需求描述不明确、沟通成本高、客户对技术要求有限制等方面。实施有效的项目管理绝非易事，有些组织在项目管理方面有很多的经验还是值得借鉴的，这里摘录一些简短的经验和建议与大家分享。

- 平衡关系。对于需求、资源、工期、质量4个要素之间的平衡关系问题，最容易犯的错误就是鼓吹"多快好省"：需求越多越好，工期越短越好，质量越高越好，投入越少越好，这是用户最常用的错误口号。正视这4个要素之间的平衡关系是软件用户、开发商、代理商成熟理智的表现，否则系统的成功就失去了最坚实的理念基础。企业实施 IT 系统的首要目标是成功，而不是失败，企业可以容忍小的成功，但不一定容忍小的失败，所以需要真正理解上述 4 个要素的平衡关系，建立并遵循一套软件开发规范，确保项目的成功。

- 高效原则。在需求、资源、工期、质量 4 个要素中，很多项目决策者是将进度放在首位的，现在市场竞争越来越激烈，软件开发越来越追求效率，大家从技术、工具、管理上寻求更多、更好的解决之道。

- 分解原则。"化繁为简，各个击破"是自古以来解决复杂问题的不二法门。对于软件项目来讲，可以将大的项目划分成几个小项目来做，将周期长的项目划分成几个明确的阶段。项目越大，对项目组的管理人员、开发人员的要求越高；参与的人员越多，需要沟通协调的渠道越多；周期越长，开发人员也越容易疲劳。通过将大项目拆分成几个小项目，可以降低对项目管理人员的要求，减少项目的管理风险，而且能够将项目管理的权力下放，充分调动人员的积极性，目标比较具体明确，易于取得阶段性的成果，使开发人员获得成就感。

- 实时控制原则。一家大型的软件公司有一位很有个性的项目经理，该项目经理很少谈起管理理论，也未见其有明显的管理措施，但是他连续做成多个规模很大的软件项目，而且应用效果很好。大家一直很奇怪他为什么能做得如此成功，经过仔细观察，终于发现他的管理方法可以用"紧盯"二字来概括，即每天他都要仔细检查项目组每个成员的工作，从软件演示到内部的处理逻辑、数据结构等，如果发现问题，改不完是不允许该成员去休息的。在这种简单的措施下，他完成了很多大的项目，当然这个过程也相当的辛苦。我们并非要推崇这种做法，但是，这说明了一个很朴实的道理：如果你没有更好的办法，就要辛苦一点，实时控制项目的进展，要将项目的进展情况完全实时地置于自己的控制之下。上述方法对项目经理的个人能力、牺牲精神要求很高，我们需要一种进行实时控制项目进度的机制，依靠一套规范的过程来保证实时监控项目的进度。例如，微软的管理策略强调的每日构建就是一种不错的方法，即每天要进行一次系统的编译链接，通过编译链接来检查进度，检查接口，发现进展中的问题，大家互相鼓励，互相监督。实时控制确保项目经理能够及时发现问题、解决问题，保证项目具有很高的可见度，从而确保项目的正常进展。

- 分类管理原则。由于项目具有特殊性，不同的软件项目，其项目目标差别很大，项目规模不同，应用领域不同，采用的技术路线差别也很大，因而，针对每个项目的不同特点，不同的组织应该实施相应的策略，其管理的方法、管理的侧重点应该是不同的。需要"因材施教""对症下药"。对于小项目，不能像管理大项目那样去做；对于产品开发类的项目，也不能像管理系统集成类的项目那样去做。项目经理需要根据项目的特点，制订不同的项目管理方案。

- 简单有效原则。在进行项目管理的过程中，不要让多余的功能以花哨的面貌出现在项目中。经常听到开发人员这样的抱怨："太麻烦了，浪费时间，没有用处"，这是一种很普遍的现象。当然，要从两个方面来分析这种情况：一方面开发人员本身可能存在不理解或者逆反心理；另一方面，项目经理也要反思——所采取的管理措施是否简单有效。项目经理往往试图堵住所有的漏洞，解决所有的问题，恰恰是这种理想化想法使项目管理陷入一个误区，作茧自缚，最后无法实施有效的管理，导致项目失败。

- 规模控制原则。该原则是和上面提到的其他原则相配合使用的，即要控制项目组的规模。可以以少数资深人员开始项目。在微软的 MSF 中，有一个很明确的原则就是要控制项目组的人数不要超过 10 个。当然，这不是绝对的，也和项目经理的水平有很大关系，但是人员"贵精而不贵多"，这是一个基本的原则，这和上面提到的高效原则、分解原则是相辅相成的。

总之，软件项目管理难做是客观的事实，项目经理除了具有扎实的技术外，还要有对组织关系的敏感度，这也是决定项目成败的重要因素。项目经理在遇到难题的时候，应能够冷静分析问题的症结，挖掘深层原因，解决根本问题。

16.4　项目管理工具

项目管理工具有助于简化项目管理过程、辅助项目管理者顺利完成项目管理任务。下面是 40 个项目管理工具及其功能和相关链接的介绍，供大家参考。

1. Asana

Asana 是小型团队的理想项目管理软件，它有三种不同版本：Free、Premium 和 Enterprise。

特征

- 免费工具允许管理多达 15 个团队成员。它还提供基本的仪表板和搜索功能。
- 高级版提供无限制的仪表板、自定义字段、高级搜索和报告。
- 企业版允许使用服务账户和 SAML 等高级管理控制来管理团队成员。

相关链接

https://asana.com/。

2. Basecamp

Basecamp 是一种有效的项目管理工具，可让你轻松分配任务、组织团队并跟踪进度。它提供 60 天免费试用版和三种不同的价格套餐版本。

特征

- 添加重复任务。
- 允许资源分配和预测。
- 自动办理登机手续。
- 搜索过滤器和通知。

相关链接

https://basecamp.com/。

3. Trello

Trello 是一种工具，旨在取代你的团队使用电子邮件和聊天进行基于任务的通信。允许你从头到尾协作完成项目。

特征

- 让团队保持井井有条。
- 集成不同类型的应用程序以简化业务流程。
- 你可以组织即将开展的项目。
- Trello 在你的所有设备上保持同步。

相关链接

https://trello.com/。

4. Podio

Podio 是一个可定制的项目管理解决方案。该工具可帮助团队以便于完成任务和项目的方式进行沟通和组织。

特征

- Podio 应用程序是 Podio 团队组织工作的工具，将项目和工作流程分解为易于管理的部分。
- 它提供可视化报告，让你清楚地了解团队的工作进度。
- 为每个团队成员管理、分配、指导和自动化工作流程，以实现更紧密的协作。

相关链接

https://podio.com/site/en。

5. Microsoft Project

Microsoft 项目集成规划工具可帮助你无缝地跟踪项目。该工具提供了一种功能强大的视觉上增强的方式，可以有效地管理各种项目和程序。

特征

- 该工具为处理多个项目提供了完全可见性。
- 它连接到各种 Microsoft 产品，如 Excel、Word、Skype 等。
- 它非常直观，可用性和复杂性之间取得了很好的平衡。

相关链接

https://products.office.com/en-in/project/project-and-portfolio-management-software?tab=tabs-1

6. Smartsheet

Smartsheet 是一个用于项目管理的协作工具。这是一个为业务提供卓越速度的工作平台。它协调并执行流程，以获得更好、更快、更低成本的入职培训。

特征

- 为团队和项目管理提供安全性、用户管理和单点登录功能。
- Smartsheet 允许使用简单的规则自动执行操作。
- 有助于简化预算和计划。

相关链接

https://www.smartsheet.com/。

7. RationalPlan

RationalPlan 用于为项目组合管理、资源管理和团队协作提供解决方案。它允许你按计划、按时并在预算范围内完成项目。

特征

- 有助于管理项目和共享资源。
- 使用对任务和电子邮件通知的评论。
- 通过使用标准或加班费率估算预算并控制财务。
- 跟踪项目在时间和成本方面的演变。

相关链接

https://www.rationalplan.com/。

8. Roadmunk

Roadmunk 是一个有助于项目管理的视觉路线图软件。它提供高级数据保护，以满足全球企业客户的需求。

特征

- 帮助你在时间线视图、Swimlane 视图或混合搭配路线图的多个视图之间进行选择。
- 帮助你创建跨多个产品、产品组合和团队的路线图。
- 使用许多高级过滤器进行自定义的选项。

相关链接

https://roadmunk.com/。

9. Casual

Casual 是一个可视化项目和流程管理软件。它可以帮助团队计划和执行项目作为简单的工作流程，是小型和不断发展的项目管理团队的理想工具。

特征

- 便于控制项目。
- 自动记录项目并主动工作。
- Casual 提供了几个计划，可以根据需求和资源来适应企业的预算。

相关链接

http://casual.pm/。

10. Clickup

Clickup 是为所有类型的用户创建的项目管理系统，可以帮助你使用分层方法组织项目。它结合了所有业务流程销售、营销、设计和开发的核心功能。

特征

- Clickup 集中了所有内容，可以通过仪表板有效地工作。
- 人们可以通过不同的方式查看任务和项目。
- 它提供机器学习功能。这有助于项目经理创建准确、切合实际的估算和时间表来管理项目。

相关链接

https://clickup.com/。

11. Wrike

Wrike 是一个基于云的协作和项目管理工具，它可以帮助你在任何业务中跨团队扩展。该工具允许设置优先级并使你的团队更快、更智能地工作。

特征

- 查看所有类型团队项目的实时报告和状态。
- 帮助你将战略转变为可行的计划以取得成功。
- 提供准确和最新的信息，以便创建一个确切的截止日期。

相关链接

https://www.wrike.com/。

12. Paymo

Paymo 是一个项目管理应用程序，允许基于项目的中小型企业管理它们的项目。该应用程序确保整个项目的无缝工作流程。

特征

- 允许团队使用高级任务管理工具，如甘特图或看板，以构建计划。
- 团队成员准确跟踪他们的工作时间和任务进度。
- 在项目的每一阶段，高层管理人员和客户都会了解项目的进展情况。

相关链接

https://www.paymoapp.com/。

13. Pivotal Tracker

Pivotal Tracker 是一个用户友好的、基于故事的项目管理工具。它允许团队协同工作，并专注于重要的事情。它有助于持续交付软件。

特征

- 允许实时协作，以便查看所有项目更改并做出反应。
- 从 Google 通用导航访问关键轨道。
- 与所有其他项目成员共享 Google 文档和其他文件。

相关链接

https://www.pivotaltracker.com/。

14. Twproject

Twproject 是一个基于 Web 的项目管理工具。该工具最大限度地减少了管理工作的工作量，并有助于公司发展。它提供内置的甘特图，可视化你的工作计划。

特征

- 该工具允许你在子任务的任意子树中处理每个项目或任务。
- 可以在同一系统中处理经典项目树和业务流程，甚至在同一项目中也可以。
- 可以高度自定义功能和报告，因为它不希望强制从主更新周期进行分支。

相关链接

https://twproject.com/。

15. LiquidPlanner

LiquidPlanner 消除过时的计划、错过最后期限，并简化你的工作。它为 IT 团队、项目经理、开发团队和营销团队提供功能。

特征

- 基于优先级的计划允许你跟踪可交付成果和截止日期。
- 团队可以共享更新和建议，以提供更清晰的项目图片。
- 提供拖放功能，允许重新安排项目。

相关链接

https://www.liquidplanner.com/。

16. Taskworld

Taskworld 是一个云托管的可视化任务管理和规划应用程序，帮助你按时间顺序跟踪对任务所做的更改。

特征

- 将相关任务组合在一起。
- 创建任务,设置截止日期并分配给你自己或你的团队成员。
- 更新多个项目的任务。
- 通过添加标签和彩色标签对任务进行排序。

相关链接

https://taskworld.com/。

17. Functionfox

Functionfox 是一个项目管理工具。它有助于减少管理时间,提高生产力和利润。它允许用户比较和分析有关其财务状况的信息,如实际成本和估算,还可以查看项目时间表、预算和生产率。

特征

- 通过客户、项目和人员的即时报告,帮助你更好地了解业务。
- 能够分配和安排任务以增强控制。
- 在开发具有更高效率和准确性的新报价时,请查看以前的项目。

相关链接

https://www.functionfox.com/products.aspxv。

18. Axosoft

Axosoft 是一个项目管理和错误跟踪解决方案,它可以部署为托管或本地软件。该软件允许收集所有或特定信息以创建正确的产品积压。

特征

- Axosoft 自定义仪表板提供速度、预计发货日期等概览。
- 支持工作流自动化和数据可视化。

相关链接

https://www.axosoft.com/。

19. Sciforma

Sciforma 工具和数据平台通过使项目数据透明、可信和易于访问来促进协作。它可以帮助项目经理管理项目、资源、风险和变更管理的所有方面。

特征

- 查看资源分配并解决资源分配问题。
- 与你的敏捷团队和迭代同步。
- 滚动详细信息以确定根本问题。
- 定义适当的属性和标准,以推动决策过程。

相关链接

https://www.sciforma.com/。

20. Freedcamp

Freedcamp 是一个项目管理工具,允许使用云计算的单个或多个用户进行协作。它是一个开源平台，适用于你想要添加的众多项目和用户。

特征

- 允许专注于任务列表并与发生的事情保持联系。
- 将较大的任务拆分为较小的子任务。
- 帮助保持你的任务私密。

相关链接

https://freedcamp.com/。

21. VersionOne

VersionOne 是易于使用的项目管理平台，可为管理和跟踪多个团队、任务和项目提供出色的性能。

特征

- 帮助你确定潜在风险，可视化你的策略，创建详细报告。
- 帮助你实时更新项目进度并与利益相关方沟通。
- 帮助你创建产品规划、产品路线图和发布计划。

相关链接

https://www.versionone.com/。

22. Zoho Projects

Zoho Projects 是 Zoho 创建的协作和项目管理工具。该软件可帮助你规划项目、分配任务和进行有效沟通。

特征

- 从事项目工作的每个人都可以使用时间表记录他 / 她的可计费和不可计费小时数。
- 创建问题并在修复和测试时跟踪它们。
- 团队将始终访问所有项目文档的最新版本。
- 与 Google、Zapier、GitHub、Dropbox 等第三方应用轻松集成。

相关链接

https://www.zoho.com/projects/。

23. Confluence

Confluence 是内容协作工具，可以改变现代团队的工作方式。该工具可帮助你组织强大的信息、意见和知识库。它还允许你回答问题、创建操作方法文档等。

特征

- 帮助你与团队一起创建、组织和讨论任务。
- 允许你收集反馈并鼓励讨论。
- 提供高级表格编辑和任务通知。
- 提供与 JIRA 的轻松集成。

相关链接

https://www.atlassian.com/software/confluence。

24. Aha!

Aha！是道路测绘和项目管理平台，它允许企业有效地管理其产品组合。它可以开发可行的业务战略和视觉路线图。

特征

- 允许你在一个位置设置策略，管理发布，确定功能的优先级，并捕获想法。
- 允许人员和组织进行交互，促进信息流动，并有助于实现业务目标。
- 帮助开发发布计划和管理。
- 提供可视化报告和详细图表。

相关链接

https://www.aha.io/。

25. ActiveCollab

ActiveCollab 是一款易于使用的项目管理和协作工具，有助于结合任务管理、时间跟踪开发精心设计的应用程序。

特征

- 当你需要在多个项目之间进行操作时，帮助管理任务。
- 将任务组织到列表中，并按人员、标签或截止日期对其进行过滤。
- 在甘特时间轴中规划你的任务，移动它们，或在列表中获得概述。
- 显示可视化报告和详细图表。
- 发布计划和管理。

相关链接

https://activecollab.com/。

26. Quire

Quire 是协作项目管理工具，它允许用户以树状结构的形式快速规划和组织任务。该软件旨在减轻管理复杂和耗时项目的负担。

特征

- 通过高级待办事项列表保持井井有条，以跟踪你的工作。
- Quire 可让你在不破坏主要目标的情况下推动进度。

相关链接

https://quire.io/。

27. Workzone

Workzone 是一个云托管的项目管理和文档协作应用程序。Workzone 允许按任务组织项目、分配职责，并在任务到期时通知。

特征

- 允许跟踪每个客户端。
- 使用最新版本自动更新旧版本。
- 提供专用的客户端工作区。
- 保存并查看文档，不需要其他文档应用程序。

相关链接

https://www.workzone.com/solutions/agency/。

28. Nutcache

Nutcache 软件提供了理想的面向业务的敏捷解决方案，它有助于有效管理整个项目交付生命周期。该工具允许你使用看板或任何其他方法来规划和管理项目。

特征

- 使用各种指标检查项目的进度和盈利能力。
- 跟踪与故事相关的时间和费用。
- 跟踪被拒绝的故事。
- 查看故事、故事点、任务或验收测试的燃尽情况。

相关链接

http://www.nutcache.com/。

29. Brightpod

Brightpod 是一个基础云项目管理服务工具，可以帮助你更有效地管理项目。它被各行各业的营销公司广泛使用。

特征

- 收到每日电子邮件，通知你前一天发生的事情以及你的逾期工作清单。
- 允许将新用户添加到角色和权限。
- 用户可以创建和重用自定义的工作流程。
- 拖放功能允许你设置优先级并通过设置优先级的电子邮件通知它们。

相关链接

https://www.brightpod.com/。

30. ProjectManager.com

ProjectManager.com 是基于云的软件，它允许您在任何地方和任何平台管理工作。它是一个全面的系统，可以帮助你轻松地执行日常任务。

特征

- 可自定义的项目仪表板可帮助你确定项目和团队是否正常运行。
- 使用你团队的多个视图在线创建、监控和共享项目计划。
- 只需按一下按钮即可创建就绪状态报告。

相关链接

https://www.projectmanager.com/。

31. ProofHub

ProofHub 是一个云托管的项目管理解决方案。它可以帮助你管理可交付成果和截止日期。该软件可帮助管理人员跨项目的关键阶段按时规划、管理和交付成果。

特征

- 将日历与 iCal、Google 日历、Outlook 和其他外部日历应用同步。
- 兼容 Android、iOS、Android 和 Windows 等流行的操作系统。
- 提供卡斯珀模式、打样和时间跟踪等功能。

相关链接

https://www.proofhub.com/。

32. Mavenlink

Mavenlink 是一个在线项目管理工具，它结合了高级项目管理、资源规划、协作和财务工具。该工具可帮助你控制工作流程质量，而不是使用以前插入的信息管理项目。

特征

- 此工具存储在一个位置组织和共享与项目相关的所有文件。
- 允许监控组合健康状况以管理工作并实时洞察项目健康状况，它还可以解决出现的问题。
- Mavenlink 支持通过一系列身份提供商进行身份验证。

相关链接

https://www.mavenlink.com/。

33. Azendoo

Azendoo 是工作跟踪任务管理软件，可帮助团队规划和共享任务，同步项目并更有效地进行通信。该 PM 工具可帮助组织提高生产力，使团队协调以完成项目。

特征

- 团队用于计划和组织日常工作量的协作任务管理系统。
- 团队协作和时间报告都集中在一个地方。
- 帮助团队跟踪整个流程的进度。
- 计划和分享日常工作。

相关链接

https://www.azendoo.com/。

34. Clarizen

Clarizen 是项目管理和高质量协作的结合。它是一种提供定义明确的工作结构的单一解决方案。

特征

- 集中和共享资源，制定战略并协调沟通。
- 通过灵活、直观的界面为用户提供工作风格。
- 创建自动化和重复性流程快速警报和工作流程。
- 通过项目管理软件共享即时项目数据、跟踪进度。

相关链接

https://www.clarizen.com/。

35. Scoro

Scoro 是一个基于云的业务管理软件，它的目标是中小型企业。

特征

- 使用无限制的项目计划和跟踪你的工作。
- 通过单一解决方案帮助你管理业务。
- 该平台可以与 Outlook Google 和 iCal 等日历应用程序无缝集成。
- 与 Mailchimp 连接以同步邮件列表。

相关链接

https://www.scoro.com/。

36. Avaza

Avaza 软件允许你运行以客户为中心的业务。它允许团队在项目、跟踪时间和管理费用方面进行协作。

特征

- 与团队和客户协作完成项目和任务。
- 有效管理分配给每个项目的资源。
- 帮助你降低费用。
- Avaza 的一体化业务管理软件允许与 500 多种流行应用程序集成。

相关链接

https://www.avaza.com/。

37. Teamweek

Teamweek 是团队的可视化项目管理软件。

特征

- 允许从 Basecamp 或 Trello 等其他项目管理工具导入。
- 通过 Google Chrome 扩展程序发送任务。
- 切换集成以进行时间跟踪。
- 将任务组织到文件夹中。

相关链接

https://teamweek.com/。

38. teamwork

teamwork 是一种易于使用、快速、良好的项目管理系统。它是一个简单的工具，允许公司最大化项目管理流程。

特征

- 帮助你减少不必要的会议并快速完成任务。
- 允许与 Hotmail 的 Gmail、Dropbox 和云端硬盘集成。
- 永远都知道你的立场。团队合作项目意味着你可以计划和跟踪团队的进展。

相关链接

https://www.teamwork.com/project-management-software。

39. Workfront

Workfront 使你可以专注于正确的工作、做最好的工作，并更快地得到结果。它可以帮助你通过最佳的工作管理方法来提高项目容量。

特征

- 帮助你管理数字工作流程。
- 自动化监管和品牌合规性的工作流程。
- 帮助你以更少的修订版提供最佳工作。

相关链接

https://www.workfront.com/。

40. Redmine

Redmine 是一个项目管理和 Web 应用程序工具。它可以用作跨平台和跨数据库的工具。

特征

- 支持 Blog 形式的新闻发布、Wiki 形式的文档撰写和文件管理。

- 用户、项目、问题支持自定义属性。
- 支持用户自行注册。
- 支持多语言和多数据库。

相关链接

http://www.redmine.org/。

16.5 AI 驱动下的项目管理

AI 驱动开发的项目管理具有以下特点。

- 需求分析：AI 驱动下的软件项目可以利用自然语言处理、图像生成等技术，快速生成用户故事、验收标准、原型图等需求文档，减少人工编写的时间和成本，提高需求的质量和一致性。
- 工作量估算：AI 驱动下的软件项目可以利用机器学习、预测分析等技术，根据历史数据和项目特征，自动生成项目的工作量、进度、成本等估算，减少人工估算的时间和误差，提高估算的准确性和可靠性。
- 代码编写：AI 驱动下的软件项目可以利用代码生成、代码补全等技术，根据需求、设计、测试等输入，自动生成部分或全部的代码，减少人工编写的时间和成本，提高代码的质量和效率。
- 配置管理：AI 驱动下的软件项目可以利用版本控制、持续集成等技术，自动管理代码的版本和变更，以及代码的编译、测试、部署等过程，减少人工配置的时间和风险，提高配置的稳定性和可用性。
- 测试验证：AI 驱动下的软件项目可以利用测试生成、测试执行等技术，根据需求、设计、代码等输入，自动生成测试用例、测试计划、测试报告等测试文档，并自动执行测试用例、收集测试缺陷等测试活动，减少人工测试的时间和成本，提高测试的覆盖率和质量。
- 风险管理：AI 驱动下的软件项目可以利用风险识别、风险评估等技术，根据项目的历史数据和实时数据，自动识别项目的风险源、风险概率、风险影响等风险信息，并自动选择风险应对策略、风险应对措施等风险管理活动，减少人工风险的时间和误差，增强风险的控制和预防。
- 质量评价：AI 驱动下的软件项目可以利用质量指标、质量评估等技术，根据项目的质量目标和质量绩效，自动生成质量评价的指标、方法、结果等质量评价信息，并自动提供质量改进的建议和反馈等质量评价活动，减少人工评价的时间和偏差，提高质量评价的客观性和全面性。

AI 驱动开发的项目管理优势总结如下。

- 灵活性和适应性：开发过程可以根据需求变化和反馈进行迭代和调整，更好地适应不确定性和变动性。提升项目的竞争力和创新力，增强项目的灵活性和响应速度。
- 快速验证和反馈：可以通过迭代的方式快速验证和评估，及时获得用户反馈并进行改进。
- 自动化和智能化：可以自动化一些重复性工作和决策，提高工作效率和准确性。
- 提高项目的效率和质量，减少项目的时间和成本，提升项目的能力和水平。
- 释放项目人员的时间和精力，让他们专注于更有价值和更有创意的工作，提升项目人员的满意度和士气。

AI 驱动开发的软件项目管理也存在如下一些问题。

- 需要投入更多的资源和成本，建立和维护 AI 技术的基础设施和平台，以及培养和引进 AI 技术的专业人才。
- 需要面对更多的风险和挑战，如 AI 技术的不成熟、不兼容、不稳定等问题，以及 AI 技术的安全、伦理、法律等问题。
- 需要改变项目的管理模式和文化，如从以人为中心转向以技术为中心，从以计划为导向转向以数据为导向，从以控制为目标转向以协作为目标。

综合而言，AI 驱动的项目管理在处理大规模数据、自动化任务和提供准确决策支持方面具有明显优势，而常规项目管理则在灵活性、适应性和特定需求方面表现较好。在实际应用中，可以根据项目的需求和可行性选择合适的管理方式，或将两种模型结合使用，以充分发挥它们的优势，提高项目管理的效率和准确性。

16.6 MED 项目结束过程案例分析

本章的案例包括"医疗信息商务平台"项目结束阶段的验收计划、项目验收报告、项目总结。

16.6.1 验收计划

"医疗信息商务平台"项目验收计划文档如下（同样省略封面）。

目 录

1 导言

1.1 目的

本文档的目的是为"医疗信息商务平台"项目验收过程提供一个实施计划,作为项目验收的依据和指南。本文档的目标如下:

- 确定项目验收规划和流程。
- 明确项目验收步骤。

1.2 范围

本文档只适用于"医疗信息商务平台"项目的验收过程。

1.3 缩写说明

PMO:Project Management Office(项目管理办公室)的缩写。

QA:Quality Assurance(质量保证)的缩写。

1.4 术语定义

无。

1.5 引用标准

[1]《文档格式标准》V1.0

北京×××有限公司

[2]《过程术语定义》V1.0

北京×××有限公司

1.6 版本更新记录

本文档的修订和版本更新记录如表1所示。

表1 版本更新记录

版本	修改内容	修改人	审核人	日期
0.1	初始版			2018-12-13
1.0	修改第3章			2018-12-18

2 验收标准依据

- 项目合同;
- 招标文件;
- 项目实施方案;
- 双方签署的《需求规约说明书》。

3 验收内容

3.1 文档验收

- 《投标文件》;
- 《需求规约说明书》;
- 《概要设计说明书》;
- 《详细设计说明书》;
- 《数据库设计说明书》;

- 《测试报告》;
- 《用户操作手册》;
- 《系统维护手册》;
- 《项目总结报告》。

3.2　源代码验收
提交可执行的系统源代码。

3.3　配置脚本验收
- 配置脚本;
- 软、硬件安装;
- 初始化数据。

3.4　可执行程序验收

3.4.1　功能验收
- 用户分类和注册管理;
- 产品目录浏览和查询;
- 网上交易;
- 分类广告;
- 协会 / 学会;
- 医院管理;
- 医院规划与设计;
- E-mail 管理;
- Chat 管理;
- 护士自动排班表;
- 用户联机帮助。

3.4.2　性能验收
1）遵照国家、北京市、经济技术开发区有关电子政务标准化指南，遵循国际有关电子政务建设标准。

2）7×24 小时系统无故障运行能力。

3）支持在多用户、大数据量、多应用系统环境下正常运转。

4）符合国家及北京市有关信息系统安全规范。

5）提供完备的信息安全保障体系，包括安全检测与监控、身份认证、数据备份、数据加密、访问控制等内容。

6）最终需求规约说明书明确的其他性能要求。

3.4.3　环境验收
1）负载均衡系统的验证与测试方法（表 2）。

2）双机热备系统的验证与测试方法。

略。

3）数据备份和恢复系统的验证与测试方法。

略。

4 验收流程

4.1 初验

1）检查各类项目文档。

2）可执行程序功能验收。

4.2 终验

1）各类项目文档（《需求规约说明书》《概要设计说明书》《详细设计说明书》《数据库设计说明书》《测试报告》《用户操作手册》《系统维护手册》《项目总结报告》）。

2）源代码验收。

3）配置脚本验收。

4）可执行程序功能验收。

5）可执行程序性能验收。

4.3 移交产品

1）移交系统源代码。

2）移交项目文档。

表 2   负载均衡系统的验证与测试方法

测试条目：负载均衡设备的硬件状态

测试过程：

步骤	人工操作和／或执行的命令	要求的指标条目	结果
1	打开设备的电源模块，查看是否正常运行	查看状态指示灯颜色变化是否正常，其中绿色为正常，橙色为故障	
2	查看设备系统日志	无硬件报错日志	

测试条目：负载均衡策略配置

测试过程：

步骤	人工操作和／或执行的命令	要求的指标条目	结果
1	查看设备对外服务地址配置	符合系统要求地址	
2	查看数据库服务器分发地址	包括两台数据库服务器地址	
3	查看数据库服务器分发策略	根据服务器可用性，按设定算法分发	
4	查看应用服务器服务器分发地址	包括所有应用服务器地址	
5	查看应用服务器分发策略	根据服务器可用性，按设定算法分发	

测试条目：数据库负载均衡策略配置有效性

测试过程：

步骤	人工操作和／或执行的命令	要求的指标条目	结果
1	从负载均衡器系统管理界面，跟踪对数据库服务器 IP 访问的分发情况	按既定策略分发到不同服务器地址	
2	以一台模拟客户端发起对数据库的访问（如 sqlplus 命令）	从数据库系统查询到请求被分配到不同数据库实例	

测试条目：应用负载均衡策略配置有效性

测试过程：

步骤	人工操作和／或执行的命令	要求的指标条目	结果
1	从负载均衡器系统管理界面，跟踪对应用服务器 IP 访问的分发情况	按既定策略分发到不同服务器地址	
2	以一台模拟客户端发起对应用的访问（如浏览器打开系统门户地址，可选）	从应用服务器软件管理界面查询到会话被分配到不同应用服务器实例	

16.6.2　项目验收报告

项目验收报告如表 16-3 所示。

表 16-3　项目验收报告

<table>
<tr><td rowspan="2">系统名称</td><td>医</td><td>疗</td><td>信</td><td>息</td><td>商</td><td>务</td><td>平</td><td>台</td><td></td><td></td><td></td><td></td></tr>
<tr><td colspan="12">限 36 个汉字</td></tr>
<tr><td rowspan="8">检测样品送检单位</td><td>单位名称</td><td colspan="4">北京 ××× 科技公司</td><td colspan="7"></td></tr>
<tr><td>隶属省部</td><td colspan="2">代码</td><td colspan="2">001</td><td colspan="2">名称</td><td colspan="2">北京</td><td colspan="3"></td></tr>
<tr><td>所在单位</td><td colspan="2">代码</td><td colspan="2">1020</td><td colspan="2">名称</td><td colspan="5"></td></tr>
<tr><td>联系人</td><td colspan="2">×××</td><td colspan="2">邮政编码</td><td colspan="2">100010</td><td colspan="3">独立科研机构 □</td></tr>
<tr><td rowspan="2">通信地址</td><td colspan="5" rowspan="2">北京海淀区 ××× 路 ××× 号</td><td rowspan="4">单位属性</td><td colspan="3">大专院校 □</td></tr>
<tr><td colspan="3">工矿企业 □</td></tr>
<tr><td>E-mail</td><td colspan="5"></td><td colspan="3">集体个体 □</td></tr>
<tr><td>电话 / 传真</td><td colspan="5"></td><td colspan="3">其他性质 ☑</td></tr>
<tr><td colspan="2" rowspan="2">质量检测
单位名称</td><td>×</td><td>×</td><td>软</td><td>件</td><td>评</td><td>测</td><td>中</td><td>心</td><td></td><td></td></tr>
<tr><td colspan="10">限 20 个汉字</td></tr>
<tr><td colspan="2">成果有无密级</td><td colspan="2">（0）</td><td colspan="2">0—无　1—有</td><td>密级</td><td colspan="2">（　）</td><td colspan="3">1—秘密　2—机密　3—绝密</td></tr>
<tr><td colspan="2">检测单位</td><td colspan="10">×× 软件评测中心</td></tr>
<tr><td colspan="2">检测地点</td><td colspan="10"></td></tr>
<tr><td colspan="2">测试类型</td><td colspan="10">确认□　推荐□　鉴定□　验收☑</td></tr>
<tr><td colspan="2">成果有无密级</td><td colspan="4">有□　无☑</td><td colspan="2">密级</td><td colspan="4">秘密□　机密□　绝密□</td></tr>
<tr><td colspan="2">样品名称 / 版本</td><td colspan="10"></td></tr>
<tr><td colspan="2">样品接受日期</td><td colspan="4">2018/12/10</td><td colspan="2">样品检测日期</td><td colspan="4">2018/12/11 ～ 2018/12/30</td></tr>
<tr><td colspan="2">样品内容与数量</td><td colspan="3">光盘（3）</td><td colspan="3">软盘（0）</td><td colspan="2">说明书（12）</td><td colspan="2">附件（6）</td></tr>
<tr><td colspan="2">测试标准</td><td colspan="10">CSTCJSBZ02 应用软件产品测试规范
CSTCJSBZ03 软件产品测试评分标准</td></tr>
<tr><td colspan="2">测试工具</td><td colspan="10">HP Loadrunner、Jmeter</td></tr>
<tr><td colspan="2">测试人员</td><td colspan="6">张 ××</td><td colspan="2">日期</td><td colspan="2"></td></tr>
<tr><td colspan="2">审核人员</td><td colspan="6">朱 ××</td><td colspan="2">日期</td><td colspan="2"></td></tr>
<tr><td colspan="2">批准人员</td><td colspan="6">习 ××</td><td colspan="2">日期</td><td colspan="2"></td></tr>
<tr><td colspan="12">测试结论</td></tr>
</table>

　　×× 软件评测中心于 2018 年 12 月 11 日至 2018 年 12 月 30 日受北京 ××× 公司的委托，对北京 ××× 公司开发的"医疗信息商务平台"系统进行了信息系统验收测试。

　　×× 软件评测中心根据国家标准《信息技术软件包质量要求和测试》（GB/T 17544）、CSTCJSBZ02《应用软件产品测试规范》和系统测试方案，针对该系统的业务要求，分别对其功能、性能、安全可靠性、兼容性、可扩充性、易用性和用户文档等质量特性进行了全面、严格的验收测试。测试结论如下：

　　1. 结构设计基本合理。该系统基于 B/S 多层架构，采用了层间低耦合、层内高内聚的设计思想，从而使系统的结构更加合理。

　　2. 系统功能较完善。该系统功能包括 11 个部分：用户分类和注册管理、产品目录浏览和查询、网上交易、分类广告、协会 / 学会、医院管理、医院规划与设计、E-mail 管理、Chat 管理、护士自动排班表、用户联机帮助等。

　　3. 系统易用性基本良好。界面设计简洁、操作简单，各模块风格统一，系统提供帮助文件。

　　4. 系统安全性良好。系统通过用户名和口令验证用户身份，具备用户及权限分配管理功能，系统可屏蔽用户操作错误，统一认证、安全通信等。

　　5. 系统性能良好。通过压力测试工具 HP Loadrunner 对系统进行了压力、容量等破坏性测试，基本满足需要。

　　测试结论："医疗信息商务平台"在功能实现上基本达到了系统测试方案中的要求；现场测试过程中系统运行基本稳定，通过了 ×× 软件评测中心的验收测试。

测试机构负责人：×××　　　　　　　　　　　　批准日期：2018/12/31

16.6.3 项目总结

"医疗信息商务平台"项目总结文档如下（同样省略封面）。

目　录

1　导言

1.1　目的

"医疗信息商务平台"项目基本成功完成，根据项目最后评审，总结项目经验和教训。

1.2　范围

本文档只针对"医疗信息商务平台"项目总结说明。

1.3　缩写说明

PMO：Project Management Office（项目管理办公室）的缩写。

QA：Quality Assurance（质量保证）的缩写。

1.4　术语定义

无。

1.5　引用标准

［1］《文档格式标准》V1.0

北京×××有限公司

［2］《过程术语定义》V1.0

北京×××有限公司

1.6　版本更新记录

本文档的修订和版本更新记录如表1所示。

表1　版本更新记录

版本	修改内容	修改人	审核人	日期
0.1	初始版			2018-12-23
1.0	修改3，4，5			2018-12-28

2　软件项目投入

项目总的投入总结如下：

- 软件开发历时 6 个月（2018 年 7 月～ 2018 年 12 月）。
- 平均人力投入 9（开发）+3（测试）人 / 天，总工作量达 84 人 / 月。
- 总成本 45 万元。

具体的统计数据见表 2 所示，其中的任务规模饼图如图 1 所示。

表 2　项目总成本表

阶段	人力成本（元）			资源成本（元）		
	计划	实际	差异	计划	实际	差异
项目规划	23 414	16 860	6554			
产品设计	98 180	82 365	15 815	51 000	38 770	12 230
产品开发	281 981	235 262.62	46 718.38			
产品测试	97 170	81 426.12	15 743.88			
产品验收及提交						
总计	498 745.00	415 913.74	82 831.26	51 000	38 770	12 230
累计（元）	计划：549 745		实际：454 683.74		差异：95 061.26	

图 1　任务规模饼图

3　经验总结

项目经验总结如下。

1）一定要清楚各个阶段的时间点和提交物。

2）应及时处理客户提出的问题。

3）针对难题，及时组织专家组攻关。

4）不要轻易向客户承诺，一旦承诺，一定要按承诺完成。

5）软件提交给客户前，做好充分测试，做到对客户问题心中有数。

4　教训

项目教训如下。

1）版本发布延期。有几次发布软件版本时，临时出现问题，导致项目整体延期，客户抱怨我们不够重视或对我们能力产生怀疑。

教训：对于公司内部版本，要有预见性地尽早安排，要比提交给客户的时间至少提前 2 个工作日（留足解决异常情况的时间），这样才不至于被动和受客户抱怨。

2）反映不够及时，问题解决慢。问题解决进度不尽如人意，主要原因是一部分人力没有充分投入本项目，这方面和公司的人力状况有关，也是问题解决慢的一个主要原因

（人少，项目多，任务紧急，工程师很难深入学习，仓促解决问题可能引入新问题，经验积累很难全面化，从而导致问题解决迟缓）。

教训：①问题解决需要有前瞻性，针对难度比较大的问题，尽早增加人手解决；②依赖外部资源的问题，尽早和客户沟通，让客户心中有数，避免让客户认为问题出在我们身上。

5 项目总结

本项目开拓了开发团队的视野，增强了开发人员的技术能力，同时在项目中也遇到了诸如对新技术不熟悉造成开发前期的进展较为缓慢的问题，这个问题在经过几次培训后得到了较好的改善。这个问题告诫我们磨刀不误砍柴工，面对开发，特别是不熟悉领域的开发，在真正开发阶段之前就要做好人员的技术能力检查，针对出现的问题及早进行统一的培训和答疑。另一个问题在于系统移植同时与软件和硬件打交道，开发中有时会出现软件开发没有问题，但是在设备上调试时出现问题，这往往是硬件方面出了问题。软件工程师要勇于提出问题，不要自己同自己较劲，造成时间上的延误。这主要是由于软件工程师对硬件不熟悉而造成的。因此，要在开发前对软件工程师进行硬件技术的讲解和普及。这样软件工程师才能成为一个优秀的系统移植人员。

16.7 MSHD 项目结束过程案例分析

16.7.1 项目总体指标

本项目提交了用户满意的多源异构灾情管理系统，如图 16-4 所示，完成用户需求的所有功能。

图 16-4 多源异构灾情管理系统

项目通过快速迭代、持续反馈和团队协作，在规定时间内成功完成了项目目标。其中：

- 项目迭代次数：共 3 次迭代（不包括第 0 次迭代）。
- 项目工作量：总共 350 小时的工作量。
- 项目开发时间：项目迭代从 2023 年 10 月 8 日开始，持续到 2023 年 12 月 10 日结束，总计 42 天。

- 进度计划与实际对比：项目开发预期为 330 小时，实际使用 350 小时，比预估时间稍长，主要是初期开发时间比预期慢，后期速度超过了预期速度。
- 开发效率：团队开发效率呈增长趋势，从初始的 1.5SP/ 天，到最后的 2.5SP/ 天，可见随着开发技术水平的提高和项目管理方法的进步，开发效率逐步增长。
- 主分支提交次数为 135 次，如图 16-5 所示。

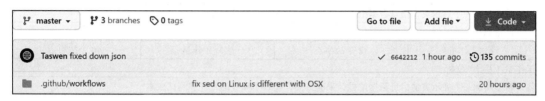

图 16-5 主分支提交

16.7.2 项目迭代指标

表 16-4 是对每个迭代的计划与实际的进度、工作量对比以及工作效率等情况的总结。总体来说，团队沟通协作良好，技术问题得到及时解决，尽管遇到了挑战，团队通过紧密合作保证了关键功能的按时交付，基本完成了计划任务。

表 16-4 项目计划与实际的对比

迭代 I				
1. 时间总结				
开始时间	2023/10/8	计划完成日期	2023/10/29	实际完成日期	2023/11/2
时间（差异）分析				
在灾情信息数据库的构建时构建了更多的表来存储详尽的灾情信息				
2. 工作量总结				
计划工作量	77 个故事点	实际工作量	80 个故事点
工作量（差异）分析				
在灾情信息数据库的构建时构建了更多的表来存储详尽的灾情信息，增加了开发和测试成本				
3. 工作效率				
计划工作效率	2 故事点 / 天	实际工作效率	1.5 故事点 / 天
工作效率（差异）分析				
团队刚刚组建，小组成员之间并不熟悉，开发速率不快				
迭代 II				
1. 时间总结				
开始时间	2023/11/3	计划完成日期	2023/11/14	实际完成日期	2023/11/12
时间（差异）分析				
通过与客户的交流，一些计划中的功能不需要实现了				
2. 工作量总结				
计划工作量	31 个故事点	实际工作量	28 个故事点
工作量（差异）分析				
通过与客户的交流，一些计划中的功能不需要实现了				
3. 工作效率				
计划工作效率	2 故事点 / 天	实际工作效率	2 故事点 / 天

（续）

工作效率（差异）分析					
团队组建了一段时间，小组成员之间的磨合逐渐加深					

迭代 III

1. 时间总结

开始时间	2023/11/13	计划完成日期	2023/11/26	实际完成日期	2023/12/3

时间（差异）分析

客户希望增加一个展示灾情信息数据挖掘结果的页面，导致了额外的开发和测试时间

2. 工作量总结

计划工作量	32 个故事点	实际工作量	40 个故事点

工作量（差异）分析

客户希望增加一个展示灾情信息数据挖掘结果的页面，导致了额外的开发和测试成本

3. 工作效率

计划工作效率	2 故事点 / 天	实际工作效率	2.5 故事点 / 天

工作效率（差异）分析

团队中的每个成员都很熟悉彼此了，开发效率甚至高于预期

16.7.3 项目经验教训

从项目中获得的经验教训如下。

- **准确估算工作量**：在项目开始阶段，对于任务的工作量估算要更为准确。尽管前期估算有一定误差，但可以在项目进展中逐步调整和优化估算，确保后续迭代的计划更加精准。
- **技术难题的及时解决**：遇到技术难题时，要及时寻求团队成员的帮助，进行深入的技术研究。在解决问题的同时，积累相关经验，以便更好地应对后续类似问题。
- **灵活调整计划**：项目进行中，难免会遇到变化和挑战，因此需要保持灵活性，及时调整项目计划。采用敏捷开发的方法，可以更好地应对需求变更和项目调整。
- **定期团队回顾**：在每个迭代结束后，进行团队回顾，总结经验教训，发现问题，及时调整工作方式和流程。通过不断优化团队协作机制，提高整体工作效率。
- **及时沟通和反馈**：团队成员之间要保持及时的沟通和反馈。通过定期的会议和沟通平台，及时解决问题，确保团队目标的一致性和项目整体进度的透明性。
- **用户反馈的重要性**：用户反馈是项目改进的关键。及时收集和分析用户的反馈，不断优化系统，确保项目交付后得到用户的认可。

小结

俗话说"编筐编篓，全在收口"，项目结束是非常重要的过程。本章强调了项目结束应该执行的过程，包括合同结束和项目结束。合同结束包括甲方合同结束和乙方合同结束。项目结束过程包括编制结束计划、进行收尾工作、最后评审、编写项目总结报告等。本章还介绍了项目管理中的常见问题以及项目管理的经验和建议，综述了项目管理工具以及 AI 驱动项目开发的项目管理。

练习题

一、填空题

1. 项目目标已经成功实现，可交付成果已经出现，或者项目无法继续进行，这时项目可以_____了。

2. _____是甲方对乙方交付的产品或服务进行最后的检验，以保证它满足合同条款的要求，最后确认项目范围。

二、判断题

1. 有大量文件说明就能保证项目成功。（　　　）

2. 项目计划中确定的可交付成果已经出现，项目的目标已经成功实现时，可终止项目。（　　　）

3. 项目成果没有完成前，不能终止项目。（　　　）

4. 只有项目成功完成了，才说明项目结束了。（　　　）

5. 项目经验教训总结是项目结束的一个重要输出。（　　　）

6. 当一个项目的目标已经实现或者明确看到目标已经不可能实现时，项目就应该终止。（　　　）

7. 项目的最后评审是不必要的。（　　　）

三、选择题

1. 软件项目收尾工作应该做的事情不包括（　　　）。

　　A. 人员角色选择　　　　　　　　　　B. 范围确认

　　C. 质量验收和产品交付　　　　　　　D. 费用决算和项目文档验收

2. 下列除了哪一项，其他都可以是项目终止的条件。（　　　）

　　A. 项目计划中确定的可交付成果已经出现，项目的目标已经成功实现

　　B. 项目已经不具备实用价值

　　C. 项目由于各种原因而导致无限期拖长

　　D. 项目需求发生了变化

3. 下列不是项目成功与失败的标准的是（　　　）。

　　A. 是否实现目标　　　　　　　　　　B. 可交付成果如何

　　C. 是否达到项目客户的期望　　　　　D. 项目人数庞大

4. 在项目的末期，与卖方的合同还有尚未解决的索赔，项目经理（　　　）。

　　A. 可能将合同收尾工作转交给其他人员

　　B. 通过审计来澄清索赔原因

　　C. 不能进行收尾工作

　　D. 进行合同收尾，合同收尾之后，可能采取法律行动

5. 项目接近结束的时候，如果客户希望对项目范围进行大的变更，项目经理应该如何做？（　　　）

　　A. 进行变更　　　　　　　　　　　　B. 告诉客户变更带来的影响

　　C. 拒绝变更　　　　　　　　　　　　D. 不理会

第五篇

项目实践

　　作为本教材的最后一篇，项目实践是针对项目初始、项目计划、项目执行控制、项目结束的一个实践过程。本篇参照软件项目管理路线图，结合课程实践指导书，综合运用项目管理的理论知识，展示了一个具体软件项目的开发和管理过程。本篇只包含第 17 章。

第17章

软件项目管理实践过程

本章通过课程实践指导书，讲述某学生团队针对软件项目 MSHD 2.0 的开发和管理过程。

17.1 课程实践要求

17.1.1 课程实践指导书

本课程要求针对某一项目（MSHD 2.0），采用敏捷模型完成项目开发和项目管理实践过程。实践过程要求如下。

1）项目的生存期模型。
- 说明选择的生存期模型，以及相应的理由，建议有 i 个迭代或者 i 个增量。
- （选作）探讨 AI 驱动下的软件项目模型或者开发流程。

2）项目需求管理。
- 给出用户故事地图，根据迭代次数 i 确定优先级（i=1, 2…）。
- （选作）尝试采用 AIGC 等工具辅助完成。

3）项目任务分解。
- 根据用户故事地图对任务进行细化和分解，分解到最小的用户故事。
- 完成 i 次迭代用户故事描述（i=1, 2…）。
- （选作）尝试采用 AIGC 等工具辅助完成。

4）项目成本估算。
- 根据用户故事地图（或者产品订单），采用快速故事点估算方法（或者类比等其他方法）对项目进行总（粗略）估算，给出工作量工时结果。
- 根据项目的第 i 次迭代需求（用户故事），采用 Planning Poker 估算方法（或者功能点等其他方法）进行详细估算（i=1, 2…），给出工作量工时结果。
- （选作）如果项目利用 AIGC 等 AI 技术的赋能，再次给出估算结果。

5）项目进度计划。
- 给出第 i 次迭代的进度计划。（i=1, 2…）。
- 如果项目利用 AIGC 等 AI 技术的赋能，再次给出项目进度计划。

6）项目质量计划。

- 给出项目的质量计划，说明主要的质量活动（QA、QC 等活动）。
- （选作）如果项目利用 AIGC 等 AI 技术赋能质量活动，给出说明。

7）开发版本管理。

- 说明项目的开发版本管理。

8）团队计划。

- 说明团队的人员角色和职责。
- （选作）如果项目利用 AIGC 等 AI 技术的赋能，说明团队人员角色和职责（例如 AI 角色、Person 角色等）。

9）风险计划。

- 给出项目的风险计划清单。
- （选作）探讨 AI 驱动软件项目开发的风险计划。

10）项目执行控制过程。

- 说明第 i 次迭代的可运行软件功能（范围）、成本（工作量）、进度、质量的执行情况，给出必要的项目性能指标（i=1, 2…）。
- 说明团队沟通、风险处理等情况。
- （选作）如果项目利用 AIGC 等 AI 技术的赋能，说明效率是否提升（注意 AI 工作后的人工评审、修改、完善等工作）。

11）项目结束。

- 每次迭代的计划与实际的进度、工作量对比、工作效率等情况的总结。
- （选作）探讨 AI 驱动下的软件项目与常规项目管理过程的不同、各自的优势、劣势等。
- 经验教训。

17.1.2　实践项目需求

本项目在 MSHD 1.0 需求（参见 2.6 节）的基础上，更加注重通过接口对多源异构灾情信息进行一体化编码，实现对灾情信息的统一管理，并进行必要的可视化。本项目是国家震情应急管理系统的一部分，针对震后灾情获取缓慢且碎片化，以及公众涉灾信息数据异构、多维、数据格式差异大、部分数据维度缺失导致的数据无法得到综合利用的现状，研究基于异构公众涉灾信息，进行一体化编码，利用开放接口技术和实时动态管理技术，对灾情信息进行管理，实现必要的可视化，实现灾情数据的统一管理和高效合理利用，如图 17-1 所示。

图 17-1　多源异构灾情管理系统

多源异构地震数据一体化编码采用分层和组合的编码方法，分为 4 段，依次为震情码、来源码、载体码、灾情码。

- 第 1 段为震情码，用于描述地震灾害事件属性信息，用 26 位阿拉伯数字标识。
- 第 2 段为来源码，用于描述灾情报送单位，用 3 位阿拉伯数字标识。
- 第 3 段为载体码，用于描述灾情载体类型，用 1 位阿拉伯数字标识。
- 第 4 段为灾情码，用于描述灾情数据的具体信息，用 6 位阿拉伯数字标识。

编码结构如图 17-2 所示。

图 17-2　编码结构

17.2　项目的生存期模型

17.2.1　生存期模型的选择

本项目选择敏捷模型作为项目生存期模型，敏捷开发是一种迭代和增量的方法，可以在开发过程中灵活地适应变化，比较适合本项目的生存期模型。利用 Leangoo 敏捷项目看板工具，完成项目管理过程。选择敏捷迭代的理由如下。

- 本项目（MSHD）系统需要实现低耦合和通用化接口，敏捷在每个迭代周期都能够进行反馈和调整，能够不断改进和优化系统架构和接口。
- 本项目系统要求可以扩展数据来源、适应需求变化，而迭代模型允许在每个迭代周期中逐步完善需求。
- 客户希望可以随时看到可运行系统，而迭代模型强调快速交付，每个迭代都有一个可交付的软件版本，这有助于及时获取用户反馈，快速调整开发方向，便于快速验证系统的功能和性能。

在团队开发中，使用看板来可视化和管理工作流程，如图 17-3 所示。看板帮助我们实时了解任务的状态，从而更好地协作和保持团队的整体进度。与传统的生命周期模型相比，敏捷开发更注重团队合作、用户参与以及持续交付的价值，这与项目的需求和目标相吻合。

17.2.2　AI 选择项目生存期模型

本团队也利用 AI 赋能项目，通过 ChatGPT 问答获取关于本项目生存期模型的建议，问答过程如下。

提问：请根据项目特点和需求选择项目的生存期模型并描述相应的开发流程。

ChatGPT 回复：据项目特点和需求，适合的生命周期模型是增量模型。增量模型允许系统在不同阶段逐步建立和扩展功能，以更灵活地响应需求变化和快速交付核心功能。以下是使用增量模型的开发流程（略）。

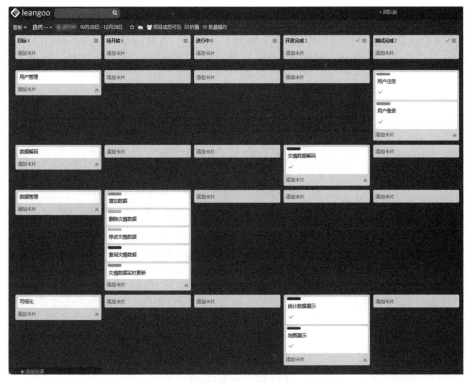

图 17-3　看板管理

17.3　项目需求管理与任务分解

17.3.1　用户故事地图

　　根据项目需求分析，完成用户故事地图（如图 17-4 所示），确定优先级。用户故事地图中共有 4 个 Epic——用户管理、数据输入、数据编码、数据管理，并分为 4 次迭代实现所有功能。其中，第一次迭代所能实现的为 MVP（Minimum Viable Product），即最小化可行产品。

用户管理	数据输入	数据编码	数据管理
用户登录	人工数据获取	灾情数据编码	数据基本管理
账户管理		基本震情编码	
		数据来源编码	
用户注册	XML 数据获取		
	JSON 数据获取		
			地图可视化
			统计分析
			数据可视化

图 17-4　用户故事地图

17.3.2 任务分解

根据用户故事地图，将用户管理 Epic 分为 3 个故事，将数据输入 Epic 分为 3 个故事，将数据解码 Epic 分为 3 个故事，将数据管理 Epic 分为 4 个故事。得到的任务分解图如图 17-5 所示。

图 17-5　任务分解图

17.3.3 需求用户故事

根据用户故事地图和任务分解结果，按照迭代优先级详细编写用户故事。

1. 用户管理故事描述

用户管理 Epic 包括 5 个故事，分别是用户登录、用户注册、用户密码重置、账户注销、角色和权限管理。

用户登录故事

故事名称：用户登录故事
故事 ID：5.1

作为管理员，我希望系统提供通过用户账号和密码登录系统的功能，**以便于**监控用户登录系统的情况。

验收标准

1. 用户输入正确的账号和密码，能够成功登录。
2. 用户输入不存在的账号，系统显示账号不存在。
3. 用户输入存在的账号，但密码不正确，系统显示密码错误。

优先级：H (H,M,L)
迭代次数：1

备注：无

用户注册故事

故事名称：用户注册故事
故事 ID：5.2

作为管理员，我希望系统提供注册新用户的功能，**以便于**注册新用户。

验收标准

1. 注册系统中不存在的用户，系统显示"注册成功。"
2. 注册系统中已存在用户，系统显示"当前用户已经存在"。
3. 输入密码不符合标准，系统显示"密码不符合标准"。

优先级：H (H,M,L)

迭代次数：1

备注：无

用户密码重置故事

故事名称：用户密码重置故事

故事 ID：5.3

作为管理员，我希望系统提供重置密码的功能，**以便于**我在忘记密码时，可以通过一个简单过程重置我的密码并重新访问系统。

验收标准

1. 用户通过电子邮件收到验证码。
2. 输入正确验证码后，系统允许用户访问密码重置页面。
3. 用户在页面上设置新密码。
4. 系统确认密码已重置，并向用户显示成功消息。

优先级：H (H,M,L)

迭代次数：2

备注：无

账户注销故事

故事名称：账户注销故事

故事 ID：5.4

作为管理员，我希望系统提供账户注销的功能，**以便于**我可以保护个人隐私，不再与系统保留的个人信息有关联。

验收标准

1. 用户在账户管理界面发起注销请求。
2. 系统验证用户身份，确保合法用户操作。
3. 确认注销后，系统立即注销账户。
4. 用户收到注销成功消息。

优先级：H (H,M,L)

迭代次数：2

备注：无

角色和权限管理故事

故事名称：角色和权限管理故事

故事 ID：5.5

作为管理员，我希望系统特定角色分配给用户，不同角色拥有不同权限，**以便于**用户能够执行其职责所需的操作。

验收标准

1. 系统角色分成管理用和普通用户两种。
2. 管理员能够增删该查灾情数据，添加灾情编码、多媒体信息，能够对平台使用信息进行监管。
3. 普通用户只能查看灾情数据、导出相关的数据文件。

优先级：H (H,M,L)

迭代次数：2

备注：无

2. 数据解码故事描述

数据解码 Epic 只包括灾情数据解码故事。

灾情数据解码故事

故事名称：灾情数据解码故事
故事 ID：6.1
作为管理员， 我希望系统提供够对已有的编码数据进行解码的功能，**以便** 获得可理解的灾情数据。
优先级：M (H,M,L) 迭代次数：第 1 次
验收标准 根据编码规范正确还原编码数据。
优先级：H (H,M,L) 迭代次数：2
备注：无

3. 灾情数据管理故事描述

数据管理 Epic 包括 5 个故事，分别是灾情数据增删改查、灾情数据实时更新、上传灾情图片数据、上传灾情视频数据和编码数据收录。

灾情数据增删改查故事

故事名称：灾情数据增删改查故事
故事 ID：7.1
作为管理员， 我希望系统提供灾情数据进行增删改查的功能，**以便** 实现对灾情数据的基本管理。
优先级：M (H,M,L) 迭代次数：第 1 次
验收标准 能够通过接口实现对灾情数据的增删改查。
优先级：H (H,M,L) 迭代次数：1
备注：无

灾情数据实时更新故事

故事名称：灾情数据实时更新故事
故事 ID：7.2
作为用户， 我希望系统提供实时更新灾情数据功能，**以便** 查看最新的灾情数据。
优先级：M (H,M,L) 迭代次数：第 1 次
验收标准 管理员能够设置自动化任务，定期执行地震数据的解码和存储操作。
优先级：H (H,M,L) 迭代次数：1
备注：无

上传灾情图片数据故事

故事名称：上传灾情图片数据故事
故事 ID：7.3
作为管理员， 我希望系统能够读取和解析灾情相关的图片信息，**以便于** 我可以获得全面的灾情信息。

验收标准

1. 系统能够读取图片信息。

2. 系统能够将图片信息存储在数据库中，并与对应 ID 的灾情信息关联。

优先级：H (H,M,L)

迭代次数：2

备注：无

上传灾情视频数据故事

故事名称：上传灾情视频数据故事

故事 ID：7.3

作为用户，我希望系统能够读取和解析灾情相关的视频信息，**以便于**我可以获得全面直观的灾情信息。

验收标准

1. 系统能够读取视频信息。

2. 系统能够将视频信息存储在数据库中，并与对应 ID 的灾情信息关联。

优先级：H (H,M,L)

迭代次数：2

备注：无

编码数据收录故事

故事名称：编码数据收录故事

故事 ID：7.5

作为管理员，我希望系统能够收录编码数据信息和描述，**以便于**我可以即使上传接收到的编码信息。

验收标准

1. 系统能够收录编码信息。

2. 收录前判断编码的规范性，并给出收录结果提示信息。

3. 系统能够将编码信息存储在编码表中，等待时机将之解码。

优先级：H (H,M,L)

迭代次数：2

备注：无

4. 可视化展示故事描述

可视化展示 Epic 包括 4 个故事，分别是绘制关联地图、统计数据展示、图片数据展示、视频数据展示。

绘制关联地图故事

故事名称：绘制关联地图故事

故事 ID：8.1

作为用户，我希望系统提供一个与灾情数据关联的地图，**以便**实现形象的展示灾情数据。

验收标准

基于地图能够看到不同地区、不同形式的灾情数据。

优先级：M (H,M,L)

迭代次数：1

备注：无

统计数据展示故事

故事名称：统计数据展示故事

故事 ID：8.2

作为管理员，我希望系统提供不同维度的统计好的数据，**以便**用户迅速了解受灾程度等信息。

验收标准

1. 能够显示不同地区的受灾人数、受灾损失。

2. 能够显示随时间变化的受灾情况。

优先级：H (H,M,L)

迭代次数：1

备注：无

图片数据展示故事

故事名称：图片数据展示故事

故事 ID：8.3

作为管理员，我希望系统能够展示相关的图片数据，**以便**用户可以更直观地了解数据内容。

验收标准

1. 用户能够在界面上查看图片数据。

2. 图片数据应该清晰，并且能够进行放大缩小。

3. 如果图片数据无法加载，系统应提供相应的错误提示。

优先级：H (H,M,L)

迭代次数：2

备注：无

视频数据展示故事

故事名称：视频数据展示故事

故事 ID：8.4

作为管理员，我希望系统能够展示相关的害怕数据，**以便**用户可以更直观地了解数据内容。

优先级：M (H,M,L)

迭代次数：第 2 次

验收标准

1. 用户能够在系统中播放视频数据。

2. 视频数据应该支持常见格式，且播放流畅。

3. 如果视频无法播放，系统应提供错误提示。

优先级：H (H,M,L)

迭代次数：2

备注：无

17.4　项目估算

17.4.1　项目总估算

本项目采用快速故事点估算方法估算项目的总规模，使用 Fibonacci 数列的 6 个等级标准，故事点数与工时的对应关系如表 17-1 所示。

表 17-1　故事点数与工时对应关系

尺寸	故事点数	对应工时
很小（Tiny）	1	8
较小（Small）	2	16
中等（Medium）	3	24
较大（Big）	5	40
很大（Large）	8	64+
巨大（Huge）	13	104+

　　估算过程中，以用户注册 = 3 个故事点作为参照标准，则项目所有用户故事对应的故事点及其对应的工时如表 17-2 所示，粗略估计共计 624 工时。

表 17-2　总故事点估算结果

故事	故事点数	工时
用户登录	2	16
用户注册	3	24
账户管理	5	40
人工数据获取	8	64
数据获取（JSON）	5	40
数据获取（XML）	5	40
数据来源编码	3	24
灾情数据编码	5	40
基本震情编码	3	24
数据基本管理	5	40
地图可视化	13	104+
数据可视化	13	104+
统计分析	8	64+
共计	78	624+

17.4.2　详细迭代估算

　　详细估算采用 Planning Poker 估算方法，在这次估算中，通过团队协作和各自的专业见解，来获得对各个故事更准确的估算。首先，我们使用敏捷开发工具在项目的用户地图中分析并标注每个故事的需求和任务，然后小组各成员（使用 Fibonacci 数列作为点数级别标准）对每个故事进行估算。此估算过程中不受其他成员干扰，估算结束后，对各成员的估算结果进行统计。表 17-3、表 17-4、表 17-5 和表 17-6 分别是第 1 次、第 2 次、第 3 次、第 4 次迭代的详细估算结果。

表 17-3　第 1 次迭代详细估算

故事	Poker 结果	确定故事点数	工时
用户登录	2 2 2 2 2	2	16
账户管理	3 5 5 3 3	3.8	30.4
人工数据获取	5 8 5 3 8	5.8	46.4
数据来源编码	5 5 3 3 5	4.2	33.6
灾情数据编码	3 3 5 3 2	3.2	25.6
基本震情编码	3 3 2 3 2	2.6	20.8
数据基本管理	5 3 5 3 5	4.2	33.6
共计		25.8	206.4

表 17-4　第 2 次迭代详细估算

故事	Poker 结果	确定故事点数	工时
用户注册	3 3 3 3 3	3	24
数据获取（JSON）	3 5 5 3 5	4.2	32.6
数据获取（XML）	3 5 8 5 5	5.2	41.6
共计		12.4	99.2

表 17-5　第 3 次迭代详细估算

故事	Poker 结果	确定故事点数	工时
地图可视化	13 13 8 21 13	13.6	13.6
共计		13.6	108.8

表 17-6　第 4 次迭代详细估算

故事	Poker 结果	确定故事点数	工时
数据可视化	13 8 21 13	12.6	100.8
统计分析	8 5 8 8 8	7.4	59.2
共计		20	160

17.5　项目进度计划

项目计划 4 个开发迭代，设定迭代时间盒长度为一周，从每周周五开始，到下一周周四的 24:00 结束。

17.5.1　第 1 次迭代进度计划

第 1 次迭代进度计划如图 17-6 所示，预期实现一个可运行的基本系统，包含简单的数据插入和查看功能。

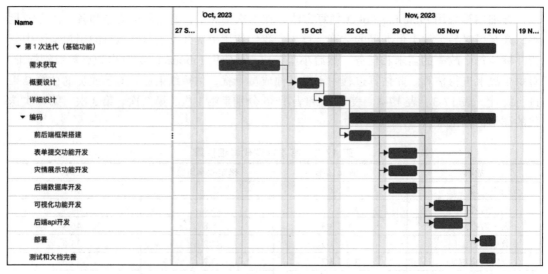

图 17-6　第 1 次迭代进度计划

17.5.2　第 2 次迭代进度计划

第 2 次迭代进度计划如图 17-7 所示，预期实现一个能够处理多种数据格式并将其转化为统一格式的系统。

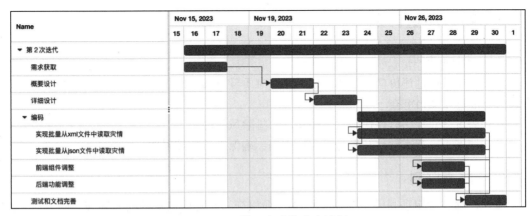

图 17-7　第 2 次迭代进度计划

17.5.3　第 3 次迭代进度计划

第 3 次迭代进度计划如图 17-8 所示，预期实现一个具备地图展示能力的系统，能够在地图上直观地显示灾情信息。

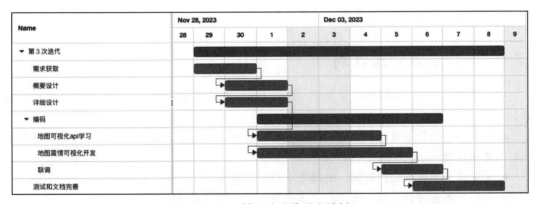

图 17-8　第 3 次迭代进度计划

17.5.4　第 4 次迭代进度计划

第 4 次迭代进度计划如图 17-9 所示，预期实现一个能够提供复杂数据分析和可视化展示的系统，助力用户快速理解和决策。

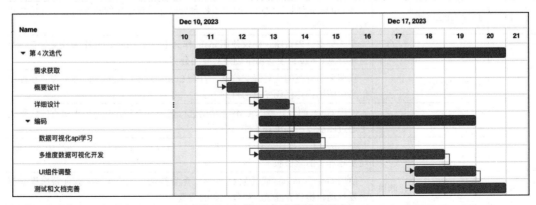

图 17-9　第 4 次迭代进度计划

17.6　项目质量计划

17.6.1　质量保证

质量保证是通过评价项目整体绩效，建立对质量要求的信任的过程。项目质量保证活动有：代码审查和文档审查。

- 代码审查：评估软件代码，发现错误、排除风险漏洞等。
- 文档审查：审查软件开发过程中的文档，确保文档的准确性、完整性和一致性。

17.6.2　质量控制

质量控制是确定项目结果与质量标准是否相符，同时确定不符的原因和消除方法的过程。它可以控制产品的质量，及时纠正缺陷。项目中质量控制活动有代码走查、单元测试、系统测试。

- 代码走查：对代码持续跟踪和分析缺陷，确保漏洞的及时修复。生成缺陷日志以便后续返回查验。
- 单元测试：确保各个模块、方法正常运行。
- 系统测试：确保整个系统功能完整、运行正常。

17.7　开发版本管理计划

项目采用了 Git 作为版本控制系统，通过 Gitee 来协调团队的工作。开发版本管理计划如下。

- 基于主干的开发策略，所有的提交都要合并到主分支上，并通过持续集成工具进行验证和反馈。
- 采用语义化版本控制规则，确保版本号的规范性。
- 代码审查通过合并请求或拉取请求来管理，以确保代码质量。
- 自动化测试和集成使用 CI 工具来自动化测试过程，以确保代码的质量。

版本管理活动如表 17-7 所示。

表 17-7　版本管理活动

步骤编号	活动名称	活动描述
1	创建 Gitee 仓库	在 Gitee 平台上创建项目的主要代码仓库。设置仓库的基本信息、可见性和权限
2	分支管理策略	定义分支管理策略，建议使用 main 作为主分支，develop 作为开发分支。为特性开发、bug 修复等需求创建对应的分支
3	代码提交规范	强调采用规范的代码提交信息，符合 Conventional Commits 等标准。在提交信息中清晰描述代码变更的目的
4	代码审查和合并	使用 Gitee 的合并请求（MR）功能进行代码审查和合并。要求所有的代码变更通过团队成员的审查才能被合并
5	版本标签和发布	在 Gitee 上创建版本标签，标识每个发布版本。确保版本标签的命名清晰，与实际部署的软件版本一致
6	持续集成和自动化测试	使用 Gitee Actions 或其他 CI 工具，配置持续集成流水线。保证每次提交都触发自动化构建和测试，确保代码的质量

（续）

步骤编号	活动名称	活动描述
7	文档和变更记录	在 Gitee 仓库中维护详细的变更记录，包括每个版本的更新内容和改进。同步项目文档，并确保与代码库一致
8	回滚计划	制订回滚计划，以备发布后可能出现的问题。确保团队了解如何回滚到先前的稳定版本
9	定期清理和维护	定期清理不再需要的分支和合并请求，以保持 Gitee 仓库的整洁。删除过时的代码和文件，避免对项目造成不必要的负担

17.8 团队计划

17.8.1 人员职责计划

本项目采用敏捷开发架构，自组织团队形式，项目团队由 5 个人组成，团队角色分工如表 17-8 所示。

表 17-8 团队人员角色

姓名	角色
刘一	前端开发、团队促进者
王二	前端开发、第 2 次迭代产品负责人（PO）
朱三	前端开发、第 3 次迭代产品负责人（PO）、跨职能团队成员、Scrum 主管（Scrum Master）
吴四	前端开发、第 1 与第 2 次迭代产品负责人（PO）
王五	后端开发、数据库开发

团队内的 PO 主要负责沟通和需求分析，管理 Backlog 和故事地图，进行 Sprint 测试和验收；Scrum 主管主要负责给开发团队分配具体职责和推动 Scrum 进度；开发团队负责实现每次 Sprint 中的故事，完成项目开发的具体任务。同时，在我们的团队中，PO 和 Scrum 主管同样是开发团队的成员，参与到具体开发任务中。

17.8.2 沟通计划

本团队为敏捷开发团队，成员间可以进行横向沟通。团队成员采用口头、语言、正式和双向的方式，通过迭代计划会议、迭代评审会议以及每日站会等进行沟通。在每次例会前，小组成员会通过文字的方式草拟出简要的沟通计划（讨论话题），并在会上按顺序对项目发展进行沟通和决策。

17.9 项目风险计划

表 17-9 展示了项目的风险计划。

表 17-9 项目的风险计划

风险描述	概率	影响程度	等级	风险响应计划
技术栈集成风险。由于项目涉及多种技术（Spring Boot,Vite+Vue3,RabbitMQ,MySQL, Nginx, Docker-Compose, 高德地图 API，ECharts），集成这些技术时可能遇到兼容性和性能问题	中	灾难	高	提前进行技术验证，安排技术讨论会，确保技术选型的合理性

（续）

风险描述	概率	影响程度	等级	风险响应计划
项目迭代管理风险。由于项目需要多次迭代，可能会因管理不善导致迭代进度延迟	中	严重	中	制订明确的迭代计划和里程碑，定期进行进度评估
数据库性能风险。随着数据量的增加，MySQL数据库可能会遇到性能瓶颈	低	可忽略	低	定期进行数据库性能测试，优化数据库设计
消息队列 RabbitMQ 稳定性风险。在高并发场景下，RabbitMQ 可能会遇到稳定性问题	低	轻微	低	测试 RabbitMQ 在高负载下的表现，优化配置
地图 API 限制风险。高德地图 API 和百度地图 API 可能有使用限制或收费问题	中	严重	中	事先了解和确认 API 的使用条款，预留备选方案
团队协作风险。由于团队成员较少（5 人），个别成员的缺席可能会影响项目进度	低	轻微	低	建立有效的沟通机制和任务备份计划
用户接受度低。由于新技术和复杂的用户界面，用户可能难以接受和使用新系统	低	轻微	低	设计简洁直观的用户界面，进行用户培训和反馈收集
代码质量和维护性问题。由于开发进度压力，可能导致代码质量下降，影响系统维护	中	轻微	低	实施代码审查和定期重构
安全性问题。系统可能面临安全威胁，如数据泄露或未授权访问	低	严重	中	加强安全审计，实施加密和访问控制
部署和配置问题。在生产环境中部署系统可能遇到配置相关的问题	高	严重	高	测试不同环境下的部署流程，编写详细的配置文档
版本控制问题。在迭代过程中，版本控制不当可能导致代码混乱	低	严重	中	使用严格的版本控制规范和工具
数据备份和恢复问题。系统可能面临数据丢失的风险，缺乏有效的备份和恢复策略	低	灾难	高	定期备份数据，建立灾难恢复计划
文档和知识传递不足。项目文档可能不完整或更新不及时，影响团队协作和知识传递	中	轻微	中	定期更新文档，进行知识分享会
系统性能和可扩展性问题。随着用户量增加，系统可能无法有效扩展以满足需求	中	严重	中	进行负载测试，优化系统架构

17.10　项目执行控制过程

17.10.1　第 0 次迭代过程

根据需求编写用户故事地图；确定项目技术架构，并熟悉相关技术，搭建开发环境，梳理第 1 次迭代用户故事。

1. 技术设计

在第 0 次迭代中，团队讨论采用 SSM 前后端交互框架。SSM 框架是 Spring MVC、Spring 和 Mybatis 框架的整合，是标准的 MVC 模式，将整个系统划分为 View 层、Controller 层、Service 层和 DAO 层，Spring MVC 负责请求的转发和视图管理，Spring 实现业务对象管理，Mybatis 作为数据对象的持久化引擎。前端采用 Vue 框架，Vue 对象将页面中要改变的元素和 data 中的变量进行绑定，绑定后它会一直监听 data 中变量值的改变，当值发生改变时，会自动找到与其绑定的元素并且让元素跟着发生改变，改变元素的过程不需要人工干预，提高了开发效率，而且这个过程不需要像 JavaScript 那样通过频繁的 DOM 操作去改变页面结构，只是监听一片区域，提高了执行效率。项目架构图如图 17-10 所示。

图 17-10　项目架构图

前后端分离已成为互联网项目开发的业界标准使用方式，通过 Nginx+Tomcat 的方式有效地进行解耦。在敏捷实践中，前后端分离降低了前端与后端之间的耦合度，更适合快速交付与实时部署，能够更快地提交可交付产品。

2. 梳理用户故事

编制用户故事地图，根据用户故事地图优先级确定第 1 次迭代的任务需求，完善编写第 1 次迭代用户故事，编写测试用例，团队内部进行迭代评审。

17.10.2　第 1 次迭代过程

1. 迭代交付

如表 17-10 所示，本阶段处于项目初始阶段，主要目标在于探索开发方式、寻找节奏、项目成员之间进行磨合。在成果方面，我们追求可运行系统、实现用户最希望看到的功能，发布 MVP 版本。

表 17-10　第 1 次迭代

目标	建立系统的基础架构和核心功能，确保系统的基本操作
关键任务	实现用户登录
	实现账户管理
	实现人工数据获取
	实现数据来源编码
	实现实情数据和基本震情编码
	实现数据基本管理
预期成果	一个可运行的基本系统，包含简单的数据插入和查看功能

本迭代交付的可运行系统是项目计划的 MVP（最小可用产品），如图 17-11 所示，实现了灾情信息上报、信息解码以及灾情信息的简单展示。

图 17-11　第 1 次迭代可运行系统

2. 迭代评审

本次由韩万江老师和敏捷教练进行评审，得到了充分的反馈，对我们下一次 Sprint 的进行具有指导意义。用户（老师）反馈问题如下。

- 缺少直接添加震情码的选项。
- 震情数据统计功能不足。
- 震情显示不够直观。
- 部署仍存在问题。
- 美观度有所欠缺。

3. 项目执行数据分析

第 1 次迭代执行数据分析如表 17-11 所示。

表 17-11　第 1 次迭代执行数据分析

项目	预计	实际	评价
可运行软件功能	实现用户登录	已实现用户登录	正常
	实现账户管理	已实现账户管理	正常
	实现人工数据获取	已实现人工数据获取	正常
	实现数据来源编码	已实现数据来源编码	正常
	实现灾情数据编码	已实现灾情数据编码	正常
	实现基本震情编码	已实现基本震情编码	正常
	实现数据基本管理	已实现数据基本管理	正常
成本（工作量）	272 工时	281 工时	正常
进度	全部达成	全部达成	正常
质量	测试通过	测试基本通过	90%

（续）

项目	预计	实际	评价
团队沟通	5 次站会	5 次站会	正常
风险处理	无不可预测风险	无不可预测风险	正常

17.10.3 第 2 次迭代过程

1. 迭代交付

本次迭代交付产品在原有版本的基础上实现多源异构灾情信息的管理，实现了云端服务器的部署，实现了文本、图片、音频、视频信息的统一化管理，如表 17-12 和图 17-12 所示。

表 17-12 第 2 次迭代

目标	实现对多种数据格式的处理能力，确保系统能够接收和解析关键数据
关键任务	实现 JSON 和 XML 数据解析功能
	建立数据来源编码系统，以标识和追踪不同来源的数据
	实现人工数据输入接口，用于数据采集不可自动化的情况
预期成果	一个能够处理多种数据格式并将其转化为统一格式的系统

图 17-12 第 2 次迭代系统

2. 迭代评审

本次迭代的评审由韩万江老师课上点评，提出一点修改建议后，对运行结果给予了肯定。

3. 项目执行数据分析

第 2 次迭代执行数据分析如表 17-13 所示。

表 17-13 第 2 次迭代执行数据分析

项目	预计	实际	评价
可运行软件功能	实现数据获取（JSON）	已实现数据获取（JSON）	正常
	实现数据获取（XML）	已实现数据获取（XML）	正常
	实现用户注册	需求取消，未实现	出现需求改变
成本（工作量）	80 工时	98 工时	超时 2 天
进度	全部达成	全部达成	正常
质量	测试通过	测试通过	正常
团队沟通	2 次站会	2 次站会	正常
风险处理	无不可预测风险	无不可预测风险	正常

17.10.4 第 3 次迭代过程

1. 迭代交付

本次迭代交付产品在上一版本的基础上增加了基于 GIS 的可视化管理，如表 17-14 和图 17-13 所示。

表 17-14 第 3 次迭代

目标	开发地理信息可视化功能，将数据与地理位置相结合，提供直观的灾情展示
关键任务	集成地理信息系统（GIS）
	实现灾情数据的地图可视化功能
	实现基础地理数据和灾情数据的关联展示
预期成果	一个具备地图展示能力的系统，能够在地图上直观地显示灾情信息

图 17-13 第 3 次迭代系统

2. 迭代评审

本次迭代的评审由韩万江老师课上点评，点评结果验证了前一个阶段的成果，并且肯定了前期的工作内容，为后期的收尾做进一步铺垫。

3. 项目执行数据分析

第 3 次迭代执行数据分析如表 17-15 所示。

表 17-15　第 3 次迭代执行数据分析

项目	预计	实际	评价
可运行软件功能	实现地图可视化	已实现地图可视化	正常
成本（工作量）	104 工时	98 工时	正常
进度	全部达成	全部达成	正常
质量	测试通过	测试基本通过	85%
团队沟通	1 次站会	1 次站会	正常
风险处理	无不可预测风险	无不可预测风险	正常

17.10.5　第 4 次迭代过程

1. 迭代交付

本次迭代交付成果在上一版本的基础上实现了数据统计分析的可视化管理，如表 17-16 和图 17-14 所示。

表 17-16　第 4 次迭代

目标	增强系统的数据分析和报告功能，通过可视化手段使数据分析结果易于理解
关键任务	设计用户友好的数据展示界面
	实现数据可视化工具和仪表板
	实现统计分析功能，包括趋势分析和模式识别
预期成果	一个能够提供复杂数据分析和可视化展示的系统，助力用户快速理解和决策

图 17-14　第 4 次迭代系统

2. 迭代评审

本次迭代的评审由韩万江老师点评，项目整体完成，对于相关实施和管理过程给予了高度评价。

3. 项目执行数据分析

第 4 次迭代执行数据分析如表 17-17 所示。

表 17-17   第 4 次迭代执行数据分析

项目	预计	实际	评价
可运行软件功能	实现数据可视化	已实现数据可视化	正常
	实现统计分析	已实现统计分析	正常
成本（工作量）	168 工时	161 工时	正常
进度	全部达成	全部达成	正常
质量	测试通过	测试通过	正常
团队沟通	1 次站会	1 次站会	正常
风险处理	无不可预测风险	无不可预测风险	正常

17.10.6   风险计划执行情况

表 17-18 展示了项目执行过程中的风险计划执行情况。

表 17-18   风险计划执行情况表

二、项目风险管理
风险发生概率的判断准则
高风险：>60% 发生风险的可能性
中风险：30% ～ 60% 发生风险的可能性
低风险：<30% 发生风险的可能性

序号	风险描述	发生概率	影响程度	风险等级	风险响应计划	责任人	开放/关闭
1	技术栈集成风险。由于项目涉及多种技术（SpringBoot, Vite+Vue3, RabbitMQ, MySQL, Nginx, Docker-Compose, 高德地图 API, ECharts), 集成这些技术时可能遇到兼容性和性能问题	中	灾难	高	提前进行技术验证，安排技术讨论会，确保技术选型的合理性	朱××	关闭
2	项目迭代管理风险。由于项目需要多次迭代，可能会因管理不善导致迭代进度延迟	中	严重	中	制订明确的迭代计划和里程碑，定期进行进度调整	吴××	开放
3	数据库性能风险。随着数据量的增加，MySQL 数据库可能会遇到性能瓶颈	低	可忽略	低	定期进行数据库性能测试，优化数据库设计	王××	关闭
4	消息队列 RabbitMQ 稳定性风险。在高并发场景下，RabbitMQ 可能会遇到稳定性问题	低	轻微	低	测试 RabbitMQ 在高负载下的表现，优化配置	王××	开放
5	地图 API 限制风险。高德地图 API 和百度地图 API 可能有使用限制或收费问题	中	严重	中	事先了解和确认 API 的使用条款，预留备选方案	王××	开放
6	团队协作风险。由于团队成员较少（5 人），个别成员的缺席可能会影响项目进度	低	轻微	低	建立有效的沟通机制和任务备份计划	吴××	关闭

（续）

序号	风险描述	发生概率	影响程度	风险等级	风险响应计划	责任人	开放/关闭
7	用户接受度低。由于新技术和复杂的用户界面，用户可能难以接受和使用新系统	低	轻微	低	设计简洁直观的用户界面，进行用户培训和反馈收集	刘××	关闭
8	代码质量和维护性问题。由于开发进度压力，可能导致代码质量下降，影响系统维护	中	轻微	低	实施代码审查和定期重构	朱××	开放
9	安全性问题。系统可能面临安全威胁，如数据泄露或未授权访问	低	严重	中	加强安全审计，实施加密和访问控制	王××	开放
10	部署和配置问题。在生产环境中部署系统可能遇到配置相关的问题	高	严重	高	测试不同环境下的部署流程，编写详细的配置文档	朱××	开放
11	版本控制问题。在迭代过程中，版本控制不当可能导致代码混乱	低	严重	中	使用严格的版本控制规范和工具	×××	关闭
12	数据备份和恢复问题。系统可能面临数据丢失的风险，缺乏有效的备份和恢复策略	低	灾难	高	定期备份数据，建立灾难恢复计划	王××	开放
13	文档和知识传递不定。项目文档可能不完整或更新不及时，影响团队协作和知识传递	中	轻微	中	定期更新文档，进行知识分享会	刘××	开放
14	系统性能和可扩展性问题。随着用户量增加，系统可能无法有效扩展以满足需求	中	严重	中	进行负载测试，优化系统架构	吴××	开放

17.10.7　沟通计划执行情况

在项目执行过程中，按照沟通计划，通过线上和线下的方式实施项目沟通，团队采用看板与共享文档对沟通内容进行实时记录，Leangoo 作为看板工具，实时发布项目信息（如图 17-3 所示），在评审会上展示迭代成果。

17.11　项目总结

17.11.1　产品交付

经过团队成员的共同努力合作，通过 4 次 Sprint 迭代，完成了 MSHD 2.0——多源异构灾情数据的一体化编码管理系统的最后交付，项目通过版本管理实现了 80 次版本迭代，交付系统如图 17-15 所示，已经部署到指定云服务器上，满足了客户的业务需求。

17.11.2　项目工作量、进度总结

本项目总体进展满意，实际完成情况与计划基本一致，略有延迟，但基本在可控范围之内，总体执行情况如表 17-19、表 17-20、表 17-21 所示，图 17-16 展示了部分模块的计划与实际的工时对比。

图 17-15 项目交付系统

表 17-19 计划完成时间与实际完成时间对比

项目开始时间	计划完成时间	实际完成时间
2023 年 9 月 15 日	2023 年 12 月 18 日	2023 年 12 月 20 日
生产时间差异分析		

第一次与客户沟通过后，对需求理解稍有偏差，导致第 2 次迭代时间周期拉长，以完善一轮迭代需要完成的功能，实际完成时间延后约 2 天

表 17-20 计划工时与实际工时对比

计划工时	实际工时
235	245

表 17-21 计划成本与实际成本对比

计划成本	实际成本
$48 000	$50 000
生产成本差异分析	

生产过程中因客户对使用体验上的需求提升（如页面设计优化与前端地图可视化），项目成本提高 $2000

图 17-16 执行情况对比图

17.11.3　项目经验教训总结

从 2023 年 9 月 15 日项目开始，到 2023 年 12 月 20 日项目截止，本项目共计进行了 4 次迭代（包括迭代 0），完成了两次发布。目前发布的版本已具有如下功能：灾情读取、解码、编码、灾情显示、地图分析与展示、动态备份、数据请求发送与管理、震情相关联灾情数据展示以及参数配置。已形成了一个相对完善的系统，该系统目前已交付给老师，得到了较高评价。

在本次项目推进的过程中，为了充分体会敏捷的思想，小组成员以用户的需求作为核心，采用多次迭代交付的方式进行软件开发。在敏捷过程中，本项目在构建初期根据用户故事切分成了多个模块，各个模块分散在不同的迭代中完成。每次迭代中既完成开发工作，又对成果进行测试，在每次迭代的结束均交付了可视成果。

在本次项目中，小组成员均获益匪浅。我们不仅充分体会到了敏捷开发以及项目管理的过程，在每次的迭代交付以及与老师和敏捷教练进行交流的过程中，我们更了解到了一些十分有用的敏捷开发经验，该经验在以后的工作中可以更好地指导我们完成项目。

- 用户故事的目的是指导实践，当用户故事过大，在实践的过程中不方便操作时，我们可以将大的用户故事进行细分，将其拆成更小的用户故事并分到不同的 Sprint 中完成。
- 在开发的过程中可交付成果与和用户的交流是关键。在每次迭代中一定要尽可能交付可视成果，如此不仅可以向用户证明团队的开发实力，也可以在用户看到可视成果后与其交流的过程中，弄清用户的真正需求，对系统及时进行修改，使其更贴合用户需求。

扫描以下二维码可以观看某团队学生的实践过程总结：

17.12　关于 AI 赋能项目的总结

本次项目实践中，尝试了使用 AIGC（人工智能生成内容）赋能项目，利用 AIGC 工具辅助项目过程中，我们可以预期效率的提升，但同时也注意到利用 AI 工作后需要完成人工评审、修改和完善工作。以下是我在使用 AIGC 工具发现其带来的效率提升和需要注意的事项。

效率提升

- 自动化生成：AIGC 工具可以自动分析需求文档和项目描述，快速生成用户故事地图的初步框架。
- 模板应用：工具可以提供用户故事模板，帮助用户快速填充和组织故事内容。
- 智能建议：AIGC 可以基于历史数据和模式识别，提出用户故事的优先级和可能的迭代安排。例如，如果历史数据显示用户更关心实时数据的接入，AIGC 工具可能会建议将与实时数据接入相关的用户故事放在优先级更高的位置。
- 协作优化：工具可以协助团队成员在不同阶段进行协作，如分配任务、跟踪进度和协调资源。

注意事项

- 人工评审：AI 生成的用户故事可能需要我们再进行评审，以确保故事的准确性和相关性。例如，团队可能需要确认 AIGC 工具生成的故事是否包含所有必要的细节，或者是否遗漏了某些关键的用户场景。
- 上下文理解：AIGC 难以完全理解项目的具体上下文，需要人工对生成的故事进行上下文调整。
- 细节完善：AI 无法捕捉到所有细节，需要人工对故事进行细化和完善。
- 迭代调整：随着项目的进行，需要对用户故事地图进行迭代调整，AI 工具可以辅助这一过程，但最终决策仍需人工进行确认。

常用的项目管理模板

以下模板仅是作者的实践经验成果，不代表任何标准。

1. 招标书

招标书模板如下：

第一章　投标邀请

第二章　投标人须知前附表

第三章　投标人须知

一、说明

二、招标文件

三、投标文件的编制

四、投标文件的密封和递交

五、开标与评标

六、授予合同

第四章　合同专用条款

第五章　合同通用条款

第六章　合同格式

第七章　×××网络软件系统规划设计要求与目标

第八章　附件（投标文件格式）

1. 投标书格式	7. 法定代表人授权书格式
2. 开标一览表格式	8. 资格证明文件格式
3. 投标分项报价表格式	9. 履约保证金保函格式
4. 技术规格偏离表格式	10. 投标人情况表格式
5. 商务条款偏离表格式	11. 投标人财务状况表格式
6. 投标保证金保函格式	12. 投标人近三年的财务报表

---

13. 投标人专业技术人员一览表格式　　相似的项目一览表格式 14. 投标人近两年已完成的与招标内容相　16. 投标人资产目前处于抵押、担保状况格式 　　同或相似的项目一览表格式　　17. 投标人近三年结束正在履行的合同引起仲 15. 投标人正在承担的与招标内容相同或　　裁或诉讼的格式 　第九章　评标标准

2. 投标书

投标书模板如下：

1. 项目背景及用户需求简介 2. 系统技术实现方案 3. 网络及硬件设计 4. 软件系统设计 5. 项目实施计划 6. 项目质量保证方案 7. 标准说明

3. 软件项目合同

软件项目合同模板如下：

合同登记编号：

技术开发合同

项目名称：＿＿＿＿＿＿＿＿＿＿＿＿＿＿＿＿

委托人（甲方）：＿＿＿＿＿＿＿＿＿＿＿＿＿

研究开发人（乙方）：＿＿＿＿＿＿＿＿＿＿＿

签订地点：

签订日期：　　年　　月　　日

有效期限：　　年　　月　　日　至　　年　　月　　日

填表说明

一、"合同登记编号"由技术合同登记处填写。

二、技术开发合同是指当事人之间就新技术、新产品、新工艺和新材料及其系统的研究开发所订立的合同。技术开发合同包括委托开发合同和合作开发合同。

三、计划内项目应填写国务院部委、省、自治区、直辖市、计划单列市、地、市（县）级计划。不属于上述计划的项目此栏画"/"表示。

四、标的技术的内容、范围及要求。

该部分内容包括开发项目应达到的开发目的、使用范围、技术经济指标及效益情况。

五、研究开发计划。

该部分内容包括当事人各方实施开发项目的阶段进度、各个阶段要解决的技术问题、达到的目标和完成的期限等。

六、本合同的履行方式（包括成果提交方式及数量）。

1. 产品设计、工艺规程、材料配方和其他图纸、论文、报告等技术文件；

2. 磁盘、光盘、磁带、计算机软件；

3. 动物或植物新品种、微生物菌种；

4. 样品、样机；

5. 成套技术设备。

七、技术情报和资料的保密。

该部分内容包括当事人各方情报和资料保密义务的内容、期限和泄露技术秘密应承担的责任。

八、本合同书中，凡是当事人约定认为无须填写的条款，在该条填写的空白处画"/"表示。

根据《中华人民共和国合同法》的规定，合同双方就_____项目的技术开发（该项目属于____/____计划），经协商一致，签订本合同。

一、标的技术的内容、范围及要求：

二、应达到的技术指标和参数：

三、研究开发计划：

四、研究开发经费、报酬及其支付或结算方式：

五、利用研究开发经费购置的设备、器材、资料的财产权属：/。

六、履行的期限、地点和方式：

本合同自　　年　　月　　日至　　年　　月　　日在　北京　履行。

本合同的履行方式：

甲方责任：

乙方责任：

七、技术情报和资料的保密：

八、技术协作的内容：

九、技术成果的归属和分享：

1. 专利申请权：/。

2. 技术秘密的使用权、转让权：/。

十、验收的标准和方式：

研究开发所完成的技术成果，达到了本合同第二条所列技术指标，按国家标准，采用一定的方式验收，由甲方出具技术项目验收证明。

十一、风险的承担：

在履行本合同的过程中，确因在现有水平和条件下难以克服的技术困难，导致研究开发部分或全部失败所造成的损失，风险责任由甲方承担　　%，乙方承担　　%。

本项目风险责任确认的方式：双方协商。

十二、违约金和损失赔偿额的计算：

除不可抗力因素外（指发生战争、地震、洪水、飓风或其他人力不能控制的不可抗力事件），甲乙双方须遵守合同承诺，否则视为违约并承担违约责任。

十三、解决合同纠纷的方式：

在履行本合同的过程中发生争议，双方当事人和解或调解不成，可采取仲裁或按司法程序解决。

十四、名词和术语解释。

如有，见合同附件。

十五、其他。

1. 本合同一式＿＿＿＿份，具有同等法律效力。其中正式两份，甲乙双方各执一份；副本＿＿＿＿份，交由乙方。

2. 本合同未尽事宜，经双方协商一致，可在合同中增加补充条款，补充条款是合同的组成部分。

委托人（甲方）	名称			公章
	法定代表人	（签章）		
	委托代理人	（签章）		
	联系人			
	地址	邮政编码		
	电话			
	开户银行			
	账号			
研究开发人员（乙方）	名称			公章
	法定代表人	（签章）		
	委托代理人	（签章）		
	联系人			
	地址	邮政编码	100039	
	电话			
	开户银行			
	账号			

印 花 税 票 粘 贴 处

登记机关审查登记栏

经办人：   技术合同登记机关（专用章）
                                              （签章）   年   月   日

4. 项目章程

项目章程如附表 1 所示。

附表 1 项目章程

项目名称			项目标识	
下达人			下达时间	
项目经理			项目计划提交时限	
送达人				
项目目标				
项目范围	项目性质			
	项目组成			
	项目要求			
	项目范围特殊说明			
项目输入				
项目用户				
与其他项目关系				
项目限制	完成时间			
	资金			
	资源			
	实现限制			

5. 需求规约

需求规约模板如下：

```
1 导言
1.1 目的
[说明编写这份项目需求规约的目的，指出预期的读者]
1.2 背景
说明：
● 待开发的产品的名称；
● 本项目的任务提出者、开发者、用户及实现该产品的单位；
● 该系统同其他系统的相互来往关系。
1.3 缩写说明
[缩写]
[缩写说明]
列出本文件中用到的外文首字母组词的原词组。
1.4 术语定义
[术语]
[术语定义]
列出本文件中用到的专门术语的定义。
1.5 参考资料
[编号]《参考资料》[版本号]
列出相关的参考资料。
1.6 版本更新信息
具体版本更新记录如表 1 所示。
```

				表 1　版本更新记录		
修改编号	修改确认日期	修改后版本	修改位置	修改方式（A、M、D）	修改内容概述	修改请求号

注：在修改方式中，A 表示增加，M 表示修改，D 表示删除。

2　任务概述

2.1　系统定义

本节描述内容包括：

- 项目来源及背景；
- 项目要达到的目标，如市场目标、技术目标等；
- 系统整体结构，如系统框架、系统提供的主要功能、涉及的接口等；
- 各组成部分结构，如果所定义的产品是一个更大系统的一个组成部分，则应说明本产品与该系统中其他各组成部分之间的关系，为此可使用一个框图来说明该系统的组成和本产品同其他各部分的联系和接口。

2.2　应用环境

部分应根据用户的要求对系统的运行环境进行定义，描述内容包括：

- 设备环境；
- 系统运行硬件环境；
- 系统运行软件环境；
- 系统运行网络环境；
- 用户操作模式；
- 当前应用环境。

2.3　假定和约束

列出进行本产品开发工作的假定和约束，如经费限制、开发期限等，列出本产品的最终用户的特点，充分说明操作人员、维护人员的教育水平和技术专长，以及本产品的预期使用频度等重要约束。

3　需求规定

3.1　对功能的规定

本部分依据合同中定义的系统组成部分分别描述其功能，描述应包括：

- 功能编号；
- 所属产品编号；
- 优先级；
- 功能定义；
- 功能描述。

3.2　对性能的规定

本部分描述用户对系统的性能需求，可能的系统性能需求包括：

- 系统响应时间需求；
- 系统开放性需求；
- 系统可靠性需求；
- 系统可移植性和可扩展性需求；
- 系统安全性需求；
- 现有资源利用性需求。

3.2.1　精度

本部分说明对该产品的输入、输出数据精度的要求，可能包括传输过程中的精度。

3.2.2 时间特性要求

说明对于该产品的时间特性要求，如对响应时间、更新处理时间、数据的转换和传送时间、计算时间等的要求。

3.2.3 灵活性

说明对该产品的灵活性的要求，即当需求发生某些变化时，该产品对这些变化的适应能力，例如：

- 操作方式上的变化；
- 运行环境的变化；
- 同其他系统的接口的变化；
- 精度和有效时限的变化；
- 计划的变化或改进。

对于为了提供这些灵活性而进行的专门设计的部分，应该加以标明。

3.3 输入/输出的要求

解释各输入/输出数据类型，并逐项说明其媒体、格式、数值范围、精度等。对软件的数据输出及必须标明的控制输出量进行解释并举例，包括对硬拷贝报告（正常结果输出、状态输出及异常输出）以及图形或显示报告的描述。

3.4 数据管理能力要求

说明需要管理的文卷和记录的个数、表和文的大小规模，要按可预见的增长对数据及分量的存储要求做出估算。

3.5 故障处理要求

列出可能的软件、硬件故障以及对于各项性能而言所产生的后果和对故障处理的要求。

3.6 其他要求

如用户单位对安全保密的要求，对使用方便的要求，对可维护性、可补充性、易读性、可靠性、运行环境可转换性的特殊要求等。

4 运行环境规定

4.1 设备

列出该产品所需要的硬件环境，并说明其中的新型设备及其专门功能，包括：

- 处理器型号及内存容量；
- 外存容量、联机或脱机、媒体及其存储格式、设备的型号及数量；
- 输入及输出设备的型号和数量，联机或脱机；
- 数据通信设备的型号和数量；
- 功能键及其他专用硬件。

4.2 支持软件

列出支持软件，包括要用到的操作系统、编译程序、测试软件等。

4.3 双方签字

需求方（需方）：

开发方（供方）：

日期：

6. 质量保证计划

质量保证计划模板如下：

```
1   导言
1.1  目的
1.2  范围
1.3  缩写说明
1.4  术语定义
1.5  引用标准
1.6  参考资料
1.7  版本更新条件
1.8  版本更新信息
2   项目组织
2.1  项目组织结构
2.2  SQA 组的权利
2.3  SQA 组织及职责
3   质量目标
4   过程审计
```

阶段	审计对象	审计时间

```
5   产品审计
```

阶段	审计对象	审计时间

```
6   实施计划
6.1  工作计划
6.2  高层管理定期评审安排
6.3  项目经理定期和基于事件的评审
7   记录的收集、维护与保存
```

7. 相关质量控制表

相关质量控制表如附表 2 ～附表 4 所示。

附表 2　质量保证报告表

基本信息					
项目名称			报告日期		
质量保证员			报告批次		第 N 份
工作描述					
参加人员					
过程质量检查					
受检查的过程域			检查结果		
产品质量检查					
受检查的工作成果			检查结果		
问题与对策，经验总结					

附表 3　不符合问题表

序号	问题描述							问题解决						
	不符合问题描述	问题类型	发现日期	问题等级	计划解决时间	发现人	责任人	是否接受	拒绝原因	实际解决措施	状态	实际解决时间	未解决问题的延期天数	已解决问题的延期天数

附表 4 QA 工作表汇总

序号	起始日期	截止日期	已发现问题数	已解决问题数	已发现问题总数	已解决问题总数	未解决问题总数
1							
2							
3							
4							
5							
6							

8. 配置管理计划

配置管理计划模板如下:

```
1   导言
1.1  目的
1.2  范围
1.3  缩写说明
1.4  术语定义
1.5  引用标准
1.6  参考资料
1.7  版本更新信息
2   配置管理组织
3   配置管理活动
 ● 配置标识
 ● 项目基线
 ● 基线变更控制
 ● 配置状态审计
 ● 配置管理评审
4   配置管理工具与配置管理库
5   计划维护方式
```

9. 风险清单

风险计划表如附表 5 所示。

附表 5 风险计划表

序号	风险描述	发生概率	影响程度	风险等级	风险响应计划	责任人

10. 沟通计划

沟通计划表如附表 6 所示。

附表 6　沟通计划表

角色/人员名称	沟通级别	沟通需求			发布信息归档		信息发布		
		所需信息（描述需要哪些信息）	时间要求（频度）	沟通方式	归档格式（具体到文件名）	归档人	发布方式	发布时间	发布人
CTO	指导委员会级别	项目任务的进展情况	每月	项目月汇报会议	项目月汇报	甲	电子邮件	项目月汇报会议后2个工作日内	乙
张三、李四	项目组级别	周例会情况	每月	电子邮件	项目周例会会议纪要	甲	电子邮件	项目周例会后2个工作日内	乙

11. 干系人计划

干系人计划如附表 7 所示。

附表 7　干系人计划

序号	姓名	部门	职位	地点	项目角色	联系电话	E-mail	主要需求	主要期望	现状

12. 任务进度跟踪

任务进度跟踪表如附表 8 所示。

附表 8　任务进度跟踪表

序号	模块	开发					测试				
		负责人	计划时间	实际时间	规模	完成率	负责人	计划时间	实际时间	规模	完成率

13. 评审报告

阶段评审报告如附表 9 所示。

附表 9 阶段评审报告

项目名称		项目标识	
部门 / 组织名		阶段名称	
主持人		会议地点	
评审时间		评审次数	
评审人			

评审项与结论		
评审要素	评审结果	问题和对策

提交产品

统计数字			
数据项目	计划	实际	偏差
工期（天）			
规模（人时）			
人力投入（M/D/QA）			
成本（人力 / 资源）			
阶段日期			
阶段评语			

14. 会议纪要

会议纪要模板如附表 10 所示。

附表 10　会 议 纪 要

会议纪要　　　　　　　　　　　NO：

项目名称：	会议地点：
主题：	会议时间：

参加人员：

会议目的：

提出观点：

结论：

备注：

编写人	编写日期	审核人	审核日期

15. 工作日志

工作日志模板如附表 11 所示。

附表 11　工作日志

项目名称:		姓名:	
项目组:		日期:	
当天工作 ［工作描述］ ［成果］ ［提交的文档］ 			
下个工作日计划 ［计划描述］ 			
意见和建议: 			
备注: 　每天下班前填写《工作日报》, 并提交给项目经理 			
审核人:		审核日期:	

16. 项目验收报告

项目验收报告模板如附表 12 所示。

附表 12 项目验收报告

项目名称		验收时间	
项目总投资（万元）		项目负责人	
项目概括总结			
验收会意见			
项目是否存在待解决问题，是否有推广及后续项目建设需求			
用户部门意见			
公司领导意见			
验收结论			
备注			

17. 项目总结

项目总结模板如附表 13 所示。

附表 13 项目总结

项目总结					
一、项目基本情况					
项目名称			项目编号		
项目经理			日期		
二、项目完成情况总结					
1. 时间总结					
开始时间		计划完成日期		实际完成日期	
时间（差异）分析					
2. 成本总结					
计划费用			实际费用		
3. 交付结果总结					
计划交付结果					
未交付结果					
交付结果（差异）分析					
三、项目经验、教训总结					

课程知识图谱

知识图谱以图的形式概括了全书结构及重点内容，图谱中 include 意为"包括"，next 意为"接下来的内容"。

总体图谱

第 1 章知识图谱

第 2 章知识图谱

第 3 章知识图谱

第 4 章知识图谱

第 5 章知识图谱

第 6 章知识图谱

第 7 章知识图谱

第 8 章知识图谱

第 9 章知识图谱

第 10 章知识图谱

第 11 章知识图谱

第 12 章知识图谱

第 13 章知识图谱

第 14 章知识图谱

第 15 章知识图谱

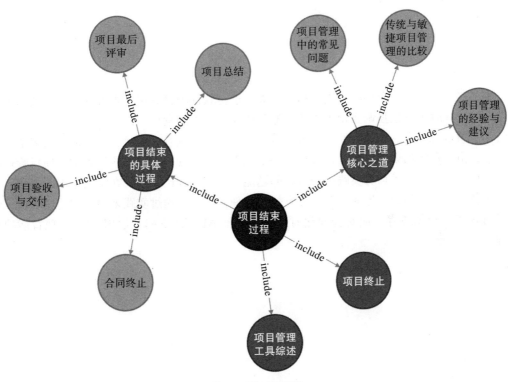

第 16 章知识图谱

结 束 语

　　本书路线图就像一个导游指南，指导你如何进行软件项目管理，告诉你可能遇到的困难和问题等。同时本书也强调要积极预防、避免风险和意外的发生，以及出现问题如何处理的方法等。项目管理是一个复杂的大系统。从系统工程的观点看，项目管理普遍涉及多个目标的要求，由于资源约束性、多重目标性，一个优秀的项目管理人员应该努力学习项目管理的相关知识、技能，注重培养实践中的分析问题能力，结合理论知识，在实践中不断探索，积极解决各种各样的问题，形成一套行之有效的管理方法，并通过实践来检验它的科学性，使项目管理工作越做越好。面对智能化时代，要拥抱 AI、学习 AI、运用 AI，实现智能项目管理！

参 考 文 献

[1] 弗雷姆. 组织机构中的项目管理 [M]. 郭宝柱，译. 北京：世界图书出版公司，2002.

[2] SHANDILYA R T. 软件项目管理 [M]. 王克仁，陈允明，陈养正，译. 北京：科学技术出版社，2002.

[3] 弗雷姆. 新项目管理 [M]. 郭宝柱，译. 北京：世界图书出版公司，2001.

[4] 麦克康奈尔. 微软项目求生法则 [M]. 余孟学，译. 北京：机械工业出版社，2000.

[5] 马魁尔. 微软研发 制胜策略 [M]. 苏斐然，等译. 北京：机械工业出版社，2000.

[6] 邱菀华，沈建明，杨爱华，等. 现代项目管理导论 [M]. 北京：机械工业出版社，2002.

[7] 纪燕萍. 21 世纪项目管理教程 [M]. 北京：人民邮电出版社，2002.

[8] 孙涌，等. 现代软件工程 [M]. 北京：北京希望电子出版社，2002.

[9] Internal Function Point Users Group. IT Measurement[M]. 北京：清华大学出版社，2003.

[10] 纪康宝. 软件开发项目可行性研究与经济评价手册 [M]. 长春：吉林科学技术出版社，2002.

[11] CHRISTENSEN M J, THAYER R H. 软件工程最佳实践项目经理指南 [M]. 王立福，赵文，胡文蕙，译. 北京：电子工业出版社，2004.

[12] 麦加里. 实用软件度量 [M]. 吴超英，译. 北京：机械工业出版社，2003.

[13] 韩万江，姜立新. 软件开发项目管理 [M]. 北京：机械工业出版社，2003.

[14] PMI. A guide to the project management body of knowledge[M]. New York:PMI, 2000.

[15] 6σ 工作室. PMP 成功之路 [M]. 北京：机械工业出版社，2003.

[16] GARMUS D, DAVID H. The software measuring process:a practical guide to functional measurements[M]. Englewood Cliffs: Yourdon Press, 1996.

[17] HUMPHREY W A. Discipline for software engineering, SEI series in software engineering [M]. Boston:Addison Wesley, 1995.

[18] BAUMERT J H. Software measures and the capability maturity model[R]. Pittsburgh: Software Engineering Institute, Carnegie Mellon, 1999.

[19] HIGUERA R P, HAIMES Y Y. Software risk management[R]. Pittsburgh: Software

Engineering Institute, Carnegie Mellon, 1996.

[20] 哈斯. 配置管理原则与实践 [M]. 龚波，译. 北京：清华大学出版社，2003.

[21] NEWBOLD R C. Project management in the fast lane:applying the theory of constraints[M]. Boca Raton:St Lucie Press, 1998.

[22] LEACH L P. Critical chain project management improves project performance[J]. Project Management Journal, 1999, 30(2):39-51.

[23] MABIN V J, BALDERSTONE S J.The world of the theory of constraints:a review of the international literature[M]. Boca Raton: St Lucie Press, 1999.

[24] GOLDRATT E M. Critical chain[M]. Great Barrington:The North River Press, 1997.

[25] GUTIERREZ G J,KOUVELIS P. Pakinson's Law and its implication for project management[J].Management Science, 1991, 37(8):990-1001.

[26] COOK S C. Apply critical chain to Improve the Management of uncertainty in projects[D]. Boston: Massachusetts Institute of Technology, 1998.

[27] 万伟，蔡晨，王长峰. 在单资源约束项目中的关键链管理 [J]. 中国管理科学，2003，11（2）：70-75.

[28] HERROELEN W, LEUS R, DEMEULEMEESTER E.Critical chain project scheduling:do not oversimplify[J]. Project Management Journal, 2002, 33:48-60.

[29] 杨雪松，胡旻. 基于关键链方法的多项目管理 [J]. 工业工程与管理，2005（2）：48-52.

[30] 寿涌毅. 关键链项目管理方法综述 [J]. 项目管理技术，2006（9）：28-31.

[31] 朱萍，任永昌. 基于用例点的软件项目工作量估算 [J]. 计算机技术与发展，2012，22（12）：71-74.

[32] HUGHES B, COTTERELL M. 软件项目管理 [M]. 5 版. 北京：机械工业出版社，2010.

[33] ALBRECHT A J. Measuring application development productivity[C]// Joint Share, Guide, & IBM Application Development Symposium, 1979.

[34] SYMONS C R. Software sizing and estimating: Mk II FPA(Function Point Analysis) [R]. USA: John Wiley&Sons, Inc, 1991.

[35] 薛丹，杨宸，周健. 一种基于区间值的模糊访问控制策略研究 [J]. 计算机技术与发展，2012，22（1）：246-249.

[36] SCHNEIDER G, WINTERS J. Applying use cases: a practical guide [R].USA:Addison Wesley Longman Publishing Co, Inc, 1998.

[37] CRAWFORD B, SOTO R, JOHNSON F, et al. A max-min ant system algorithm to solve the software project scheduling problem[J]. Expert Systems with Applications, 2014, 41:6634-6645.

[38] 余秋冬，徐辉. 用例点估算方法在电信行业中的应用 [J]. 计算机工程，2009，35（24）：276-277.

[39] 中国敏捷联盟 ADBOK 编写组. 敏捷软件开发知识体系 [M]. 北京：清华大学出版社，2011.

[40] HUGHES B, COTTERELL M. 软件项目管理 [M]. 北京：机械工业出版社，2010.

[41] 宗丽. 软件质量管理模型的比较分析 [J]. 湖北第二师范学院学报，2011，28（2）：76-78.

[42] 卢毅 . 项目干系人分析的 "四步法" [EB/OL]. (2010-06-11)[2024-06-06]. https:// blog.itpub.net/ 11286996/viewspace-664962.

[43] HAN W J,et al. An optimized resolution for software project planning with improved max-min ant system algorithm[J].International Journal of Multimedia and Ubiquitous Engineering, 2015, 10(6):25-38.

[44] 中国软件行业协会软件造价分会 . 中国软件行业基准数据报告（SSM-BK-202309）[R/ OL].(2023-08-18)[2024-05-23]. https://www.doc88.com/p-39329444339544.html.

[45] SCHWABER K，SUTHERLAND J.Scrum 指南 [EB/OL].(2020-11-01)[2024-05-23]. https:// scrumguides.org/docs/scrumguide/v2020/2020-Scrum-Guide-Chinese-Simplified.pdf.

[46] PMI. 项目管理知识体系指南 [M]. 6 版 . 北京：电子工业出版社，2018.

[47] PMI.Agile practice guide[M]. New York:PMI, 2009.

[48] DBAplus 社群 . 百度资深敏捷教练：深度解析持续交付之全面配置管理 [EB/OL]. (2016-10-28)[2024-05-11]. https://www.sohu.com/a/117478950_487514.

[49] LIU M. DevOps 三步工作法精要 [Z]. 2017-12-25.

[50] MICHAELS M A. 一种快速估算故事点的方法 [EB/OL].(2015-05-22)[2024-05-11]. https:// www.infoq.cn/article/fast-story-points.

[51] WANG X X, WU C Y, MA L. Software project schedule variance prediction using bayesian network[C]// 2010 IEEE International Conference on Advanced Management Science. Beijing: Beihang University: 26-30.

[52] BOEHM B W. 软件成本估算 COCOMO II 模型方法 [M]. 李师贤，译 . 北京：机械工业 出版社，2005.

[53] SOMMERVILLE I.Software engineering [M]. 10th ed. 北京：机械工业出版社，2018.

[54] 项目管理协会 . 项目管理知识体系指南 [M]. 7 版 . New York:PMI, 2022.

[55] VECCHIO L D.Agile procurement:how to apply agile in procurement[EB/OL].(2022-04-15)[2024-05-11].https://www.purchasecontrol.com/blog/agile-procurement/.

[56] 朱少民 . GPT-4 开启 "软件工程 3.0" 全新时代 [Z]. 2023.

[57] 朱少民 . AIGC 时代，软件研发组织如何构建 AI 战略 [Z]. 2023.

[58] IT 管理知识库 . 盘点 40 个最佳项目管理工具大全 [EB/OL]. (2021-12-11)[2024-05-11]. https://baijiahao.baidu.com/s?id=1719100247190833756&wfr=spider&for=pc.

[59] Ninja Test. 高效能团队模式：支持软件快速交付的组织架构 [Z]. 2023.

[60] Ninja Test. AI 如何助力、驱动软件研发 [Z]. 2023.

[61] COHN M.User stories: how to create story maps [EB/OL].(2022-10-05)[2024-05-11]. https://www.mountaingoatsoftware.com/blog/user-story-mapping-how-to-create-story-maps.

[62] 郑立 . 探索 DevOps 和质量内建的相互关系 [EB/OL].(2023-12-06)[2024-05-16]. https:// blog.csdn.net/weixin_68153586/article/details/134830584.

[63] 韩万江，陈淑文，韩卓言，等 . 基于微服务架构的分布式灾情管理系统设计 [J]. 中国 地震，2021，37（4）：806-818.

[64] 韩万江，韩卓言，田怡凡，等 .多源异构地震数据的一体化编码和接口技术的设计与 实现 [J]. 中国地震，2022，38（4）：662-675.

[65]　全国信息技术标准化技术委员会.软件工程 软件开发成本度量规范：GB/T 36964—
　　　2018[S].北京：中国标准出版社，2018.

[66]　工业和信息化部系统与软件成本度量标准工作组.中国软件行业基准数据报告 [R].北
　　　京：工业和信息化部，2023.

[67]　杨九成.从 5 个维度促进团队自组织 [Z]. 2022-10-26.